高等职业教育系列教材

# Pro/Engineer Wildfire 5.0 实例教程

## （课证赛融合）

主　编　何秋梅
副主编　张社就　袁万选　柯美元
参　编　陶素连　王元春
主　审　林庆文

机械工业出版社

本书结合考证与竞赛，重点介绍用Pro/Engineer Wildfire 5.0软件进行产品设计的方法、步骤与技巧。全书包括Pro/Engineer Wildfire 5.0基础操作、二维草绘、实体造型、曲面设计、装配设计、工程图制作、动画制作、机构仿真、考证试题分析与竞赛真题等10章。

本书采用案例式教学，结构清晰、内容详实、案例丰富，重点培养读者的应用能力和创新思维能力。本书面向高职院校机械类相关专业的学生编写，既适用于初学者快速入门，也适合老用户巩固提高之用。本书可作为参加全国CAD技能二级培训与考评工作的参考用书，同时也对参加大赛有一定的参考价值。

本书配有素材源文件、习题答案、教学视频和课程标准等资源，教学视频可扫描书中二维码直接观看，需要的教师可登录机械工业出版社教育服务网 www.cmpedu.com 免费注册后下载，或联系编辑索取（微信：15910938545，电话：010-88379739）。

**图书在版编目（CIP）数据**

Pro/Engineer Wildfire 5.0实例教程：课证赛融合/何秋梅主编.—北京：机械工业出版社，2018.1（2023.9重印）
高等职业教育系列教材
ISBN 978-7-111-58492-6

Ⅰ.①P… Ⅱ.①何… Ⅲ.①机械设计-计算机辅助设计-应用软件-高等职业教育-教材 Ⅳ.①TH122

中国版本图书馆CIP数据核字（2017）第320130号

机械工业出版社（北京市百万庄大街22号 邮政编码100037）
策划编辑：曹帅鹏　　责任编辑：曹帅鹏
责任校对：张艳霞　　责任印制：张　博
保定市中画美凯印刷有限公司印刷

2023年9月第1版·第10次印刷
184mm×260mm·18印张·434千字
标准书号：ISBN 978-7-111-58492-6
定价：49.90元

电话服务
客服电话：010-88361066
010-88379833
010-68326294

网络服务
机　工　官　网：www.cmpbook.com
机　工　官　博：weibo.com/cmp1952
金　书　网：www.golden-book.com
机工教育服务网：www.cmpedu.com

# 关于“十四五”职业教育
# 国家规划教材的出版说明

为贯彻落实《中共中央关于认真学习宣传贯彻党的二十大精神的决定》《习近平新时代中国特色社会主义思想进课程教材指南》《职业院校教材管理办法》等文件精神，机械工业出版社与教材编写团队一道，认真执行思政内容进教材、进课堂、进头脑要求，尊重教育规律，遵循学科特点，对教材内容进行了更新，着力落实以下要求：

1. 提升教材铸魂育人功能，培育、践行社会主义核心价值观，教育引导学生树立共产主义远大理想和中国特色社会主义共同理想，坚定“四个自信”，厚植爱国主义情怀，把爱国情、强国志、报国行自觉融入建设社会主义现代化强国、实现中华民族伟大复兴的奋斗之中。同时，弘扬中华优秀传统文化，深入开展宪法法治教育。

2. 注重科学思维方法训练和科学伦理教育，培养学生探索未知、追求真理、勇攀科学高峰的责任感和使命感；强化学生工程伦理教育，培养学生精益求精的大国工匠精神，激发学生科技报国的家国情怀和使命担当。加快构建中国特色哲学社会科学学科体系、学术体系、话语体系。帮助学生了解相关专业和行业领域的国家战略、法律法规和相关政策，引导学生深入社会实践、关注现实问题，培育学生经世济民、诚信服务、德法兼修的职业素养。

3. 教育引导学生深刻理解并自觉实践各行业的职业精神、职业规范，增强职业责任感，培养遵纪守法、爱岗敬业、无私奉献、诚实守信、公道办事、开拓创新的职业品格和行为习惯。

在此基础上，及时更新教材知识内容，体现产业发展的新技术、新工艺、新规范、新标准。加强教材数字化建设，丰富配套资源，形成可听、可视、可练、可互动的融媒体教材。

教材建设需要各方的共同努力，也欢迎相关教材使用院校的师生及时反馈意见和建议，我们将认真组织力量进行研究，在后续重印及再版时吸纳改进，不断推动高质量教材出版。

**机械工业出版社**

# 前　　言

党的二十大报告指出，坚持把发展经济的着力点放在实体经济上，推进新型工业化，加快建设制造强国。推动制造业高端化、智能化、绿色化发展，计算机辅助设计是其重要的技术支撑。计算机辅助设计技术推动了产品设计和工程设计的革命，受到了极大重视并正在被广泛地推广应用。计算机三维建模作为一种工作技能，有着强烈的社会需求。在此背景下，中国工程图学学会联合国家人力资源和社会保障部，本着更好地为社会服务的宗旨，在全国范围内开展“CAD 技能等级”培训与考评工作，其二级相当于“三维数字建模师”的水平。同时，教育部高等学校工程图学课程教学指导委员会、中国图学学会制图技术专业委员会和产品信息建模专业委员会共同主办全国大学生先进成图技术与产品信息建模创新大赛（简称“高教杯”大赛），以赛促教、以赛促训、以赛促用、以赛促新。

本书以该考证与竞赛大纲为引领，以当今流行的三维设计软件 Pro/Engineer Wildfire 5.0（简称 Pro/E）为基础，重点介绍了 Pro/E 软件进行产品设计的方法、步骤与技巧。全书包括 Pro/Engineer Wildfire 5.0 基础操作、二维草绘、实体造型、曲面设计、装配设计、工程图制作、动画制作、机构仿真、考证试题分析与竞赛真题等 10 章。

本书采用案例式教学，每一章节通过若干典型案例来展开教学，使读者能够在做中学、学中做、做中通。每一章的后面均配有适量的训练题，使读者能够学以致用，并检验学习效果。书中融入了大量考证与大赛的真题，按照“学以致用、少而精、够用为止”的编写原则，贯彻新的国家标准，强化技能训练，真正做到岗、课、证、赛相融合。

本书突出了应用性和实用性，书中的图例紧密结合工程实践，汇集了丰富的经过提炼的工程实例，有立体图和标准答案对照，便于读者领会和掌握。图例的计算机操作步骤，采取一步步展现的方式，便于初学者轻松入门。同时也引导有一定基础的读者，用最少的时间掌握三维 CAD 的建模方法和技巧，提高三维建模的技能水平，为通过 CAD 考证和参加大赛作准备。另外，将用到的技术制图知识融合到本书的相关章节中，做到不扩大，够用为止。

本书涵盖了使用 Pro/E 软件进行产品设计与仿真的全过程，是一本以实践为主、理论结合实际的实用性书籍，结构清晰、内容详实、案例丰富、重点难点突出，着重培养读者的应用能力和创新思维能力。

本书的编者长期从事图学或 CAD 技术教育，有较深的学术造诣，有丰富的教学和培训经验，均能熟练掌握 CAD 软件的操作与应用，有较丰富的编写经验。

全书由广东水利电力职业技术学院的何秋梅统稿和定稿，何秋梅担任主编，广东水利电力职业技术学院的张社就、袁万选和顺德职业技术学院的柯美元担任副主编，广东水利电力职业技术学院的陶素连、王元春也参与了本书的编写工作，全书由广东水利电力职业技术学院的林庆文老师担任主审。

本书虽几易其稿，但因编者水平有限，加之时间仓促，难免有疏漏之处，诚望广大读者和同仁不吝赐教！

编　者

# 目　录

# 第1章　Pro/Engineer Wildfire 5.0 基础操作

## 1.1　Pro/Engineer 简介

Pro/Engineer（简称 Pro/E）软件是美国参数技术公司（简称 PTC 公司）开发的 CAD/CAM/CAE 一体化的三维软件。Pro/E 软件以参数化的设计思想著称，堪称参数化技术的鼻祖。目前，参数化技术已经成为业界的新标准并得到广泛的认可。作为参数化技术的最早应用者，Pro/E 软件得到了快速的发展，是现今主流的 CAD/CAM/CAE 软件之一，在国内产品设计领域占据重要位置。Pro/E 软件的总体设计思想体现了目前三维设计软件的发展趋势，在国际三维设计软件领域已经处于领先地位。

### 1.1.1　Pro/Engineer 的发展

1985 年，美国 CV（Computer Vision）公司的一些技术人员率先提出参数化设计的理念，但没有获得 CV 公司领导层的认可，于是这批技术人员离开了 CV 公司，独自创立了 PTC（Parametric Technology Corporation）公司，开始开发参数化软件 Pro/Engineer 并最终成功地把产品推向了市场。1988 年，PTC 公司推出了 Pro/Engineer 软件的第一个版本 Pro/Engineer V1.0，该软件很快在自动化、电子、航空、模具、家电等行业得到了应用。

经过 10 多年的发展，Pro/E 已经成为三维建模软件的一面旗帜，其先后面世的软件版本有 Pro/Engineer V1.0、Pro/Engineer R20、Pro/Engineer 2000I、Pro/Engineer 2000 I2、Pro/Engineer Wildfire 1.0、Pro/Engineer Wildfire 2.0、Pro/Engineer Wildfire 3.0、Pro/Engineer Wildfire 4.0、Pro/Engineer Wildfire 5.0 等。Pro/E 软件由许多功能模块组成，它的内容涵盖了产品概念设计、工业造型设计、三维模型设计、分析计算、动态模拟与仿真、工程图输出、产品制造与加工、数据管理和数据交换等，构成了一个目前水平最高的综合产品开发解决方案。

### 1.1.2　建模特点

PTC 公司突破 CAD/CAM/CAE 的传统观念，提出了参数化设计、基于特征建模和全相关的统一数据库等全新 CAD 设计理念，正是这种独特的建模方式和设计思想，使 Pro/Engineer 表现出了不同于一般 CAD 软件的鲜明特点和优势。

**1. 参数化设计**

参数化设计也叫尺寸驱动，是 CAD 技术在实际应用中提出的课题，它不仅可使 CAD 系统具有交互式绘图功能，还使其具有自动绘图的功能。利用参数化设计手段开发的专用产品设计系统，可使设计人员从大量繁重而琐碎的绘图工作中解脱出来，可以大大提高设计速度，并减少信息的存储量。参数化设计的关键是几何约束关系的提取和表达、约束求解以及参数化几何模型的构造。

**2. 基于特征的建模思想**

随着计算机和 CAD 软件的发展，传统的使用简单的原始几何元素如线条、圆弧、圆柱以及圆锥等来表达实体已经很难满足要求，因此迫切需要发展一种高层次的实体，包含更多的工程信息，这种实体被称为特征，并且由此提出了以特征为基础的特征造型的设计方法。自 20 世纪 80 年代以来，基于特征的设计方法被广泛接受。特征就是任何已被接受的某一个对象的几何、功能元素和属性，通过它们可以很好地理解该对象的功能、行为和操作。更为严格的特征被定义为：特征就是一个包含工程意义的几何原型外形。相对于线框模型、面模型以及实体模型，特征造型是把一些复杂的操作屏蔽起来，设计者只需在绘制二维草图后通过旋转、拉伸、扫描等造型方法即可创建各类基础特征，然后在基础特征之上添加各类工程特征，如抽壳、倒角等特征，整个设计过程直观、简练，这样 Pro/E 软件对使用者的要求降低了，软件也更容易被掌握和普及。

**3. 全相关的统一数据库**

Pro/E 系统建立在全相关的统一数据库基础之上，这一点不同于大多数建立在多个数据库之上的传统 CAD 软件。所谓全相关的统一数据库，就是工程中的所有资料都来自同一个数据库，这样可以使不同部门的设计人员能够同时开发同一个产品，实现协同工作。更为重要的是，采用全相关的统一数据库后，在设计中的任何一处修改都将反映到整个设计的其他环节中。Pro/E 的零件模型、装配模型、制造模型、工程图之间是全相关的，工程图的尺寸更改以后，零件模型的尺寸会相应更改，反之，零件、装配或制造模型中的任何改变，也会反映在工程图中。

## 1.2 Pro/E Wildfire 5.0 的基础操作

### 1.2.1 Pro/E Wildfire 5.0 的工作界面

Pro/E Wildfire 5.0 软件包括很多模块，每个模块的工作界面会有所不同，但其组成方式基本相同，都由标题栏、菜单栏、工具栏、导航区、图形区、信息栏和状态栏等部分组成。现以零件模块为例介绍其操作界面。

打开 Pro/E Wildfire 5.0 软件，其初始界面如图 1-1 所示。

在初始启动界面上单击创建新对象工具，即可打开图 1-2 所示的“新建”对话框，在对话框中接受默认的设置，直接单击“确定”，就可以进入零件模块，零件模块的工作界面如图 1-3 所示。作为模板，系统创建了三个相互垂直的基准平面和一个坐标系作为初始环境，图形区显示了这三个基准平面和基准坐标系，同时在导航区的模型树下面也显示了这三个基准平面和坐标系的名称。

### 1.2.2 文档操作

文档的各种操作主要通过“文件”菜单来实现，下面摘其要点进行介绍。

**1. 设置工作目录**

Pro/E 中产生的有关联性的文件须放在同一个文件夹（目录）中，如装配文件与其零件文件等，否则会造成系统找不到正确的相关文件，从而使某些文件打开失败。为了便于有效管理工作中有关联性的文件，在开始或开启某一个项目的文件之前，应该先设置好该项目的工作目录。其操作步骤如下。

图 1-1　Pro/E Wildfire 5.0 的初始界面

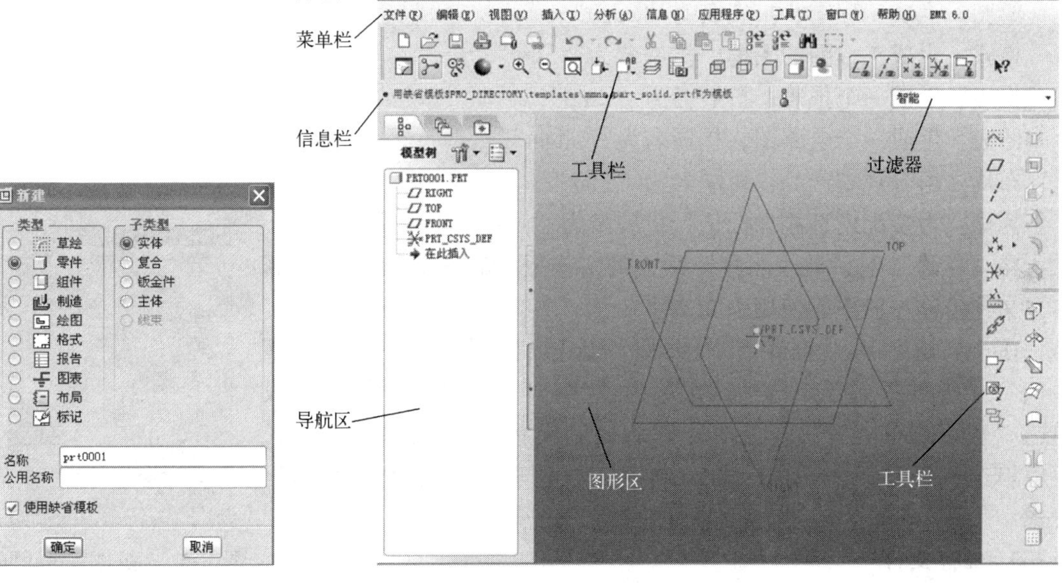


图 1-2　“新建”对话框

图 1-3　Pro/E Wildfire 5.0 零件模块工作界面

（1）启动 Pro/E Wildfire 5.0 软件，然后在菜单栏选择“文件”→“设置工作目录”。

（2）程序弹出“选取工作目录”对话框，在该对话框的地址栏或“公用文件夹”栏单击计算机名称如 lenovo-6844360d（根据每个用户的计算机名称不同而不同），如图 1-4 所示。

（3）在计算机硬盘中查找并选择一个文件夹，然后在“选取工作目录”对话框中单击“确定”，则该文件夹被设置为当前的工作目录。也可以单击对话框左下角的 文件夹树，从文件夹树上查找文件夹来设置工作目录。

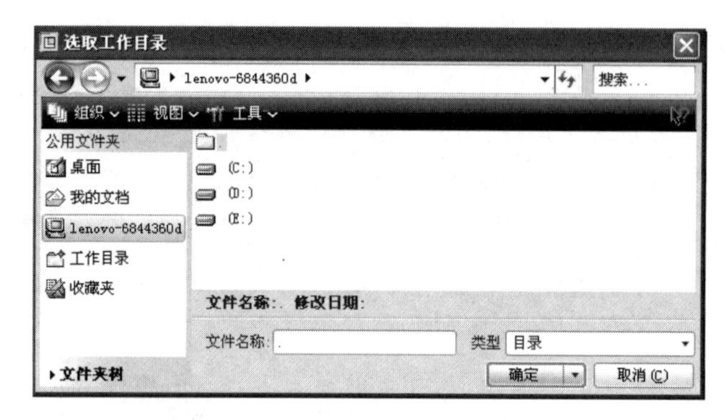


图 1-4 “选取工作目录”对话框

**2. 新建文件**

单击“文件”工具栏中的“新建”按钮，打开“新建”对话框，如图 1-2 所示。从图中可以看到，Pro/E Wildfire 5.0 提供了以下几种文件类型。

草绘：绘制 2D 剖面图文件，扩展名为“.sec”。

零件：创建 3D 零件模型，扩展名为“.prt”。

组件：创建 3D 装配模型，扩展名为“.asm”。

制造：创建制造类的文件，扩展名为“.mfg”。

绘图：生成工程图，扩展名为“.drw”。

格式：生成工程图的图框，扩展名为“.frw”。

报表：生成一个报表，扩展名为“.rep”。

图表：生成一个电路图，扩展名为“.dgm”。

布局：组合规划产品，扩展名为“.lay”。

标记：为装配模型添加标记，扩展名为“.mrk”。

在“新建”对话框“名称”后面的文本框中输入新建文件的名称，文件名称一般不能使用中文文字。

在“新建”对话框中，“类型”选项组的默认选项为“零件”，“子类型”选项组的默认选项为“实体”。在该对话框中一般勾选“使用缺省模板”复选框（默认公制模板），如图 1-5 所示，然后单击“新建”对话框中的“确定”按钮就可以进入文件创建模式。

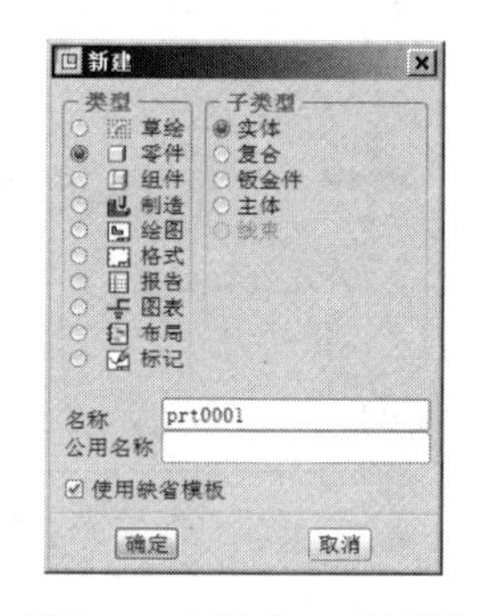


图 1-5 “新建”对话框

**3. 保存文件**

Pro/E 软件保存文件的格式为“文件名.文件类型.版本号”。例如，在零件类型中创建名为 prt0001 的文件，第一次保存文件时文件名为 prt0001.prt.1，以后每保存一次，版本号会自动加 1，而文件名和文件类型不变。这样，在目录中保存文件时，当前文件不会覆盖旧版本文件。

**4. 保存副本**

保存副本是指保存当前文件的副本，多用于保存为另外格式的文件，副本可以保存到指定的目录下。其操作步骤如下。

（1）在菜单栏中选择“文件”→“保存副本”，弹出图 1-6 所示“保存副本”对话框。

（2）在对话框“新建名称”文本框中输入副本的文件名（该副本文件名不能与当前文件名相同）。

（3）单击“类型”文本框后面的按钮，弹出下拉列表，如图 1-7 所示，单击选择列表中的某一格式，程序自动将当前的模型保存为相应的格式。单击“确定”按钮，完成保存副本操作。

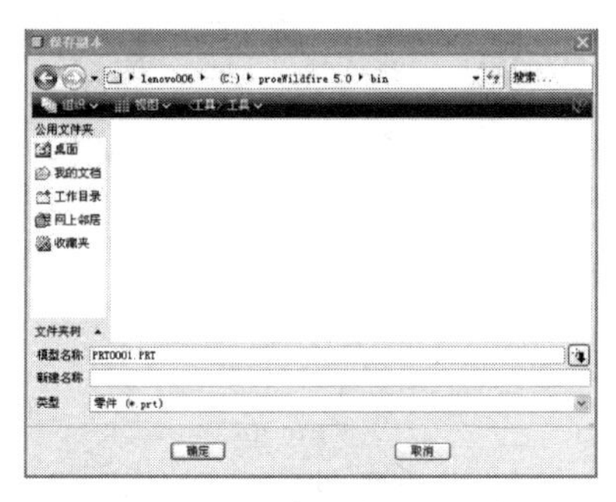

图 1-6 “保存副本”对话框

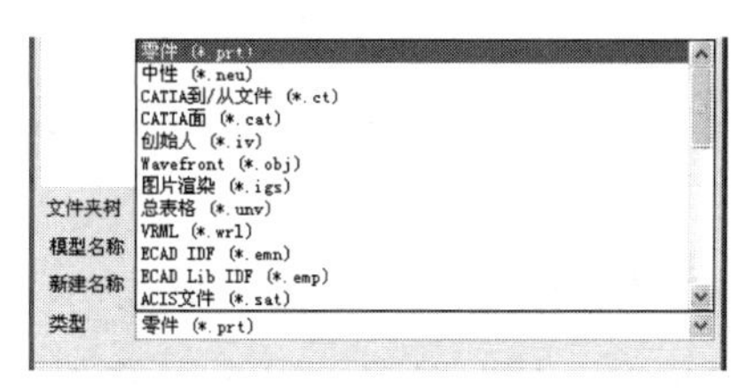


图 1-7 “类型”下拉列表

**5. 删除文件**

“删除”子菜单有两个选项：旧版本和所有版本，其含义如下。

旧版本：删除同一个文件的旧版本，也就是将除最新版本以外的同名文件的其他版本全部删除。

所有版本：删除当前文件的所有版本，包括最新版本。注意此时该文件将从硬盘中被彻底删除。

**6. 拭除文件**

拭除文件包括两种方式，分别是拭除当前文件和拭除不显示文件。文件窗口关闭后可以通过“拭除不显示”命令将文档从计算机内存中拭除。拭除当前文件是指将当前工作对象从内存中拭除。拭除文件不会从磁盘上删除文件。

## 1.2.3 视图查看

为了观察三维零件的细节特征，需在工作窗口对零件进行旋转、放大、缩小和平移等操作。有时为了便于看图和工作，还需要将模型调整成不同的显示状态。

**1. 鼠标与键盘的操作**

图形的旋转、平移和缩放操作，可通过按住鼠标滚轮（中键）并结合<Shift>键或<Ctrl>键来实现，具体操作方法如表 1-1 所示。

**表 1-1 鼠标对模型视图的调整操作**

| 视图视角的控制 | 三键鼠标的操作方法 |
| --- | --- |
| 模型视图的缩放 | 方法一：向前或向后滚动鼠标滚轮（中键），模型视图以鼠标的光标为中心进行缩小或放大 |
| | 方法二：按住鼠标滚轮和<Ctrl>键的同时，向前或向后移动鼠标 |
| 模型视图的旋转 | 按住鼠标滚轮的同时，移动鼠标，可以旋转模型 |
| 模型视图的平移 | 按住<Shift>键和鼠标滚轮的同时，移动鼠标，可以平移模型视图 |

**2. “视图” 工具栏**

“视图” 工具栏如图 1-8 所示。

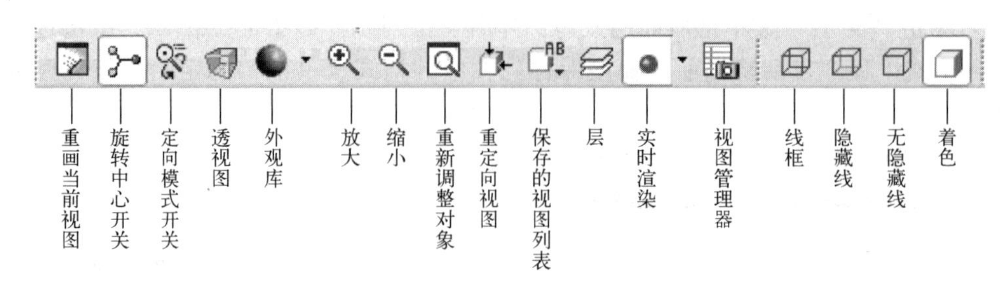


图 1-8 “视图” 工具栏

### 1.2.4 模型树

模型树以“树”的形式显示当前激活模型文件中的特征或零件，在树的顶部显示根对象，即模型文件名，并将从属对象（特征或零件）置于根对象之下。在零件模块中，模型树显示零件文件名称并在名称下显示零件的每个特征，如图 1-9 所示；在组件模块中，模型树显示组件文件名称并在名称下显示其所包括的零件文件和子组件。

模型树可以展开或者收缩，当在模型树上单击某个节点处的符号“+”时，则可以展开该节点下面的所有分支；当在模型树单击某个节点处的符号“-”时，则可以收缩该节点处的分支。

在导航区的（模型树）选项卡中，单击显示按钮，出现图 1-10 所示的菜单，在该菜单中选择“全部展开”，则展开模型树中的所有分支；若选择“全部收缩”，则收缩模型树中的所有分支。

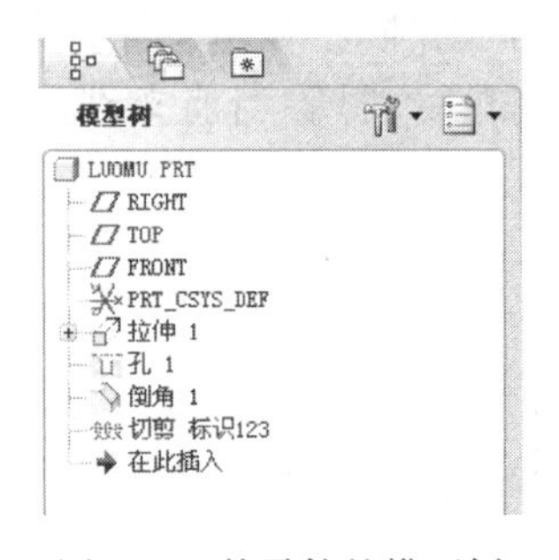


图 1-9 某零件的模型树

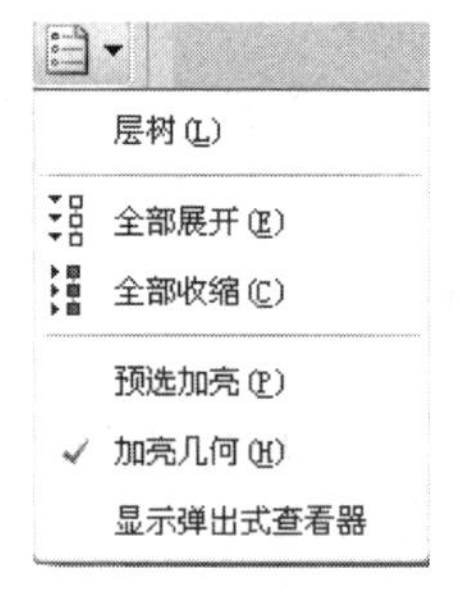


图 1-10 “显示” 菜单

在导航区的（模型树）选项卡中，单击设置按钮，出现图 1-11 所示的菜单，在该菜单中单击“树过滤器”，可以打开图 1-12 所示的“模型树项目”对话框，在该对话框中可以控制模型中各类项目是否在模型树中显示，其中前面带有“√”符号的项目将在模型树上显示。

### 1.2.5 层的应用

在设计工作中，常常使用层来辅助管理一些对象。通过层，可以对同一层中所有的对象进行显示、遮蔽、选择和隐含等操作。

在工具栏中单击（层）按钮可以在模型树与层树之间进行切换，或者在图 1-10 所示的显示菜单中选择“层树”（或者“模型树”）来切换。层树的显示状态如图 1-13 所示。

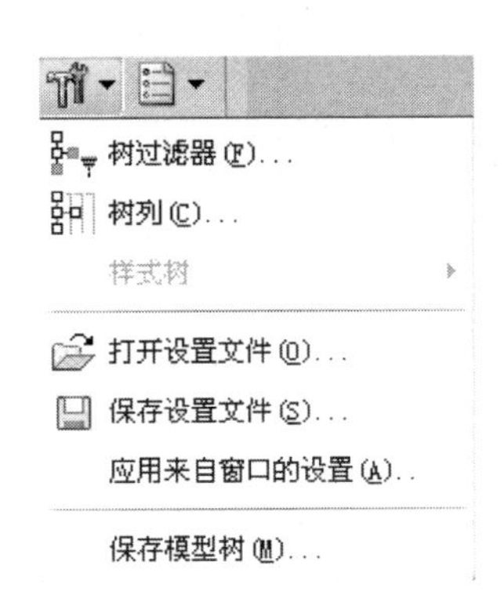


图 1-11 “设置”菜单

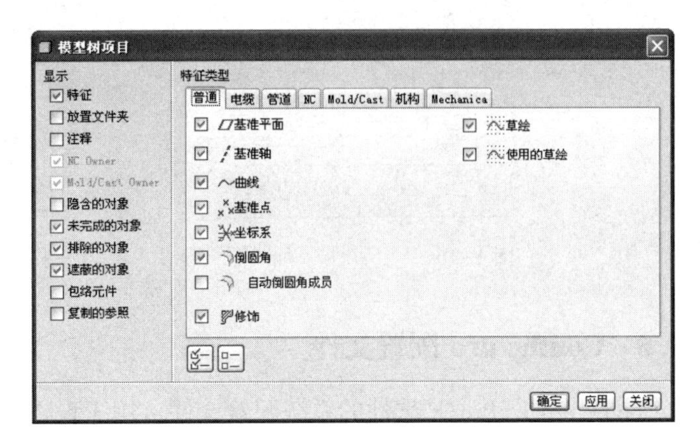


图 1-12 “模型树项目”对话框

下面介绍如何新建一个图层，并将一些项目添加到该层中。

（1）在层树上选择一个层，然后单击层按钮，打开如图 1-14 所示的菜单。

（2）从该菜单中选择“新建层”命令，弹出图 1-15 所示的“层属性”对话框。

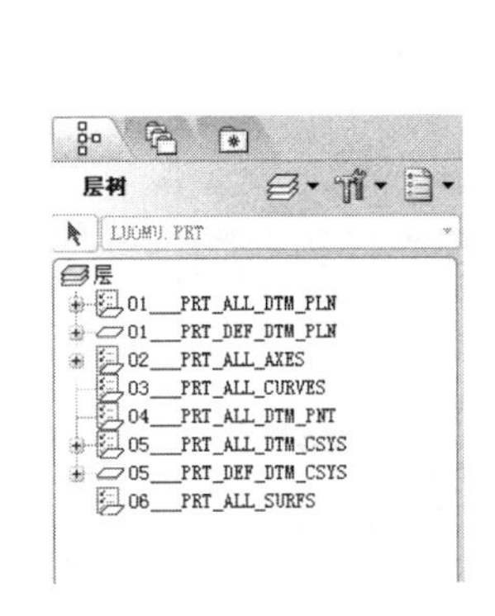


图 1-13 层树

图 1-14 “层”菜单

图 1-15 “层属性”对话框

（3）在“名称”文本框中输入新层的名称，而“层 Id”文本框可以不填。

（4）在图形区或者在模型树上选择所需的特征作为新层的项目，这些项目会出现在“内容”选项卡的列表中，包含在层中的项目会在状态列中以“+”显示，如图 1-16 所示。另外，可以在图 1-17 所示的“规则”选项卡上使用规则来给层添加项目，以及在“注释”选项卡给层添加注释说明。

（5）在“层属性”对话框单击“确定”，则新层按数字、字母顺序被放在层树中。

图 1-16 “层属性”对话框

图 1-17 “规则”选项卡

## 1.2.6 Config. pro 配置文件

Config. pro 是 Pro/E 软件的系统配置文件，用于设置软件的工作环境和全局配置。初始 Config. pro 文件中的每个配置选项都使用 Pro/E 软件设置的默认值。

要改变 Config. pro 文件选项的值，可通过如下操作。

(1) 在“工具”菜单中选择“选项”命令，打开“选项”对话框。

(2) 在对话框中“选项”下面的文本框中输入“allow-anatomic-features”，然后将其值设置为“yes”，如图 1-18 所示，然后单击“添加”→“更改”。也可以在“选项”下面的文本框中输入“ * ”，然后单击 查找... ，打开图 1-19 所示的“查找选项”对话框，Pro/E 的所有配置选项都按字母顺序排列在该对话框的列表中，然后从中选择选项进行修改。

图 1-18 “选项”对话框

(3) 在“选项”对话框中单击保存图标，系统打开“另存为”对话框，如图 1-20 所示。在该对话框中单击 Ok ，将该设置保存到 config. pro 文件中，以后每次启动 Pro/E 软件，该设置都生效。如果不保存该设置，则该设置只对本次启动的 Pro/E 程序有效。

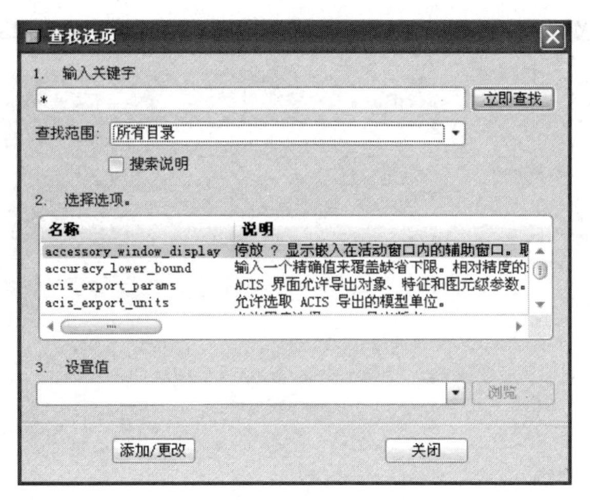


图 1-19 “查找选项”对话框

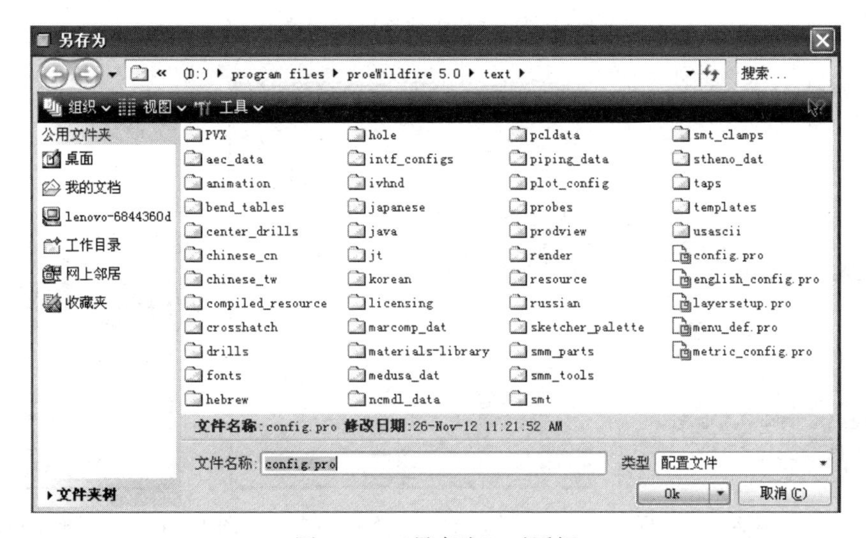


图 1-20 “另存为”对话框

### 1.2.7 零件单位的转换

由于不同的国家所使用的单位制不同，在不同企业间进行交流时，常常需要在不同单位制间进行转换。下面以英制（英寸）单位转换为公制单位（毫米）为例，介绍其转换的操作方法。

（1）打开模型文件后，在菜单栏中选择“文件”→“属性”，将弹出“模型属性”对话框，如图 1-21 所示。在“模型属性”对话框中选择“单位”栏右边的“更改”，弹出“单位管理器”对话框，红色箭头所指为程序默认的单位，如图 1-22 所示。

（2）在对话框中单击“毫米牛顿秒”项，如图 1-23 所示，然后单击“设置”按钮。

（3）弹出“改变模型单位”对话框，如图 1-24 所示，在“模型”选项卡中，根据要求勾选其中的一个选项，最后单击“确定”按钮。

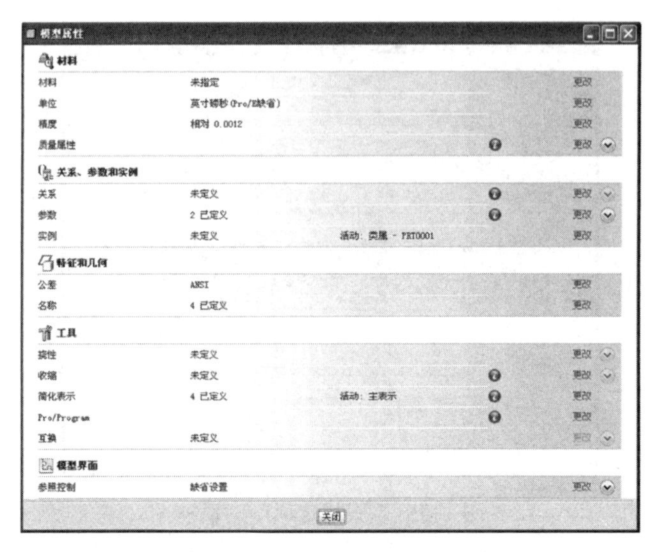


图 1-21 “模型属性”管理器

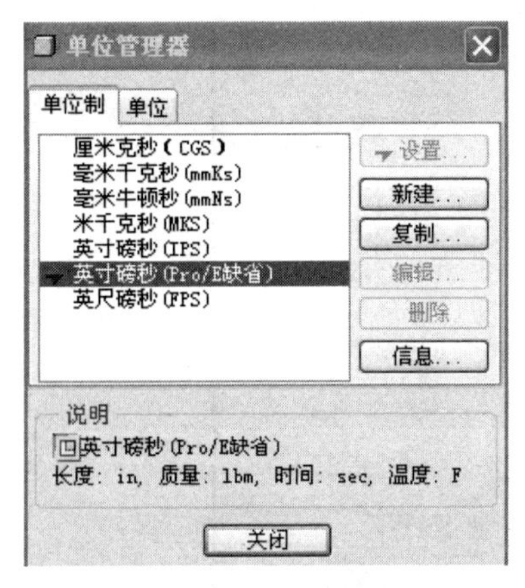


图 1-22 “单位管理器”对话框

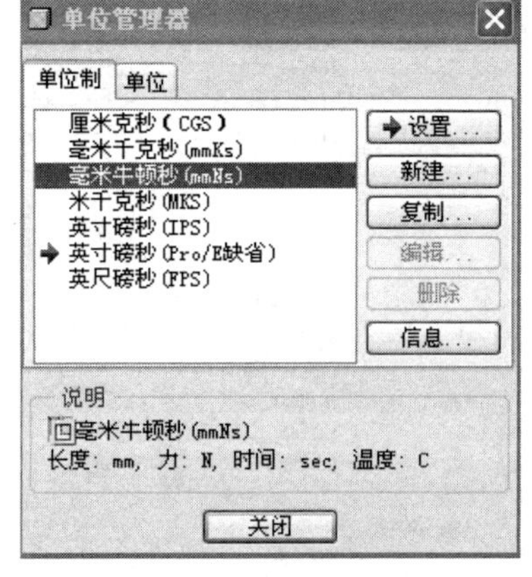


图 1-23 选择单位制

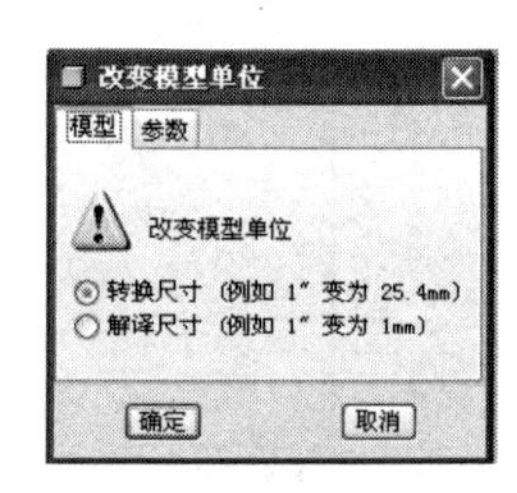


图 1-24 “改变模型单位”对话框

（4）在“单位管理器”对话框中单击“确定”按钮，完成模型单位的转换。

# 第2章　二维草绘

草绘模块是 Pro/E 软件中专门用来绘制二维图形的工具，也称为草绘器。二维图形是进行三维造型的基础，大部分特征的创建都需要用到草绘。实际上，三维造型的大部分时间都花在草绘上，并且，草绘图形绘制得正确与否，直接决定了特征生成的成败。

在 Pro/E 软件工具栏中单击，打开“新建”对话框，如图 2-1 所示，在“类型”栏选择 草绘，在“名称”栏输入文件名称，然后单击“确定”，系统进入草绘模块。草绘模块的工作界面主要由标题栏、菜单栏、工具栏、图形区、信息栏和状态栏等几部分组成，如图 2-2 所示。在图形区的右侧工具栏中集中了绘制和编辑草绘图形的常用快捷工具。

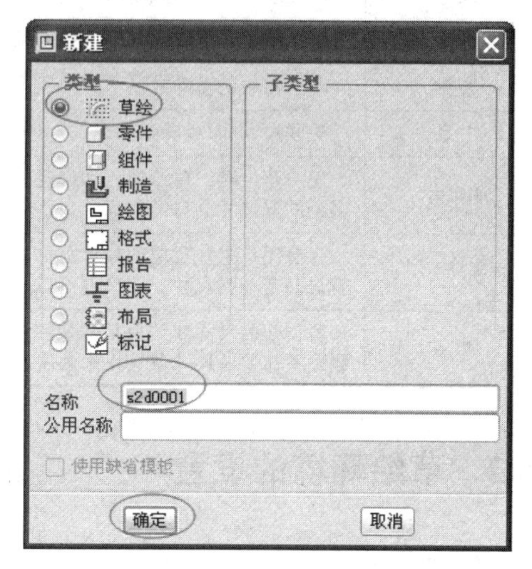


图 2-1　“新建”对话框

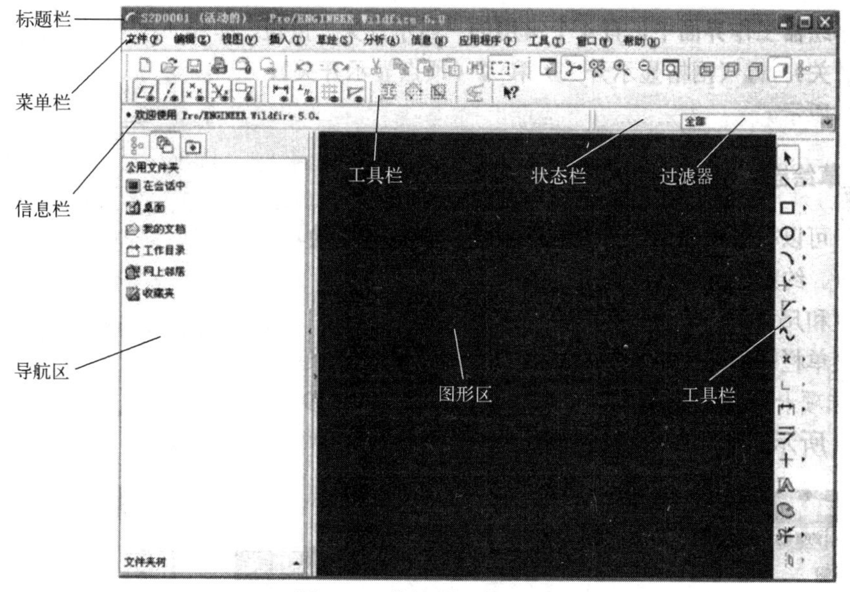


图 2-2　草绘器工作界面

## 2.1　草绘器中的术语

为了更好地学习 Pro/E 的草绘模块，需要先了解和掌握草绘器中的一些常用术语，这些常用术语的含义如表 2-1 所示。

**表 2-1　草绘器中常用术语的含义**

| 术　语 | 定义描述或特征 |
| --- | --- |
| 图元 | 草绘图形的基本组成元素（如直线、圆弧、圆、样条曲线、圆锥曲线、点或坐标系等） |
| 参照图元 | 创建特征截面或轨迹等对象时所参照的图元，参照的几何（例如零件边）对草绘器为“已知” |
| 尺寸 | 图元或图元之间关系的测量 |
| 约束 | 定义图元几何或图元间关系的条件，约束符号会出现在应用约束的图元旁边 |
| 参数 | 草绘器中的辅助数值 |
| 关系 | 关联尺寸和/或参数的等式 |
| 弱尺寸 | 用户草绘时，草绘器自动创建的尺寸被称为“弱尺寸”，弱尺寸以灰色显示；当用户添加尺寸时，多余的弱尺寸会自动删除 |
| 强尺寸 | 带有用户主观意愿的尺寸被称为“强尺寸”；由用户创建的尺寸总是强尺寸；弱尺寸经过修改后就自动变为强尺寸。用户也可以直接将某一弱尺寸转化为强尺寸 |
| 冲突 | 若创建的尺寸或约束是多余的，或者与已有的尺寸或约束矛盾时，就会出现冲突。此时，可通过删除不需要的尺寸或约束来解决，也可通过将多余的尺寸转变为参考尺寸来解决 |

## 2.2　草绘环境的设置

### 1. 显示开关

在草绘器工作界面中，有 4 个常用的“显示开关”按钮，即（尺寸显示开关）、（约束显示开关）、（网格显示开关）和（顶点显示开关），如图 2-3 所示。

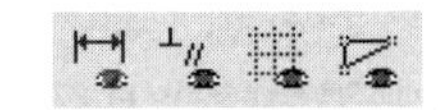

图 2-3　“显示开关”按钮

### 2. 草绘器优先选项

在菜单栏中选择“草绘”→“选项”命令，打开“草绘器优先选项”对话框。该对话框有 3 个选项卡：“其它”选项卡、“约束”选项卡和“参数”选项卡，如图 2-4 所示。

用户可以根据绘图的实际情况来设置所需要的草绘环境，例如，设置显示或隐藏屏幕栅格、顶点、约束、尺寸和弱尺寸，设置草绘器“约束”优先选项，改变栅格参数以及改变草绘器精度和尺寸的小数点位数等。

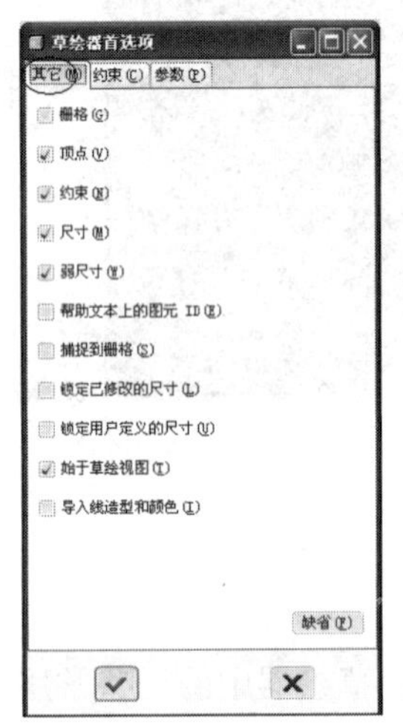


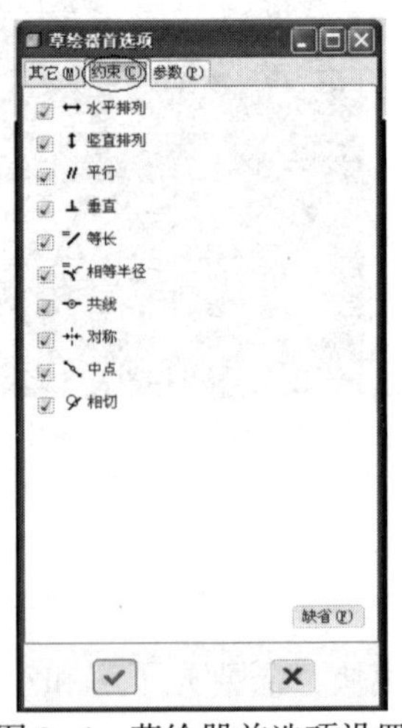


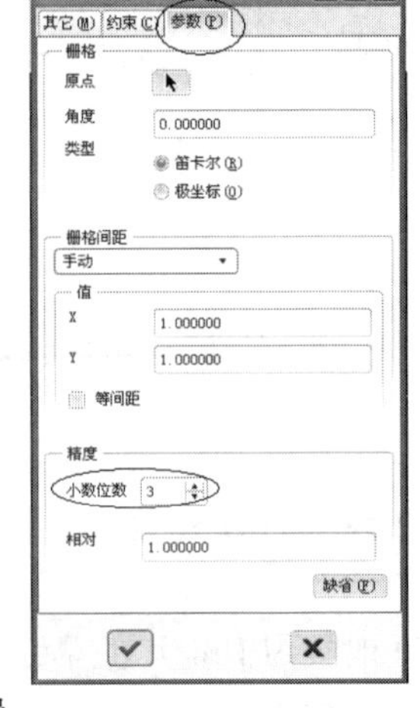


图 2-4　草绘器首选项设置

## 2.3 草绘诊断器

在特征创建的过程中所草绘的图形不能有重叠的图元，有时要求图形封闭，不能有开放端。否则，会造成特征的生成失败。为了保证草绘出正确的图形，可以采用如图 2-5 所示的“草绘诊断器”工具对所绘制的图形进行诊断。“草绘诊断器”工具的功能用途如下。

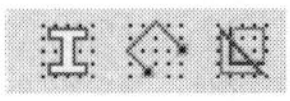

图 2-5 “草绘诊断器”工具

（着色封闭环）：用来检查草绘链是否封闭。当按下该工具时，封闭的草绘链会着色显示。如果没有着色显示，说明草绘链要么有开放端，要么有重叠的图元。

（加亮开放端点）：用来查找草绘链的开放端。当按下该工具时，草绘链的开放端点会以红色加亮显示。

（重叠几何）：用来查找有几何重叠的位置。当按下该工具时，有几何重叠的草绘链会以绿色加亮显示。

## 2.4 绘图的基本图元

图元是组成截面几何的基本元素，包括点、直线、圆弧、圆、样条曲线、圆锥曲线、坐标系等。在主菜单中选择“草绘”，打开“草绘”下拉菜单，然后从中选择某一基本图元的绘制命令，就可以进行相应图元的绘制，也可以直接在图形区的右侧选择基本图元的绘制工具来进行基本图元的绘制。常用基本图元的绘制工具如表 2-2 所示。基本图元的绘制比较简单，这里就不一一赘述了。

**表 2-2 创建基本几何图元的工具按钮**

| 序号 | 图元类型 | 工具按钮 | 说　明 |
|---|---|---|---|
| 1 | 点 | | 创建点；创建几何点 |
| 2 | 坐标系 | | 创建参照坐标系 |
| 3 | 线 | | 通过指定两点来绘制直线 |
| 4 | | | 创建两圆弧或圆的相切线 |
| 5 | | | 创建两点中心线，即通过指定两点来绘制中心线 |
| 6 | | | 创建两点几何中心线 |
| 7 | 矩形 | | 通过定义对角线的两端点来创建矩形 |
| 8 | | | 创建斜矩形 |
| 9 | | | 创建平行四边形 |
| 10 | 圆与椭圆 | | 通过拾取圆心和圆上一点来创建圆 |
| 11 | | | 创建同心圆 |
| 12 | | | 通过圆周上的 3 点来创建圆 |
| 13 | | | 创建与 3 个图元相切的圆 |
| 14 | | | 根据椭圆长轴的两个端点创建椭圆 |

（续）

| 序号 | 图元类型 | 工具按钮 | 说　　明 |
| --- | --- | --- | --- |
| 15 | 圆与椭圆 |  | 根据椭圆的中心和长轴的一个端点创建椭圆 |
| 16 | 圆弧 |  | 通过 3 点创建圆弧，或创建一个在其端点相切于其他图元的圆弧 |
| 17 |  |  | 创建同心圆弧 |
| 18 |  |  | 通过选择圆心和两个端点来创建圆弧 |
| 19 |  |  | 创建与 3 个图元相切的圆弧 |
| 20 |  |  | 创建锥形弧 |
| 21 | 圆角 |  | 在两图元间创建一个圆角 |
| 22 |  |  | 在两图元间创建一个椭圆形圆角 |
| 23 | 倒角 |  | 在两个图元之间创建倒角并创建构造线延伸 |
| 24 |  |  | 在两个图元之间创建一个倒角 |
| 25 | 样条曲线 |  | 创建样条曲线 |
| 26 | 边 |  | 使用边创建图元 |
| 27 |  |  | 通过偏移边来创建图元 |
| 28 |  |  | 通过将边向两侧偏移来创建图元 |
| 29 | 数据来自文件 |  | 将调色板中的图形插入到当前图形 |

## 2.5　图形编辑

绘制好基本的图形之后，通常还需要使用编辑命令或者工具对现有几何图形进行处理，以获得合乎设计要求的图形。常见的编辑命令有“镜像”“移动调整”“修剪”“切换构建”“删除”“复制”“粘贴”等。现对部分命令介绍如下。

**1. 镜像**

镜像图形的操作步骤如下。

（1）选择要镜像的图形（多图元时，可以采用框选的方式，或者按住<Ctrl>键进行多对象选择）。

（2）在工具栏中单击镜像按钮，或者在菜单栏中选择“编辑”→“镜像”命令。

（3）选择作为镜像基准的一条中心线，即可完成镜像操作，结果如图 2-6 所示。

**注意：**镜像的基准必须是中心线，而不能是实线或者构建线。

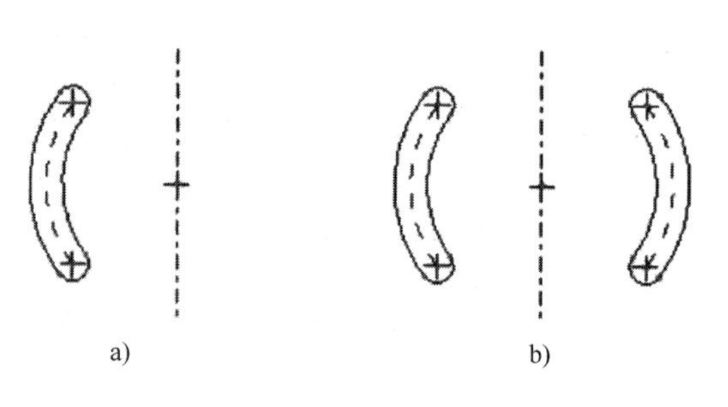


图 2-6　镜像
a）镜像前　b）镜像后

**2. 移动调整**

移动调整（可实现平移、旋转和缩放图元）的操作步骤如下。

（1）选择如图 2-7 所示的图形。

（2）在工具栏中单击（移动调整）按钮，图形变成如图 2-8 所示，并弹出“移动和调整大小”对话框，如图 2-9 所示。此时，可以使用鼠标对图 2-8 中显示的（平移图柄）、（旋转图柄）或（缩放图柄）进行拖动操作，从而对图形进行实时移动、旋转或缩放。

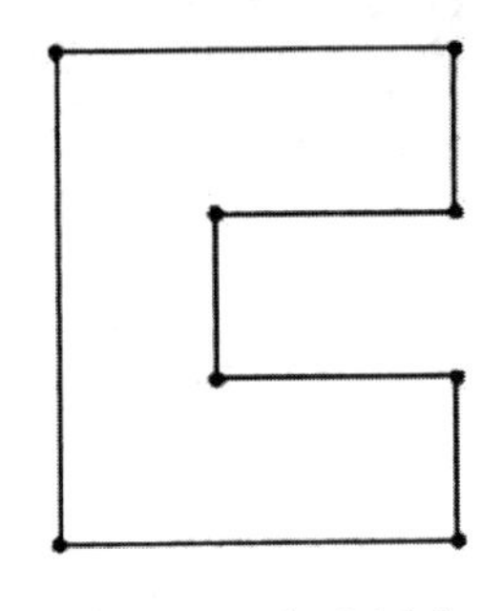

图 2-7　选择的图形

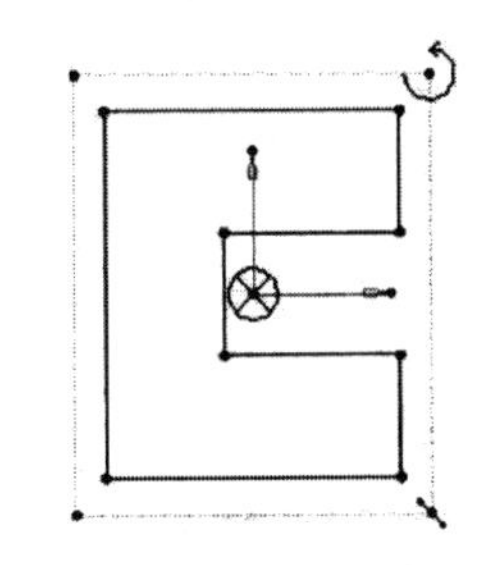

图 2-8　显示的图形

（3）在“移动和调整大小”对话框中，设置缩放比例值为 1，旋转角度值为 90，如图 2-9所示。

（4）在“移动和调整大小”对话框中，单击（完成），结果如图 2-10 所示。

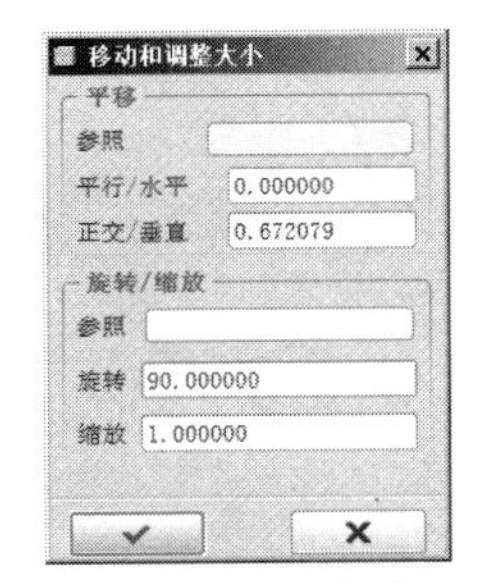


图 2-9　“移动和调整大小”对话框

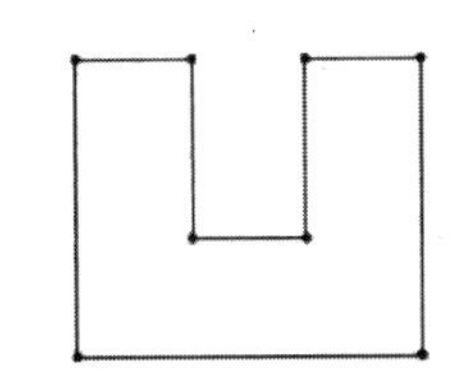

图 2-10　移动调整结果

### 3. 修剪

在草绘工具栏中单击旁边的，可打开“修剪”侧拉工具栏。该工具栏包括（删除段）、（拐角修剪）和（分割）三个工具按钮。下面分别介绍其功能。

（删除段）：删除段用于动态地修剪草绘图元，是最常用的修剪方式，使用该方式可以动态地将多余的线段删除。单击，然后单击要删除的线段即可，如图 2-11 所示。

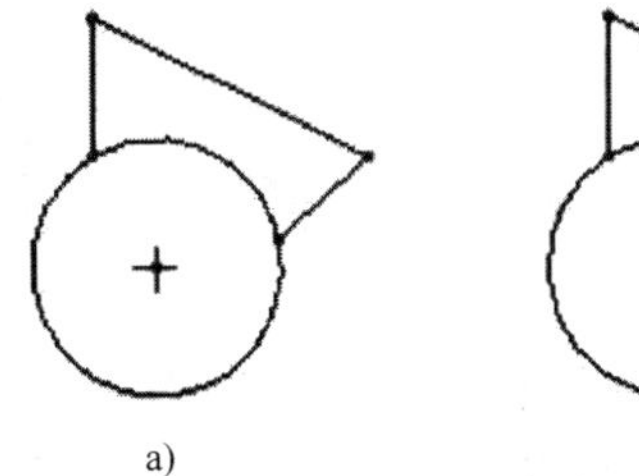

a）

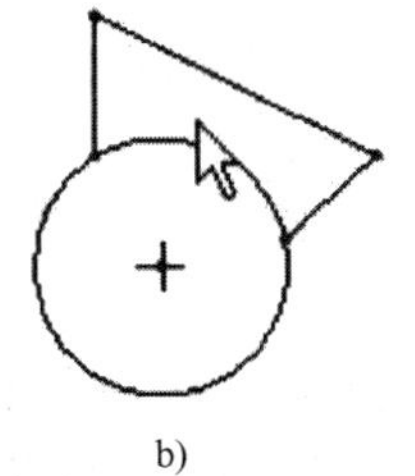

b）

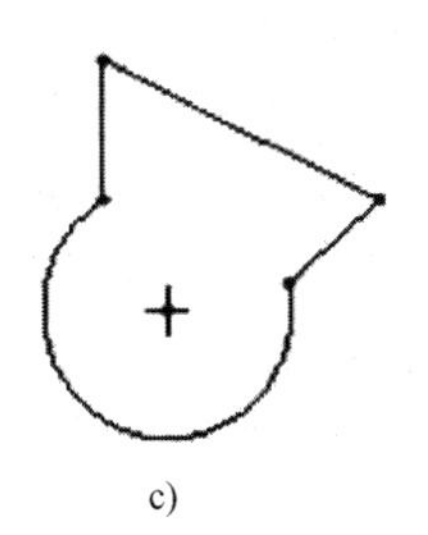

c）

图 2-11　“删除段”修剪

a）原图形　b）单击要删除的段　c）删除段的结果

（拐角修剪）：拐角修剪用于将图元剪切或延伸到其他图元。如果要修剪的两图元是相交的，单击⊹，然后单击要保留的两个图元段，则将修剪掉保留段另一侧的部分，如图 2-12所示。

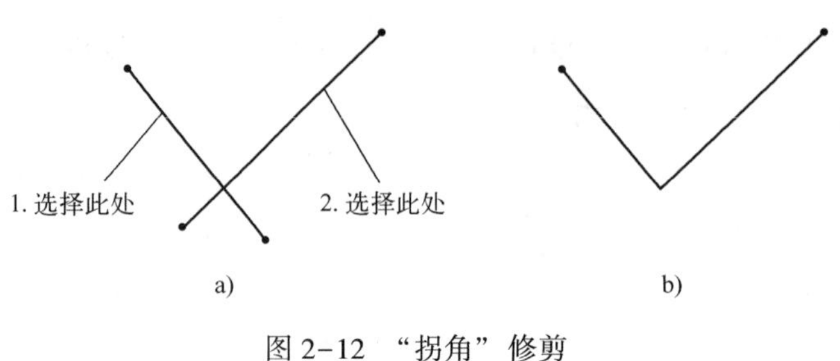


图 2-12 “拐角”修剪

a）修剪前 b）修剪后

如果要修剪的两图元没有相交，但其延伸后可以相交，那么拐角修剪后的两图元将自动延伸至相交点，并且将位于该相交点另一侧的线段修剪掉（如果有的话），如图 2-13 所示。单击⊹，然后单击图 a 所示的两个位置，结果如图 b 所示。该命令在草绘特征的封闭截面时非常有用，当检查到截面在某处断开后，可以“拐角修剪”该处的两个图元，使其延伸相交，从而使截面闭合。

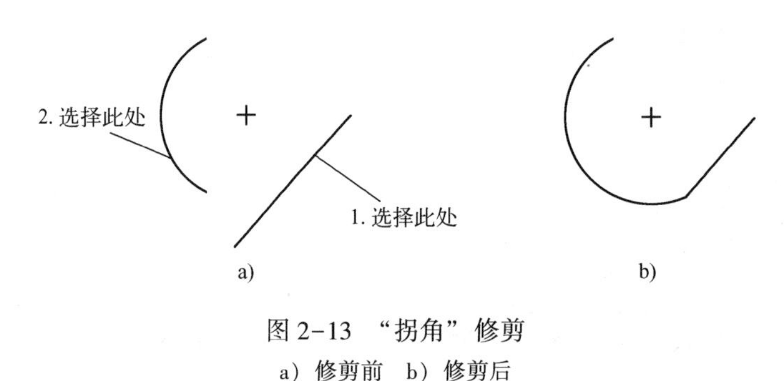


图 2-13 “拐角”修剪

a）修剪前 b）修剪后

（分割）：用于将图元在指定的某一点处打断，使其分割成两部分。

**4. 复制与粘贴**

在绘制截面的过程中，可以复制已绘制的图形。先选择要复制的图形，然后在工具栏中单击（复制）按钮，接着单击（粘贴）按钮，然后移动鼠标指针在图形区的指定位置处单击，则在该位置出现一个与原图形形状相同的图形，并弹出图 2-9 所示的“移动和调整”对话框，在对话框中设置缩放比例值和旋转角度等参数，单击✓（完成）按钮，就可以完成图形的复制。

**5. 切换构建**

构建线主要用作辅助定位线，它以虚线显示，如图 2-14 所示。在 Pro/E 中，没有专门绘制构建线的工具，但可以将绘制的实线转化为构建线，方法是先选择实线，然后单击右键，从右键菜单中选择“构建”即可。也可以将构建线转化为实线，方法是先选择构

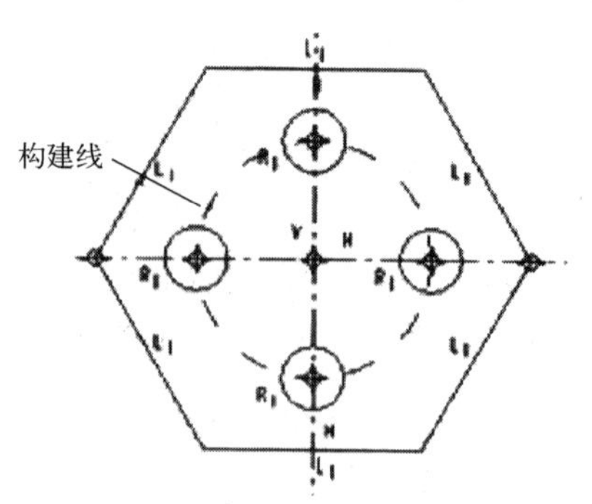


图 2-14 构建线示例

建线，然后单击右键，从右键菜单中选择“几何”。

## 2.6 几何约束

**1. 约束的类型**

在草绘截面图形的过程中，往往需要根据几何图元之间的相互关系来设置某些几何约束条件。在工具栏中单击+右侧的侧拉按钮▸，打开图2-15所示的“约束”工具栏，其上有竖直、水平、正交、相切、中点、重合、对称、相等和平行九种约束。其中对称约束的对称基准必须是中心线，并且只能对点进行对称约束。其添加方法是先单击要对称的两个点（可以是线段端点、圆弧中心等），然后单击作为对称基准的中心线，或者先单击中心线，再单击两个点。其他几何约束的添加较为简单，这里就不一一赘述了。

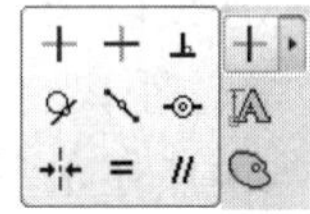

图2-15 “约束”工具栏

**2. 约束的锁定、禁用与删除**

在绘制图元的过程中，系统经常会自动提示可以捕捉的约束并显示约束符号，如果能正确利用系统自动提示的约束，则可以大大方便用户绘图。

绘图时，当出现某约束符号时，如图2-16a所示，单击右键，约束符号会被红色圆圈圈住，如图2-16b所示，表示锁定该约束，再次单击右键，该约束符号会被画上红色斜杠，如图2-16c所示，表示该约束被禁用，继续单击右键，则取消禁用，再单击右键，则该约束又被锁定，如此依次循环。

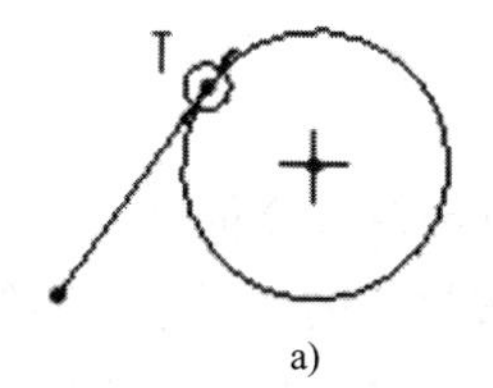

a)

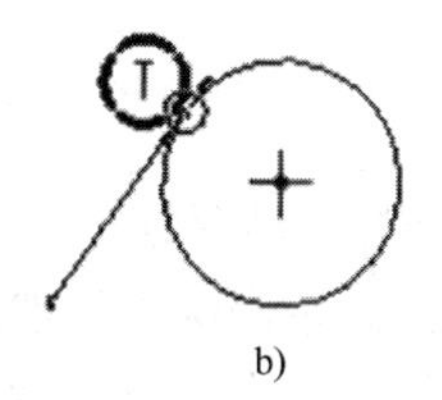

b)

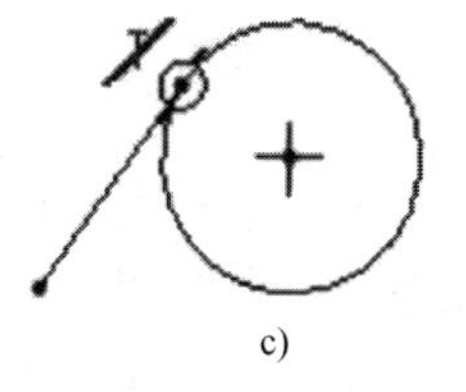

c)

图2-16 约束的锁定与禁用

a）出现约束符号 b）约束锁定 c）约束禁用

约束被添加后，如果不再想用该约束，可以在绘图区选择该约束符号，单击右键，从右键菜单中选择删除，就可以删除该约束。

## 2.7 尺寸标注

为了确保截面草图的任一图元都已充分约束，系统在图元绘出的同时会自动标注上完全约束所需的尺寸，这些系统自动添加的尺寸称为弱尺寸。弱尺寸有时候并不符合设计的要求，这时候需要用户自己进行修改或者手动标注尺寸。由用户修改或者手动标注的尺寸称为强尺寸。随着尺寸和约束的添加，如果添加了多余的尺寸或约束，系统会优先自动删除多余的弱尺寸。当没有弱尺寸可以删除时，就会出现尺寸冲突。弱尺寸也可以转化为强尺寸，方法是选择弱尺寸，然后单击右键，在右键菜单中选择“强”即可。

尺寸标注的菜单命令位于“草绘”→“尺寸”级联菜单中。另外，在工具栏中也提供了常用的标注工具按钮，如图 2-17 所示。其中用于常规尺寸的标注，用于标注周长，用于标注参考尺寸，用于标注基线尺寸。

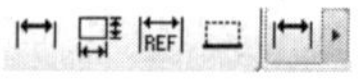

图 2-17 标注工具栏

使用（常规尺寸）工具，可以标注出大部分所需要的尺寸，如长度、距离、角度、直径、半径等。现对一些常用尺寸的标注方法说明如下。

标注线段长度：单击要标注的线段，然后在放置尺寸的位置单击滚轮（或中键，下同）。标注距离：分别单击两点（或两平行线，或点与线），然后在放置尺寸的位置单击滚轮。当两点在水平方向和垂直方向不对齐时，在不同位置单击滚轮，标注的结果会不一样，如图 2-18 所示。当在虚线框左侧单击滚轮时，标注结果如图 2-18a 所示；当在虚线框上方单击滚轮时，结果如图 2-18b 所示；当在中虚线框里面单击滚轮时，标注结果如图 2-18c 所示。

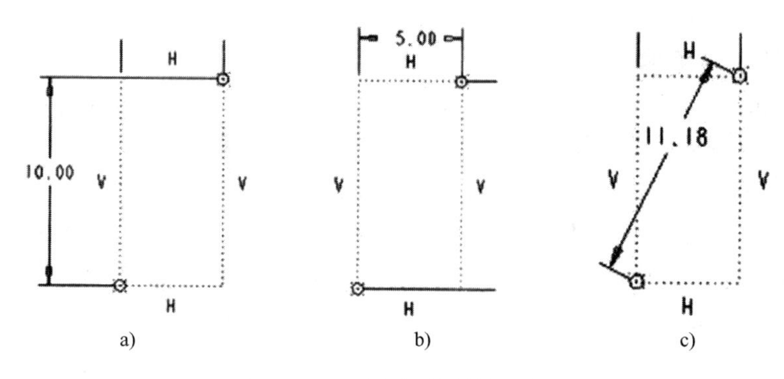


图 2-18 两点间距离的标注

标注角度：单击边，再单击另一条边，然后在放置尺寸的位置单击滚轮。

标注直径：在圆周（或圆弧）上任意单击两点，然后在放置尺寸的位置单击滚轮。

标注半径：在圆周（或圆弧）上任意单击一点，然后在放置尺寸的位置单击滚轮。

标注椭圆半径：在椭圆圆周上单击一点，然后单击滚轮，弹出图 2-19 所示的对话框，从中选择长轴或者短轴，然后单击“接受”。按同样方法标注另一轴，如图 2-20 所示。

标注对称尺寸：单击要标注的点，接着单击中心线，再单击要标注的点，最后在尺寸的放置位置单击滚轮。对称标注结果如图 2-21 所示。

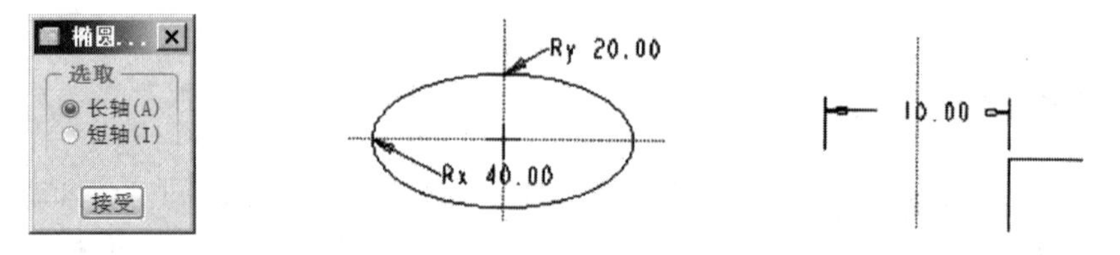


图 2-19 选取长轴或短轴　图 2-20 椭圆半径的标注　图 2-21 对称尺寸的标注

标注圆弧角度：单击圆弧端点，再单击另一个端点，然后单击圆弧上一点，最后在尺寸的放置位置单击滚轮。圆弧角度标注如图 2-22 所示。

标注样条曲线：样条曲线端点或插值点的距离标注与其他距离的标注方法相同。现介绍样条曲线端点或内部点的相切角度标注方法。单击样条曲线，再单击样条曲线端点（或内部点），然后单击参照图元（一般为中心线），最后在尺寸的放置位置单击滚轮。样条曲线端点相切角度标注如图 2-23 所示。

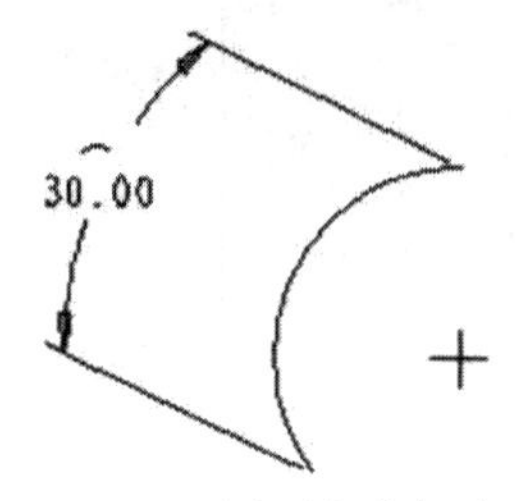


图 2-22　圆弧角度标注

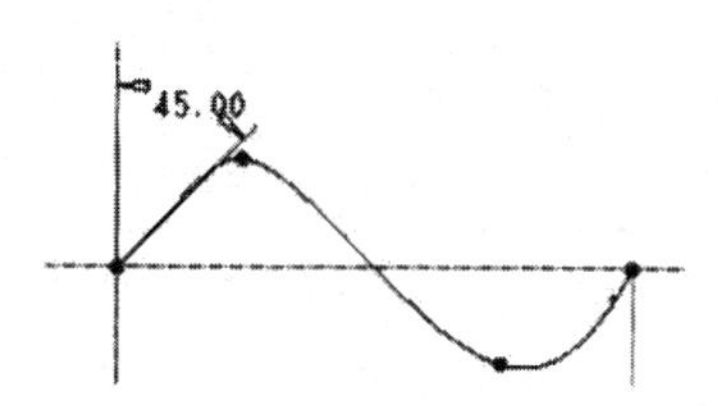


图 2-23　样条曲线端点相切角度

## 2.8　创建文本

在工具栏中单击（创建文本）按钮，或者在菜单栏中选择“草绘”→“文本”命令，接着在图形区分别指定两点，以确定文本的高度和方向，同时系统弹出图 2-24 所示的“文本”对话框，在“文本行”栏的文本框中输入要插入的文本。如果需要插入一些较为特殊的文本符号（如几何公差的符号等），可以单击该栏中的“文本符号”按钮，在弹出的图 2-25所示的“文本符号”对话框中选择所需要的符号。

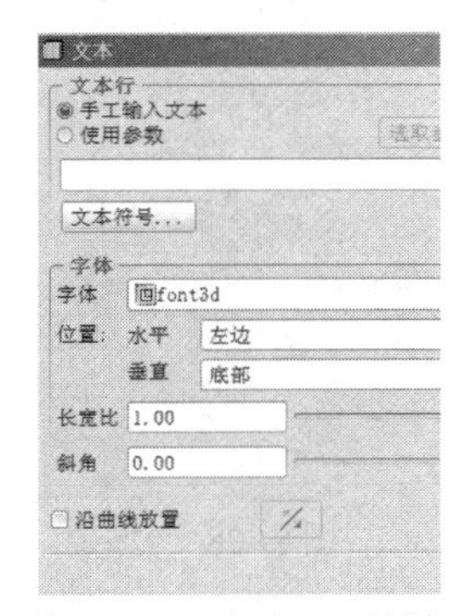


图 2-24　“文本”对话框

图 2-25　“文本符号”对话框

## 2.9　解决尺寸和约束冲突

在标注尺寸和添加约束的过程中，有时候会遇到出现多余的强尺寸或约束的情况，这时候系统会加亮弹出图 2-26 所示的“解决草绘”对话框，要求用户移除一个不需要的尺寸或约束来解决，当然用户也可以撤销当前添加的尺寸或约束来解决冲突。

“解决草绘”对话框中的 4 个按钮的功能如下。

撤销：撤销当前尺寸或约束的添加。

删除：删除列表框中的一个约束或者尺寸。

尺寸>参照：将列表框中的一个尺寸转换为参照尺寸。该按钮仅在存在冲突尺寸时才可以使用。

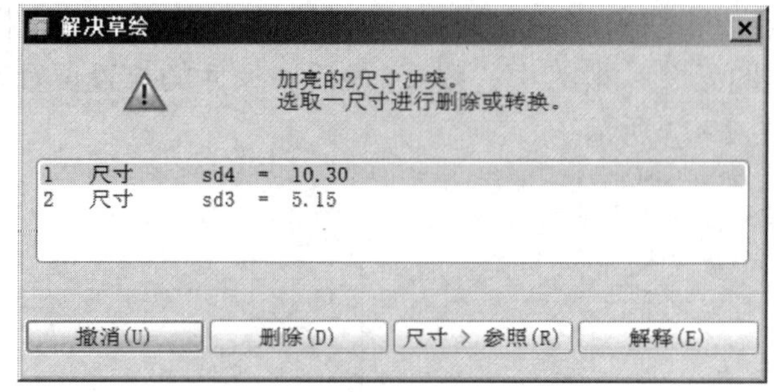


图 2-26 “解决草绘”对话框

解释：在信息栏显示选择项目的说明信息。

2.10

## 2.10 草图设计实例：扳手

如图 2-27 所示是一扳手的二维图，以此为例介绍二维草绘的详细过程。

1. 打开 Pro/E 软件，在上方工具栏中单击“新建”按钮，弹出“新建”对话框，如图 2-28所示，选择类型为“草绘”，输入文件名“banshou”，单击“确定”按钮，创建草绘文件。

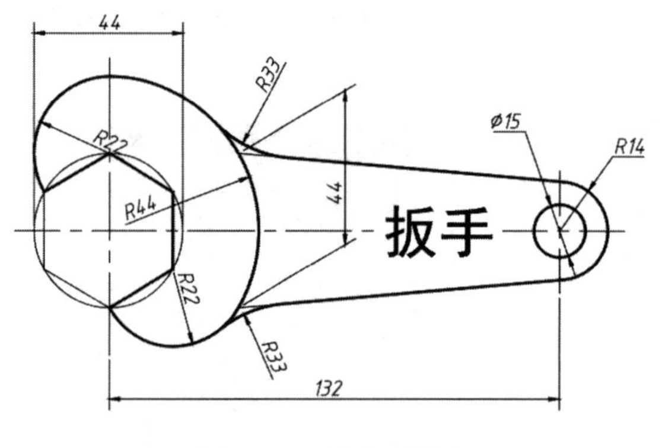


图 2-27 扳手二维图

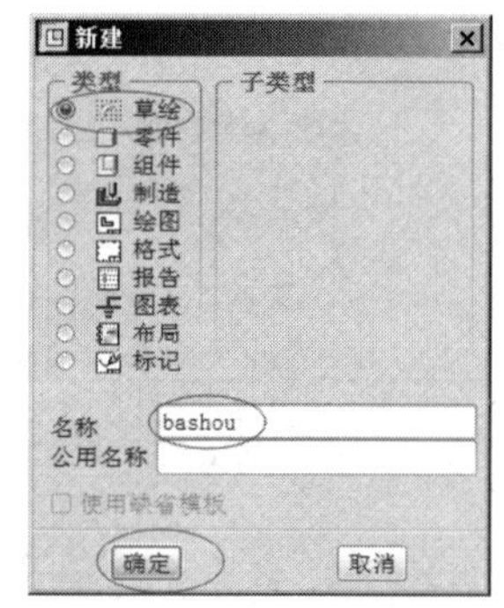


图 2-28 “新建”对话框

2. 进入草绘界面，单击中心线工具，创建一条水平中心线和两条竖直的中心线，单击标注尺寸工具，选择两条竖直中心线，输入 132，如图 2-29 所示。然后单击调色板工具，调用正六边形，如图 2-30 所示。

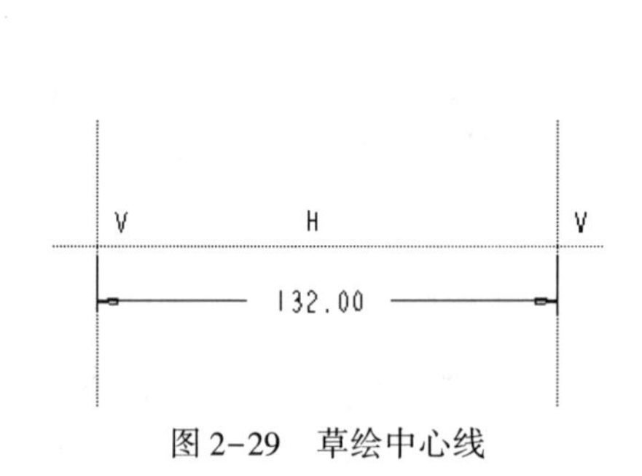


图 2-29 草绘中心线

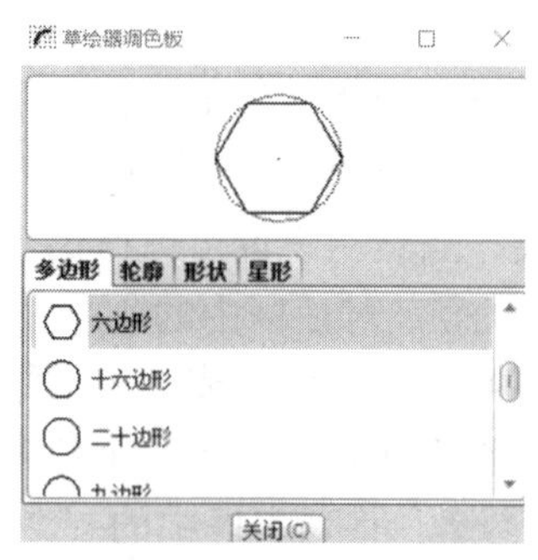


图 2-30 调用调色板

移动正六边形到左边中心线的中心位置，旋转至90°，如图2-31所示，单击“确定”按钮。然后单击标注尺寸工具，选择正六边形的外接圆，标注外接圆的半径尺寸为22 mm，接着单击绘制圆工具，在右边中心点位置画两个同心圆，标注尺寸，如图2-32所示。

图2-31　移动和调整大小

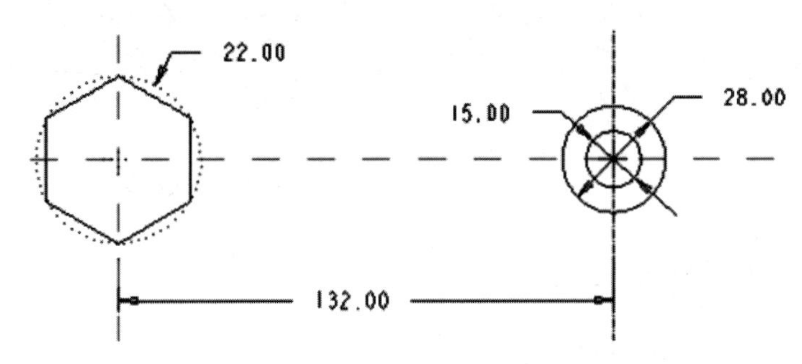


图2-32　绘制正六边形和两同心圆

在正六边形的中心绘制圆，半径为44 mm，在正六边形的上方和右下角分别绘制半径为22 mm的圆，如图2-33所示。单击删除段工具，删除不需要的线段，得到图2-34所示的图形。

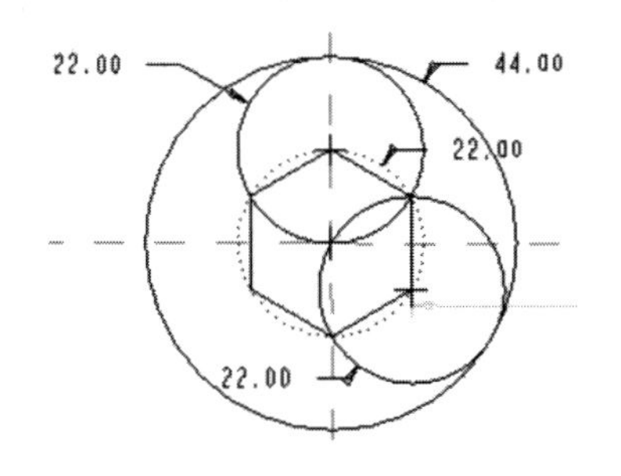


图2-33　绘制圆

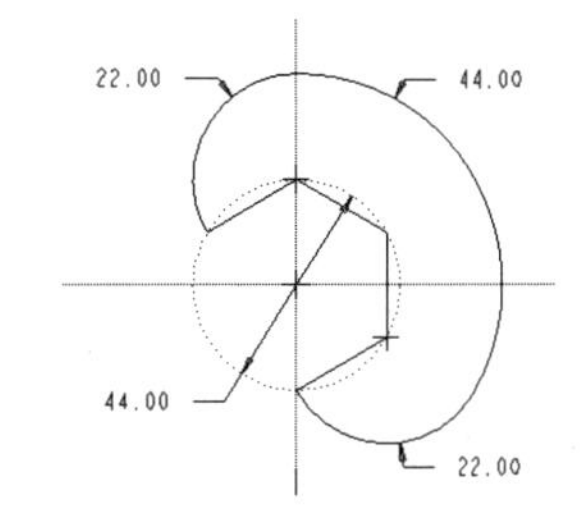


图2-34　删除线段

单击直线工具，绘制两条连接线，与右边的外圆相切，且与左边的圆弧相交，并关于水平中心线对称，标注两交点的距离为44 mm，结果如图2-35所示。

单击倒圆角工具，对相交处的图元进行圆角，半径为33 mm，如图2-36所示。

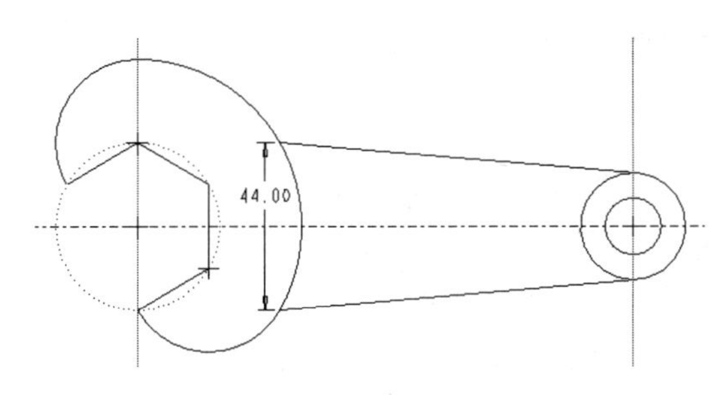


图2-35　绘制连接线

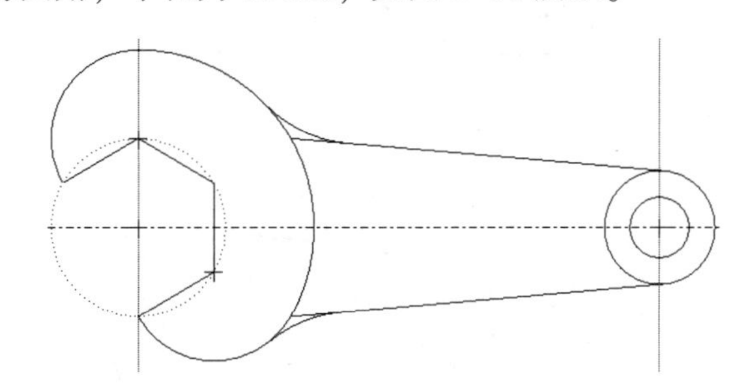

图2-36　倒圆角

单击删除段工具，删除不需要的线段，并显示所有尺寸，结果如图2-37所示。

单击主菜单栏中的“草绘”→“文本”，然后在绘图区中单击选择字体的位置，在图2-38所示的文本对话框中输入“扳手”字样，选择“ChangFangSong”，字体位置改为“中心”“中间”，勾选“沿曲线放置”，选择水平中心线，最后如图2-39所示。

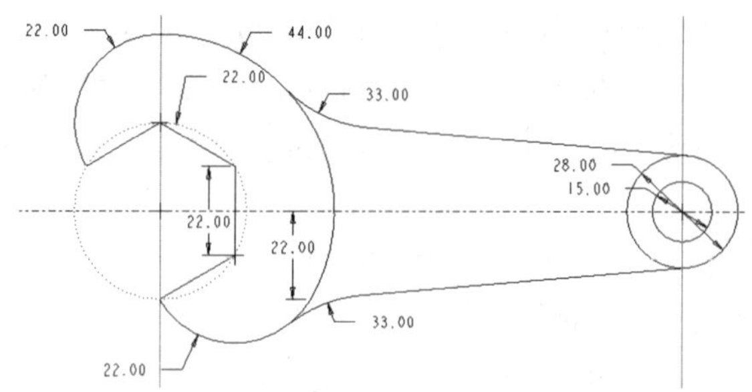

图 2-37　修改结果

图 2-38　“文本”对话框

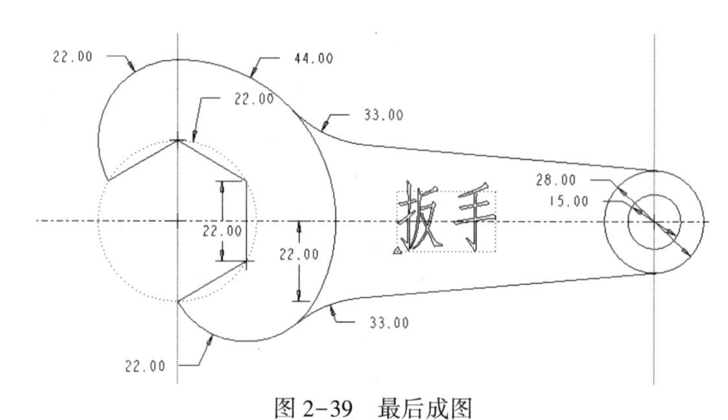

图 2-39　最后成图

## 练习题

绘制图 2-40 所示的各个二维草图。

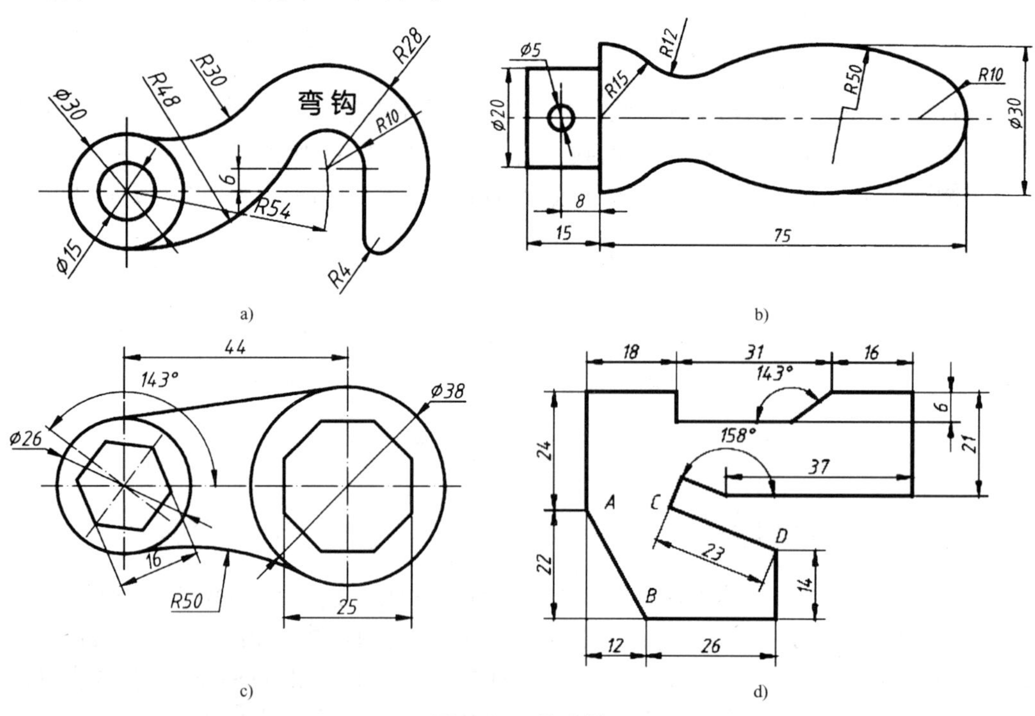

图 2-40　练习题

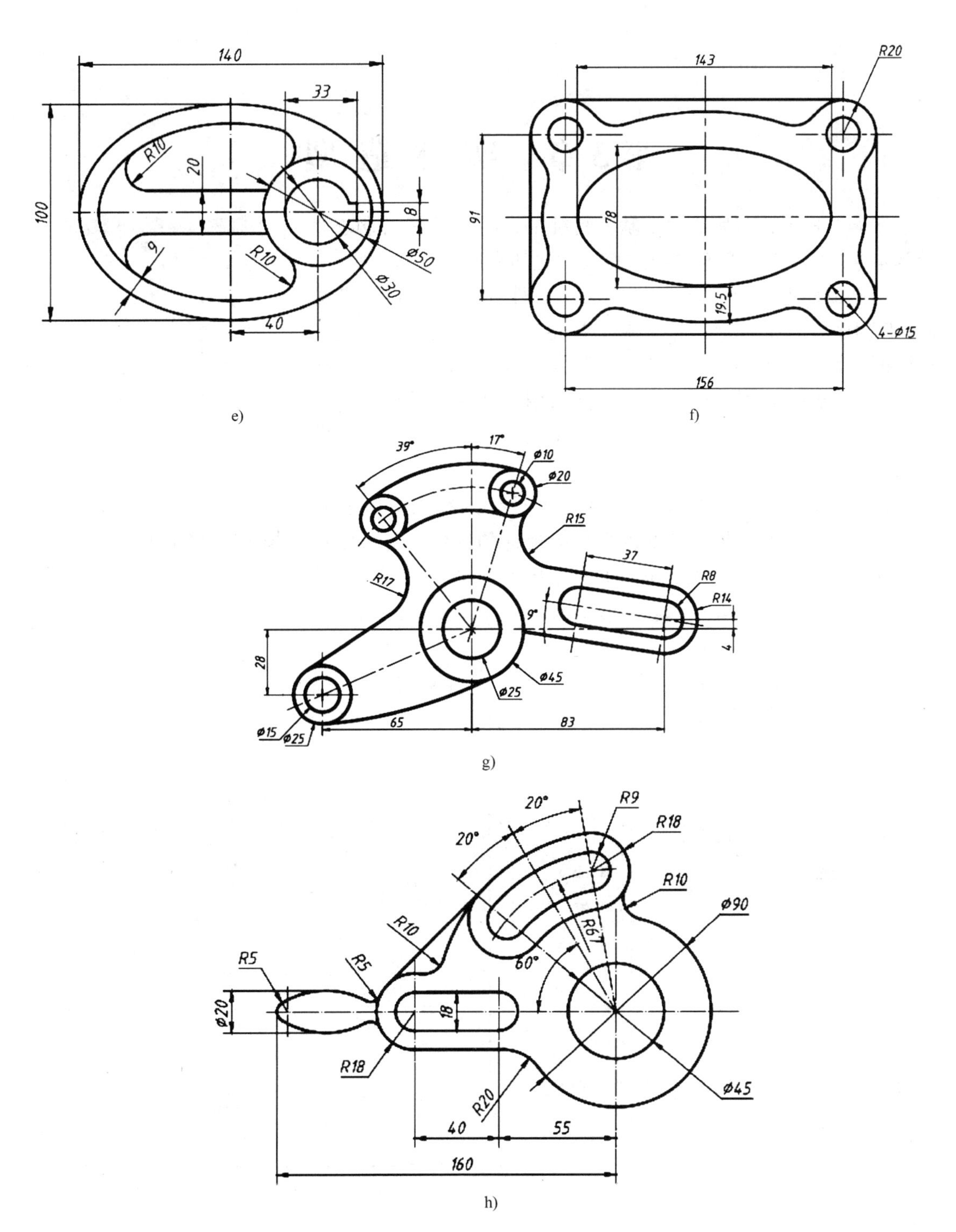
140
33
100
R10
20
8
Ø50
Ø30
R10
9
40
e)
143
R20
91
78
19.5
4-Ø15
156
f)
39°
17°
Ø10
Ø20
R15
37
R8
R17
R14
9°
4
28
Ø45
Ø25
Ø15
Ø25
65
83
g)
20°
R9
R18
20°
R10
Ø90
R10
R67
R5
R5
60°
Ø20
18
R18
Ø45
R20
40
55
160
h)

图 2-40 练习题（续）

# 第3章　实体造型

在 Pro/E 中，产品造型是基于特征的，特征是其三维造型最基本的单元。Pro/E 软件通过特征的叠加来进行产品造型。

用 Pro/E 进行产品造型一般在其零件模块中进行。启动 Pro/E 程序后，在初始界面上单击新建对象图标打开“新建”对话框，其默认类型为“零件”，默认子类型为“实体”。在“名称”文本框中输入文件名或直接采用默认的文件名，接受默认的设置，如图 3-1 所示。单击“确定”，即可进入零件模块的工作界面。

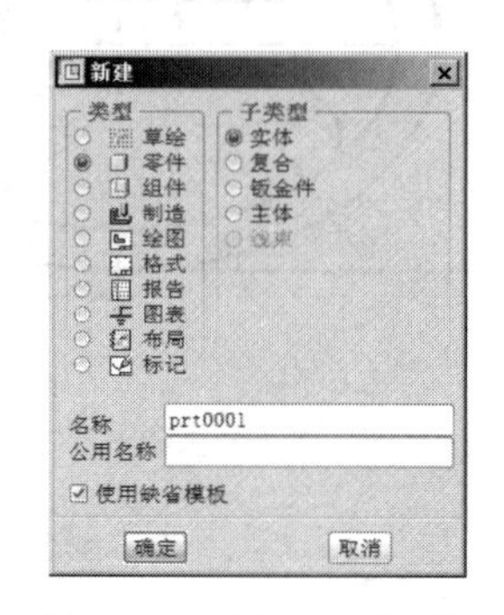

图 3-1　“新建”对话框

在工作界面上，一些常用的特征工具排列在图形区的右侧，直接单击这些工具，可以进行相应特征的创建。也可以在“插入”菜单中选择特征命令，如图 3-2 所示。插入菜单中的命令更加全面。

图 3-2　零件模块工作界面中的“插入”菜单

作为模板，系统自动创建了三个相互垂直的基准平面和一个基准坐标系。三个基准平面分别为 TOP 面、RIGHT 面和 FRONT 面。基准坐标系 PRT_CSYS_DEF 三条轴线分别为三个基准平面相互两两相交的交线，其中 Z 轴与 TOP 面垂直，在默认方向下，Z 轴指向向上。这些基准特征可以作为三维造型的初始定位基准和参照。视图的旋转中心图标位于坐标原点上。这些基准特征既显示在图形区，也显示在模型树的根目录列表上。单击层工具图标，切换到层树，如图 3-3所示。系统也自动创建了 6 个总层和 2 个系统参照层，6 个总层分别为基准平面层、基准轴层、基准曲线层、基准点层、坐标系层和曲面层。所有的基准平面、基准轴线、基准曲线、基准点、坐标系和曲面（不管是用户创建的还是系统自动创建的）都分别被包括在对应的层上。2 个系统参照层分别为基准平面参照层和基准坐标系参照层，平面参照层只包括 TOP、RIGHT 和 FRONT 三个基准面，坐标系参照层只包括 PRT_CSYS_DEF 坐标系。

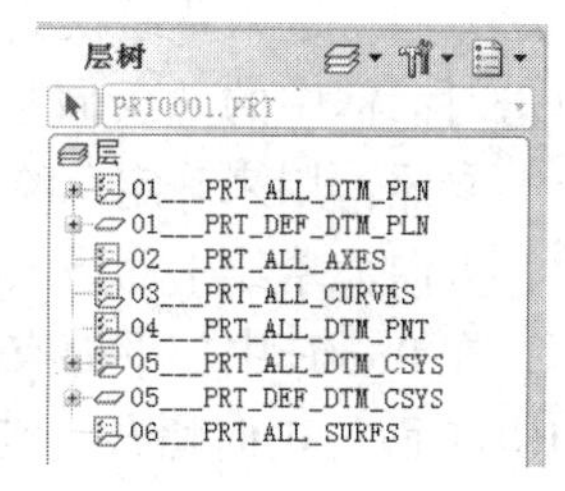

图 3-3　层树

## 3.1　拉伸特征

拉伸特征是将二维草绘截面沿着与草绘平面垂直的方向拉伸一定的长度形成的，如图 3-4 所示，它是最基本和最常用的零件造型特征。

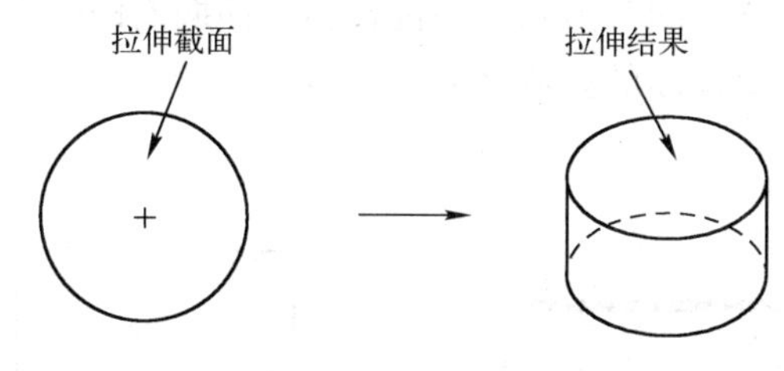

图 3-4　“拉伸”示意图

### 3.1.1　拉伸特征创建的一般步骤与要点

**1. 拉伸特征创建的一般步骤**

（1）单击工具栏中的拉伸工具，或者在菜单栏中选择“插入”→“拉伸”，系统弹出“拉伸”操控板，如图 3-5 所示。

图 3-5　“拉伸”操控板

（2）单击操控板中的“放置”，打开图 3-6 所示的“放置”选项卡。单击“定义”，弹出“草绘”对话框，如图 3-7 所示。

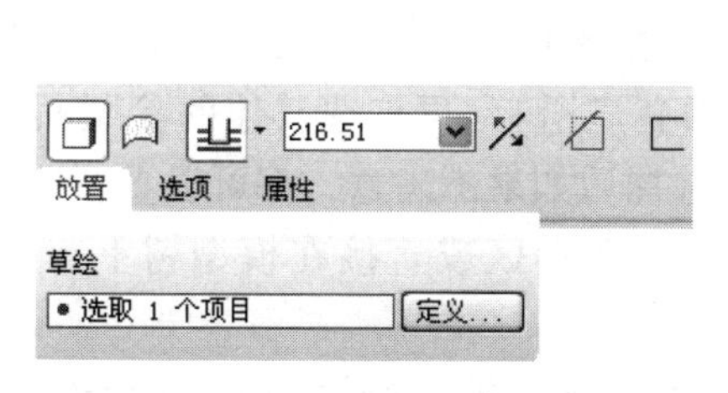

图 3-6　“放置”选项卡

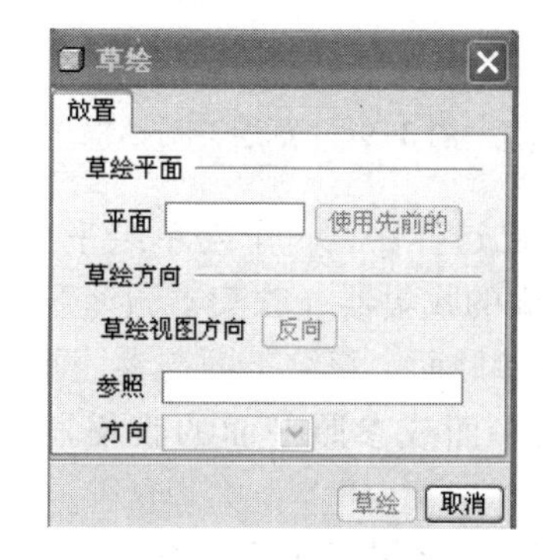

图 3-7　“草绘”对话框

草绘平面：绘制特征截面的平面。

草绘方向：看草绘平面的视图方向。选择了草绘平面之后，草绘面上会有一个箭头表示草绘方向。进入草绘模式时，该箭头方向与电脑屏幕垂直并指向屏幕里面。草绘方向可通过单击对话框中的“反向”来切换，也可以直接在图形区单击草绘平面上的箭头来切换。

参照：用来确定草绘面进入草绘时的摆放方位的平面，该平面必须与草绘平面垂直。

方向：草绘平面进入草绘时，上述参照平面的方向。

在Pro/E中，平面有正、反两个方向。默认TOP面的正向朝上，FRONT面的正向朝前，RIGHT面的正向朝右，实体表面的正向朝外。

参照平面的方向对草绘平面的影响如图3-8所示。假设长方形为草绘平面，粗实线为参照平面在草绘面上的投影，箭头的方向为参照面的正向。则当设置参照面向顶（上）时，草绘面进入草绘模式后的摆放方位将如图a所示；当设置参照面向底（下）时，草绘面的摆放将如图b所示；当设置参照面向右时，草绘面的摆放将如图c所示；当设置参照面向左时，草绘面的摆放将如图d所示。

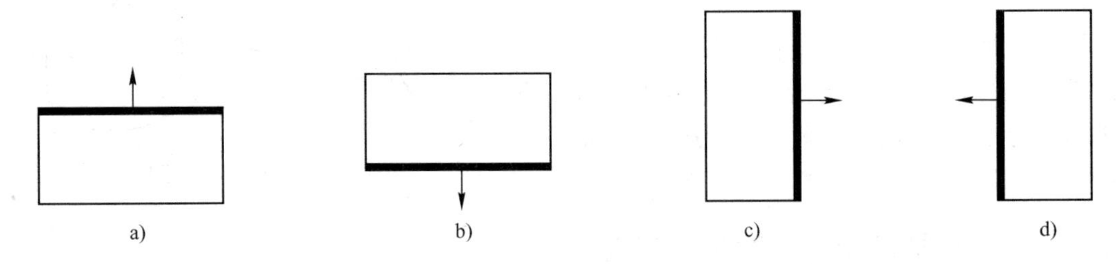


图3-8　参照平面的方向对草绘平面的影响

（3）在图形区点选一个基准平面如TOP面作为草绘平面。系统自动选取RIGHT面作为参照面，方向向右，如图3-9所示，并在TOP面上用箭头标出草绘方向，如图3-10所示。

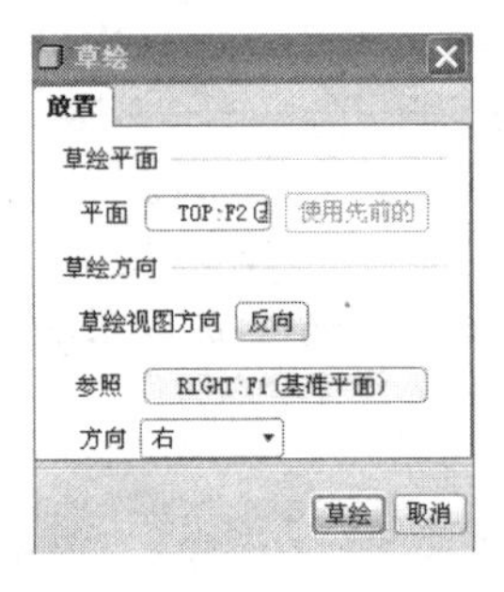


图3-9　“草绘”对话框

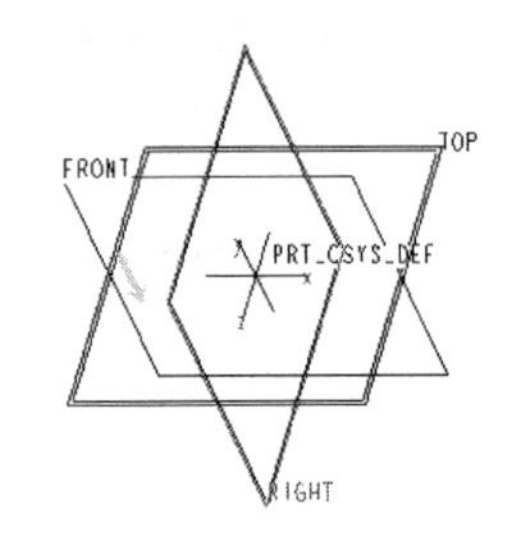


图3-10　草绘面上的草绘方向

也可以自己选择任意一个与草绘平面垂直的平面作为参照面。单击激活草绘对话框中“参照”栏后面的收集器（收集器激活时会加亮显示），再点选其他的参照面，所选参照面会替换原来的参照面。草绘平面与参照平面选择后如果不满意，都可以重新选择，方法是先单击激活草绘平面或参照平面的收集器，再在图形区或直接在模型树上点选要选的平面即可。

（4）接受缺省的草绘方向和参照，单击“草绘”进入草绘模式，然后绘制图3-11所示的截面，完成后单击完成图标，系统结束草绘模式，返回零件模式。

（5）在“拉伸”操控板上接受默认的拉伸深度类型为（盲孔），在其后面的深度值文本框中输入值15，按<Enter>键，然后单击完成图标，完成拉伸特征的创建。在图形区按住滚轮（中键）拖动，可以旋转视图，从而可以从不同的方向观察所创建的特征，如图 3-12所示。或者在工具栏单击（保存的视图列表），打开图 3-13 所示的下拉列表，从中选择“缺省方向”，结果如图 3-14 所示。

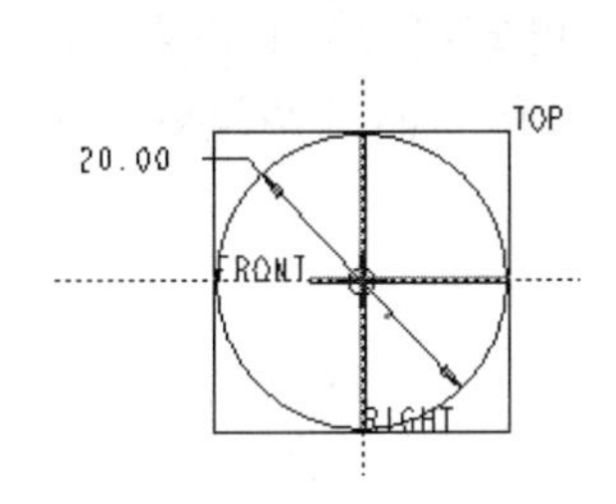

图 3-11　草绘截面

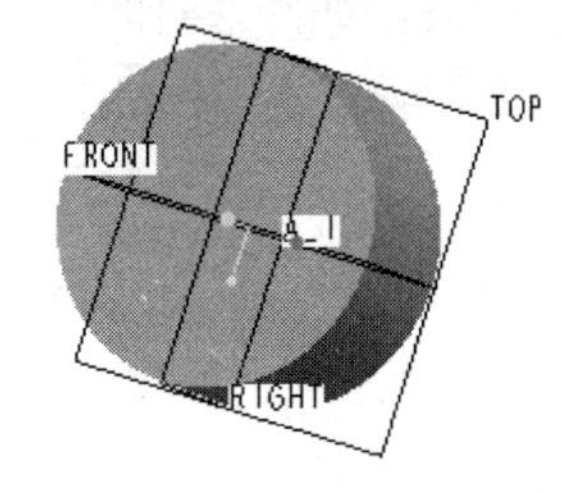

图 3-12　旋转视图

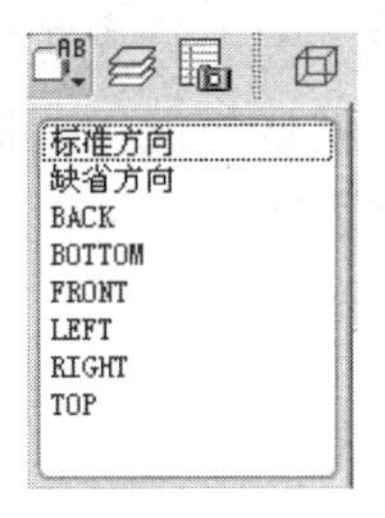

图 3-13　保存视图列表

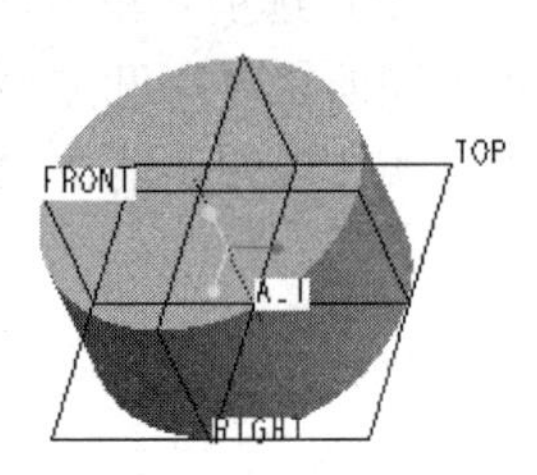

图 3-14　缺省方向

**2. 拉伸特征创建要点**

（1）创建拉伸实体特征一般要求截面封闭，不能有开放的环。有时候用眼睛很难看出截面是否封闭，这时可以用着色封闭环工具来诊断。如果截面不着色，说明截面要么存在开放端，要么存在重叠几何。这时，可以用加亮开放端点工具找出开放端，对于开放端需要相交的两图元，可以用拐角修剪工具使其延伸相交；对于多余的开放图元，直接将其删除。对于重叠的几何可以用加亮重叠几何工具来找出重叠的位置，然后将重叠的图元删除。

（2）当截面上有多个环时，环与环之间不能相交。如图 3-15 所示的两种截面都是不允许的，如图 3-16 所示的两种截面则是允许的。当环与环嵌套时，如图 3-16b 所示，则拉伸特征将内环当作孔，在内环与外环之间拉伸为实体。

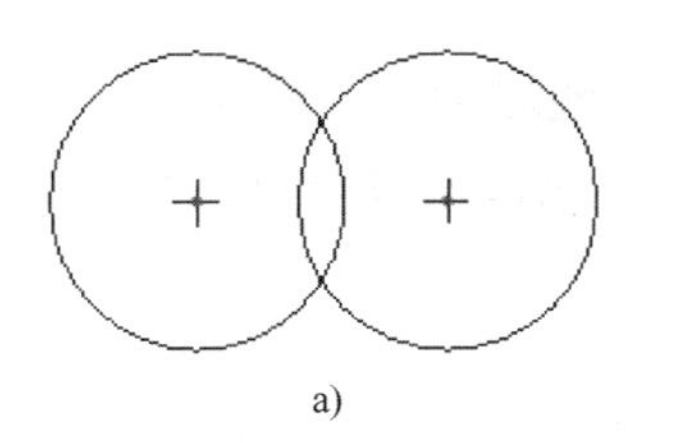
a)

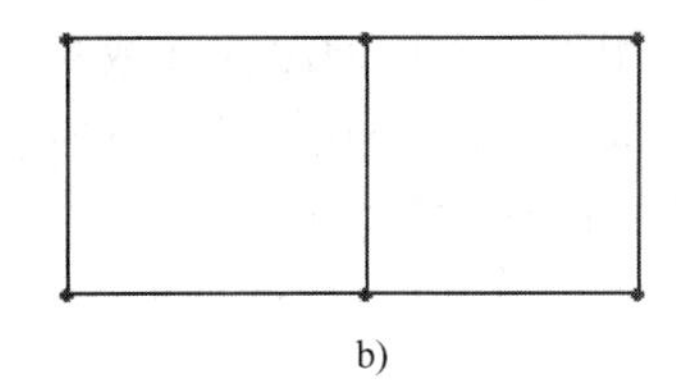
b)

图 3-15　不允许的拉伸截面

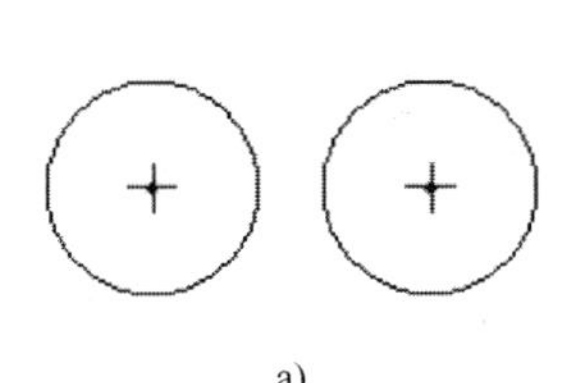
a)

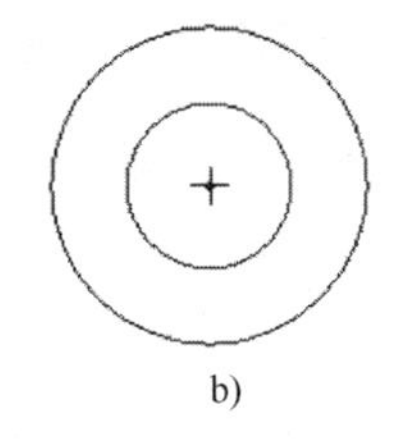
b)

图 3-16　允许的拉伸截面

## 3.1.2 “拉伸”操控板

拉伸特征的各项定义参数都集中在图 3-17 所示的“拉伸”操控板上，以下介绍该操控板上一些选项的功能。

（1）放置：其作用是用来定义拉伸截面。

- ◆ □（实体）：创建的拉伸特征为实体。
- ◆ ◻（曲面）：创建的拉伸特征为曲面。

（2）选项：单击此项，打开“选项”选项卡，如图 3-18 所示，可分别对侧 1 和侧 2 设置不同的拉伸深度类型。默认情况下，侧 2 无拉伸。封闭端用于将拉伸曲面的两端封闭起来，实体拉伸不能使用此选项。

图 3-17 “拉伸”操控板

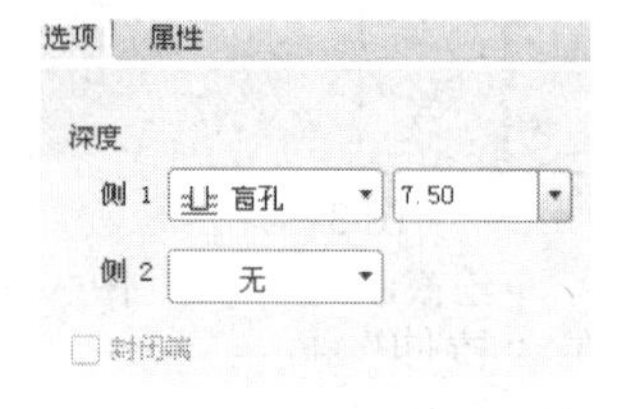


图 3-18 “选项”选项卡

单击⊥⊥右边的▾，可以打开深度类型下拉工具栏，拉伸的深度类型有以下几种：

- ◆ ⊥⊥（盲孔）：从草绘平面开始以指定的深度值来拉伸。
- ◆ ⊟（对称）：在草绘平面两侧以指定的拉伸深度值来对称拉伸。
- ◆ ≡（到下一个）：拉伸到草绘面一侧（由拉伸方向确定）的下一个曲面。
- ◆ ⫴（穿透）：拉伸到与草绘面一侧（由拉伸方向确定）的所有曲面相交，即从草绘面开始拉伸到达草绘面一侧的最后一个曲面时终止。
- ◆ ⊥⊥（穿至）：将截面拉伸至与选定的曲面或平面相交。
- ◆ ⊥⊥（到选定的）：将截面拉伸至一个选定的点、曲线、平面或曲面。

（3）属性：用来定义拉伸特征的名称。

- ◆ 216.51 ▾：用于输入拉伸深度（或长度）值的文本框。
- ◆ ✗（切换方向）：将拉伸的深度方向更改为草绘面的另一侧。也可以直接单击图形窗口中的箭头来改变拉伸方向。
- ◆ ◿（移除材料）：用以对实体进行修剪。
- ◆ ⊏（加厚草绘）：通过将指定厚度应用到截面轮廓来创建薄壁实体。
- ◆ ☑👓（预览）：预览创建的拉伸特征。

### 3.1.3 拉伸特征应用实例一：搭接板

3.1.3

创建图 3-19 所示的搭接板的实体模型，尺寸自定。

**1. 创建第一个拉伸特征**

（1）单击“基准”工具栏上的“拉伸”按钮，打开“拉伸”操控板，在“拉伸”操控板上单击“放置”，打开图 3-20所示的“放置”选项卡。单击“定义”，弹出“草绘”对话框，选取 FRONT 基准面为草绘平面，系统自动选择 RIGHT 基准面作为参照平面，方向为右，如图 3-21 所示。在对话框中单击“草绘”，系统进入草绘环境。

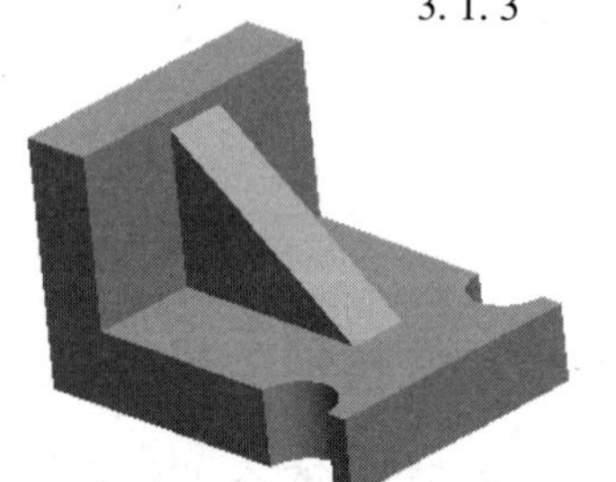

图 3-19 搭接板

（2）进入截面草绘环境后，绘制如图 3-22 所示的特征截面，然后单击草绘器工具栏中的“完成”按钮✔，系统返回零件模式。

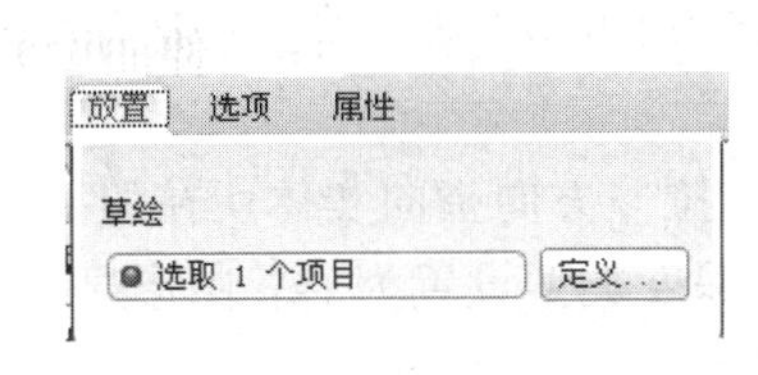


图 3-20 “放置”选项卡

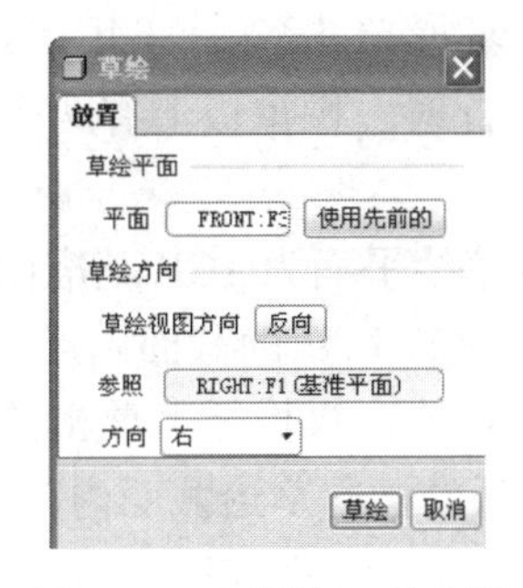


图 3-21 “草绘”对话框

（3）在“拉伸”操控板中，选取深度类型为⊟（对称），输入深度值 80。

（4）在操控板中，单击按钮☑ 可以预览所创建的特征。单击“完成”按钮✔，完成拉伸特征的创建，结果如图 3-23 所示。

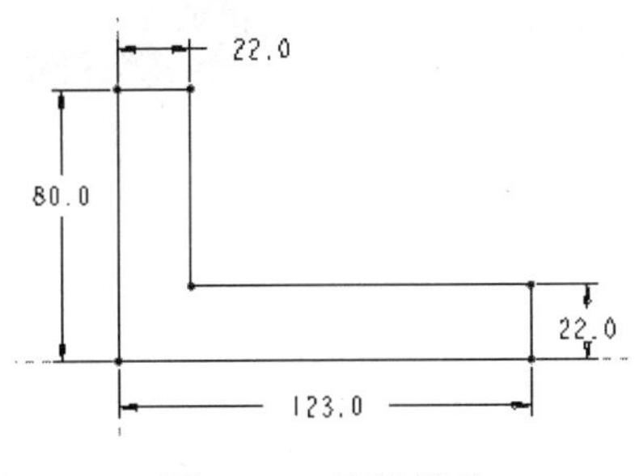


图 3-22 特征截面

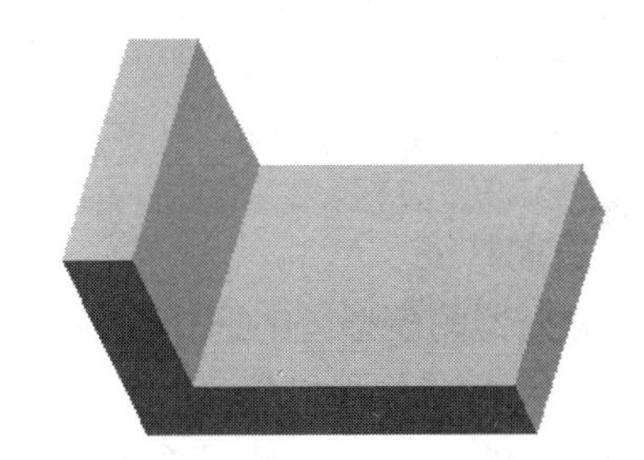

图 3-23 拉伸特征

**2. 添加零件的第二个拉伸特征**

（1）单击“拉伸”命令按钮，打开“拉伸”操控板。在“拉伸”操控板上单击“放置”，然后单击“定义”；接着选择 FRONT 面为草绘平面，参照平面为 RIGHT 基准面，方向为右。单击“草绘”，系统进入草绘环境。

（2）进入草绘环境后，绘制如图 3-24 所示的特征截面图形。单击右侧工具栏中的“完成”按钮✔，结束草绘。

（3）在“拉伸”操控板中，选取深度类型为⊟（对称），输入深度值 20，单击“完成”按钮✔，完成第二个拉伸特征的创建，结果如图 3-25 所示。

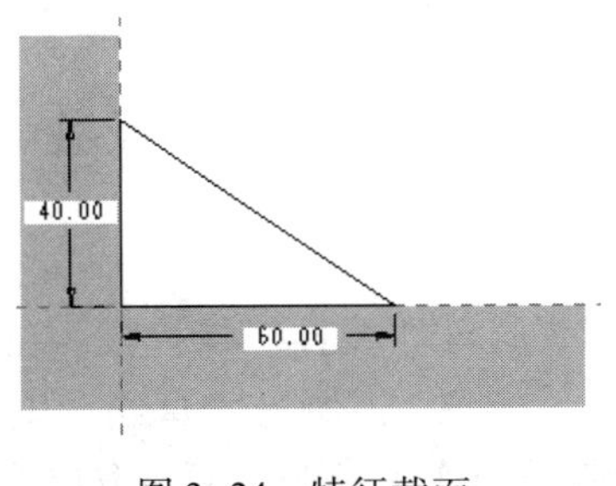


图 3-24 特征截面

图 3-25 拉伸特征

**3. 添加零件的第三个拉伸特征**

（1）在工具栏单击，打开“拉伸”操控板，在操控板上按下（去除材料），如图 3-26所示。此时，操控板上有两个，前一个用于切换拉伸的方向，后一个用于切换移除材料的方向。

（2）设置草绘平面为 TOP 基准面，参照平面为 RIGHT 基准面，方向为右；进入草绘环境后，绘制图 3-27 所示的截面图形，结束草绘。

（3）在“拉伸”操控板上单击前一个，使拉伸方向指向实体所在的一侧，移除材料的方向接受默认的指向草绘截面内部，将拉伸的深度类型设置为，图形显示为图 3-28 所示，单击完成按钮，完成拉伸特征的创建，结果如图 3-29 所示。

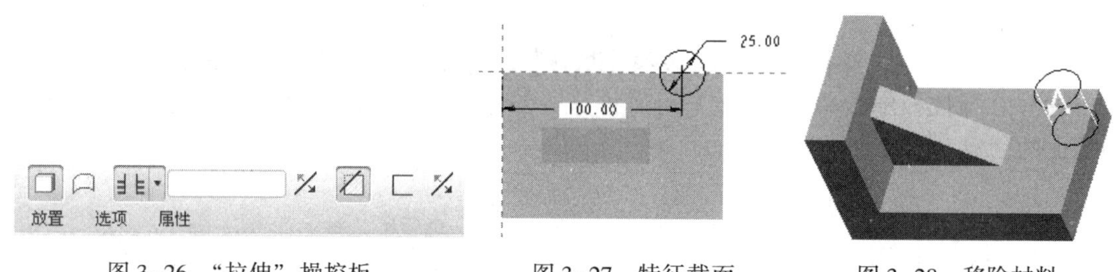


图 3-26 “拉伸”操控板　　图 3-27　特征截面　　图 3-28　移除材料

**4. 镜像复制特征**

（1）在导航器的模型树中选择拉伸 3，或点选上一步完成的拉伸特征。单击镜像工具，打开图 3-30 所示的镜像操控板。

（2）选择 RIGHT 基准面为镜像平面，在操控板上单击，完成镜像操作，结果如图 3-31 所示。

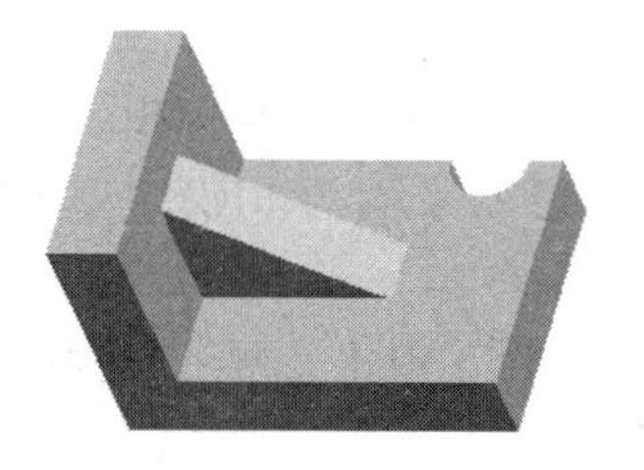

图 3-29　拉伸特征

图 3-30 “镜像”菜单栏

图 3-31　镜像结果

**5. 保存文件**

## 3.1.4　拉伸特征应用实例二：支体

3.1.4

创建图 3-32 所示支体的三维实体模型。

**1. 创建第一个拉伸特征**

（1）单击“基准”工具栏上的“拉伸”按钮，打开“拉伸”操控板。在“拉伸”操控板上单击“放置”，打开“放置”选项卡。单击“定义”，弹出“草绘”对话框，选取 FRONT 基准面为草绘平面，系统自动选择 RIGHT 基准面作为参照平面，方向为右。在对话框中单击“草绘”，系统进入草绘环境。

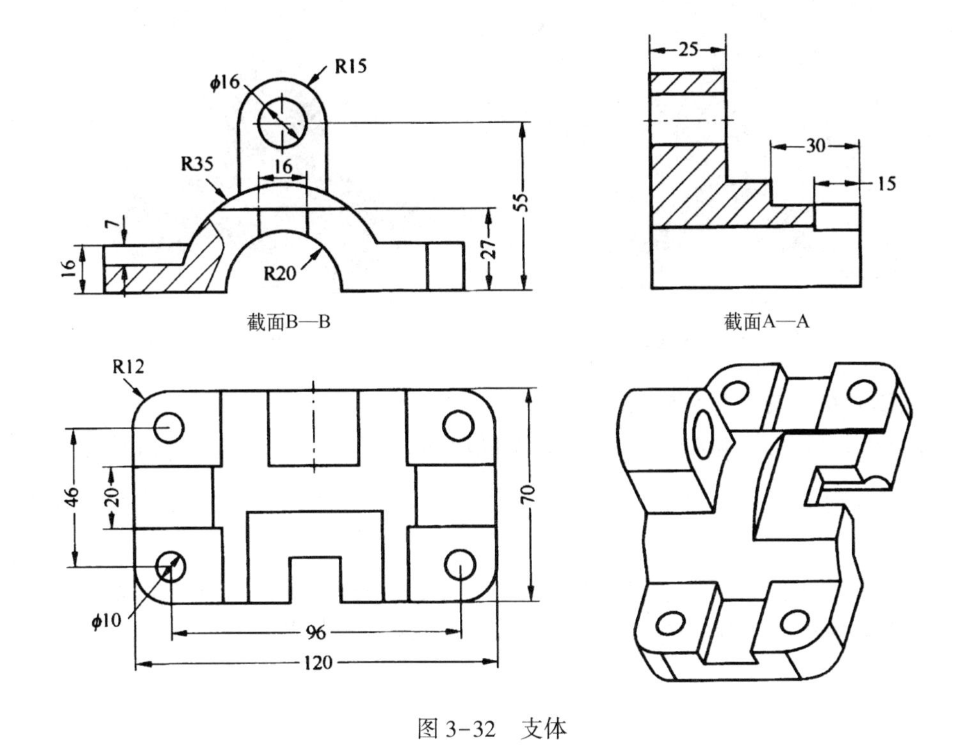


图 3-32　支体

（2）进入截面草绘环境后，绘制图 3-33 所示的特征截面，然后单击草绘器工具栏中的“完成”按钮✔，系统返回零件模式。

（3）在“拉伸”操控板中，选取深度类型为⊟（对称），输入深度值 70。

（4）在操控板中，单击按钮☑ 👓可以预览所创建的特征。单击“完成”按钮✔，完成拉伸特征的创建，结果如图 3-34 所示。

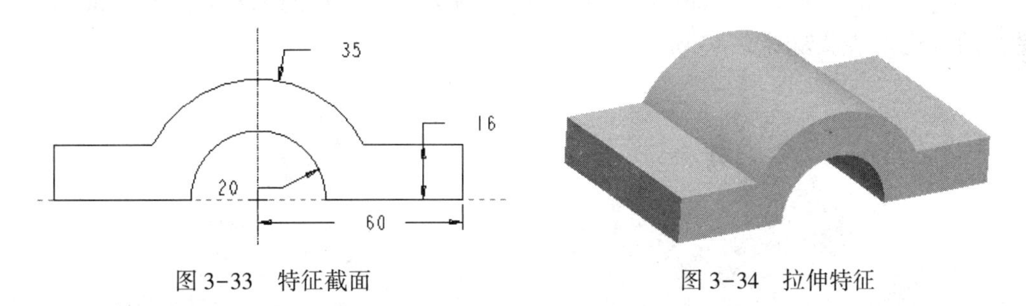


图 3-33　特征截面　　　　图 3-34　拉伸特征

**2. 添加零件的第二个拉伸特征**

（1）单击“拉伸”命令按钮🗗，打开“拉伸”操控板。在“拉伸”操控板上单击“放置”，然后单击“定义”；接着选择第一个拉伸特征的后方平面为草绘平面，参照平面为 RIGHT 基准面，方向为右。单击“草绘”，系统进入草绘环境。

（2）进入草绘环境后，绘制图 3-35 所示的特征截面图形。单击右侧工具栏中的“完成”按钮✔，结束草绘。

（3）在“拉伸”操控板中，选取深度类型为⊟（对称），输入深度值 25，单击“完成”按钮✔，完成第二个拉伸特征的创建，结果如图 3-36 所示。

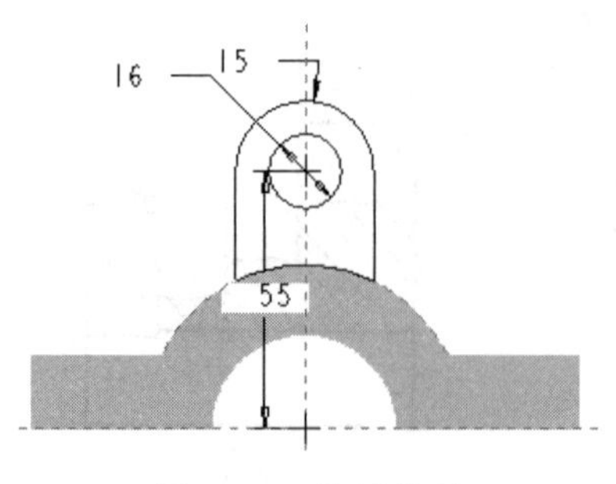


图 3-35　特征截面

图 3-36　拉伸特征

**3. 添加零件的第三个拉伸特征**

（1）单击，打开“拉伸”操控板，在操控板上按下（去除材料），如图 3-37 所示。此时，操控板上有两个，前一个用于切换拉伸的方向，后一个用于切换移除材料的方向。

（2）设置草绘平面为第一个拉伸特征的前方平面，参照平面为 RIGHT 基准面，方向为右；进入草绘环境后，绘制图 3-38 所示的一条开放线，结束草绘。

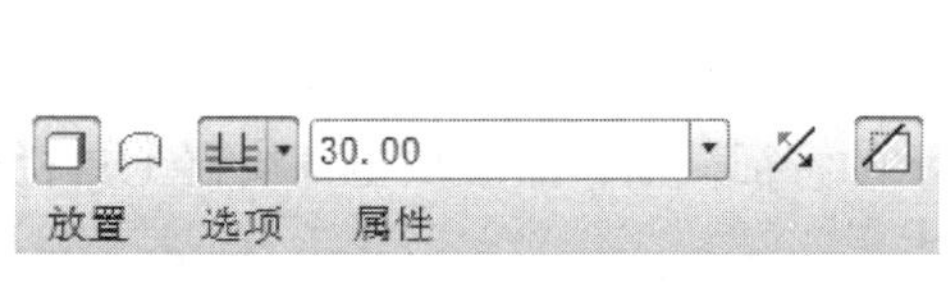


图 3-37　“拉伸”操控板

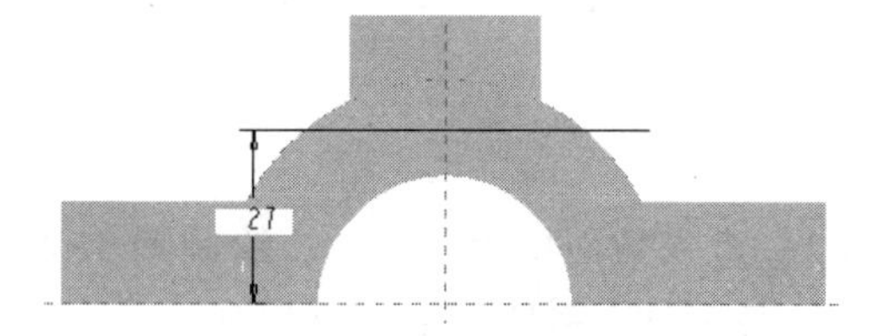


图 3-38　草绘开放线

（3）在“拉伸”操控板上单击前一个，使拉伸方向指向实体所在的一侧，移除材料的方向接受默认的指向草绘截面内部，如图 3-39 所示。将拉伸的深度值设置为 30，结束拉伸特征的创建，结果如图 3-40 所示。

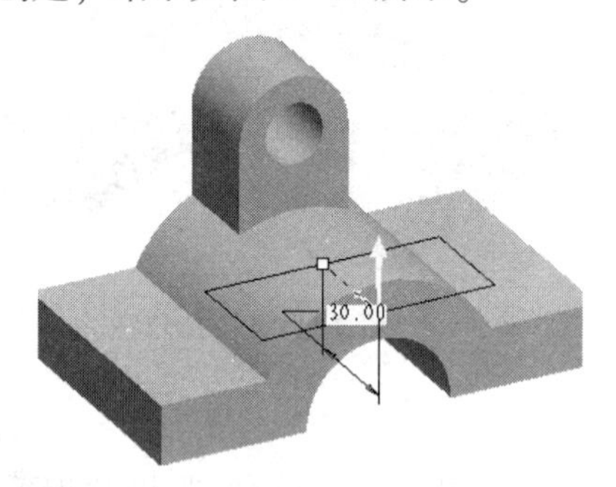


图 3-39　选择方向

图 3-40　移除结果

**4. 添加零件的第四个拉伸特征**

（1）单击，打开“拉伸”操控板，在操控板上按下（去除材料）。

（2）设置草绘平面为第一个拉伸特征的前方平面，参照平面为 RIGHT 基准面，方向为右；进入草绘环境后，绘制图 3-41 所示的截面，结束草绘。

（3）在“拉伸”操控板上单击前一个，使拉伸方向指向实体所在的一侧，移除材料的方向接受默认的指向草绘截面内部。将拉伸的深度值设置为 15，如图 3-42 所示。单击“完成”按钮✓，结果如图 3-43 所示。

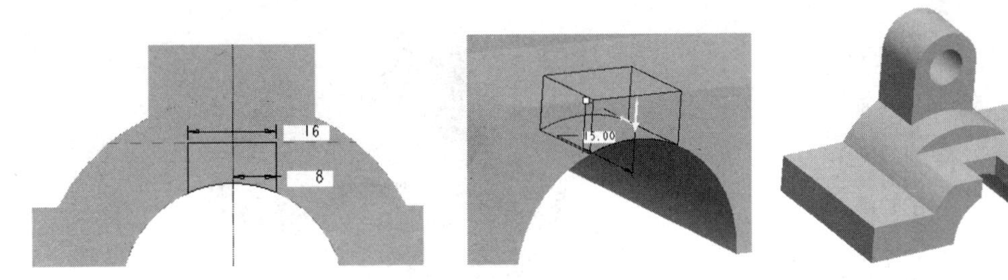


图 3-41　特征截面　　图 3-42　拉伸方向和移除材料方向　　图 3-43　拉伸特征

**5. 添加零件的第五个拉伸特征**

（1）单击◻，打开“拉伸”操控板，在操控板上按下◻（去除材料）。

（2）设置草绘平面为第一个拉伸特征的左侧平面，参照平面为其后方平面，方向为左，如图 3-44 所示；进入草绘环境后，绘制图 3-45 所示的矩形截面。

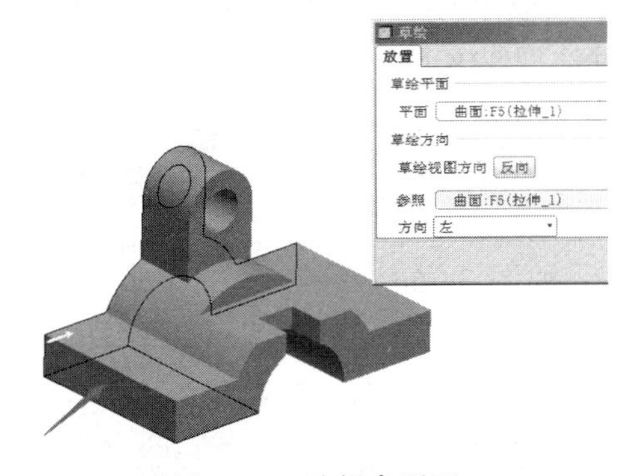


图 3-44　选择参照面

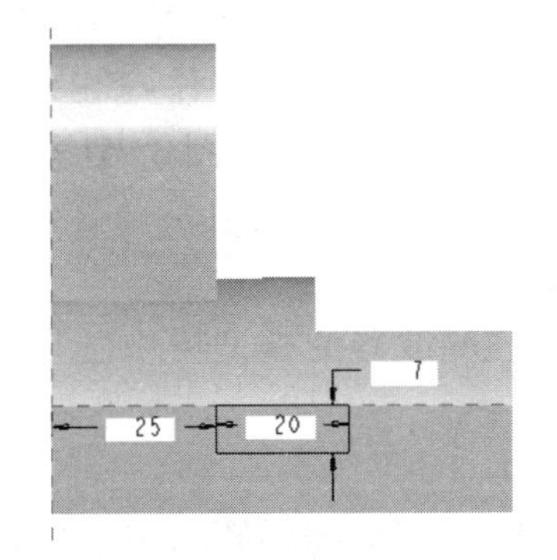


图 3-45　特征截面

（3）将拉伸的深度类型设置为◻“拉伸到指定的曲面”，选择图 3-46 中箭头所指的曲面，移除材料的方向如图 3-46 所示。单击“完成”按钮✓，结果如图 3-47 所示。

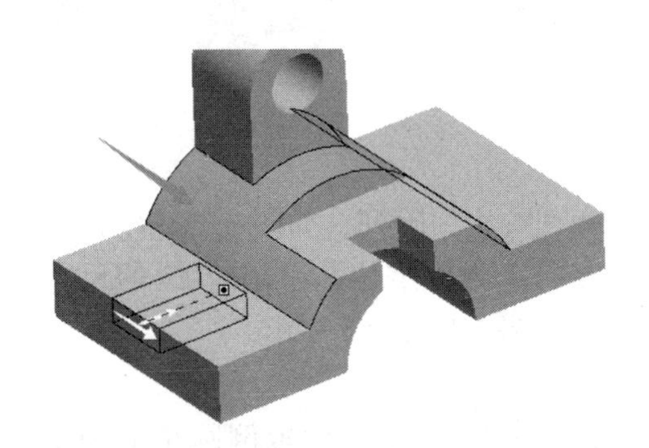

图 3-46　移除材料方向

图 3-47　拉伸结果

**6. 镜像复制特征**

（1）在导航器的模型树中选择“拉伸 5”，如图 3-48 所示。

（2）单击镜像工具，打开镜像操控板。选择 RIGHT 基准面为镜像平面，在操控板上单击，完成镜像操作，结果如图 3-49 所示。

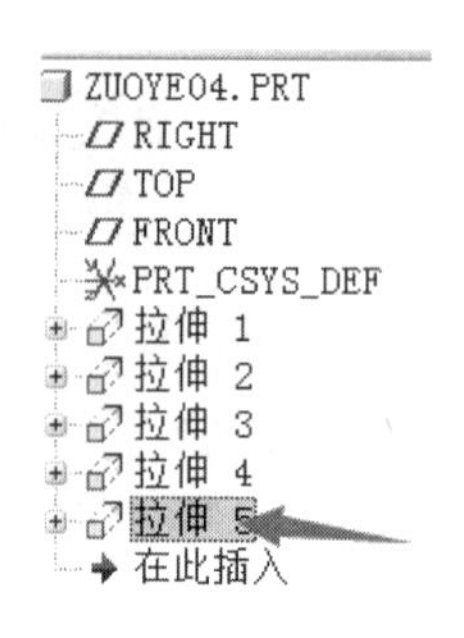


图 3-48 模型树

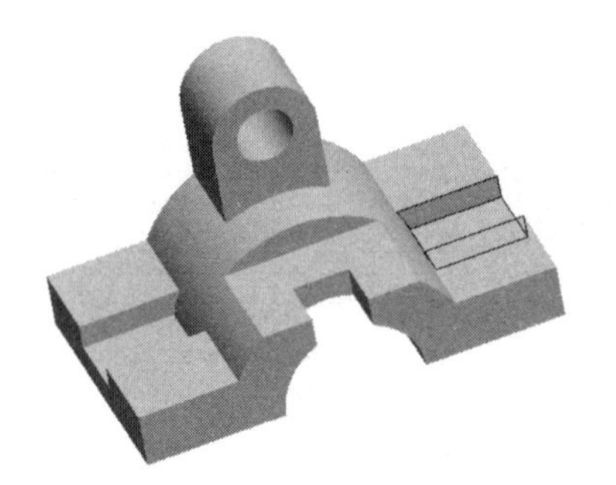

图 3-49 镜像结果

**7. 创建孔特征**

单击工具栏中的，弹出“孔”操控板，点选“放置”按钮，单击需打孔的上表面，如图 3-50 所示。并设置圆孔的直径值为 10；点亮“偏移参照”，选取 RIGHT 面，偏移量设置为 48，按住<Ctrl>键，同时选取 FRONT 面，偏移量设置为 23，如图 3-51 所示。单击“完成”按钮，结果如图 3-52 所示。

图 3-50 选择参照面

**8. 阵列孔特征**

（1）在导航器的模型树中选择“孔 1”，如图 3-53 所示。

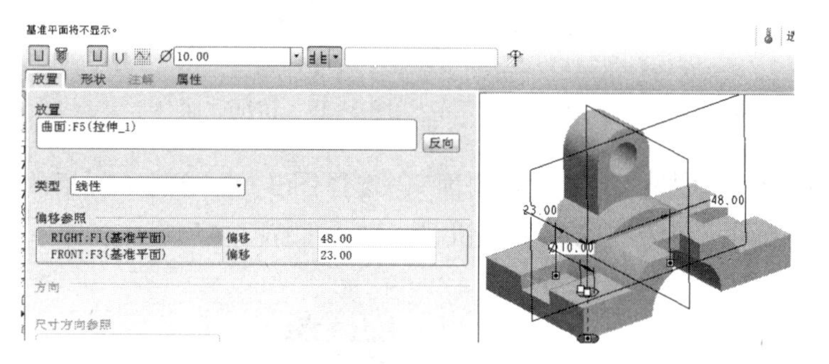


图 3-51 偏移距离

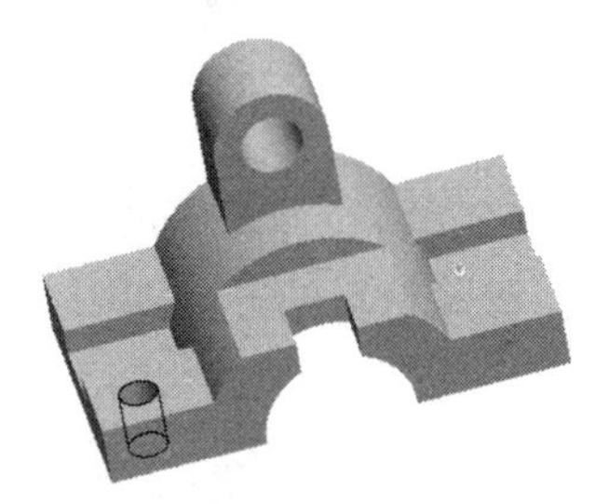

图 3-52 打孔结果

（2）单击阵列工具，打开阵列操控板。选择“尺寸”阵列，如图 3-54 所示，方向 1 为原定位孔所用的 48 的尺寸方向，增量值-96；方向 2 为原定位孔所用的 23 的尺寸方向，增量值为-46。在操控板上单击，完成阵列操作，结果如图 3-55 所示。

**9. 倒圆角**

单击工具栏中的，打开倒圆角操控板，如图 3-56 所示，设置倒圆角值为 12，依次对四条侧边进行倒圆角操作，如图 3-57 所示。在操控板上单击，结果如图 3-58 所示。

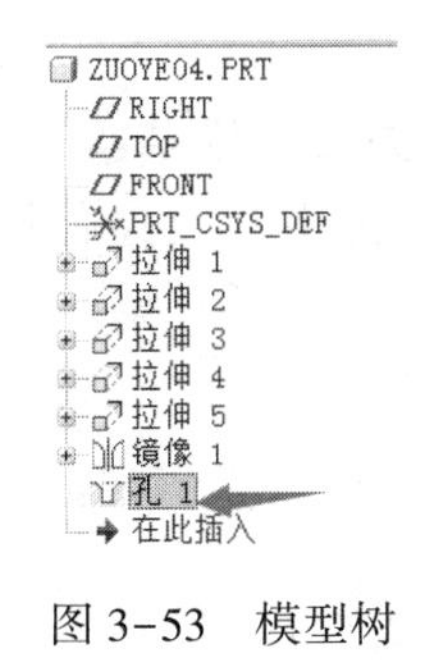


图 3-53　模型树

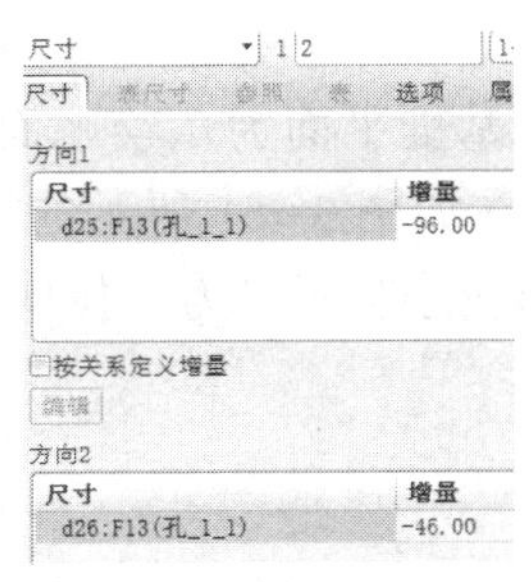


图 3-54　“阵列”操控板

图 3-55　阵列结果

图 3-56　设置倒圆角值

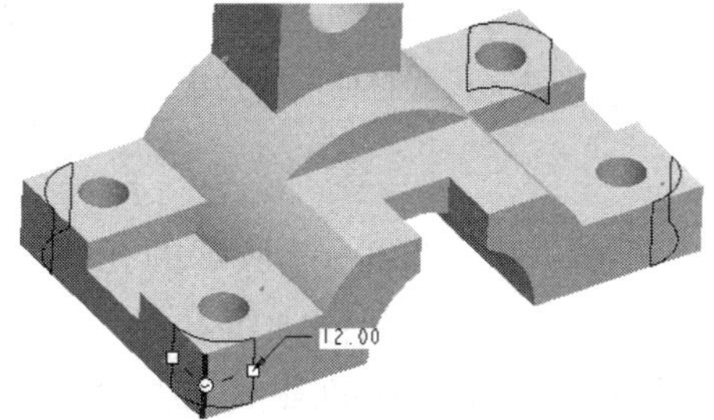
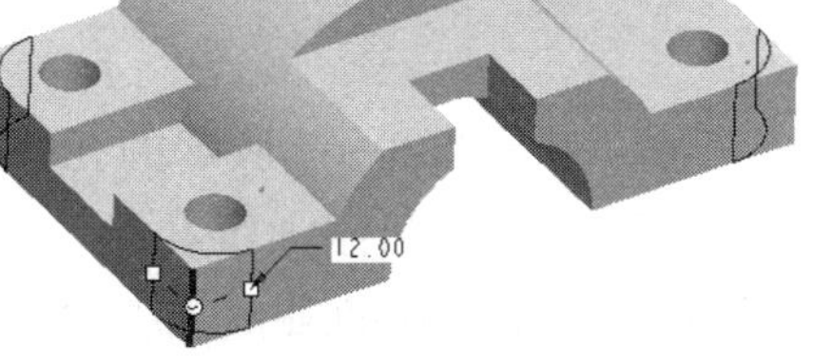


图 3-57　选择棱边

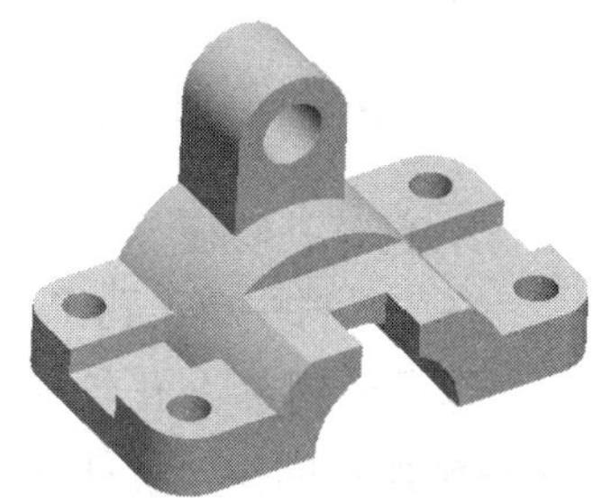

图 3-58　倒圆角结果

## 3.1.5　拉伸特征应用实例三：支架

3.1.5

创建图 3-59 所示的三维实体模型支架。

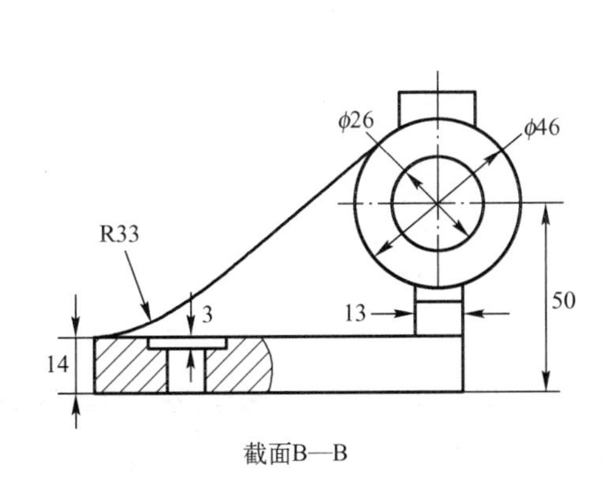


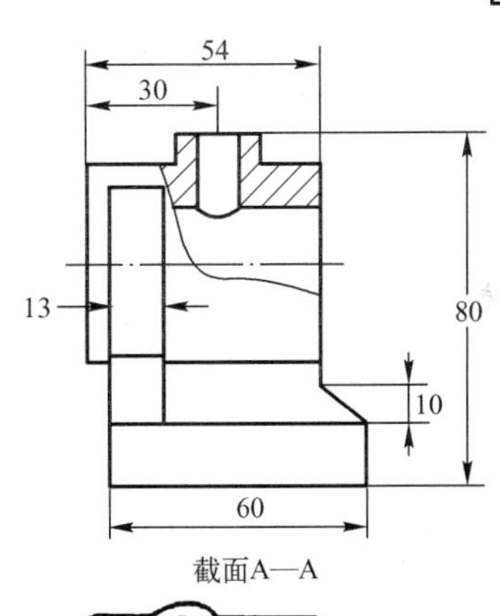


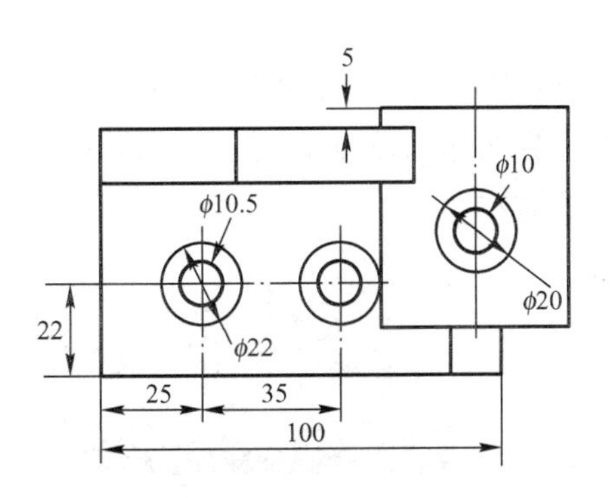


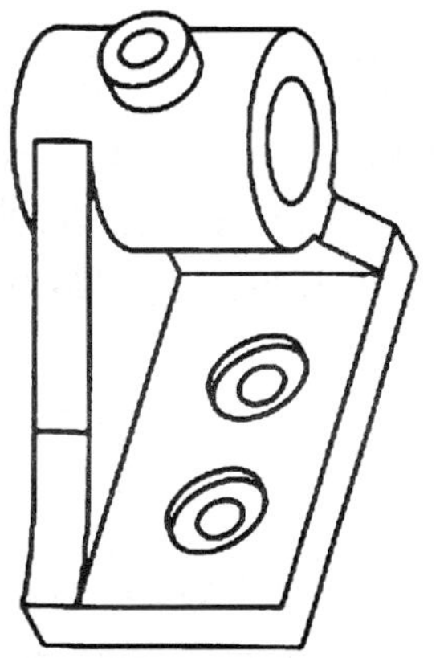

图 3-59　支架

**1. 创建第一个拉伸特征**

在工具栏上单击拉伸按钮，以 TOP 基准平面为草绘平面，进入二维草绘，绘制 L=100，H=60 的矩形框，如图 3-60 所示。在如图 3-61 所示的操控板中输入拉伸厚度值为 14，得到图 3-62 所示的拉伸特征，在模型树中显示名为“拉伸 1”。

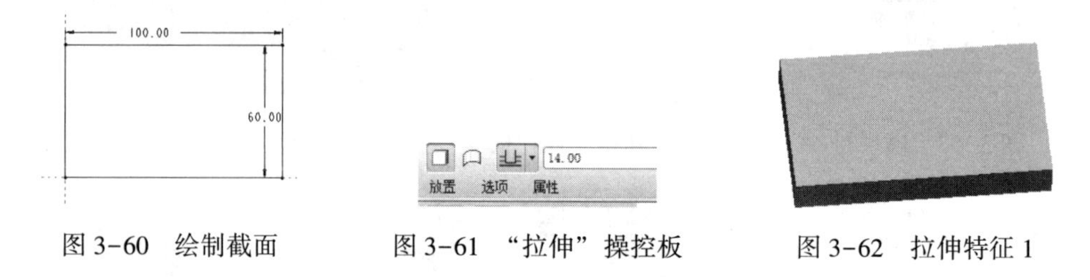


图 3-60 绘制截面　　图 3-61 “拉伸”操控板　　图 3-62 拉伸特征 1

**2. 创建孔特征**

在工具栏中单击孔工具按钮，弹出图 3-63 所示的孔操控板，分别点选创建简单孔、选择使用标准孔轮廓作为钻孔轮廓和添加沉孔。点开“放置”选项卡，选择图 3-62所示的拉伸特征的上表面作为放置孔的基准面，点选“类型”为“线性”，点亮“偏移参照”，按住<Ctrl>键，同时选中拉伸 1 的前端面和左侧面，分别输入偏移值 22 和 25，如图 3-64所示。再点开“形状”选项卡，设置沉孔直径值为 22，沉孔的深度值为 3，钻孔的直径值为 10. 5，设置钻孔至与所有曲面相交，如图 3-65 所示。创建的孔特征结果如图 3-66所示。

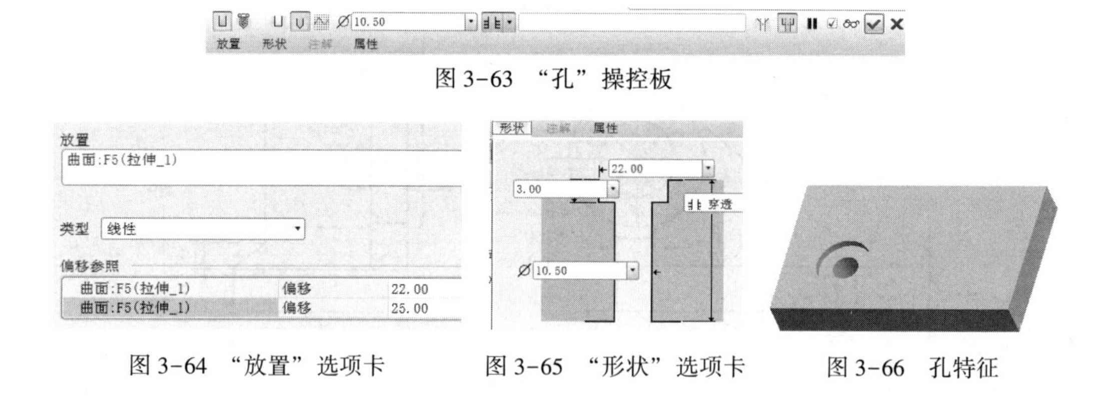


图 3-64 “放置”选项卡　　图 3-65 “形状”选项卡　　图 3-66 孔特征

**3. 阵列孔阵列**

在模型树中点选“孔 1”，在工具栏中选择阵列工具，弹出图 3-67 所示的操控板，选择方向定义阵列成员，选择拉伸特征的左侧面作为基准方向，输入阵列成员的数量 2 和阵列尺寸 35，方向向右。阵列结果如图 3-68 所示。

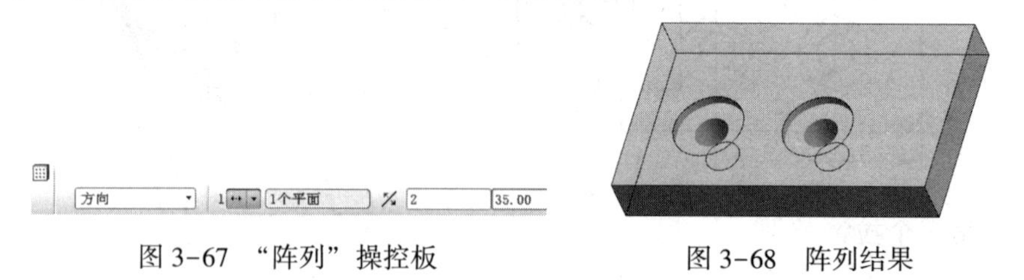


图 3-67 “阵列”操控板　　图 3-68 阵列结果

**4. 创建新的基准平面**

在工具栏中点选创建基准面工具▱，弹出图3-69所示的对话框，以“拉伸1”的后端面为基准，向后平移5，得到新的基准平面DTM1，如图3-70所示。

图3-69 “基准面”对话框

图3-70 新的基准平面

**5. 添加第二个拉伸特征**

单击拉伸按钮，以基准平面DTM1作为草绘平面，绘制图3-71所示的两同心圆（注意圆心到边界的距离为6.5），在图3-72所示的操控板中输入拉伸深度值为54，结果如图3-73所示，在模型树中显示名为“拉伸2”。

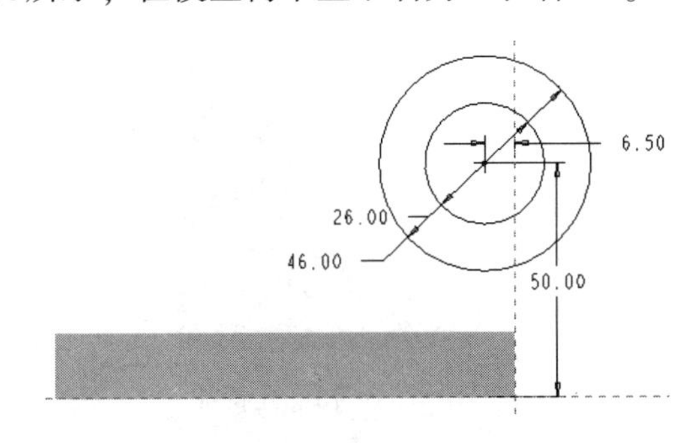


图3-71 特征截面

图3-72 “拉伸”操控板

**6. 创建新的基准平面**

在工具栏上单击平面按钮▱，进入新建平面对话框，单击“拉伸1”的底面为基准，向上平移80，得到图3-74所示的新的基准平面DTM2。

图3-73 拉伸特征2

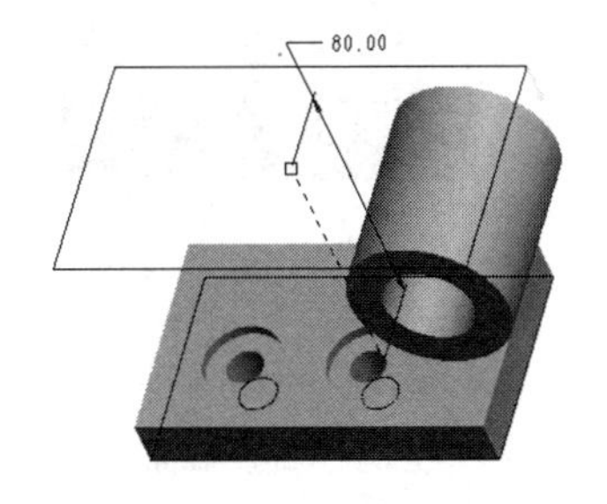


图3-74 新的基准平面

**7. 添加第三个拉伸特征**

单击拉伸按钮，以DTM2为基准面，绘制图3-75所示的圆，设置拉伸至选定的曲面，点选“拉伸 2”圆柱的上半表面，得到图 3-76 所示的拉伸结果，在模型树中显示名为“拉伸 3”。

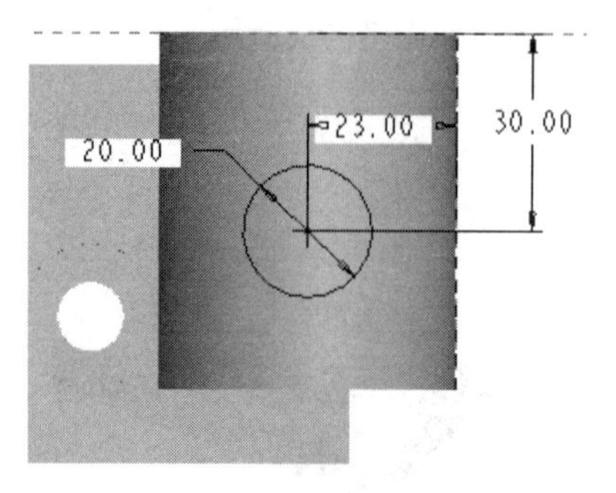


图 3-75　特征截面

图 3-76　拉伸特征 3

**8. 创建孔特征**

在工具栏中单击孔工具按钮，弹出“孔”操控板，点开“放置”选项卡，把基准轴的显示开关打开，按住<Ctrl>键，同时选中“拉伸 3”的上表面和基准轴作为放置孔的基准面和基准点，如图 3-77 所示。再在孔操控板中设置钻孔的直径 10，设置钻孔至与选定的曲面相交，选取“拉伸 2”圆孔内上表面，创建的孔特征结果如图 3-78 所示。

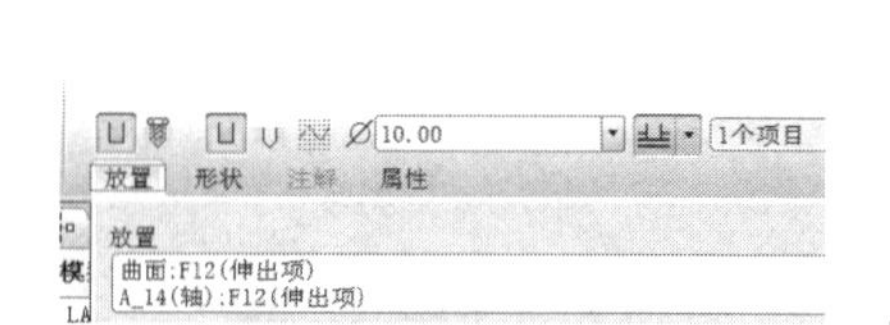


图 3-77　“孔”操控板

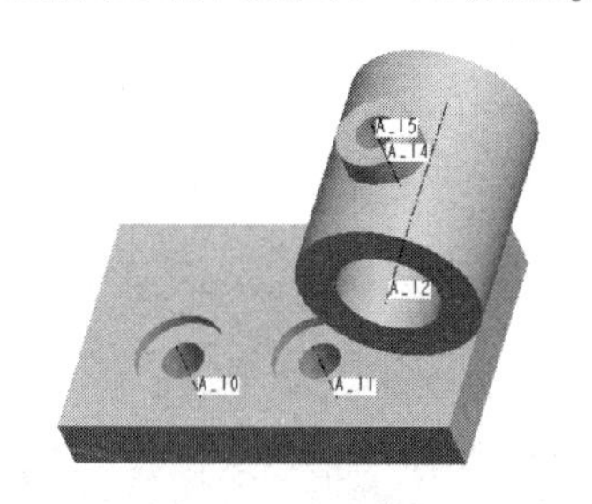

图 3-78　孔特征

**9. 添加第四个拉伸特征**

单击拉伸按钮，以底板右侧面为草绘平面，绘制图 3-79 所示的截面，设置拉伸深度值为 13，得到图 3-80 所示的拉伸结果。

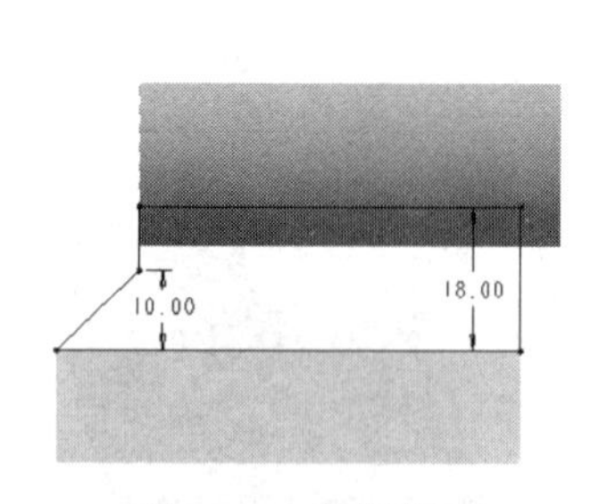


图 3-79　特征截面

图 3-80　拉伸特征 4

**10. 添加第五个拉伸特征**

单击拉伸按钮，以底板的后端面为草绘平面，绘制图 3-81 所示的截面，设置拉伸深度值为 13，得到图 3-82 所示的拉伸结果。

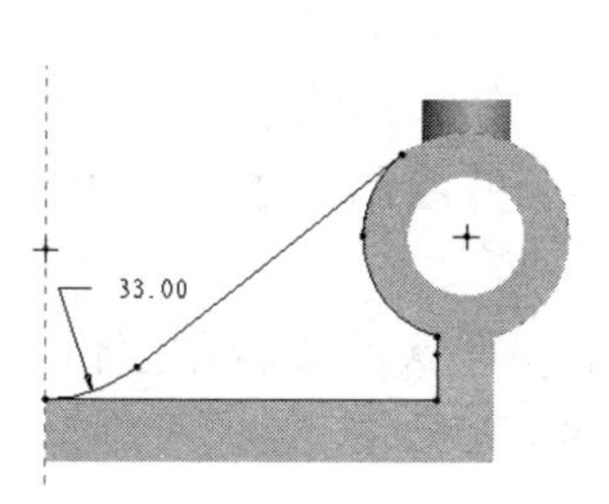


图 3-81　特征截面

图 3-82　拉伸结果

## 3.2　旋转特征

旋转特征是将一个截面绕着一条中心线旋转一定角度而形成的形状，可以用来创建各种回转体。旋转特征的造型原理如图 3-83 和图 3-84 所示。

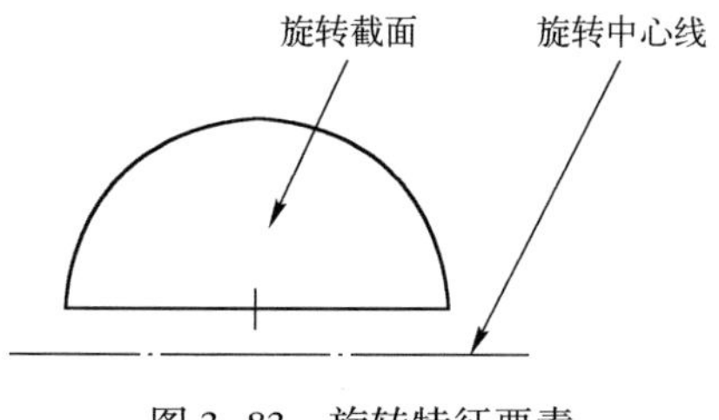


图 3-83　旋转特征要素

图 3-84　旋转结果

### 3.2.1　旋转特征创建的一般步骤与要点

**1. 旋转特征创建的一般步骤**

（1）单击工具栏中的“旋转”工具，或者在菜单栏中单击“插入”→“旋转”，程序弹出“旋转”操控板，如图 3-85 所示。

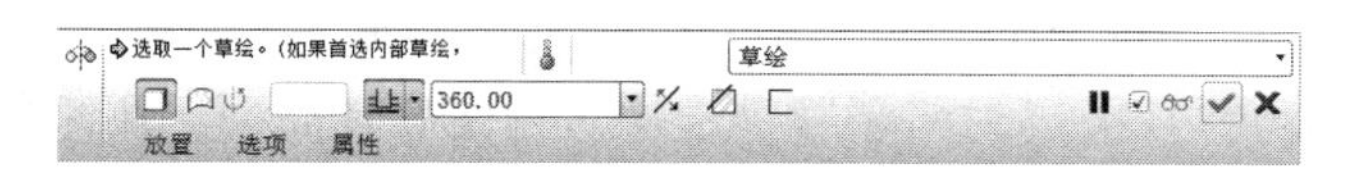


图 3-85　“旋转”操控板

（2）单击操控板中的“放置”选项，打开图 3-86 所示“放置”选项卡，单击“定义”按钮，弹出图 3-87 所示的“草绘”对话框。

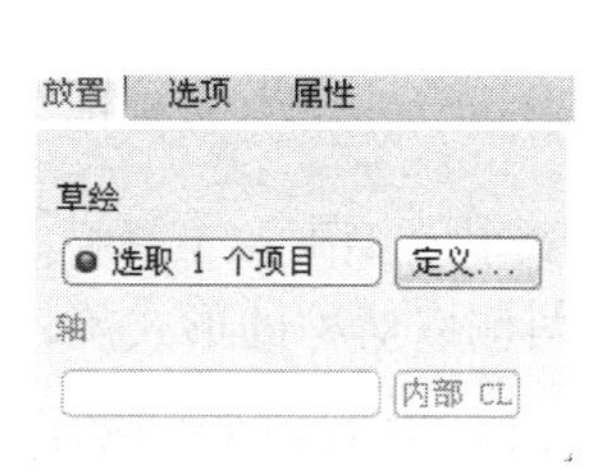


图 3-86　“放置”选项卡

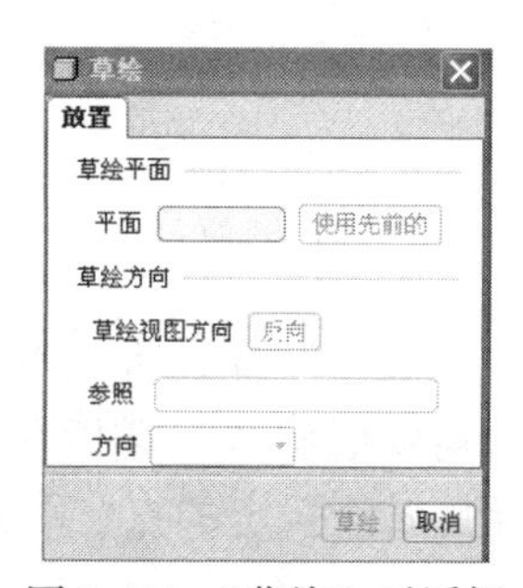


图 3-87　“草绘”对话框

(3) 在图形区选择 TOP 面作为草绘平面，系统自动选择 RIGHT 面作为参照面，方向为右，如图 3-88 所示，接受默认的设置，单击“草绘”按钮，系统进入草绘模式。

(4) 在草绘环境中绘制如图 3-89 所示的旋转截面，并绘制一条中心线作为旋转轴，完成后结束草绘。

(5) 程序返回到零件环境。在“旋转”操控板上，默认的旋转角度值为 360。接受默认设置，单击☑，完成旋转特征的创建，结果如图 3-90 所示。

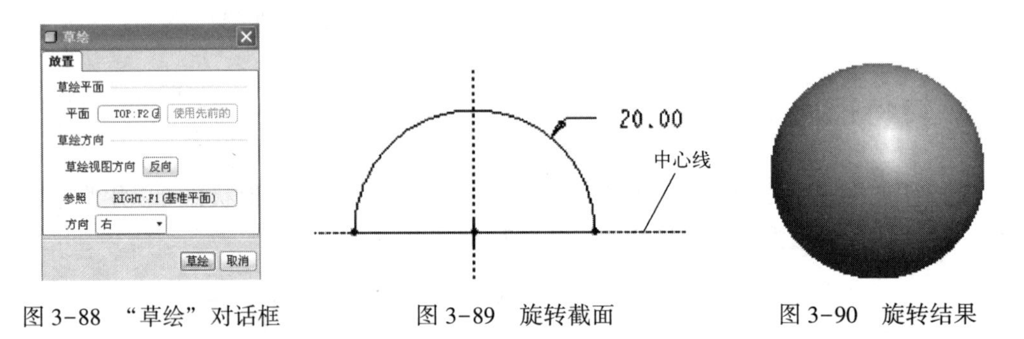


图 3-88 “草绘”对话框　　图 3-89 旋转截面　　图 3-90 旋转结果

**2. 旋转特征创建要点**

(1) 旋转特征一般要求绘制一条中心线作为旋转轴。

(2) 旋转实体特征的截面一般要求封闭。

(3) 旋转截面必须在旋转轴的同一侧。

### 3.2.2 “旋转”操控板

旋转特征的各项定义参数都集成在如图 3-85 所示的“旋转”操控板上。下面介绍该操控板中的主要选项卡的功能。

放置：打开“放置”选项卡，如图 3-91 所示，该选项卡用来定义旋转截面并指定旋转轴。“定义”按钮用来定义旋转截面，“轴”项用来指定旋转轴。

选项：打开“选项”选项卡，如图 3-92 所示，“角度”栏用来定义草绘面的侧 1 与侧 2 的旋转类型与旋转角度，“封闭端”项适用于创建旋转曲面，用来将旋转曲面的两端封闭。

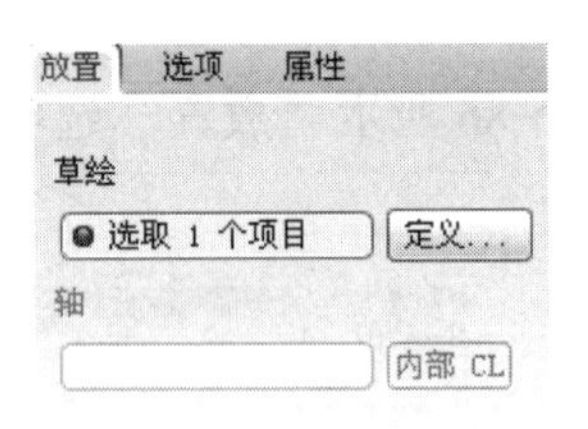


图 3-91 “放置”选项卡

图 3-92 “选项”选项卡

旋转类型：在“旋转”操控板上单击▾，可打开旋转类型下拉工具栏。其中⊥指从草绘平面开始以指定的角度值旋转，⊟指在草绘平面的两侧以对称的形式旋转指定的角度，⊥⊥指从草绘平面开始旋转至选定的点、平面或曲面。

## 3.2.3 旋转特征应用实例一：手柄

3.2.3

创建图 3-93 所示的三维实体模型——手柄。

1. 创建一个文件名为 shoubing.prt 的零件模型

2. 创建旋转特征

(1) 单击“旋转”工具，弹出图 3-94 所示的“旋转”操控板，点开“放置”选项卡，然后单击“定义”，弹出图 3-95 所示的“草绘”对话框，选取 FRONT 面为草绘平面，RIGHT 面为参照平面，方向为右，单击“草绘”，进入草绘环境。

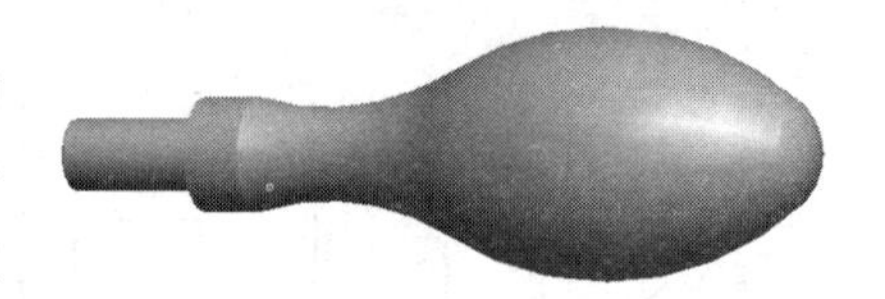

图 3-93　手柄

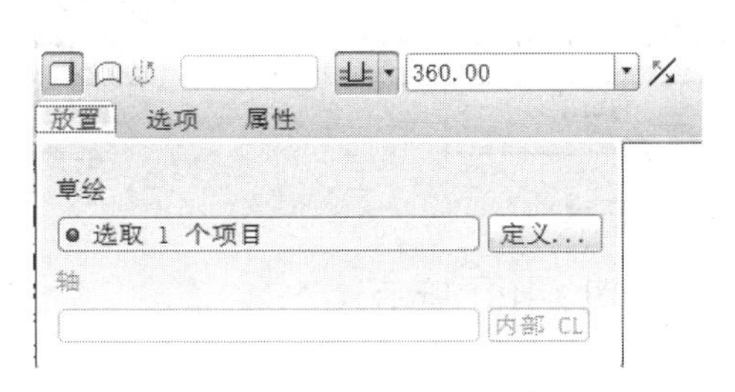


图 3-94　“旋转”操控板

图 3-95　“草绘”对话框

(2) 在草绘环境中，绘制图 3-96 所示的特征截面，并绘制一条水平的中心线作为旋转轴，单击，结束草绘。

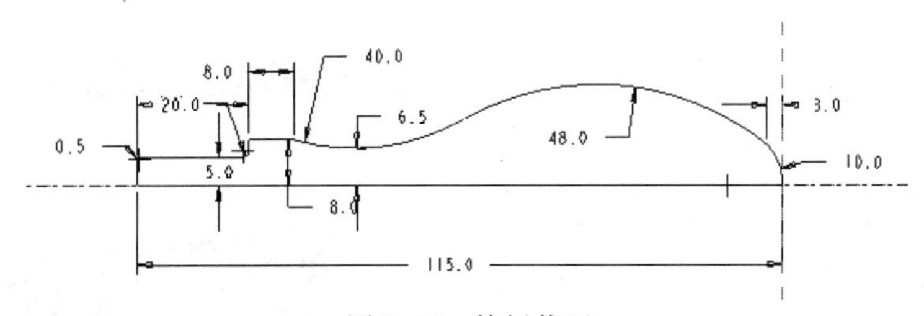


图 3-96　特征截面

(3) 在“旋转”操控板上输入旋转角度值为 360，单击，完成特征的创建，结果如图 3-93 所示。

## 3.2.4 旋转特征应用实例二：凸模

3.2.4

创建图 3-97 所示的三维实体模型——凸模。

**1. 创建第一个拉伸特征**

单击拉伸按钮，选取 FRONT 基准面为草绘平面，RIGHT 为基准面为参照平面，绘制图 3-98 所示的特征截面，在“拉伸”操控板中输入拉伸深度值为 20，完成拉伸的创建，结果如图 3-99 所示。

**2. 创建第二个拉伸特征**

单击拉伸按钮，选取底板上表面作为草绘平面，单击工具栏的“通过使用边偏移”按钮，选取底板四条边，偏移-10，得到图 3-100 所示的截面。在“拉伸”操控板中输入

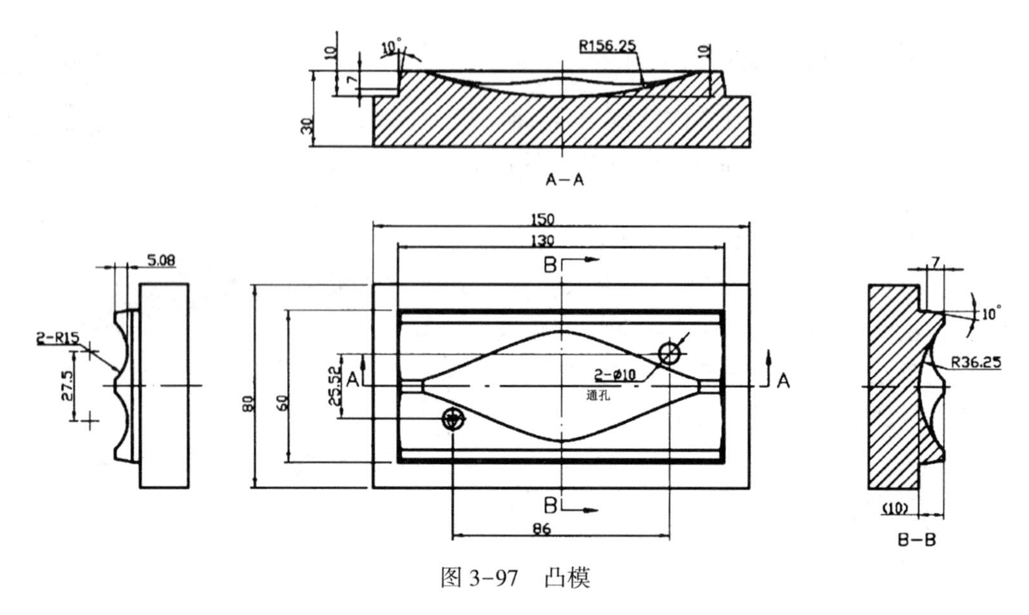


图 3-97　凸模

拉伸深度值为 10，完成拉伸的创建，预览结果如图 3-101 所示。

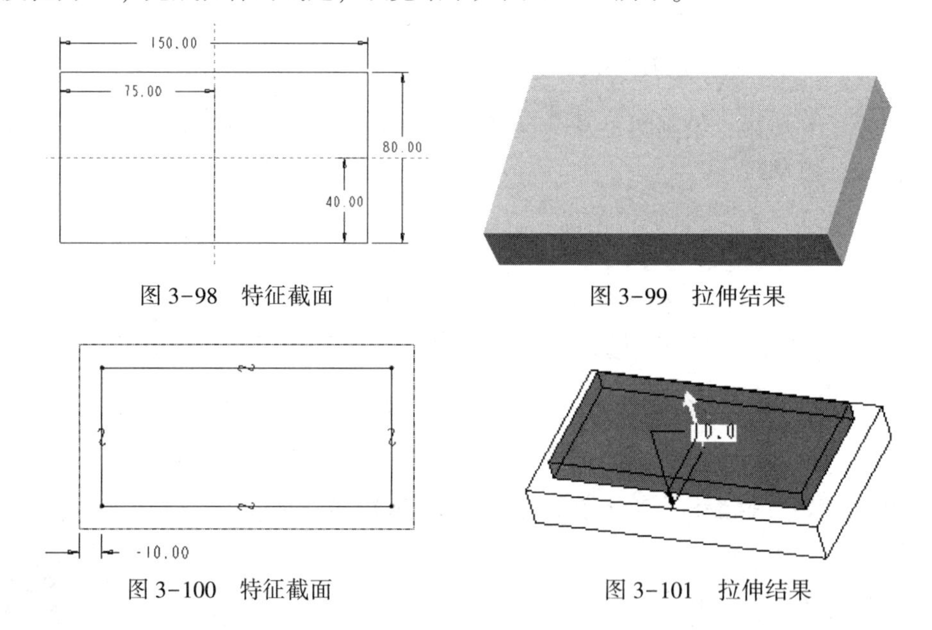


图 3-98　特征截面

图 3-99　拉伸结果

图 3-100　特征截面

图 3-101　拉伸结果

**3. 创建一个拔模特征**

（1）在工具栏上单击基准平面创建按钮，以图 3-102 箭头所示的平面作为草绘平面，向上偏移 3，得到新的草绘平面 DTM1。

（2）在工具栏上单击拔模按钮，打开图 3-103 所示的“拔模”操控板。

（3）打开参照选项，参照选项卡如图 3-104 所示，在“拔模曲面”处激活，选中图 3-104 暗灰色部分的四个侧面；在“拔模枢轴”处激活，选取平面 DTM1，并单击如图 3-104 所示的方向。

（4）单击“拔模”操控板上的“分割”选项卡，选择“根据拔模枢轴分割”的选项，如图 3-105 所示，设置上部分的倾斜角度值为 10，下部分的倾斜角度值为 0，如果方向不合适，可以通过图中的“反向箭头”进行调整。拔模结果如图 3-106 所示。

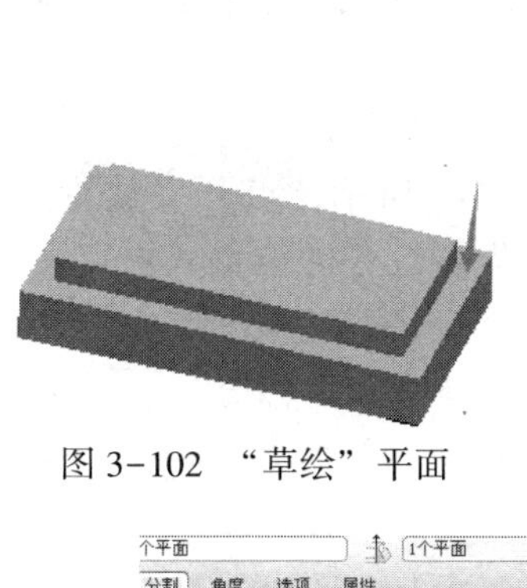

图 3-102 “草绘”平面

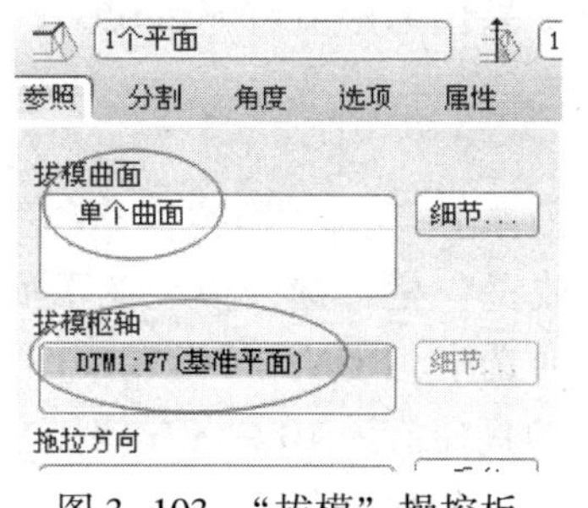


图 3-103 “拔模”操控板

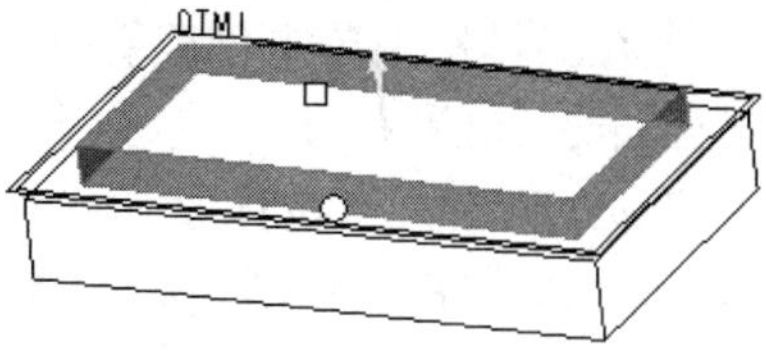

图 3-104 选择拔模曲面

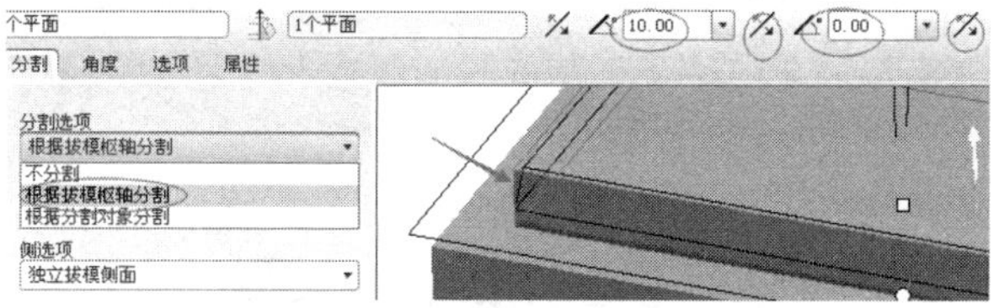

图 3-105 “拔模”方向和角度

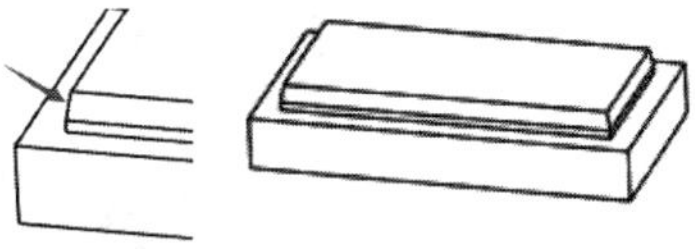

图 3-106 “拔模”结果

**4. 创建第一个旋转特征**

（1）单击旋转按钮，选取 TOP 面为草绘平面，绘制图 3-107 所示的特征截面和几何中心线，单击✓，结束草绘。

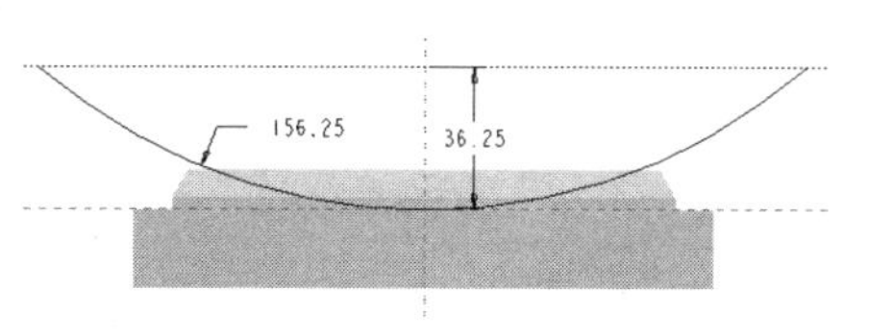


图 3-107 旋转截面

（2）在图 3-108 所示的“旋转”操控板上输入旋转角度值为 360，并单击去除材料按钮，单击✓，完成旋转特征的创建，结果如图 3-109 所示。

图 3-108 “旋转”操控板

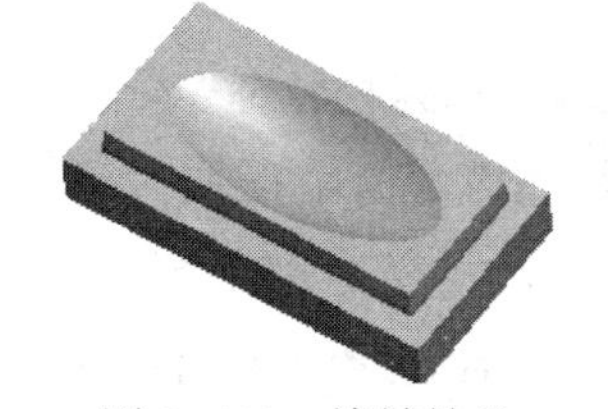

图 3-109 旋转结果

**5. 创建第三个拉伸特征**

单击拉伸按钮，选取 RIGHT 面作为草绘平面，绘制图 3-110 的特征截面。在图 3-111“拉伸”操控板中，输入拉伸深度值 130，点选去除材料，并以 RIGHT 面为参照，单击平分长度按钮，完成拉伸的创建，结果如图 3-112 所示，此特征在模型树中显示为“拉伸 3”。

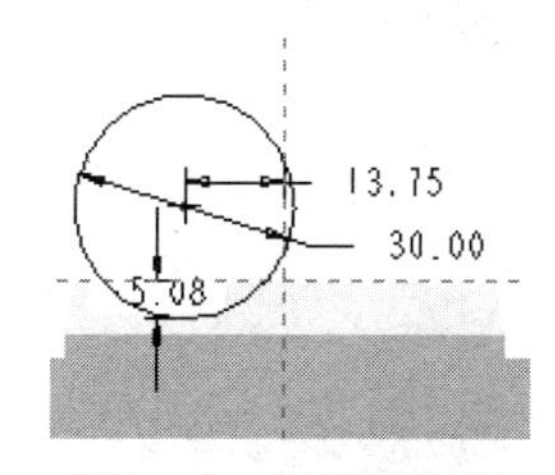


图 3-110 特征截面

图 3-111 “拉伸”操控板

图 3-112 拉伸结果

**6. 镜像**

在模型树中选取“拉伸 3”，在工具栏上单击镜像按钮，以 FRONT 面为参照面，确定后镜像结果如图 3-113 所示。

**7. 创建孔特征**

在工具栏中单击创建孔按钮，弹出“孔”操控板，如图 3-114 所示，点开“放置”选项卡，如图 3-115 所示，点亮“放置”栏，选中模型的下底面为需打孔的位置，再点亮“偏移参照”栏，按住<Ctrl>键，同时选中 FRONT 面和 RIGHT 面，输入偏移值分别为12. 76 和 43。在“孔”操控板中设置钻孔的直径值为 10，设置“钻孔至与所有曲面相交”，如图 3-114 所示，创建的孔特征结果如图 3-116 所示。

图 3-113 镜像结果

图 3-114 “孔”操控板

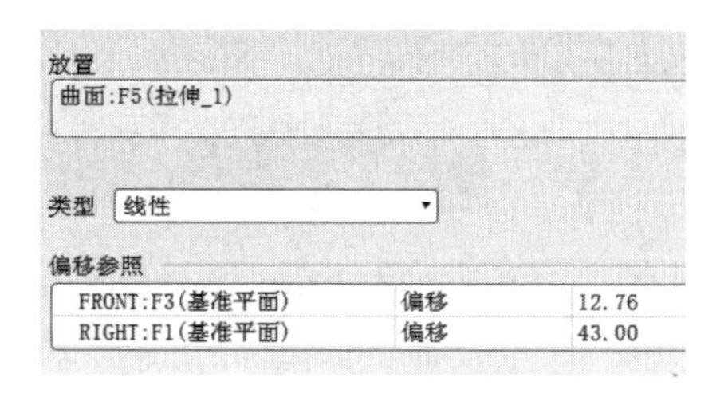


图 3-115 “放置”选项卡

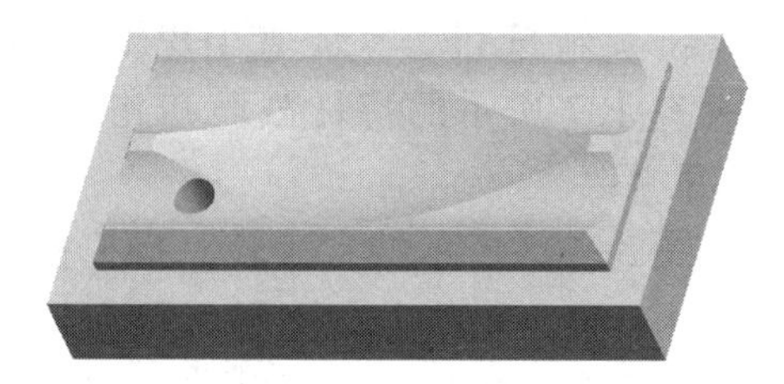

图 3-116 孔特征

**8. 阵列孔特征**

在模型树中选取“孔 1”，在工具栏上单击阵列按钮，弹出“阵列”操控板，如图 3-117所示，选择轴向阵列方式，单击工具栏中的基准轴工具，按住<Ctrl>键，同时选取 RIGHT 面和 TOP 面，得到阵列用的基准轴 A_10，输入阵列数目 2，阵列角度值为 180。阵列结果如图 3-118 所示。

图 3-117 “阵列”操控板

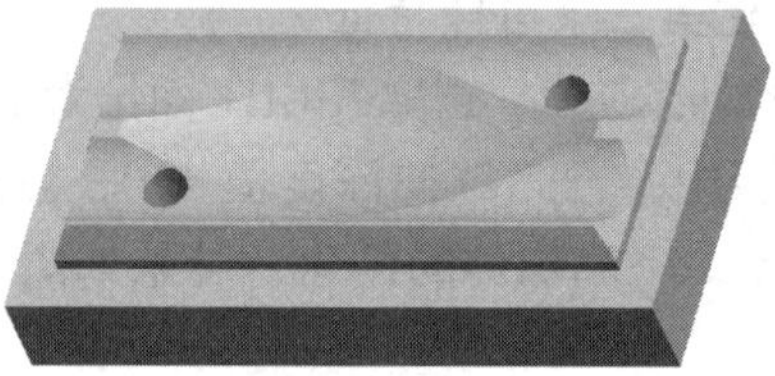

图 3-118 阵列结果

## 3.3 扫描特征

扫描特征是将一个截面沿着指定的轨迹从起点运动到终点而生成的形状。扫描特征有两个元素要定义，一个是扫描轨迹，一个是扫描截面。扫描轨迹是一条连续不间断的曲线，可以是封闭的，也可以是开放的。扫描截面一般要求封闭，当创建扫描曲面特征时，截面也可以开放。扫描截面在轨迹线上扫描时，扫描截面始终与轨迹线上各点的切线垂直。扫描特征的生成原理如图 3-119 所示。

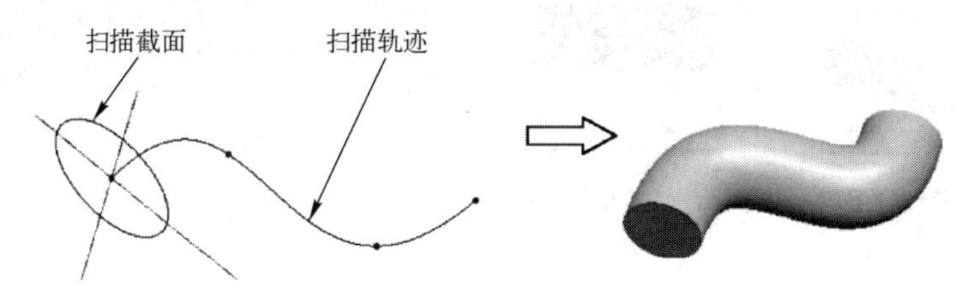


图 3-119　扫描特征生成示意图

## 3.3.1　扫描特征创建的一般步骤与要点

**1. 扫描特征创建的一般步骤**

（1）在如图 3-120 所示的菜单栏选择“插入”→“扫描”→“伸出项”，系统弹出如图 3-121所示的“伸出项：扫描”对话框，同时还弹出图 3-122 所示的“扫描轨迹”菜单，其中“草绘轨迹”为在草绘环境中草绘扫描轨迹，“选取轨迹”为选取现有曲线或边作为扫描轨迹。

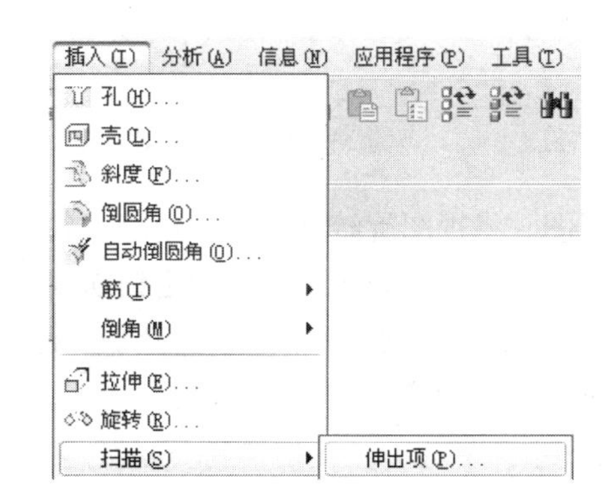


图 3-120　“扫描”命令

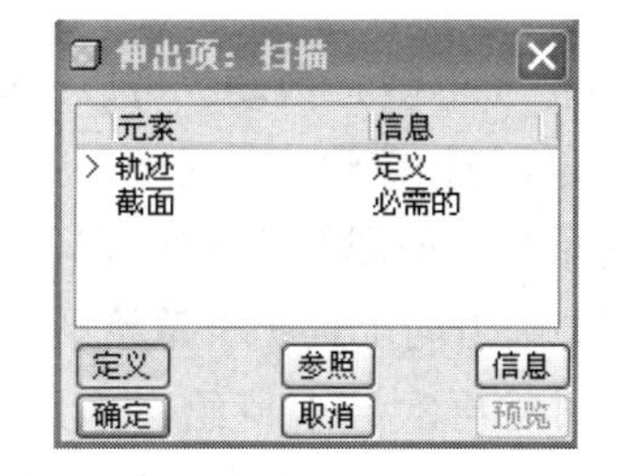


图 3-121　“伸出项：扫描”对话框

图 3-122　“扫描轨迹”菜单

（2）定义扫描轨迹与扫描截面。

① 在“扫描轨迹”菜单中选择“草绘轨迹”，打开图 3-123 所示的“设置草绘平面”菜单和“选取”对话框，用来定义一个平面作为草绘平面。

② 选取 TOP 基准面作为草绘平面，系统弹出图 3-124 所示的“方向”菜单，并在草绘面上用箭头标出草绘方向，如图 3-125 所示。接受默认的草绘方向，单击“确定”，系统弹出图 3-126 所示的“草绘视图”菜单，用来定义草绘平面的参照平面的方向，在菜单中选择“右”，系统弹出图 3-127 所示的“设置平面”菜单和“选取”对话框，用来定义草绘平面的参照平面，选取 RIGHT 面作为参照平面，系统进入草绘，并以 RIHGT 面向右为参照来确定草绘平面的方位。也可以在图 3-126 所示的菜单中选择“缺省”而直接进入草绘，系统以默认的参照和方向来确定草绘平面的方位。

图 3-123 “设置草绘平面”菜单和“选取”对话框

图 3-124 “方向”菜单

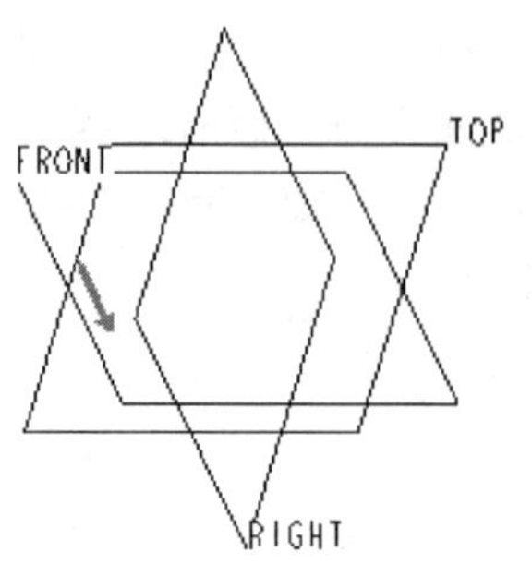


图 3-125 草绘方向

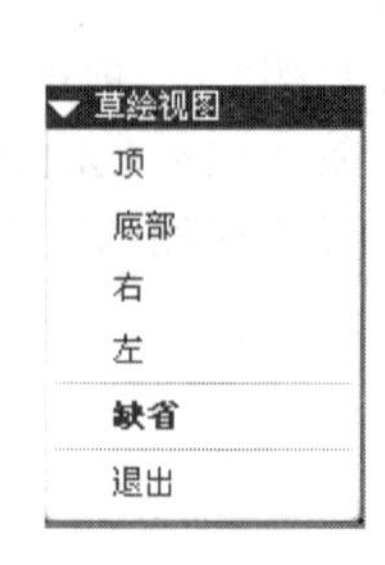


图 3-126 “草绘视图”菜单

③ 进入草绘后，绘制图 3-128 所示的样条曲线作为扫描轨迹线，箭头的起始端为扫描轨迹的起始点，单击✔，结束草绘，系统自动进入扫描截面的草绘环境，绘制图 3-129 所示的圆作为扫描截面。

图 3-127 “设置平面”菜单和“选取”对话框

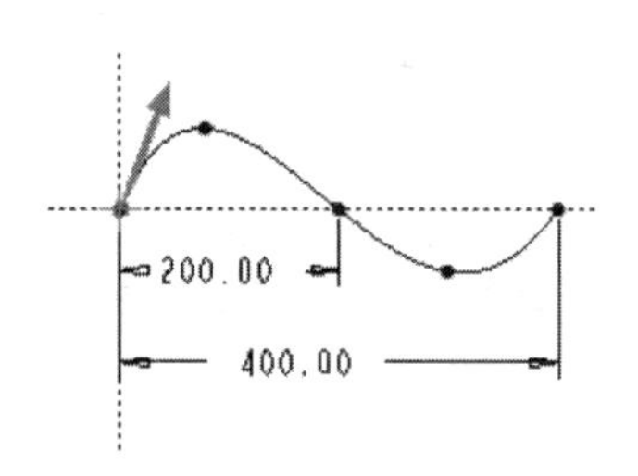


图 3-128 扫描轨迹

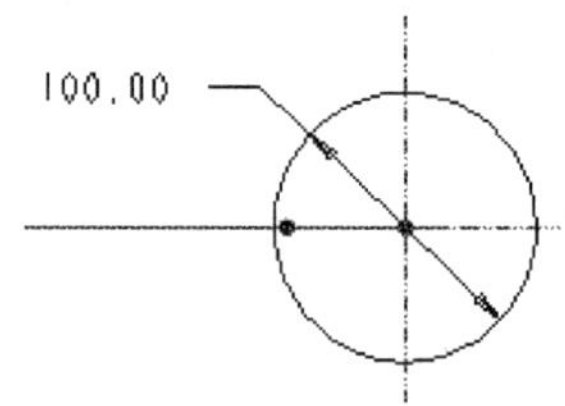


图 3-129 扫描截面

此时，在图形区，按住滚轮（中键）拖动，可以旋转视图。将视图旋转到合适的角度，如图 3-130所示，可以看到扫描截面与扫描轨迹的关系。系统用两条正交的黄色直线来确定扫描截面的草绘平面（两条黑色线为草绘扫描截面的参照线），该平面在扫描轨迹的起始点处与轨迹线的切线垂直。在工具栏中单击草绘方向工具，草绘平面将恢复到与屏幕平行的草绘状态。

（3）完成扫描截面的绘制后再次结束草绘，系统返回到零件模块。在扫描特征的定义对话框中单击“确定”，完成扫描特征的创建，结果如图 3-131 所示。

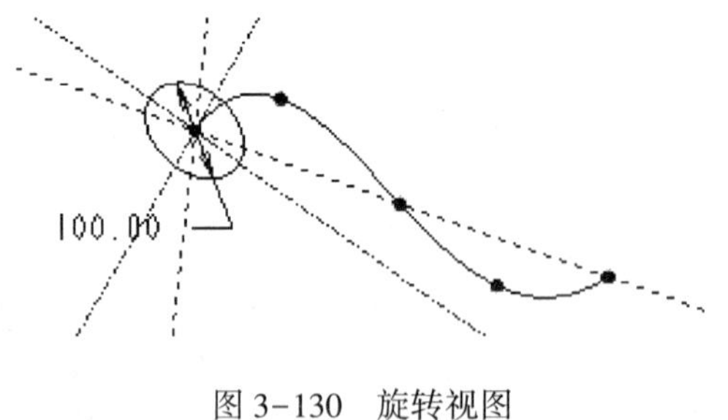


图 3-130 旋转视图

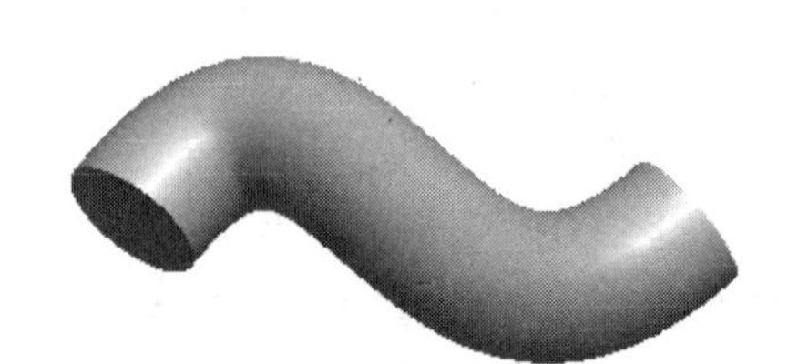

图 3-131 扫描结果

**2. 扫描特征的创建要点**

（1）扫描轨迹不能自身相交。

（2）对于开放的轨迹线，轨迹线上的箭头表示扫描的起始点，起始点必须位于轨迹线的一端，而不能位于轨迹线的中间。要改变起始点，可以点选轨迹线的一个端点，再右击，从弹出的快捷菜单中选择“起始点”，或在菜单栏选择“草绘”→“特征工具”→“起始点”。

(3) 相对于扫描截面，扫描轨迹中的弧或样条半径不能太小，否则扫描截面在经过该处时会由于自身相交而出现特征生成失败的情况。

## 3.3.2 扫描特征应用实例一：衣架

3.3.2

创建图 3-132 所示的衣架。

图 3-132 衣架

(1) 在菜单栏选择“插入”→“扫描”→“伸出项”，系统弹出图 3-121所示的“伸出项：扫描”对话框和图 3-122 所示的“扫描轨迹”选取菜单。

(2) 定义扫描轨迹与扫描截面。

① 选择“扫描轨迹”菜单中的“草绘轨迹”，然后选取 TOP 基准面作为草绘平面，在“方向”菜单选择“确定”，在“草绘视图”菜单选择“缺省”，系统进入草绘环境。

② 绘制图 3-133 所示的轨迹线，箭头 A 所指的地方应为一断点，该线段可用“打断”工具制作一断点；箭头 B 所指地方应为扫引的起点，若系统自动选取的起点不为该点，可先选中该点，再按右键弹出菜单，如图 3-134 所示，点选“起点”。结束草绘，系统自动进入扫描截面的草绘环境。

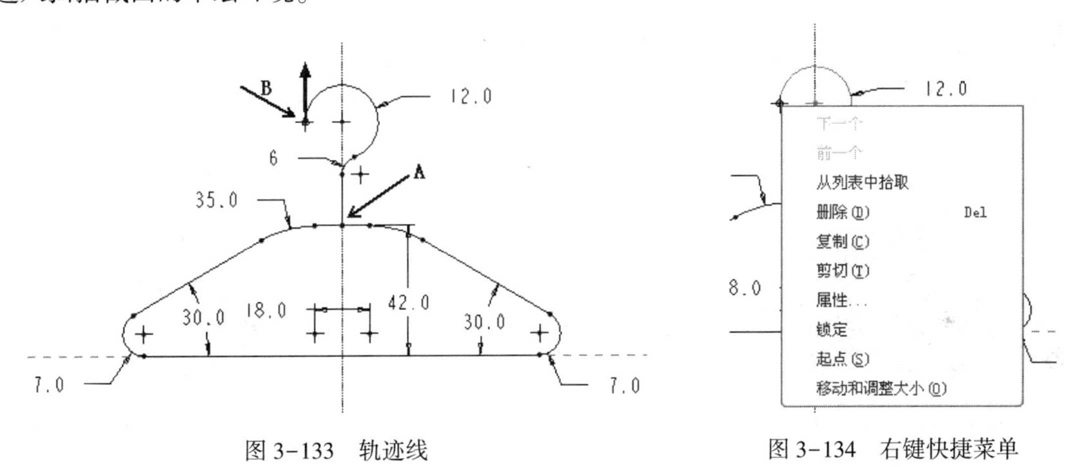


图 3-133 轨迹线　　图 3-134 右键快捷菜单

③ 绘制图 3-135 所示的扫描截面，结束草绘。

(3) 在“扫描”对话框中单击“确定”，完成扫描特征的创建，结果如图 3-136 所示。

图 3-135 截面　　图 3-136 扫描特征

## 3.3.3 扫描特征应用实例二：玻璃壶

3.3.3

创建图 3-137 所示玻璃壶的三维实体模型。

(1) 创建旋转特征。以 FRONT 面为草绘面，RIGHT 面向右为参照，进入草绘，绘制如

图 3-138 所示的截面，旋转角度值为 360，预览旋转结果如图 3-139 所示。

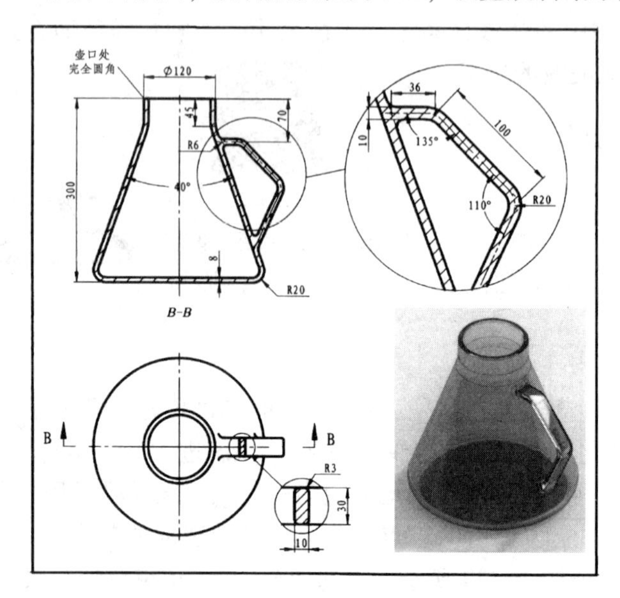


图 3-137　玻璃壶

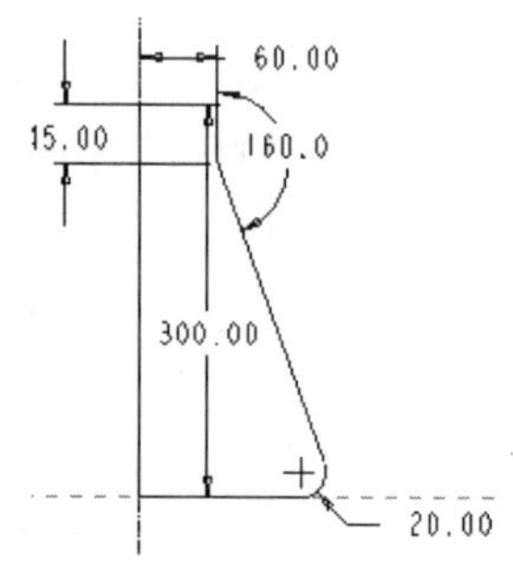


图 3-138　特征截面

（2）创建壳特征。在工具栏中单击抽壳按钮，弹出“壳”操控板，如图 3-140 所示，点开“参照”选项卡，选取模型的上表面为移除的曲面，设置壳的厚度值为 8，抽壳结果如图 3-141所示。

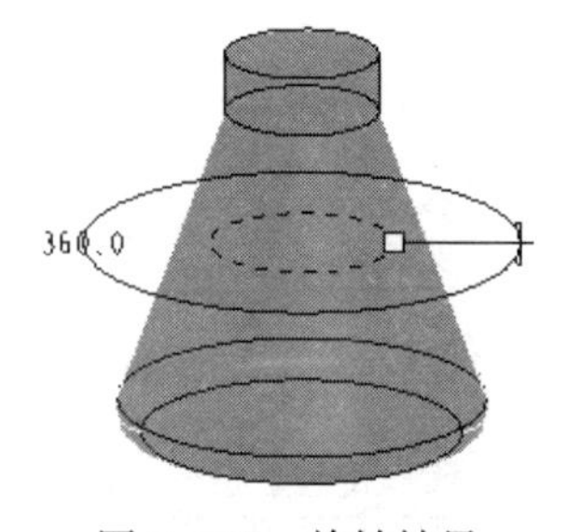


图 3-139　旋转结果

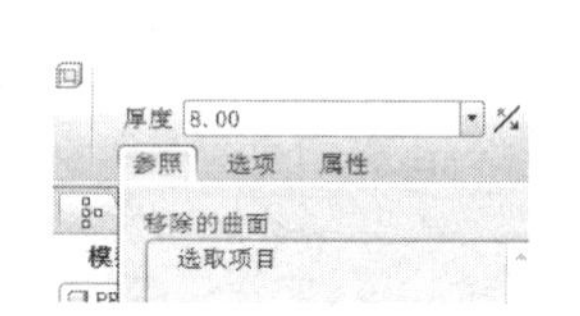


图 3-140　“壳”操控板

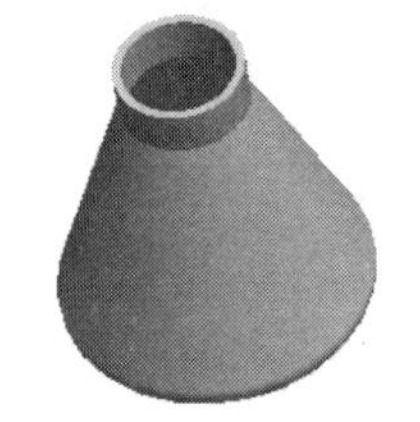

图 3-141　抽壳结果

（3）创建草绘。在工具栏中单击草绘工具，以 FRONT 面为草绘面，RIGHT 面向右为参照，进入草绘，绘制图 3-142 所示的截面，草绘结果如图 3-143 所示。

（4）创建扫描特征。在菜单栏中选择“插入”→“扫描”→“伸出项”，弹出“伸出项：扫描”对话框和“扫描轨迹”菜单管理器，选择“选取轨迹”。按住<Ctrl> 键，依次选取图 3-143 中的草绘曲线，确定完成。

（5）在弹出的“属性”菜单管理器中选择“合并端”，如图 3-144 所示。

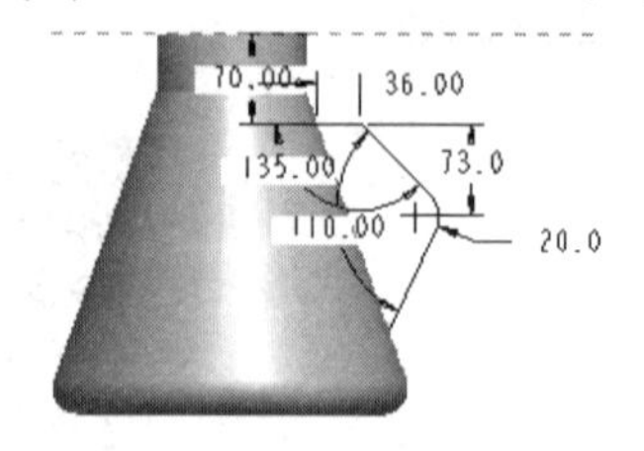


图 3-142　草绘截面

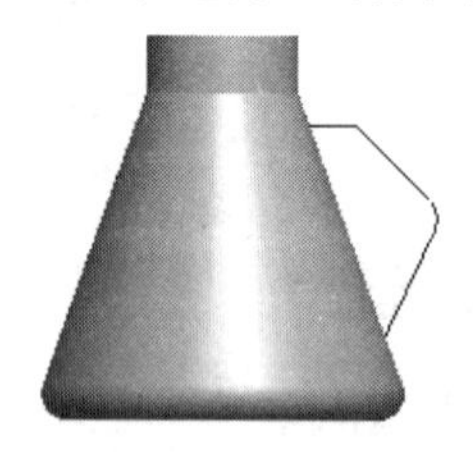

图 3-143　草绘结果

图 3-144　选择合并端

（6）进入截面草绘，绘制图 3-145 所示的截面，然后结束草绘，单击“确认”，扫描结果如图 3-146 所示。

（7）创建倒圆角特征 1。在工具栏中单击倒圆角按钮，对图 3-147 所示的边线进行半径为 6 的倒圆角。

（8）创建倒圆角特征 2。在工具栏中单击倒圆角按钮，弹出“倒圆角”操控板，点开“集”选项卡，按住<Ctrl>键，同时选中图 3-148 中箭头所指的两条边线，再在如图 3-149 所示的“集”选项卡中单击“完全倒圆角”，这时，系统自动计算出完全倒圆角的半径值 6。圆角结果如图 3-150 所示。

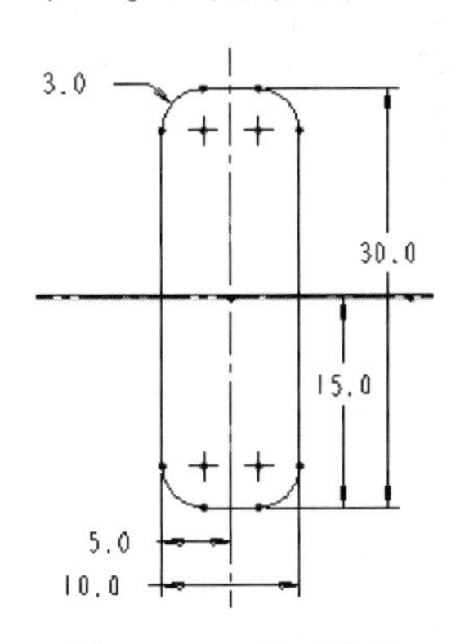

图 3-145　截面草绘

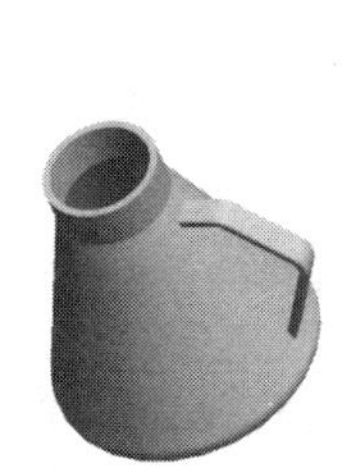
图 3-146　扫描结果

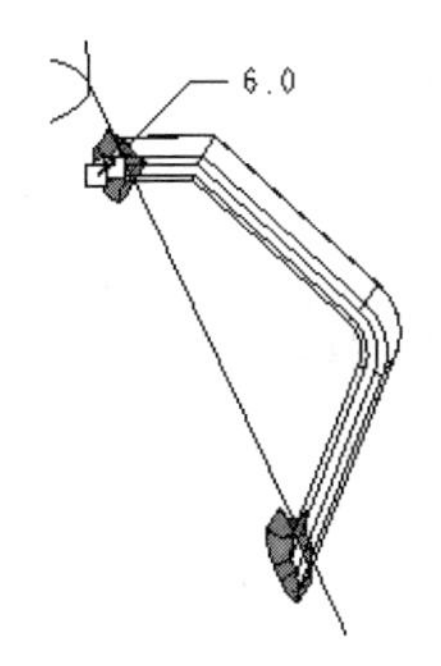

图 3-147　倒圆角 1

图 3-148　完全圆角的两边

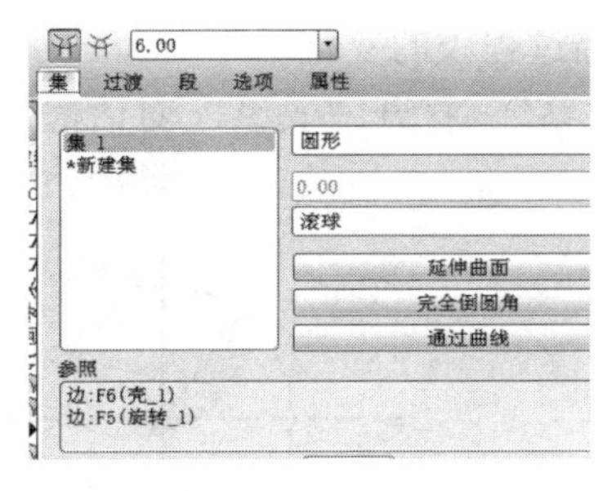

图 3-149　集”选项卡

图 3-150　倒圆角结果

## 3.4　可变剖面扫描特征

可变截面扫描是扫描截面沿一条或多条轨迹扫描而形成的，在扫描过程中，可以控制截面的方向和大小。

### 3.4.1　可变截面扫描特征创建的一般步骤与要点

**1. 可变截面扫描特征创建的一般步骤**

（1）创建草绘曲线。单击草绘工具，打开“草绘”对话框，以 FRONT 面为草绘平面，绘制图 3-151 所示草绘截面。结束草绘，结果如图 3-152 所示。

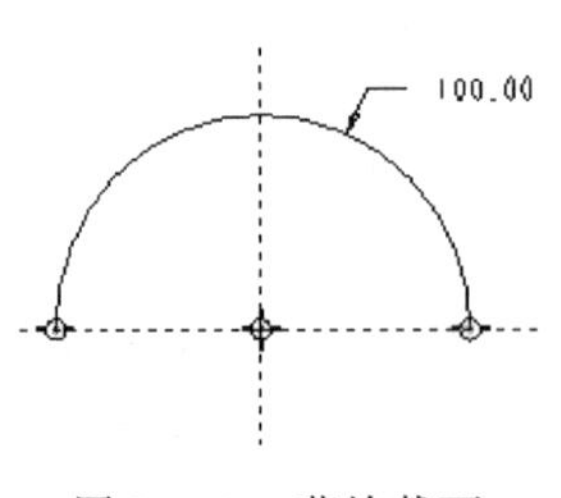


图 3-151　草绘截面

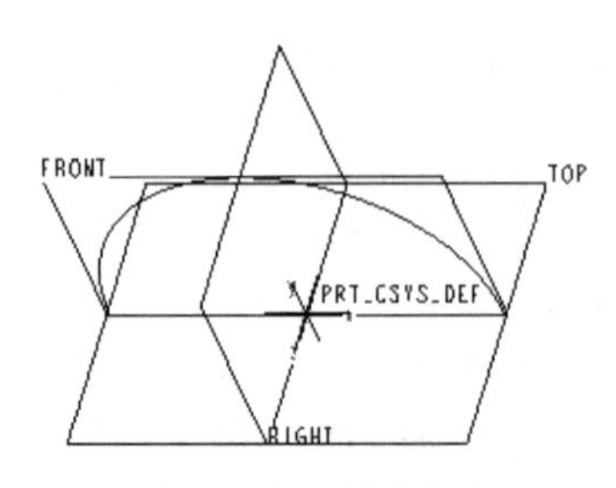


图 3-152　草绘曲线

（2）选择可变截面扫描命令。在菜单栏中单击“插入”→“可变截面扫描”，或者直接在工具栏中单击（可变截面扫描），打开“可变截面扫描”操控板，在操控板上单击（实体），结果如图 3-153 所示。

图 3-153　“可变截面扫描”操控板

（3）选择可变截面扫描轨迹。在图形区选取草绘曲线，结果如图 3-154 所示。

（4）草绘可变截面扫描截面。在“可变截面扫描”操控板上单击草绘按钮，系统进入草绘环境。绘制一个任意直径的圆，如图 3-155 所示。

（5）建立关系式，通过关系式来控制截面在扫描过程中的变化。

① 在草绘环境的菜单栏中单击“工具”→“关系”，打开“关系”对话框。此时，圆的直径值用代号 sd3 来表示，如图 3-156 所示。

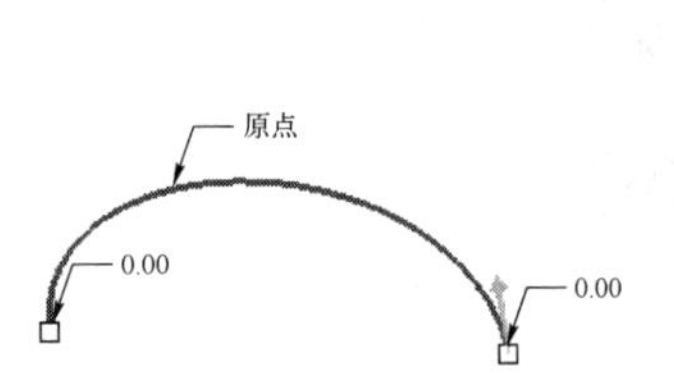


图 3-154　选择扫描轨迹

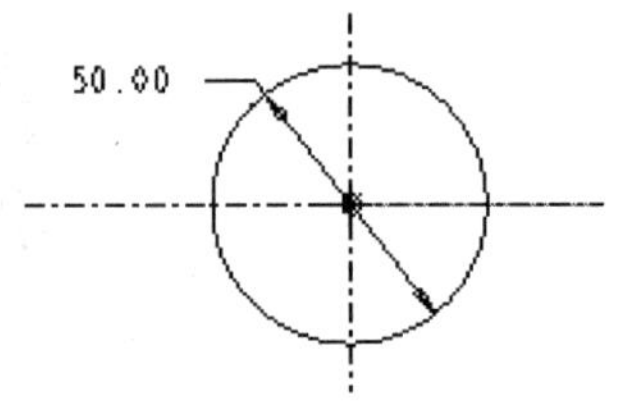


图 3-155　草绘截面

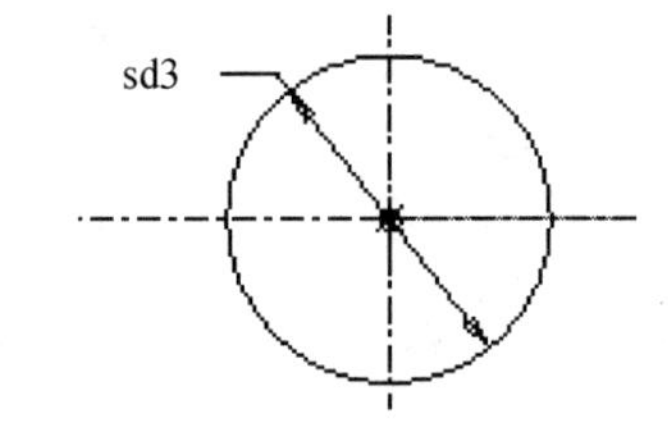


图 3-156　用代号表示圆的直径

② 在“关系”对话框中输入关系式 sd3 = 50 * （0.5 + 0.5 * trajpar），如图 3-157 所示。其中 trajpar 是一个从 0 变化到 1 的参数。其数值在扫描的起始点为 0、终止点为 1，而中间值呈线性变化。从此关系式可知 sd3 的数值从 25 变化到 50，也就是说，扫描时，截面的直径值从起点的 25 变化到终点的 50。

③ 在“关系”对话框中单击“确定”，完成关系式的创建。

④ 结束草绘，完成截面的定义。

（6）完成可变截面扫描特征的创建。在“可变截面扫描”操控板上单击，完成可变截面扫描特征的创建，结果如图 3-158 所示。

**2. 可变截面扫描特征操作要点**

（1）创建可变截面扫描之前，必须先绘制好用于扫描的轨迹，也可以选择实体棱边或曲面边界作为扫描轨迹。

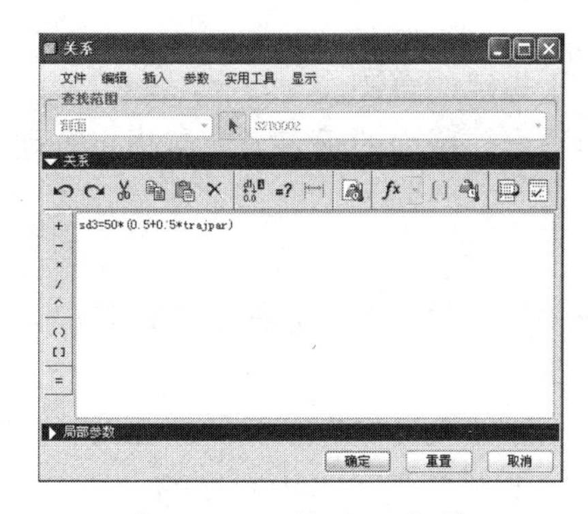


图 3-157 “关系”对话框

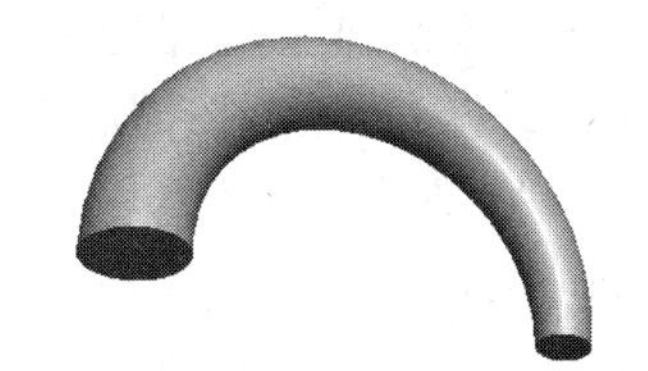

图 3-158 可变截面扫描结果

（2）要使截面受扫描轨迹控制，必须将截面与扫描轨迹建立约束关系。

（3）在一个可变截面扫描特征中，只能有一条 X 轨迹和一条法向轨迹。

### 3.4.2 “可变截面扫描”操控板

在菜单栏中选择“插入”→“可变截面扫描”，打开图 3-159 所示的“可变截面扫描”操控板。该操控板上有参照、选项、相切和属性 4 个选项卡，下面介绍这 4 个选项卡的功能。

（1）参照：用来选择可变截面扫描特征的轨迹以及设置截面控制。在“可变截面扫描”操控板中单击“参照”，打开“参照”选项卡。在选择轨迹之后，相关设置项处于激活状态，用作对截面方向进行控制，如图 3-160 所示。

图 3-159 “可变截面扫描”操控板

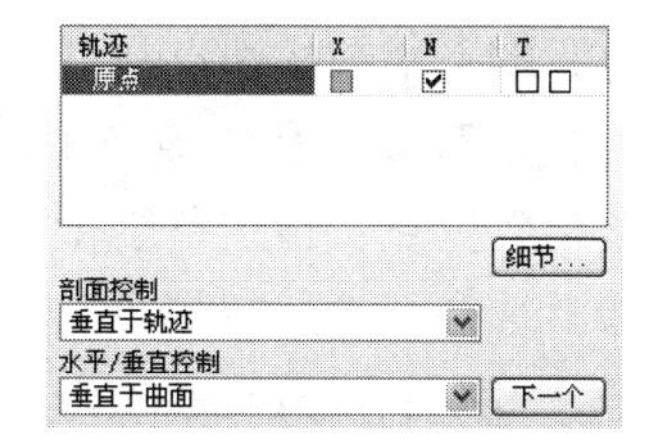


图 3-160 “参照”选项卡

①“轨迹”收集器：用于选择用作轨迹的曲线、实体棱边或曲面边界。在可变截面扫描特征中，有以下 4 种类型的轨迹：

原点轨迹：原点轨迹是可变截面扫描必须有的轨迹。截面原点（十字叉）总是位于原点轨迹线上。

法向轨迹：勾选轨迹列表右侧的 N 复选框，该轨迹即为法向轨迹。扫描截面与法向轨迹垂直。程序默认原点轨迹为法向轨迹。

X 轨迹：勾选轨迹列表右侧的 X 复选框，该轨迹即为 X 轨迹。草绘截面的 X 轴指向 X 轨迹。

相切轨迹：如果轨迹中存在至少一个相切曲线，可在轨迹列表中勾选 T 复选框，该轨迹即为相切轨迹。

② 剖面控制：用于确定截面扫描时的定向方式。总共有垂直于轨迹、垂直于投影、恒定法向 3 种定向方式。

垂直于轨迹：截面在整个扫描过程中都垂直于指定的轨迹。

垂直于投影：截面沿投影方向与轨迹的投影垂直，截面的垂直方向与指定方向一致。必须指定参照。

恒定法向：截面恒定垂直于指定方向。

③ 水平→垂直控制：控制扫描过程中截面的水平（X 轴）或垂直（Y 轴）方向。其控制方式有 3 种，分别是垂直于曲线、X 轨迹和自动。

垂直于曲面：截面的垂直方向与曲面垂直。当原始轨迹中有相关的曲面时，此方式为程序默认的控制选项。使用这种控制方式时，单击“参照”选项卡中右侧的“下一个”按钮，可以改变到另一个垂直曲面。

X 轨迹：截面的 X 轴通过 X 轨迹和扫描截面的交点。

自动：程序自动确定截面的 X 方向。

（2）选项：用来设定截面的类型以及草绘位置等项目。在“可变截面扫描”操控板中单击“选项”，弹出图 3-161 所示的“选项”选项卡。现对选项卡上各项的功能说明如下。

可变截面：扫描截面在扫描过程中，随约束它的扫描轨迹而变化，与草绘截面有约束关系的轨迹控制着扫描特征的形状。也可以应用关系式来控制截面在扫描过程中的形状变化。

恒定截面：在扫描过程中，不管扫描截面是否受到辅助轨迹的约束，其形状都保持不变，仅截面的方向发生改变。

封闭端点：此项仅适用于创建可变截面扫描曲面，用来设置可变截面扫描曲面的两端是否封闭。

合并端：在扫描端点与已有实体合并成一体。仅当创建可变截面扫描实体，扫描截面类型为“恒定截面”和“单条平面轨迹”时，该选项才会显示。

草绘放置点：指定草绘截面在原点轨迹上的位置。草绘截面的位置不影响特征起始位置，若不选择“草绘放置点”，程序默认扫描起始点为草绘截面位置。

（3）相切：设置轨迹的相切来控制扫描特征在该轨迹处与相邻几何的连接关系。在“可变截面扫描”操控板中单击“相切”，弹出图 3-162 所示的“相切”选项卡，用作设置相切轨迹及其控制曲面。“参照”列表框中可能的选项有：无、第 1 侧、第 2 侧和选取的。

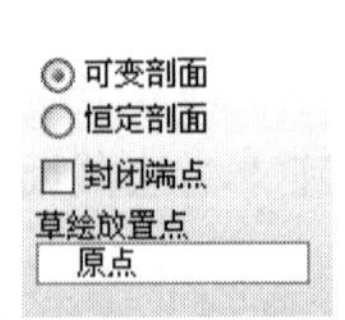


图 3-161 “选项”选项卡

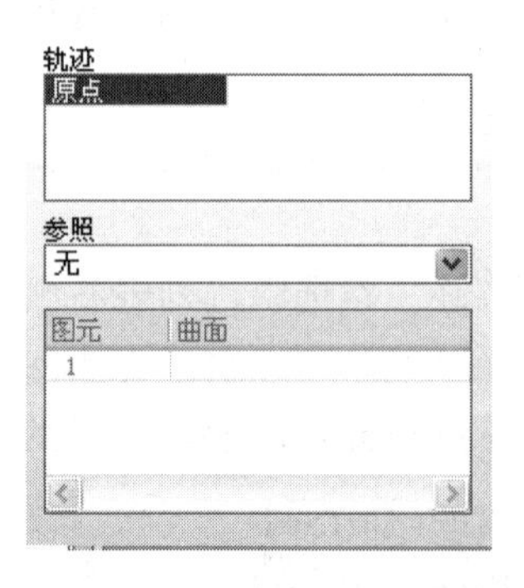


图 3-162 “相切”选项卡

无：禁用相切轨迹。

第 1 侧：扫描截面包含与轨迹第 1 侧曲面相切的中心线。

第 2 侧：扫描截面包含与轨迹第 2 侧曲面相切的中心线。

选取的：手动为扫描截面中相切中心线指定曲面。

（4）属性：用于查看和修改特征的名称。

**注意事项：**

1）原点轨迹必须为连续相切的；

2）水平→垂直控制中设为 X 轨迹时，X 向量的轨迹不能与原点轨迹线相交；

3）有多条轨迹线控制剖面时，以最短的轨迹线计算长度；

4）可以添加或删除原点轨迹上的截面控制点；

5）以原点轨迹进行扫描不同的截面垂直于轨迹，无额外轨迹时，与扫描混合特征相似；

6）以原点轨迹进行扫描相同的截面垂直于轨迹，无额外轨迹时，与扫描特征相似。

7）要先选择中心的那条跟截面垂直的轨迹线。

3.4.3

### 3.4.3 可变剖面扫描特征应用实例一：铁尖块

创建图 3-163 所示铁尖块的三维实体模型。

（1）创建草绘 1。在工具栏中单击草绘按钮，以 TOP 面为草绘面，RIGHT 面为参照，方向向右，进入草绘界面，绘制图 3-164 所示的曲线。

（2）镜像得到草绘 2。以 FRONT 面为平面基准，进行镜像，得到 TOP 面上的另一条曲线，即图 3-165 所示的草绘 2。

（3）创建草绘 3。单击草绘工具，以 FRONT 面为草绘面，RIGHT 面为参照，方向向右，进入草绘界面，绘制图 3-166 所示的曲线，得到草绘 3。

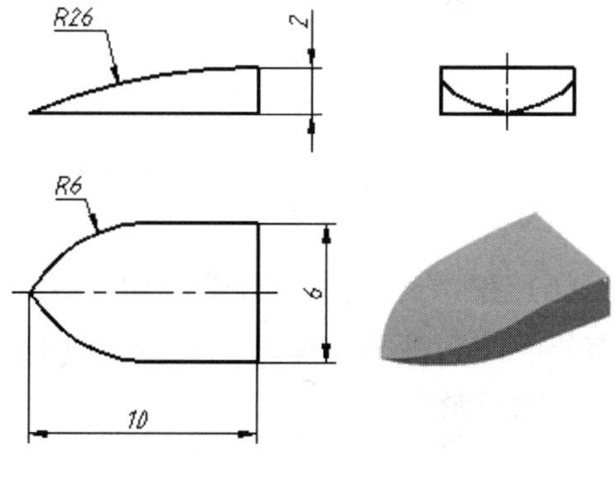

图 3-163　铁尖块

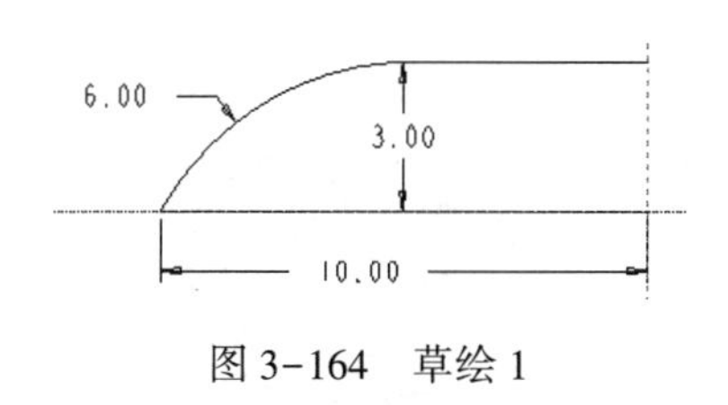

图 3-164　草绘 1

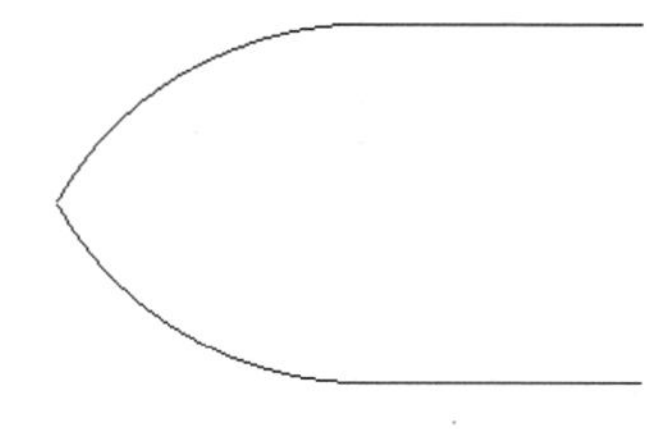
图 3-165　草绘 2

（4）创建草绘 4。单击草绘工具，以 FRONT 面为草绘面，RIGHT 面为参照，方向向右，进入草绘界面，绘制图 3-167 所示的曲线，得到草绘 4。

按键盘的<Ctrl>+D 组合键，使四条草绘曲线呈现立体视图，结果如图 3-168 所示。

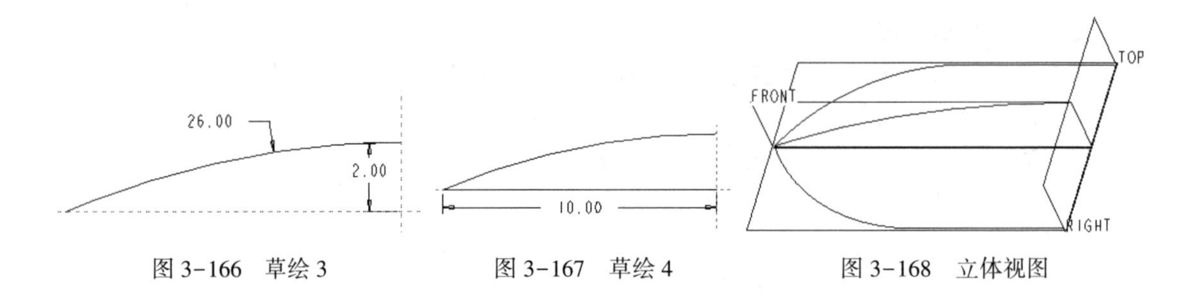


图 3-166　草绘 3　　　图 3-167　草绘 4　　　图 3-168　立体视图

（5）单击工具栏中的“可变截面扫描”工具，弹出“可变截面扫描”操控板，在操控板上选择“扫描为实体”，单击“参照”，选取中心的线段（即草绘 4）作为原点轨迹。按住<Ctrl>键，依次选择另外三条草绘曲线，如图 3-169 和图 3-170 所示。

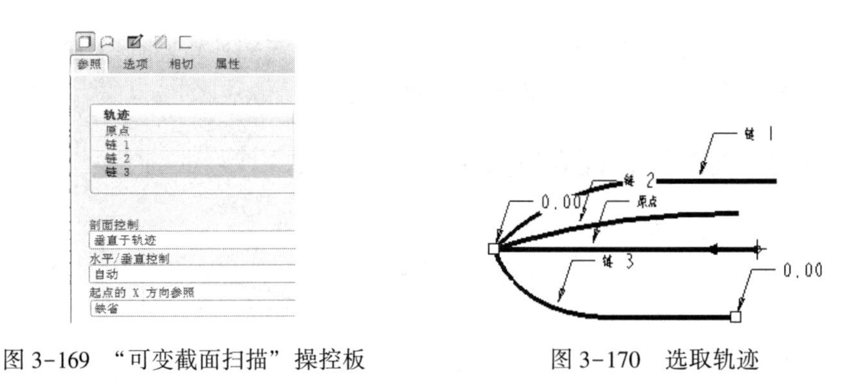


图 3-169　“可变截面扫描”操控板　　　图 3-170　选取轨迹

（6）在“可变截面扫描”操控板上选择“创建或编辑扫描剖面”工具。进入二维草绘，绘制图 3-171 所示的矩形（通过四条轨迹线的四个端点）。可变截面扫描特征如图 3-172所示。

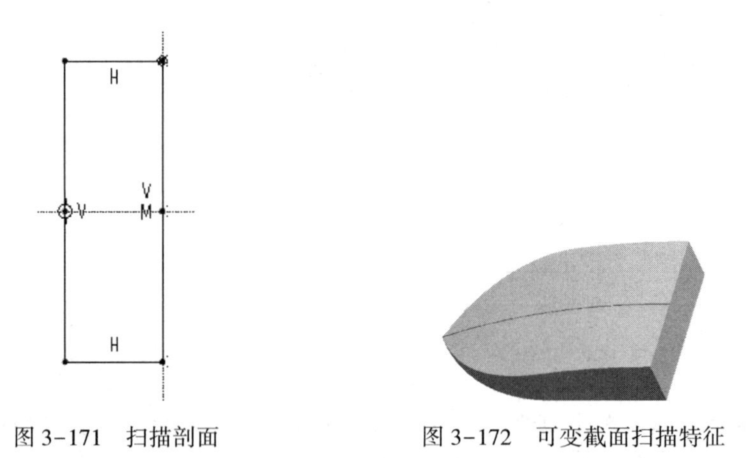


图 3-171　扫描剖面　　　图 3-172　可变截面扫描特征

（7）对之前草绘的线进行隐藏操作，如图 3-173 所示，并在层中点“保存状态”。然后将此文件保存后以后打开时就不会再显示出这些草绘曲线。

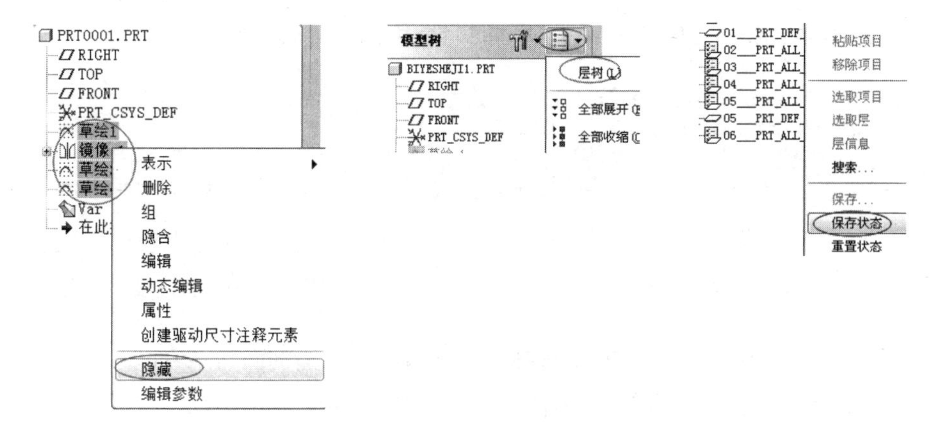


图 3-173　隐藏“草绘”线

## 3.4.4　可变剖面扫描特征应用实例二：回形针

3.4.4

创建图 3-174 所示的回形针，虽然是恒定的截面，但由于扫引轨迹线是三维的，用扫描命令很难做出来，但可以用可变剖面扫描命令进行快速制作。

（1）选择 TOP 面作为草绘平面，在工具栏中单击（草绘工具）按钮，在草绘环境下，绘制图 3-175 所示的截面，得到草绘 1。

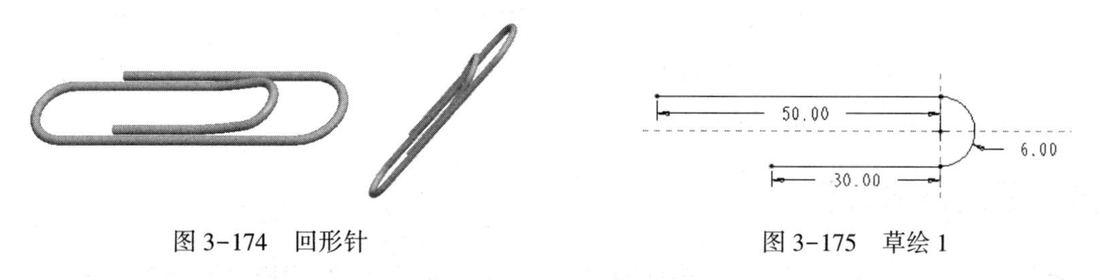


图 3-174　回形针　　图 3-175　草绘 1

（2）选择 FRONT 面作为草绘平面，用同样的方法绘制图 3-176 所示的截面，得到草绘 2。

（3）按住<Ctrl>键，同时选中模型树中的“草绘 1”和“草绘 2”，单击菜单栏中的“编辑”→ 相交(I)...（相交工具）使这两条曲线相交，生成图 3-177 所示的雏形轨迹线（同时系统自动将草绘 1 和草绘 2 隐藏）。

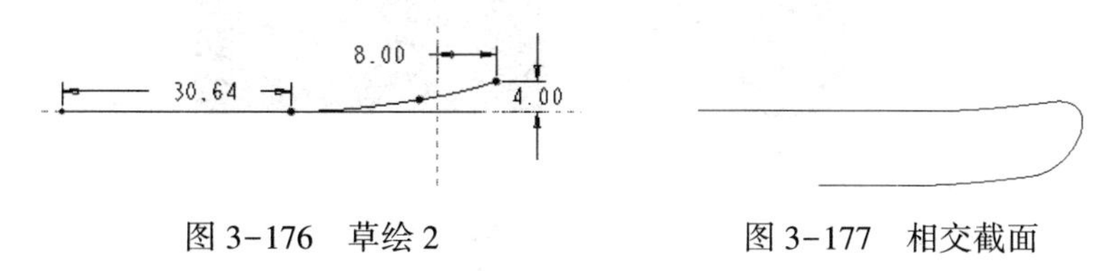


图 3-176　草绘 2　　图 3-177　相交截面

（4）选择 TOP 面作为草绘平面，单击草绘工具按钮，绘制图 3-178 所示的截面，得到草绘 3。立体视图显示的完整轨迹线结果如图 3-179 所示。

（5）单击“可变截面扫描”工具，弹出图 3-180 所示的“可变截面扫描”操控板，在操控板上选择“扫描为实体”，点开“参照”选项卡，再点开“细节”，弹出“链”

操控板，如图 3-181 所示，按住<Ctrl> 键，同时选中两条曲线，单击“确定”。

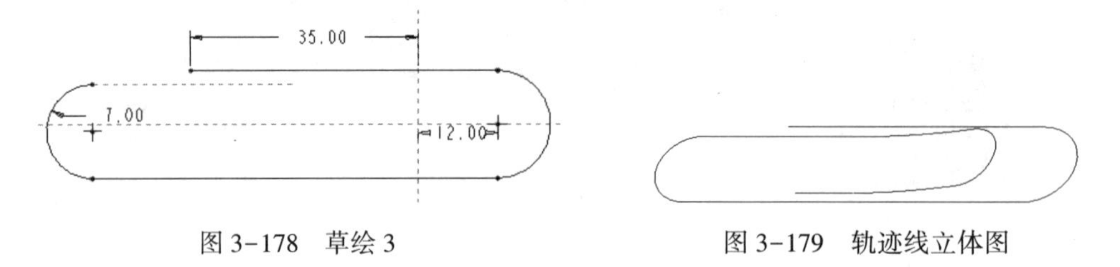


图 3-178　草绘 3　　　　图 3-179　轨迹线立体图

（6）在“可变截面扫描”操控板上选择“创建或编辑扫描剖面” 工具。进入二维草绘，绘制图 3-182 所示的图形。可变截面扫描特征如图 3-174 所示。

图 3-180　“可变截面扫描”操控板

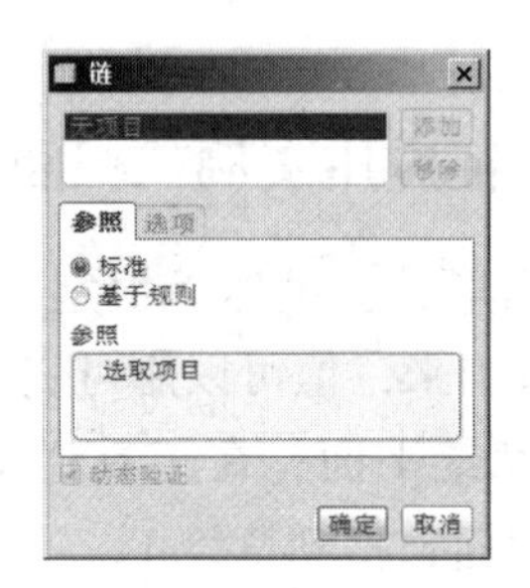


图 3-181　“链”操控板

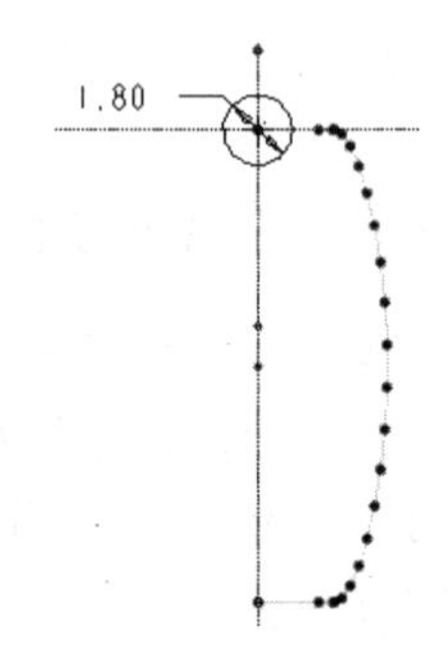


图 3-182　扫描剖面

（7）对之前草绘的线进行隐藏操作，并在层中点“保存状态”，将此文件保存后以后打开时就不会再显示出这些草绘曲线。

## 3.5　螺旋扫描特征

螺旋扫描特征是将一个截面沿着螺旋轨迹线进行扫描而形成的，用于创建弹簧（图 3-183）、螺纹等形状。其螺旋轨迹线是通过螺旋轨迹线的转向轮廓线和节距（螺距）来定义的。

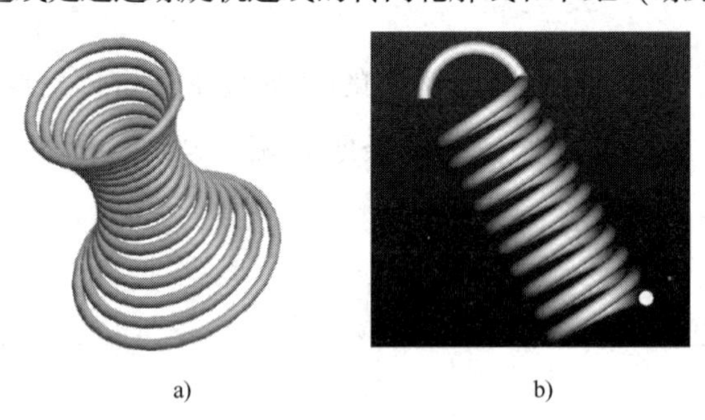

a)　　　　b)

图 3-183　弹簧

3.5.1

### 3.5.1　螺旋扫描特征创建的一般步骤与要点

#### 1. 螺旋扫描特征创建的一般步骤

下面以图 3-183a 所示的螺旋扫描特征为例来说明该特征创建的一般步骤。

（1）在菜单栏选择“插入”→“螺旋扫描”→“伸出项”，系统弹出图 3-184 所示的

“螺旋扫描”对话框和图 3-185 所示的“属性”菜单，该菜单可分为三个部分，现对各部分的含义说明如下。

第一部分：用于定义螺距。

常数：螺距为常数。

可变的：螺距是可变的，并可由一个图形来定义。

第二部分：用于定义扫描截面的方向。

穿过轴：扫描截面在扫描过程中始终与旋转轴共面。

轨迹法向：扫描截面在扫描过程中始终与扫描轨迹线各点的切线垂直。

第三部分：用于定义螺旋定则。

右手定则：使用右手定则定义螺旋轨迹。

左手定则：使用左手定则定义螺旋轨迹。

（2）在“属性”菜单中选择“常数”→“穿过轴”→“右手定则”→“完成”，弹出图 3-186 所示的“设置草绘平面”菜单以及“选取”菜单。

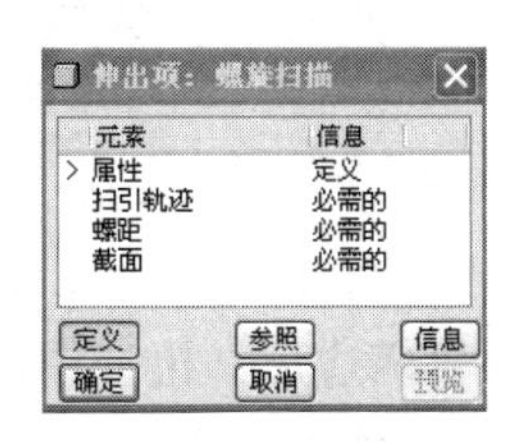

图 3-184 “螺旋扫描”对话框

图 3-185 “属性”菜单

图 3-186 “设置草绘平面”菜单

（3）选取 FRONT 基准面作为草绘面，然后在弹出的菜单中选择“正向”→“缺省”，系统进入草绘环境。

（4）在草绘环境中，绘制图 3-187 所示的轨迹线（实际上是螺旋轨迹线的转向轮廓线），然后结束草绘。

（5）在弹出的“消息输入窗口”对话框中输入节距值（螺距）为 8，如图 3-188 所示，按<Enter>键后，系统自动进入扫描截面的草绘环境。

（6）绘制图 3-189 所示的扫描截面，然后单击工具栏中的✔，结束草绘。

（7）单击“螺旋扫描”对话框中的“确定”按钮，完成螺旋扫描特征的创建，结果如图 3-190 所示。

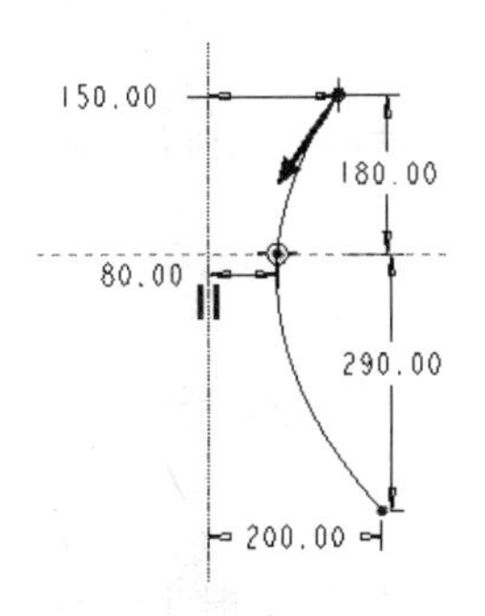

图 3-187 扫描轨迹

图 3-188 “消息输入窗口”对话框

**2. 螺旋扫描特征创建的要点**

（1）螺旋扫描特征的螺旋轨迹线的转向轮廓线必须是一条开放的曲线链。

（2）在绘制轨迹的转向轮廓线时，必须绘制一条中心线作为旋转轴。

（3）关键要素：扫引轨迹——中心线+轨迹线、节距、截面。

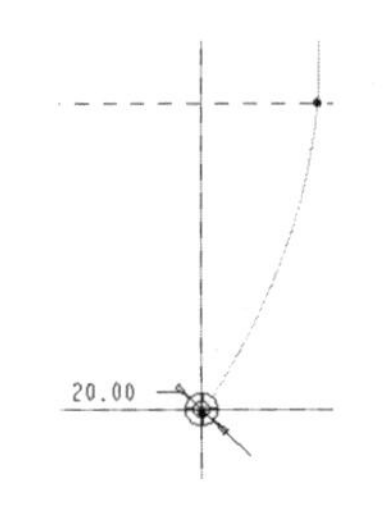


图 3-189　扫描截面

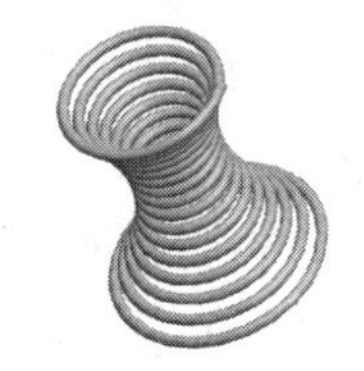

图 3-190　螺旋扫描结果

## 3.5.2　螺旋扫描特征应用实例：螺栓

3.5.2

创建图 3-191 所示的螺栓的三维实体模型（每年考证与大赛的常见零件）。

**1. 以拉伸的方式创建六角头螺栓**

单击“拉伸”工具，打开“拉伸”操控板，单击“放置”，然后单击“定义”，选择 FRONT 面为基准面，在草绘环境下，按主窗口右侧调色板的图标，弹出图 3-192 所示的调色板，选取六边形，双击点选六边形，然后单击屏幕任意处以放置六边形，再选中六边形的中心，拖动到草绘环境的基准中心处。图形显示结果如图 3-193 所示。

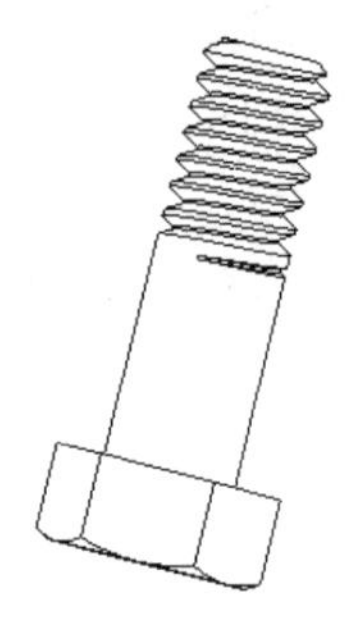

图 3-191　螺栓

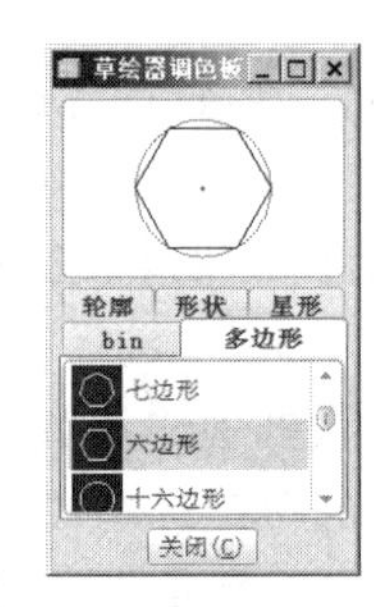


图 3-192　草绘器调色板

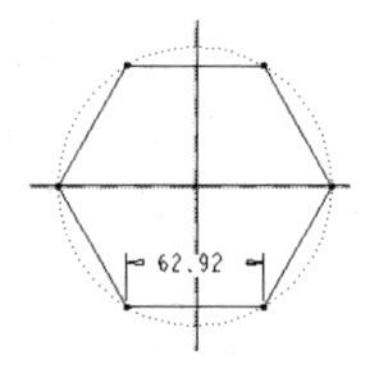


图 3-193　六边形

选择“62.92 尺寸”，按键盘<Delete>键删除，然后单击，标注图 3-194 所示的尺寸，单击“确定”。

在“拉伸”操控板中，输入拉伸深度值为 5.5 mm，按键盘的<Ctrl+D>组合键，使零件呈现立体图，按鼠标滚轮完成拉伸实体，结果如图 3-195 所示。

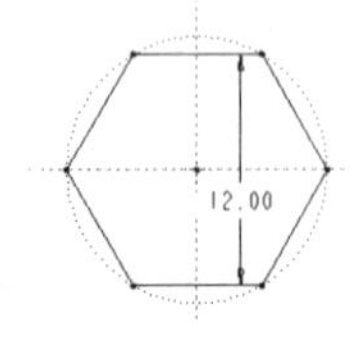


图 3-194　标注尺寸结果

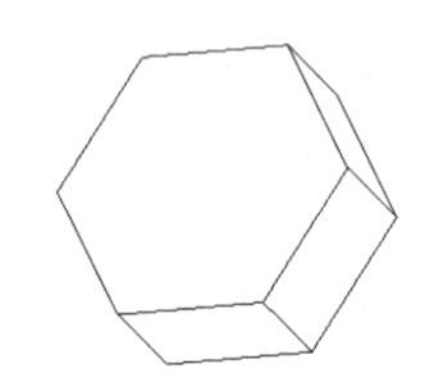

图 3-195　拉伸结果

**2. 以旋转的方式切削螺栓头的部分材料**

单击旋转工具，点选基准平面 RIGHT 为草绘平面，使用绘制旋转中心线，并以拉伸特征的边线为草绘的参照边，使用绘制一条通过参照边端点的线，标注角度值为 60，如图 3-196 所示。在“旋转”操控板上，选择旋转为实体的图标与移除材料的图标，单击图标使旋转特征朝外部长出并移除零件内部的材料，结果如图 3-197 所示。

**3. 以拉伸的方式创建圆柱体**

单击“拉伸”工具，打开“拉伸”操控板，单击“放置”，然后单击“定义”，选取图 3-197 所示零件背部平面作为草绘平面，在草绘界面绘制直径值为 8 mm 的圆，如图 3-198所示，输入拉伸深度值为 25 mm，完成的拉伸特征如图 3-199 所示。

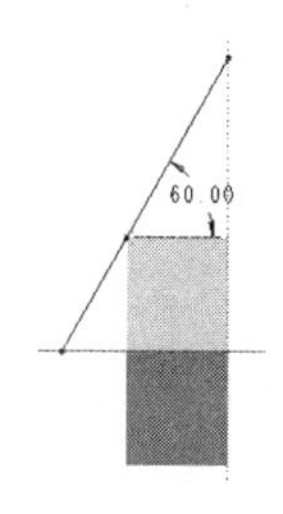

图 3-196　绘制中心线和截面

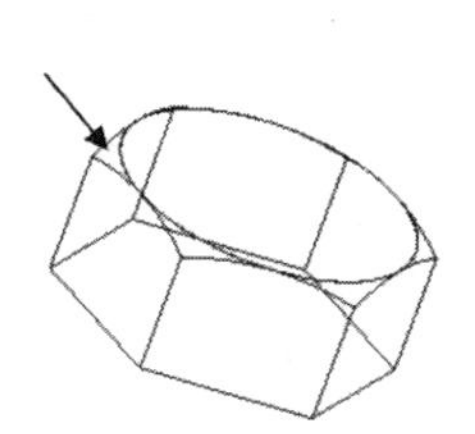
图 3-197　移除材料结果

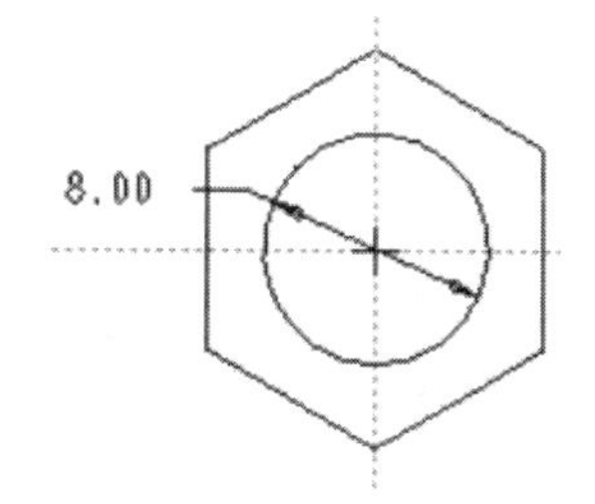

图 3-198　草绘截面

**4. 在圆柱体末端做倒角**

在工具栏中单击倒角图标，选择圆柱底边，在“倒角”操控板中选取 45×D，如图 3-200所示，将倒角的尺寸值设为 1 mm，完成的倒角如图 3-201 所示。

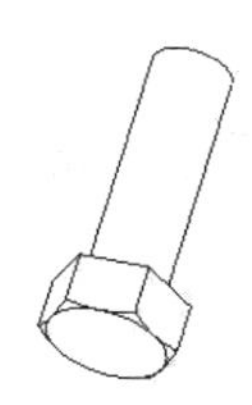
图 3-199　拉伸特征

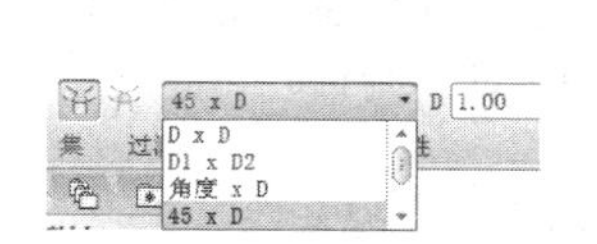

图 3-200　“倒角”操控板

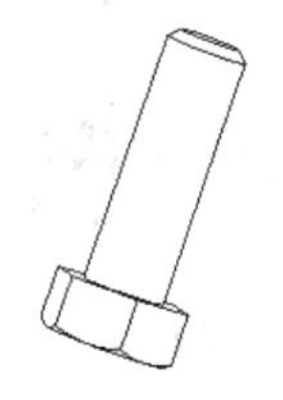
图 3-201　倒角结果

**5. 以螺旋扫描的方式创建螺纹**

选取主菜单“插入”→“螺旋扫描”→“切口”，单击“完成”以接受螺旋扫描的默认属性：常数、穿过轴、右手定则，点选 TOP 面为草绘平面，选正向，以确定视图方向朝下，选“缺省”以使用默认的参照平面来设置零件在二维草绘时的方向，使用绘制中心线，选取主菜单“草绘”下的“参照”，选此两个边为参照边，如图 3-202 所示。

使用和绘制图 3-203 所示的扫引轨迹线，接着输入节距值 1.6；使用（线工具）、（镜像工具）、（尺寸标注）等绘制图 3-204 所示的截面。

选正向，以确定材料移除方向朝向截面内部，如图 3-205 左侧所示，按鼠标滚轮，以结束螺旋扫描的定义，按键盘的<Ctrl+D>组合键，使零件呈现立体图，结果如图 3-206 所示。

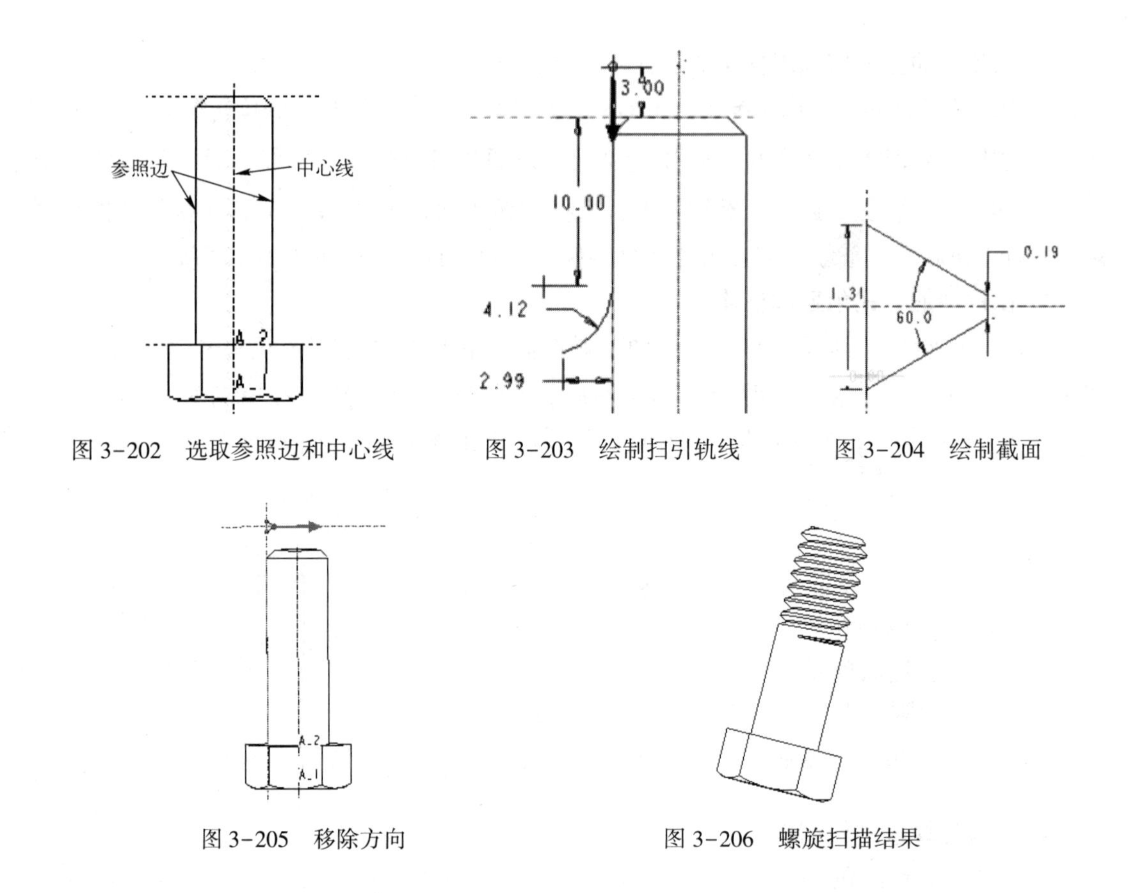


图 3-202　选取参照边和中心线　图 3-203　绘制扫引轨线　图 3-204　绘制截面

图 3-205　移除方向　图 3-206　螺旋扫描结果

## 3.6　混合特征

将一组不同的截面沿其边线用过渡曲面连接起来形成一个连续的特征，就是混合特征，如图 3-207 所示。混合特征至少需要两个截面。

### 3.6.1　混合特征创建的一般步骤与要点

**1. 混合特征创建的一般步骤**

下面以图 3-207 所示的混合特征为例，说明创建混合特征的一般过程：

（1）选择“混合”命令。如图 3-208 所示，在菜单栏选择“插入”→“混合”→“伸出项”，弹出图 3-209 所示的“混合选项”菜单，该菜单分为三个部分，各部分的基本功能介绍如下。

1）用于确定混合类型。

平行：所有混合截面在相互平行的多个平面上。

旋转的：混合截面可绕 Y 轴旋转，最大旋转角度值为 120。每个截面都单独草绘并用截面坐标系对齐。

一般：一般混合截面可以分别绕 X 轴、Y 轴和 Z 轴旋转，也可以沿这三个轴平移。每个截面都单独草绘，并用截面坐标系对齐。

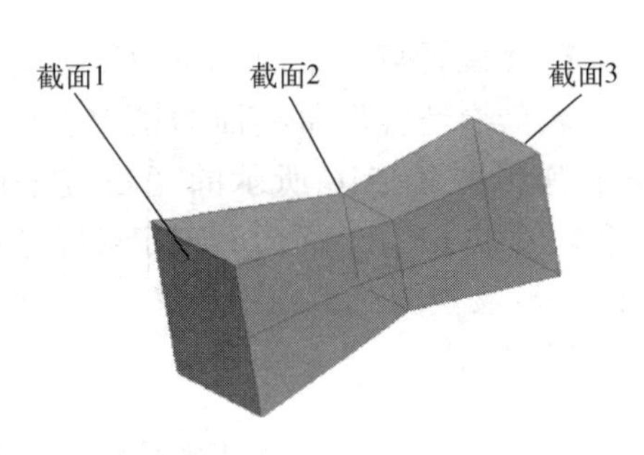


图 3-207　混合特征

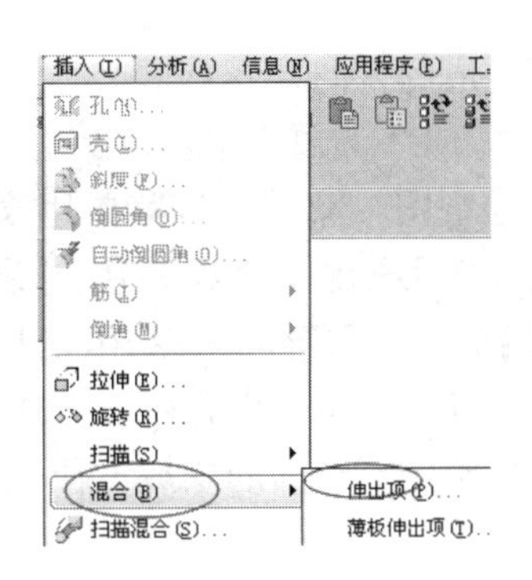


图 3-208　“混合”命令

2）用于定义混合特征截面的类型。

规则截面：特征截面使用规则截面，如草绘的截面或选取现有曲线（或边线）来构成截面。

投影截面：特征截面为草绘截面在选定曲面上的投影，该选项只用于平行混合。

3）用于定义截面的来源。

选取截面：选取现有曲线或边线来构成截面，该选项对平行混合无效。

草绘截面：通过草绘器绘制截面。

（2）定义混合类型、截面类型和属性。选择“平行”→“规则截面”→“草绘截面”，然后选择“完成”，系统弹出图 3-210 所示的“混合”对话框，并弹出图 3-211 所示的“属性”菜单，选择“直的”→“完成”。属性菜单下两个选项的含义如下。

直的：用直线线段连接各截面的顶点，截面的边用平面连接。

光滑：用光滑曲线连接各截面的顶点，截面的边用样条曲面光滑连接。

（3）定义混合截面。

① 弹出图 3-212 所示的“设置草绘平面”菜单和“选取”对话框后，选择 TOP 基准面作为草绘面，系统在“设置草绘平面”菜单下方弹出图 3-213 所示的“方向”菜单，并在 TOP 基准面上用箭头标出方向，如图 3-214 所示。

图 3-209　“混合选项”菜单

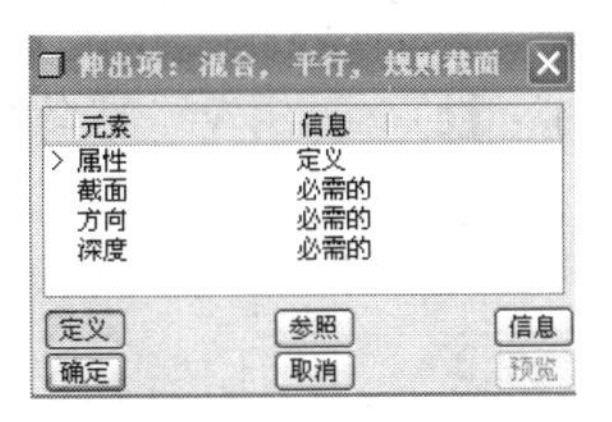


图 3-210　“混合”对话框

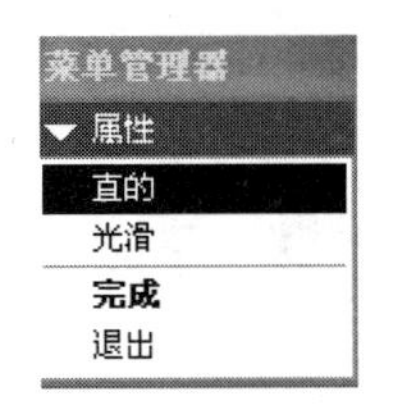


图 3-211　“属性”菜单

图 3-212　“草绘设置”菜单和“选取”对话框

注意：这里箭头的指向为混合特征生成的方向，而不是草绘视图方向，草绘视图方向刚好与混合特征生成的方向相反。在“方向”菜单中单击“反向”或直接单击箭头，可以切换混合特征生成的方向。

② 在“方向”菜单中单击“确定”，系统在“设置草绘平面”菜单下方弹出图 3-215 所示的“草绘视图”菜单。该菜单用来确定进入草绘环境后草绘面的摆放方位。在该菜单中选择“右”，系统在“草绘视图”菜单下方弹出图 3-216 所示的“设置平面”菜单和“选取”对话框，在图形区选择 RIGHT 面，系统就以 RIGHT 面向右来定位草绘面的摆放方位而进入草绘环境。也可以在图 3-215 所示的“草绘视图”菜单中选择“缺省”，系统自动选择参照面来确定草绘面的摆放方位并进入草绘环境。

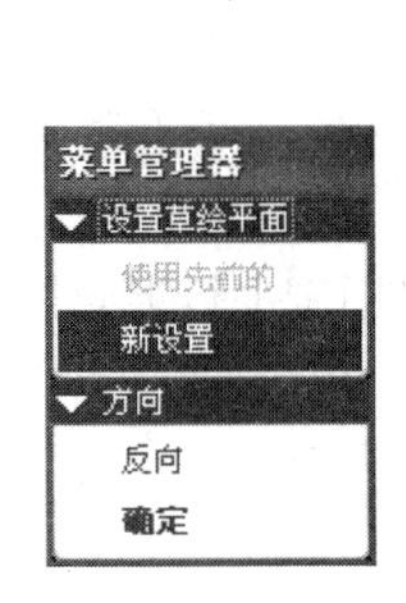


图 3-213 “方向”菜单

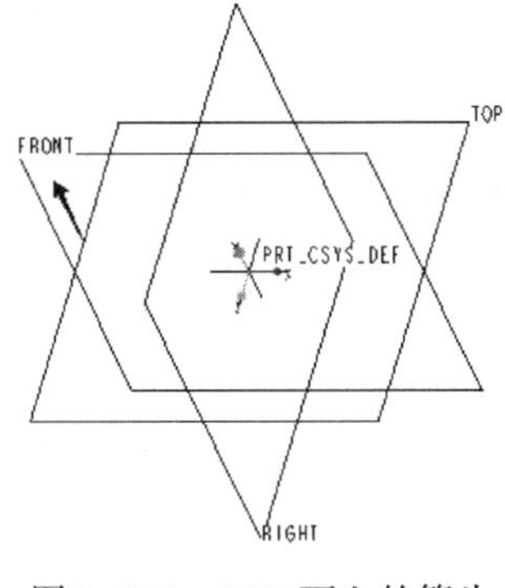


图 3-214 TOP 面上的箭头

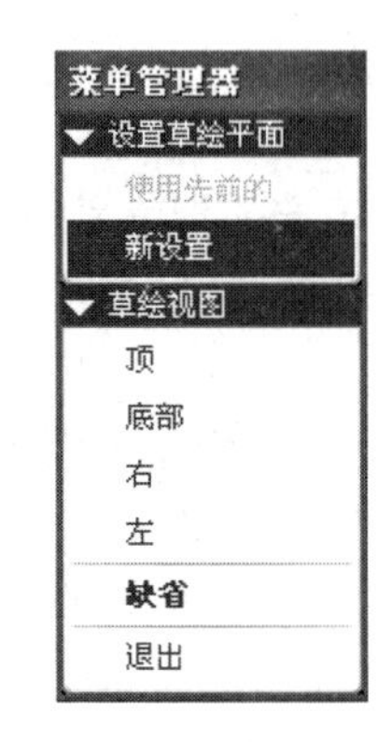


图 3-215 “草绘视图”菜单

③ 在草绘环境绘制图 3-217 所示的第一个混合截面。

④ 在绘图区空白处单击一点（其目的是退出图形对象的选取状态），然后单击右键，从快捷菜单中选择“切换剖面”（或选择下拉菜单“草绘”→“特征工具”→“切换剖面”），然后绘制第二个混合特征截面，如图 3-218 所示。

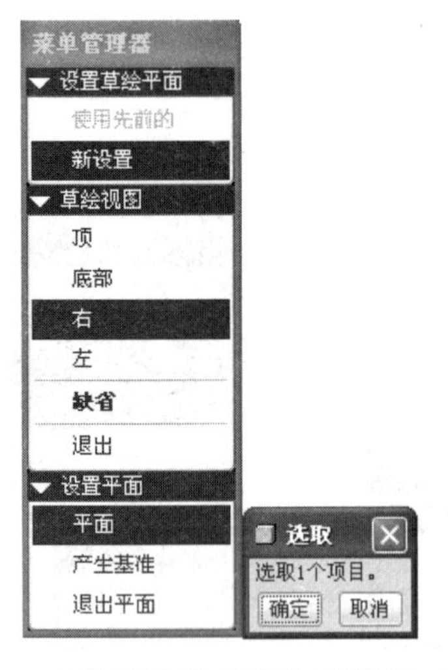


图 3-216 “设置平面”菜单和“选取”对话框

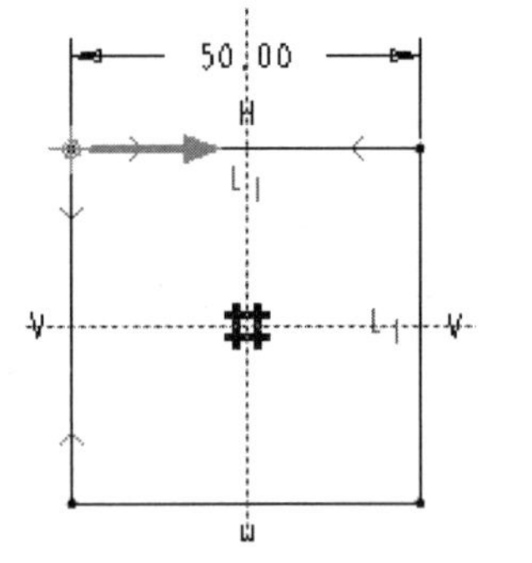


图 3-217 第一个混合截面

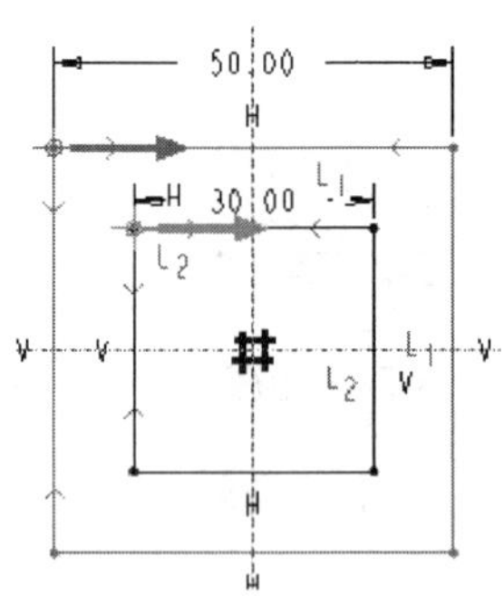


图 3-218 第二个混合截面

⑤ 按上述同样的方法切换剖面，绘制第三个混合截面，如图 3-219 所示。如果还有混合截面，可以继续切换剖面，以绘制下一个截面，直至绘制完最后一个截面后，单击✔，结束草绘模式，完成截面的定义。

（4）输入截面间的距离。在弹出的“消息输入窗口”对话框中输入截面 2 的深度 60，如图 3-220 所示，单击 （或按<Enter>键），在提示“输入截面 3 的深度”时输入值为 50，单击 。

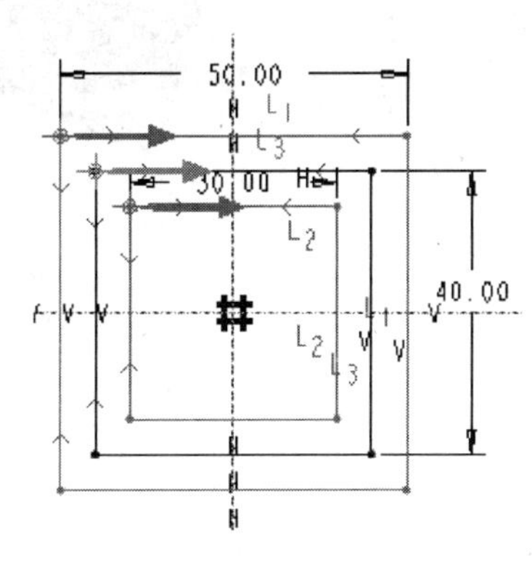

图 3-219　第三个混合截面

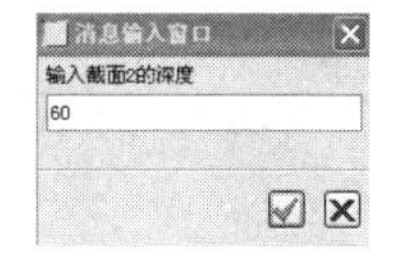

图 3-220　消息输入窗口

（5）在“混合”对话框中单击“预览”，结果如图 3-221 所示。在“混合”对话框中选择“属性”→“定义”，在弹出的“属性”菜单中选择“光滑”→“完成”，再次单击“预览”，结果如图 3-222 所示。在混合特征定义对话框中单击“确定”，完成混合特征的创建。

**2. 混合特征创建要点**

（1）混合特征的各个截面的起始点要求方位一致。当各个混合截面的起始点方位不一致时，如图 3-223 所示，会造成图 3-224 所示的扭曲形状。要改变起始点，可以点选截面的另一个顶点，再右击，从弹出的快捷菜单中选择“起始点”或在菜单栏选择“草绘”→“特征工具”→“起始点”，可以改变起始点的方向。

图 3-221　直的混合

图 3-222　光滑混合

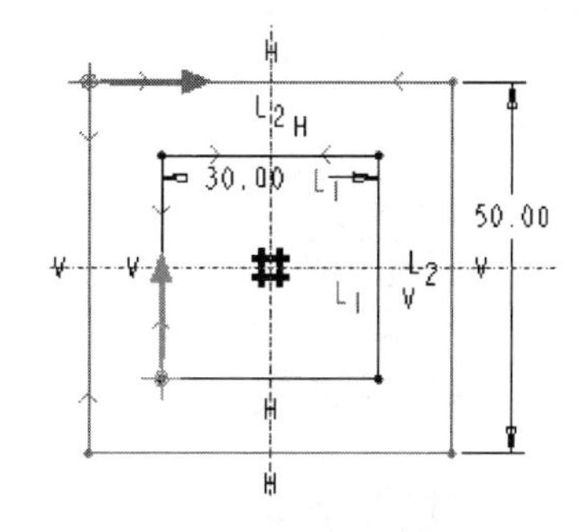

图 3-223　混合截面

（2）混合特征各个截面的图元数（或顶点数）必须相同（当截面为一个单独的点时，不受此限制）。如当一个四方形截面与一个圆形截面混合时，要将圆分割成四段，如图 3-225 所示。混合结果如图 3-226 所示。

图 3-224　混合结果

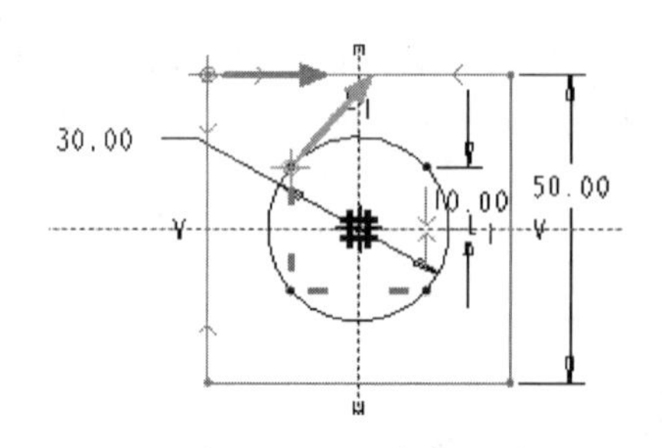


图 3-225　混合截面

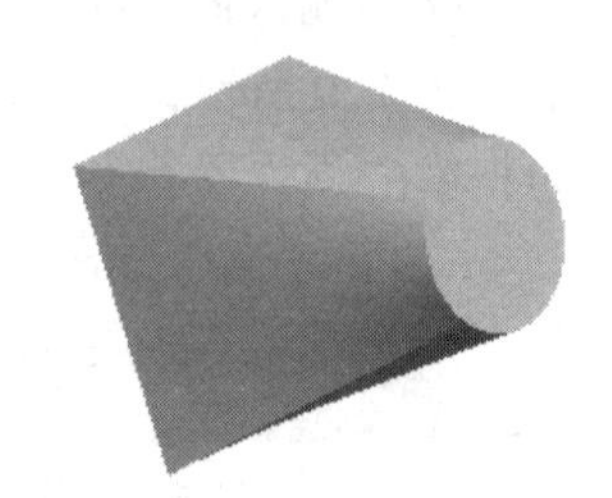

图 3-226　混合结果

### 3.6.2　混合特征应用实例一：扭曲模型

3.6.2

建立图 3-227 所示尺寸的模型。

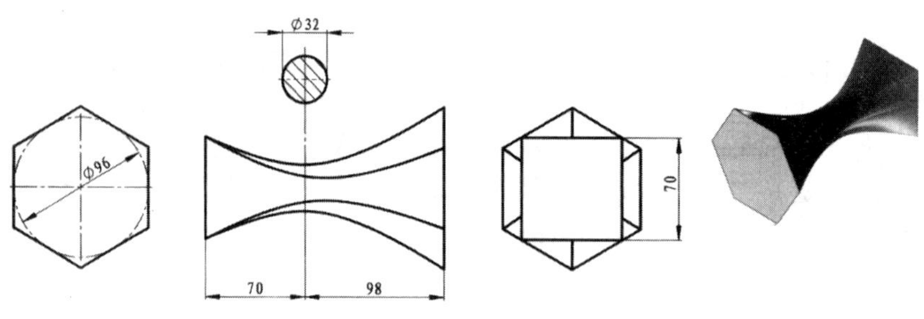


图 3-227　扭曲模型

（1）选择“混合”命令。在菜单栏选择“插入”→“混合”→“伸出项”，弹出图 3-228所示的“混合选项”菜单。

（2）定义混合类型、截面类型和属性。选择“平行”→“规则截面”→“草绘截面”，然后选择“完成”，系统弹出图 3-229 所示的“混合”对话框，并弹出图 3-230 所示的“属性”菜单，选择“光滑”→“完成”。

图 3-228　“混合选项”菜单

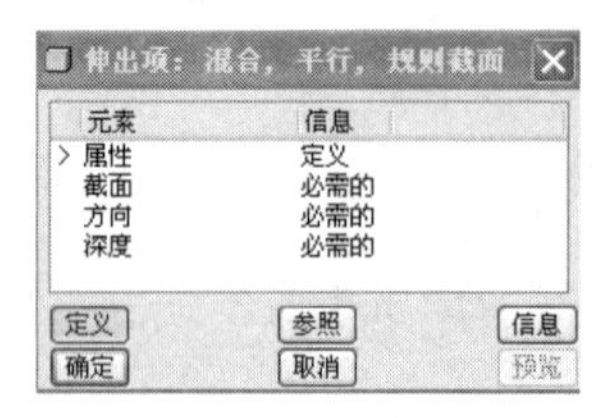


图 3-229　“混合”对话框

图 3-230　“属性”菜单

（3）定义混合截面。

① 弹出图 3-231 所示的“设置草绘平面”菜单和“选取”对话框后，选择 RIGHT 面作为草绘面，系统在“设置草绘平面”菜单下方弹出图 3-232 所示的“方向”菜单，并在 RIGHT 面上出现向右的箭头，单击“反向”，使其向左，如图 3-233 所示。

注意：这里箭头的指向为混合特征生成的方向，而不是草绘视图方向，草绘视图方向刚好与混合特征生成的方向相反。在“方向”菜单中单击“反向”或直接单击箭头，可以切换混合特征生成的方向。

② 在“方向”菜单中单击“确定”，系统在“设置草绘平面”菜单下方弹出图 3-234 所示的“草绘视图”菜单，选择“缺省”，系统自动选择参照面来确定草绘面的摆放方位并进入草绘环境。

图 3-231 “草绘设置”菜单和“选取”对话框

图 3-232 “方向”菜单

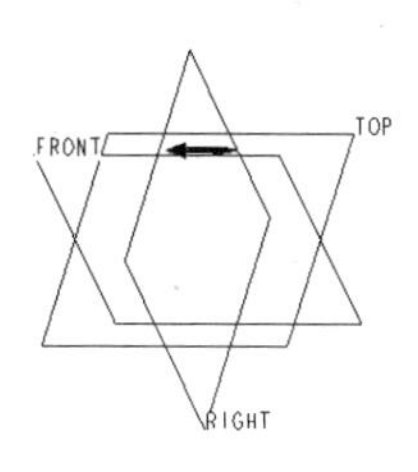


图 3-233 TOP 面上的箭头

图 3-234 “草绘视图”菜单

③ 在草绘环境绘制图 3-235 所示的第一个混合截面（正六边形）。

④ 在绘图区空白处单击一点（其目的是退出图形对象的选取状态），然后单击右键，从图 3-236 所示的快捷菜单中选择“切换剖面”，然后绘制第二个混合特征截面（直径值为 32 的圆），并根据第一个截面的六边形的段数，将该圆打断成六段，如图 3-237 所示。

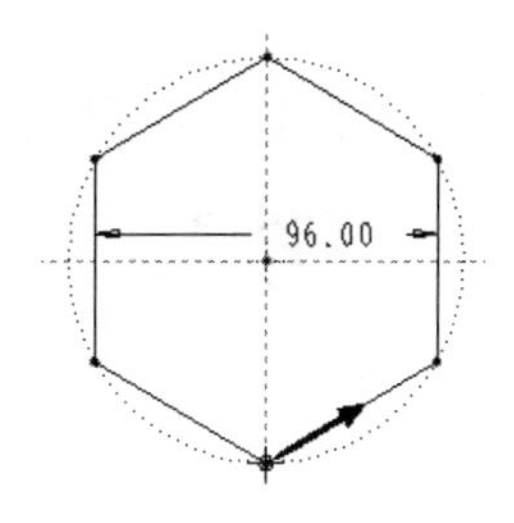


图 3-235 第一个混合截面

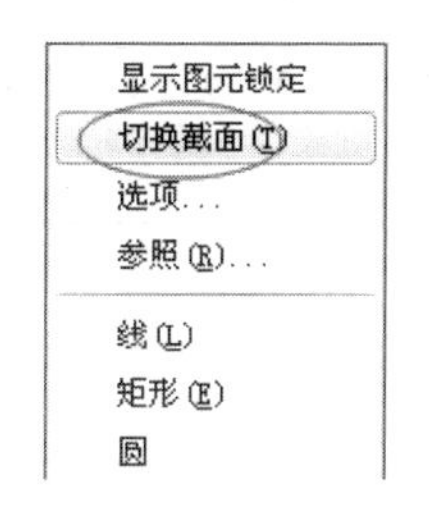


图 3-236 右键快捷菜单

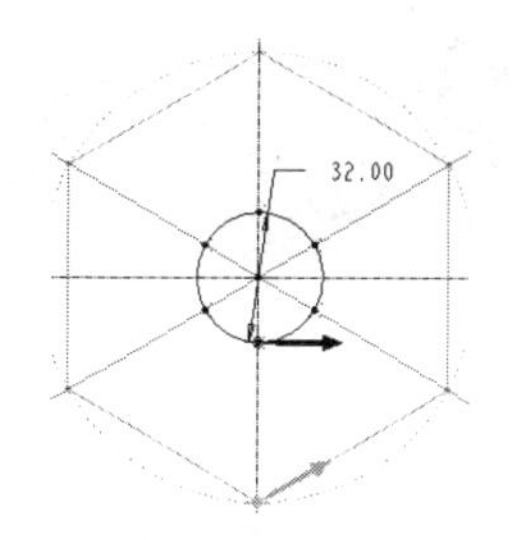


图 3-237 第二个混合截面

⑤ 按上述同样的方法切换剖面，绘制图 3-238 所示的第三个混合截面（边长为 70 的正方形），并多添加两个断点，如箭头所指，即共六段（注意：所有图形必须等分，方向一致）。单击✔，结束草绘模式，完成截面的定义。

（4）输入截面间的距离。在弹出的“消息输入窗口”对话框中输入截面 2 的深度值 98，单击✔，在提示“输入截面 3 的深度”时输入值 70，单击✔，如图 3-239 所示。

（5）在“混合”对话框中单击“预览”，结果如图 3-240 所示。在混合特征定义对话框中单击“确定”，完成混合特征的创建。

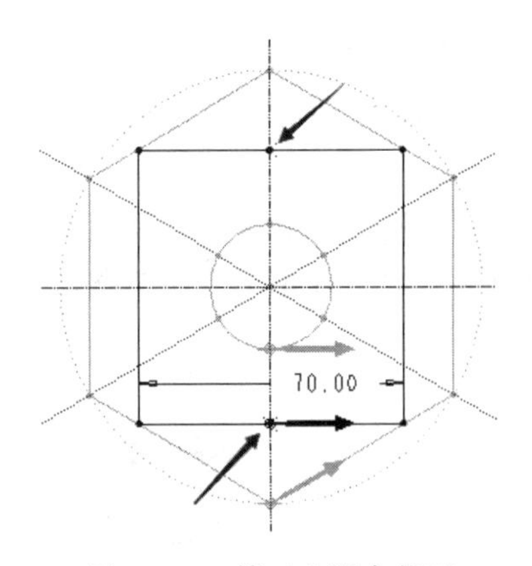


图 3-238　第三个混合截面

图 3-239　消息输入窗口

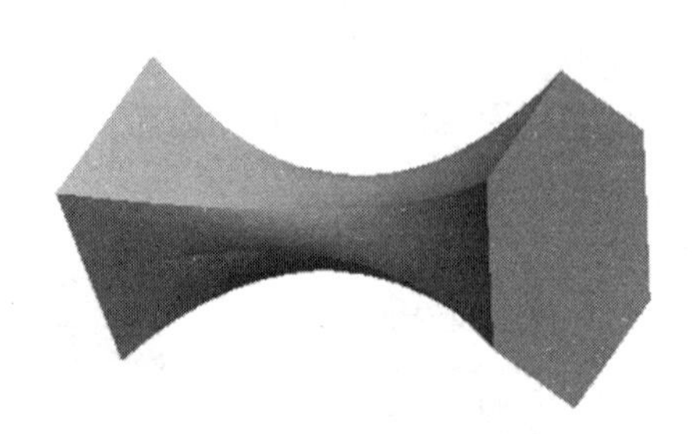

图 3-240　混合特征

### 3.6.3　混合特征应用实例二：油桶

3.6.3

创建图 3-241 所示油桶的三维实体模型。

**1. 创建拉伸实体**

单击工具栏上的“拉伸”按钮，弹出“拉伸”操控板，单击“放置”→“定义”按钮，弹出“草绘”对话框，在绘图区选择 FRONT 基准平面作为草绘平面，绘制图 3-242 所示的截面，设置拉伸深度值为 300，拉伸结果如图 3-243 所示。

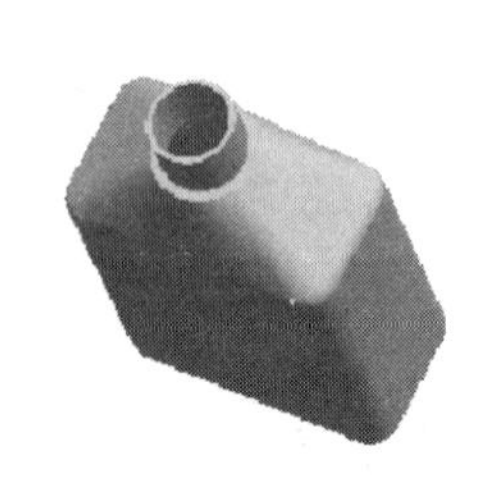

图 3-241　油桶

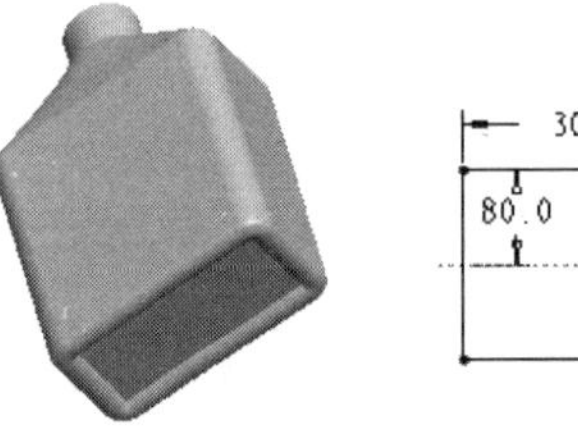


图 3-242　草绘截面

图 3-243　拉伸结果

**2. 选择混合命令**

选择主菜单中的“插入”→“混合”→“伸出项”命令。

**3. 设置混合选项**

弹出“混合选项”菜单，按默认设置，弹出“伸出项：混合，平行”对话框以及“属性”菜单，选择“直的”选项。

**4. 设置草绘平面**

弹出“设置平面”菜单，在绘图区选择 TOP 面作为草绘平面；弹出“方向”菜单，选择“正向”选项。弹出“草绘视图”菜单，选择“缺省”选项，系统便进入草绘环境。

**5. 绘制混合截面图形**

进入草绘环境，单击“使用边”按钮，创建图 3-244 所示的边线，再按住右键，弹出快捷菜单，选择“切换剖面”选项，绘制 φ110 的圆和经过矩形四个点的中心线，再使用“断点”命令，将图形打断，如图 3-245 所示，完成后，单击“确定”按钮。

**6. 设置混合深度**

弹出“深度”菜单，选择“盲孔”选项，在信息栏处提示输入截面深度值为 90。

**7. 生成混合特征**

回到“伸出项：混合，平行”对话框，单击“确定”按钮，混合特征结果如图 3-246 所示。

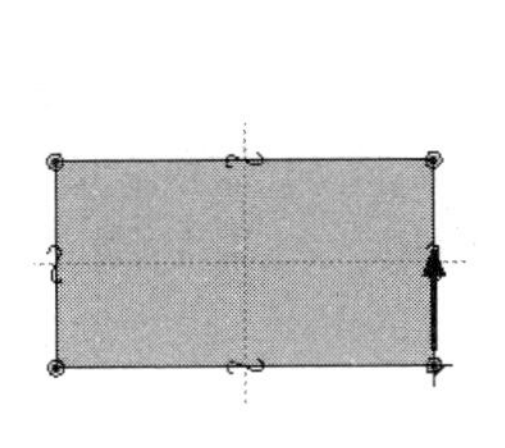

图 3-244　截面 1

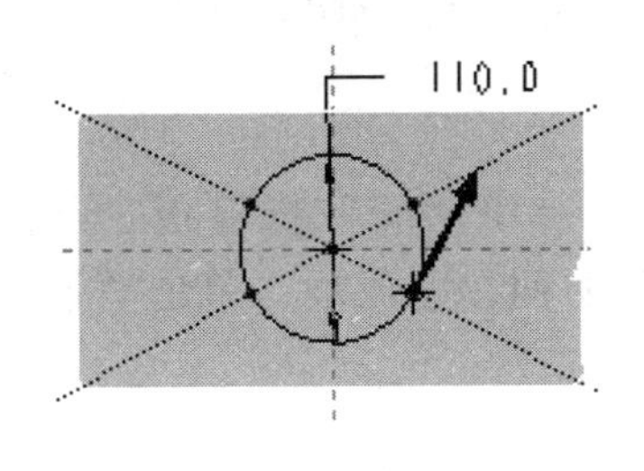


图 3-245　截面 2

图 3-246　混合特征

**8. 创建倒圆角 1**

单击工具栏上的“倒圆角”按钮，弹出“实体倒圆角”操控板，设置圆角半径值为 30，在绘图区选择图 3-247 所示的边线。

**9. 创建倒圆角 2**

单击“倒圆角”按钮，设置圆角半径值为 20，在绘图区选择图 3-247 所示的边线。完成后，单击“实体倒圆角”操控上的“确定”按钮，结果如图 3-248 所示。

**10. 创建扫描特征**

选择主菜单中的“插入”→“扫描”→“伸出项”命令，弹出“伸出项：扫描”对话框以及“扫描轨迹”菜单，选择“选取轨迹”选项，弹出“链选项”菜单，选择“依次”→“选取”选项，按住<Ctrl>键，在绘图区选取图 3-249 所示的底面的边线，单击“完成”，弹出“方向”菜单，选择“正向”，进入草绘环境。绘制图 3-250 所示的截面图形，完成后，单击“确定”按钮。

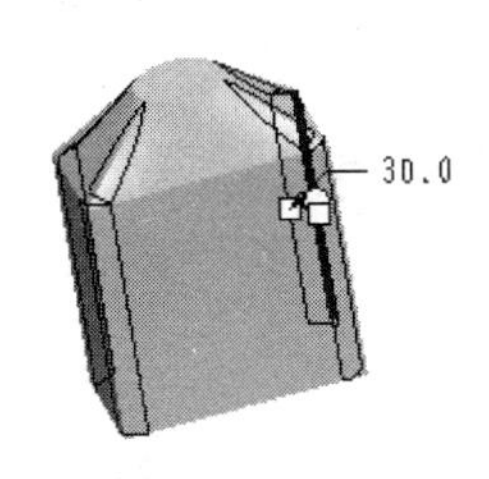


图 3-247　倒圆角 1

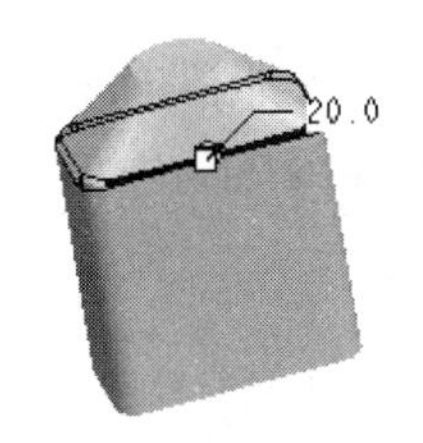


图 3-248　倒圆角 2

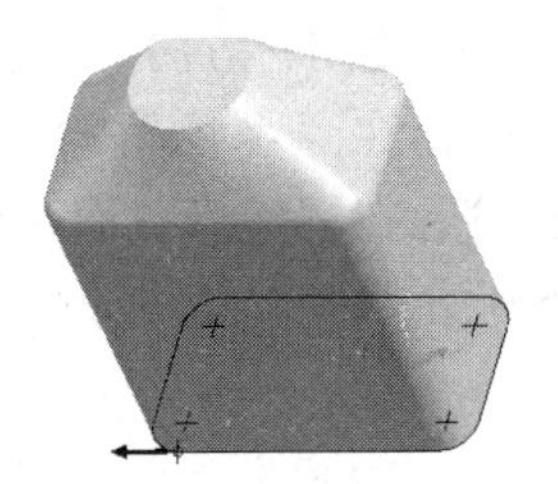

图 3-249　轨迹线

回到“伸出项：扫描”对话框，单击“确定”按钮，扫描结果如图 3-251 所示。

**11. 创建倒圆角**

单击工具栏上的“倒圆角”按钮，弹出“实体倒圆角”操控板，设置圆角半径值为 10，在绘图区选择如图 3-252 所示的边线进行圆角。

**12. 创建拉伸实体**

单击工具栏上的“拉伸”按钮，在草绘环境下绘制图 3-253 所示的截面，设置拉伸深度值为 60，拉伸结果如图 3-254 所示。

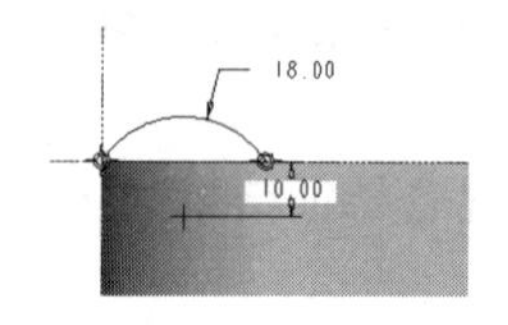


图 3-250　扫描截面

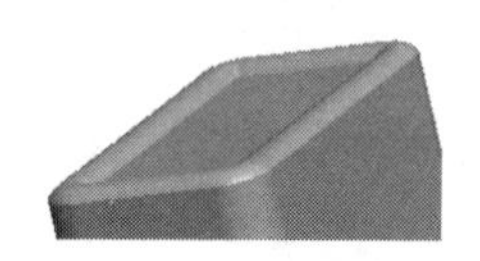

图 3-251　扫描结果

图 3-252　倒圆角 3

**13. 抽壳**

单击工具栏上的“壳”按钮，弹出“壳”操控板，设置抽壳厚度值为 6。完成后，在绘图工作区选择上表面作为移除曲面，完成后，单击“确定”按钮，结果如图 3-255 所示。

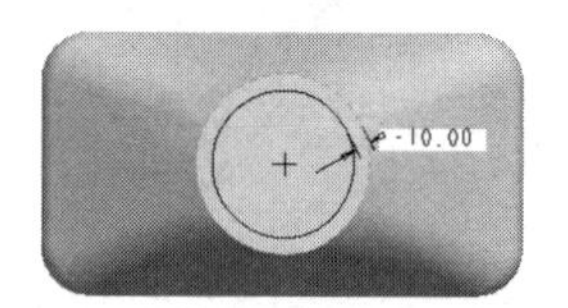


图 3-253　拉伸截面

图 3-254　拉伸特征结果

图 3-255　抽壳结果

## 3.6.4　混合特征应用实例三：多棱角模型

3.6.4

创建图 3-256 所示多棱角模型的三维实体模型。

（1）选择菜单“插入”→“混合”→“伸出项”。在“混合选项”菜单管理器中，按默认选项“平行、规则截面、草绘截面”，在“伸出项”窗口及“属性”菜单管理器中，按默认选项“直”。

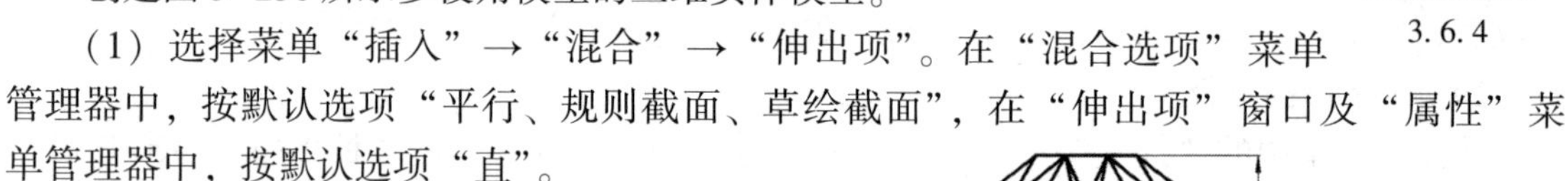

（2）选择 TOP 面作为草绘平面，绘制图 3-257 所示的第一个截面。长按右键，选择“切换截面”，绘制下一截面，如图 3-258 所示，并且对圆进行打断，使其均分为 8 段线段，最后使两个截面的起点处在同一位置同一方向。

（3）在“深度”菜单管理器，按照默认选项“盲孔”，在“输入截面 2 的深度”对话框中，输入值 55。混合特征结果如图 3-259 所示。

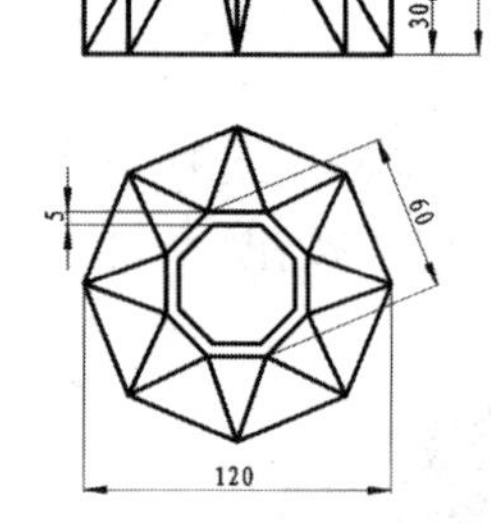

图 3-256　多棱角模型

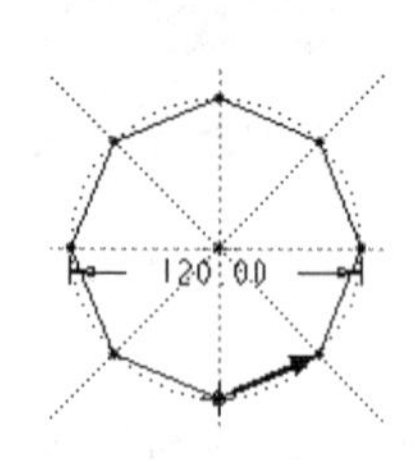


图 3-257　第一个混合截面

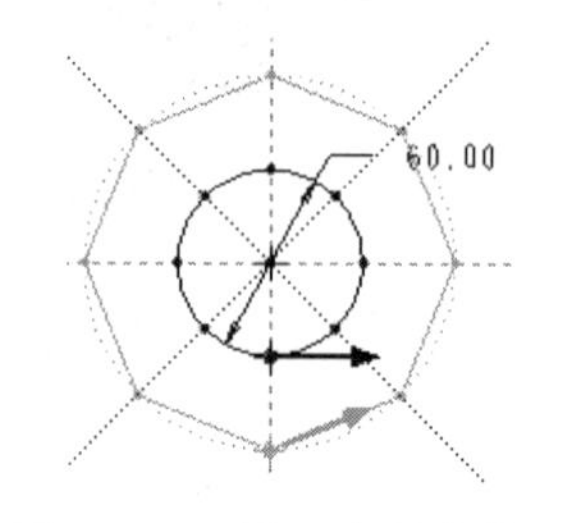


图 3-258　第二个混合截面

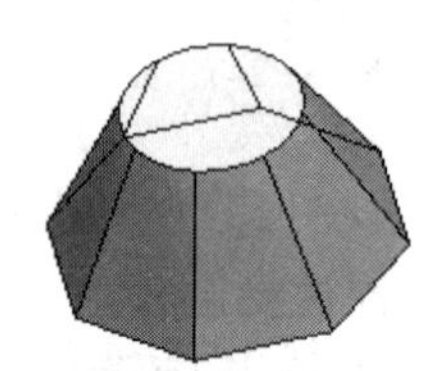

图 3-259　混合结果

（4）单击“拉伸”按钮，以模型底部作为草绘平面，绘制图 3-260 所示的图形，设置拉伸深度值为 55，得到图 3-261 所示的拉伸特征。

（5）单击“拉伸”按钮，以 FRONT 面作为草绘平面，绘制图 3-262 所示的图形，点选“拉伸”操控板上的“移除材料”，对模型进行切除，得到图 3-263 所示的模型。

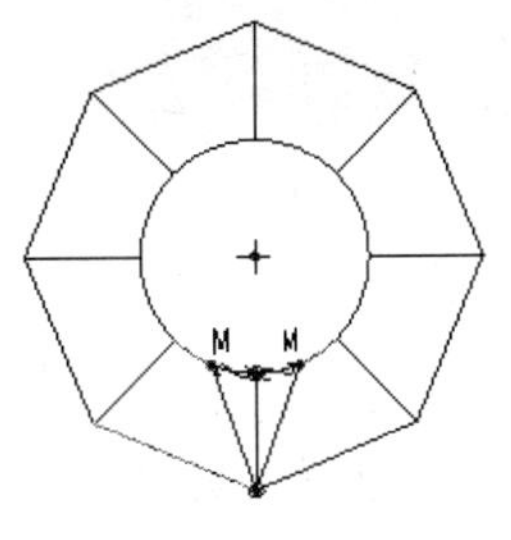
图 3-260　草绘截面

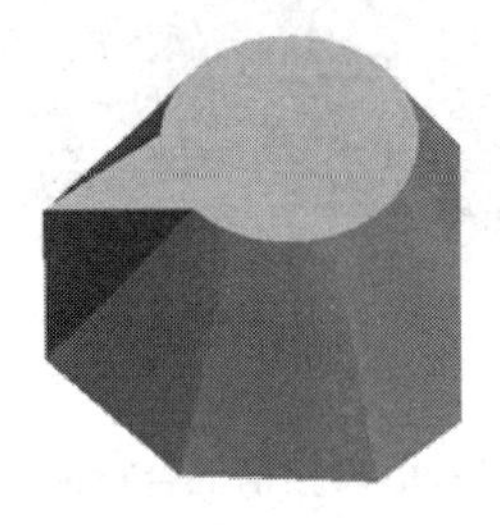
图 3-261　拉伸结果

图 3-262　草绘截面

（6）选取模型树中的“拉伸 1”和“拉伸 2”，如图 3-264 所示，单击右键，选择“组”，成组操作结果如图 3-265 所示，然后单击阵列工具，将“组”绕中心轴进行阵列，得到图 3-266 所示。

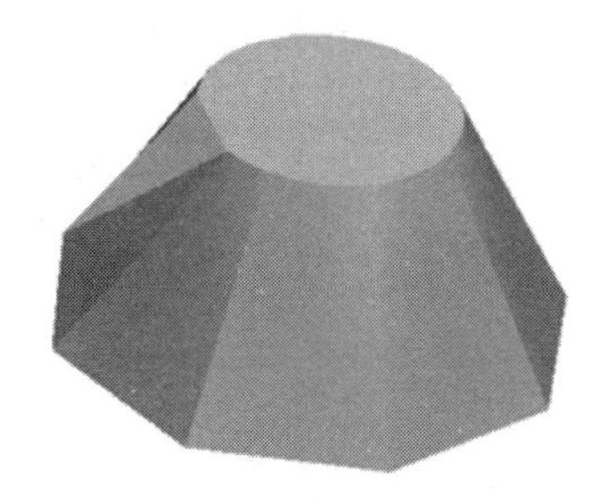
图 3-263　移除材料结果

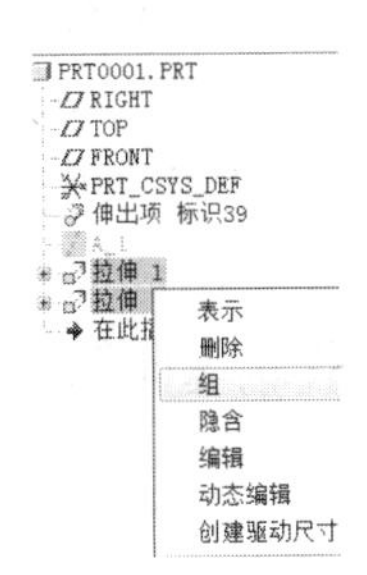

图 3-264　成组操作

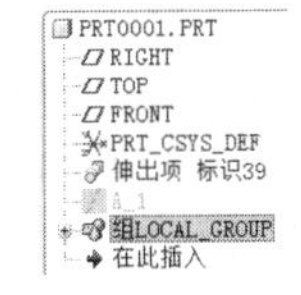

图 3-265　成组操作结果

（7）单击“拉伸”按钮，以模型上表面作为草绘平面，使用“偏移”工具，绘制图 3-267 所示的图形，设置“拉伸类型为贯穿”，最终结果如图 3-268 所示。

图 3-266　阵列结果

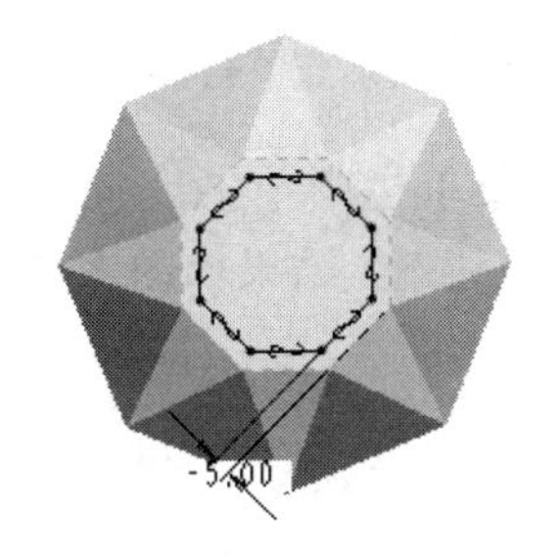

图 3-267　草绘截面

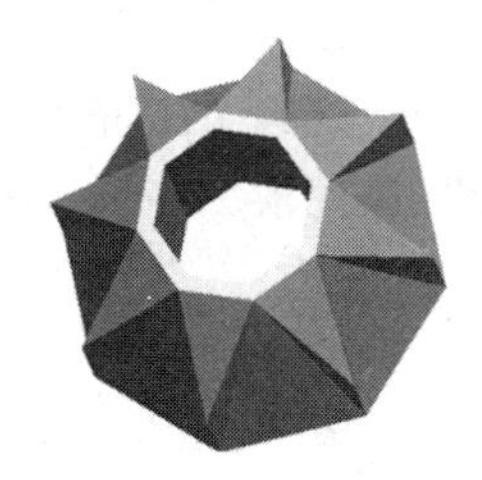
图 3-268　拉伸结果

## 3.7　扫描混合特征

扫描混合是指由多个截面沿着一条轨迹线扫描的同时，在两两截面之间混合而产生出实体或曲面，这类特征同时具有扫描与混合的双重特点，综合了扫描特征和混合特征两者的功能，可以用轨迹线和一组截面来控制特征的形状，如图 3-269 所示。

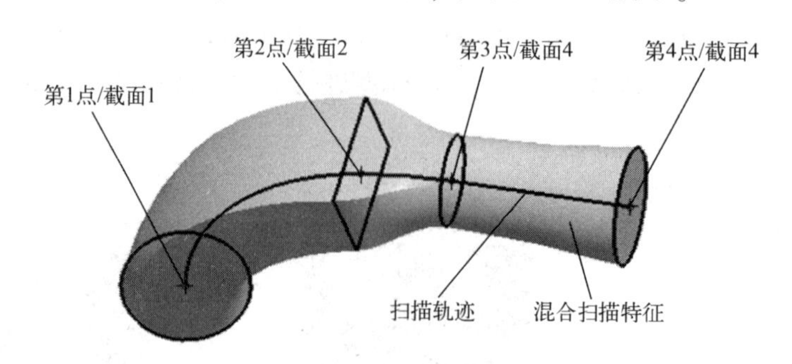


图 3-269　扫描混合特征

## 3.7.1　扫描混合特征创建的一般步骤与要点

### 1. 扫描混合特征创建的一般过程

（1）创建草绘曲线。单击草绘工具，打开“草绘”对话框，选择 FRONT 面为草绘平面，接受对话框中其他项的默认设置，单击“草绘”，进入草绘环境。绘制图 3-270 所示草绘截面。单击右侧工具栏中的✓，结束草绘，结果如图 3-271 所示。

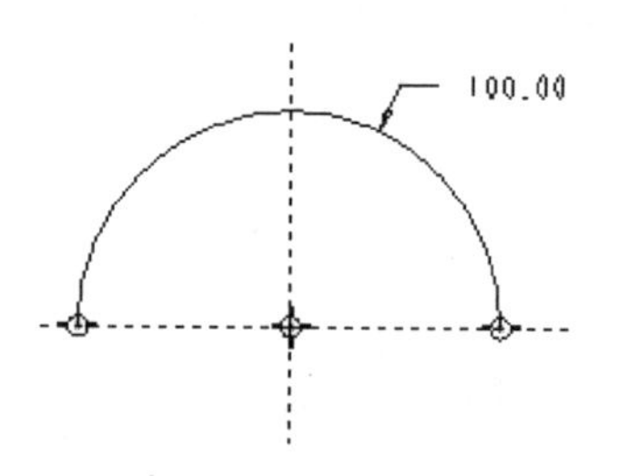


图 3-270　草绘截面

（2）创建基准点。单击基准点工具，打开“基准点”对话框，按住<Ctrl>键，在图形区选择草绘曲线和 RIGHT 面，结果如图 3-272 所示。在“基准点”对话框中单击“确定”，结果如图 3-273 所示。

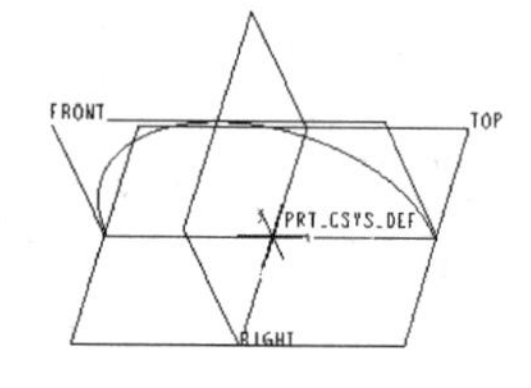


图 3-271　草绘曲线

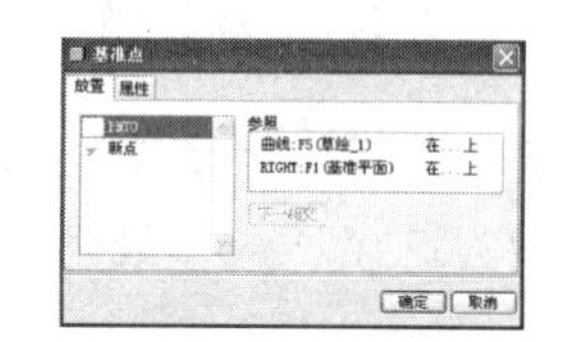

图 3-272　“基准点”对话框

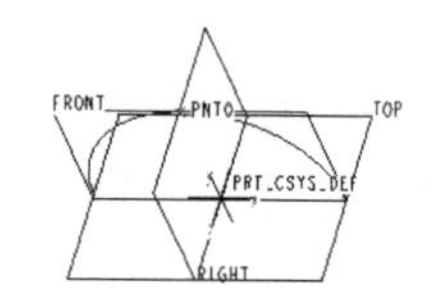


图 3-273　创建的基准点

（3）选择“扫描混合”命令。在菜单栏中单击“插入”→“扫描混合”，打开“扫描混合”操控板，在操控板上单击实体按钮□，结果如图 3-274 所示。

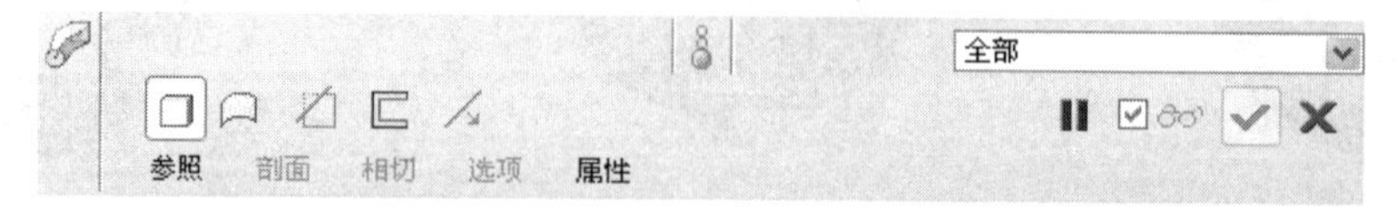


图 3-274　“扫描混合”操控板

（4）选择扫描混合轨迹。在图形区选取草绘曲线，结果如图 3-275所示。其中有箭头的一端为扫描混合的起始点。

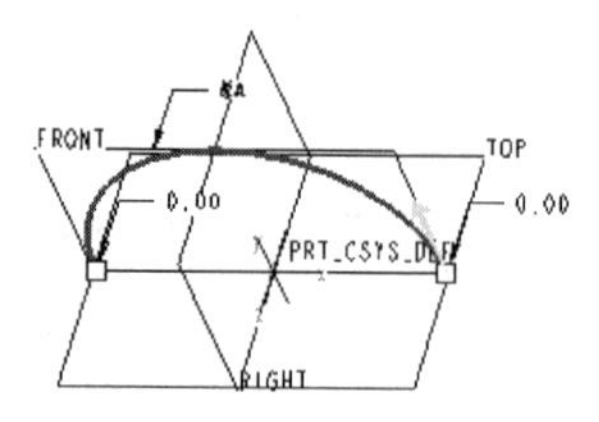


图 3-275　选取轨迹

（5）定义扫描混合截面

① 在“扫描混合”操控板上单击“剖面”，打开“剖面”选项卡，“截面位置”收集器已被激活，如图 3-276 所示。

② 在图形区单击轨迹线的起始点，如图 3-277 所示，该点即为“剖面 1”的位置。此时，“剖面”选项卡上的“草绘”按钮已被激活，如图 3-278 所示。

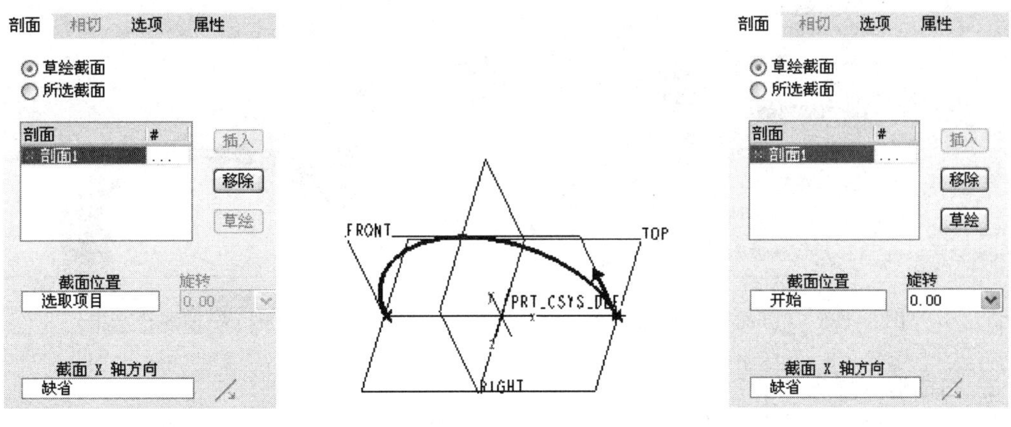


图 3-276 “剖面”选项卡　　图 3-277 选取截面位置点　　图 3-278 “剖面”选项卡

③ 在“剖面”选项卡上单击“草绘”按钮，系统进入草绘环境。绘制图 3-279 所示的扫描混合截面。结束草绘，结果如图 3-280 所示。

④ 在“剖面”选项卡上单击“插入”按钮，以增加扫描混合截面。在图形区选取基准点 PNT0 为“剖面 2”的位置。在“剖面”选项卡上再次单击“草绘”按钮，进入草绘环境，绘制如图 3-281 所示的草绘截面。结束草绘，结果如图 3-282 所示。

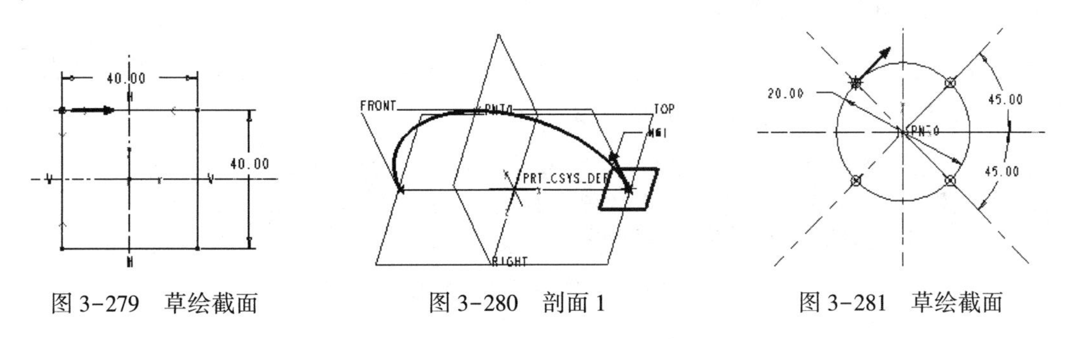


图 3-279 草绘截面　　图 3-280 剖面 1　　图 3-281 草绘截面

⑤ 在“剖面”选项卡上再次单击“插入”按钮，然后在图形区选择轨迹线的另一端点（终点）作为“剖面 3”的位置。单击“草绘”按钮，进入草绘环境，绘制图 3-283 所示的草绘截面。结束草绘，结果如图 3-284 所示。此时，“剖面”选项卡如图 3-285 所示。

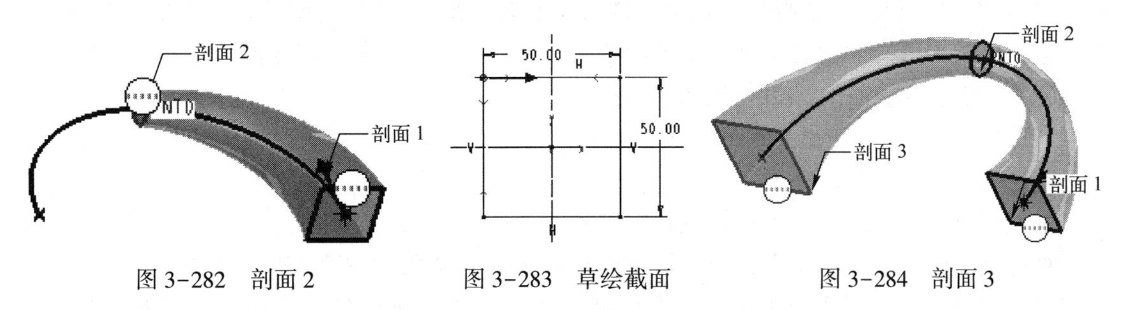


图 3-282 剖面 2　　图 3-283 草绘截面　　图 3-284 剖面 3

（6）完成扫描混合特征的创建。在“扫描混合”操控板上单击✔，结果如图 3-286

所示。

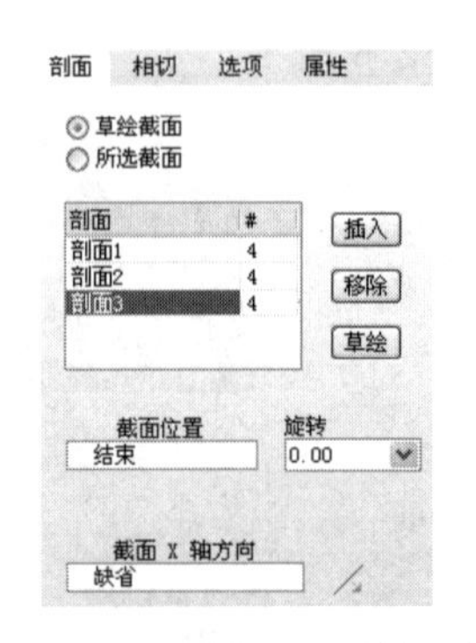


图 3-285 “剖面”下滑面板

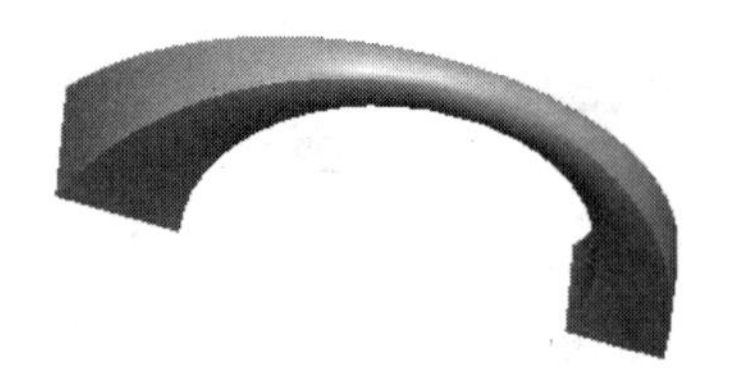

图 3-286 扫描混合结果

**2. 扫描混合操作要点**

(1) 在创建扫描混合特征前必须先定义用作扫描混合轨迹的曲线，也可以选择已有实体棱边或曲面边界作为轨迹。

(2) 扫描混合至少要有两个截面。对于闭合的扫描轨迹，其中一个截面必须在轨迹线起始点处，另一个截面可以在轨迹线上除起始点以外的任意位置。

(3) 所有截面必须包含相同的图元数或顶点数。当某一截面的顶点数少于其他截面时，需要用“混合顶点”命令增加该截面的顶点数，其操作方法同混合特征中的相同。

## 3.7.2 “扫描混合”操控板

“扫描混合”操控板如图 3-287 所示，其上选项卡较多，主要包括“参照”“截面”“相切”“选项”“属性”5 个，其主要功能如下。

图 3-287 “扫描混合”操控板

(1) 参照：主要用来选择扫描混合轨迹以及设置截面控制。在“扫描混合”操控板中单击“参照”选项卡，弹出“参照”选项卡，选择轨迹线后，“参照”选项卡如图 3-288 所示。

“轨迹”收集器用来选择扫描混合的轨迹，其轨迹最多可以选择两条。一条为必需的原点轨迹，一条为可选的次要轨迹。N 表示法向轨迹，扫描混合截面与法向轨迹垂直。X 表示 X 轨迹，扫描混合截面的 X 轴指向 X 轨迹。

“剖面控制”栏用于指定截面在扫描时截面的定向方式。其列表中有 3 个选项，分别是垂直于轨迹、垂直于投影和恒定法向。

垂直于轨迹：截面在整个扫描过程中都垂直于指定的轨迹。

垂直于投影：截面沿投影方向与轨迹的投影垂直，截面的垂直方向与指定的方向一致。当选择该项时，在“垂直于投影”下方会出现激活的“方向参照”收集器，以便选取参照来定义投影方向。

恒定法向：截面恒定垂直于指定方向。当选择该项时，在“恒定方向”下方也会出现激活的“方向参照”收集器，以便选取参照来定义截面的法向。

“水平→垂直控制”栏用来控制扫描混合过程中截面的水平（X 轴）或垂直（Y 轴）的方向。

“起点的 X 方向参照”用来指定轨迹起始处的 X 轴方向。该项仅在“水平→垂直控制”栏设置为“自动”时才显示。

（2）截面：主要用来定义扫描混合的截面。在“扫描混合”操控板中单击“截面”，弹出如图 3-289 所示的“截面”选项卡。

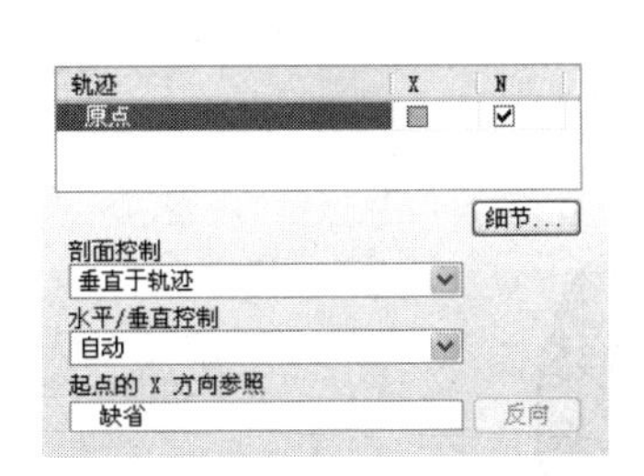

图 3-288 “参照”选项卡

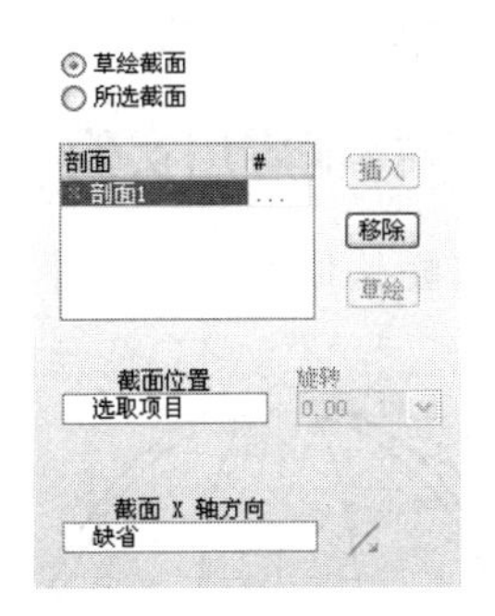

图 3-289 “截面”选项卡

草绘截面：通过草绘定义扫描混合截面。

所选截面：选取现有曲线链或边线链来定义扫描混合截面。

插入：在绘制第一个截面后，该按钮被激活，用于添加截面。单击该按钮，在“剖面”表中新增一行，同时“截面位置”处于激活状态。

移除：单击该按钮，可删除活动截面。

草绘：单击该按钮，进入草绘模式，对活动截面进行绘制或编辑。

截面位置：选择轨迹的端点、顶点或基准点来确定插入截面的位置。

旋转：将截面的草绘平面旋转一定角度，旋转角度在±120°之间。

截面 X 轴方向：设置活动截面的水平方向。该项仅在“参照”选项卡中“水平→垂直控制”栏设置为“自动”时才显示。

（3）相切：用来为“开始截面”和“终止截面”设置其与相连图元的连接关系。连接关系（条件）为“自由”或者“相切”。

（4）选项：用来启用特定设置选项。在“扫描混合”操控板中单击“选项”，弹出图 3-290 所示的“选项”选项卡，现对各选项的功能说明如下。

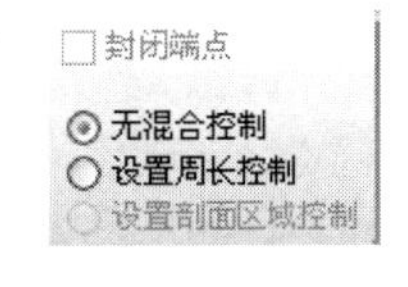

图 3-290 “选项”选项卡

封闭端点：此项仅适用于创建扫描混合曲面，用来设置扫描混合曲面的两端是否封闭。

无混合控制：不对扫描混合进行控制。

设置周长控制：定义的扫描混合截面之间的周长呈线性变化。

设置剖面区域控制：控制指定位置的截面面积。选择该选项，将新增指定剖面位置和面积列表，在轨迹上确定控制截面面积的截面位置后，在列表的“面积”列中输入面积的值即可。

（5）属性：用来查看和修改特征的名称。

### 3.7.3 创建扫描混合特征应注意的事项

（1）创建扫描混合特征之前先用“草绘”工具绘制出轨迹线。

（2）选择轨迹线上不同点进行截面绘制时，需缓慢移动鼠标来进行点的选择。

（3）可以创建临时基准点作为轨迹线上的点。

（4）如需切换扫描的起始点，只需单击起始点的黄色箭头即可将起始点切换轨迹线的另一个端点上。

（5）各截面的节点数要相同，而且起始点要合理对应。

3.7.4

### 3.7.4 扫描混合特征应用实例一：衣帽钩

创建一简易衣帽钩模型，其尺寸如图 3-291 所示。

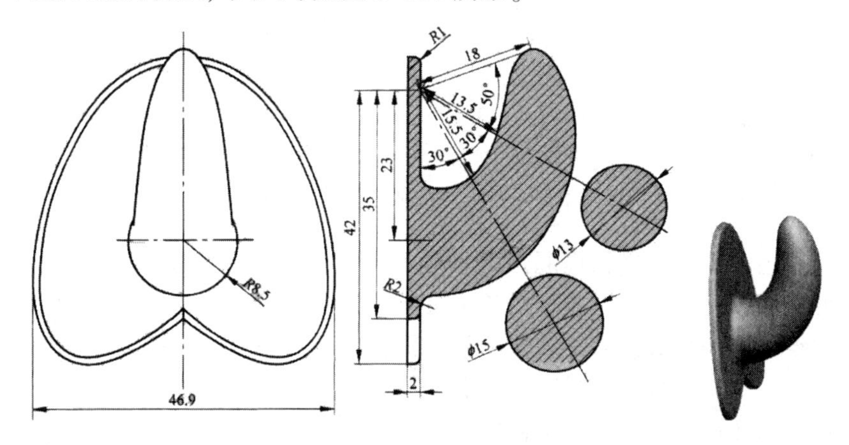


图 3-291　衣帽钩

**1. 衣帽钩的贴板制作**

单击（拉伸）按钮，选择 TOP 面作为草绘平面，在草绘模式下绘制图 3-292 的曲线，设置拉伸厚度值为 2，贴板部分完成结果如图 3-293 所示。

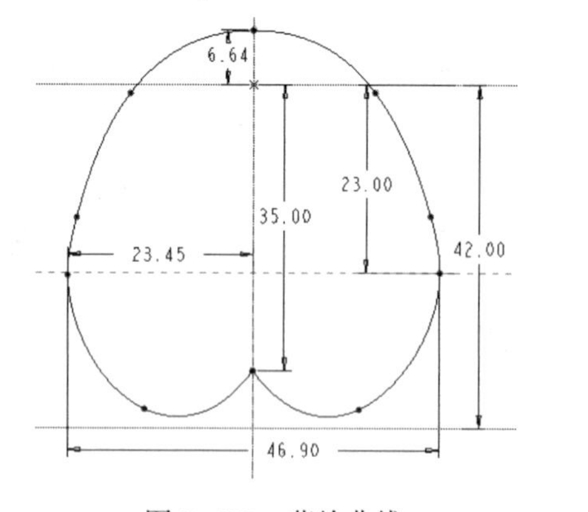


图 3-292　草绘曲线

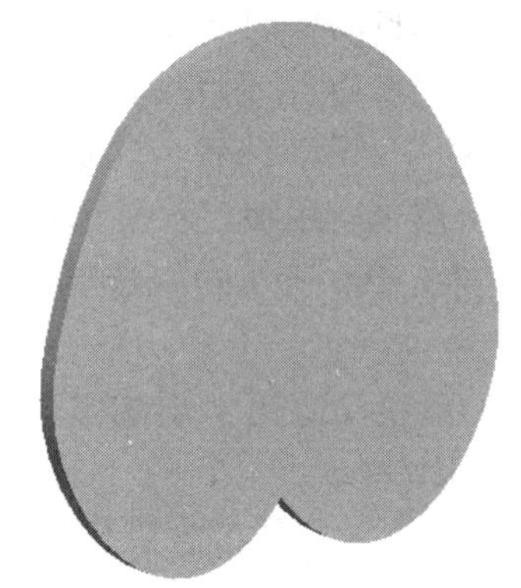

图 3-293　拉伸特征

**2. 衣帽钩的钩子制作**

（1）单击草绘工具，选择 FRONT 面为草绘平面，绘制图 3-294 所示的四个点，再用样条曲线∿连接起来，并设置样条曲线与铅垂中心线之间的夹角值为 90，如图 3-295 所示，以使得衣帽钩钩子紧贴底板。

（2）单击主菜单栏的“插入”→“扫描混合”，在“扫描混合”操控板上单击□（创建一个实体），并点开“参照”选项卡，选取上一步所创建的曲线作为轨迹线，如图 3-296 所示。

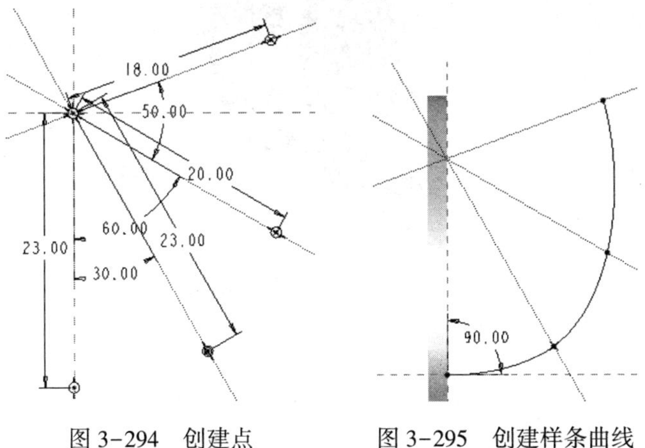


图 3-294　创建点　　图 3-295　创建样条曲线　　图 3-296　“扫描混合”操控板

（3）点开操控板上的“截面”选项卡，如图 3-297。选择“草绘截面”，选择图 3-298 所示轨迹线上的点 1，并单击“截面”选项卡上的“草绘”，进入草绘界面，在中心点草绘一直径值 17 的圆，如图 3-299，并单击✔完成。

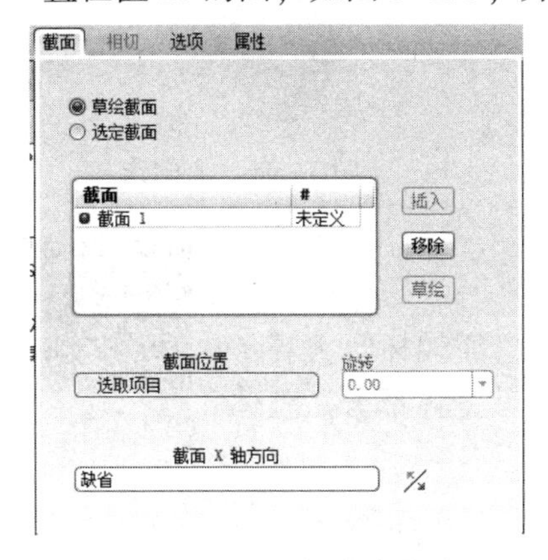


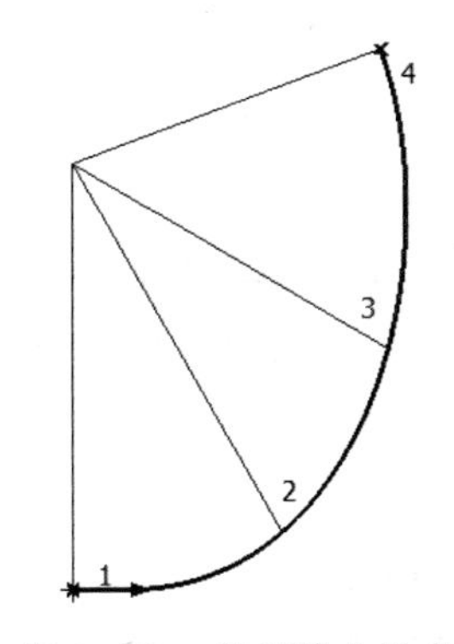


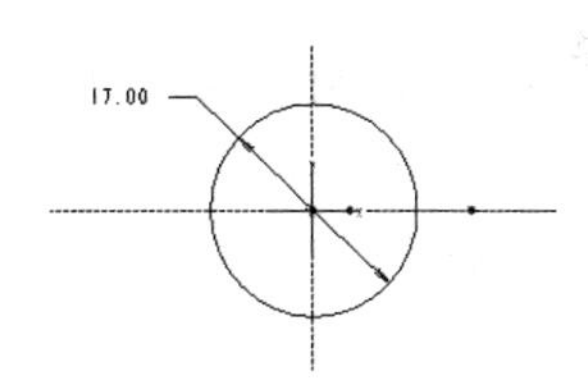


图 3-297　“截面”选项卡　　图 3-298　轨迹线上的点　　图 3-299　第一个截面

（4）返回“截面”选项卡，单击 插入 ，选择图 3-298 的点 2，同理草绘出一个直径值为 15 的圆，如图 3-300。同理插入点 3 草绘一个直径值为 13 的圆，如图 3-301；插入点 4，单击✕（点），草绘一点。

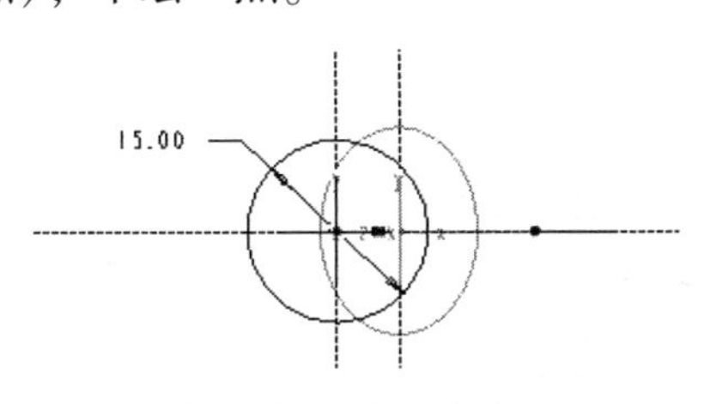


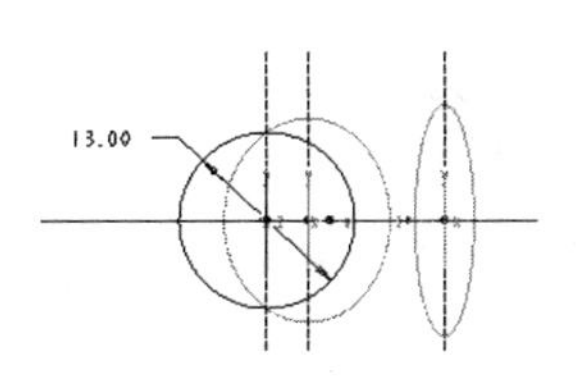


图 3-300　第二个截面　　图 3-301　第三个截面

（5）返回“扫描混合”操控板，如图 3-302 在“相切”选项卡的“终止截面”处选择“平滑”，这样是为了使衣帽钩顶端不会太尖锐，比较顺滑。钩子部分完成如图 3-303。

图 3-302　“相切”选项卡

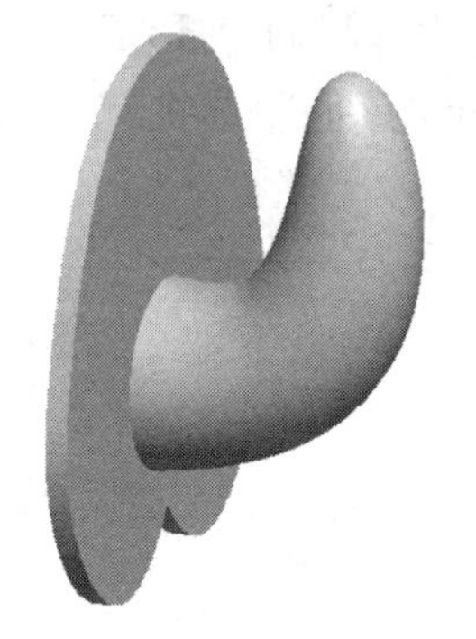

图 3-303　扫描混合结果

**3. 最终修饰**

单击 （倒圆角），分别对图 3-304、图 3-305 处的交角进行倒圆角，衣帽钩的成品如图 3-306 所示。

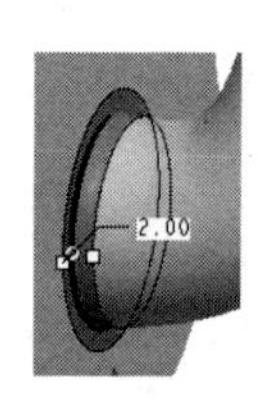


图 3-304　倒圆角 1

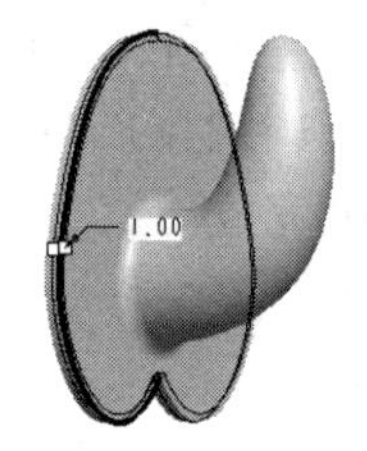


图 3-305　倒圆角 2

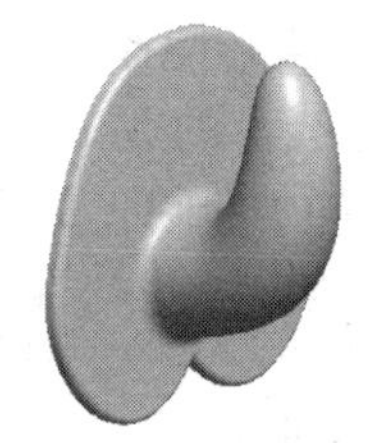

图 3-306　衣帽钩

### 3.7.5　扫描混合特征应用实例二：把手

3.7.5

把手模型的三视图尺寸如图 3-307 所示，这是第一届“高教杯”大赛考题（早期名为“中图杯”）。可采用扫描混合特征工具制作其主体部分。整体建模过程如下。

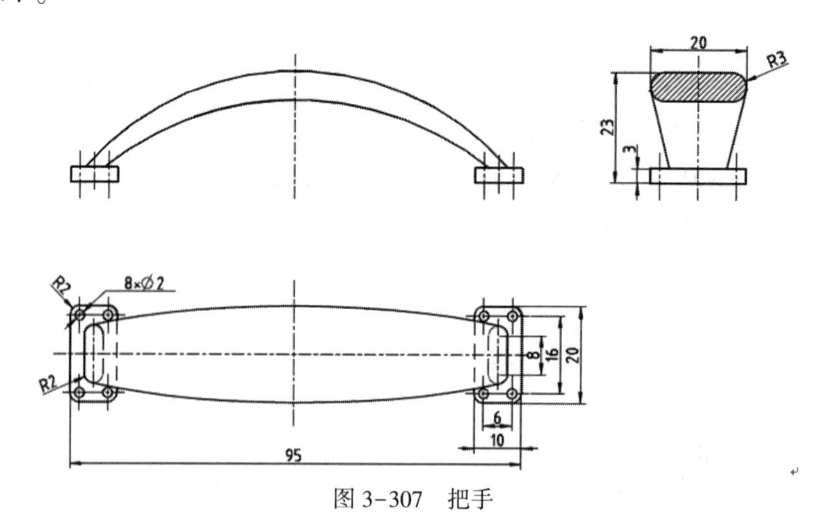


图 3-307　把手

**1. 创建底座的拉伸特征。**

（1）单击“拉伸”命令按钮，选取 TOP 基准面为草绘平面，在草绘环境下绘制图 3-308所示的特征截面，在“拉伸”操控板中，选取向上拉伸，输入深度值 3，完成拉伸特征的结果如图 3-309 所示。

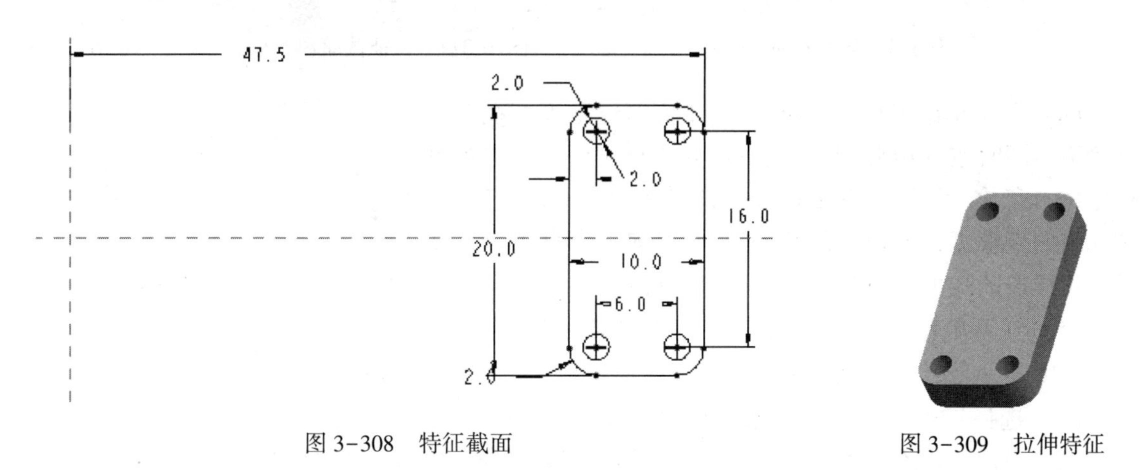


图 3-308　特征截面　　图 3-309　拉伸特征

（2）对上一步创建的拉伸特征进行镜像操作。先在模型树中选取“拉伸 1”，再单击镜像按钮，选中 RIGHT 面，完成镜像操作，如图 3-310 所示。

**2. 创建把手主体部分的扫描混合特征**

（1）单击草绘工具，以底座的上表面为草绘平面，在草绘环境下绘制如图 3-311 所示的封闭曲线。

（2）选择上一步的草绘截面，在工具栏上单击镜像工具，以 RIGHT 面为镜像平面，得到另一个底座上的封闭曲线，如图 3-312 所示。

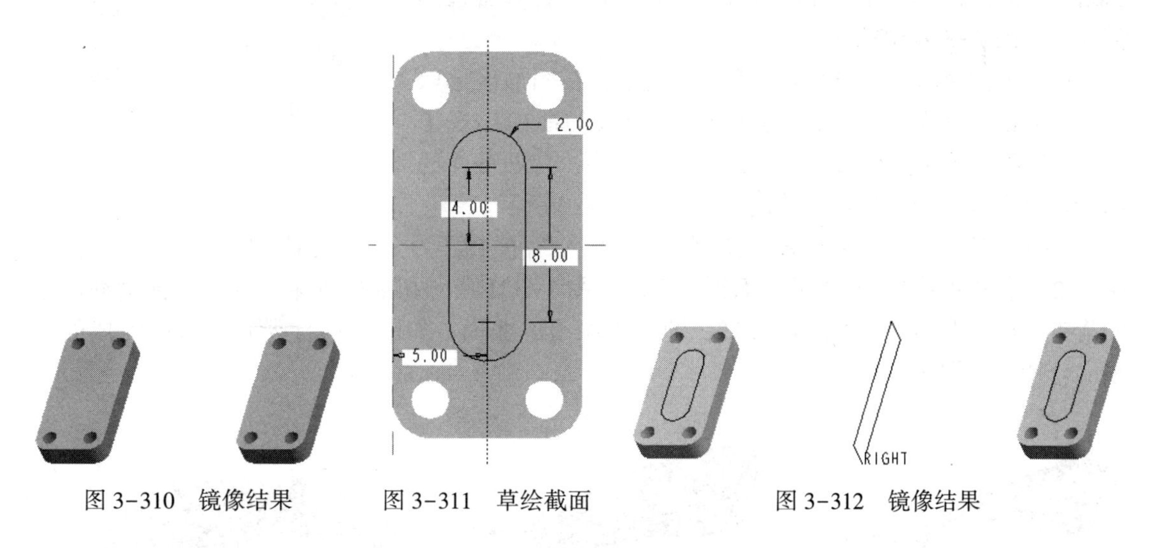


图 3-310　镜像结果　　图 3-311　草绘截面　　图 3-312　镜像结果

（3）单击草绘工具，以 RIGHT 面为草绘平面，在草绘环境下绘制图 3-313 所示的封闭曲线。至此，完成了扫描混合特征截面的创建，如图 3-314 所示的曲线 1、曲线 2 和曲线 3。

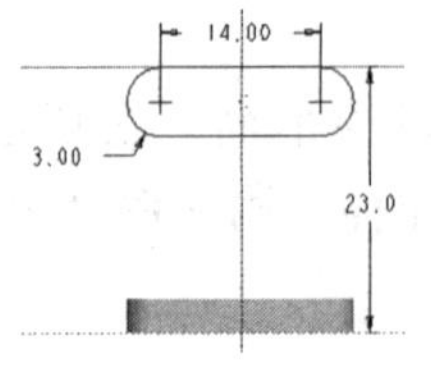


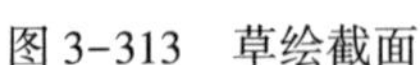

图 3-313　草绘截面

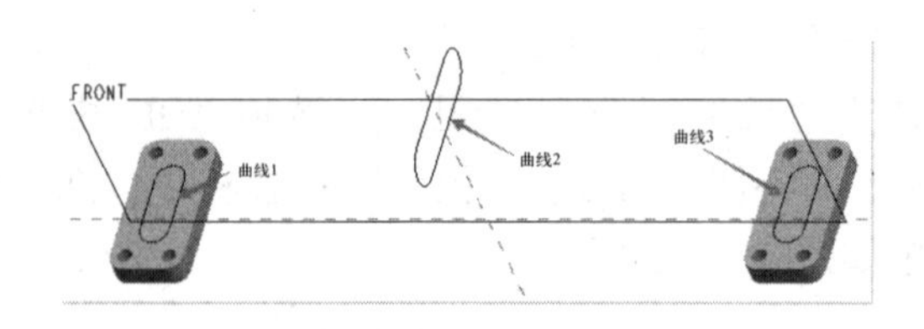


图 3-314　特征截面

(4) 单击草绘工具，以 FRONT 面草绘平面，在草绘环境下，同时按<Ctrl+D>键，使其显示立体视图，单击菜单栏中的“草绘/参照”，激活图 3-315 中箭头所示的三个半圆弧线的外端点，得到其在 FRONT 面上的三个点投影，然后使用样条曲线工具连接这三个点，得到扫引轨迹线。

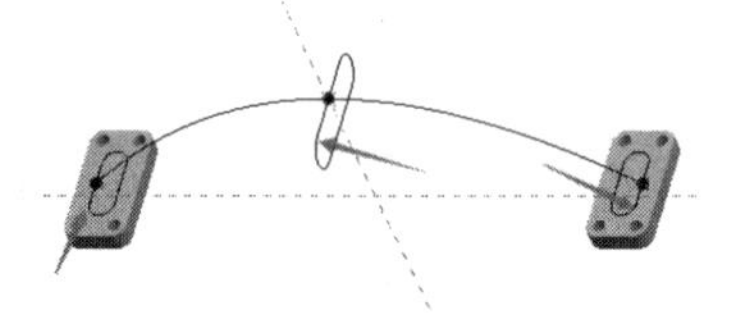

图 3-315　创建样条曲线

(5) 在菜单栏中单击“插入”→“扫描混合”，打开图 3-316 所示的“扫描混合”操控板，在操控板上单击实体按钮。

(6) 选择扫描混合轨迹。点开操控板上的“参照”选项卡，在图形区选取刚绘制的样条曲线作为扫引轨迹，如图 3-317 所示，其中有箭头的一端为扫描混合的起始点。

图 3-316　“扫描混合”操控板

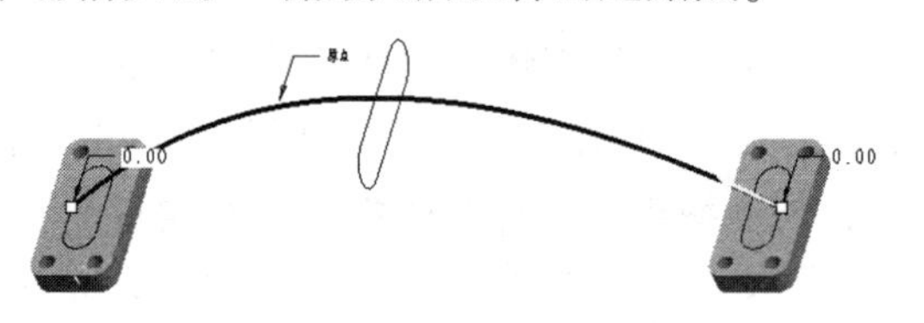


图 3-317　选择扫描混合轨迹

(7) 单击操控板上的“截面”，打开如图 3-318 所示的“截面”选项卡，点选“所选截面”。在图形区选取右边的截面，即图 3-314 中的曲线 3。

(8) 在“截面”选项卡“插入”按钮，在图形区选取中间的截面，即图 3-314 中的曲线 2，形成的曲面出现了图 3-319所示的扭曲现象，拖动截面起始箭头，使两截面的起始点对应好，即成为顺滑的曲面，如图 3-320 所示。

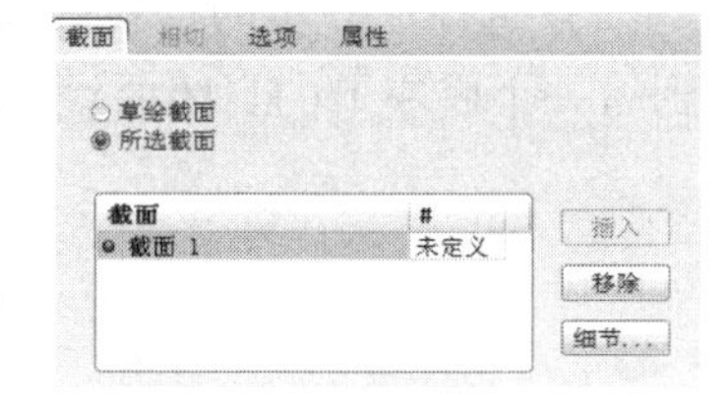


图 3-318　“截面”选项卡

(9) 再次在“截面”选项卡单击“插入”按钮，在图形区选取左边的截面，即图 3-314中的曲线 1，形成的曲面再次出现了图 3-321 所示扭曲的现象，同样，拖动截面起始箭头，使三截面的起始点对应好，即成为顺滑的曲面，如图 3-322 所示。最终完成的扫描混合特征如图 3-323 所示。

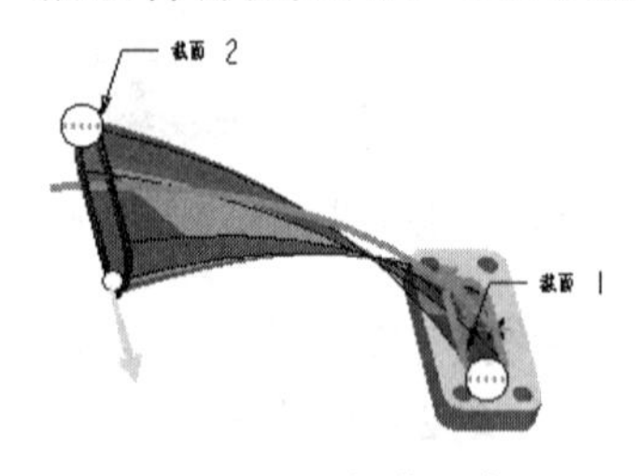


图 3-319　扭曲现象

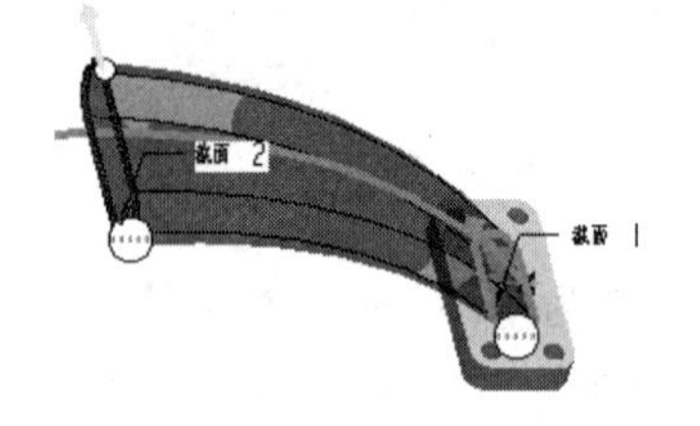


图 3-320　顺滑的曲面

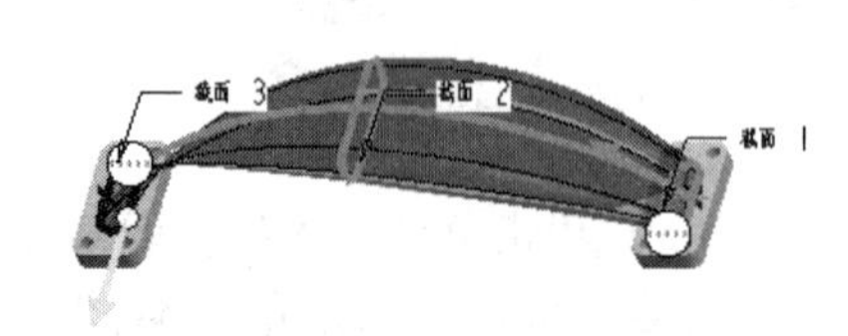


图 3-321　扭曲现象

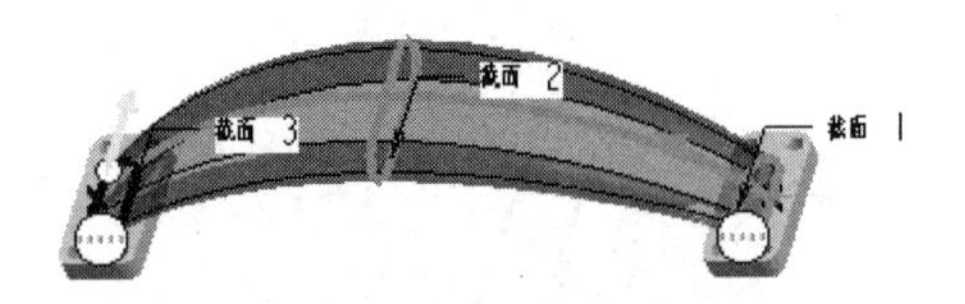


图 3-322　顺滑的曲面

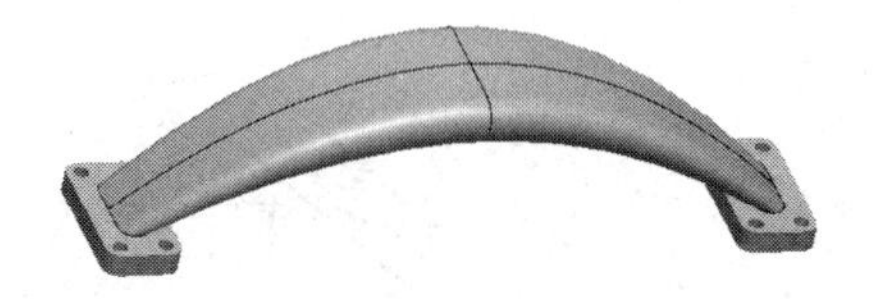

图 3-323　扫描混合特征

（10）单击图 3-324 所示的“层树→层“，右击选择“隐藏”，即把之前草绘的线和基准面均隐藏起来了，结果如图 3-325 所示。

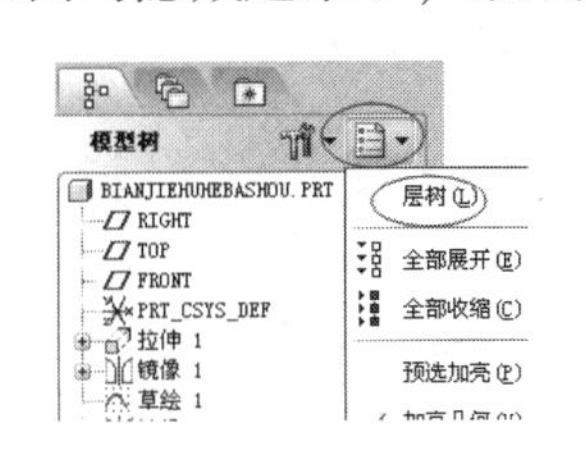


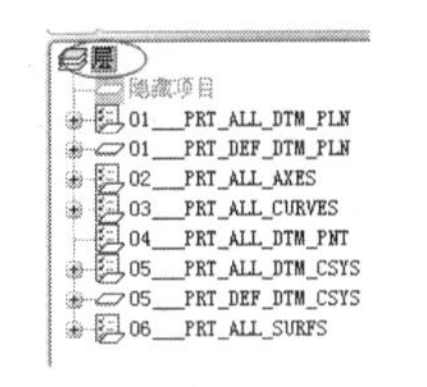

图 3-324　隐藏线和面的操作

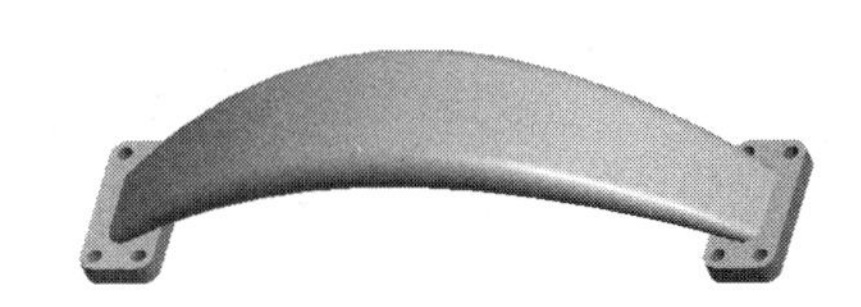

图 3-325　最终模型

## 3.8　实体造型高级特征的区别

这里对实体造型高级特征的区别之处作个简单的总结，见表 3-1。

**表 3-1　实体造型高级特征的区别**

| 特　　征 | 截　面　数 | 轨 迹 线 数 | 特　　点 |
|---|---|---|---|
| 混合 | ≥2 | 无 | 各截面线段数相等 |
| 可变剖面扫描 | 1 | ≥1 | 剖面可以由轨迹线来控制 |
| 螺旋扫描 | 1 | 1 螺旋轴 1 外形线 | 具有螺旋特色 |
| 扫描混合 | ≥2 | 1 | 轨迹线与剖面相交，具有扫描和混合的特征 |

## 3.9　实体造型综合实例一：弯管

3.9

根据图 3-326 所示的视图，完成弯管的建模，原点如图所示，弯管的重心为________。**（第四届“高教杯”全国大学生先进成图技术、产品信息建模创新大赛试题）**

（1）单击拉伸按钮。选择 FRONT 基准平面作为草绘平面，绘制图 3-327 所示的截面，输入拉伸深度值 3，拉伸特征结果如图 3-328 所示。

（2）点选刚完成的拉伸特征，在菜单栏选择“编辑”→“复制”，再选择“编辑”→“选择性粘贴”，弹出如图 3-329 所示的对话框，点选“对副本应用移动/旋转变换”，确定，进入“选择性粘贴”操控板，点开“变换”选项卡，设置“移动 1”为“旋转”，如图 3-330所示，选取 Z 轴为旋转轴，旋转角度值为 90。新建“移动 2”为“移动”，如图 3-331所示，选取 X 轴为参照，移动距离值为 100。复制特征结果如图 3-332 所示。

（3）草绘弯管的扫描轨迹。

单击草绘工具，选取 FRONT 基准面为草绘平面，绘制图 3-333 所示草图。

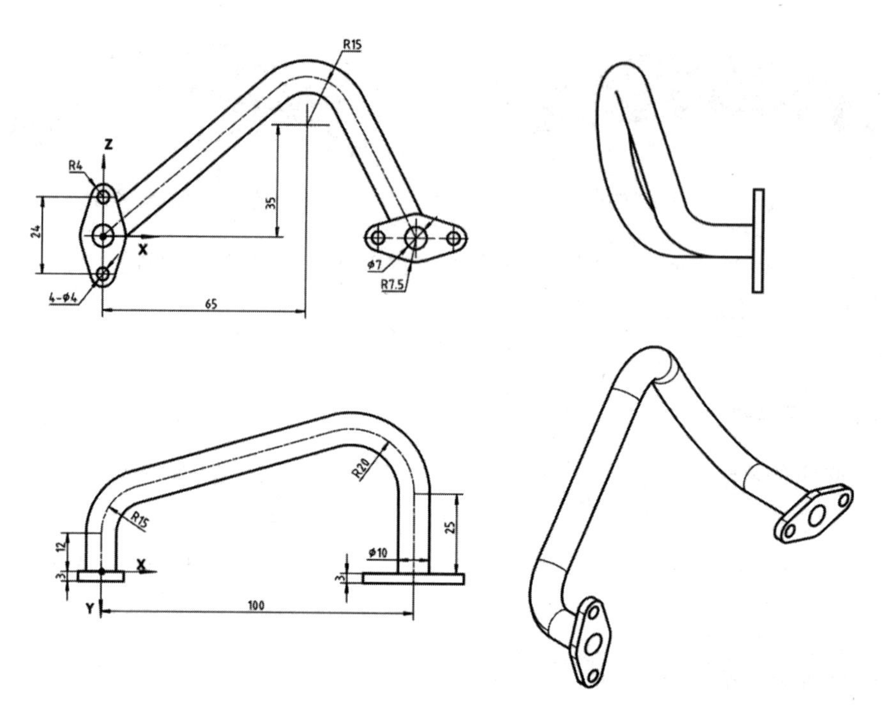


图 3-326　弯管

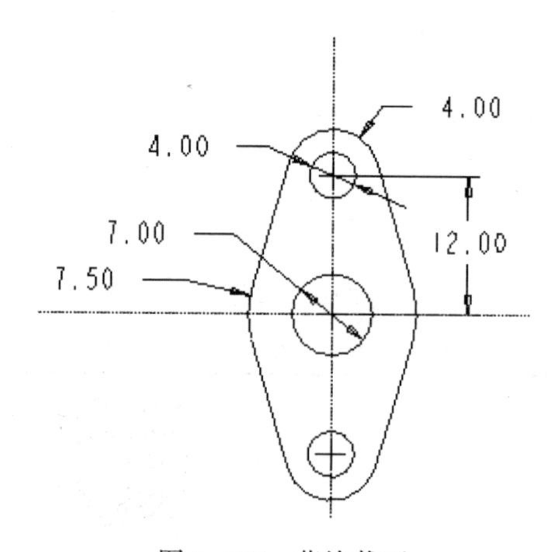


图 3-327　草绘截面

图 3-328　拉伸特征

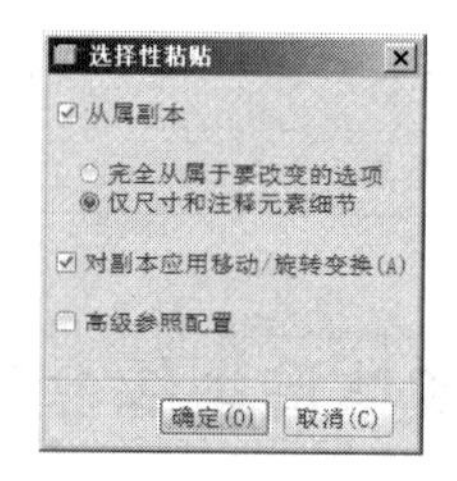


图 3-329　“选择性粘贴”对话框

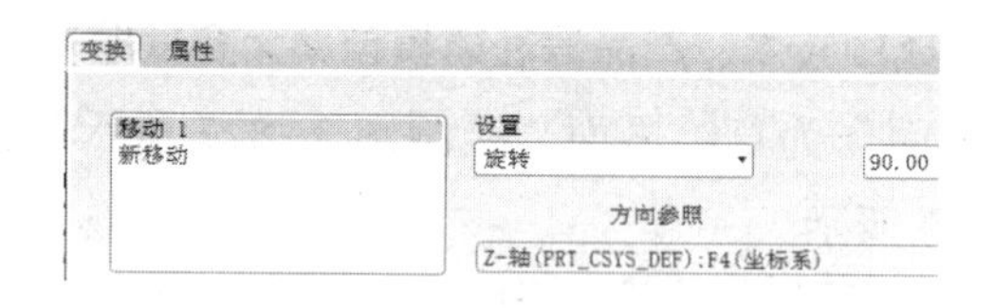


图 3-330　设置“移动 1”

图 3-331　设置“移动 2”

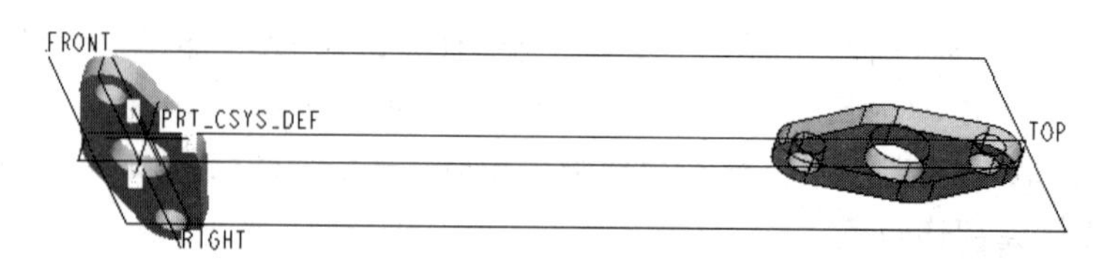


图 3-332　复制特征结果

单击草绘工具，选取 RIGHT 基准面为草绘平面，绘制图 3-334 所示草图。

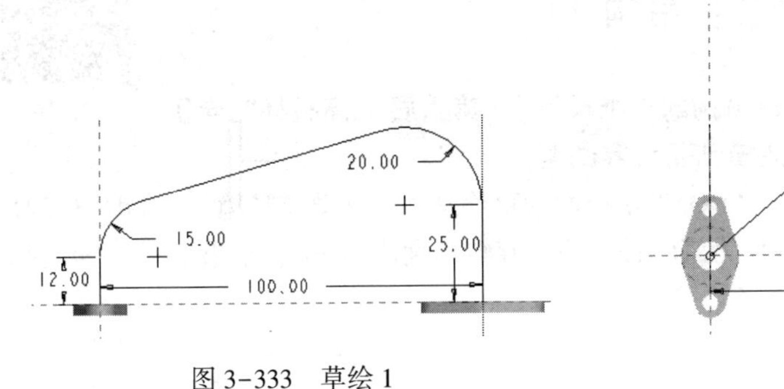


图 3-333　草绘 1

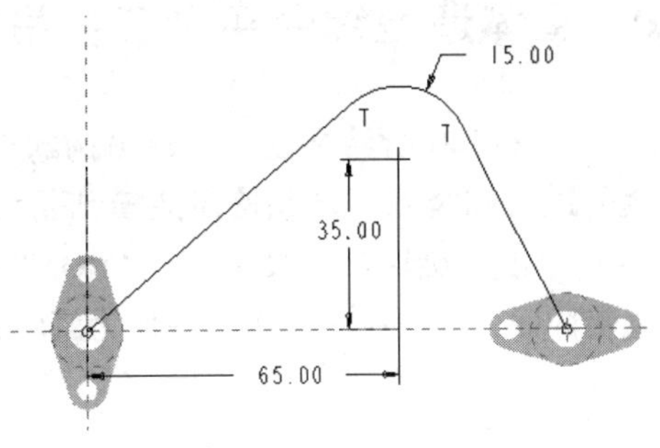


图 3-334　草绘 2

（4）相交两条草绘轨迹。

按住<Ctrl>键，在模型树中同时点选“草绘 1”和“草绘 2”，然后在菜单栏上选择“编辑”→“相交”得到如图 3-335 所示的结果。

（5）创建弯管的扫描特征。

在菜单栏上选择“插入”→“扫描”→“伸出项”，单击“选择轨迹”，按住<Ctrl>键点选相交后的轨迹，单击菜单管理器中的“完成”→“接受”，再单击滚轮进入截面的草绘，绘制图 3-336 所示的截面，得到的扫描特征如图 3-337 所示。

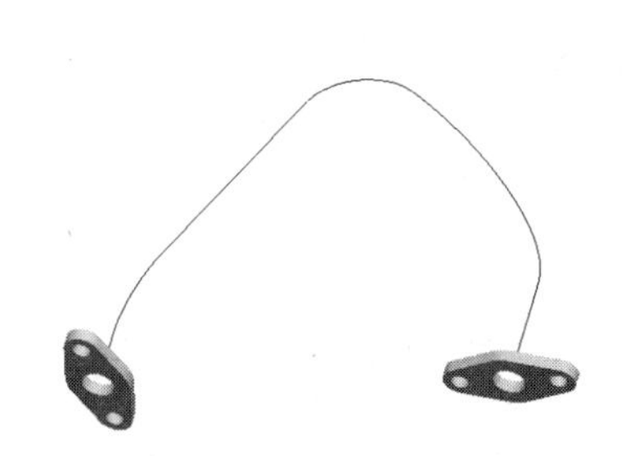

图 3-335　相交结果

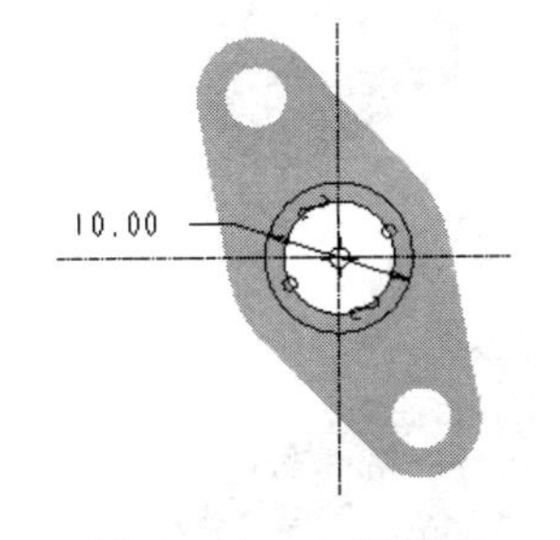


图 3-336　扫描截面

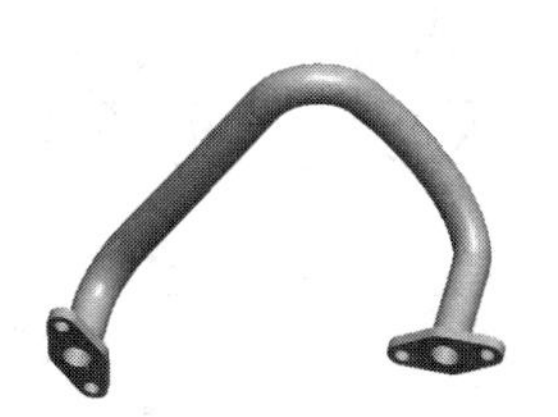

图 3-337　扫描特征

（6）测量弯管的重心。

如图 3-338 所示，在主菜单栏单击“分析”→“模型”→“质量属性”，弹出“质量属性”对话框，点选坐标系，即可出来图 3-339 所示的属性，包括重心。

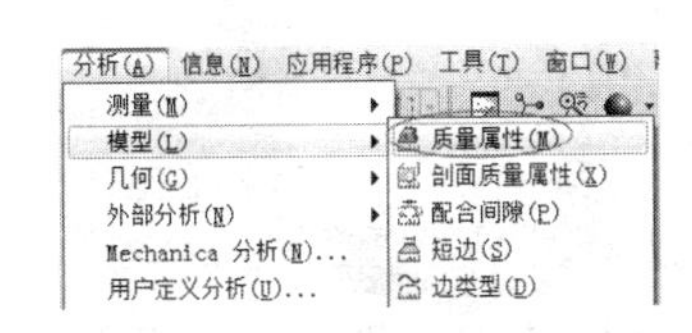


图 3-338　“质量属性”命令

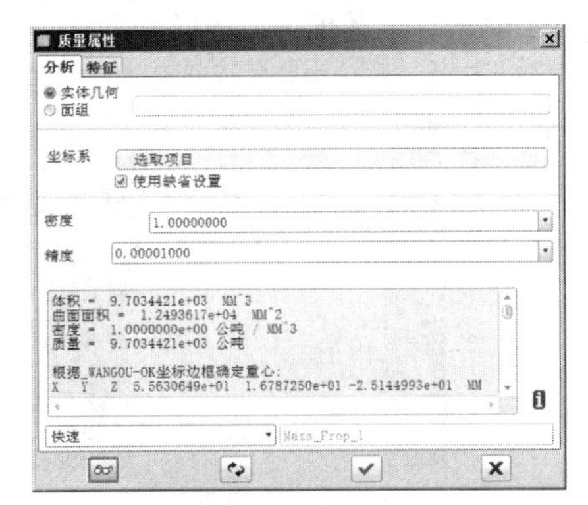


图 3-339　“质量属性”结果

# 3.10 实体造型综合实例二：吊钩

3.10

根据图 3-340 所给视图，创建吊钩的三维模型。**（第六届“高教杯”全国大学生先进成图技术、产品信息建模创新大赛试题）**

（1）单击“旋转”工具，以 FRONT 基准面为草绘平面，在草绘环境下绘制图 3-341 所示的旋转截面，并绘制一条中心线作为旋转轴，输入旋转角度值为 360，结果如图 3-342 所示。

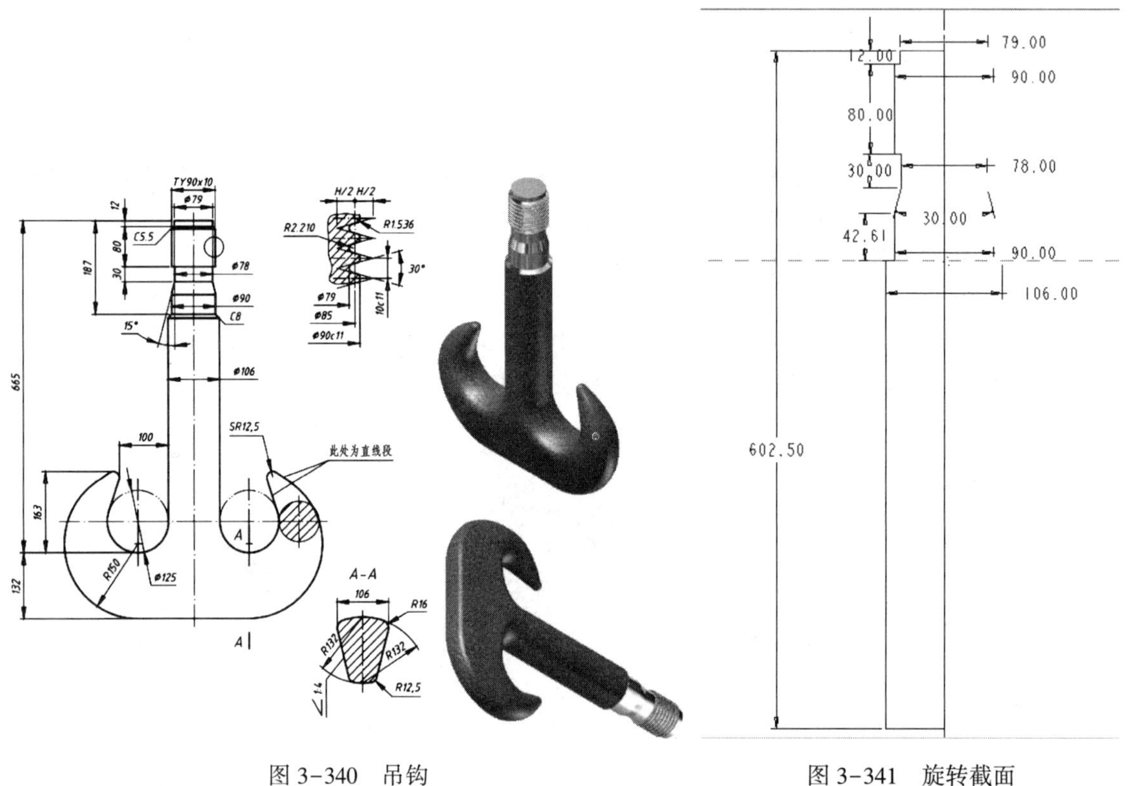


图 3-340　吊钩

图 3-341　旋转截面

（2）单击“边倒角”工具，输入倒角半径值 5.5，选择图 3-343 所示的边进行倒角；再输入倒角的半径值 8，选择如图 3-344 所示的边进行倒角，结果如图 3-345 所示。

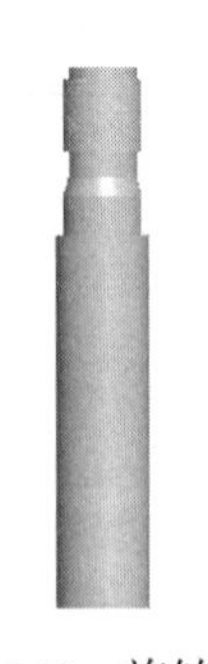

图 3-342　旋转特征

图 3-343　倒角 1

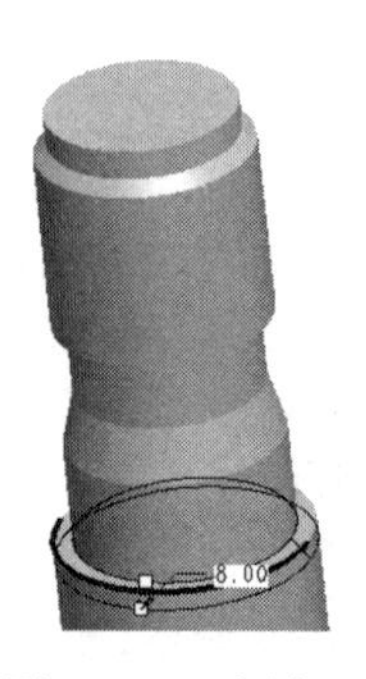


图 3-344　倒角 2

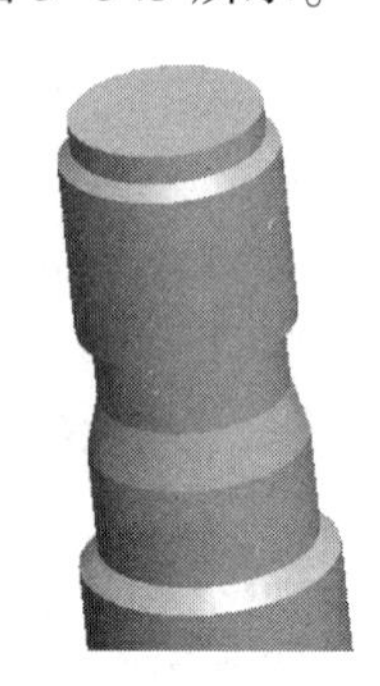

图 3-345　倒角结果

（3）单击“草绘”工具，以 FRONT 面作为草绘平面，绘制图 3-346 所示的轨迹线。

（4）单击“基准点”工具，进入点的创建指令框，创建图 3-347 所示的点。

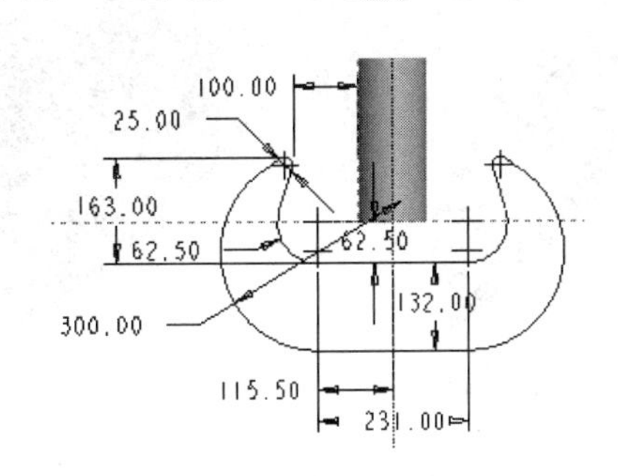


图 3-346　草绘轨迹线

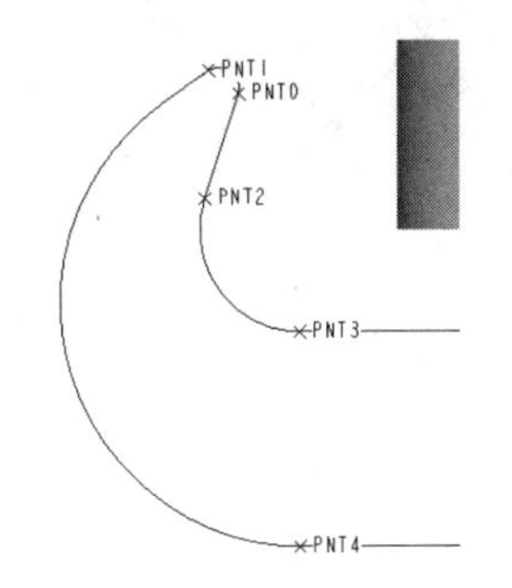


图 3-347　创建基准点

（5）单击“基准平面”工具，进入创建平面指令框，按住<Ctrl>键选中点 PNT0、PNT1 以及 FRONT 平面，如图 3-348 所示，得到新的平面 DTM1。

（6）继续单击“平面”工具，进入新建平面指令框，按住<Ctrl>键选中 TOP 平面以及点 PNT2，如图 3-349 所示，得到新的平面 DTM2。

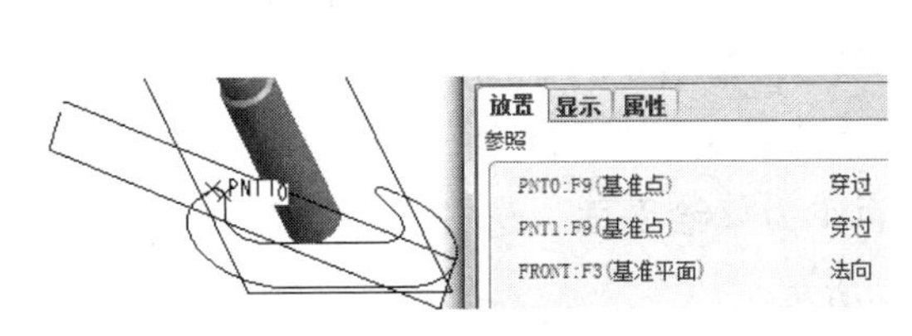


图 3-348　创建基准平面 DTM1

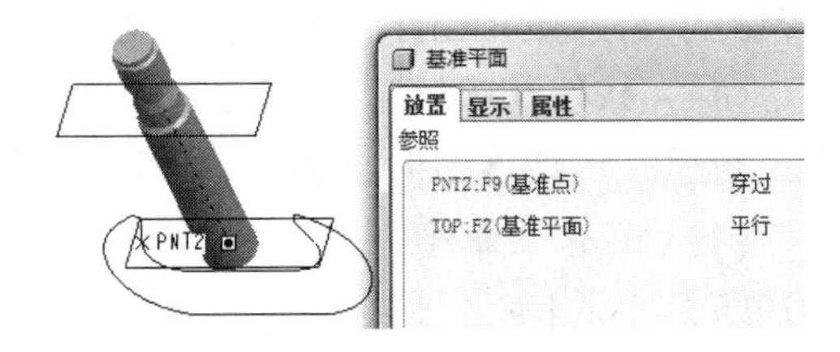


图 3-349　创建基准平面 DTM2

（7）再次单击“平面”工具，进入新建平面指令框，按住<Ctrl>键选中 RIGHT 平面以及点 PNT3、PNT4，如图 3-350 所示，得到新的平面 DTM3。

（8）单击“创建点”工具，进入点的创建指令框，按住<Ctrl>键选择草绘 1 的曲线以及平面 DTM2 得到图 3-351 所示的新点 PNT5，单击确定完成点的创建。

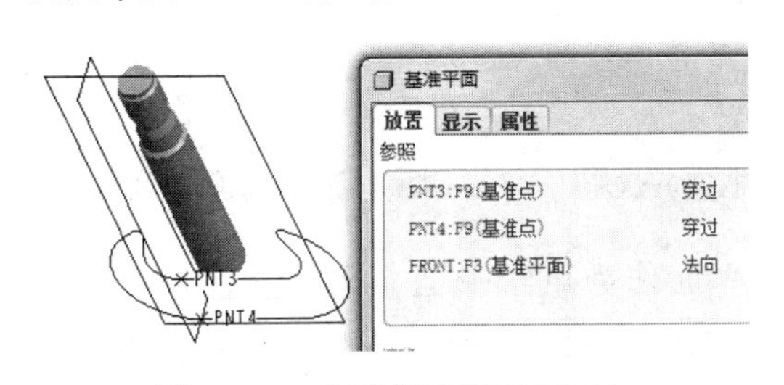


图 3-350　创建基准平面 DTM3

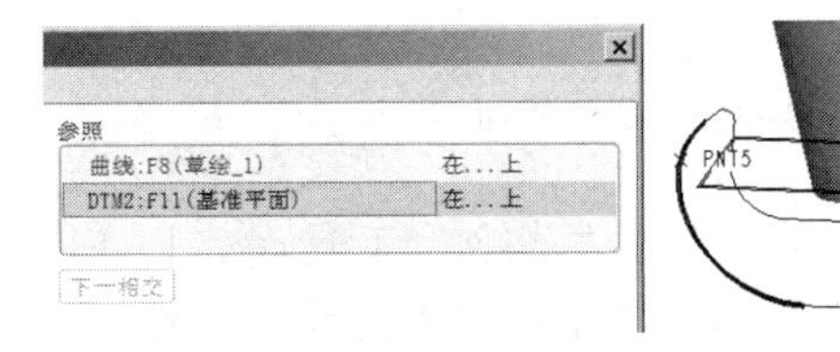


图 3-351　创建基准点

（9）单击“旋转”工具，选择 FRONT 平面作为草绘平面，在草绘环境下绘制图 3-352所示的几何中心线和截面，设置旋转角度值为 360，结果如图 3-353 所示。

（10）单击“草绘”工具，以 DTM1 作为草绘平面，单击“使用”工具，激活图 3-354所示的圆，完成草绘。

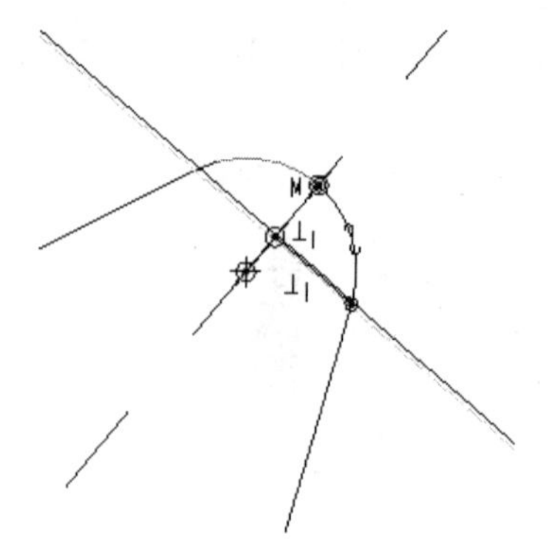

图 3-352　草绘截面

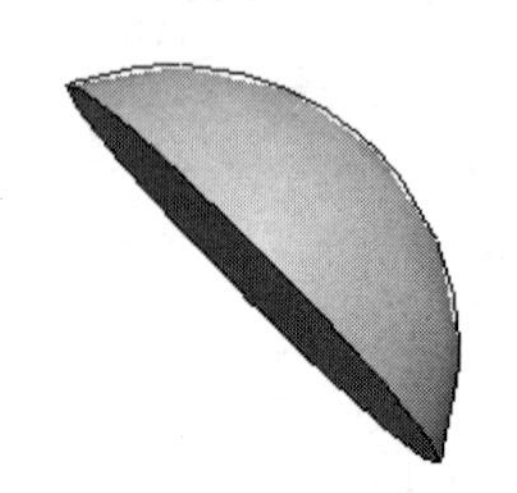

图 3-353　旋转特征

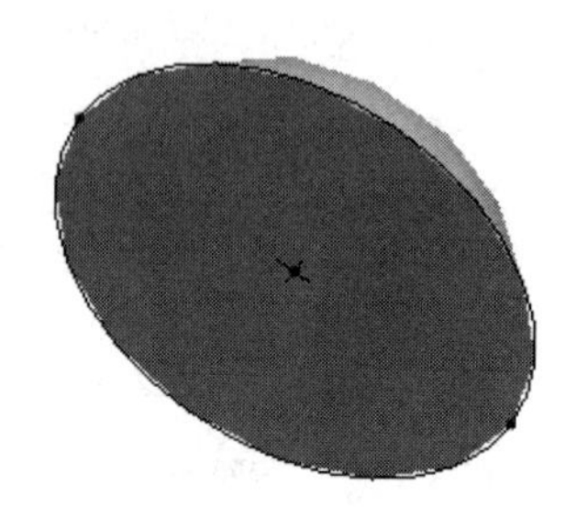

图 3-354　草绘截面

（11）单击“草绘”工具，以 DTM2 作为草绘平面，选择“三点画圆”工具，选择通过点 PNT2 及 PNT5 绘制图 3-355 所示的截面。

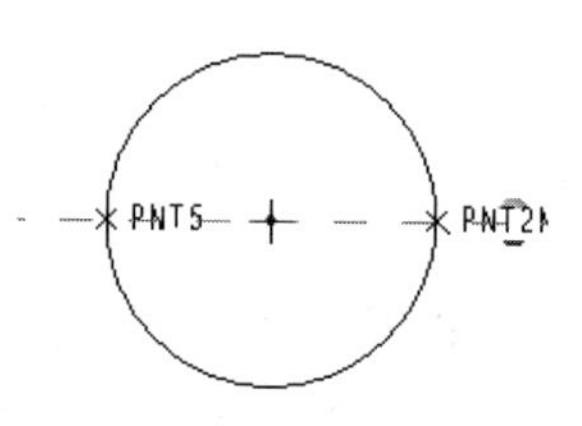


图 3-355　草绘截面

（12）单击“草绘”工具，以 DTM3 作为草绘平面，绘制图 3-356 所示的截面。

（13）选中刚完成的草绘截面，在主菜单中选择“编辑”→“投影”，再选择 RIGHT 面作为投影面，完成截面的投影，结果如图 3-357 所示。

（14）按住<Ctrl>键，选择之前的草绘 2、草绘 3、草绘 4 的截面以及旋转 2 的特征。单击“镜像”工具，以 RIGHT 面作为镜像平面，结果如图 3-358 所示。

（15）单击“草绘”工具，以 FRONT 平面作为草绘平面，选择“使用”工具，激活图 3-358 中的上半段曲线，结果如图 3-359 所示。

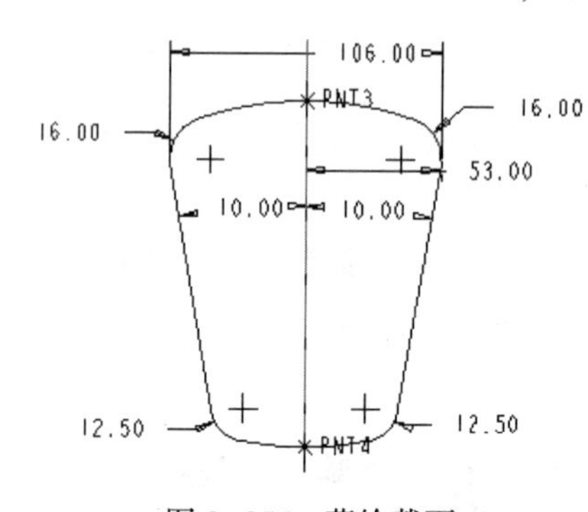


图 3-356　草绘截面

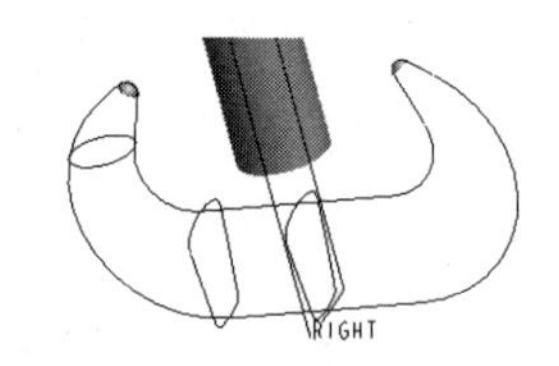


图 3-357　截面的投影

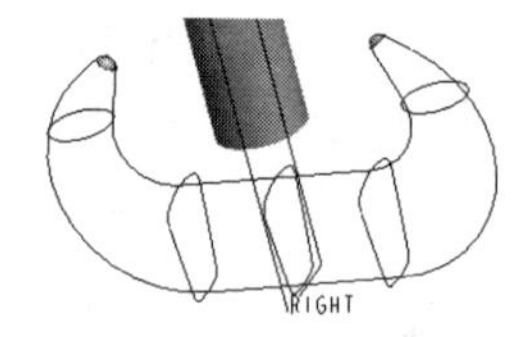


图 3-358　截面的镜像

（16）再次单击“草绘”工具，以 FRONT 平面作为草绘平面，选择“使用”工具，激活图 3-358 中的下半段曲线，结果如图 3-360 所示。草绘完成后，右击模型树中的“草绘 1”，选择“隐藏”工具，隐藏“草绘 1”。

（17）单击“边界混合”工具，在第一方向，按住<Ctrl>键选择刚才草绘的两条曲线（图 3-360）。单击第二方向，按住<Ctrl>键选择图 3-358 所示的各个小截面，得到边界混合曲面特征如图 3-361 所示。

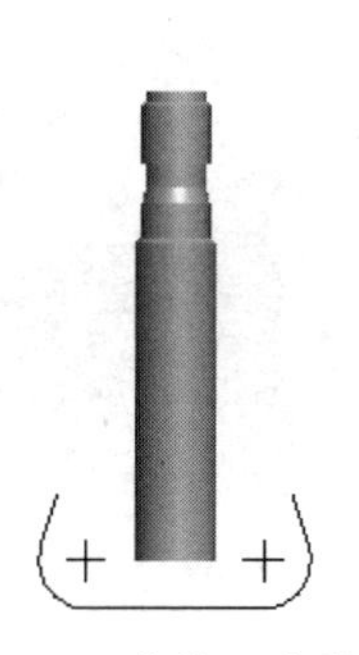

图 3-359　草绘上半段曲线　　图 3-360　草绘下半段曲线

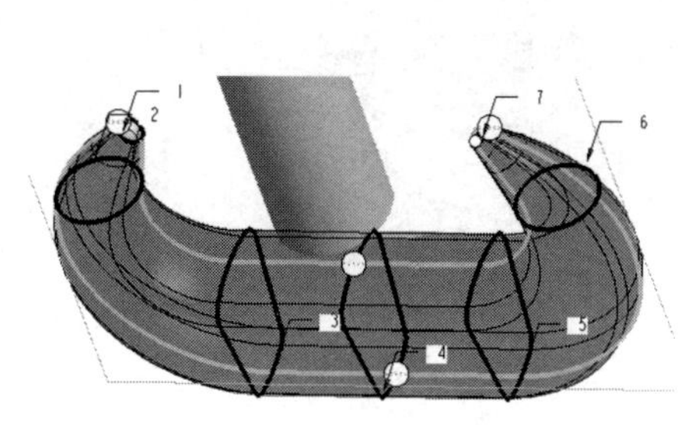

图 3-361　边界混合曲面特征

（18）单击“草绘”工具，以 FRONT 面作为草绘平面，绘制图 3-362 所示的圆弧。

（19）再次单击“草绘”工具，以 DTM3 作为草绘平面，选择“使用”工具，激活图 3-363 所示的部分，完成草绘。

（20）单击“点”工具，进入点的创建指令框，创建图 3-364 所示的点 PNT6、PNT7 和 PNT8。

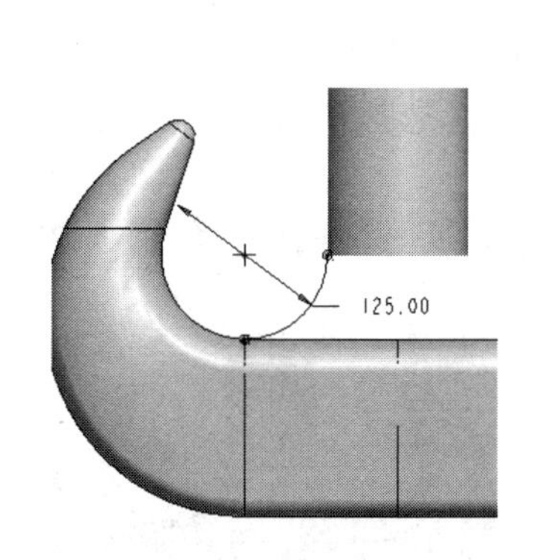


图 3-362　草绘曲线 1

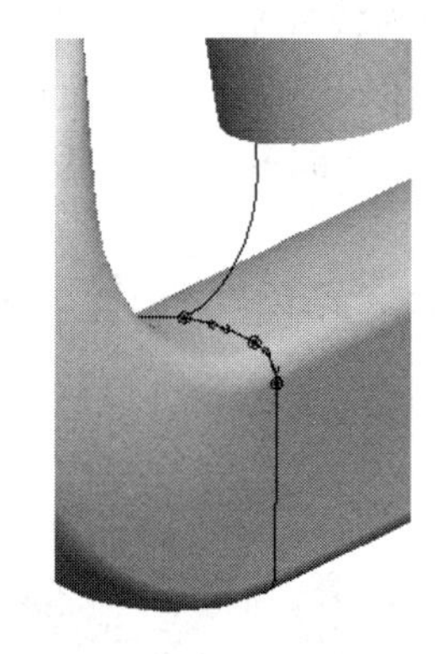

图 3-363　草绘曲线 2

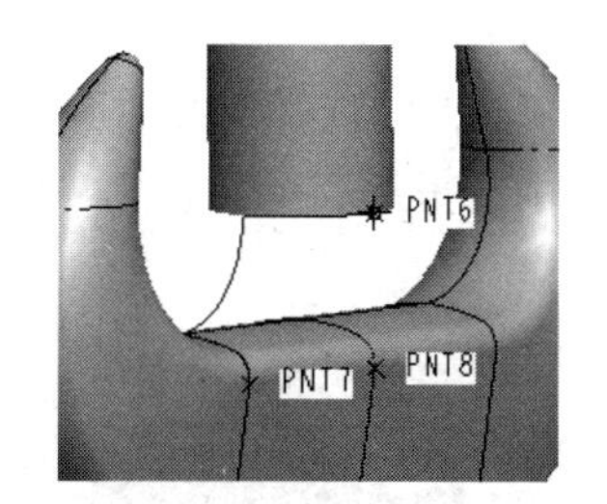


图 3-364　创建基准点

（21）单击“曲线”工具，依次添加点 PNT6 和 PNT8，得到一线段，在图 3-365 所示的曲线创建指令框中选择“相切”栏，单击定义，进入图 3-366 所示的菜单管理器，选择“起始→曲面→相切”，选取点 PNT6 上方的曲面，再选择“终止→曲面→相切”，选择点 PNT8 下方的曲面，如图 3-367 所示，完成相切曲线的创建。

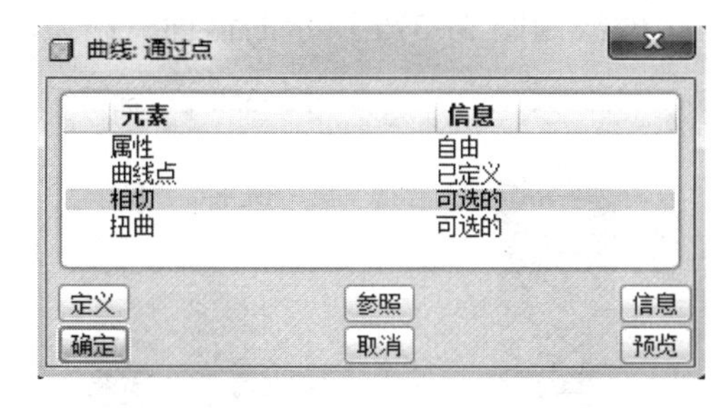


图 3-365　“曲线：通过点”对话框

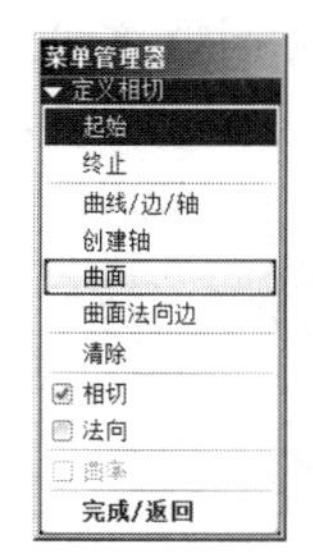


图 3-366　“定义相切”菜单管理器

（22）再次单击“曲线”工具，依次选择点 PNT7、PNT8，得到图 3-368 所示的线段。

（23）单击“草绘”工具，以 DTM2 作为草绘平面，选择“使用”工具，激活

图 3-369所示的一段圆弧作为草绘截面。

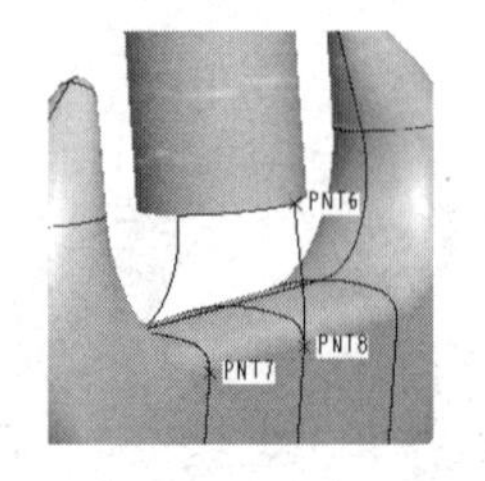

图 3-367　创建曲线 3

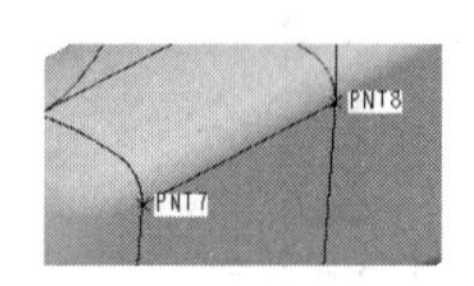

图 3-368　创建曲线 4

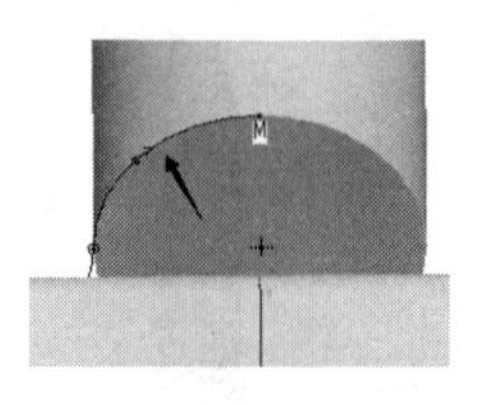
图 3-369　草绘曲线 5

（24）单击“造型”工具，进入造型操作；单击“曲面”工具，按住<Ctrl>键选取刚才草绘的五段曲线，得到图 3-370 所示的曲面，完成曲面的造型。

（25）点选刚才的曲面，单击“镜像”工具，以 RIGHT 平面作为镜像平面，得到如图 3-371 所示的曲面。

图 3-370　造型曲面

（26）按住<Ctrl>键，选择类型 1 的曲面以及镜像曲面，单击“镜像”工具，以 FRONT 平面作为镜像平面，得到图 3-372 所示的曲面。

（27）选择刚才的类型 1 的曲面以及三个镜像曲面，在“编辑”菜单中，选择“合并”工具。选择刚合并的曲面以及边界混合曲面，在“编辑”菜单中，选择“合并”工具，得到合并曲面。

（28）选择合并曲面，在“编辑”菜单中，选择“实体化”，箭头方向向内，如图 3-373 所示，得到实体。

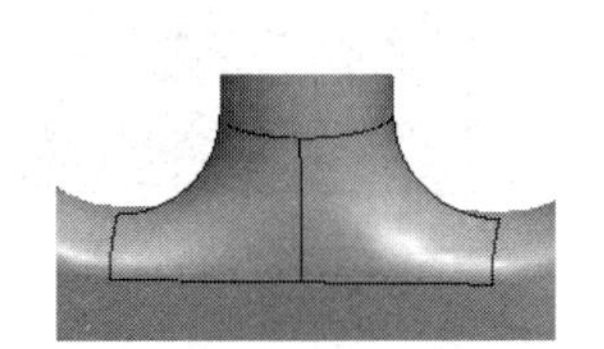
图 3-371　镜像曲面 1

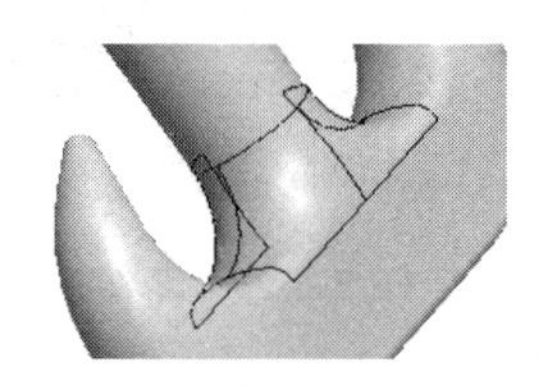
图 3-372　镜像曲面 2

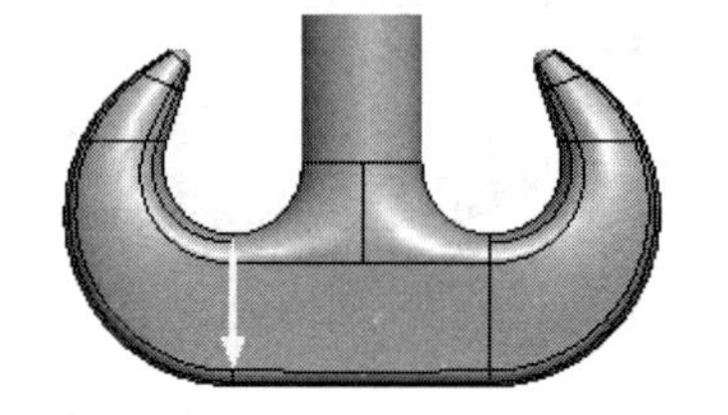
图 3-373　曲面的实体化

（29）选取主菜单“插入”→“螺纹扫描”→“切口”，接受螺纹扫描的默认属性：常数、穿过轴、右手定则，点选 FRONT 基准平面作为草绘平面，在二维草绘中绘制图 3-374 所示的中心线和扫引轨迹线，输入节距值 10，接着绘制图 3-375 所示的截面，结束草绘，螺纹扫描结果如图 3-376 所示。

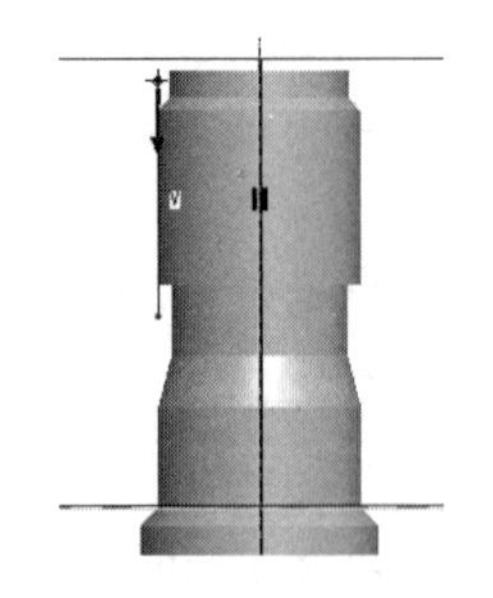
图 3-374　草绘轨迹线

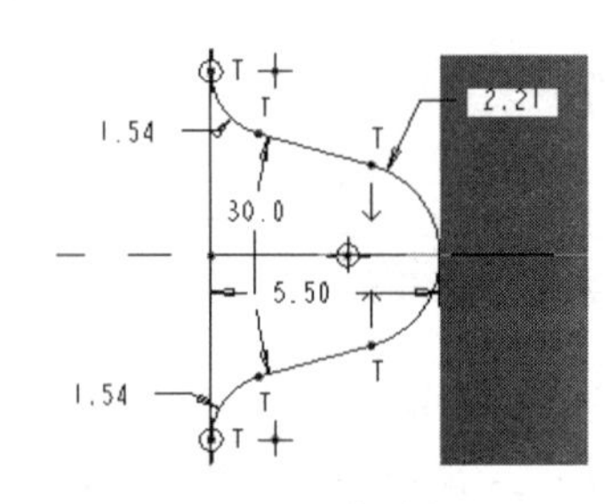

图 3-375　草绘截面

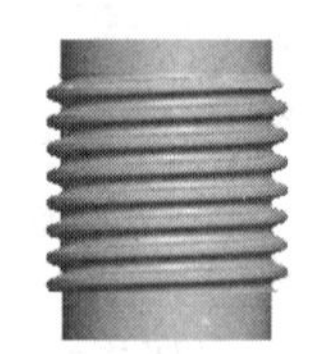
图 3-376　螺纹扫描结果

## 3.11 实体造型综合实例三：红酒木塞螺旋启瓶器

3.11

根据图 3-377 所给视图，创建红酒木塞螺旋启瓶器的三维模型。**(第八届“高教杯”全国大学生先进成图技术、产品信息建模创新大赛试题)**

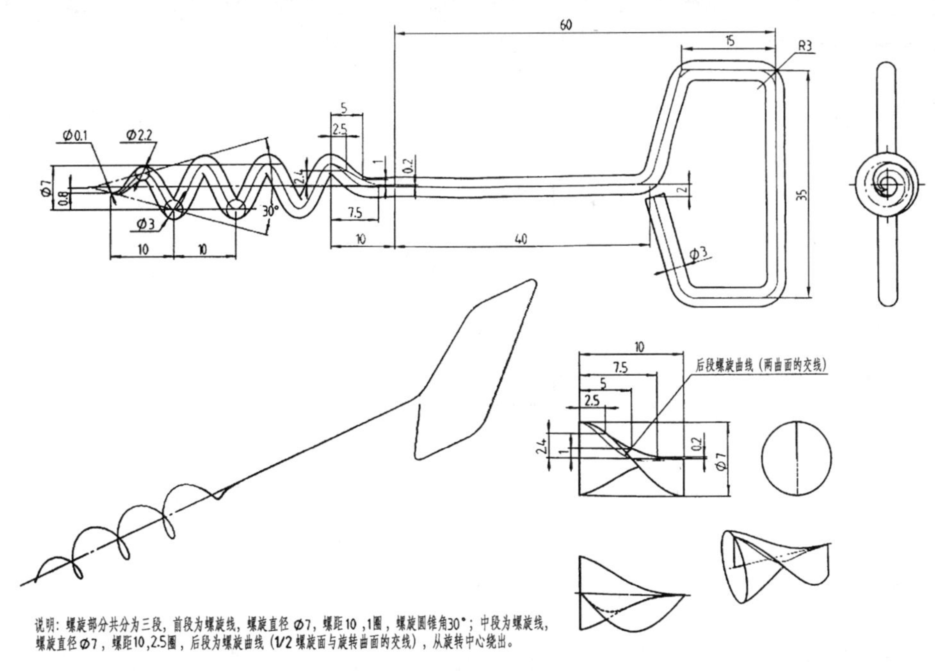


图 3-377 红酒木塞螺旋启瓶器

（1）单击草绘工具，选择 TOP 面为草绘平面，绘制图 3-378 所示草绘截面，结果如图 3-379 所示

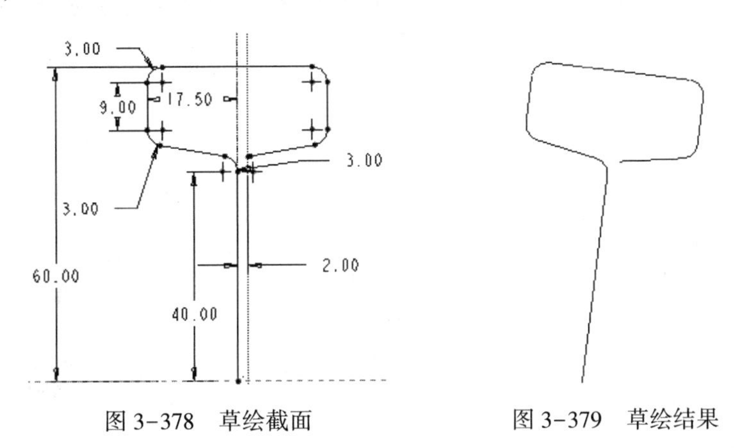


图 3-378 草绘截面　　图 3-379 草绘结果

（2）在菜单栏选择“插入”→“螺旋扫描”→“曲面”。选取 TOP 基准面作为草绘面，在草绘环境中，绘制图 3-380 所示的扫引轨迹（实际上是螺旋轨迹线的转向轮廓线），注意曲线要相切，该轨迹线上方的局部放大图如图 3-381 所示。

（3）输入节距（螺距）值 10。

（4）绘制图 3-382 所示的水平线段作为扫描截面，完成的螺旋扫描特征结果如图 3-383 所示。

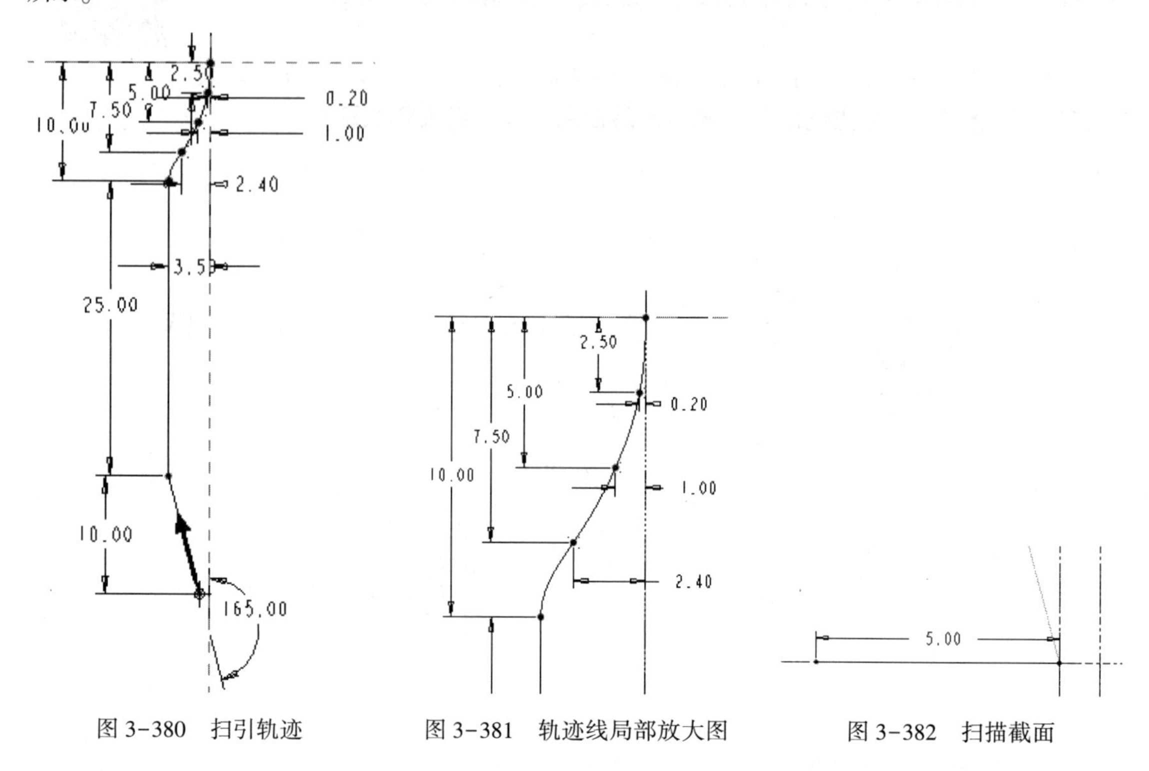


图 3-380　扫引轨迹　　图 3-381　轨迹线局部放大图　　图 3-382　扫描截面

（5）单击创建基准平面工具，以 TOP 面作为基准面，分别向下平移 35 和 40，得到新的基准平面 DTM1 和 DTM2，如图 3-384 所示。

（6）单击创建基准点工具，按住<Ctrl>键，在图形区选择螺旋内曲线和 DTM1 面，得到交点 PNT1；按住<Ctrl>键，在图形区选择螺旋内曲线和 DTM2 面，得到交点 PNT2，结果如图 3-385 所示。

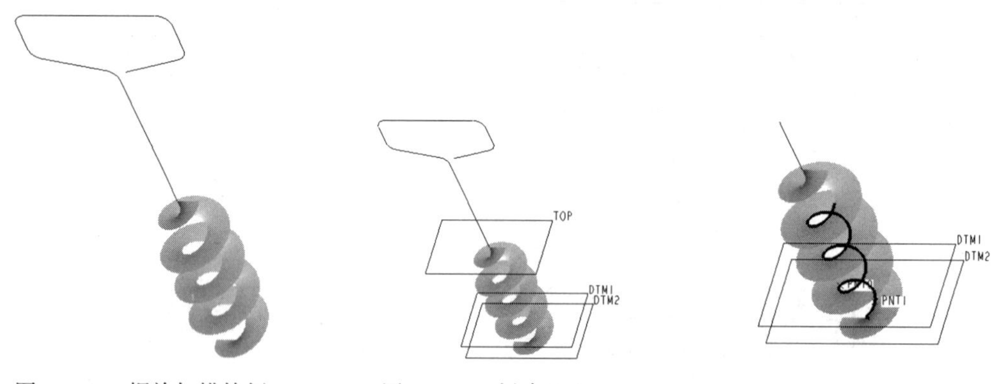


图 3-383　螺旋扫描特征　　图 3-384　创建基准面　　图 3-385　创建基准点

（7）在菜单栏中单击“插入”→“扫描混合”，打开“扫描混合”操控板，如图 3-386 所示，单击实体按钮，点开“参照”选项卡，选择“细节”，弹出“链”操控板，在图形区中按住<Ctrl>键选取图 3-387 所示的曲线作为扫引轨迹线，此时，“链”操控板中显示出这四条参照线，如图 3-388 所示，单击“确定”按钮。

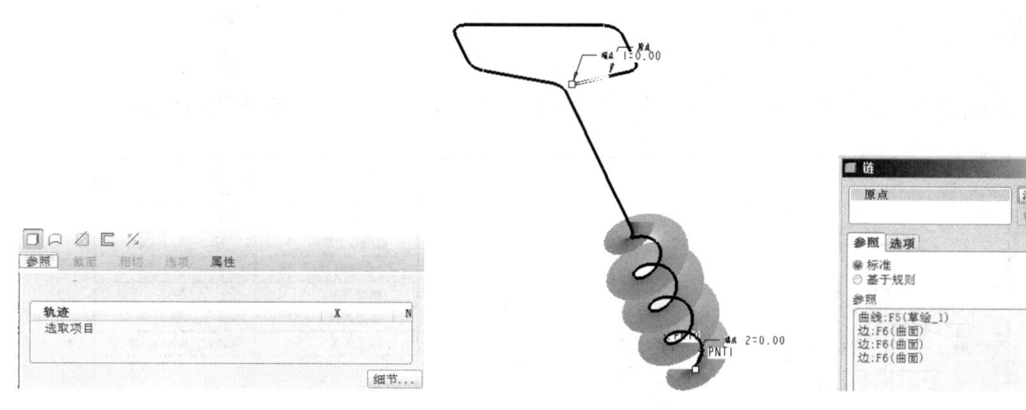


图 3-386 “扫描混合”操控板　　图 3-387 扫引轨迹线　　图 3-388 “链”操控板

（8）在“扫描混合”操控板中单击“截面”，打开“截面”选项卡，点选“草绘截面”，如图 3-389 所示，在图形区选中扫描轨迹线中的起点，作为“截面 1”的位置，此时，“截面”选项卡中的“草绘”按钮亮起来，单击“草绘”按钮，进入草绘界面，绘制图 3-390 所示的圆作为截面 1。

（9）在“截面”选项卡上单击“插入”，以增加扫描混合截面。在图形区选取基准点 PNT0 为“截面 2”的位置。在“截面”选项卡上在单击“草绘”，进入草绘环境，在中心位置绘制图 3-392 所示的圆作为截面 2。

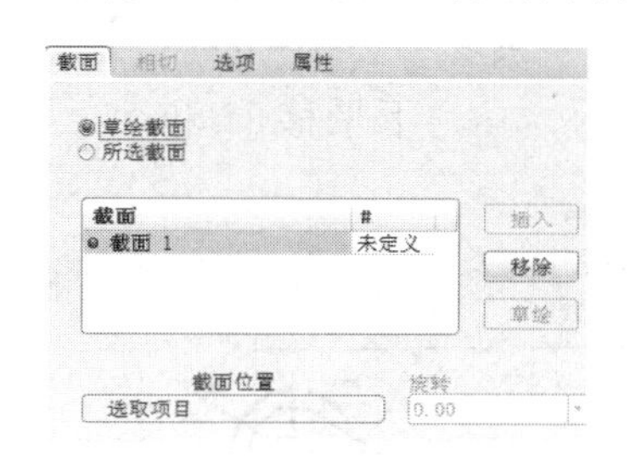


图 3-389 “截面”选项卡

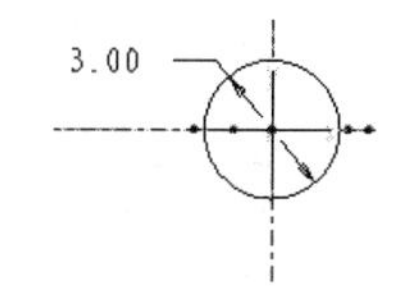


图 3-390 草绘截面 1

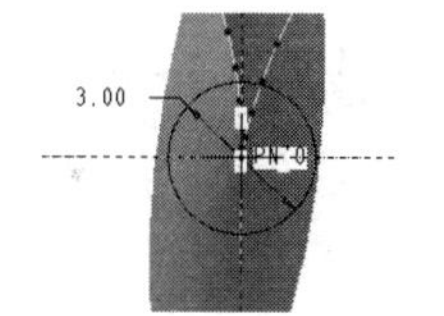


图 3-391 草绘截面 2

（10）用相同的方法，选取点 PNT1 作为“截面 3”的位置，绘制图 3-392 所示的草绘截面；选取扫描轨迹线中终点作为“截面 4”的位置，绘制图 3-393 所示的圆作为截面 4。

（11）在“扫描混合”操控板上单击☑，完成扫描混合特征的创建，如图 3-394 所示，把之前创建的螺旋曲面隐藏起来，即得到图 3-395 所示的结果。

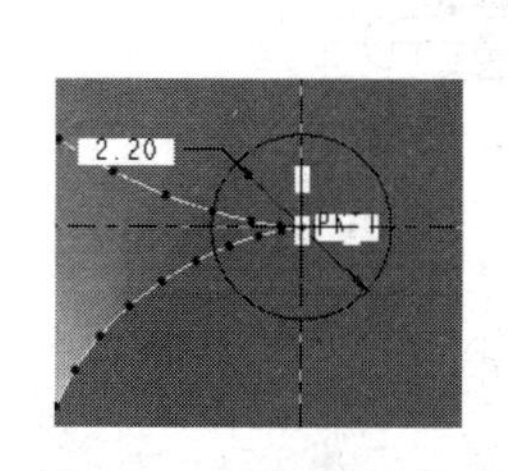


图 3-392 草绘截面 3

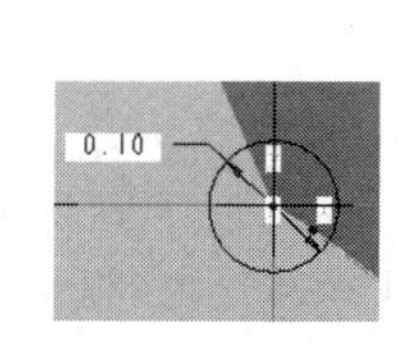


图 3-393 草绘截面 4

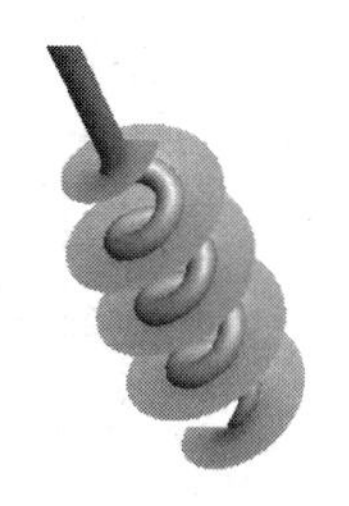

图 3-394 扫描混合特征

图 3-395 曲面隐藏结果

## 练习题

1. 根据图 3-396 所给视图尺寸，创建齿轮的三维模型（齿轮毛坯可调用标准件）。

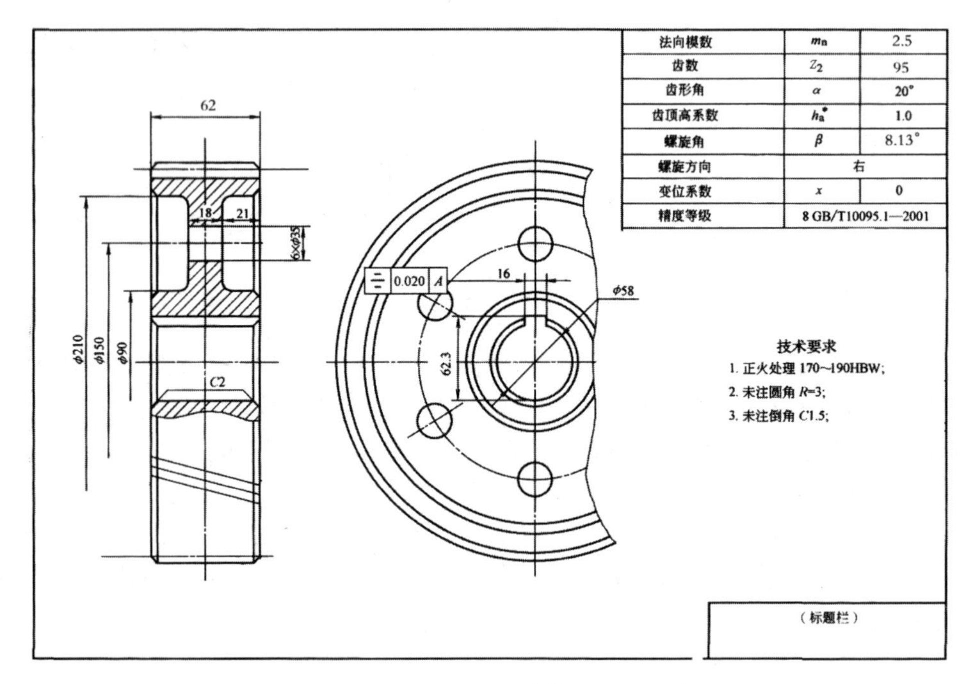


图 3-396 齿轮

2. 根据图 3-397 所给视图尺寸，创建摇杆的三维模型。

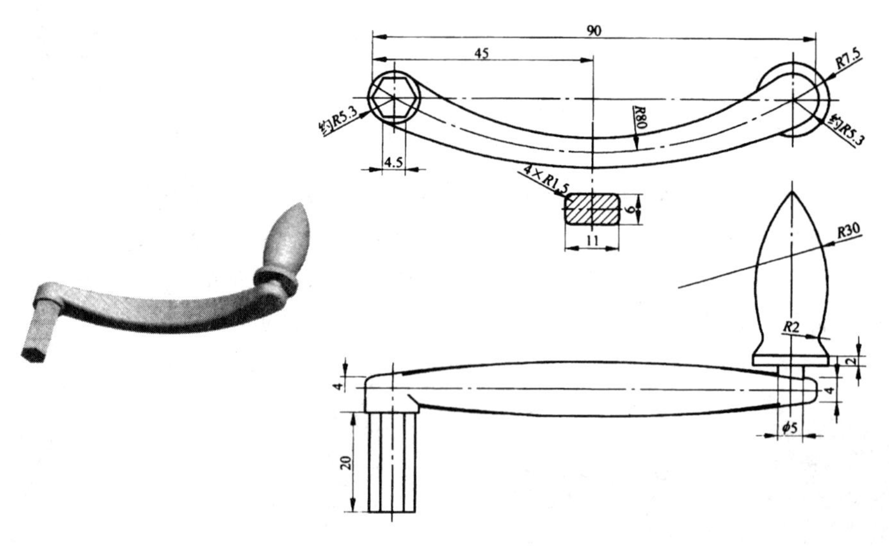


图 3-397 摇杆

3. 根据图 3-398 所给视图尺寸，创建连接环的三维模型。

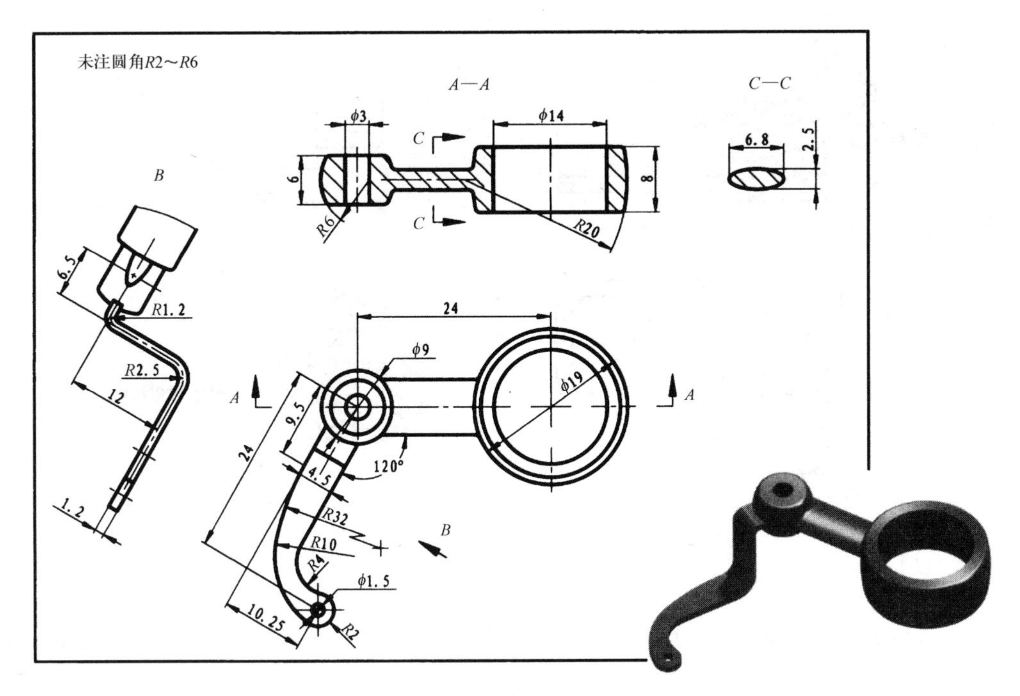


图 3-398　连接环

4. 根据图 3-399 所给视图尺寸，创建沙发的三维模型。(2007 年河南省赛区三维数字建模大赛试题)

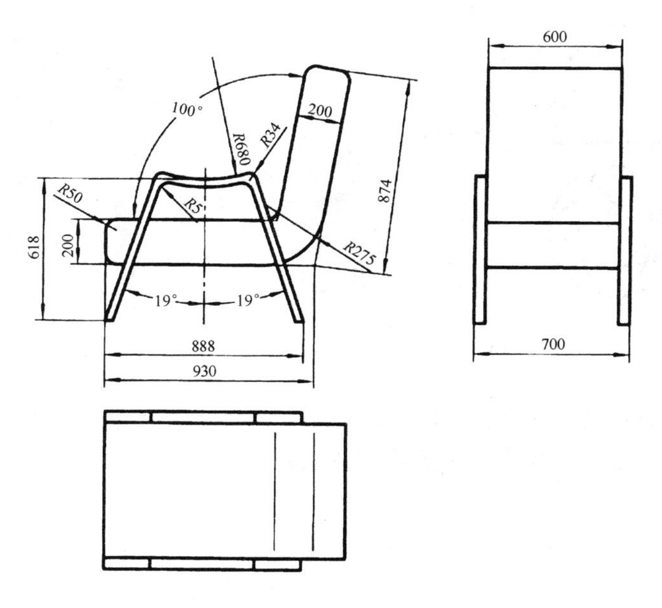


图 3-399　沙发

5. 根据图 3-400 所给视图尺寸，创建电热棒的三维模型。

6. 根据图 3-401 所给视图尺寸，创建螺杆的三维模型。(第四期 CAD 技能二级（三维数字建模师）考题)

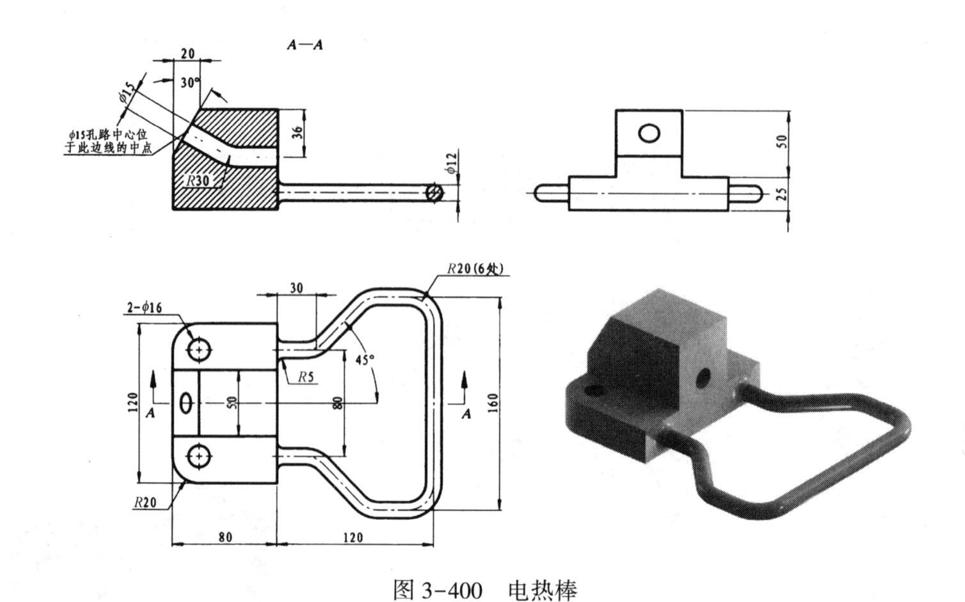


图 3-400　电热棒

7. 根据图 3-402 所给视图尺寸，创建笔筒的三维模型。（2007 年河南省赛区三维数字建模大赛试题）

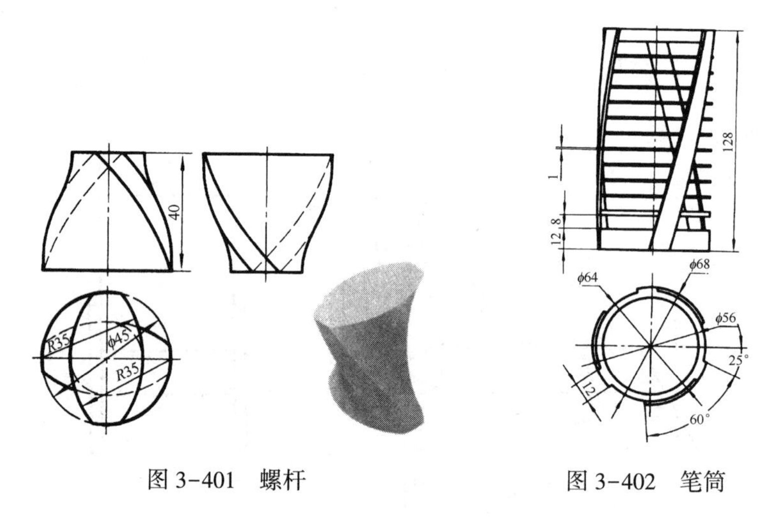


图 3-401　螺杆　　　　图 3-402　笔筒

8. 按照图 3-403 所给视图尺寸要求，在圆柱表面建造完整的螺距为 12 的梯形螺纹。（第八期 CAD 技能二级（三维数字建模师）考题）

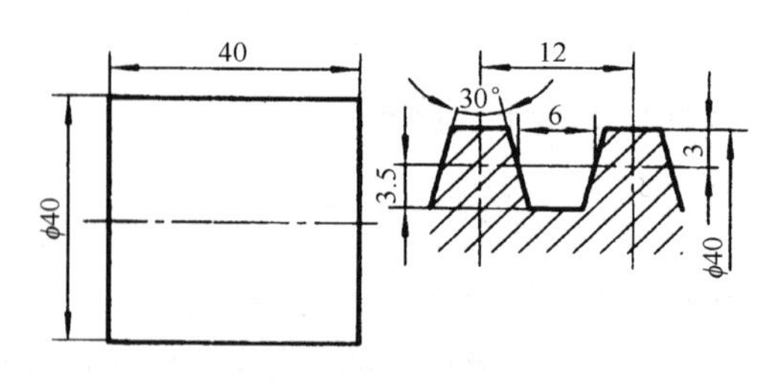


图 3-403　梯形螺纹

9. 依据图 3-404 零件的立体形状，进行三维实体造型，尺寸自定。

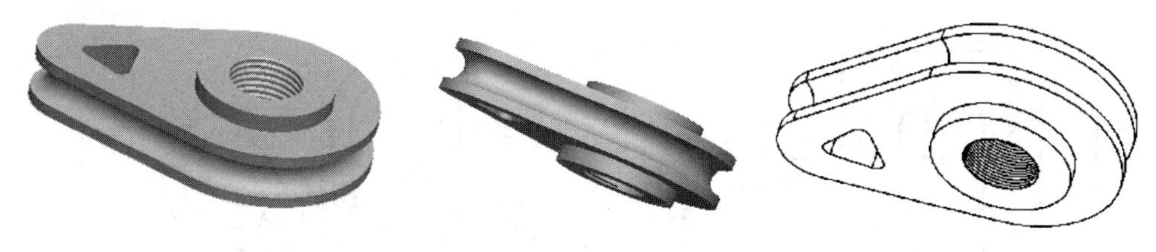

图 3-404　零件

10. 依据图 3-405 五角星的立体形状，进行三维实体造型，尺寸自定。

11. 依据图 3-406 淋浴露瓶的立体形状，进行三维实体造型，尺寸自定。

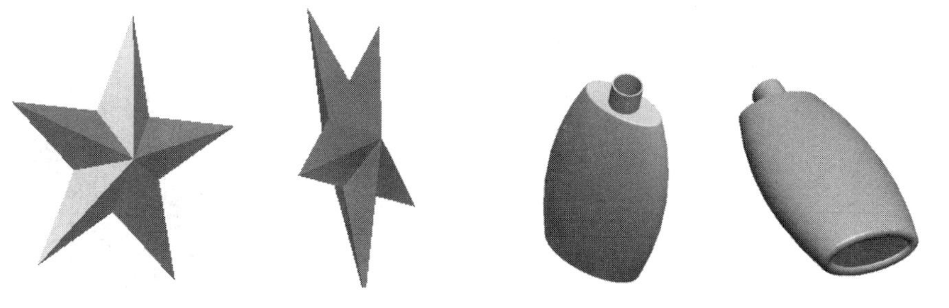

图 3-405　五角星　　　　图 3-406　淋浴露瓶

12. 图 3-407 为一锥形螺旋模型的尺寸，其底端为一个内接圆直径为 20 的等边六边形，完成其三维实体模型。

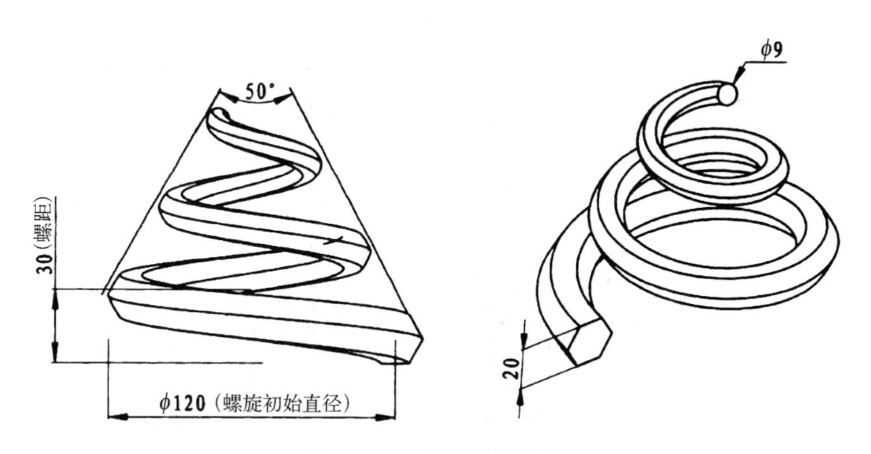


图 3-407　锥形螺旋模型

13. 根据图 3-408 所给视图尺寸，创建灯管的三维模型。

14. 根据图 3-409 所给视图尺寸，创建弯钩的三维模型。

15. 根据图 3-410 所给视图尺寸，创建水龙头底座的三维模型。

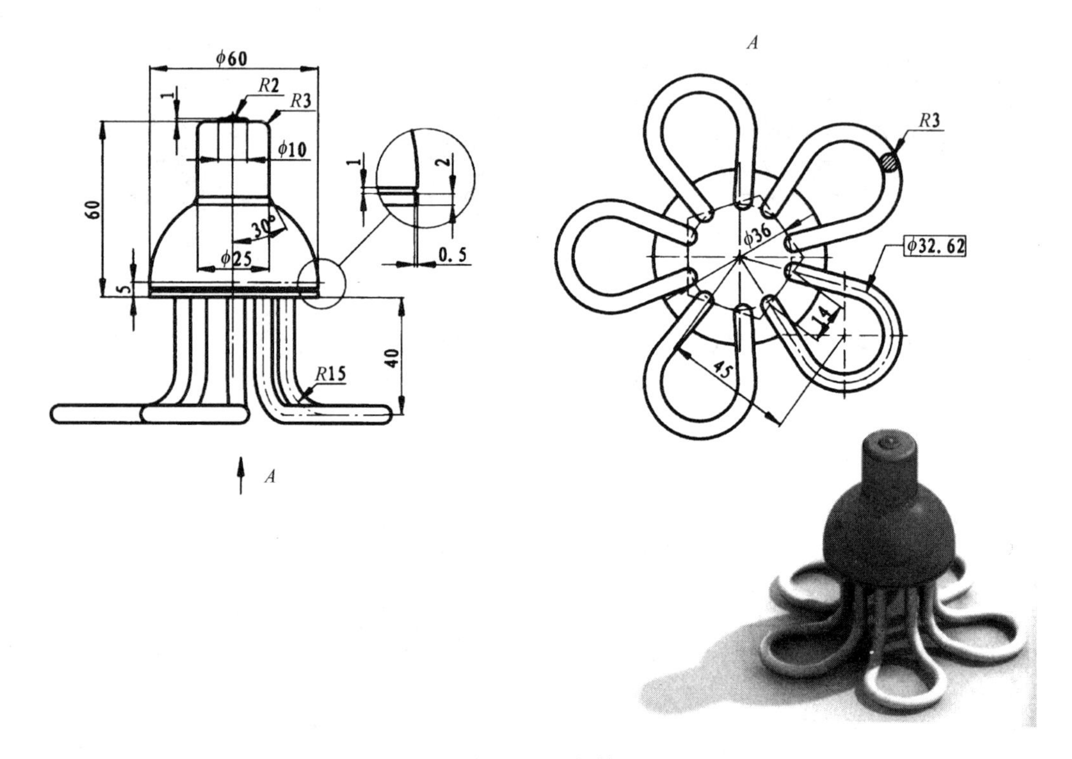


图 3-408　灯管

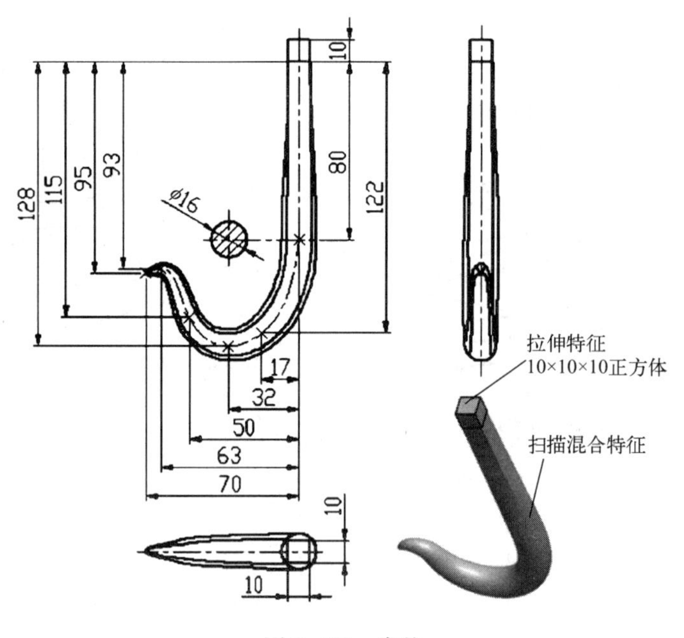


图 3-409　弯钩

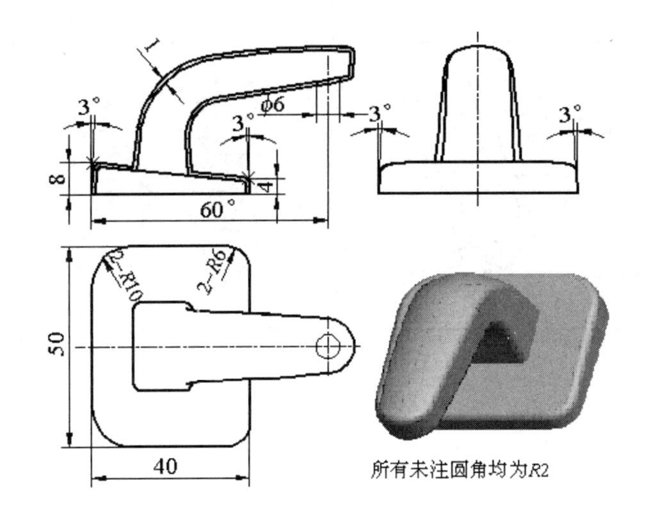


轨迹线和四个截面图的相关尺寸

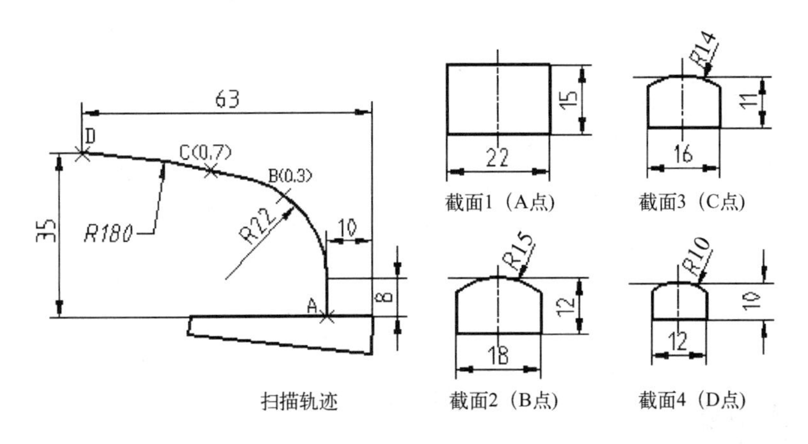


图 3-410　水龙头底座

16. 创建节能灯的三维模型。(第五届“高教杯”全国大学生先进成图技术、产品信息建模创新大赛试题)

说明：节能灯螺口螺纹直径 $\phi26$，螺距 6，圈数约 3.5 圈，螺纹牙型为 $R1.5$ 圆弧；灯管：灯管螺旋线直径为 $\phi40$，节距为 12，圈数为 3 圈，灯管直径 $\phi7$，其余尺寸参阅图 3-411。

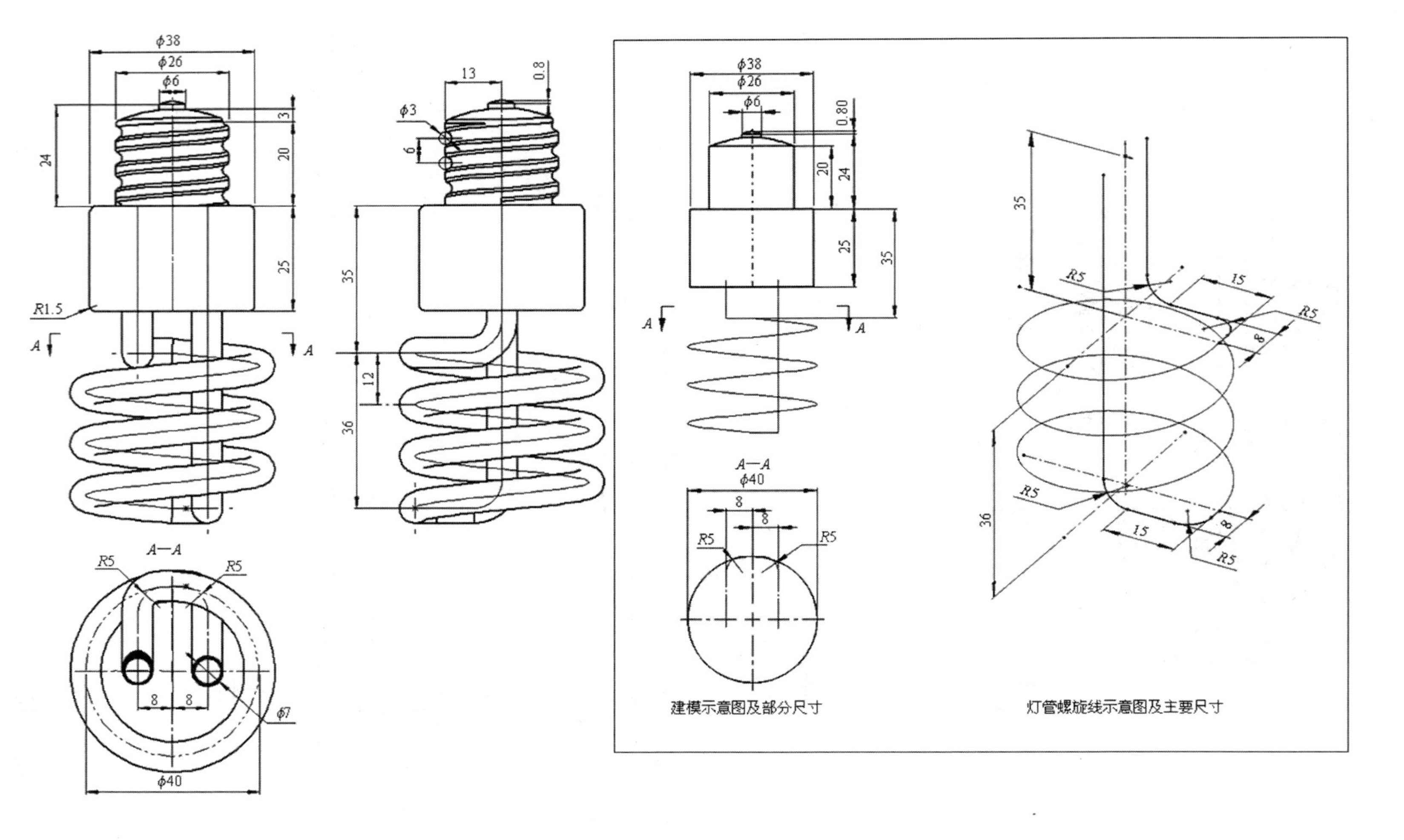
φ38
φ26
φ6
24
3
20
25
R1.5
A
A—A
R5
8
φ7
φ40
13
0.8
φ3
6
35
12
36
0.80
建模示意图及部分尺寸
15
灯管螺旋线示意图及主要尺寸

图3-411　节能灯

# 第4章　曲 面 设 计

曲面特征主要是用来创建复杂零件的，曲面被称之为面就是说它没有厚度。在 Pro/E 中首先采用各种方法建立曲面，然后对曲面进行修剪、切削等工作，之后将多个单独的曲面进行合并，得到一个整体的曲面。最后对合并来的曲面进行实体化，也就是将曲面加厚，使之变为实体。

曲面建模过程中常用的命令有拉伸、旋转、扫描、混合、填充、边界混合等，编辑曲面经常用到曲面的合并、相交、复制，最后要进行加厚、实体化，使之变成实体。

## 4.1　基本特征曲面

拉伸曲面和旋转曲面的创建与实体相比，就是将操控板中的“实体类型”按钮改为“曲面类型”按钮，其余操作基本相同。下面仅通过实例说明拉伸曲面和旋转曲面的创建过程。

### 4.1.1　拉伸曲面及应用实例：鼠标模型

4.1.1

拉伸曲面是指一条直线或者曲线沿着垂直于绘图平面的一个或者两个方向拉伸所生成的曲面。

**【实例】**应用曲面设计命令，创建封闭的曲面造型，尺寸如图 4-1 所示。（全国三维数字建模师第五期考证题）

这是一个鼠标模型，造型过程如下。

**1. 创建第一个拉伸曲面特征**

（1）单击“拉伸”命令按钮，打开“拉伸”操控板，按下操控板中的“曲面类型”按钮，在“拉伸”操控板上单击“放置”，打开“放置”选项卡，如图 4-2 所示。单击“定义”，弹出“草绘”对话框，如图 4-3 所示。选取 FRONT 基准面为草绘平面，系统自动选择 RIGHT 基准面作为参照平面，方向为右。在对话框中单击“草绘”，系统进入草绘环境界面。

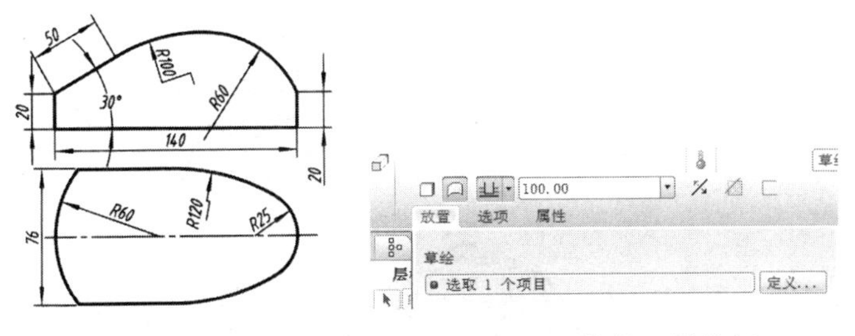


图 4-1　第五期考证题　　　图 4-2　“拉伸”操控板

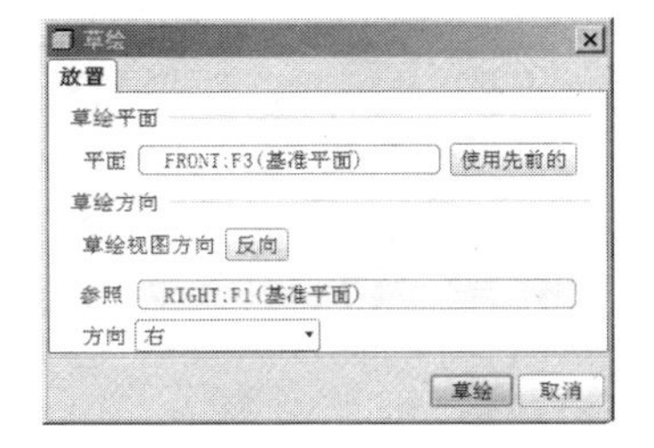


图 4-3　“草绘”对话框

（2）在草绘环境下，绘制如图 4-4 所示的截面，单击“完成”按钮，结束草绘，系统返回图 4-4 所示的“拉伸”操控板，选取深度类型为（对称），输入拉伸高度值为

100。单击“完成”按钮，完成拉伸曲面特征的创建，按<Ctrl+D>组合键，使零件呈现立体图，结果如图 4-5 所示。

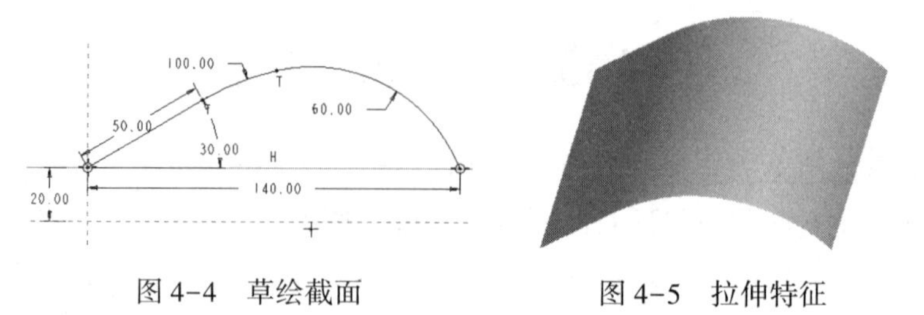


图 4-4 草绘截面　　图 4-5 拉伸特征

**2. 创建第二个拉伸曲面特征**

单击“拉伸”命令按钮，打开“拉伸”操控板。按下操控板中的“曲面类型”按钮。在“拉伸”操控板上单击“放置”，打开“放置”选项卡。单击“定义”按钮，弹出“草绘”对话框，选取 TOP 基准面为草绘平面，在草绘环境下，绘制如图 4-6 所示的截面（注意：先应用“草绘”→“参照”激活第一个拉伸特征中的最左边和最右边的两条线作参照），单击“完成”按钮，结束草绘，系统返回“拉伸”操控板，选取深度类型为（拉伸至选定的曲面），选取前面的第一个拉伸曲面。再单击操控板中的选项按钮，勾选封闭端复选框，如图 4-7 所示，使曲面特征的两端部封闭。单击“完成”按钮，结果如图 4-8 所示。

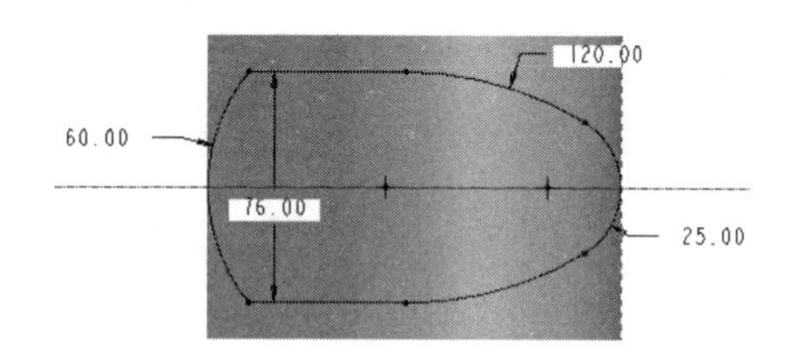


图 4-6 草绘截面

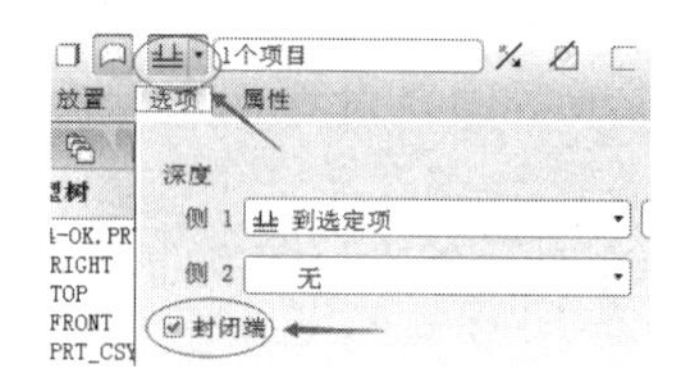


图 4-7 深度类型和“选项”选项卡

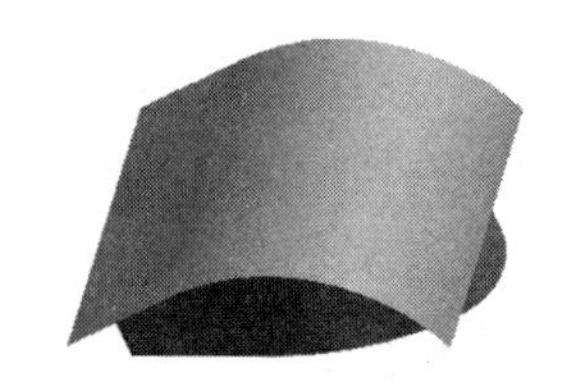

图 4-8 拉伸特征

**3. 隐藏第一个拉伸曲面**

选择图 4-9 所示模型树中要隐藏的“拉伸 1”，单击鼠标右键，在弹出的菜单中选择“隐藏”选项，模型的显示结果如图 4-10 所示。但最后还应在图 4-11 和图 4-12 所示的“层树”中单击“保存状态”，将此文件保存，以后打开时才不会再显示出被隐藏的图元。

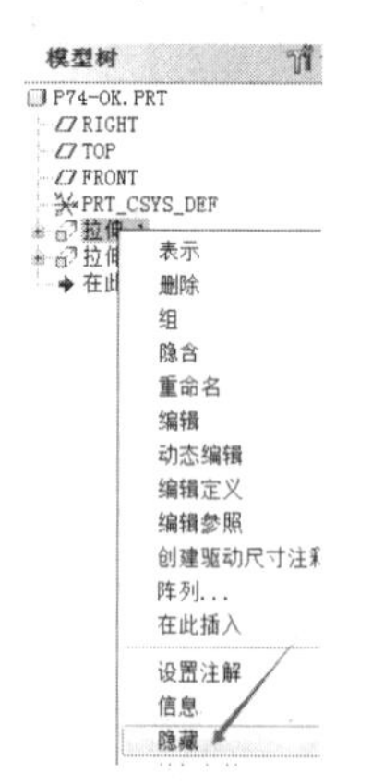


图 4-9 快捷菜单

图 4-10 模型的显示结果

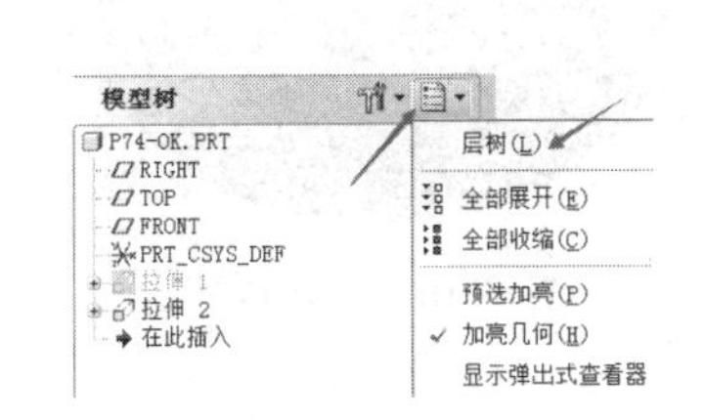


图 4-11 “模型树”转换“层树”界面

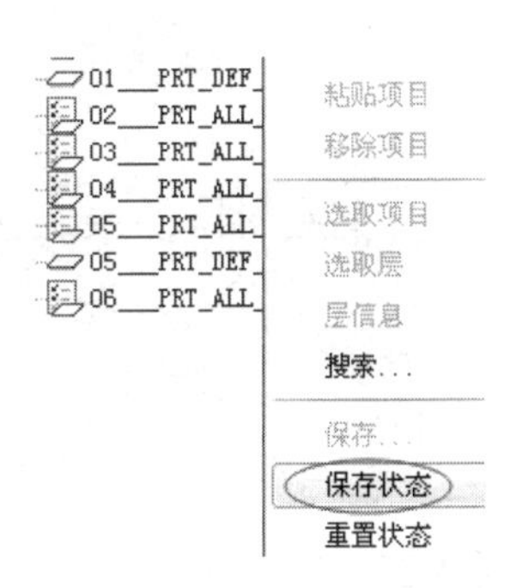


图 4-12 层树状态保存界面

## 4.1.2 旋转曲面及应用实例：瓷篮

4.1.2

旋转曲面是一条直线或者曲线绕一条中心轴线，旋转一定角度（0~360°）而生成的曲面特征。

【**实例**】使用曲面造型工具创建图 4-13 所示的瓷篮，要求曲面光顺，无扭曲，最终加厚生成实体。(**第二届全国三维数字建模大赛试题**)

瓷篮的创建过程如下。

（1）在工具栏上单击“旋转”工具按钮，打开“旋转”操控板，按下操控板中的“曲面类型”按钮，如图 4-14 所示。

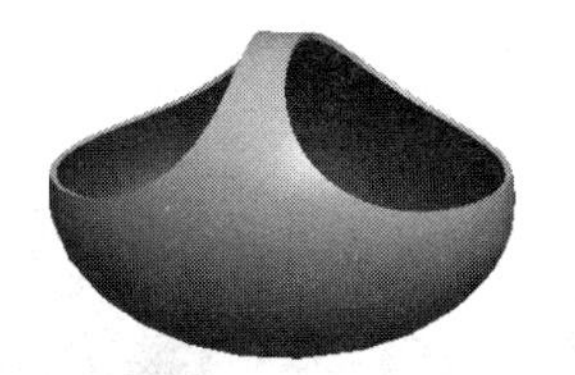

图 4-13 瓷篮

图 4-14 “旋转”操控板

（2）定义草绘截面放置属性。在“旋转”操控板上单击“放置”，打开“放置”选项卡。单击“定义”按钮，弹出“草绘”对话框，选取 FRONT 基准面为草绘平面，系统自动选择 RIGHT 基准面作为参照平面，方向为右。在对话框中单击“草绘”，系统进入草绘环境界面。

（3）创建旋转曲面。

① 创建特征截面：在草绘环境下，使用（几何中心线）画一条水平中心线作为旋转轴，接着使用（中心和轴椭圆）绘制长轴为 250，短轴为 170 的椭圆，再使用（删除段）删除椭圆的上半段，完成的草绘截面如图 4-15 所示，单击“完成”按钮。

② 定义旋转类型及角度：选取旋转类型（即草绘平面以指定角度值旋转），角度值为 360。

③ 在操控板中单击“完成”按钮，完成旋转曲面特征的创建，结果如图 4-16 所示。

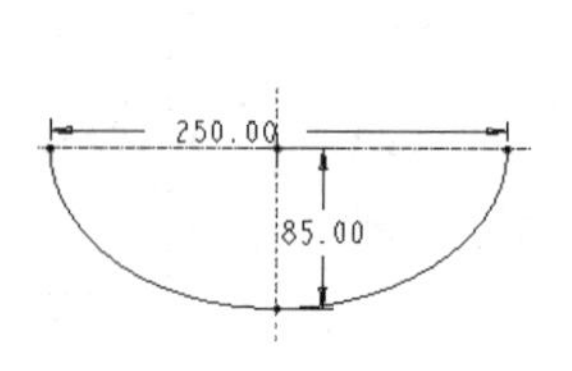


图 4-15　草绘截面

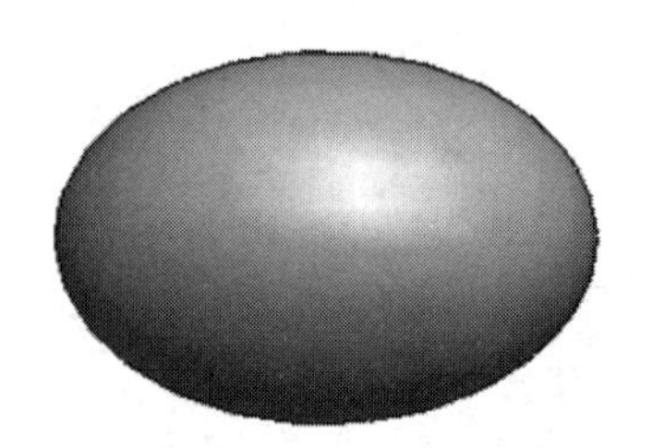

图 4-16　旋转特征

（4）创建切口拉伸曲面。

① 在工具栏上单击“拉伸”命令按钮，系统出现图 4-17 所示的操控板，在操控板中按下“曲面类型”按钮和“去除材料”按钮，选取图形区中的面组为修剪对象。

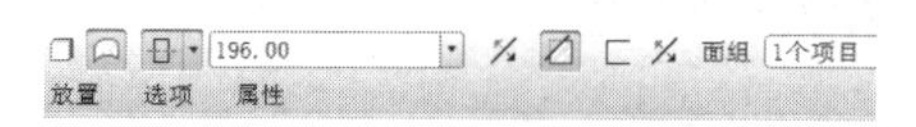


图 4-17　“拉伸”操控板

② 在操控板上单击“放置”，打开“放置”选项卡，单击定义...按钮，弹出“草绘”对话框，选取 FRONT 基准面为草绘平面，系统自动选择 RIGHT 基准面作为参照平面，方向为右。在对话框中单击“草绘”，系统进入草绘环境界面，使用样条曲线工具绘制图 4-18 所示的曲线特征截面。在“拉伸”操控板中选择深度类型为（对称拉伸），输入深度值 196，然后单击，使其移除材料的方向如图 4-19 箭头所示。然后单击“完成”按钮，结果如图 4-20 所示。

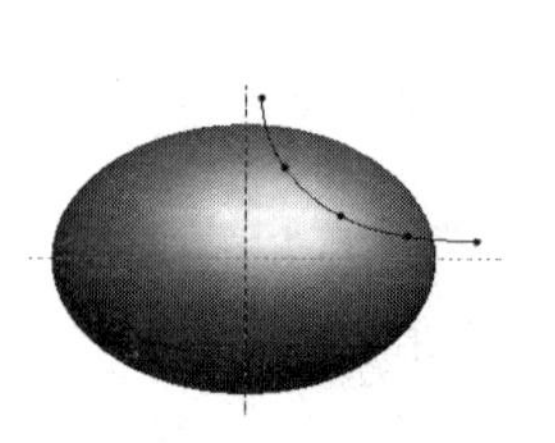

图 4-18　草绘截面

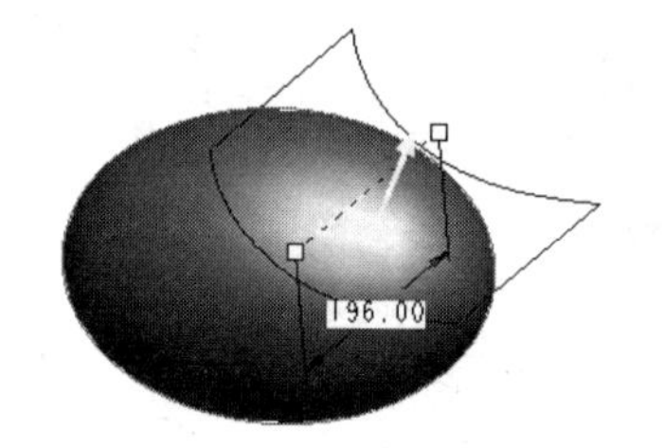


图 4-19　移除材料的方向

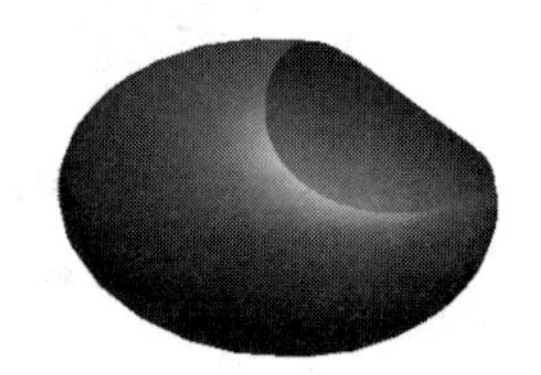

图 4-20　拉伸结果

③ 在模型树中选中上一步创建的切口拉伸曲面，在工具栏中单击镜像命令，弹出“镜像”操控板，如图 4-21 所示，选择 RIGHT 面为镜像面，单击确定按钮或使用鼠标滚轮确定，结果如图 4-22 所示。

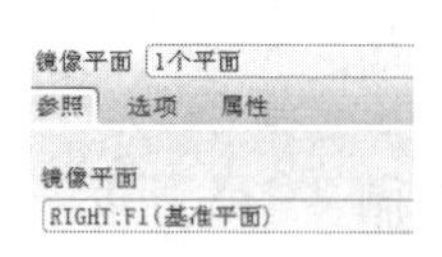


图 4-21　“镜像”操控板

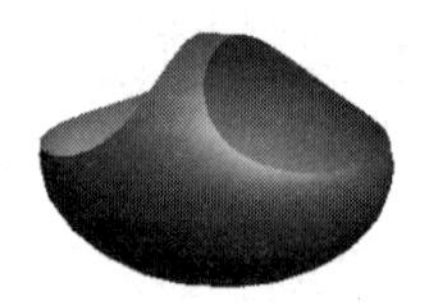

图 4-22　镜像结果

（5）将曲面加厚。

选取刚创建的曲面，在菜单栏上选择“编辑”→“加厚”，输入薄板实体的厚度值 3.5。单击“选项”，打开“选项”选项卡，选择“自动拟合”，如图 4-23 所示。然后单击，改变其加厚方向为两侧对称加厚，最后结果如图 4-24 所示。

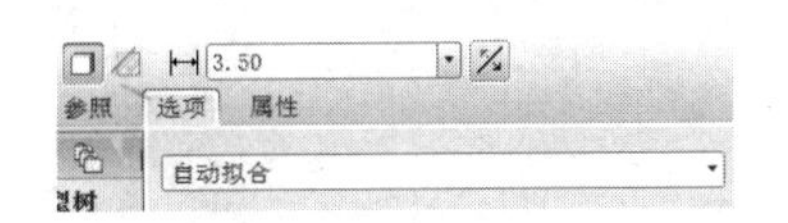


图 4-23 “加厚”操控板

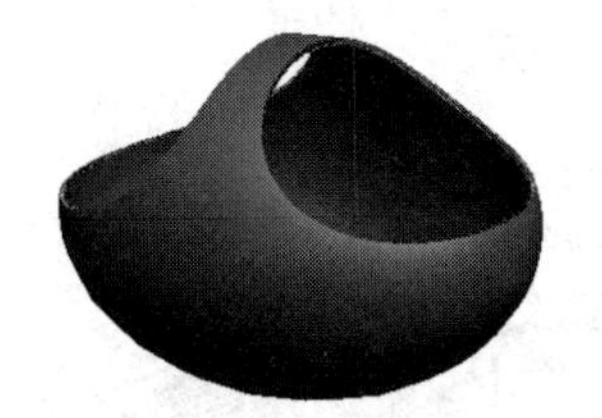

图 4-24 加厚结果

### 4.1.3 填充曲面

填充曲面是指在指定的平面上绘制一个封闭的草图，或者利用已经存在的模型的边线来形成封闭草图的方式来生成曲面。在 Pro/E 中是采用填充特征来创建二维的平整平面的。注意，填充曲面的截面必须是封闭的。

创建填充曲面的一般操作如下。

（1）在菜单栏上选择“编辑”→“填充”，打开图 4-25 所示的“填充曲面”操控板，在操控板上单击“参照”，打开“参照”选项卡，然后单击“定义”，打开“草绘”对话框。选择草绘平面如 FRONT 面，参照平面和方向采用默认设置，单击“草绘”就可以进入草绘环境。

（2）在草绘环境中绘制图 4-26 所示的填充截面，完成后结束草绘。

（3）在“填充曲面”操控板中，单击完成按钮，完成填充曲面的创建，结果如图 4-27 所示。

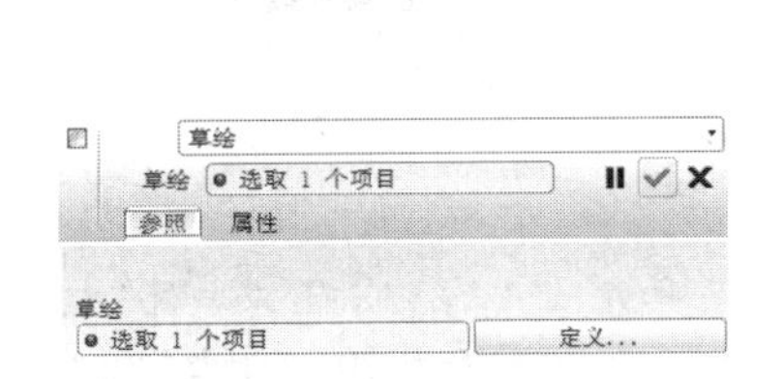


图 4-25 “填充曲面”操控板

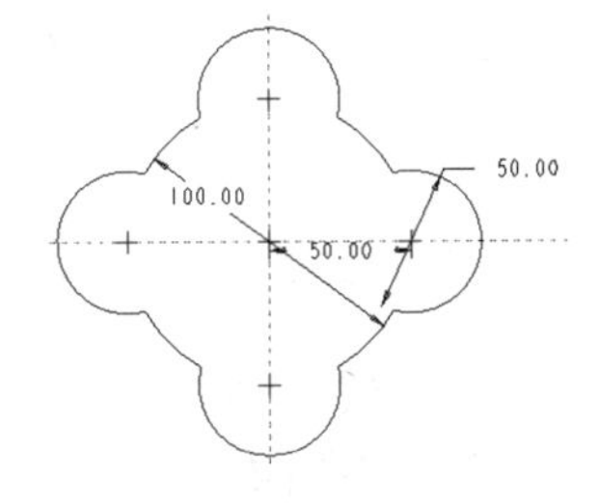


图 4-26 草绘截面

图 4-27 填充结果

### 4.1.4 基本特征曲面综合应用实例：水槽

4.1.4

图 4-28 所示为一水槽的尺寸图，这里将介绍如何应用基本曲面工具创建其模型，需要用到拉伸曲面、填充曲面、曲面的合并、加厚、偏移等工具。建模的设计流程为：水槽箱体的生成、水槽平台的制作、水槽底部的制作、水槽外形的造型、水槽摩擦板的偏移、水槽整体的修饰。

水槽的创建过程如下。

（1）创建水槽箱体的拉伸曲面。

单击拉伸工具按钮，弹出“拉伸”操控板，点选曲面拉伸方式，选择 TOP 面作为草绘平面，绘制图 4-29 所示草图，单击“确认”。在操控板上输入深度值 250.00，向下拉伸，单击鼠标滚轮以确定拉伸，按<Ctrl+D>组合键，使模型呈现立体视图，完成的水槽箱体结果如图 4-30 所示。

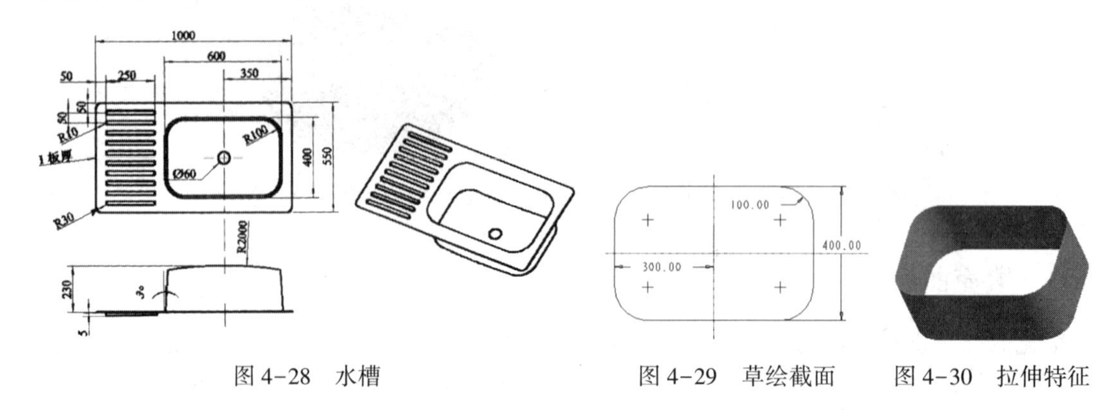


图 4-28　水槽　　图 4-29　草绘截面　　图 4-30　拉伸特征

（2）创建水槽平台的填充曲面。

在菜单栏上选择“编辑”→“填充”命令，单击 TOP 面作为基准面，草绘图 4-31 所示的填充截面，完成的填充曲面如图 4-32 所示的上表面。

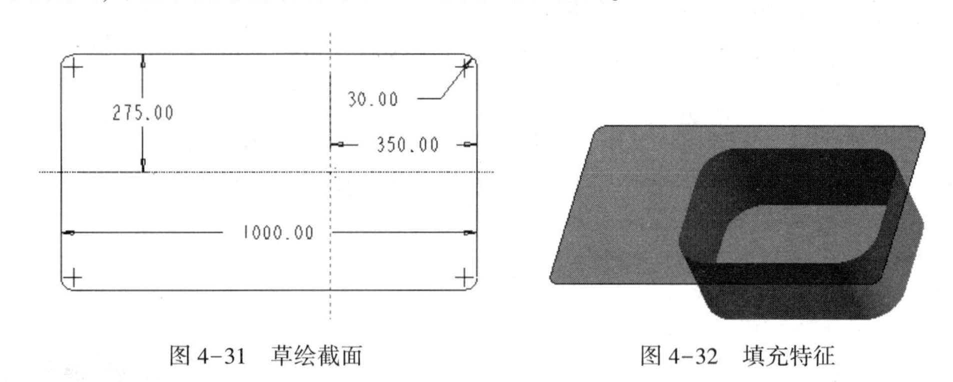


图 4-31　草绘截面　　图 4-32　填充特征

（3）合并拉伸曲面与填充曲面。

按住<Ctrl>键，在模型树中同时点选“拉伸 1”和“填充 1”，然后在菜单栏上选择“编辑”→“合并”命令，使其方向箭头如图 4-33 所示（如方向不对，可单击箭头改变方向），单击鼠标滚轮确定将两曲面进行合并，结果如图 4-34 所示。

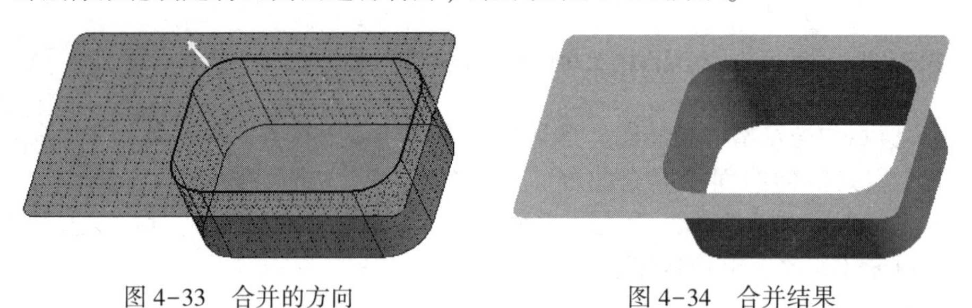

图 4-33　合并的方向　　图 4-34　合并结果

（4）创建水槽底部的拉伸曲面。

① 单击拉伸工具，在操控板中选取曲面拉伸类型。选择 FRONT 面为草绘的基准面，单击画圆工具，绘制半径值为 2000 的圆，圆心落在竖直中心线上，标注圆弧底部到水平中心线的距离值为 230，单击删除段工具删除无用线条，如图 4-35 所示。

② 在拉伸操控板上选择对称拉伸方式，长度值为 600，预览效果如图 4-36 所示，单击完成拉伸。

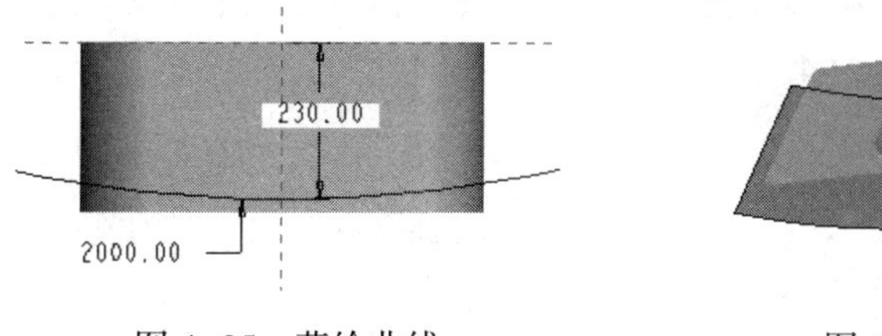


图 4-35　草绘曲线

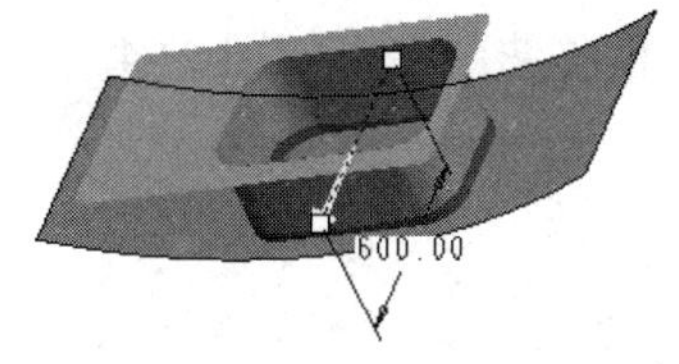


图 4-36　拉伸曲面

（5）合并两曲面。

按住<Ctrl>键，在模型树中同时点选“合并 1”和“拉伸 2”，在菜单栏上选择“编辑”→“合并”命令，使其方向箭头如图 4-37 所示，单击鼠标滚轮确定将两曲面进行合并，结果如图 4-38 所示。

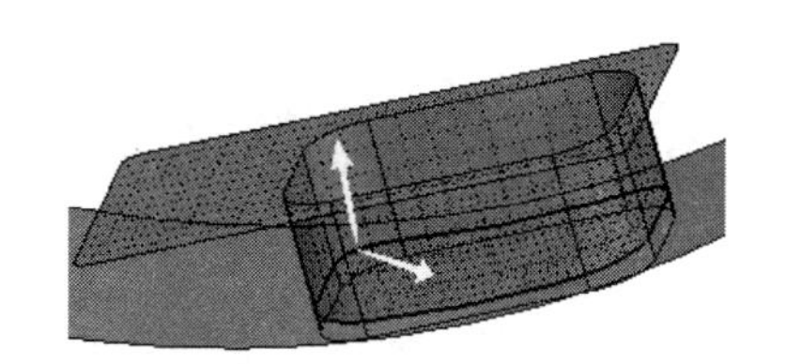

图 4-37　合并方向

图 4-38　合并结果

（6）创建四周侧面的拔模特征。

单击工具栏中的拔模工具，进入图 4-39 所示的“拔模”操控板，点开图 4-40 所示的“参照”选项卡，点亮“拔模曲面”添加项目，按住“<Ctrl>”键，选择图 4-38 所示中的四周侧面；再点亮“拔模枢轴”添加项目，选择图 4-38 中的上表面。选择好拔模枢轴后进入拔模度数的调整，在图 4-39 所示操控板中输入拔模度数 3.00，可通过单击改变拔模方向，完成的拔模特征如图 4-41 所示。

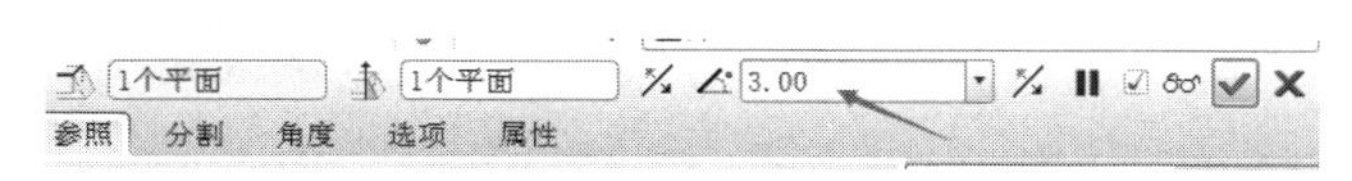


图 4-39　“拔模”操控板

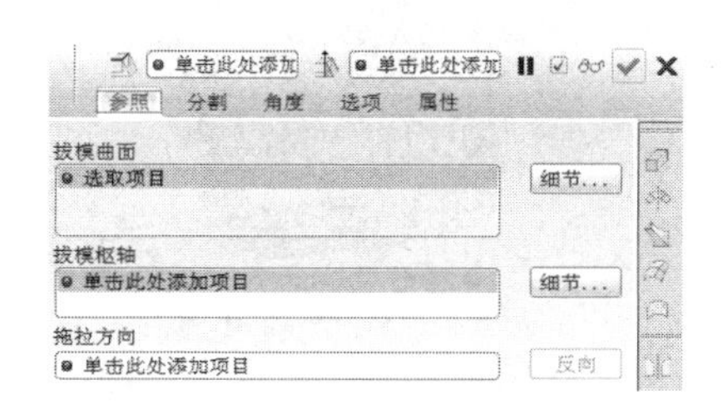


图 4-40　“参照”选项卡

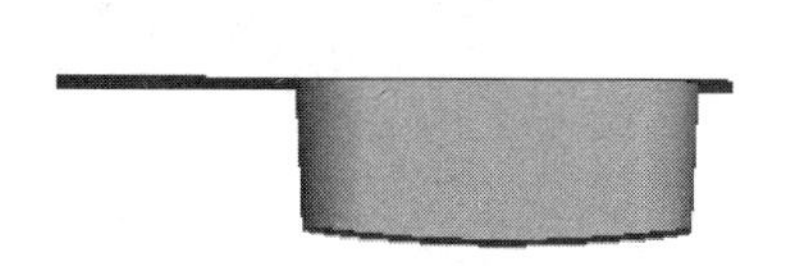

图 4-41　拔模结果

（7）创建水槽摩擦板的偏移曲面。

点亮图 4-41 中的上表面，在菜单栏上选择“编辑”→“偏移”命令，在弹出的操控板中选择具有拔模特征的偏移方式，如图 4-42 所示。点开“参照”选项卡，如图 4-43 所示，单击“草绘”→“定义”，以水槽的上表面作为草绘基准平面，绘制出图 4-44 所示的图形，再在“偏移”操控板中输入偏移深度值 5.00，并单击选择偏移的方向，单击鼠标滚轮确定完成，偏移曲面结果如图 4-45 所示。

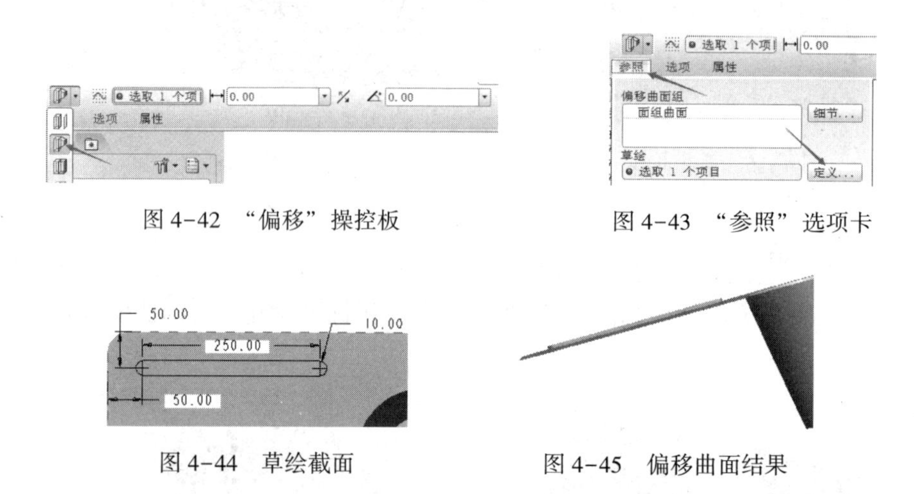


图 4-42 “偏移”操控板

图 4-43 “参照”选项卡

图 4-44 草绘截面

图 4-45 偏移曲面结果

（8）偏移曲面的阵列。

在模型树中点选“偏移 1”在工具栏中选择阵列工具，弹出图 4-46 所示的操控板，选择 方向 定义阵列成员，单击 FRONT 面作为基准方向，分别输入阵列成员的数量 10 和阵列尺寸 50。阵列结果如图 4-47 所示。

图 4-46 “阵列”操控板

（9）倒圆角修饰。

单击倒圆角工具，对图 4-48 中箭头所指的两个地方进行倒圆角；倒圆角的度数值为 10。

图 4-47 阵列结果

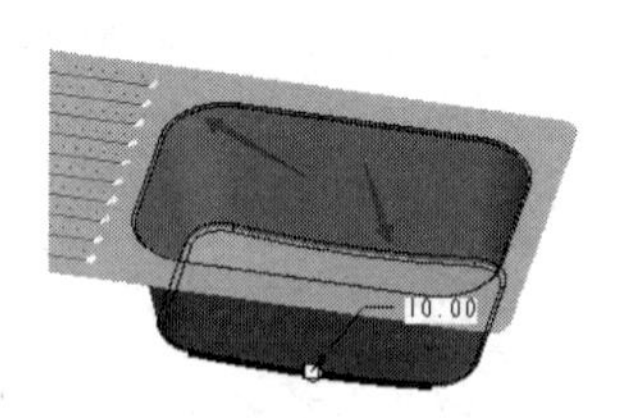


图 4-48 倒圆角

（10）水槽整体的加厚。

选中整个曲面，在菜单栏上选择“编辑”→“加厚”命令，弹出图 4-49 所示的操控板，输入加厚值 2.00，单击选择加厚的方向，结果如图 4-50 所示。

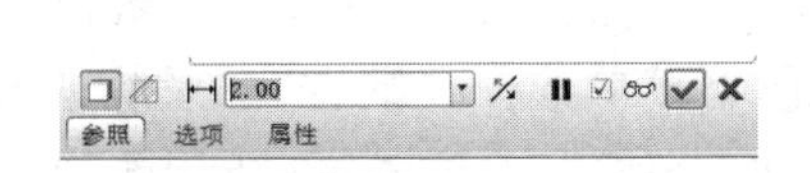


图 4-49 “加厚”操控板

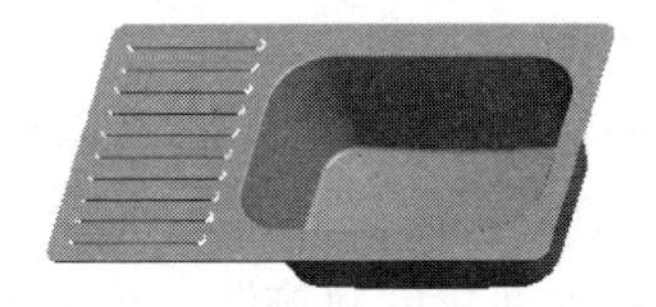

图 4-50 加厚结果

(11) 水槽底部开孔。

在工具栏中单击孔工具，弹出图 4-51 所示的孔操控板，点开“放置”选项卡，选择水槽的上表面作为放置孔的基准面，点选“类型”为“线性”，点亮“偏移参照”，按住<Ctrl>键，同时选中 FRONT 面和 TOP 面，分别输入偏移值 0.00，钻孔方式选择，钻孔至与所有曲面相交。结果如图 4-52 所示。

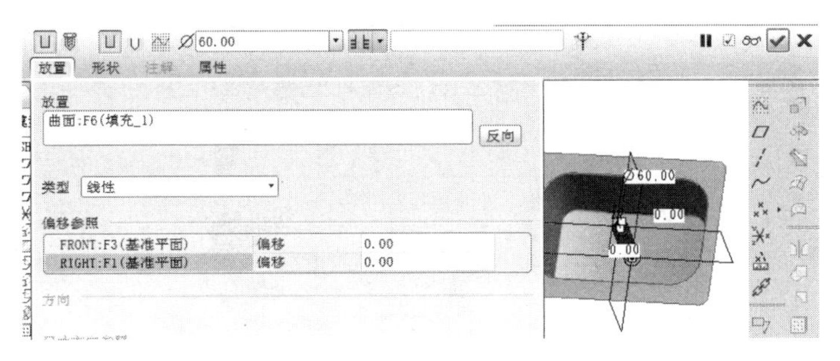


图 4-51 “孔”操控板

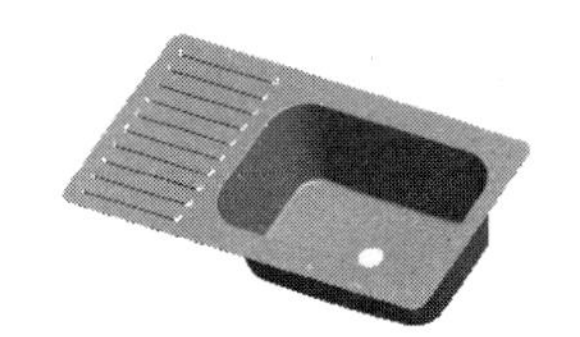

图 4-52 开孔结果

## 4.2 高级特征曲面

扫描、混合、扫描混合等高级特征曲面的创建与实体基本相同。下面仅举例说明这些曲面的创建过程。

### 4.2.1 扫描曲面及应用实例：滑道

4.2.1

扫描曲面是指一条直线或者曲线沿着一条直线或曲线扫描路径扫描所生成的曲面，和实体特征扫描一样，扫描曲面的方式比较多，扫描过程复杂。

**【实例】** 创建图 4-53 所示的双滑道曲面。

该滑道是典型的扫描曲面，创建过程如下。

(1) 在菜单栏上选择“插入”→“扫描”→“曲面”，出现图 4-54 所示的“曲面：扫描”对话框和图 4-55 所示的“扫描轨迹”菜单。

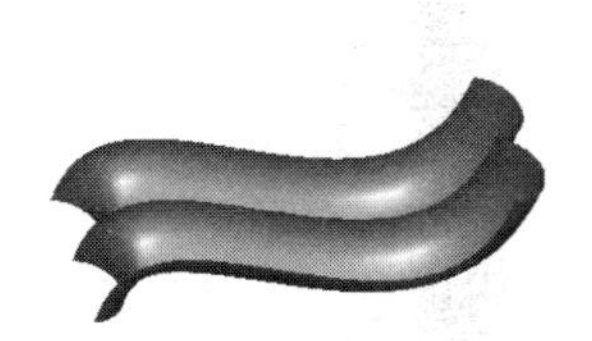

图 4-53 双滑道曲面

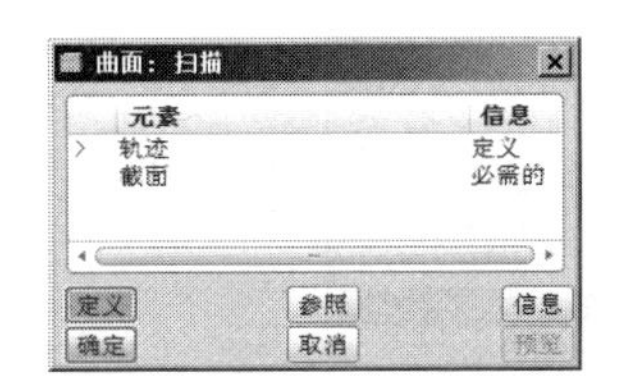


图 4-54 “曲面：扫描”对话框

图 4-55 “扫描轨迹”菜单

（2）定义扫描轨迹与扫描截面。

① 选择“扫描轨迹”菜单中的“草绘轨迹”，然后选取 FRONT 基准面作为草绘平面，在“方向”菜单选择“确定”，在“草绘视图”菜单选择“缺省”，系统进入草绘环境。

② 绘制图 4-56 所示的轨迹线，单击✓结束草绘。在图 4-57 所示的“属性”菜单管理器中选择“开放端”→“完成”，系统自动进入扫描截面的草绘环境。

③ 绘制图 4-58 所示的扫描截面，结束草绘。

（3）在“扫描”对话框中单击“确定”按钮，完成扫描特征的创建，结果如图 4-59 所示。

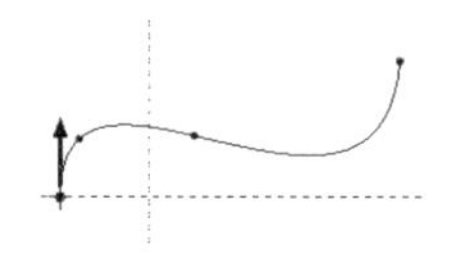

图 4-56　草绘轨迹线

图 4-57　“属性”菜单

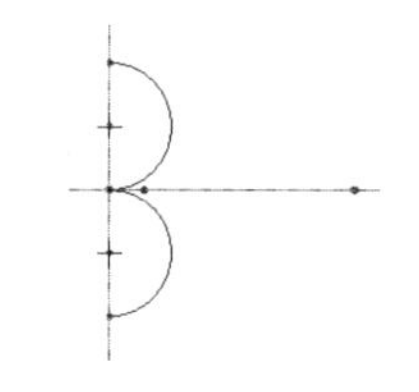

图 4-58　草绘截面

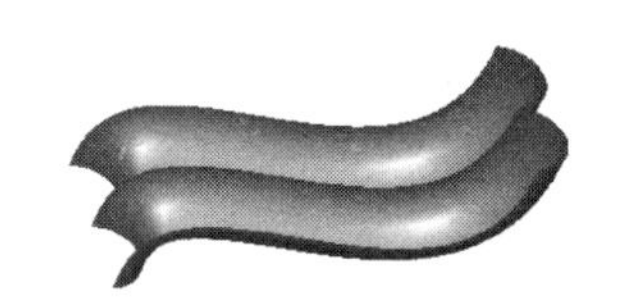

图 4-59　扫描特征

## 4.2.2　混合曲面及应用实例：花瓶

4.2.2

混合曲面的绘制方法与混合实体方式相似，是指由一系列直线或曲线（可是封闭的）串连所生成的曲面，可以分为直线过渡型和曲线光滑过渡型。

**【实例】**按照图 4-60 所示花瓶立体图，进行三维曲面造型（具体尺寸自定，要求外形美观、图形正确）。**（2006 年河南省赛区三维数字建模大赛试题）**

花瓶的曲面特征为混合曲面，下面介绍其建模过程：

（1）选择混合命令。在菜单栏上选择“插入”→“混合”→“曲面”。

（2）定义混合类型、截面类型和属性。

① 在图 4-61 所示“混合选项”菜单中选择“平行”→“规则截面”→“草绘截面”→“完成”。

② 在“属性”菜单中选择“光滑”和“开放端”→“完成”，如图 4-62 所示。

图 4-60　花瓶

图 4-61　“混合选项”菜单

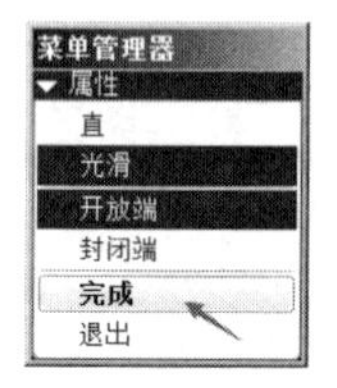


图 4-62　“属性”菜单

(3) 创建混合截面。

① 选择 TOP 面作为草绘平面，在草绘环境下绘制图 4-63 所示的第一个混合截面：直径值为 25 的圆。

② 单击鼠标右键，出现图 4-64 所示的对话框，选择“切换截面”，绘制如图 4-65 所示的第二个混合截面：直径值为 18 的圆。

③ 单击鼠标右键，在对话框中选择“切换截面”，绘制图 4-66 所示的第三个混合截面：直径值为 23 的圆。

④ 单击鼠标右键，切换截面，绘制图 4-67 所示的第四个混合截面：边长值为 60 m 的正方形。

⑤ 单击鼠标右键，切换截面，绘制图 4-68 所示的第五个混合截面：长轴值为 40、短轴值为 30 的椭圆。

⑥ 使用 绘制两条对角中心线，经过第四个截面（正方形）的顶点，如图 4-69 所示。然后使用打断工具，分别在各截面与刚绘制的两条对角中心线相交处打断，使各截面的图元数相同（均为四段），并在各截面上需要设置起点位置的地方，先左键点选该点，再右击出现菜单栏，如图 4-70 所示，选择“起点”，如方位相反，则在此处再次点选“起点”即可，最终使各截面的起始点方位一致，结果如图 4-71 所示。

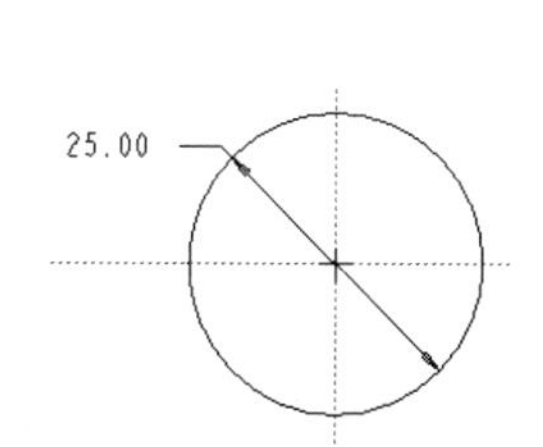


图 4-63　混合截面 1

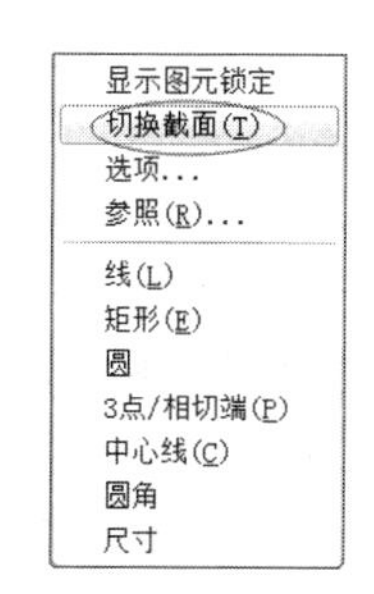


图 4-64　快捷菜单

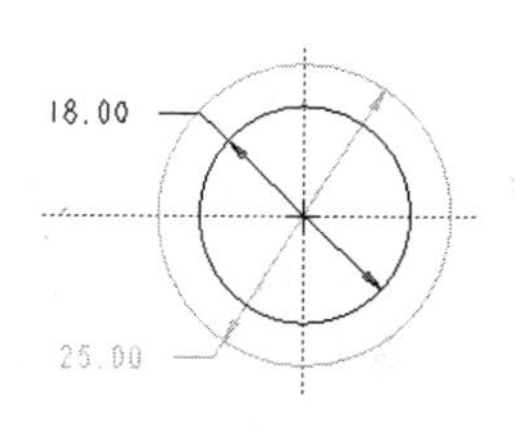


图 4-65　混合截面 2

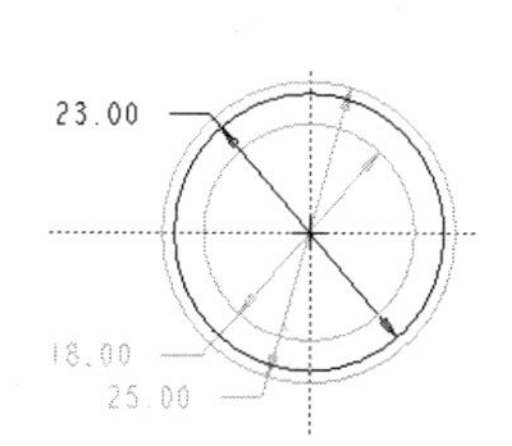


图 4-66　混合截面 3

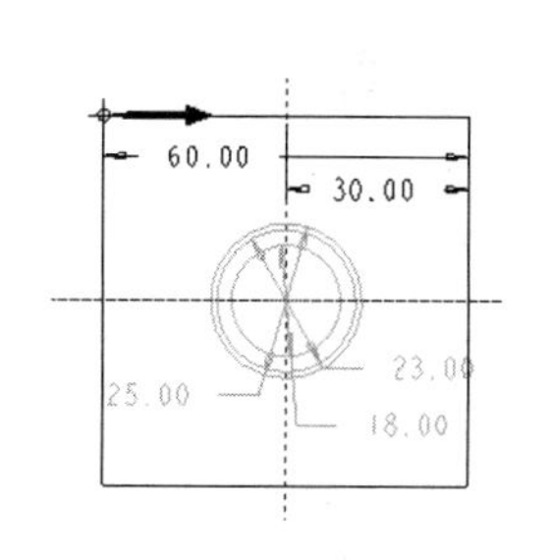


图 4-67　混合截面 4

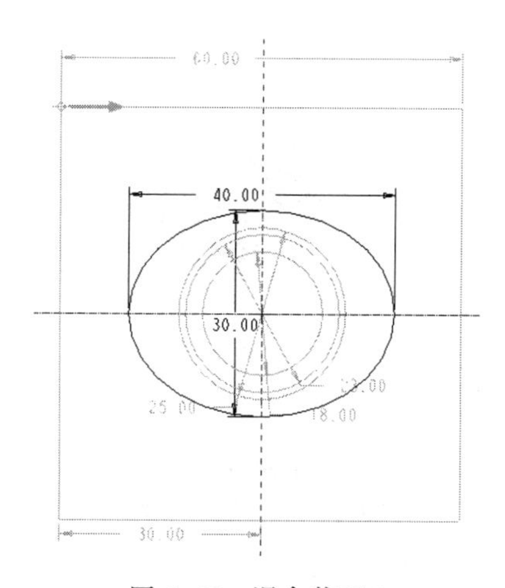


图 4-68　混合截面 5

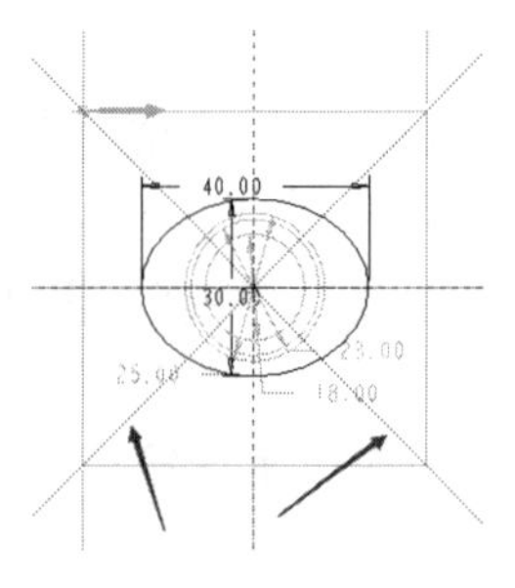


图 4-69 绘制对角线

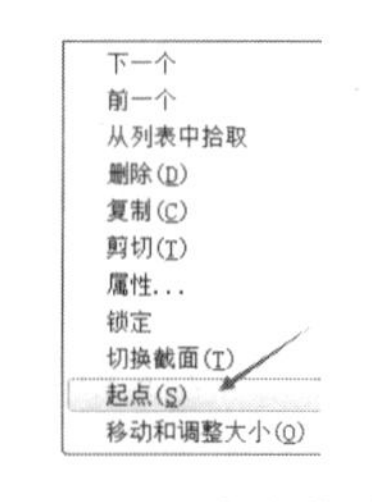


图 4-70 快捷菜单

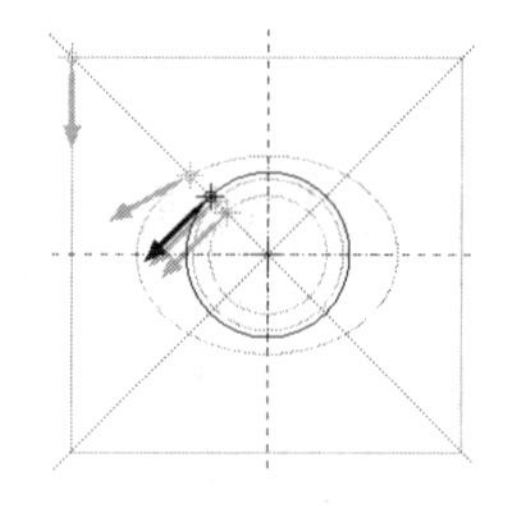

图 4-71 起始点方位

（4）输入截面间的距离，得到混合曲面。

完成上述混合截面草绘后，系统会弹出“深度”菜单，如图 4-72 所示，选择“盲孔”→“完成”，输入截面 2 的深度值为 20，截面 3 的深度值为 20，截面 4 的深度值为 40，截面 5 的深度值为 60。得到的混合曲面如图 4-73 所示。

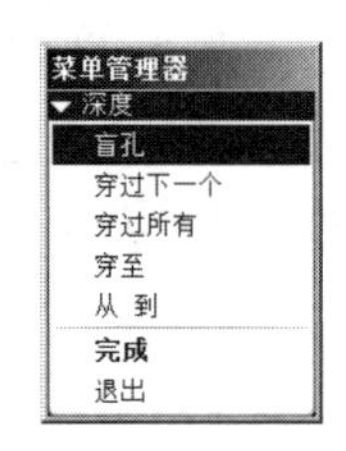


图 4-72 “深度”菜单

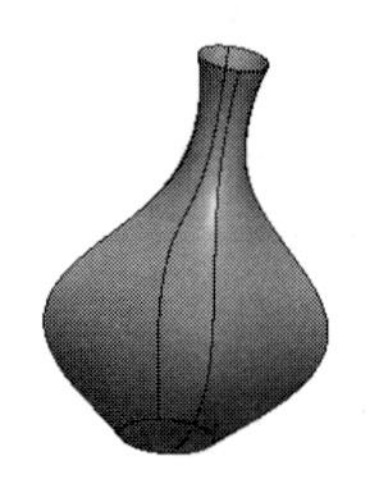

图 4-73 混合曲面

（5）创建瓶底的填充曲面。

单击工具栏中的基准面创建工具，选择瓶底边界线作参照，如图 4-74 所示，创建经过该曲线的基准面 DTM1，如图 4-75 所示。

（6）单击主菜单栏中的“编辑”→“填充”，选择 DTM1 面作为草绘平面，在草绘环境下通过“使用边”工具，激活瓶底的边界线，得到图 4-76 所示的填充曲面作瓶底。

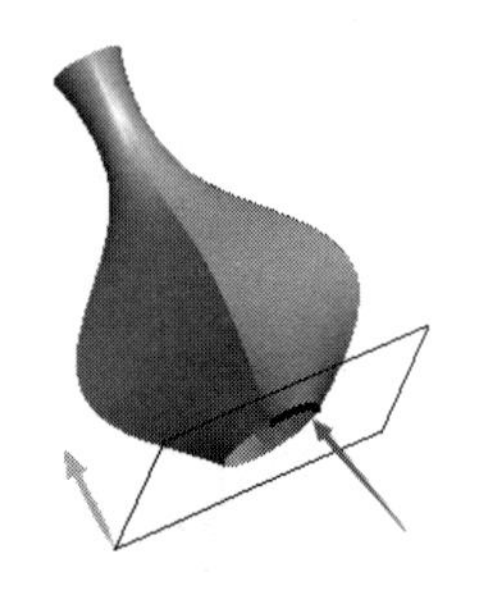

图 4-74 瓶底边界线

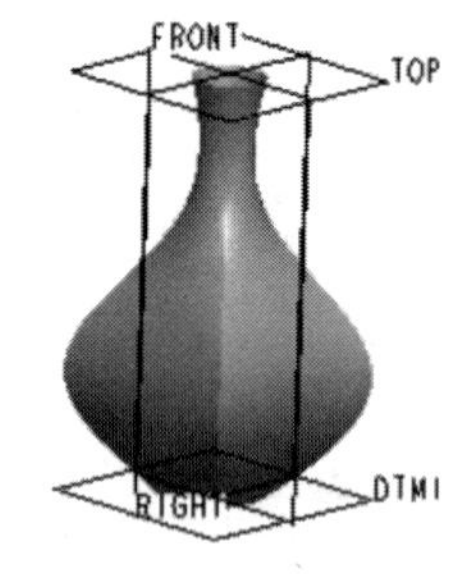


图 4-75 基准面 DTM1

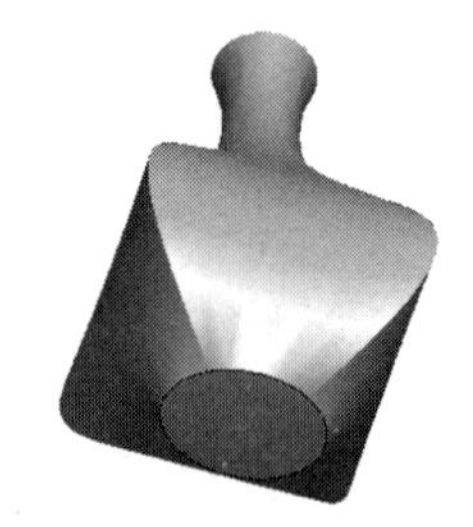

图 4-76 填充曲面

（7）合并曲面。

在模型树中选择“填充 1”和“混合曲面”，然后选择菜单栏中的“编辑”→“合并”，将两曲面进行合并。

（8）倒圆角。

在工具栏中单击倒圆角工具，选择花瓶四周侧棱边，输入倒圆角半径值为 3，结果如

图 4-77 所示，再选择花瓶底座棱边，输入倒圆角值为 2.5，结果如图 4-78 所示。

(9) 曲面加厚。

选择整个瓶身，选择菜单栏中的“编辑”→“加厚”命令，输入厚度值为 2，可单击如图 4-78 所示的箭头改变加厚方向，最终完成的花瓶模型如图 4-79 所示。

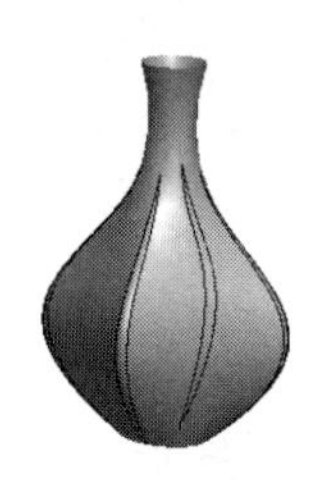

图 4-77　侧边倒圆角

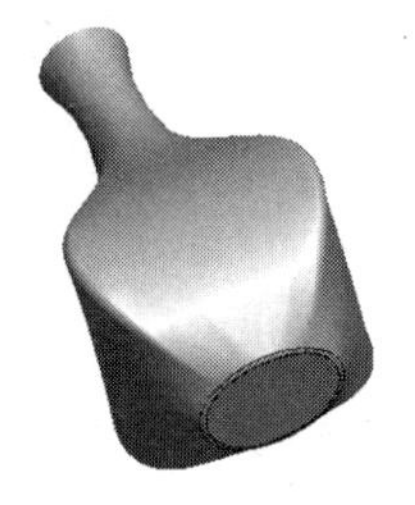

图 4-78　底边倒圆角

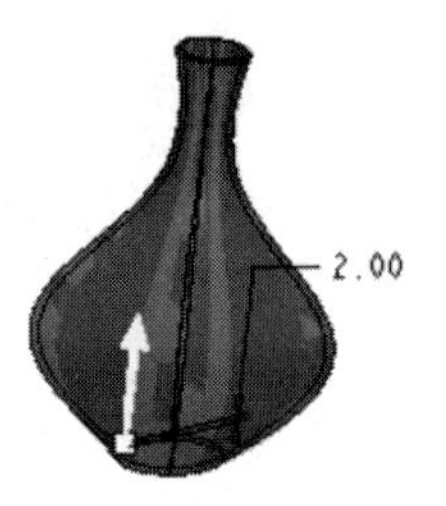


图 4-79　加厚方向

### 4.2.3　可变截面扫描曲面及应用实例：伞

4.2.3

可变截面扫描是扫描截面沿一条或多条轨迹扫描而形成的曲面。

**【实例】** 创建图 4-80 所示的伞的三维模型。

(1) 单击草绘工具，以 FRONT 面作为草绘平面，绘制图 4-81 所示的一段圆弧，结束草绘。

(2) 选中草绘线，单击阵列工具，弹出“阵列”操控板，选择阵列方式为“轴”。单击创建基准轴工具，按住<Ctrl>键，同时选中 FRONT 面和 RIGHT 面，即完成相交轴的创建，然后返回阵列操控板，如图 4-82 所示，输入阵列数目值为 6，阵列角度值为 60，阵列结果如图 4-83 所示。

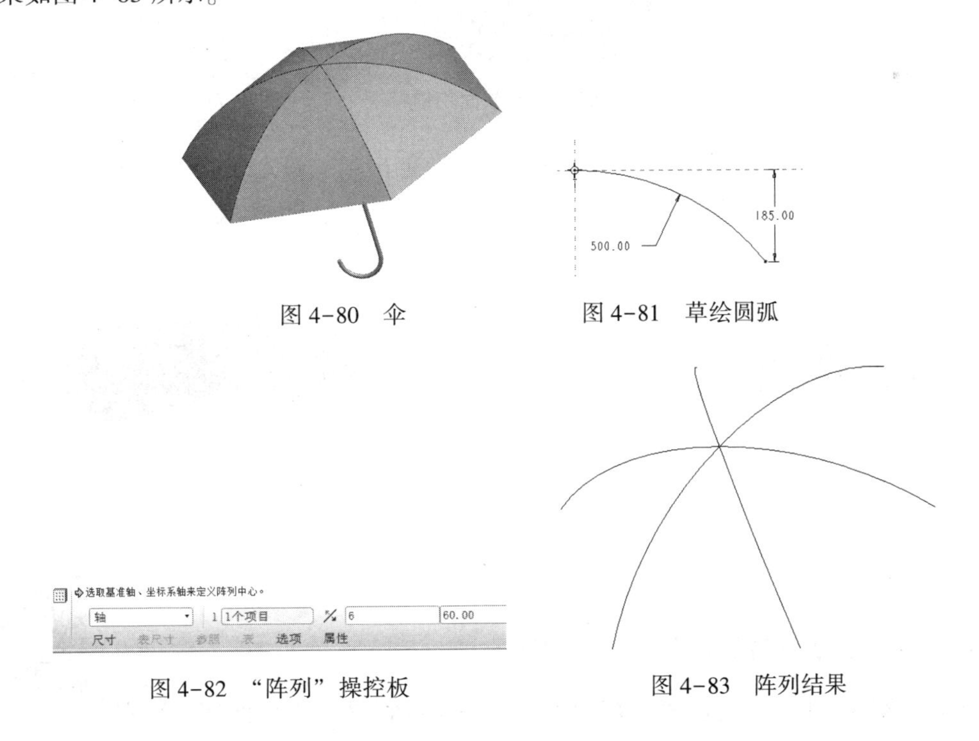


图 4-80　伞

图 4-81　草绘圆弧

图 4-82　“阵列”操控板

图 4-83　阵列结果

（3）单击可变截面扫描按钮，弹出操控板，选择“扫描为曲面”，点开“参照”选项卡，按住<Ctrl>键，依次选取图 4-84 中的六条曲线作为扫描轨迹，在图 4-85 所示的“剖面控制”处选择“恒定法向”，“方向参照”处选择 TOP 基准面，如图 4-85 所示。

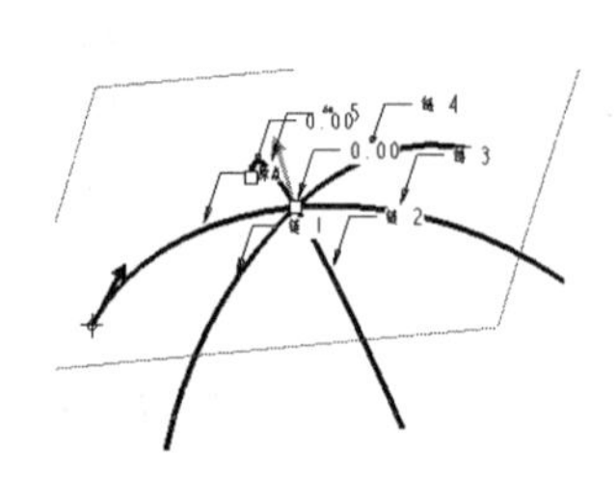

图 4-84　选取扫描轨迹

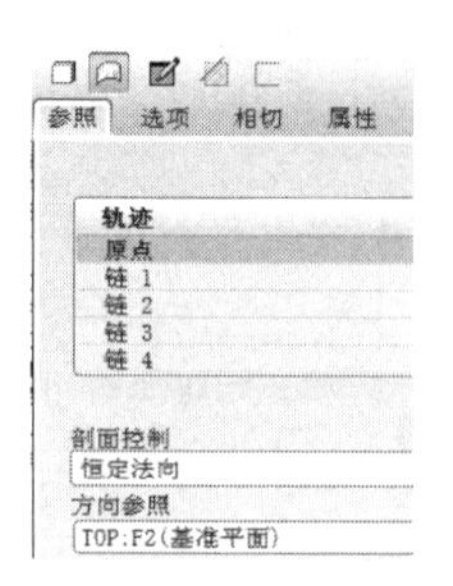


图 4-85　选择“恒定法向”

（4）单击操控板中的“截面”，进入扫描截面草绘界面，绘制图 4-86 所示的截面（用直线连接六个点形成正六边形）。可变截面扫描特征结果如图 4-87 所示。

（5）选中曲面，在主菜单中选择“编辑”→“加厚”，设置厚度值为 2，并在往里加厚。点开“选项”选项卡，选择“自动拟合”。“垂直于曲面”只适用于平整形状。在该图下选垂直于曲面会发生错误，加厚不能完成。

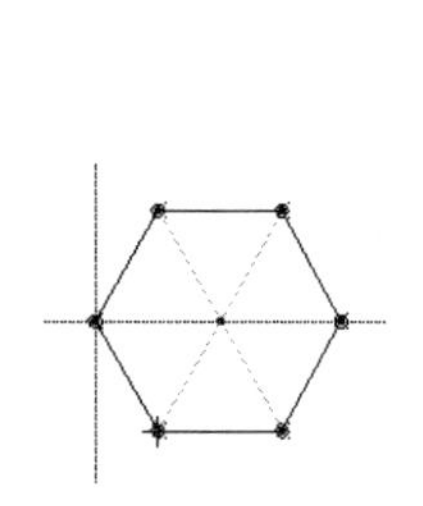

图 4-86　草绘截面

图 4-87　可变截面扫描特征

图 4-88　选择“自动拟合”

（6）在主菜单中选择“插入”→“扫描”→“伸出项”，以 FRONT 面作为基准面，草绘轨迹如图 4-89 所示，选择“合并端”，草绘截面如图 4-90 所示。扫描结果如图 4-91 所示。

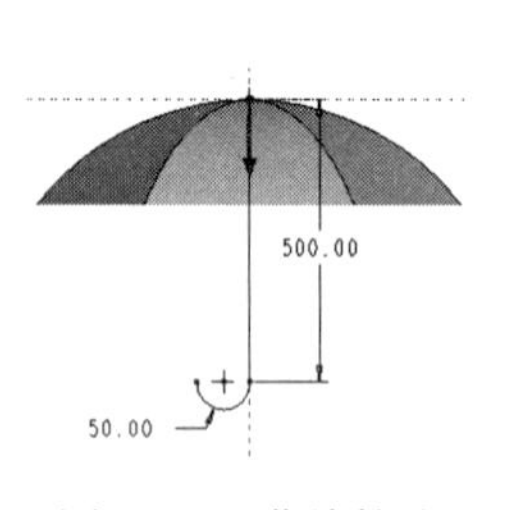


图 4-89　草绘轨迹

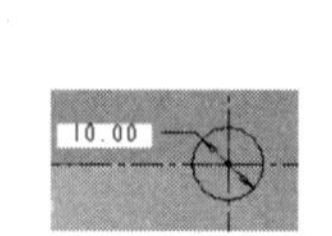


图 4-90　草绘截面

图 4-91　扫描结果

### 4.2.4　扫描混合曲面及应用实例：酒壶

4.2.4

扫描混合特征曲面是指由多个截面沿着一条轨迹扫描产生出曲面，具有扫描与混合的双重特点。扫描混合曲面的创建方法与扫描混合实体方式基本相同。

【实例】创建如图 4-92 所示酒壶的三维模型。

该酒壶分为四部分：壶身、壶嘴、壶柄、壶盖。各部分特征不同，壶身和壶盖是旋转特征，壶嘴是典型的扫描混合特征，壶柄是扫描特征。其中，壶嘴的扫描混合特征，是模型中最难创建的部分，应重点掌握其中的建模技巧。

酒壶主体部分运用曲面的方式制作会比较方便快捷，大致建模的过程为：创建壶身的旋转特征曲面→创建壶嘴的扫描混合特征曲面→合并曲面→加厚→修饰壶嘴的出水口处→创建壶柄的扫描特征实体→创建壶盖的旋转特征实体→酒壶的圆角修饰。

酒壶的建模过程如下。

（1）创建壶身的旋转特征曲面。

单击旋转工具，点选操作板中“曲面旋转”选项，选择 FRONT 面作为草绘平面，绘制图 4-93 所示的旋转截面，并绘制一条中心线作为旋转轴，输入旋转角度值为 360，完成酒壶壶身的制作，结果如图 4-94 所示。

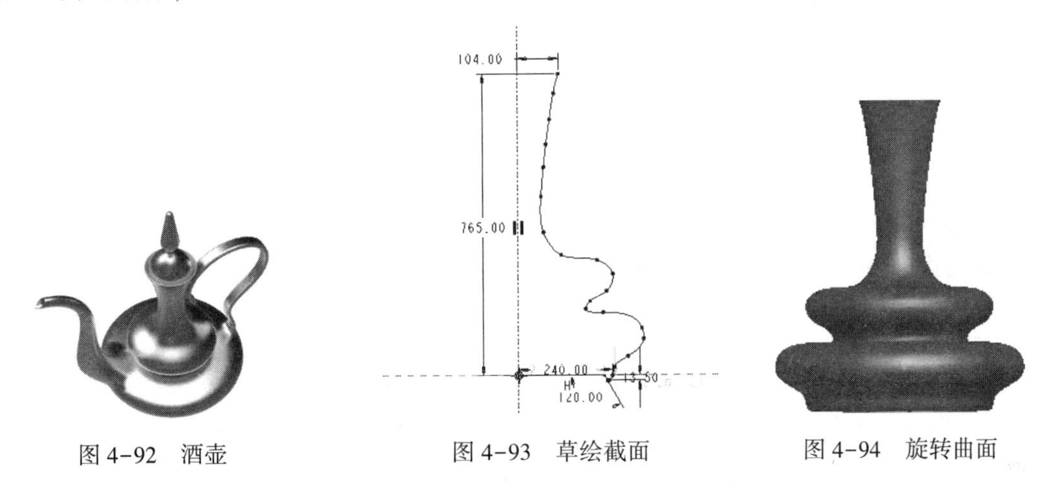


图 4-92　酒壶　　图 4-93　草绘截面　　图 4-94　旋转曲面

（2）创建壶嘴的扫描混合特征曲面。

① 单击草绘工具，以 FRONT 面作为草绘平面，用样条曲线绘制图 4-95 所示的扫引轨迹线。

② 单击创建基准点工具，创建图 4-96 所示的五个基准点 PNT0、PNT1、PNT2、PNT3、PNT4。

③ 选择菜单栏中的“插入”→“扫描混合”，在图 4-97 所示的操控板中单击创建曲面，并点开“参照”选项卡，选取刚草绘的扫引轨迹线，在“剖面控制”中选择“垂直于轨迹”，然后单击“截面”，打开“截面”对话框，选择“草绘截面”，选择图 4-98 所示的扫引轨迹线最下方的端点作为“截面位置”，再单击图 4-98 所示的操控板上的“草绘”，进入草绘环境，绘制图 4-99 所示的第一个截面。

④ 单击图 4-98 中的“插入”，准备创建下一个截面。用相同的方法分别选取图 4-96 所示的扫引轨迹线的点 PNT4、PNT3、PNT2、PNT1、PNT0 和扫引轨迹线的最上方的端点，作为截面位置，分别草绘图 4-99～图 4-105 所示的各截面。

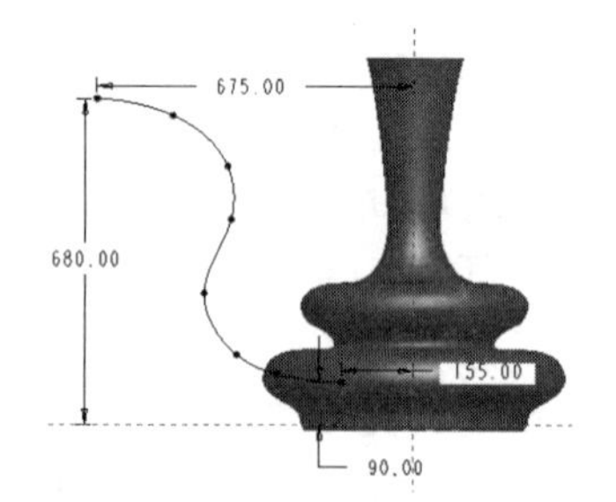


图 4-95　草绘轨迹线

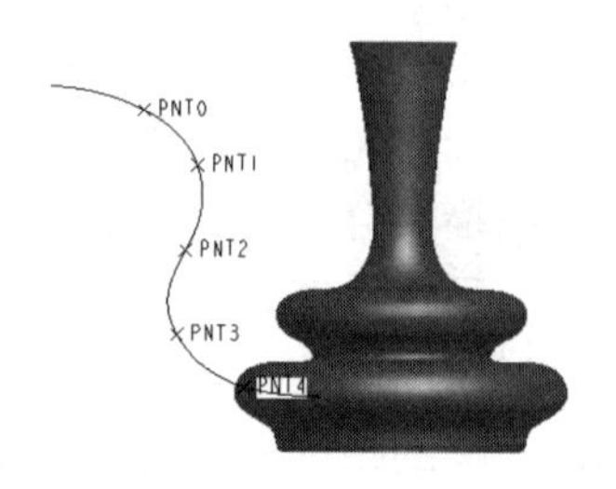


图 4-96　创建基准点

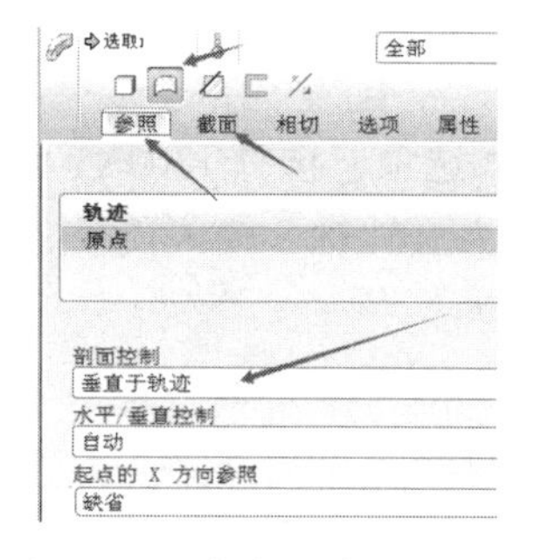


图 4-97　“扫描混合”操控板

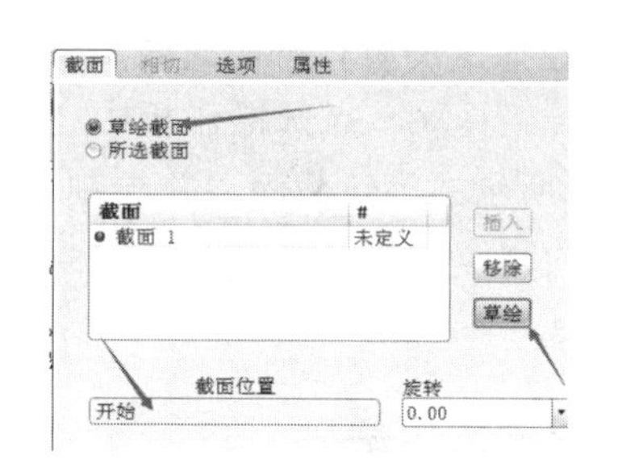


图 4-98　“截面”选项卡

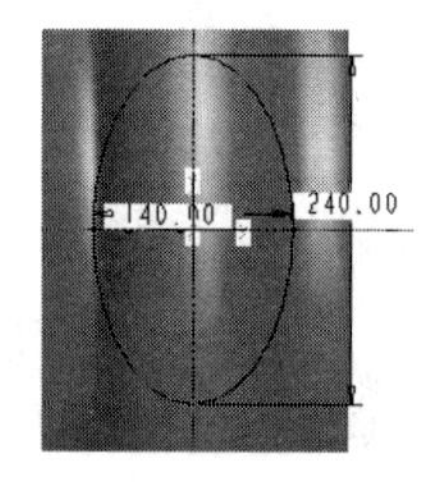


图 4-99　截面 1

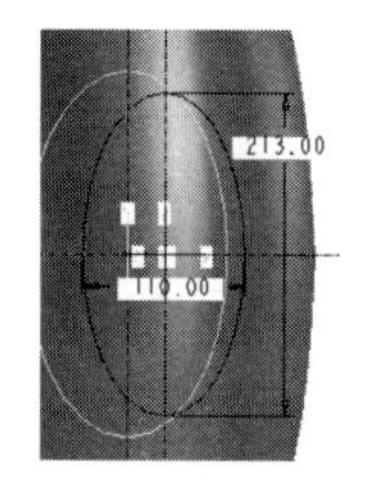


图 4-100　截面 2

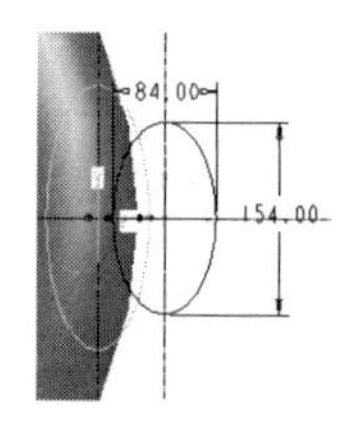


图 4-101 截面 3

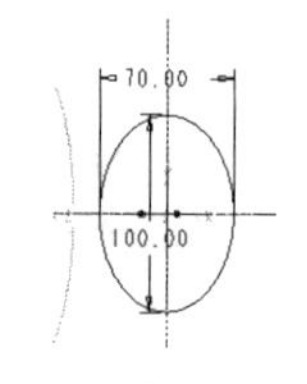


图 4-102　截面 4

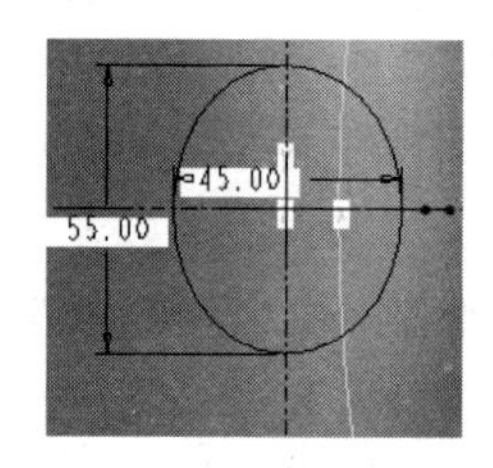


图 4-103　截面 5

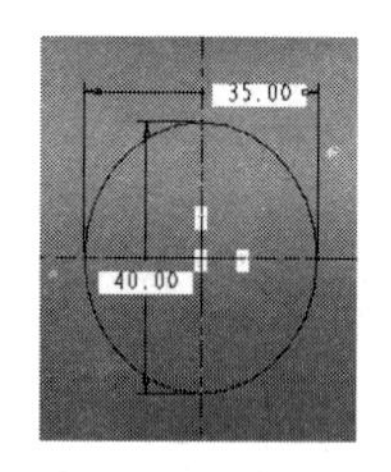


图 4-104　截面 6

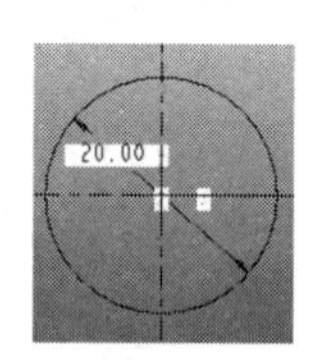


图 4-105　截面 7

⑤ 扫描混合的结果如图 4-106 所示，出现了扭曲的现象，这是由于各截面的起点不一致造成的，需要通过“打断”的工具，并调整“起点”的位置，使其一致。具体操作：分别单击图 4-98 所示的操控板上的“截面 1”→“草绘”，使用打断工具，分别在各截面与竖直中心线相交处打断，如图 4-107 所示，使各截面的图元数相同（均为两段），出现起点的箭头如果各截面不一致，可以先左键点选该点，再右击出现菜单栏，选择“起点”，如方位相反，则在此处再次点选“起点”即可，最终使各截面的起始点方位一致，调整后的结果如图 4-108 所示。

图 4-106　扫描混合结果

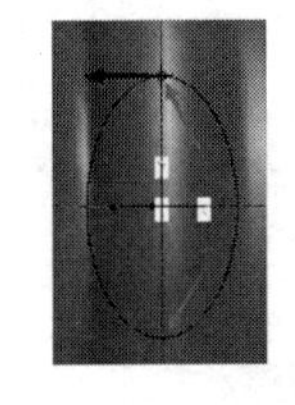

图 4-107　设置断点

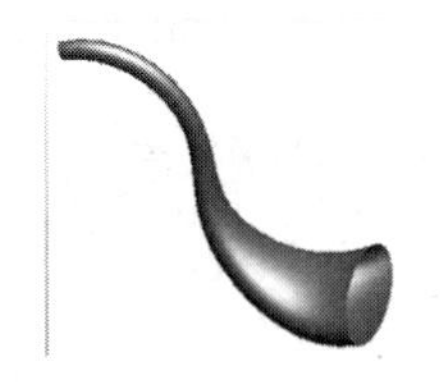

图 4-108　调整后的扫描混合结果

（3）合并壶嘴与壶身两曲面。

按住<Ctrl>键，在模型树中选中前面所做的“旋转 1”和“扫描混合 1”，然后单击菜单栏中“编辑”→“合并”选项，将壶嘴与壶身两个曲面进行合并，得到图 4-109 所示的方向箭头，如果方向不对，可以单击箭头改变，最终结果如图 4-110 所示。

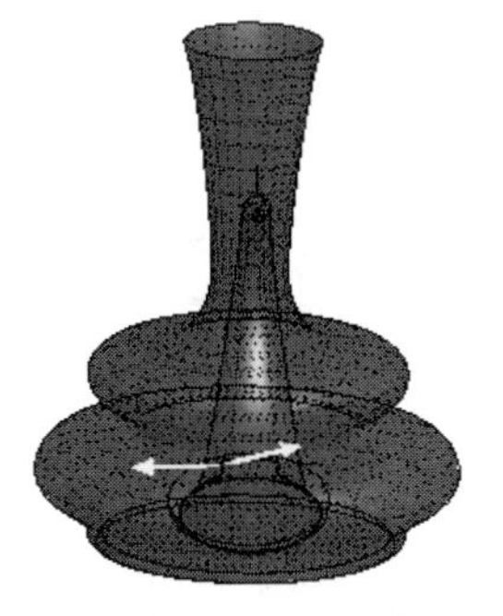

图 4-109　合并的方向

图 4-110　合并结果

（4）加厚曲面。

选中合并后的曲面，单击菜单栏中的“编辑”→“加厚”，在弹出的“加厚”操控板中输入厚度值为 5，方向向外，单击“确定”按钮。

（5）壶嘴出水口处的修饰

由于壶嘴部分不太理想，单击拉伸工具，弹出“拉伸”操作板，单击去除材料按钮，然后选择 FRONT 面作为草绘平面，在壶嘴一端草绘一条图 4-111 所示直线，拉伸方向向上，去除壶嘴出水口上部多余材料，结果如图 4-112 所示。

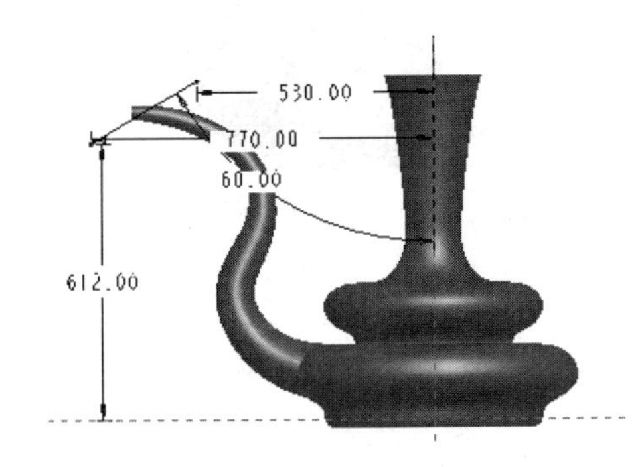


图 4-111　草绘直线

图 4-112　拉伸结果

（6）创建壶柄的扫描特征实体。

① 在菜单栏上选择“插入”→“扫描”→“伸出项”，系统弹出图 4-113 所示“伸出

项：扫描”对话框和图 4-114 所示的“扫描轨迹”菜单。

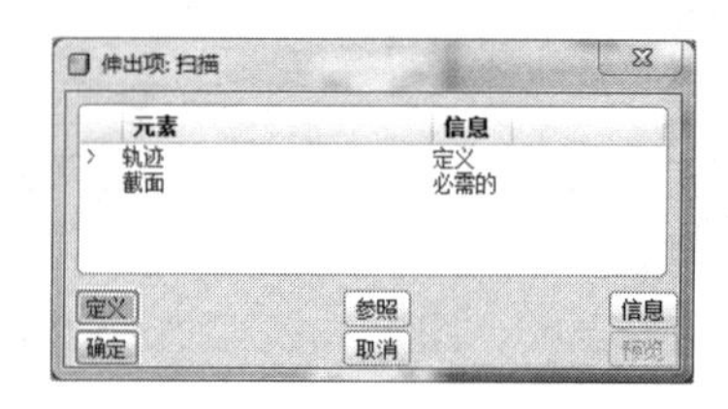


图 4-113　“伸出项：扫描”对话框

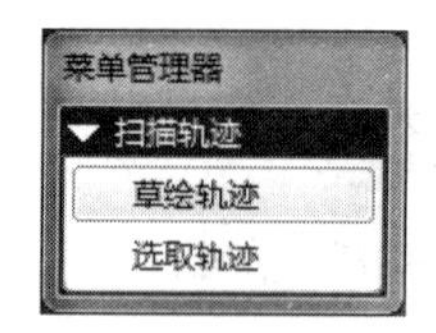


图 4-114　“扫描轨迹”菜单

② 在“扫描轨迹”菜单中选择“草绘轨迹”，弹出图 4-115 所示的“设置草绘平面”菜单，选取 FRONT 基准面作为草绘平面，接受系统默认的方向和草绘视图，在草绘环境下绘制图 4-116 所示的轨迹，结束草绘后系统弹出图 4-117 所示的“属性”菜单，选择“合并端”，并单击“完成”。

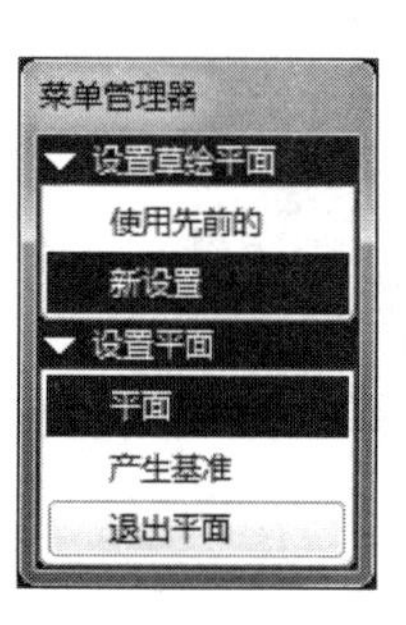


图 4-115　“设置草绘平面”菜单

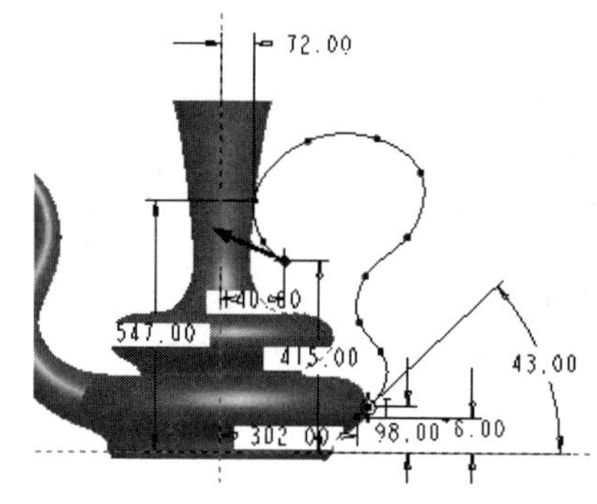


图 4-116　草绘轨迹线

图 4-117　“属性”菜单

③ 系统自动进入扫描截面的草绘环境，绘制图 4-118 所示的截面图形，结束草绘。最后单击“伸出项：扫描”菜单中的“确定”按钮，完成酒壶壶柄的制作，如图 4-119 所示。

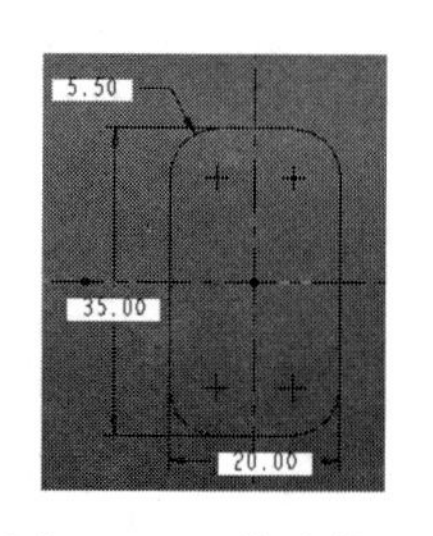


图 4-118　草绘截面

图 4-119　扫描结果

（7）酒壶的圆角修饰。

单击倒圆角工具，依次对图 4-120 中的三处进行倒圆角，圆角半径值为 21。然后保存，退出。

（8）创建壶盖的旋转特征实体。

因为壶盖是另外一个元件，可在“组件”模式下创建该零件。

① 在主菜单栏上点选“文件”→“新建”，弹出图 4-121 所示的对话框，点选“组件”，命名为 asm0001，确定，进入组件创建模式。

图 4-120　倒圆角

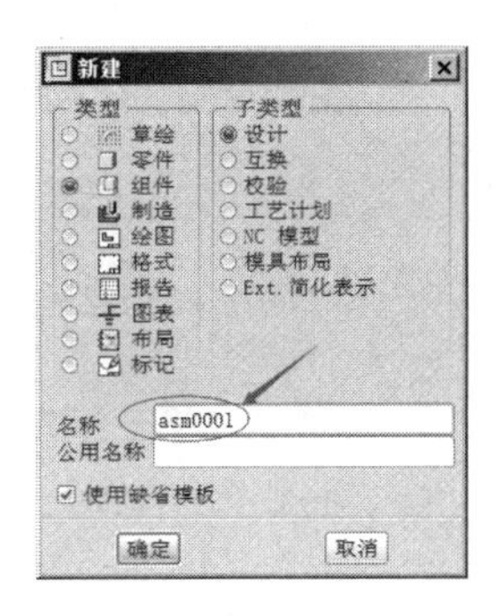


图 4-121　“新建”对话框

② 在工具栏中单击装配工具，调入之前创建的酒壶主体文件“jiuhu”，在图 4-122 所示的装配操控板上点选“缺省”的装配关系，结果如图 4-123 所示。

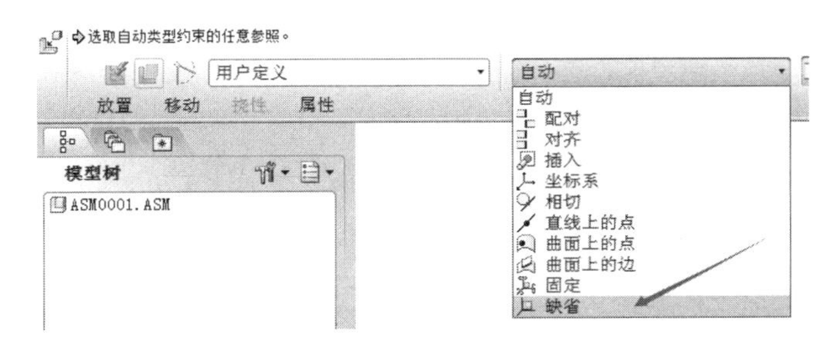


图 4-122　“装配”操控板

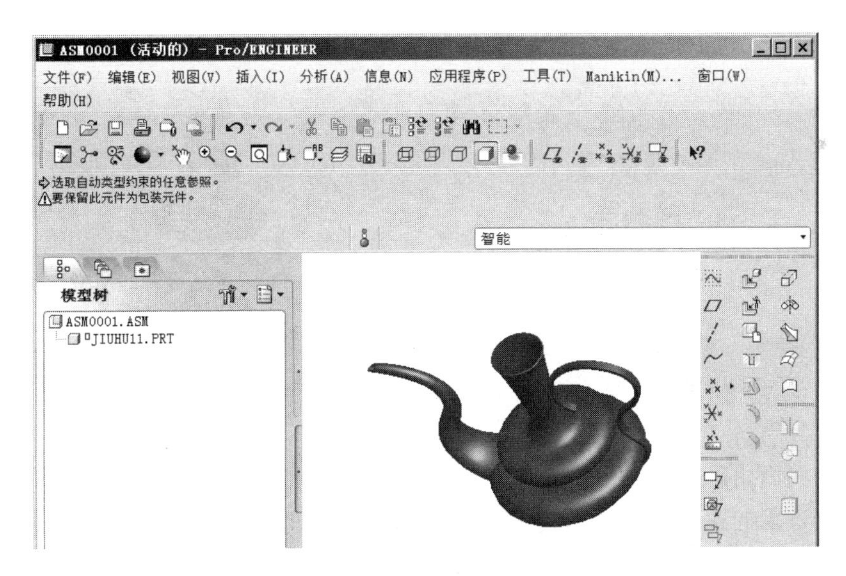


图 4-123　装配酒壶主体的结果

③ 单击工具栏的创建工具，弹出图 4-124 所示的“元件创建”对话框，选择“零件”→“实体”，命名为“hugai”，确定后出现图 4-125 所示的“创建选项”对话框，点选“创建特征”的创建方法，确定，进入壶盖模型的创建界面。

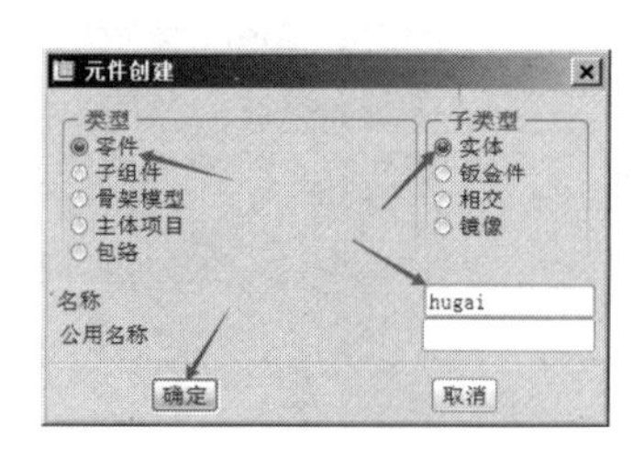


图 4-124 “元件创建”对话框

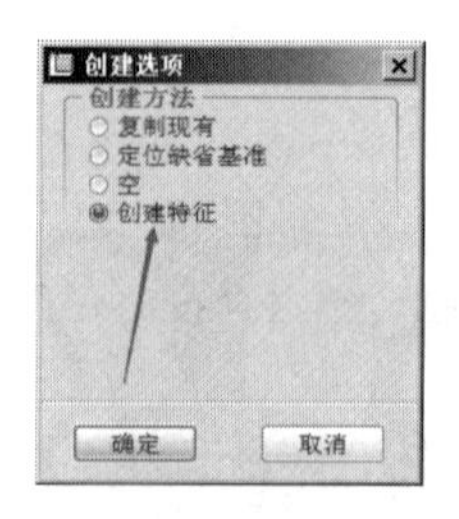


图 4-125 “创建选项”对话框

④ 单击工具栏的旋转工具，选择“实体”，以 ASM_FRONT 面作为草绘平面，以 ASM_TOP 面和 ASM_RIGHT 为参照，如图 4-126 所示。绘制如图 4-127 所示的旋转截面，并绘制一条中心线作为旋转轴，旋转角度值为 360。即完成了壶盖的制作，结果如图 4-128 所示。这样，在装配的模型树中出现两个文件 jiuhu. prt 和 hugai. prt，如图 4-129 所示，这两个文件为可独立存在的两个元件，保存后 hugai. prt 可单独打开，其模型如图 4-130 所示。

图 4-126 “参照”对话框

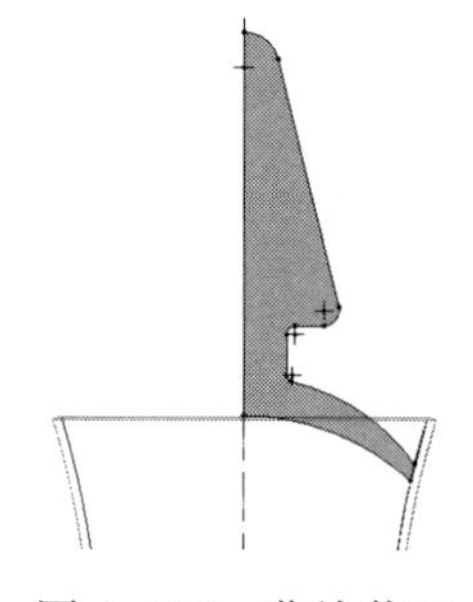

图 4-127 草绘截面

图 4-128 旋转结果

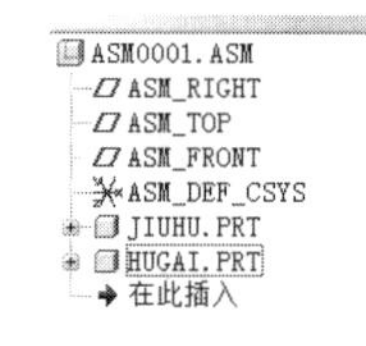


图 4-129 模型树

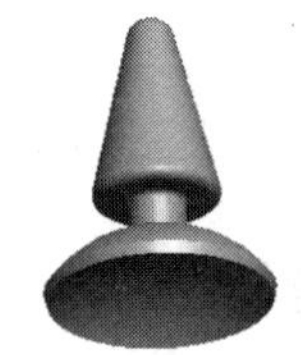

图 4-130 单独打开的模型

## 4.3 边界混合曲面

边界混合曲面由若干参照图元（它们在一个或两个方向上定义曲面）来控制其形状，且每个方向上选定的第一个和最后一个图元定义为曲面的边界。如果添加更多的参照图元（如控制点和边界），则能更精确、更完整地定义曲面形状。

创建边界混合曲面时，需要注意以下几点：

（1）曲线、模型边、基准点、曲线或边的端点都可以作为参照图元。

（2）每个方向的参照图元必须按连续的顺序选取。

（3）在两个方向上定义边界混合曲面时，其外部边界必须形成一个封闭的环，这意味着外部边界必须相交。如图 4-131 所示。

难点：交点如何捕捉。

方法：先草绘出一个方向上的各边界曲线；再创建基准点，以曲线的端点作基准点；然后草绘另一个方向上的各曲线，注意，当一进入到二维草绘界面的时候，必须把将用到的基准点设置为草绘参照（在菜单栏中选择“草绘”→“参照”）。这样，绘制曲线时系统就能自动捕捉。

### 4.3.1 边界混合曲面创建的一般步骤

（1）定义若干条曲线作为参照图元，如图 4-131 所示。

（2）在菜单栏选择“插入”→“边界混合”，或在工具栏中单击，打开“边界混合”操控板，如图 4-132 所示。

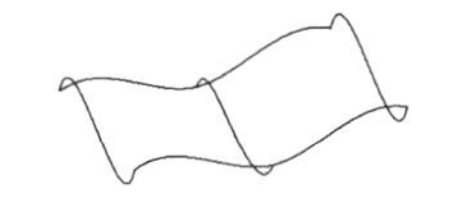

图 4-131　参照图元

图 4-132　“边界混合”操控板

（3）按住<Ctrl>键在图形区按顺序选择第一方向的曲线，如图 4-133 所示。然后在空白处单击右键，在弹出的右键菜单中选择“第二方向曲线”，然后在图形区选择第二方向的曲线，如图 4-134 所示。

（4）在操控板上单击，完成边界混合曲面的创建，结果如图 4-135 所示。

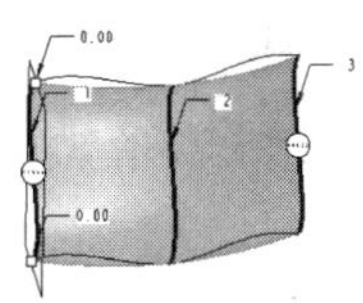

图 4-133　选择第一方向曲线

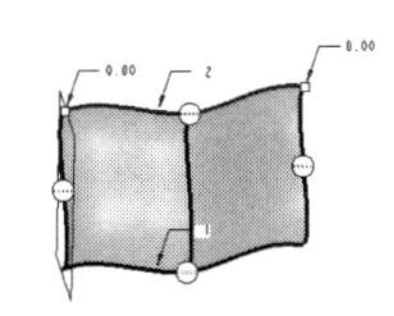

图 4-134　选择第二方向曲线

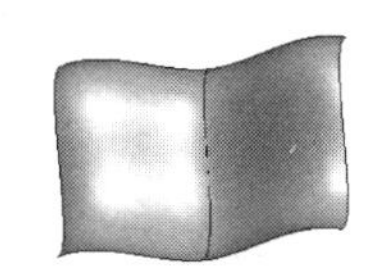

图 4-135　边界混合曲面

### 4.3.2 边界混合特征操控板

如上所述，在选取了两个方向上的曲线之后，“边界混合”操控板如图 4-136 所示，其上显示第一方向有 3 条曲线，第二方向有 2 条曲线。

（1）在操控板上单击“曲线”，打开“曲线”选项卡，如图 4-137 所示。该选项卡用于收集第一方向和第二方向的参照图元。列表框右边的箭头用来调整参照图元的顺序。若选中“闭合混合”复选框，则将最后一条曲线与第一条曲线混合来形成封闭环。

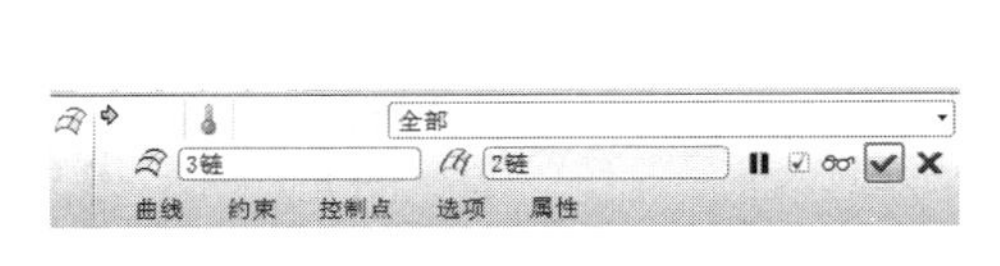


图 4-136　“边界混合”操控板

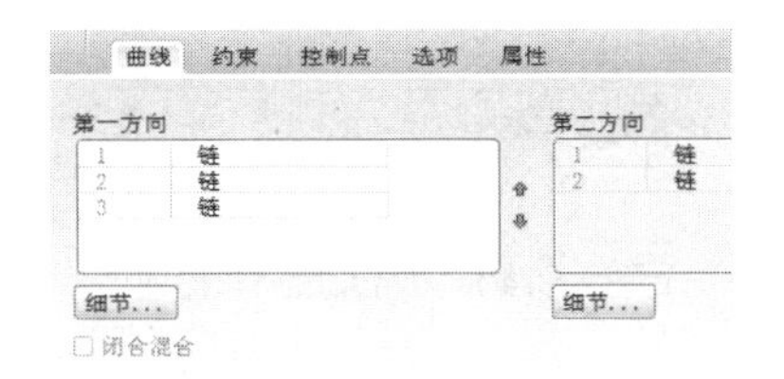


图 4-137　“曲线”选项卡

（2）“约束”选项卡如图 4-138 所示，该选项卡用来控制边界条件。选择“条件”栏下面的任意一行，然后单击打开图 4-139 所示的下拉菜单，边界条件有如下 4 种。

自由：边界混合曲面在边界处不添加约束。

相切：边界混合曲面在边界处与参照曲面相切。将某一条边界曲线设置为相切后，会提示选取与之相切的参照。

曲率：边界混合曲面在边界处与参照曲面是曲率连续。

垂直：边界混合曲面在边界处垂直于参照曲面或平面。

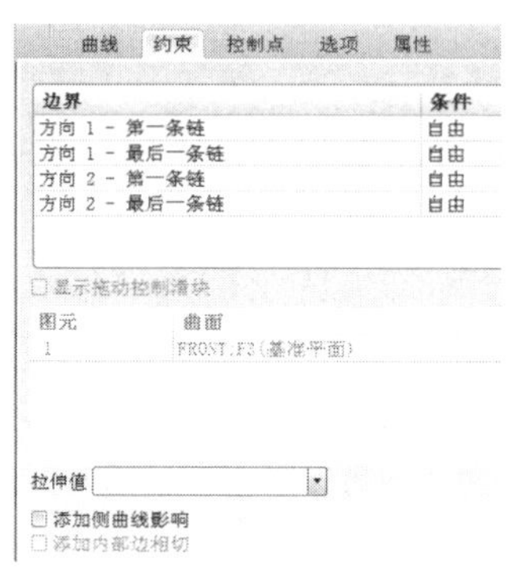


图 4-138 “约束”选项卡

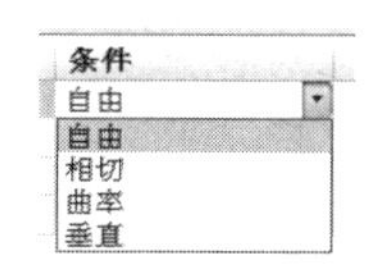


图 4-139 “条件”下拉菜单

（3）“控制点”选项卡如图 4-140 所示，该选项卡用来设置合适的控制点以减少边界混合曲面的曲面片数。其中“第一”用来定义第一个方向上的控制点；“第二”用来定义第二个方向上的控制点；“拟合”用来设置控制点的拟合方式。拟合方式包括自然、弧长、点至点、段至段和可延展五种。根据参照曲线的不同，拟合方式可以选择的类型可能会不同。

（4）“选项”选项卡如图 4-141 所示，该选项卡用来添加影响曲线，以使边界混合曲面逼近（拟合）影响曲线的形状。其中“平滑度”用来控制曲面的粗糙度、不规则性或投影等，其因子在 0 到 1 之间。“在方向上的曲面片”用于控制曲面沿 U 和 V 方向的曲面片数。曲面片数量越多，则曲面与所选的影响曲线越靠近。曲面片数的范围为 1~29。

（5）“属性”选项卡用于定义边界混合曲面的名称。

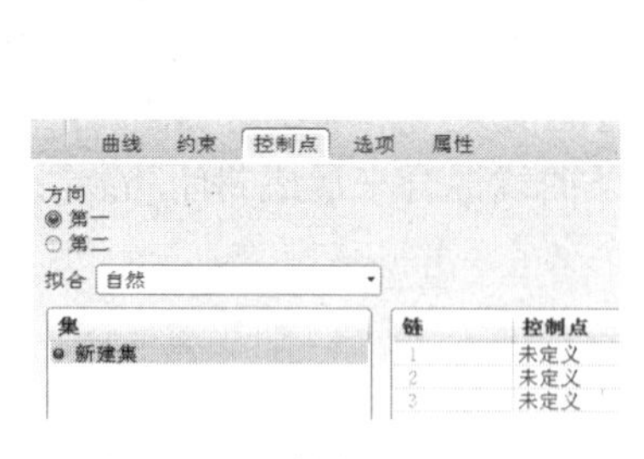


图 4-140 “控制点”选项卡

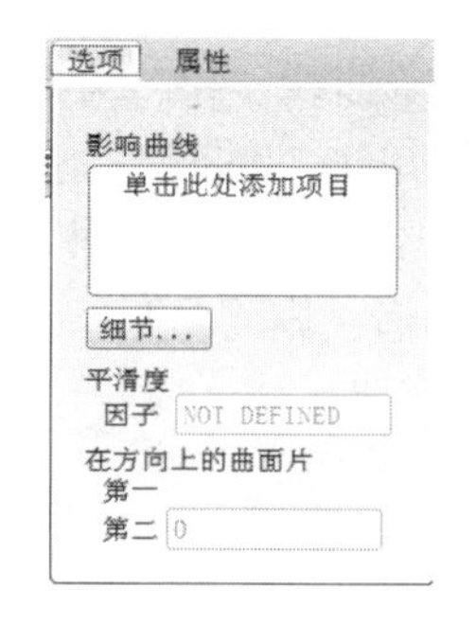


图 4-141 “属性”选项卡

4.3.3

## 4.3.3 边界混合曲面应用实例一：热水瓶上盖

对热水瓶上盖进行三维造型，结果如图 4-142 所示。

热水瓶上盖的建模步骤如下。

（1）创建草绘曲线1。单击草绘工具，选择TOP面为草绘平面，接受默认的设置，进入草绘。绘制图4-143所示的圆，然后结束草绘。

（2）创建草绘曲线2。

① 选择TOP基准面为参照平面，创建一个与之相距16的新基准面“DTM1”，单击草绘工具，选择DTM1基准面为草绘平面，如图4-144所示。接受默认的设置，进入草绘。

图4-142 热水瓶上盖

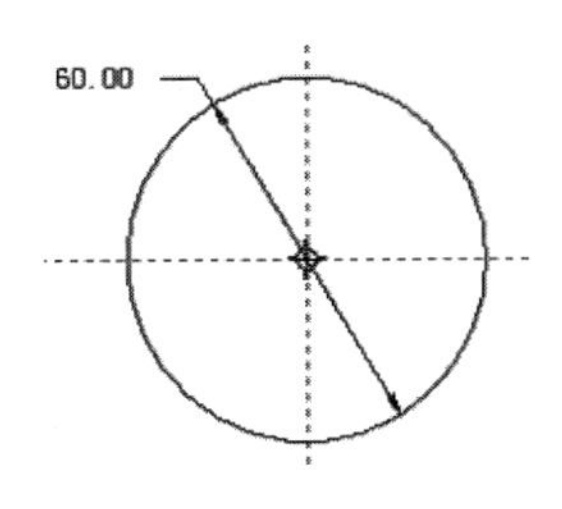


图4-143 草绘圆

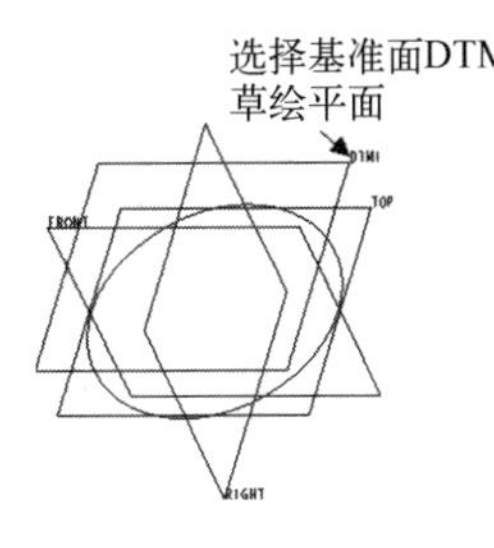


图4-144 DTM1基准面

② 绘制图4-145所示的草绘图形。单击确定按钮✔，结束草绘，选择等角视图，产生的基准曲线如图4-146所示。

（3）创建草绘曲线3和曲线4。

① 单击草绘工具，选择FRONT基准面为草绘平面，接受默认的设置，进入草绘，单击“通过边创建图元”按钮，选取图4-147所示边线P1、P2和P3处。

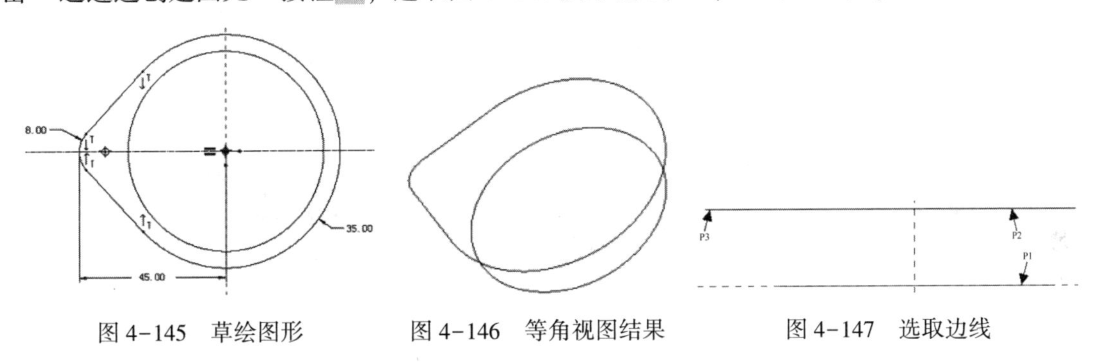


图4-145 草绘图形　　图4-146 等角视图结果　　图4-147 选取边线

② 单击画线工具，绘制图4-148所示两条斜线段。

③ 按住<Ctrl>键，选择图4-147所示线段P1、P2和P3，按<Delete>键将其删除，剩下最左和最右的侧边线，结束草绘。选择标准方向的等角视图，产生的基准曲线如图4-149所示。

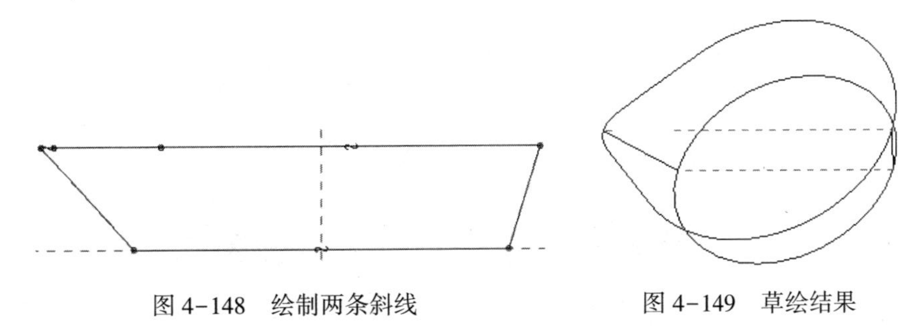

图4-148 绘制两条斜线　　图4-149 草绘结果

(4) 创建边界混合曲面。

① 选择菜单栏中的“插入”→“边界混合”命令，或在工具栏中单击，打开“边界混合”操控板，如图 4-150 所示。

② 系统提示选择第一方向曲线，按住<Ctrl>键，逐一选择图 4-151 所示的基准曲线 P1、P2。

图 4-150 “边界混合”操控板

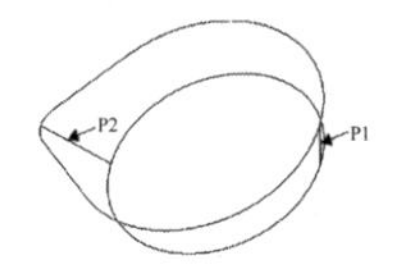


图 4-151 基准曲线 P1、P2

③ 在图 4-152 所示“边界混合”操控板中选择第二方向曲线“单击此处添加项目”栏。

图 4-152 “边界混合”操控板

④ 系统提示选择第二方向曲线，按住<Ctrl>键，逐一选择图 4-153 所示的基准曲线 P3、P4。完成的边界混合曲面结果如图 4-154 所示。

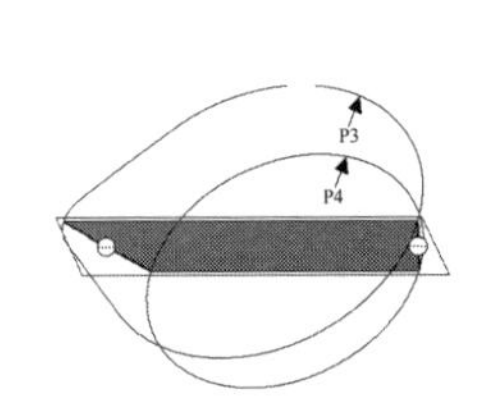


图 4-153 基准曲线 P3、P4

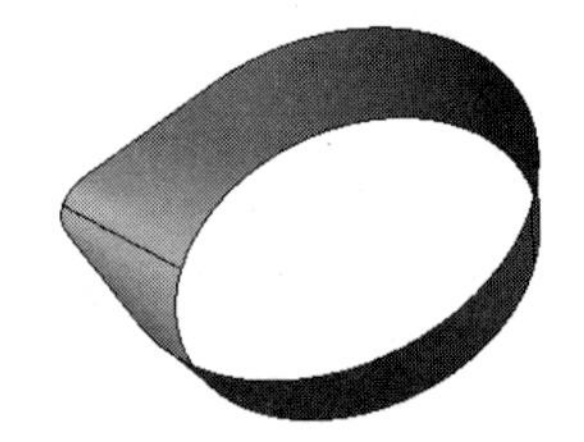

图 4-154 边界混合曲面

⑤ 按住<Ctrl>键，逐一选择图 4-155 所示模型树中要隐藏的曲线和基准面，并在所选项目上单击鼠标右键，在弹出的菜单中选择“隐藏”选项，结果如图 4-156 所示。

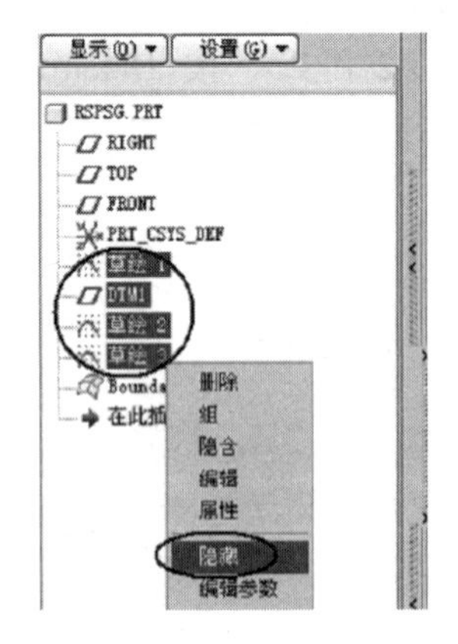


图 4-155 快捷菜单

图 4-156 隐藏结果

（5）创建旋转曲面。

单击旋转工具，选择“曲面”类型按钮，以 FRONT 基准面为草绘平面，在草绘环境下绘制图 4-157 所示的几何中心线和几何图形，并标注尺寸。旋转角度值为 360，完成的旋转特征曲面如图 4-158 所示。

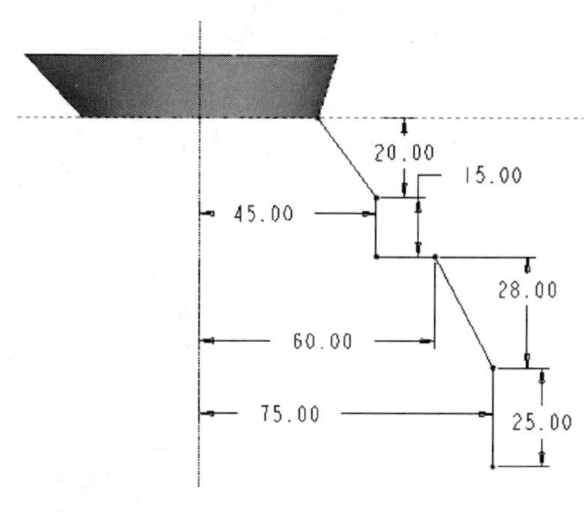


图 4-157　草绘截面

（6）合并两曲面。

按住<Ctrl>键，选择图 4-159 所示模型树中要合并的两个曲面，再选择菜单栏中的“编辑”→“合并”命令，生成合并曲面（在绘图区的曲面外观无太大变化，只是两曲面间公共的紫色边界线消失）。

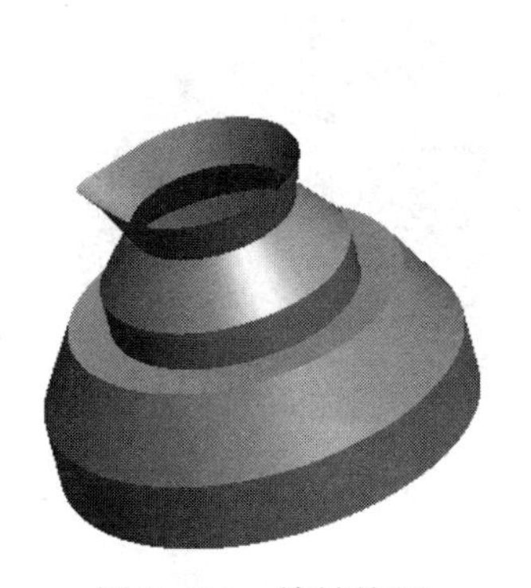

图 4-158　旋转特征

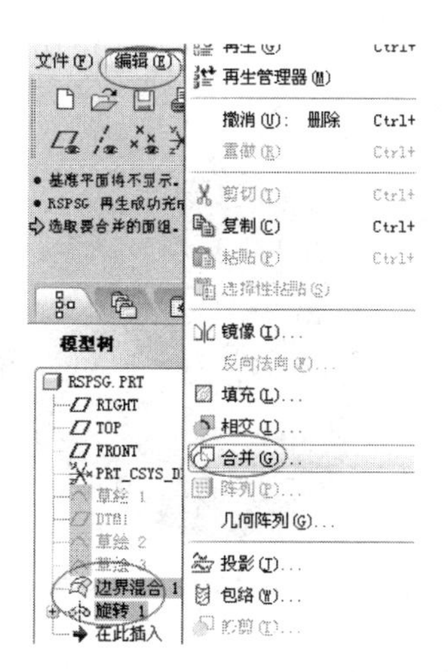


图 4-159　快捷菜单

（7）曲面的圆角。

单击圆角工具，输入圆角半径值 12，选择图 4-160 所示曲面边 P1 进行圆角；再输入圆角半径值 6，按住<Ctrl>键，选择图 4-161 所示曲面边 P1、P2 进行圆角；再输入圆角半径值 4，选择图 4-162 所示曲面边 P1 进行圆角，结果如图 4-163 所示。

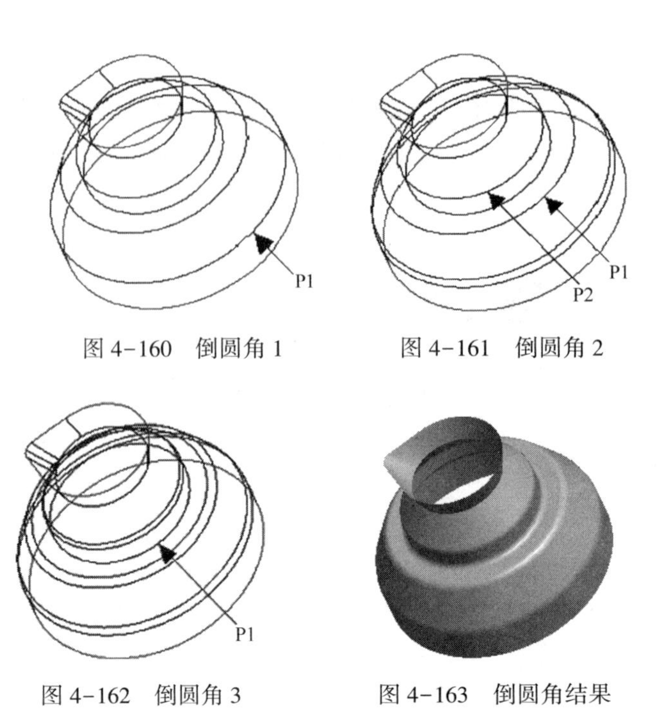


图 4-160　倒圆角 1　　　图 4-161　倒圆角 2

图 4-162　倒圆角 3　　　图 4-163　倒圆角结果

（8）加厚曲面，使其实体化。

在模型树中选择之前的合并曲面，再点选菜单栏中的“编辑”→“加厚”命令，输入实体厚度值为 1.5，并单击加厚方向，使加厚箭头朝曲面外部，生成的实体结果如图 4-164 所示。

（9）实体外形的倒圆角。单击圆角按钮，输入圆角半径值为 3，选择图 4-165 所示实体边 P1 进行圆角。

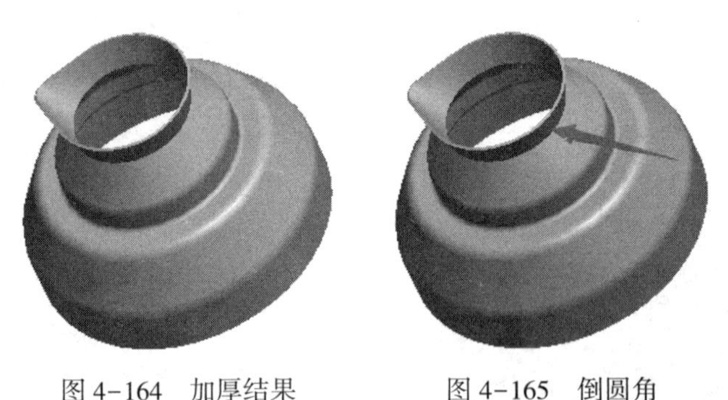

图 4-164　加厚结果　　　图 4-165　倒圆角

（10）顶面的平整。

① 选择工具栏中的“拉伸”工具，以 FRONT 基准面作为草绘平面，进入草绘模式。

② 单击画线工具，绘制图 4-166 所示的水平线段，并进行如图所示的尺寸标注。

③ 在图 4-167 所示“拉伸”操控板中选择“选项”参数，设置第 1 侧和第 2 侧均为“穿透”选项，单击“切除”按钮（此时切除材料方向箭头朝上，即切除上部分材料），单击确定按钮，结果将实体上部表面切为平坦的表面，如图 4-168 所示。

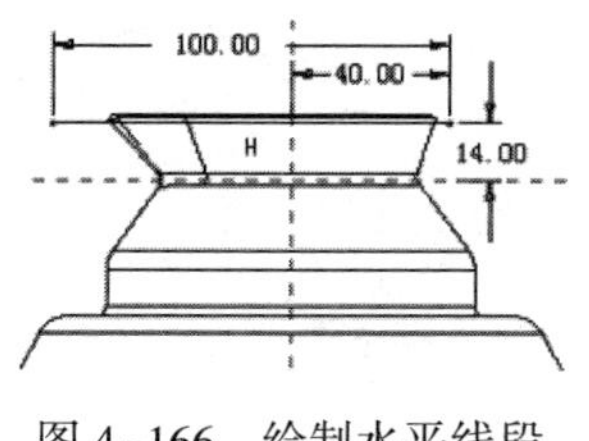


图 4-166　绘制水平线段

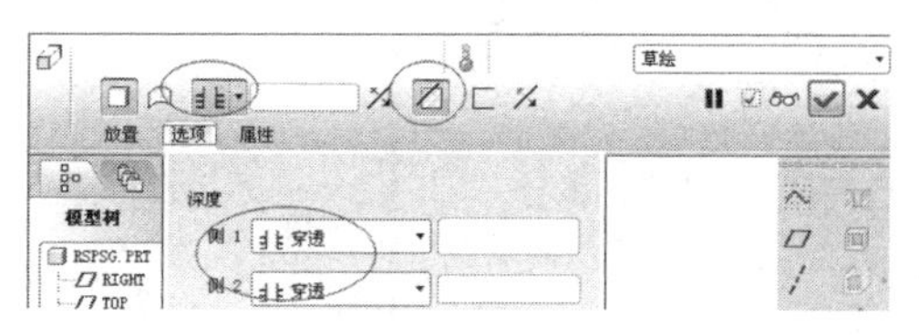


图 4-167　“拉伸”操控板

图 4-168　拉伸结果

## 4.3.4　边界混合曲面应用实例二：摩托车后视镜

4.3.4

创建如图 4-169 所示的摩托车后视镜。

（1）创建边界曲线 1。单击草绘工具，选择 FRONT 面为草绘平面，绘制图 4-170 所示的草绘图形。

（2）创建边界曲线 2。点选工具栏中的基准面创建工具，以 RIGHT 面为基准，向右平移 80，得到新的基准平面 DTM1，如图 4-171 所示。

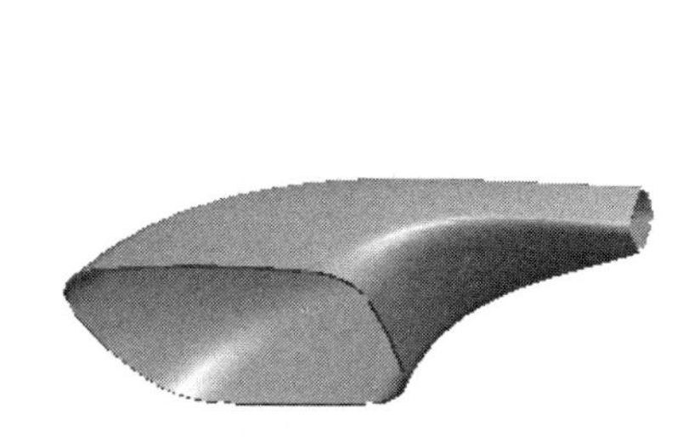

图 4-169　摩托车后视镜

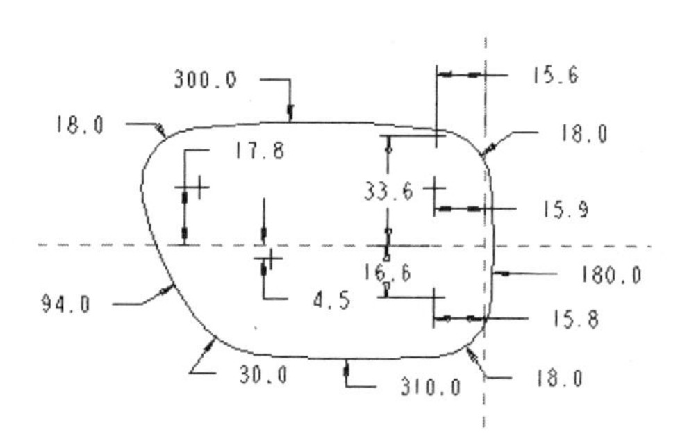


图 4-170　边界曲线 1

以 DTM1 平面为基准面，草绘边界曲线 2，如图 4-172 所示。

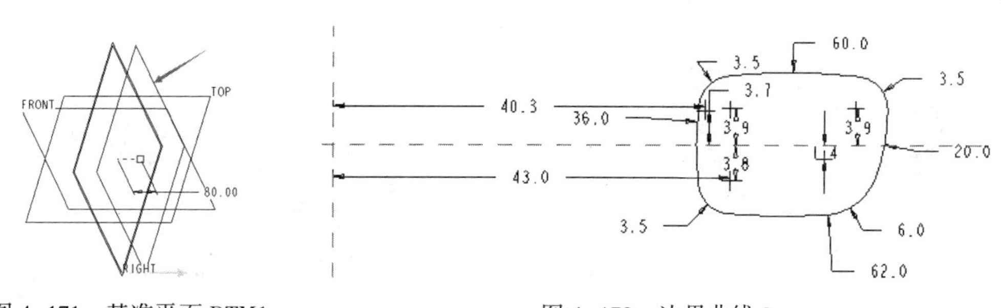


图 4-171　基准平面 DTM1

图 4-172　边界曲线 2

（3）创建边界曲线 3 和曲线 4。先隐藏 FRONT 面和 RIGHT 面，再单击创建基准点工具，出现图 4-173 所示的创建基准点对话框，按住<Ctrl>键选取图 4-174 所示的 TOP 面和前面创建的“边界曲线 1”最左侧边线，出现交点 PNT0，单击图 4-173 所示对话框中的“确定”按钮，得到第一个基准点。用同样的方法分别创建 TOP 面与“边界曲线 1”最右侧边线的交点 PNT1、TOP 面与“边界曲线 2”最前方侧边线的交点 PNT2 和最后方侧边线的交点 PNT3。结果如图 4-175 所示。

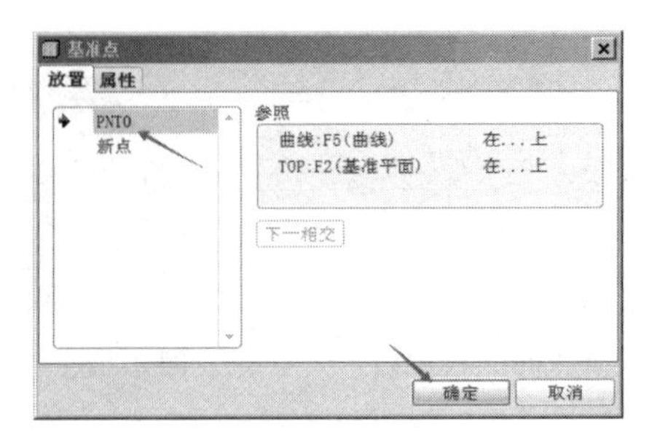


图 4-173　创建基准点

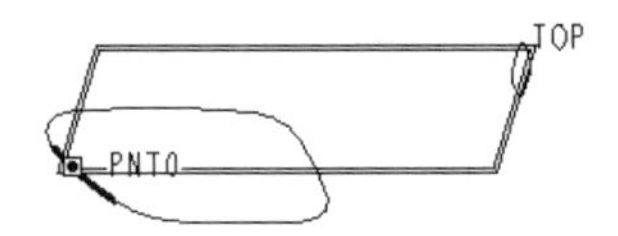


图 4-174　创建基准点 PNT0

以 TOP 面为基准面，进入草绘平面，单击“草绘”→“参照”，分别点选 PNT0、PNT1、PNT2、PNT3 为参照，再分别绘制图 4-176 所示的边界曲线 3 和曲线 4。

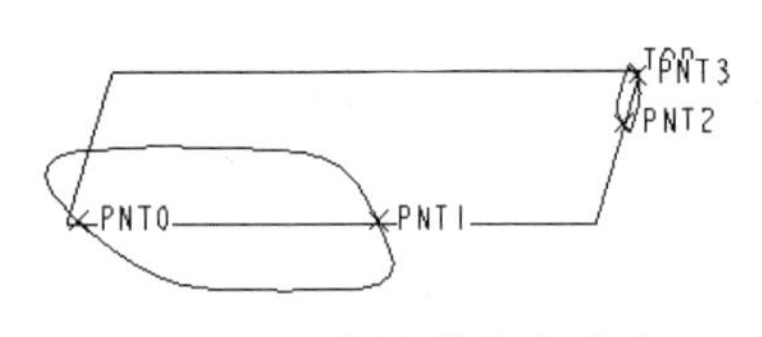


图 4-175　创建其余基准点

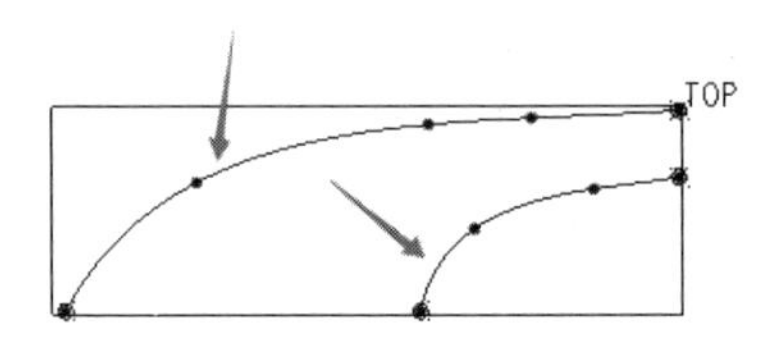


图 4-176　边界曲线 3 和曲线 4

（4）创建边界混合曲面。

在工具栏中单击边界混合工具，按住<Ctrl>键，选择曲线 1 和曲线 2 作为第一方向的控制图元，接着在“边界混合”操控板中单击第二方向曲线“单击此处添加项目”栏，系统提示选择第二方向曲线，按住<Ctrl>键，选择曲线 3 和曲线 4 作为第二方向的控制图元，结果如图 4-177 所示。

（5）通过加厚创建实体。

单击菜单栏的“编辑”→“加厚”，点亮曲面，输入加厚数值 1.5，使曲面实体化，绘制完成后得出摩托车后视镜外观如图 4-178 所示。

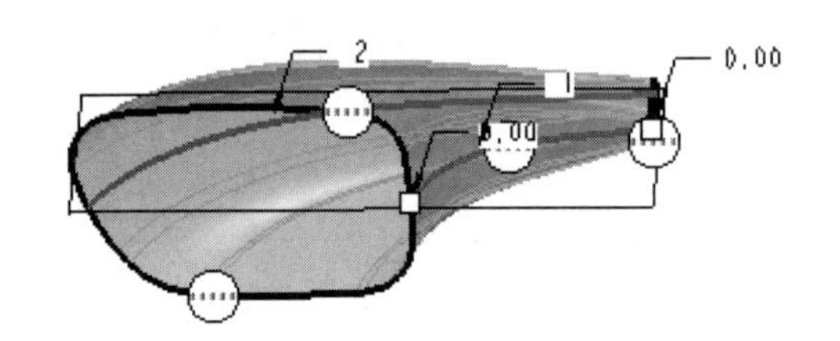


图 4-177　边界混合曲面

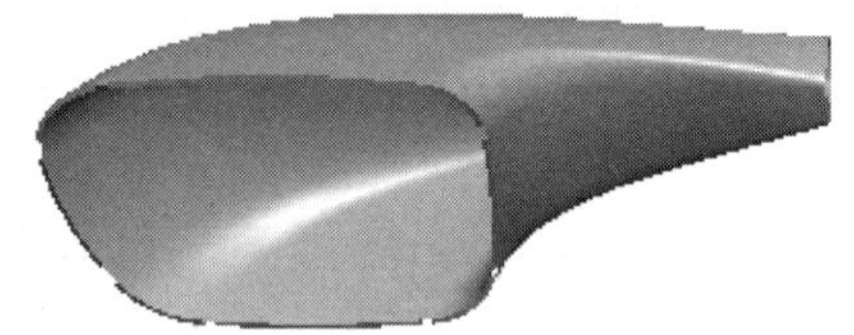

图 4-178　加厚结果

## 4.3.5　边界混合曲面应用实例三：旋钮开关

4.3.5

创建如图 4-179 所示的煤气罐上的旋钮开关。

（1）创建旋钮主体的旋转曲面。单击旋转工具，选择 FRONT 面作为草绘平面，进入草绘。使用几何中心线工具绘制一条竖直中心线作为旋转轴。接着绘制图 4-180 所示的旋转特征截面，旋转角度值为 360，结果如图 4-181 所示。

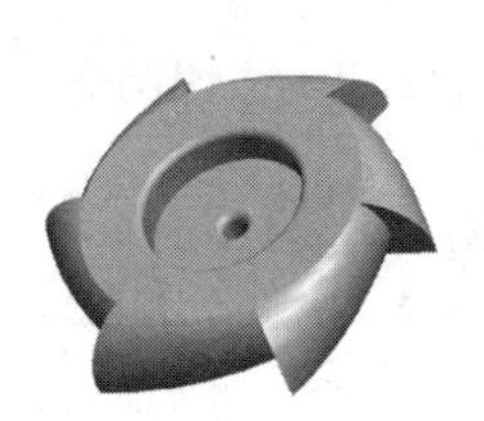

图 4-179　旋钮开关

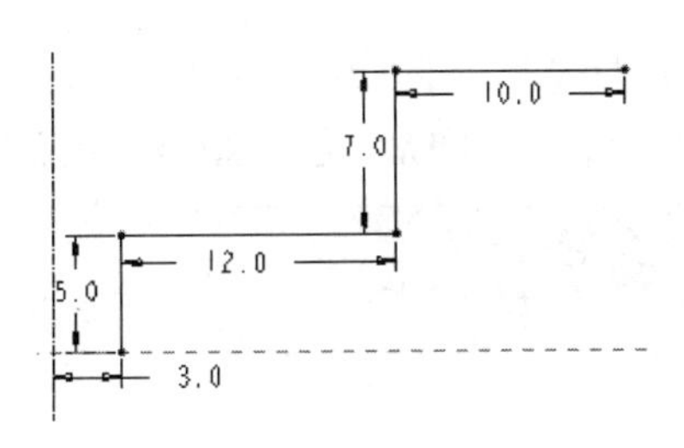


图 4-180　草绘截面

（2）倒圆角。单击工具栏中的倒圆角工具，对图 4-182 所示的两条边进行倒圆角，圆角半径值为 0.5。

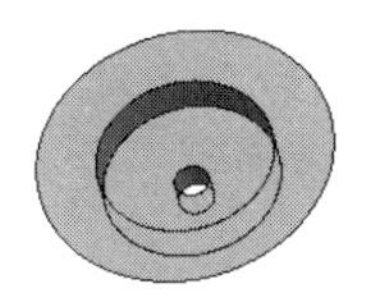

图 4-181　旋转曲面

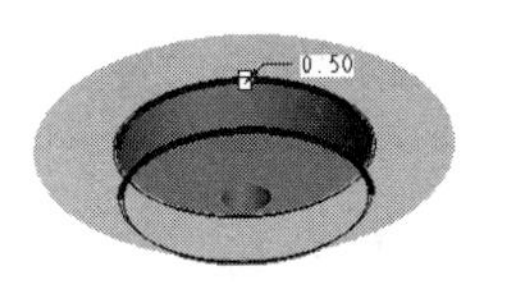


图 4-182　倒圆角

（3）创建旋钮外部边缘的边界混合曲面。

① 草绘边界曲线 1：单击草绘工具，选择上述旋转曲面的上表面为草绘平面，通过使用边工具，草绘如图 4-183 所示的边界曲线 1。

② 草绘边界曲线 2：单击草绘工具，选择 TOP 面为草绘平面，使用样条曲线工具，绘制图 4-184 所示边界曲线 2。

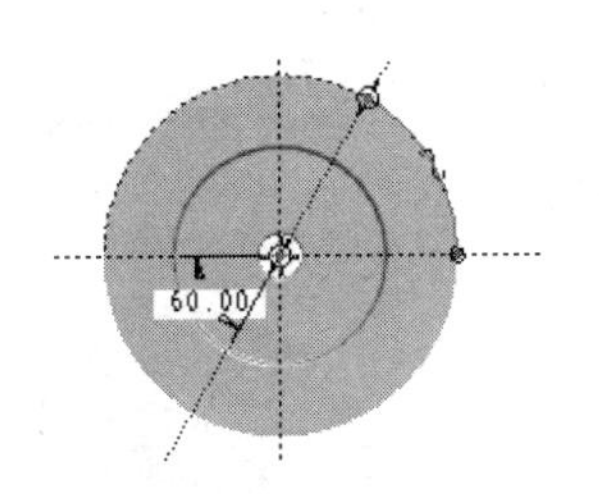


图 4-183　边界曲线 1

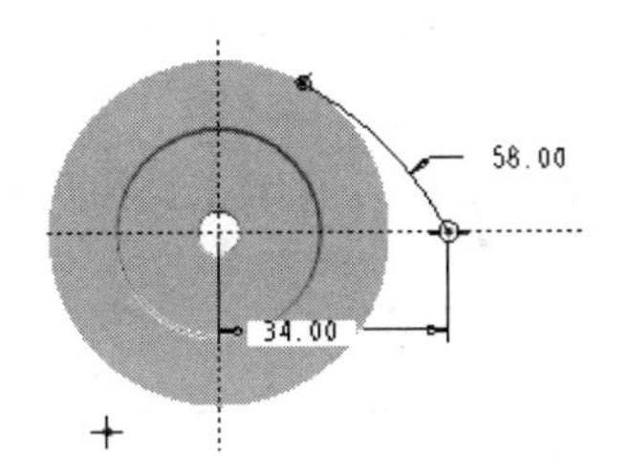


图 4-184　边界曲线 2

③ 草绘边界曲线 3：在上述草绘的边界曲线 1 和边界曲线 2 的端点处创建两个基准点 PNT0、PNT1，如图 4-185 所示。单击基准平面工具，创建一个经过点 PNT0、PNT1 和旋转中心的平面 DTM1，如图 4-186 所示。以 DTM1 面为草绘平面，以点 PNT0、PNT1 为参照，绘制以 PNT0 和 PNT1 为端点的一段圆弧，如图 4-187 所示。

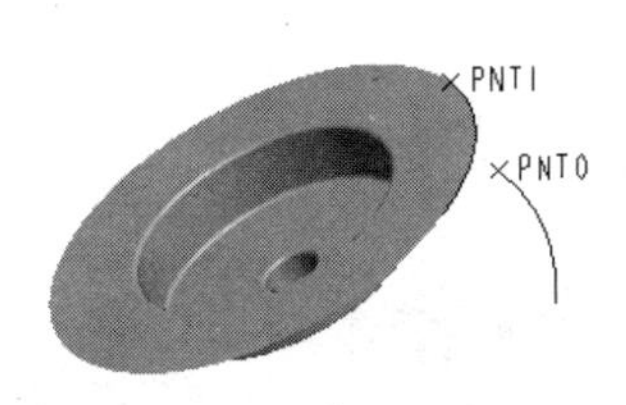


图 4-185　创建两个基准点

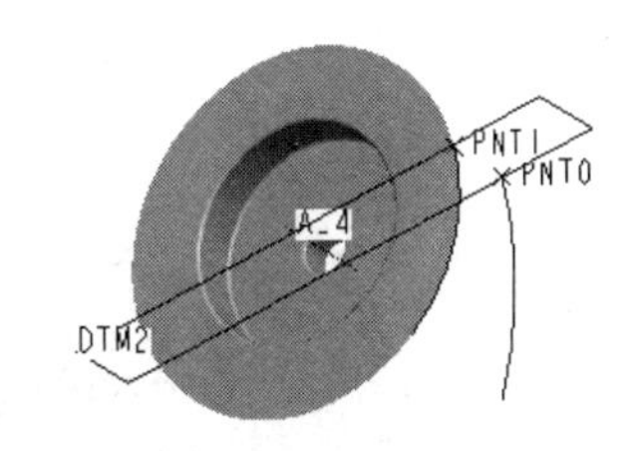


图 4-186　创建基准面 DTM1

④ 草绘边界曲线 4：以边界 1、边界 2 的另一端点为参照，新建一个过这两个端点且过旋转中心的平面 DTM2，以 DTM2 为基准面绘制经过这两个端点的一段圆弧，如图 4-188 所示。

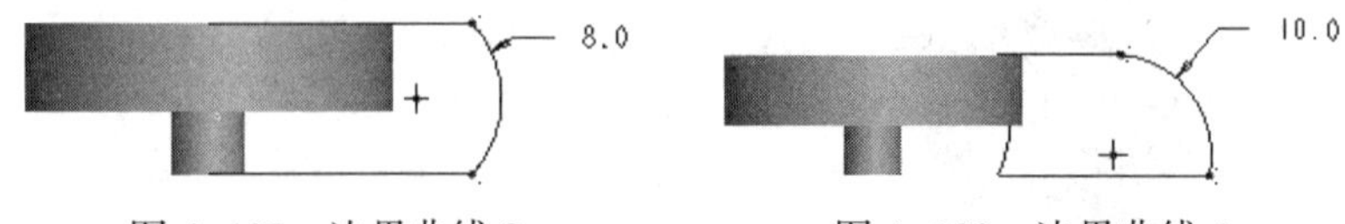


图 4-187　边界曲线 3　　　　图 4-188　边界曲线 4

⑤ 创建边界混合曲面：单击边界混合曲面工具，分别选取曲线 1 和曲线 2 作为第一方向的控制图元，选取曲线 3 和曲线 4 作为第二方向的控制图元，创建图 4-189 所示的边界混合曲面。

（4）边界混合曲面的阵列。

先在模型树中选中前面所做的“边界混合曲面”，然后在工具栏中单击阵列工具，打开阵列操控板，选择以轴的方式进行阵列，选取旋转中心轴线，阵列个数值为 6，角度值为 60。阵列结果如图 4-190 所示。

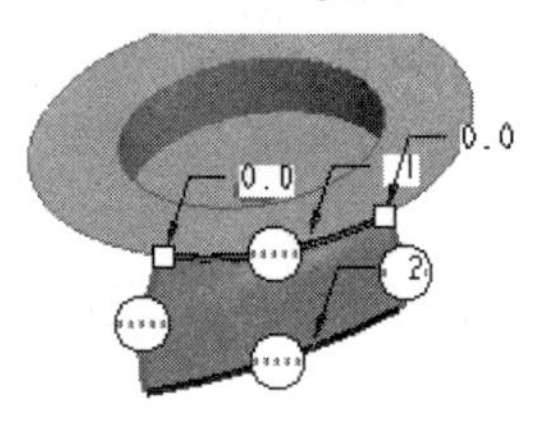

图 4-189　边界混合曲面

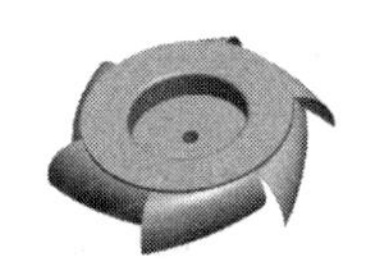

图 4-190　阵列结果

（5）创建填充平整曲面。

选择填充其中一个缺口：单击“编辑”→“填充”，以 RIGHT 面作为草绘平面，进入二维草绘，利用“使用边”工具，点选图 4-191 中箭头所指的两条曲线，并用直线工具将两端点连线。完成草绘后的填充结果如图 4-192 所示。

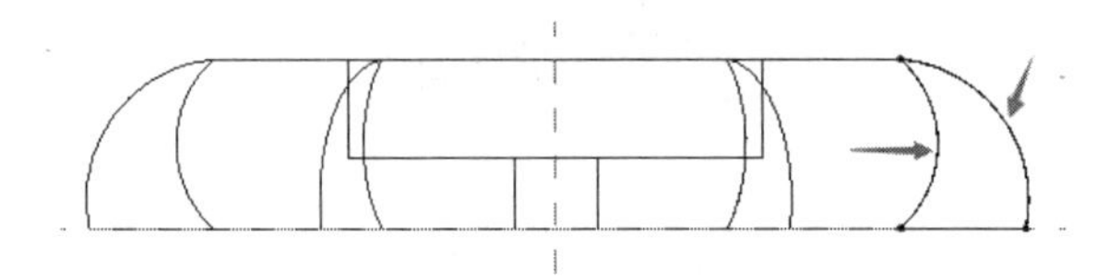

图 4-191　草绘两条曲线

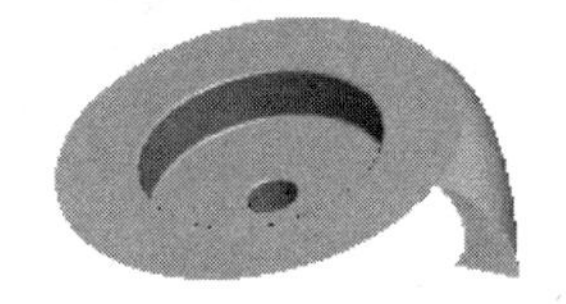

图 4-192　填充结果

（6）填充平整曲面的阵列。填充完成的曲面同样以旋转中心轴线为中心，阵列个数值为 6，角度值为 60。阵列结果如图 4-193 所示。

（7）合并曲面。单击“编辑”→合并”，按顺序点亮所有曲面，单击确定，如图 4-194 所示。

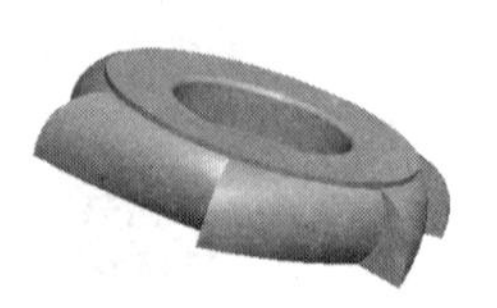

图 4-193　阵列结果

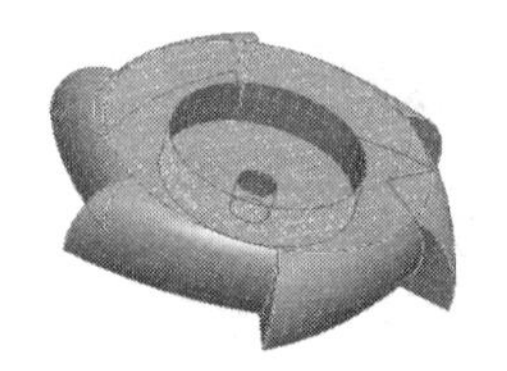

图 4-194　合并曲面

（8）加厚使曲面实体化并圆角化。合并完成后单击“编辑”→“加厚”，点亮曲面，输入加厚数值 1，单击确定，如图 4-195 所示。将图形内角进行图 4-196 所示半径值为 1 的倒圆角，得出旋钮模型如图 4-179 所示。

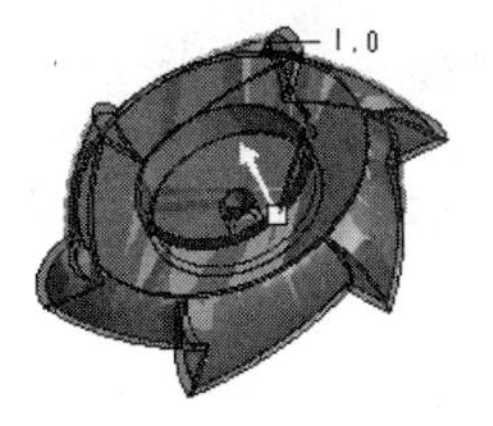


图 4-195　加厚

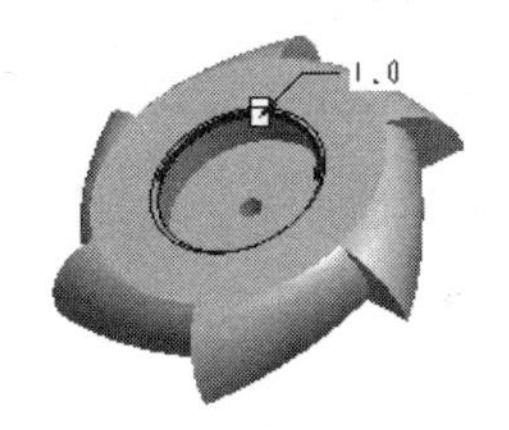


图 4-196　倒圆角

## 4.3.6　边界混合曲面应用实例四：把手

4.3.6

**【第一届“高教杯”大赛考题（早期称为“中图杯”）】** 把手模型的三视图尺寸如图 4-197 所示。第 3 章介绍过采用扫描混合特征工具制作这一把手的主体部分。在本章中改用边界混合曲面的工具完成。具体操作过程如下。

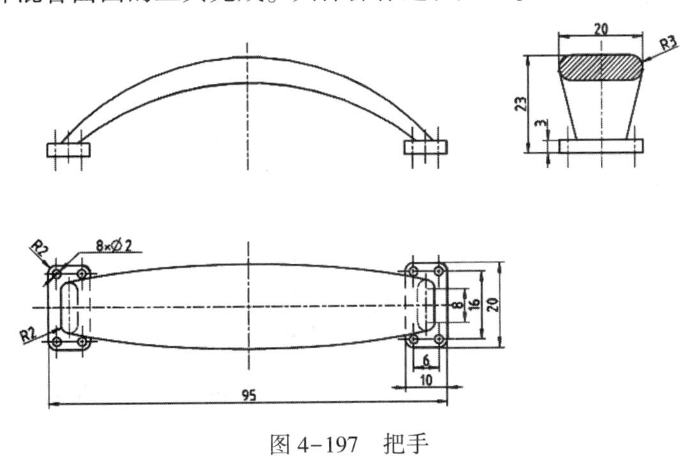


图 4-197　把手

（1）先拉伸出底座，然后经过镜像命令，把两个底座做出来，如图 4-198 所示。此过程跟前面的一样，在此略。

（2）在底座的面上，根据尺寸草绘出把手在一个底座上的边界曲线 1，如图 4-199 所示。然后采用镜像工具，得到另一个底座上的边界曲线 3，如图 4-200 所示。

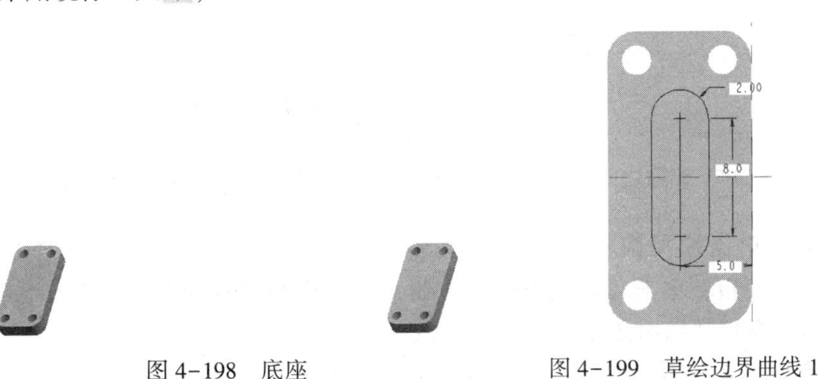


图 4-198　底座

图 4-199　草绘边界曲线 1

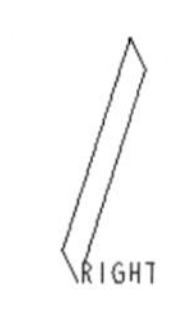

图 4-200　镜像曲线

（3）以 RIGHT 面为基准面，草绘如图 4-201 所示的截面，作为边界曲线 2。最终得到如图 4-202 所示的三条边界曲线。

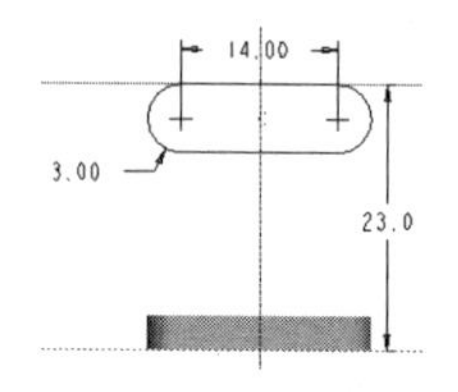



图 4-201　草绘边界曲线 2

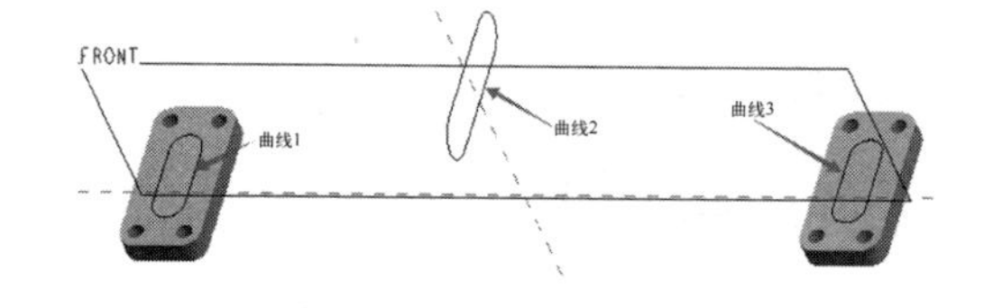



图 4-202　三条边界曲线

（4）以 FRONT 面草绘平面，在草绘环境下，同时按<Ctrl+D>键，使其显示立体视图，单击“使用边”工具，激活三条边界线的三个半圆弧曲线，得到图 4-203 所示的三条线段，然后使用样条曲线工具分别连接这三段线的端点，得到曲面 4 和曲面 5，结果如图 4-204 所示，最后用删除段工具，把三条之前激活的边删除，结果如图 4-205 所示。

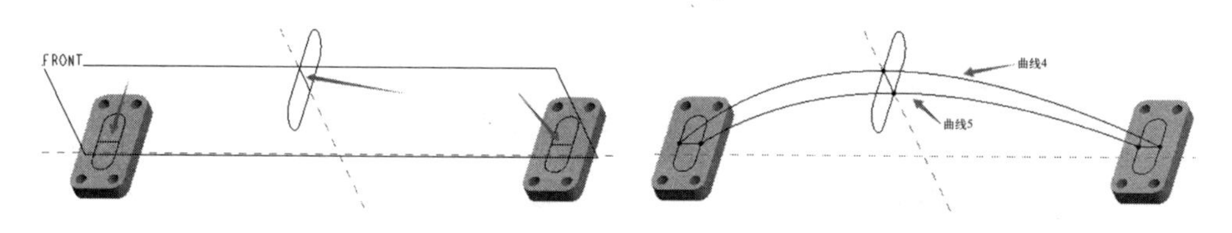



图 4-203　创建三条段段　　图 4-204　草绘曲线 4 和曲线 5

（5）创建边界混合曲面。

单击边界混合曲面工具，分别选取曲线 1、曲线 2 和曲线 3 作为第一方向的控制图元，选取曲线 4 和曲线 5 作为第二方向的控制图元，创建图 4-206 所示的边界混合曲面。

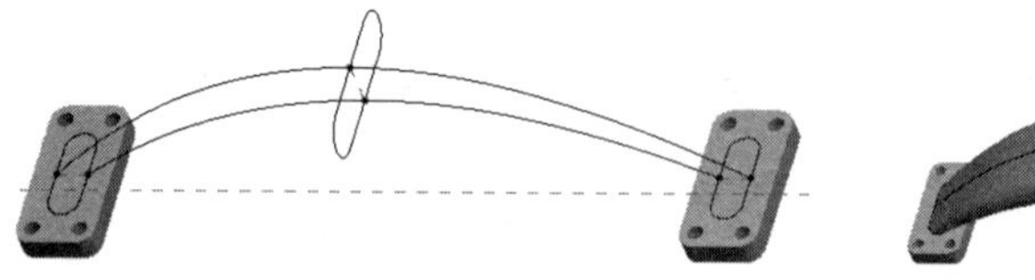

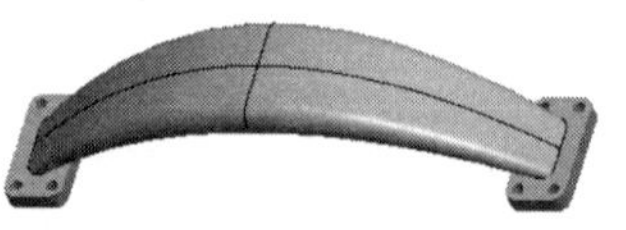

图 4-205　删除之前激活的三条线段　　图 4-206　边界混合曲面

（6）实体化。单击模型树中的“边界混合 1”，选择“编辑”→“实体化”，弹出图 4-207 所示的操控板，单击“改变方向”按钮，使模型中的箭头方向如图 4-208 所示，完成把手的边界混合特征的实体化。

（7）在模型树上方单击“显示”选项卡，选取“层树”显示，点选“层”，单击鼠标右键，弹出快捷菜单，选择“隐藏”选项，之前草绘的线和基准面均被隐藏，其模型显示结果如图 4-209 所示。

图 4-207 “实体化”操控板

图 4-208 实体化结果

图 4-209 模型显示结果

## 4.4 曲面造型综合实例一：水杯

4.4

**【第一期 CAD 技能二级（三维数字建模师）考题】** 按照图 4-210 所示水杯曲面立体的形状，进行三维曲面造型，并添加表面图案和刻字。

（1）创建杯口的雏形曲线。

① 选择 TOP 面作为草绘平面，单击 （草绘工具）按钮，弹出“草绘”对话框，单击滚轮确定，进入草绘界面，草绘图 4-211 所示的截面，单击滚轮或单击 确定，在模型树上显示名为“草绘 1”。

图 4-210 水杯

图 4-211 草绘截面 1

② 单击 （草绘工具）按钮，选择 FRONT 面作为草绘平面，在草绘环境下，用“草绘”→“参照”，把之前绘制的草绘 1 中最左右端和最右端点分别激活作参照，再用样条曲线绘制图 4-212 所示的曲线，应注意最左端点和最右端点应与与参照点对齐。此特征在模型树上显示名为“草绘 2”。

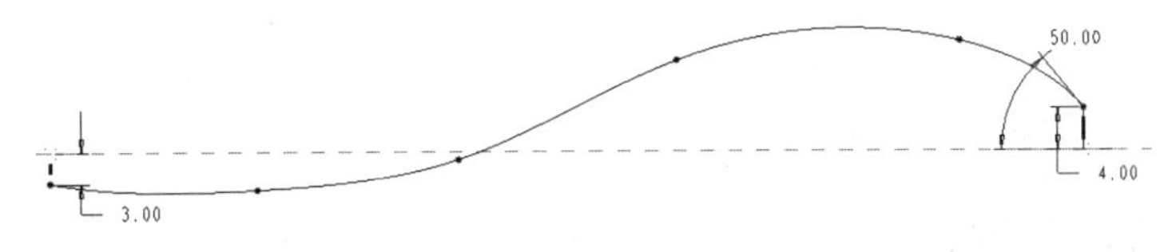


图 4-212 草绘截面 2

③ 同时选中草绘 1 和草绘 2，单击“编辑”→ 相交(I)...（相交工具）使得两个草绘相交，生成图 4-213 所示的杯口的雏形曲线。

（2）创建杯身其他部位的横向截面。

① 在工具栏中单击基准面创建工具 ，选择 TOP 面作参照，向下平移 20，得到新的基

准平面 DTM1。单击 (草绘工具) 按钮，以 DTM1 为草绘平面，绘制图 4-214 所示的圆形截面，此特征在模型树上显示名为“草绘 3”。

②用相同的方法创建新的基准平面 DTM2：以 TOP 面作参照，向下平移 55。以 DTM2 作为草绘平面，绘制图 4-215 所示的圆形截面，此特征在模型树上显示名为“草绘 4”。

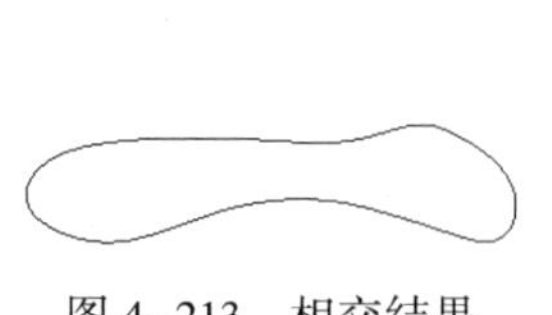
图 4-213　相交结果

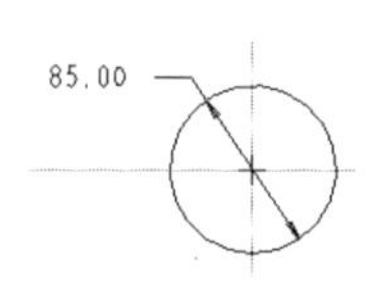

图 4-214　草绘截面 3

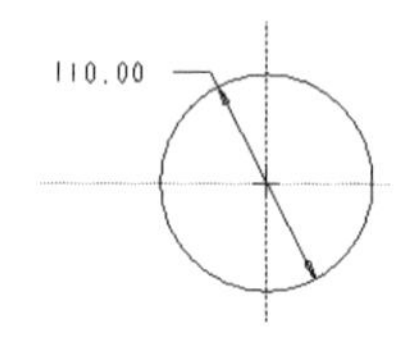

图 4-215　草绘截面 4

③ 用相同的方法创建新的基准平面 DTM3：以 TOP 面作参照，向下平移 79。以 DTM3 作为草绘平面，绘制图 4-216 所示的圆形截面，此特征在模型树上显示名为“草绘 5”。

④ 用相同的方法创建新的基准平面 DTM4：以 TOP 面作参照，向下平移 100。以 DTM3 作为草绘平面，绘制图 4-217 所示的圆形截面，此特征在模型树上显示名为“草绘 6”。

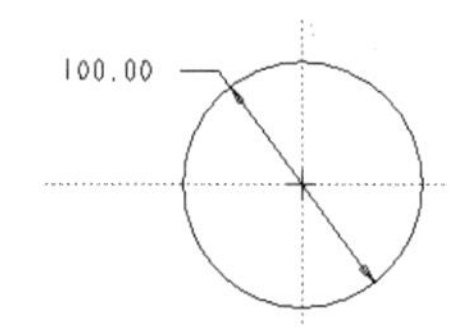

图 4-216　草绘截面 5

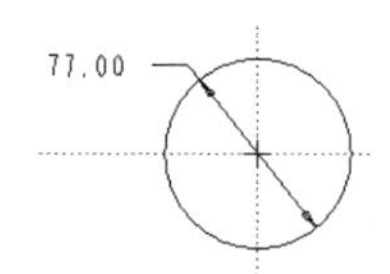

图 4-217　草绘截面 6

（3）创建杯身的纵向边界线。

单击 (草绘工具) 按钮，在 FRONT 面上草绘如下截面（先用“草绘”→“参照”，激活草绘 2、3、4、5、6 在 FRONT 面上投影线的最左端点和最右端点，再分别用样条曲线工具 连接图 4-218 所示的最左端点和最右端点，命名为草绘 7，结果如图 4-219 所示。

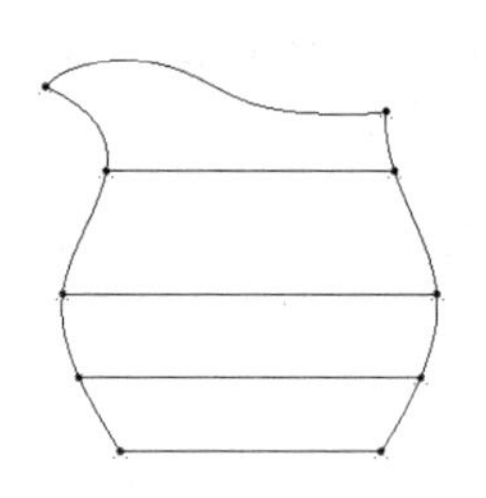
图 4-218　草绘截面 7

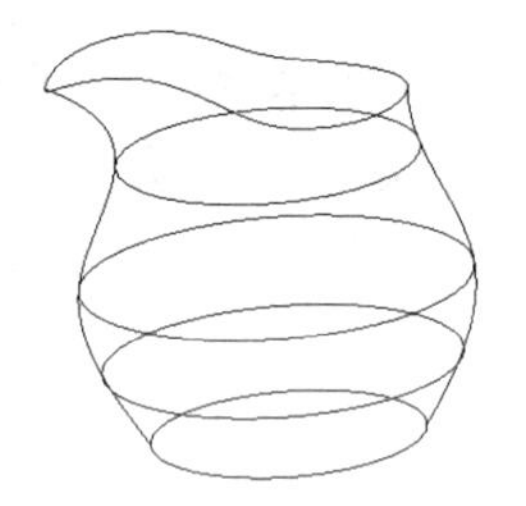
图 4-219　草绘结果

（4）创建边界混合曲面。

单击边界混合曲面工具，分别选取之前草绘的交截曲线、草绘 3、草绘 4、草绘 5、草绘 6 作为第一方向的控制图元，选取草绘 7 的左右两条边界线作为第二方向的控制图元，创建图 4-220 所示的边界混合曲面。

（5）创建杯底的旋转曲面。

单击旋转工具，选择操控板中的，以 FRONT 面为草绘平面，创建图 4-221 所示的截面和中心线，得到图 4-222 所示的旋转曲面，此特征在模型树上显示名为“旋转 1”。

图 4-220　边界混合曲面

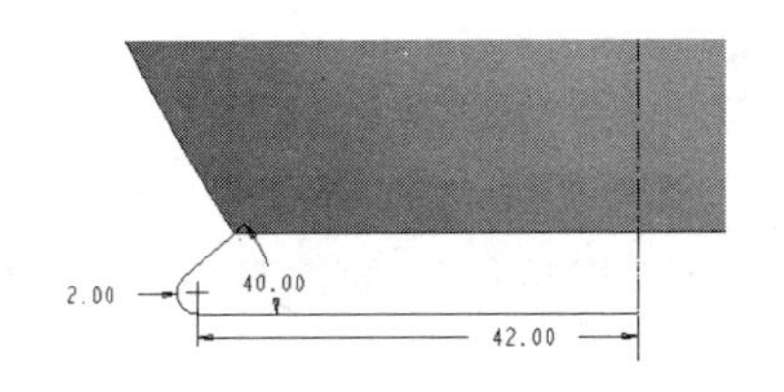


图 4-221　草绘截面

（6）曲面的合并与加厚。

按住<Ctrl>键，在模型树中同时点选“边界混合 1”和“旋转 1”，然后在菜单栏上选择“编辑”→“合并”命令，单击滚轮确定将两曲面进行合并。

单击“编辑”→“加厚”，选择合并后的曲面，输入厚度值为 3，方向向里，单击确定。结果如图 4-223 所示。

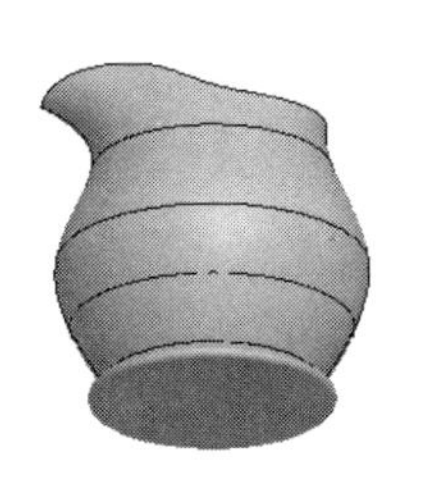

图 4-222　旋转曲面

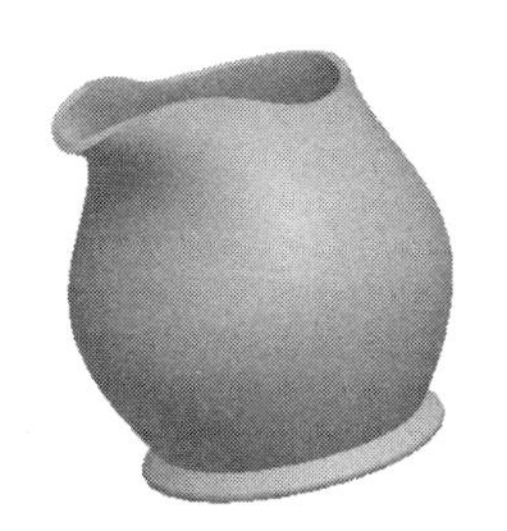

图 4-223　加厚结果

（7）创建手柄。

① 在菜单栏上选择“插入”→“扫描”→“ 伸出项”，出现“曲面：扫描”对话框和“扫描轨迹”菜单。

② 定义扫描轨迹与扫描截面。选择“扫描轨迹”菜单中的“草绘轨迹”，选取 FRONT 基准面作为草绘平面，在草绘环境下绘制图 4-224 所示的轨迹线，单击✔结束草绘。在图 4-225 所示的“属性”菜单管理器中选择“合并端”→“完成”，系统自动进入扫描截面的草绘环境。绘制图 4-226 所示的扫描截面，结束草绘。

③ 在“扫描”对话框中单击“确定”，完成扫描特征的创建，结果如图 4-227 所示。

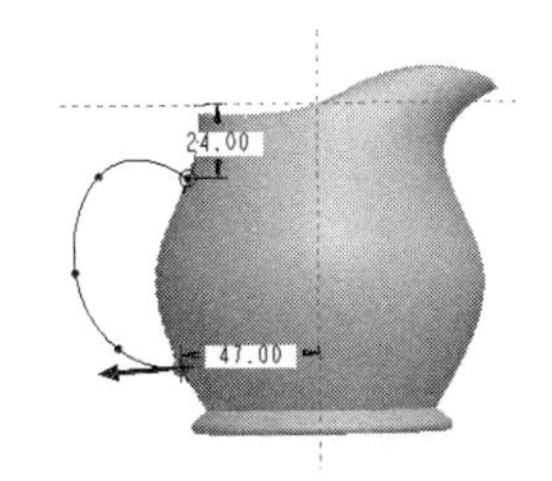


图 4-224　草绘轨迹线

图 4-225　“属性”菜单管理器

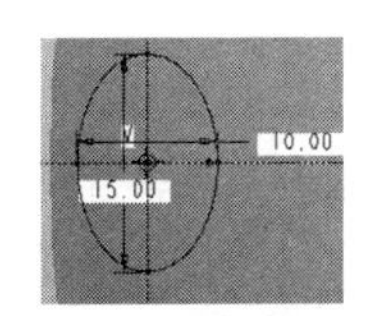


图 4-226　草绘截面

（8）草绘文字。

在工具栏中单击基准面创建工具，选择 RIGHT 面作参照，平移 87，得到新的基准平面 DTM6，在工具栏中单击草绘工具，以 DTM6 为草绘平面，用文本工具创建如

图 4-228 所示的文字，此特征在模型树上显示名为“草绘 10”。

（9）偏移文字。

按住<Ctrl>键，选取如图 4-229 中箭头所示的杯身的两个侧面。点选菜单栏中的“编辑”→“偏移”，弹出图 4-230 所示的“偏移”操控板，点开图 4-231 所示的“特征”选项卡，选择“带有拔模特征”的偏移，在图 4-232 所示的“参照”选项卡中单击“定义”按钮，以 DTM6 作为草绘平面，采用使用边工具，弹出图 4-233 示的类型窗口，选择“环”，激活之前创建的所有文字，完成草绘，在偏移操控板中输入文字偏移距离值为 1；拔模角度值为 3，结果如图 4-234 所示。

图 4-227　扫描结果

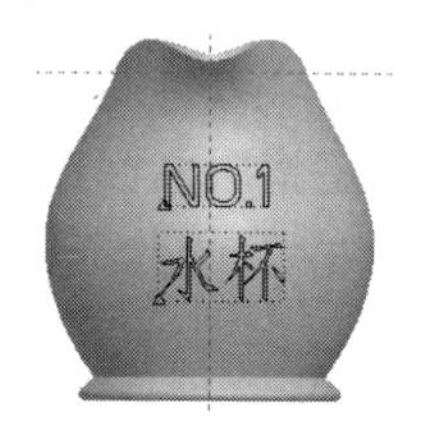


图 4-228　草绘文字

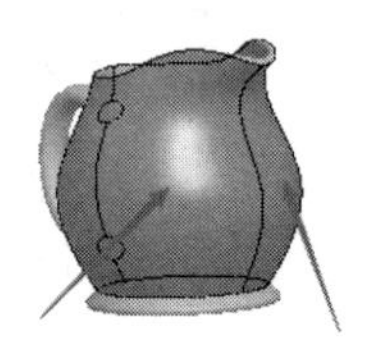

图 4-229　选取侧面

图 4-230 “偏移”操控板

图 4-231 “特征”选项卡

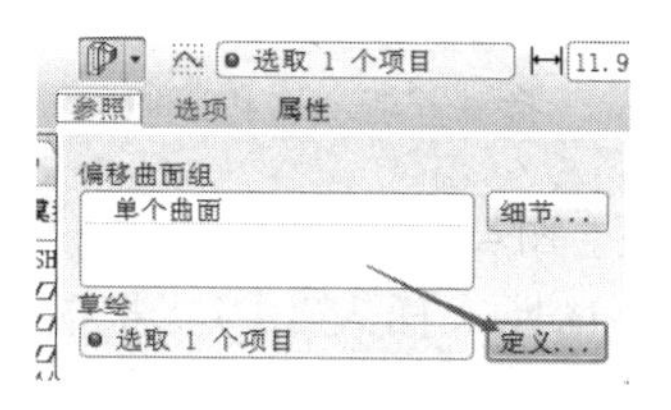


图 4-232 “参照”选项卡

图 4-233　类型窗口

图 4-234　偏移文字结果

（10）外观润色。

单击菜单工具栏中的外观库工具下拉菜单，如图 4-235 所示，选取几款不同颜色对不同的部位进行着色，效果如图 4-236 所示。单击图 4-235 中的“编辑模型外观”，弹出图 4-237 所示的模型外观编辑器，单击图中箭头所示的颜色编辑处，弹出图 4-238 所示的颜色编辑器，选择“颜色轮盘”中合适的颜色，杯身外表面会自动变成此颜色，效果如图 4-239 所示。

（11）贴图。

① 把图另存为 *. jpg 格式的文件（非透明），也可以另存为 *. gif 格式的文件（透明）；

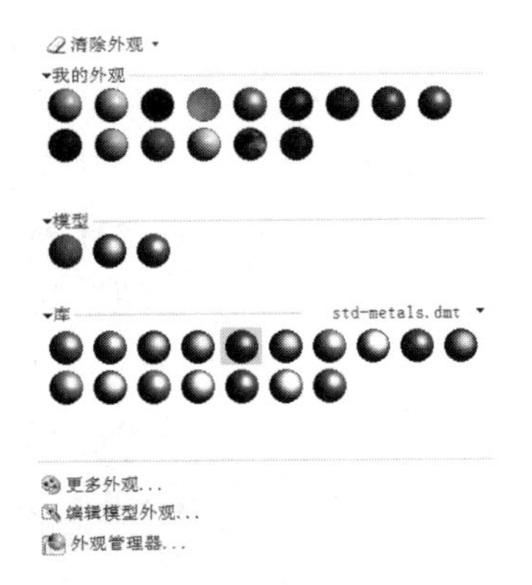


图 4-235　外观库

图 4-236　着色效果

图 4-237　模型外观编辑器

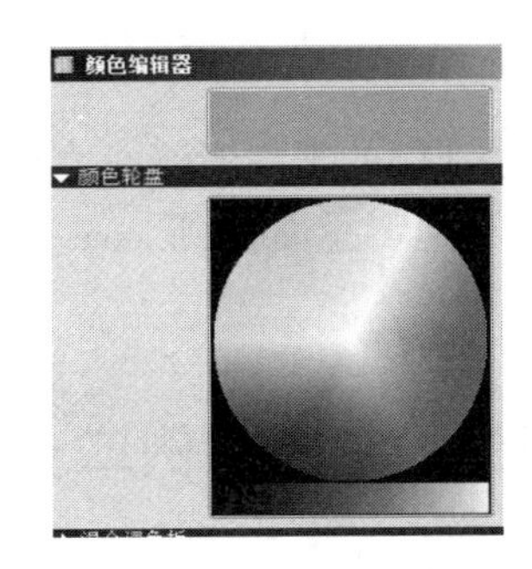


图 4-238　颜色编辑器

② 单击图 4-240 所示的“模型外观编辑器”中的“图”选项卡里的“贴花”下拉菜单，选择“图像”，再单击“贴花”按钮，打开待贴的图片文件，再单击图 4-240 所示“模型外观编辑器”中的“选择一对象以编辑其外观”按钮，在模型上选取待贴图的部位进行贴图，然后在图 4-240 所示的“模型外观编辑器”中单击编辑贴花位置按钮，弹出图 4-241 所示编辑贴花位置的操控板，点选图中箭头所指的“单一”，并拖动 X 与 Y 的位置，可以得到单一的贴花效果及其合适的位置，结果如图 4-242 所示。

图 4-239　编辑颜色效果

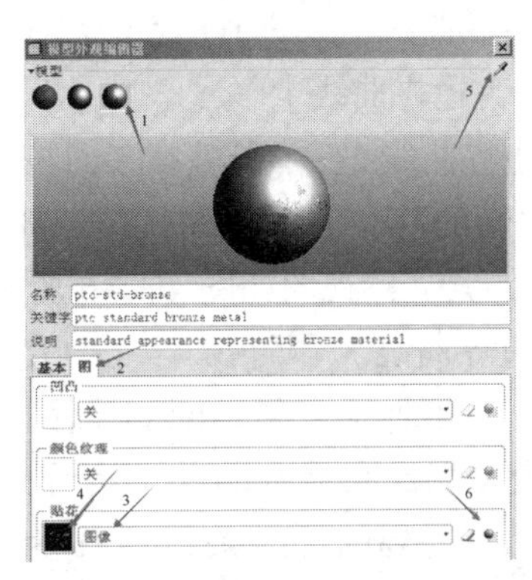

图 4-240　贴花

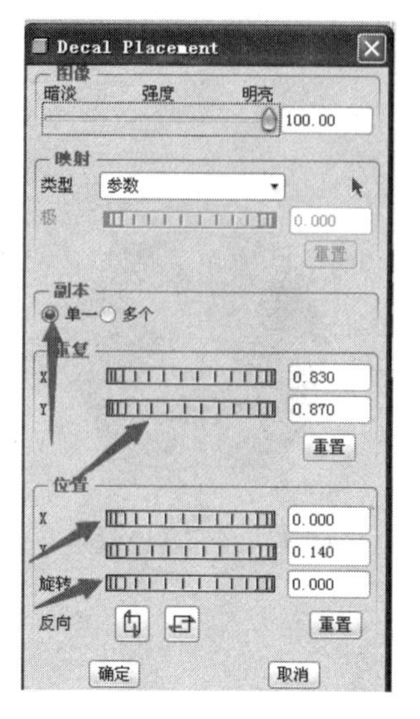


图 4-241　贴花位置的操控板

图 4-242　贴图效果

（12）为了让贴的图片能够一直保存，以后再打开时不会消失，可通过以下方法解决：在“工具——选项”里面找到 save_texture_with_model，将 no 改成 yes ，保存更改后确定关闭。

4.5

## 4.5　曲面造型综合实例二：牛奶瓶

牛奶瓶的模型参考效果如图 4-243 所示。

在该实例中，设计重点和难点在于创建所需要的曲线，以及由这些曲线创建所需的曲面。通过本实例可以更加熟练地掌握边界混合、旋转、扫描混合曲面，以及实体化等曲面设计的实用技能。

为了描述方便，将牛奶瓶看作是由上半部分、下半部分和手柄组成的。

图 4-243　牛奶瓶

牛奶瓶的设计过程如下。

（1）创建边界混合曲面。

① 草绘边界曲线 1：以 TOP 作为草绘平面，绘制图 4-244 所示的图形，作为边界曲线 1。

② 草绘边界曲线 2：单击基准平面按钮，选择平面 TOP 面，输入平移数值 4，选择方向向下，建立新的基准平面 DTM1，以 DTM1 作为草绘平面，绘制图 4-245 所示的圆形，作为边界曲线 2，其立体视图如图 4-246 所示。

③ 草绘边界曲线 3 和曲线 4：以 FRONT 面为草绘平面，采用使用边工具，激活前面绘制的曲线 1 和曲线 2 在 FRONT 面的投影线，如图 4-247 所示，用线段分别连接这两条投影线的最左端点和最右端点，然后删除之前激活的曲线 1 和曲线 2 的投影线，结果如图 4-248 所示，得到的这两条线段作为边界曲线 3 和曲线 4，其立体视图如图 4-249 所示。

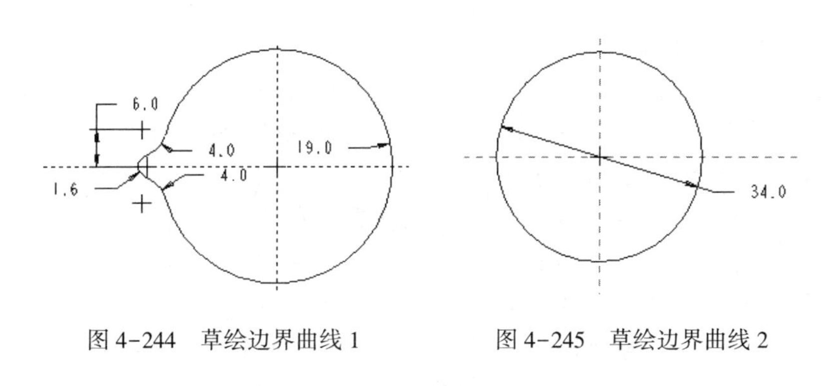


图 4-244　草绘边界曲线 1　　图 4-245　草绘边界曲线 2

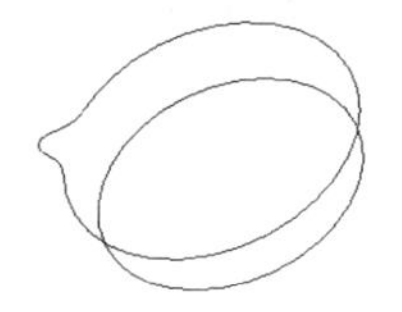

图 4-246　立体视图

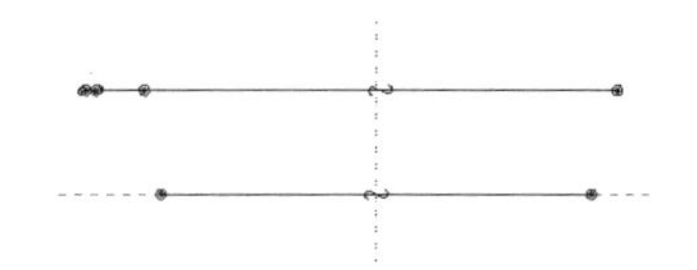

图 4-247　激活曲线 1、2

④ 创建边界混合曲面。单击边界混合曲面工具，选取前面所创建的草绘曲线 1 和 2 作为第一方向的控制图元，选取草绘曲线 3 和 4 作为第二方向的控制图元，创建边界混合曲面，如图 4-250 所示。

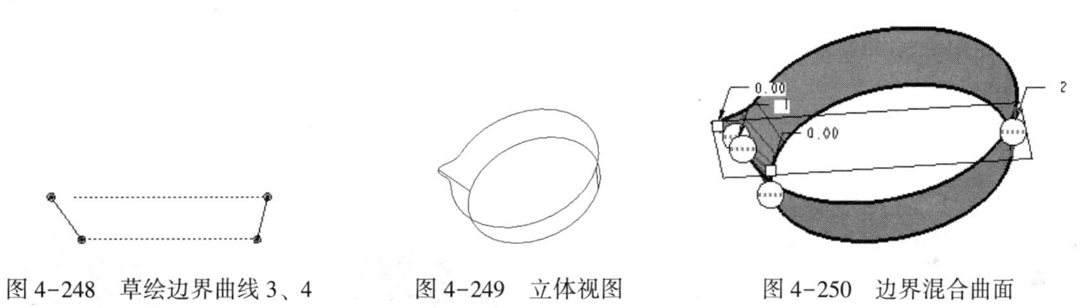


图 4-248　草绘边界曲线 3、4　　图 4-249　立体视图　　图 4-250　边界混合曲面

（2）创建旋转曲面。

单击旋转工具按钮，选择 RIGHT 基准平面作为草绘平面，绘制图 4-251 所示的图形，结果如图 4-252 所示。

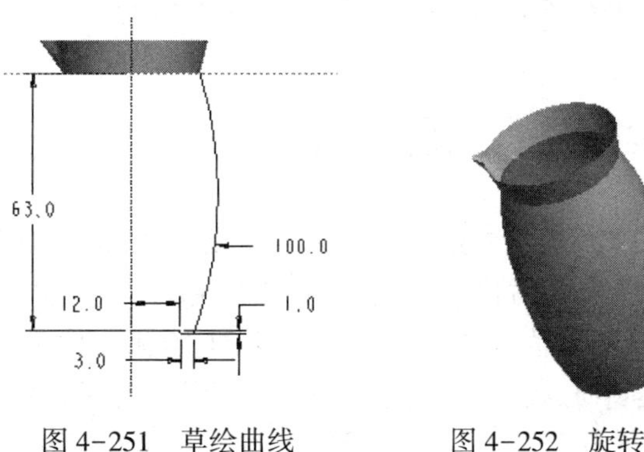


图 4-251　草绘曲线　　图 4-252　旋转曲面

（3）曲面的合并与加厚。

单击“编辑”→“合并”，选择点亮瓶身上下两部分，单击确定；单击“编辑”→“加厚”，选择合并后的瓶身，输入厚度值为0.5，方向向外，单击确定。

（4）创建扫描混合实体特征的手柄。

采用草绘工具，绘制图4-253所示的轨迹线；单击“插入”→“扫描混合”，弹出图4-254所示的“扫描混合”操控板，选择“实体”，单击“参照”选项卡，选取之前所绘制好的图4-253所示的轨迹线；单击“截面”，弹出图4-255所示的选项卡，草绘两端处的截面：截面位置分别选取轨迹线上的两个端点处，分别绘制图4-256和图4-257所示的两个椭圆；返回并在“扫描混合”操控板上单击创建薄板特征按钮，输入薄板厚度值0.5。

图4-253　草绘轨迹线　　图4-254　　图4-255　“截面”选项卡

最后，再使用“旋转”工具中的去除材料，把图4-258中箭头所指的多余部分去除，结果如图4-259所示。

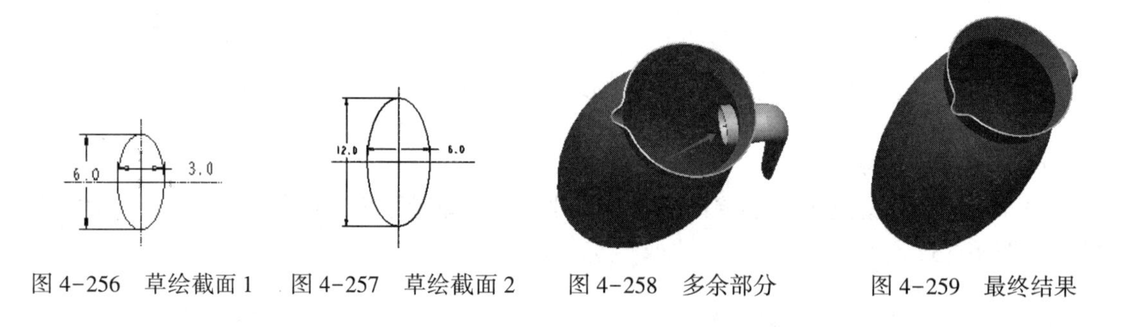


图4-256　草绘截面1　　图4-257　草绘截面2　　图4-258　多余部分　　图4-259　最终结果

## 4.6　曲面造型综合实例三：洗发水瓶

4.6

**【第三届“高教杯”全国大学生先进成图技术、产品信息建模创新大赛试题】**洗发水瓶的三维模型及视图尺寸参考图4-260所示。说明：洗发水瓶壁厚值为0.6，瓶口螺纹螺距值为6，圈数值为1.5，螺纹牙型R1圆弧。模型下部环状凸起部分为贴标签的位置，图中尺寸为中心线尺寸。右下图为截面形状，随引导线变化。完成的模型渲染成你喜欢的颜色。

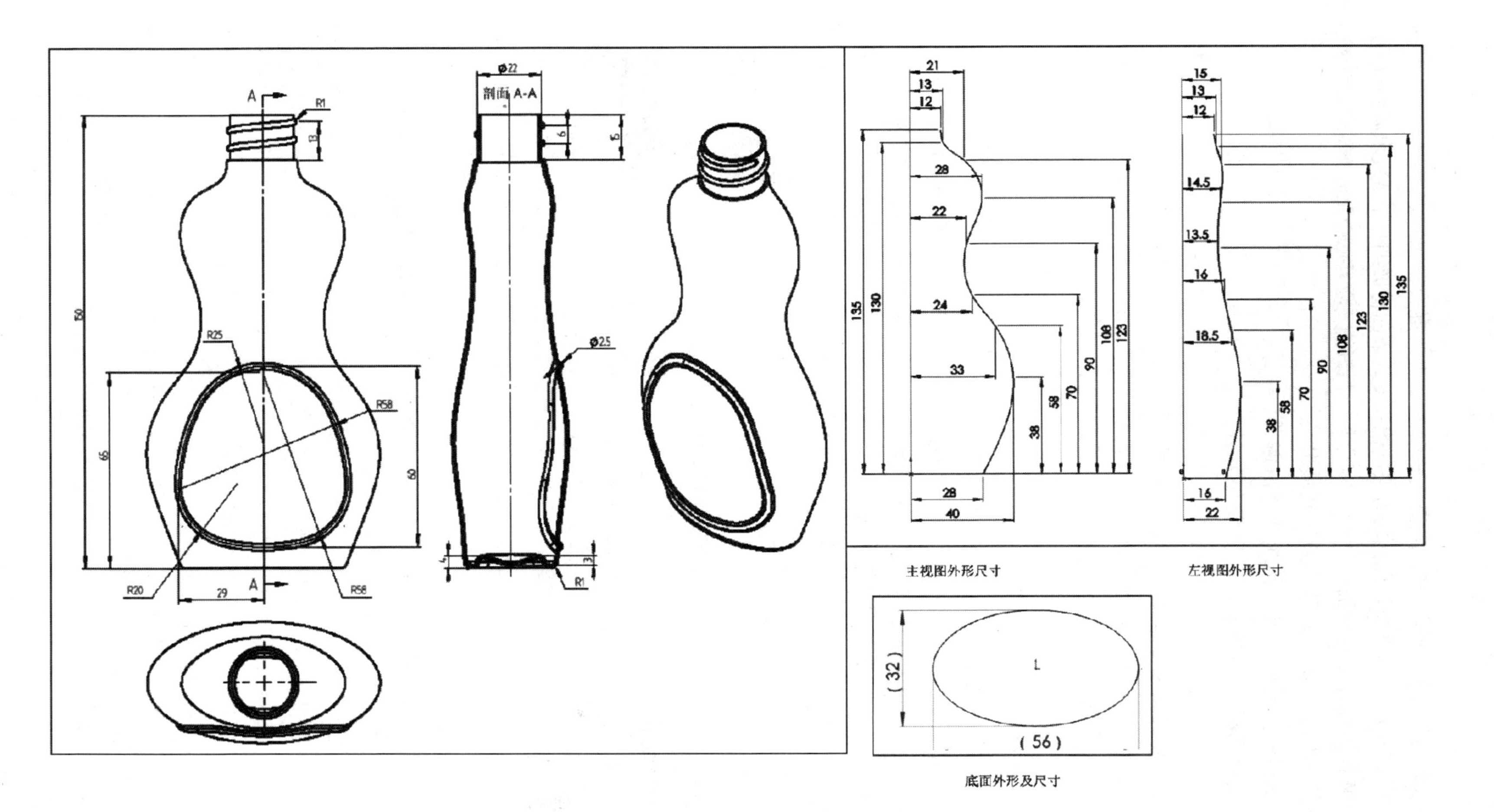


图4-260　洗发水瓶

此洗发水瓶的瓶身曲面可以用“可变截面扫描”或“混合”或“边界混合”的特征工具进行创建，这里选用边界混合特征曲面的方法创建瓶身。下面将详细介绍洗发水瓶的建模过程。

**1. 创建瓶身的边界混合曲面**

（1）在工具栏中单击创建基准点工具展开栏，选择偏移坐标系基准点工具，弹出偏移坐标系基准点对话框，打开坐标系显示开关，在模型树或图形区选取坐标系PRT_CSYS_DEF作参照，在对话框中输入9个点的X轴和Y轴的值（Z值采用默认值0），如图4-261所示，得到9个基准点PNT0、PNT1、PNT2、PNT3、PNT4、PNT5、PNT6、PNT7、PNT8。

偏移坐标系基准点

放置 属性

参照 PRT_CSYS_DEF:F4(坐标系)

类型 笛卡尔

使用非参数矩阵

| | 名称 | X 轴 | Y 轴 | Z 轴 |
|---|---|---|---|---|
| 1 | PNT0 | 28.00 | 0.00 | 0.00 |
| 2 | PNT1 | 40.00 | 38.00 | 0.00 |
| 3 | PNT2 | 33.00 | 58.00 | 0.00 |
| 4 | PNT3 | 24.00 | 70.00 | 0.00 |
| 5 | PNT4 | 22.00 | 90.00 | 0.00 |
| 6 | PNT5 | 28.00 | 108.00 | 0.00 |
| 7 | PNT6 | 21.00 | 123.00 | 0.00 |
| 8 | PNT7 | 13.00 | 130.00 | 0.00 |
| 9 | PNT8 | 12.00 | 135.00 | 0.00 |

图4-261 创建基准点

（2）在工具栏中单击创建曲线工具，弹出图4-262所示的“曲线选项”菜单，点选“通过点”→“完成”，弹出图4-263所示的“曲线：通过点”对话框，同时弹出图4-264所示的“连结类型”菜单，点选“样条”→“整个阵列”→“添加点”→“完成”。选取之前创建的基准点PNT0，系统自动连接PNT0~PNT8，在图4-261所示的“曲线：通过点”对话框中单击“确定”按钮，得到图4-265所示在FRONT面上的曲线。

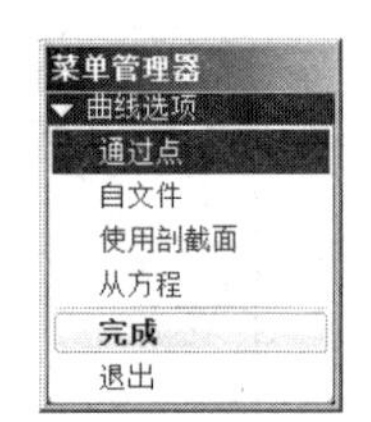


图4-262 “曲线选项”菜单

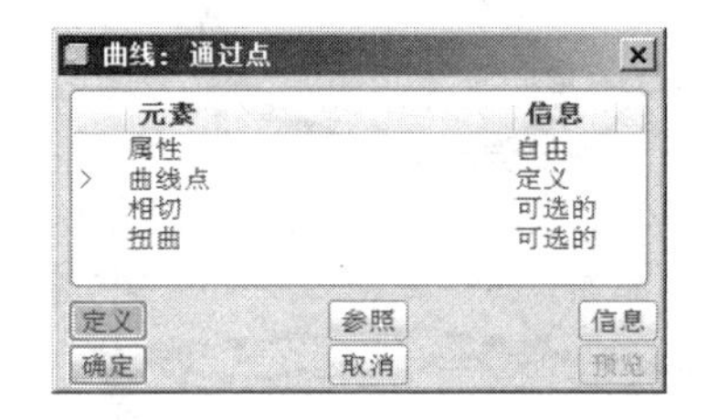


图4-263 “曲线：通过点”对话框

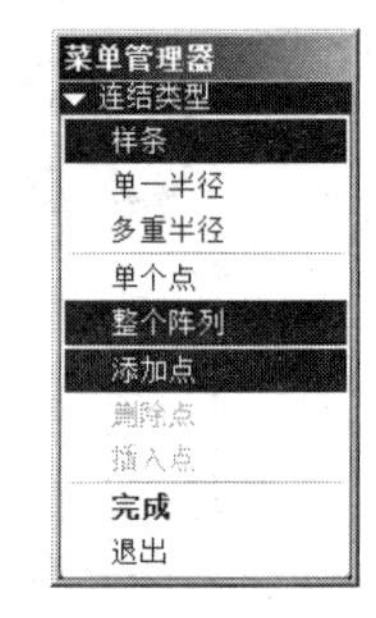


图4-264 “连结类型”菜单

（3）以RIGHT面作为基准平面，对图4-265所示的曲线进行镜像操作，得到图4-266所示的曲线（以FRONT面作视图方向）。

（4）采用上述相同的方法。单击偏移坐标系基准点工具，选取坐标系PRT_CSYS_DEF作参照，输入9个点的输入Y轴和Z轴的值（X值采用默认值0），如图4-267所示，得到9个基准点PNT9、PNT10、PNT11、PNT12、PNT13、PNT14、PNT15、PNT16、PNT17。

（5）采用上述相同的方法创建曲线。通过连接之前创建的9个基准点PNT9~PNT17，得到图4-268所示在RIGHT面上的曲线。

（6）以FRONT面作为基准平面，对图4-268所示的曲线进行镜像操作，得到图4-269所示的曲线（以RIGHT面作视图方向）。

最后完成的侧面的四条边界曲线效果如图4-270所示。

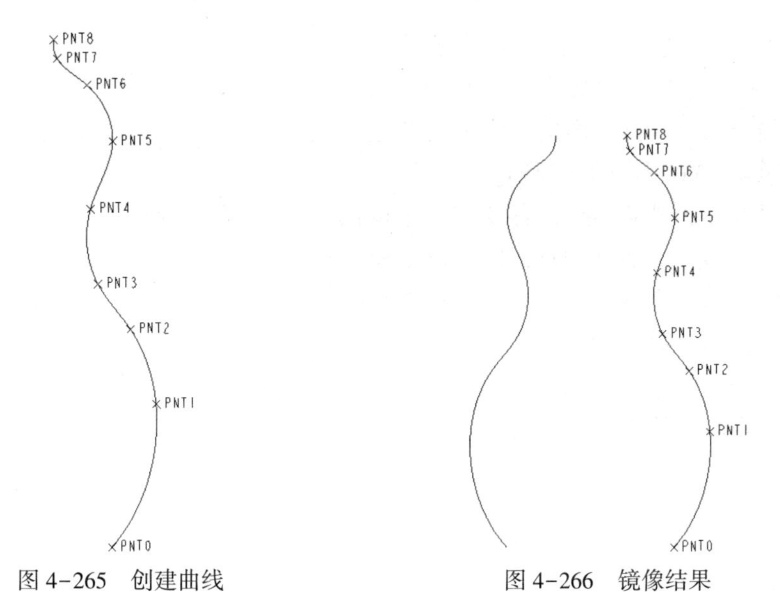


图 4-265　创建曲线

图 4-266　镜像结果

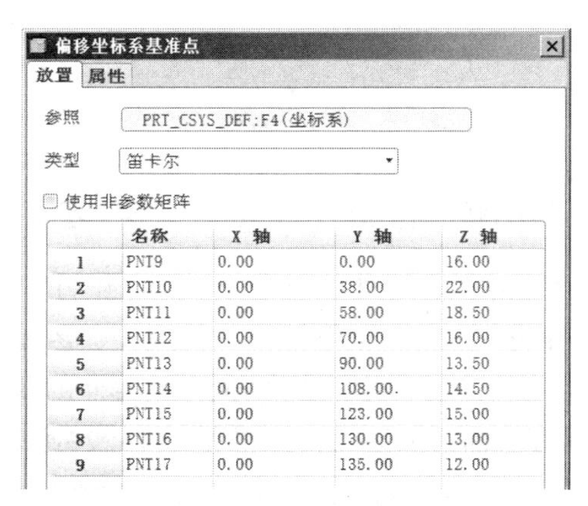
偏移坐标系基准点

放置　属性

参照　PRT_CSYS_DEF:F4(坐标系)

类型　笛卡尔

使用非参数矩阵

|  | 名称 | X 轴 | Y 轴 | Z 轴 |
|---|---|---|---|---|
| 1 | PNT9 | 0.00 | 0.00 | 16.00 |
| 2 | PNT10 | 0.00 | 38.00 | 22.00 |
| 3 | PNT11 | 0.00 | 58.00 | 18.50 |
| 4 | PNT12 | 0.00 | 70.00 | 16.00 |
| 5 | PNT13 | 0.00 | 90.00 | 13.50 |
| 6 | PNT14 | 0.00 | 108.00. | 14.50 |
| 7 | PNT15 | 0.00 | 123.00 | 15.00 |
| 8 | PNT16 | 0.00 | 130.00 | 13.00 |
| 9 | PNT17 | 0.00 | 135.00 | 12.00 |

图 4-267　创建基准点

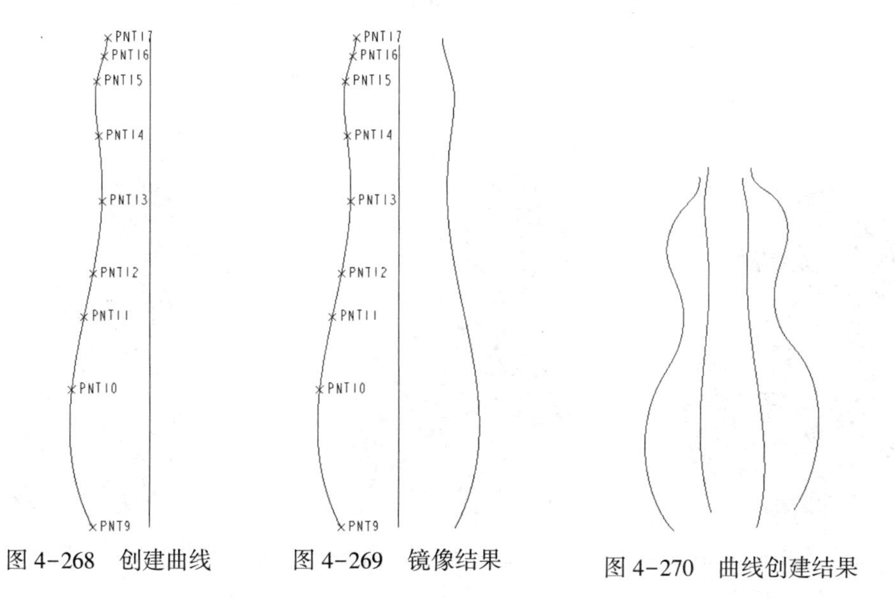


图 4-268　创建曲线　　图 4-269　镜像结果　　图 4-270　曲线创建结果

（7）以 TOP 面作为草绘平面，在草绘环境下先应用“草绘”→“参照”，激活图 4-270 中四条边界线上最底部的四个端点，再用样条曲线工具连接这四个点，形成图 4-271 所示的椭圆形。

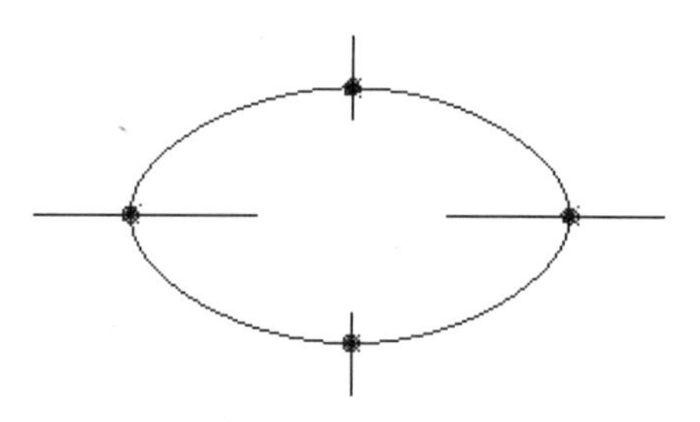

图 4-271　草绘底部截面

（8）经过图 4-270 中四条边界线上最顶上的四个端点创建一个新的基准平面 DTM1，以 DTM1 作为草绘平面，在草绘环境下先应用“草绘”→“参照”，激活图 4-270 中四条边界线上最顶上的四个端点，再用样条曲线工具连接这四个点，形成图 4-272 所示的圆形。

最后完成的两端面的边界曲线结果如图 4-273 所示。

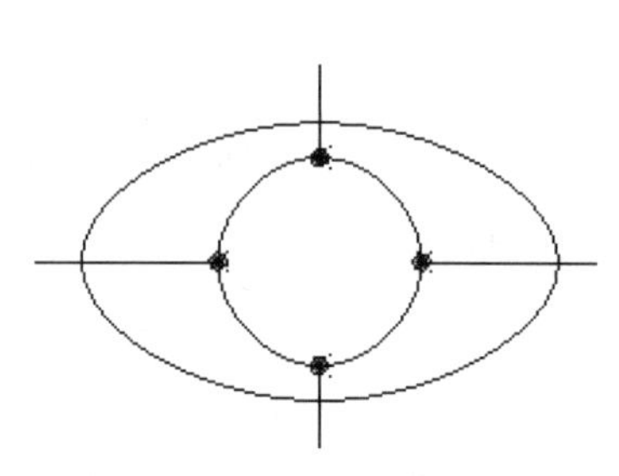

图 4-272　草绘顶部截面

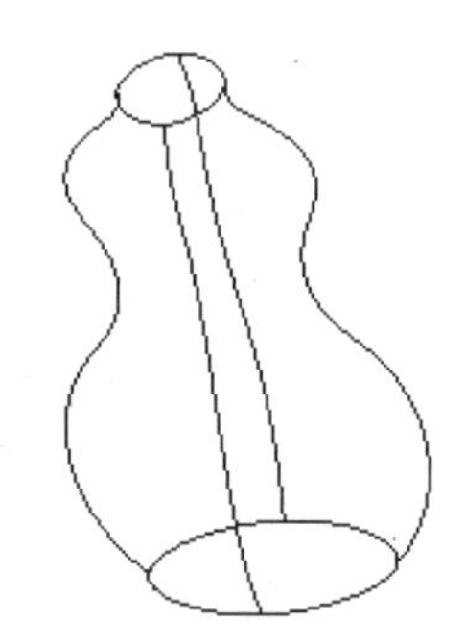

图 4-273　边界曲线创建结果

（9）在工具栏中单击“边界混合”工具按键，打开图 4-274 所示的操控板。按住<Ctrl>键在图形区按顺序选择第一方向的四条侧面的曲线，如图 4-275 所示。然后在操控板上选择“第二方向曲线”，在图形区选择第二方向的两条端面的曲线，如图 4-276 所示。在操控板上单击，完成边界混合曲面的创建，结果如图 4-277 所示。

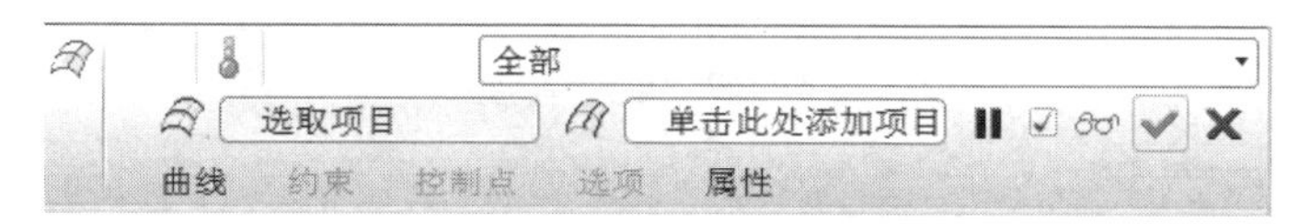


图 4-274　“边界混合”操控板

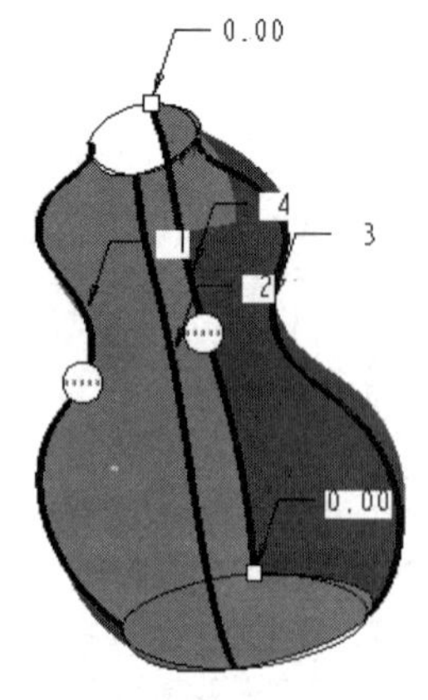


图 4-275　第一方向曲线

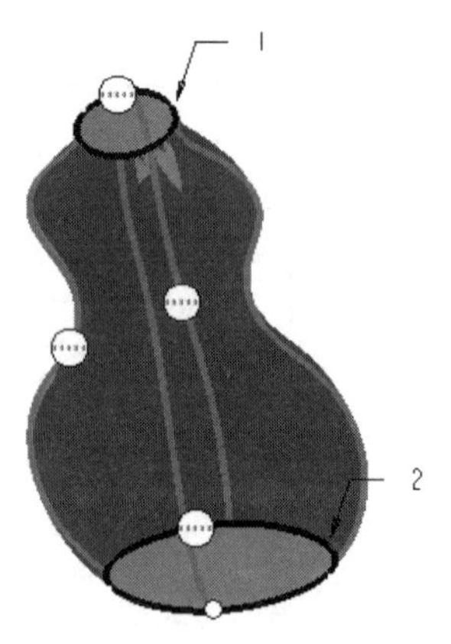


图 4-276　第二方向曲线

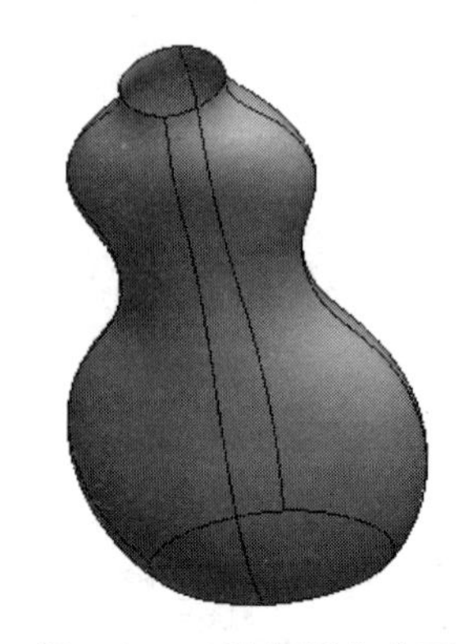

图 4-277　边界混合曲面

**2. 创建底部边缘的扫描曲面**

在菜单栏上选择“插入”→“扫描”→“曲面”，出现“曲面：扫描”对话框和“扫描轨迹”菜单。选择“草绘轨迹”，以 TOP 面作为草绘平面，在草绘环境下用“通过边创建图元”工具，激活瓶底的边界线作为轨迹线，如图 4-278 箭头所指，单击✓结束草绘。系统自动进入扫描截面的草绘环境。绘制图 4-279 所示的扫描截面（如图中箭头所指的一条水平线+一条斜线），结束草绘。在“扫描”对话框中单击“确定”，完成扫描特征的创建，结果如图 4-280 所示。

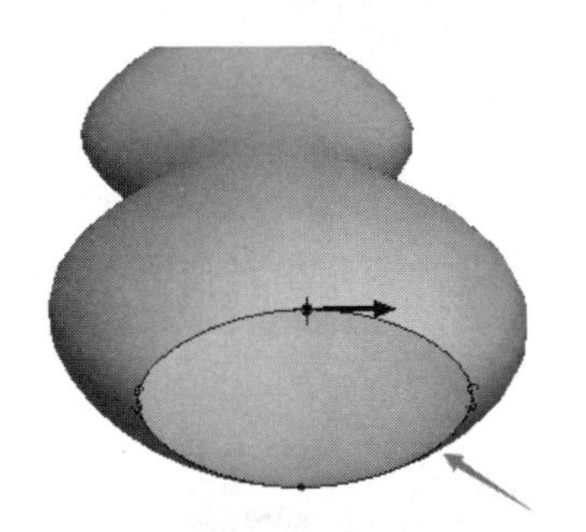
图 4-278　草绘轨迹线

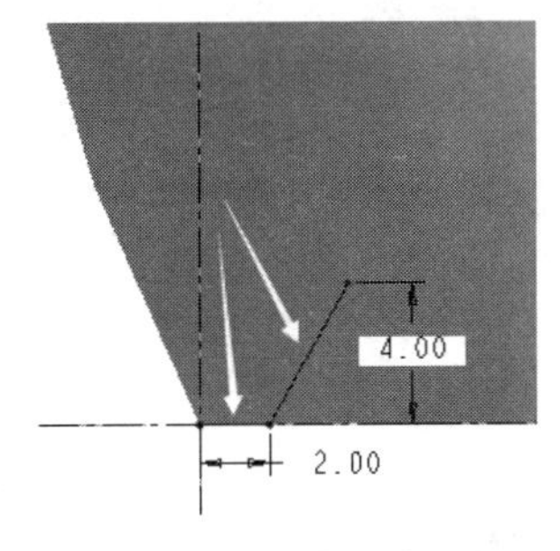

图 4-279　草绘截面

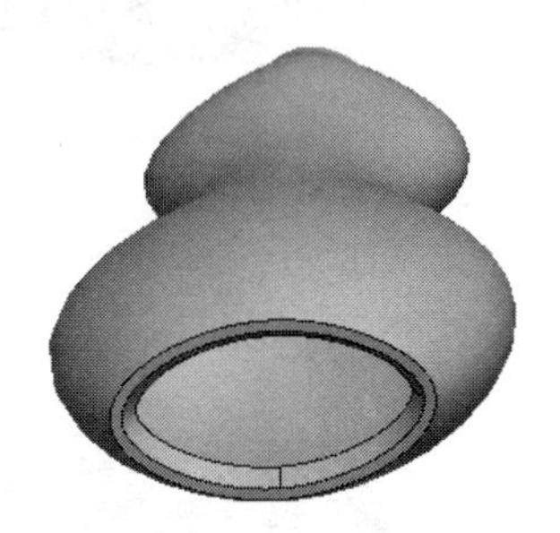
图 4-280　扫描曲面

**3. 创建底部中间的曲面**

（1）在菜单栏上选择“插入”→“扫描”→“曲面”。选择“草绘轨迹”，以 FRONT 面作为草绘平面，用线框显示模型，在瓶底绘制图 4-281 所示的轨迹线（箭头所指的一段圆弧）。选择“属性”为“开放端”。绘制图 4-282 所示的扫描截面（箭头所指的对称圆弧）。完成的扫描特征结果如图 4-283 所示。

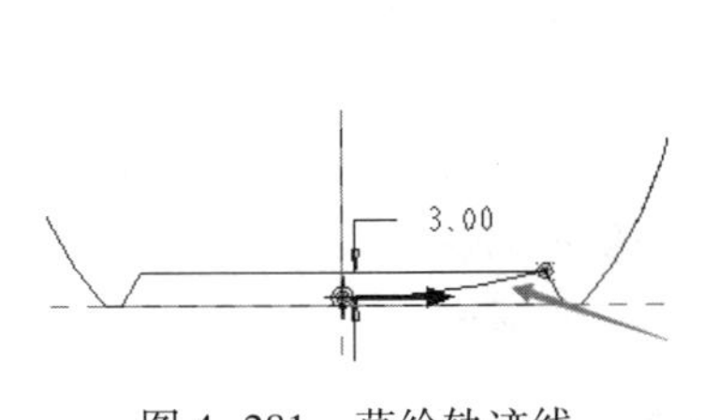

图 4-281　草绘轨迹线

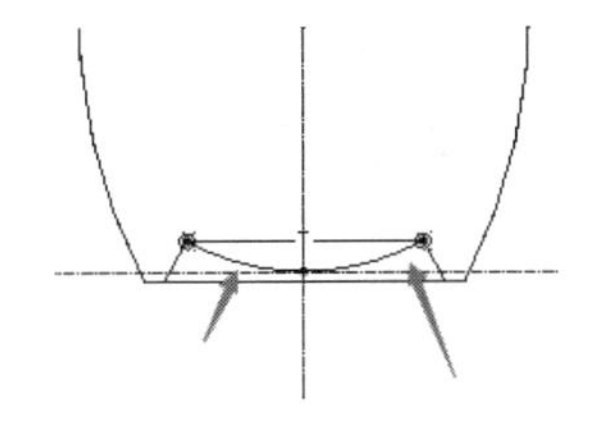
图 4-282　草绘截面

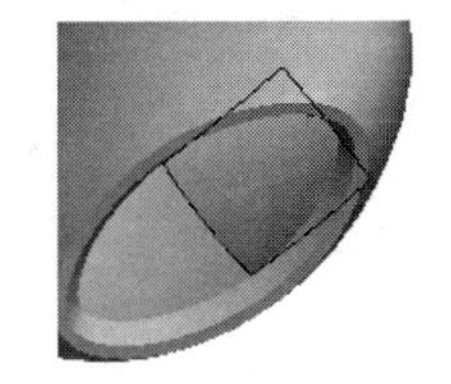
图 4-283　扫描结果

（2）以 RIGHT 面作为镜像平面，对图 4-283 所示的扫描曲面进行镜像操作，结果如图 4-284 所示。

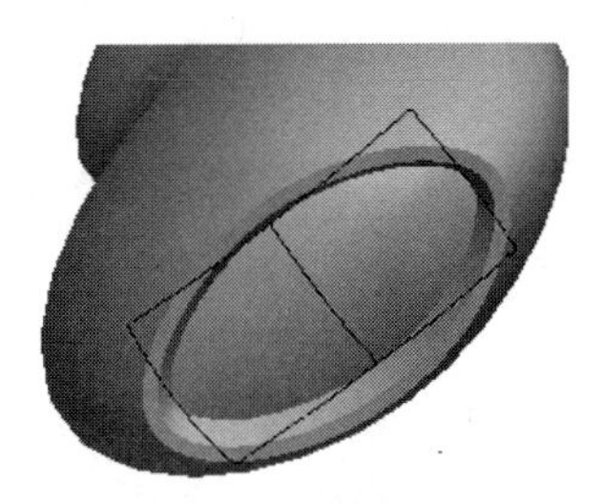
图 4-284　镜像结果

**4. 曲面的合并与圆角**

（1）对图 4-284 所示的底部中间两个扫描曲面进行合并，在模型树上显示名为“合并 1”。

（2）将之前创建的边界混合曲面（图 4-277）和底部边缘的扫描曲面（图 4-280）进行合并，在模型树上显示名为“合并 2”。

（3）将模型树上显示的“合并 1”与“合并 2”两个曲面进行合并操作，并点选箭头的方向，得到图 4-285 所示的箭头效果，合并后的结果如图 4-286 所示，在模型树上显示名为“合并 3”。

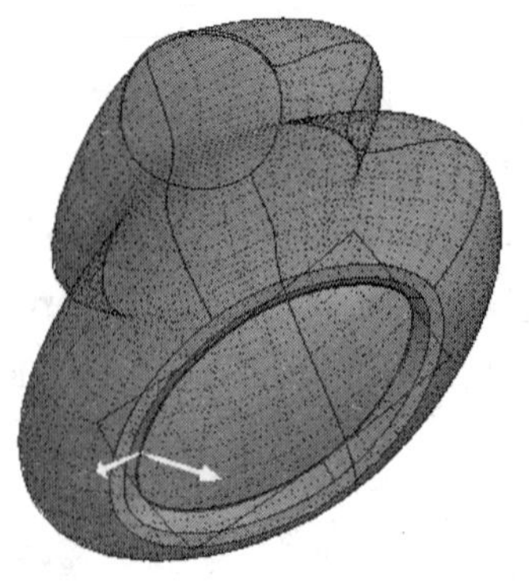

图 4-285　曲面合并方向

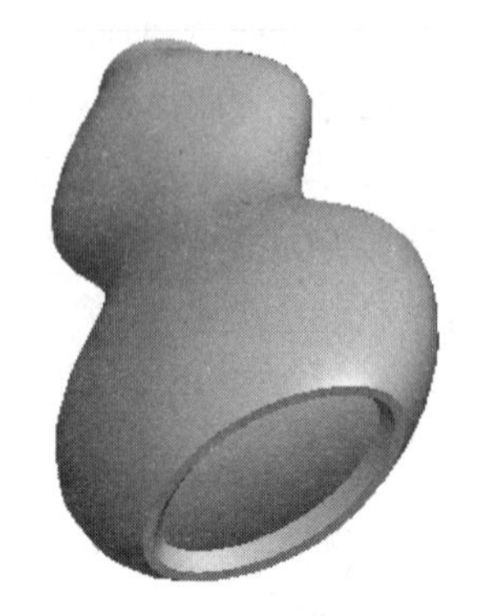

图 4-286　合并结果

（4）对图 4-287 所示合并后的曲面底部三条边进行倒圆角处理，圆角半径值为 1，结果如图 4-288 所示。

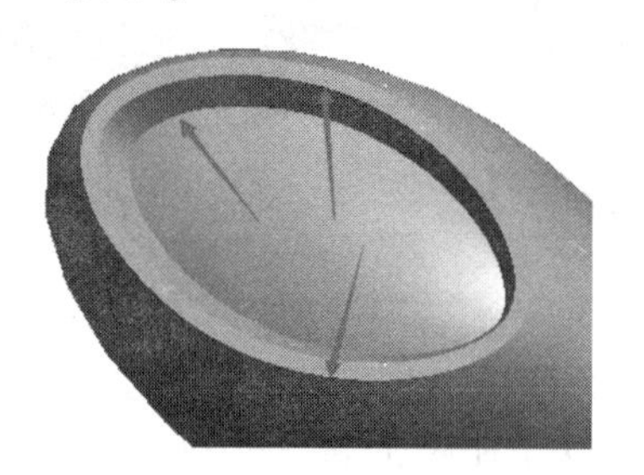

图 4-287　倒圆角处

图 4-288　倒圆角结果

**5. 瓶口处创建旋转曲面，并合并**

（1）单击旋转工具，以 FRONT 为草绘平面，在草绘环境下绘制图 4-289 所示箭头所指的两条线段，旋转 360°，结果如图 4-290 所示。

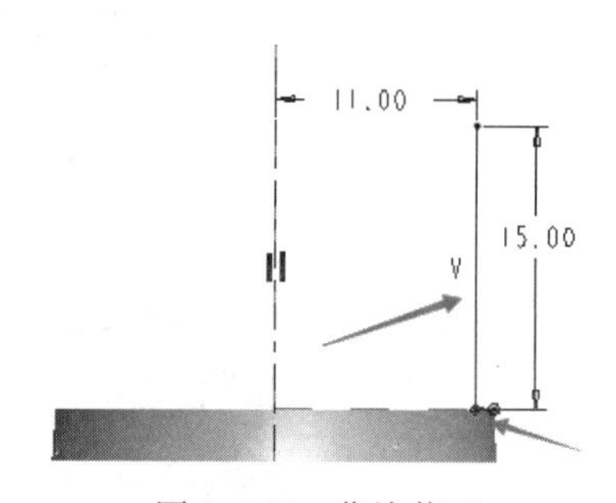


图 4-289　草绘截面

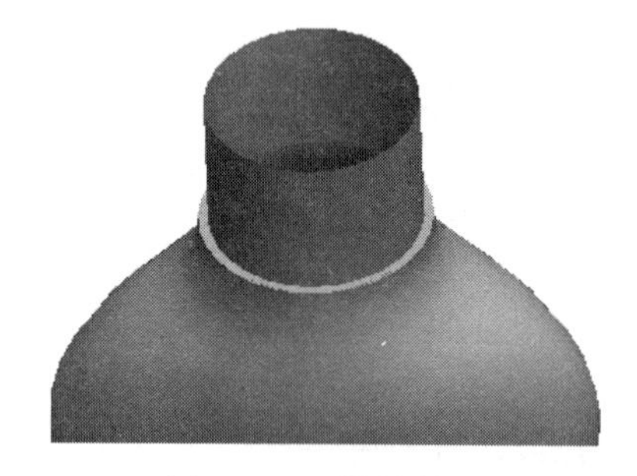

图 4-290　旋转曲面

（2）将旋转曲面与模型树上显示的“合并 3”曲面进行合并，在模型树上显示名为“合并 4”。

**6. 创建下部环状凸起的扫描曲面**

（1）单击基准面创建工具，以 FRONT 面为基准，向前方平移 45，得到图 4-291 所示的基准面 DTM2。

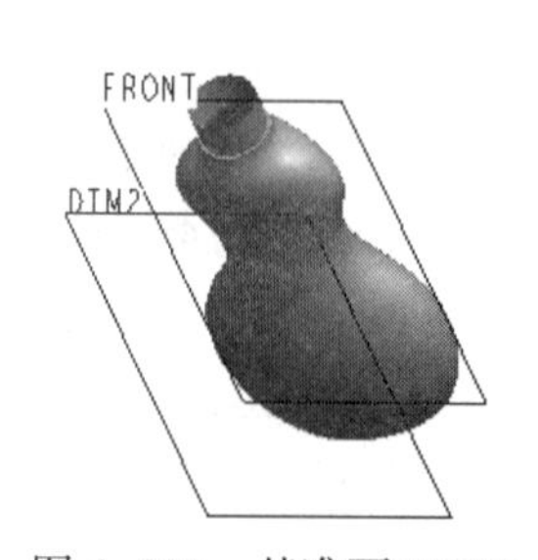


图 4-291　基准面 DTM2

（2）单击草绘工具，以基准面 DTM2 为草绘平面，绘制

图 4-292 所示的封闭曲线。结果如图 4-293 所示。

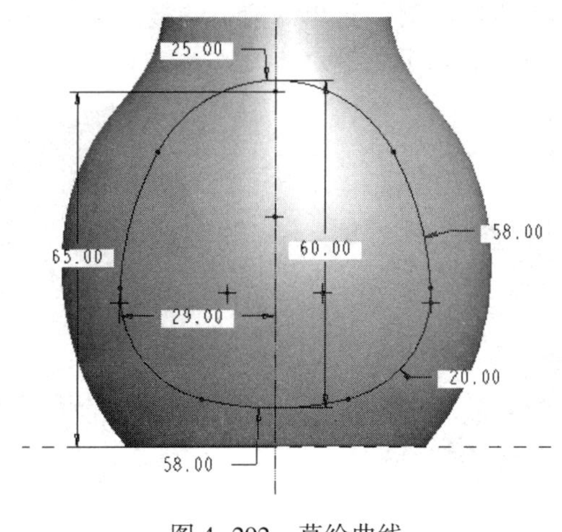


图 4-292　草绘曲线

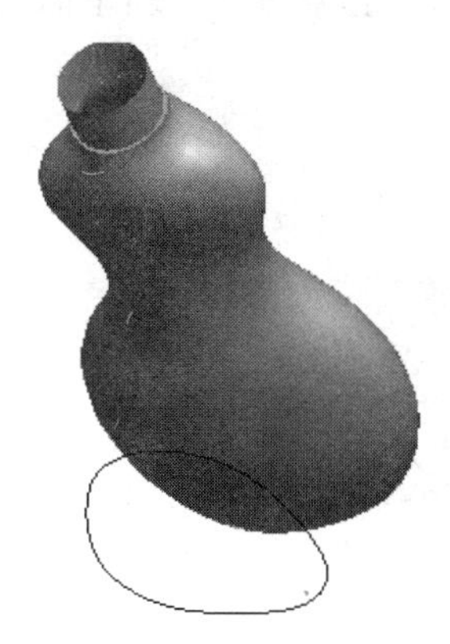

图 4-293　草绘结果

（3）选中该曲线，再单击菜单栏的“编辑”→“投影”，出现图 4-294 所示的操控板，按住<Ctrl>键选取瓶身前方的两半曲面，在操控板上单击确定，结果如图 4-295 所示。

图 4-294　“投影”操控板

（4）在菜单栏上选择“插入”→“扫描”→“曲面”，出现“曲面：扫描”对话框和图 4-296 所示的“扫描轨迹”菜单，选择“选取轨迹”。弹出图 4-297 所示的“链”菜单，采用默认的“依次→选取”，按住<Ctrl>键，依次选取图 4-298 所示的曲线，在链对话框中单击“完成”，出现箭头表示视图方向和方向对话框，单击“确定”，系统自动进入扫描截面的草绘环境，绘制图 4-299 所示的圆，结束草绘。完成的扫描特征曲面如图 4-300 所示。

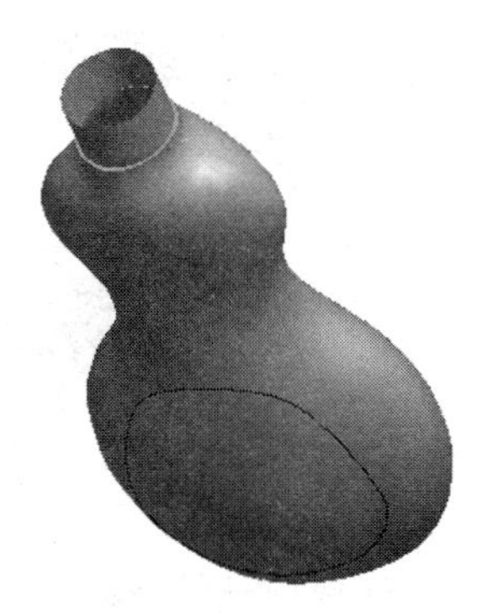

图 4-295　投影结果

图 4-296　“扫描轨迹”菜单

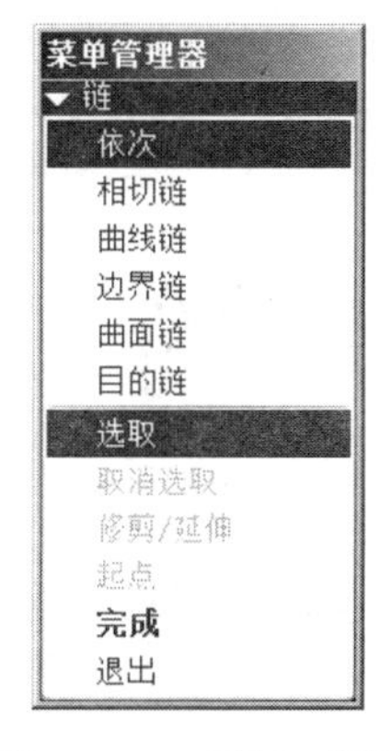


图 4-297　“链”菜单

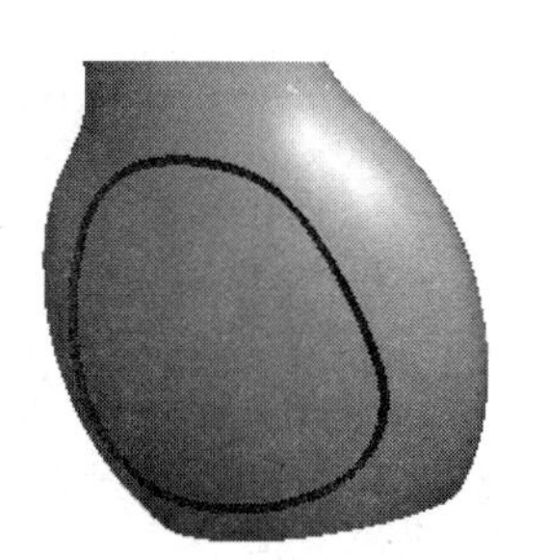

图 4-298　选取曲线

（5）将该扫描曲面与模型树上显示的“合并 4”曲面进行合并，在模型树上显示名为“合并 5”。注意箭头应如图 4-301 所示，如方向不对，可单击箭头调整。合并后的模型外壳跟之前的图看起来一样，但里面多余的部分却去除了。

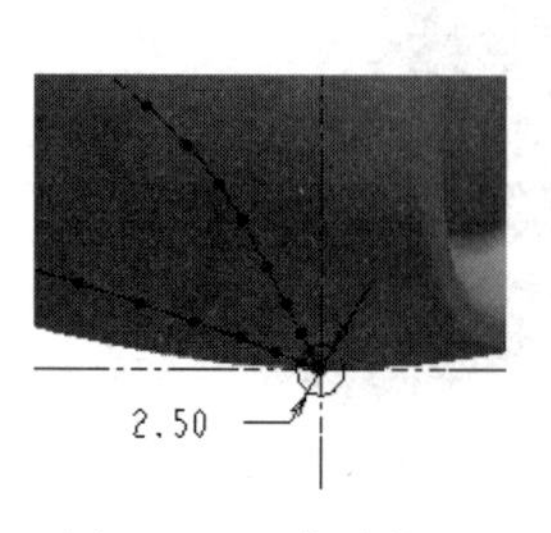


图 4-299　草绘截面

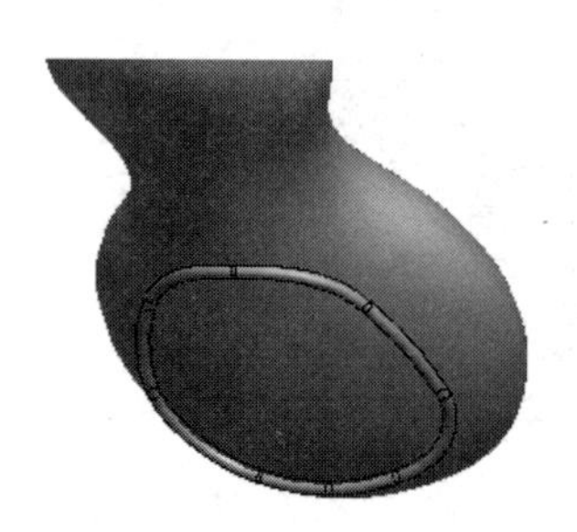

图 4-300　扫描特征

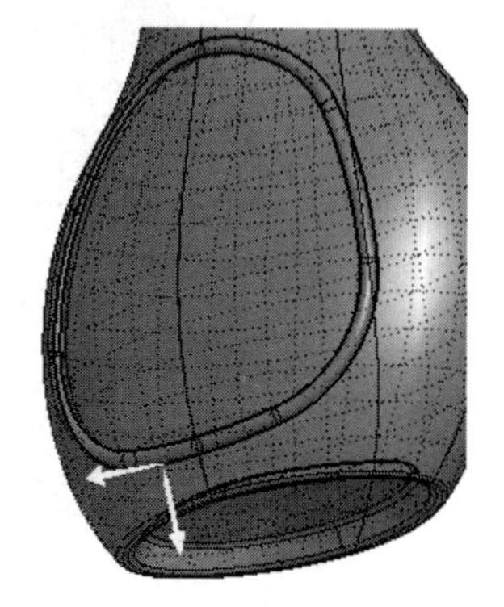

图 4-301　合并方向

**7. 将曲面加厚**

选取刚合并的整个曲面，在菜单栏上选择“编辑”→“加厚”，输入薄板实体的厚度值 0.6。注意其加厚方向为朝里面，箭头应如图 4-302 所示，如果方向不对，可单击箭头改变方向。加厚结果如图 4-303 所示。

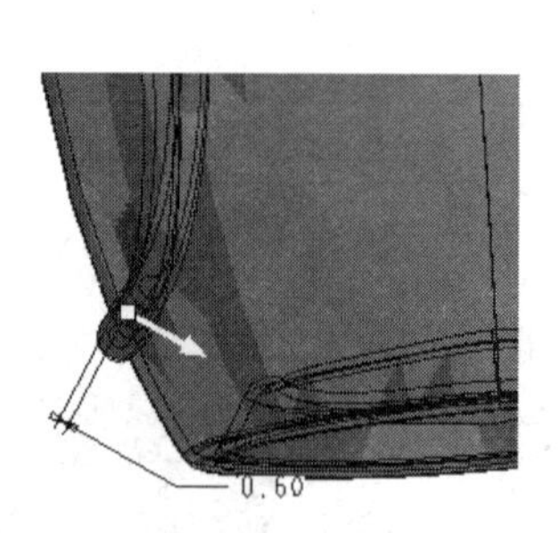


图 4-302　加厚方向

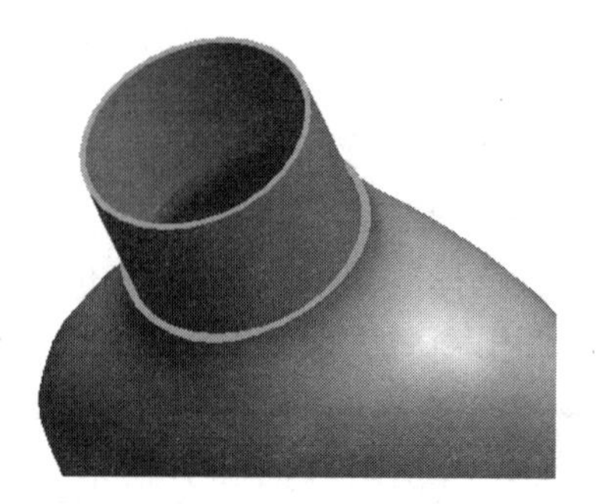

图 4-303　加厚结果

**8. 创建瓶口处的螺纹**

（1）在菜单栏选择“插入”→“螺旋扫描”→“伸出项”，系统弹出图 4-304 所示的“螺旋扫描”对话框和图 4-305 所示的“属性”菜单，在“属性”菜单中选择“常数”→“穿过轴”→“右手定则”→“完成”。

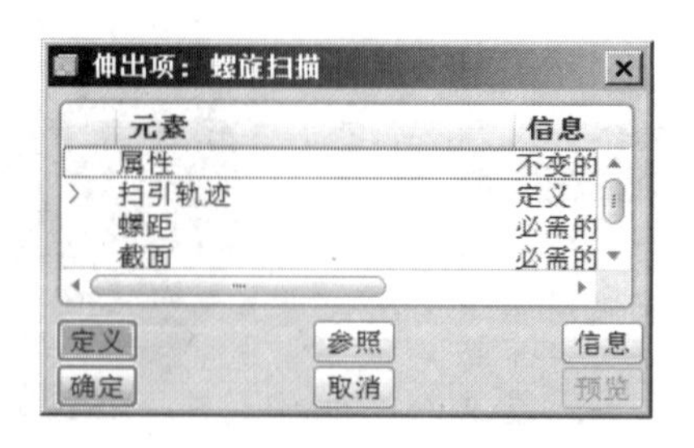


图 4-304　“螺旋扫描”对话框

图 4-305　“属性”菜单

（2）以 FRONT 面作为草绘平面，在草绘环境下绘制回转中心轴线和图 4-306 所示的扫引轨迹线，结束草绘。弹出“消息输入窗口”对话框，输入节距（螺距）值 6，如图 4-307 所示。按<Enter>键后，系统自动进入扫描截面的草绘环境，绘制图 4-308 所示的扫描截面。螺旋扫描特征的创建结果如图 4-309 和图 4-310 所示。

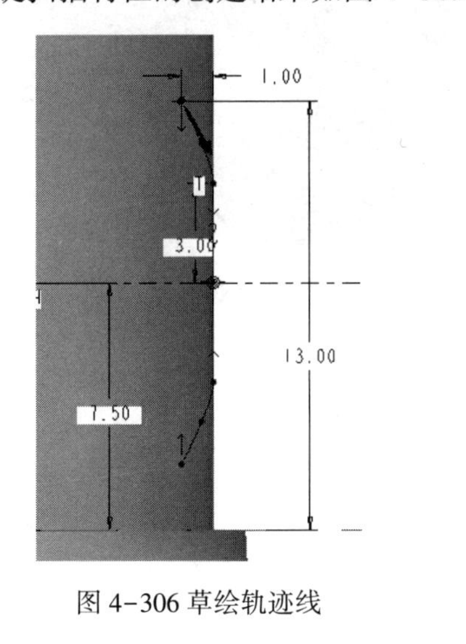


图 4-306 草绘轨迹线

图 4-307　输入节距

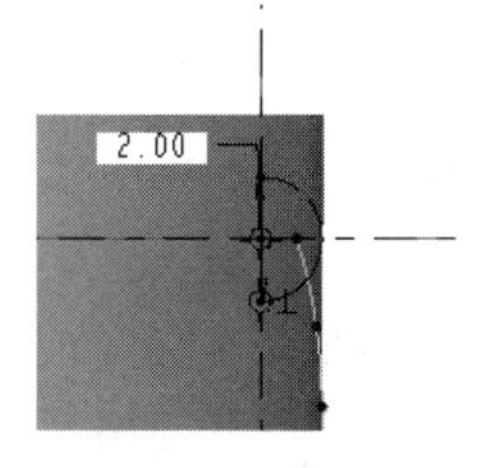


图 4-308　草绘截面

图 4-309　螺旋扫描特征外部

图 4-310　螺旋扫描特征内部

（3）从图 4-310 可知，螺纹伸出了瓶口的内壁（图中箭头所指），所以需要对其进行修剪。单击拉伸工具，以瓶口顶部端面作为草绘平面，在草绘环境下用“通过边创建图元”工具，激活顶部端面的内圆作为截面，如图 4-311 所示，单击结束草绘。返回到拉伸操控板上，如图 4-312 所示，输入拉伸深度值为 15，方向向下，选择移除材料，单击确定，结果如图 4-313 所示。

图 4-311　草绘截面

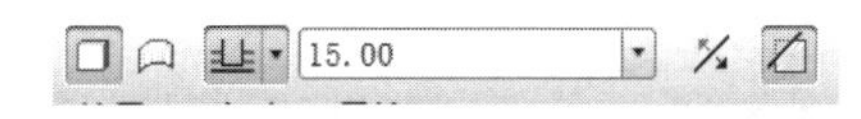


图 4-312　设置拉伸深度

洗发水瓶最终完成的外形效果如图 4-314 所示（底部外形效果如图 4-288 所示）。

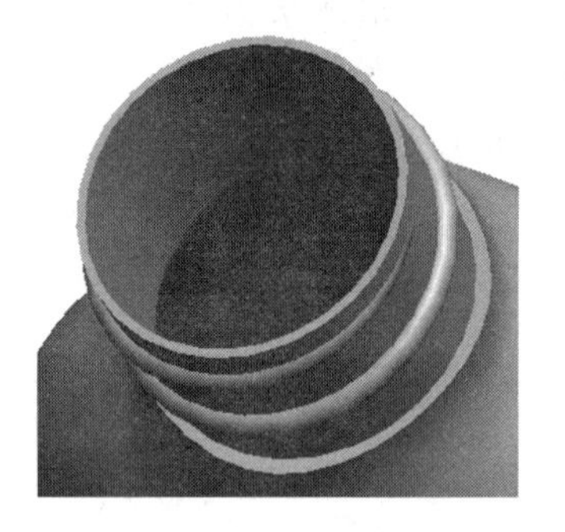

图 4-313 拉伸结果

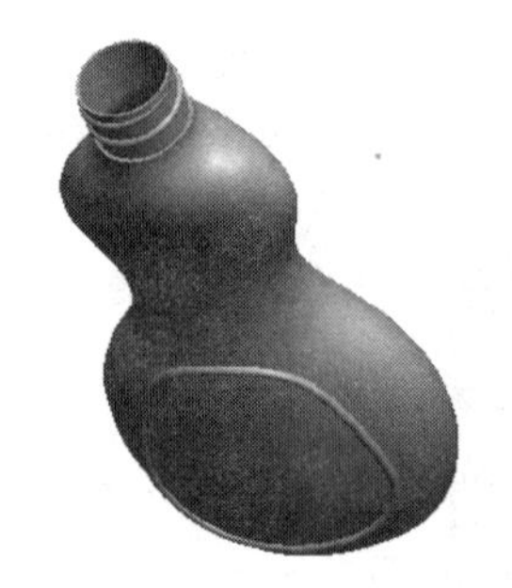

图 4-314　最终外形效果

## 练习题

1. 用曲面工具完成图 4-315 所示灯罩的三维模型。

2. 按照图 4-316 所示曲面的形状、三视图和尺寸，进行三维曲面造型。（第三期 CAD 技能二级（三维数字建模师）考题）

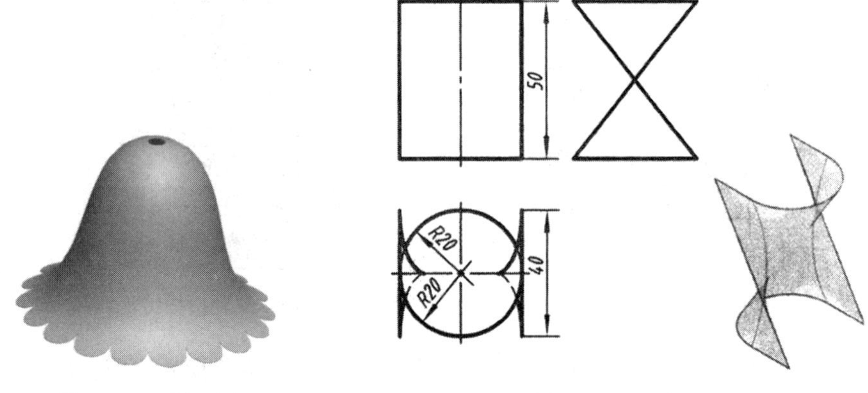


图 4-315　题 1 图

图 4-316　题 2 图

3. 根据图 4-317 所给表面模型的尺寸，生成完全一样的表面模型。（2006 年天津市赛区三维数字建模大赛考题）

4. 根据图 4-318 所示的曲面多面正投影图，制作该曲面的三维模型。（全国三维数字建模师第八期考题）

5. 用曲面工具完成图 4-319 所示的汤匙的造型。

6. 用曲面工具完成图 4-320 所示的肥皂盒盖和肥皂盒座的造型，截面尺寸如下图所示。（2007 年辽宁省赛区三维数字建模大赛考题）

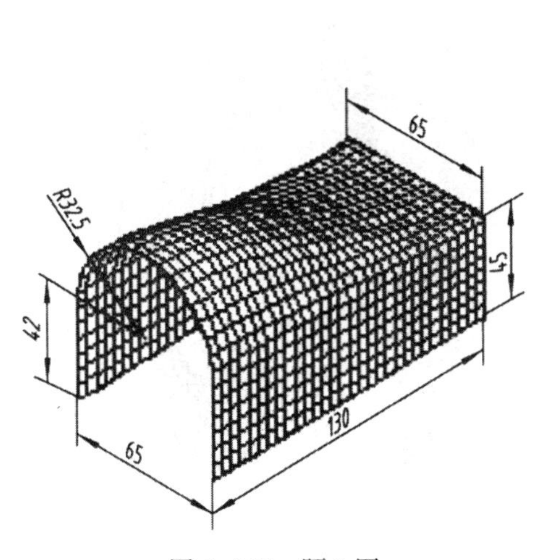


图 4-317　题 3 图

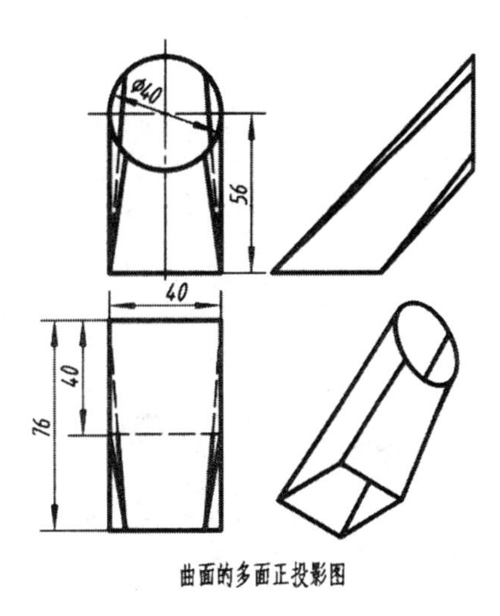


图 4-318　题 4 图

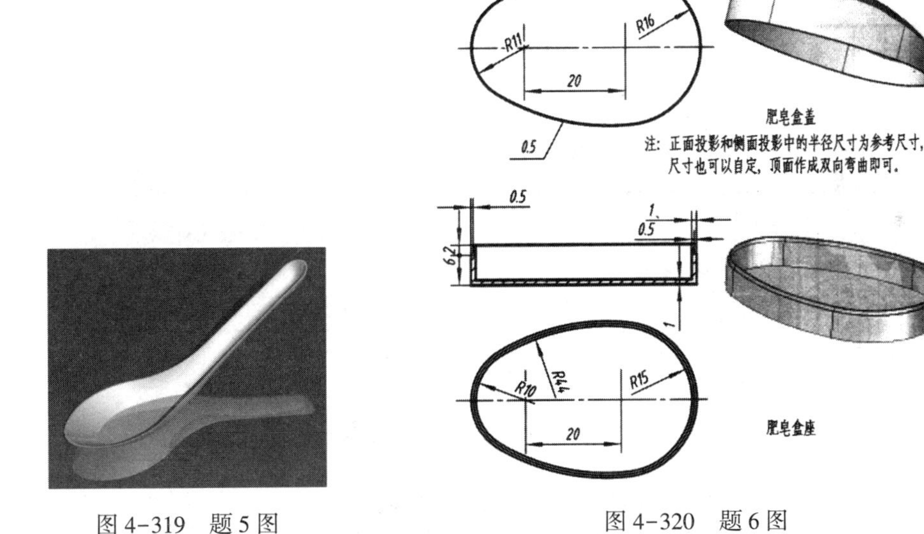


图 4-319　题 5 图

图 4-320　题 6 图

7. 用曲面工具完成图 4-321 所示的简易风扇叶片的模型。

8. 按照图 4-322 所示“按钮盖”立体图，用曲面工具进行三维曲面造型，并进行渲染（具体尺寸的、颜色自定，要求外观美观、图形正确）。（2007 年黑龙江省赛区三维数字建模大赛考题）

9. 用曲面工具完成图 4-323 所示的烟斗。

10. 创建图 4-324 所示壳体的三维模型。（第八届“高教杯”全国大学生先进成图技术、产品信息建模创新大赛试题）

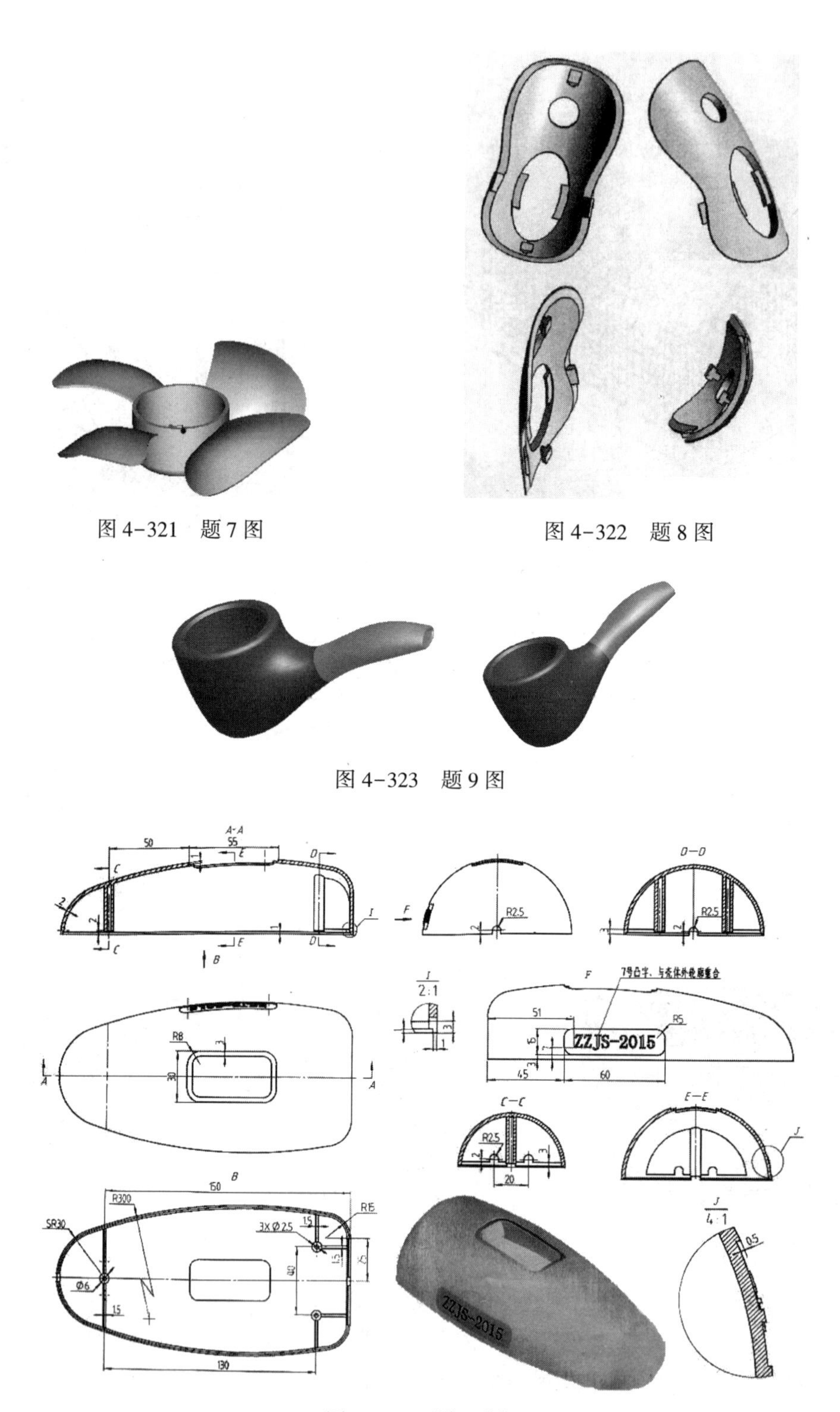


图 4-321 题 7 图

图 4-322 题 8 图

图 4-323 题 9 图

图 4-324 题 10 图

# 第5章 装配设计

一台机器或部件往往是由多个零件组合（装配）而成的。在完成零件设计后，将设计的零件按设计要求的约束条件或连接方式装配在一起才能形成一个完整的产品或机构装置。利用 Pro/E 提供的【组件】模块可实现模型的组装。在 Pro/E 系统中，模型装配的过程就是按照一定的约束条件或连接方式，将各零件组装成一个整体并能满足设计功能的过程。

## 5.1 进入装配环境

装配模型设计与零件模型设计的过程类似，零件模型是通过向模型中增加特征完成零件设计，而装配是通过向模型中增加零件（或部件）完成产品的设计。装配模式的启动方法：单击菜单“文件”→“新建”命令，或单击工具栏中的“新建”按钮，打开“新建”对话框，在“类型”选项组中，选中“组件”单选按钮，在“子类型”选项组中，选中“设计”单选按钮，在“名称”文本框中输入装配文件的名称，单击“确定”按钮，进入“组件”模块工作环境。

在组件模式下，系统会自动创建 3 个基准平面（ASM_TOP、ASM_RIGHT、ASM_FRONT）与一个坐标系 ASM_CSYS-DEF，使用方法与零件模式相同。在组件模式下的主要操作是添加新元件，添加新元件有两种方式：装配元件和创建元件。

### 5.1.1 装配元件

在组件模块工作环境中，单击按钮或单击菜单“插入”→“元件”→“装配”命令，在弹出的“打开”对话框中选择要装配的零件后，单击“打开”按钮，系统显示图 5-1 所示的“元件放置”操控板。对被装配元件设置适当的约束方式后，单击操控板右侧的按钮，完成元件的放置。

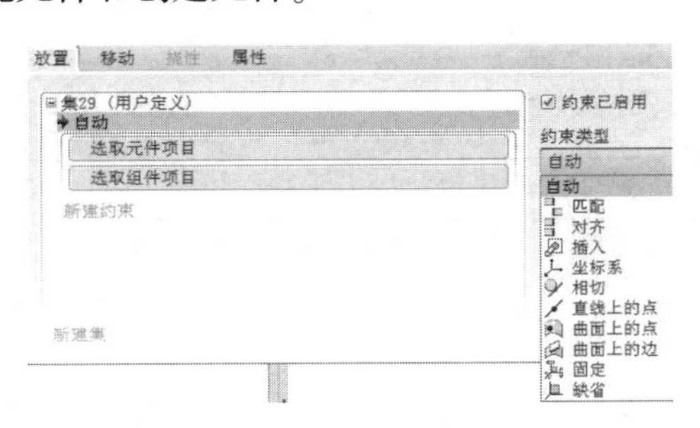


图 5-1 “元件放置”操控板

### 5.1.2 创建元件

除了插入完成的元件进行装配外，还可以在组件模式中创建元件，选择“插入”→“元件”→“创建”命令，或单击右侧工具栏中的“在组件模式下创建元件”按钮，弹出“元件创建”对话框，在“类型”选项组中选中“零件”单选按钮，“子类型”选项组中选中“实体”单选按钮，在“名称”文本框中输入文件名，直接创建元件文件，如图 5-2 所示。单击“确定”按钮，打开“创建选项”对话框，如图 5-3 所示。选择“创建特征”单选按钮，接下来就可以像在零件模式下一样进行各种特征的创建了。完成特征以及零件的创建后，仍然可以回到组件模式下，定位元件位置以及相对关系，进行装配约束设置。Pro/E

中使用的是单一数据库，因此当组件修改特征的相关属性时，组件内的零件相关属性也会自动随之改变。

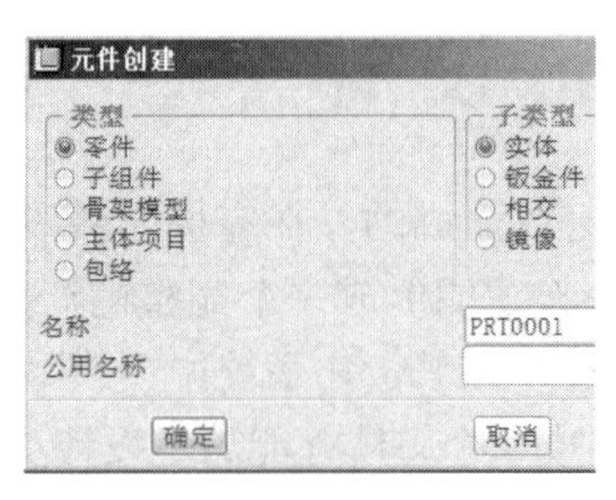

图 5-2 “元件创建”对话框

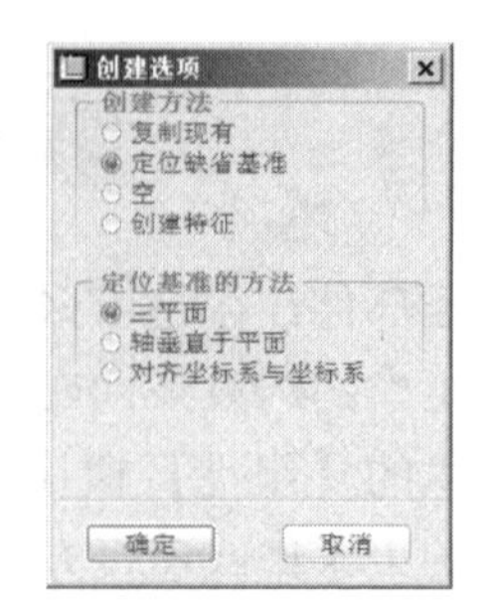

图 5-3 “创建选项”对话框

## 5.2 设置装配约束

装配约束用于指定新载入的元件相对于装配体指定元件的放置方式，从而确定新载入的元件在装配体中的相对位置。在元件装配过程中，控制元件之间的相对位置时，通常需要设置多个约束条件。

载入元件后，单击“元件放置”操控板中的“放置”，打开“放置”选项卡，其中包含匹配、对齐、插入等 11 种类型的放置约束，如图 5-1 所示。

在这 11 种约束类型中，如果使用“坐标系”类型进行元件的装配，则仅需要选择 1 个约束参照；如果使用“固定”或“缺省”约束类型，则只需要选取对应列表项，而不需要选择约束参照。使用其他约束类型时，需要给定 2 个约束参照。11 种约束类型的说明见表 5-1 所示。

**表 5-1 装配约束说明**

| 装配约束 | 说 明 |
|---|---|
| 匹配 | 使两平面或基准面呈面对面，分为重合、偏距、定向、角度偏移四种类型 |
| 对齐 | 使两平面或基准面法向互相平行且方向相同，分为重合、偏距、定向、角度偏移四种类型。也可使两线共线，两点重合 |
| 插入 | 装配两个旋转曲面，使其旋转中心轴重合，类似于轴线对齐 |
| 坐标系 | 使两元件是的某一坐标系彼此重合（原点、X 轴、Y 轴、Z 轴完全对齐），达到完全约束的状态 |
| 相切 | 使两个曲面呈面面相对的相切接触状态 |
| 线上点 | 点在线上，使一基准点或顶点落于某一边线上（包括轴与曲线），该点可落于边线上或延伸边上 |
| 曲面上的点 | 点在曲面上，使某一基准点或顶点落于平面或基准面上，该点可落于面上或延伸面上 |
| 曲面上的边 | 边在曲面上，使某一直线边落于一曲面上，该边线可以落在该面或其延伸面上 |
| 固定 | 将元件固定在当前位置 |
| 缺省 | 约束元件坐标系与组件坐标系重合 |
| 自动 | 仅选元件与组件参照，由系统猜测设计意图而自动设置适当约束 |

在设置装配约束之前，首先应当注意下列约束设置的原则。

**1. 指定元件和组件参照**

通常来说，建立一个装配约束时，应当选取元件参照和组件参照。元件参照和组件参照是元件和装配体中用于约束位置和方向的点、线、面。例如，通过对齐约束将一根轴放入装配体的一个孔中时，轴的中心线就是元件参照，而孔的中心线就是组件参照。

**2. 系统一次添加一个约束**

如果需要使用多个约束方式来限制组件的自由度，则需要分别设置约束，即使是利用相同的约束方式指定不同的参照时，也是如此。例如，将一个零件上两个不同的孔与装配体中另一个零件上两个不同的孔对齐时，不能使用一个对齐约束，而必须定义两个不同的对齐约束。

**3. 多种约束方式定位元件**

在装配过程中，要完整地指定元件的位置和方向（即完整约束），往往需要定义整个装配约束。在 Pro/E 中装配元件时，可以将所需要的约束添加到元件上。从数学角度来说，即使元件的位置已被完全约束，为了确保装配件达到设计意图，仍然需要指定附加约束。系统允许最多指定 50 个附加约束，但建议将附加约束限制在 10 个以内。

**注意：**在装配过程中，元件的装配位置不确定时，移动或旋转的自由度并没有被完全限制，这叫部分约束；元件的装配位置完全确定时，移动和旋转自由度被完全限制，这叫完全定位；为了使装配位置完全达到设计要求，可以继续添加其他约束条件，这叫过度约束。

## 5.2.1 匹配

在 Pro/E 5.0 装配环境中，匹配约束是使用最频繁的约束方式。利用这种约束方式，可以定位两个选定参照（实体面或基准面），使两个面相互贴合或垂直方向为反向，也可以保持一定的偏移距离和角度。

匹配约束类型中的偏移列表项中包括重合、定向、偏距和角度偏移 4 种类型，如图 5-4 所示。

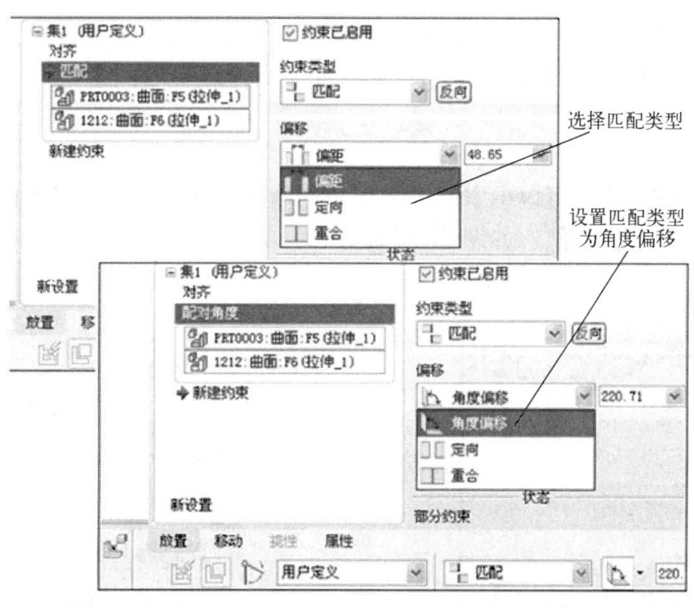


图 5-4　匹配类型

根据选择的参照，对应的列表项将有所不同，其中的“角度偏移”选项只有在指定两个倾斜角度面时才会出现。

**1. 偏距**

面与面相距一段距离，单击重合的下拉箭头，选中偏移距离0，将其值改为33，两个面之间将有33的一段距离，如图5-5所示。如果参考面方向相反，可单击该选项卡中的反向按钮，或者在距离文本框中输入负值。

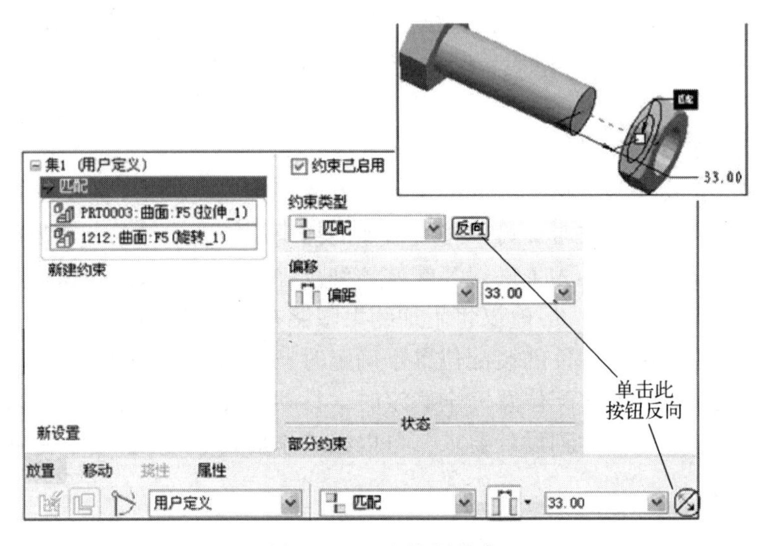


图5-5 匹配偏距约束

**注意**：如果一个约束不能定位元件的特定位置，可以选择“放置”选项卡上的新建约束选项，设置下一个约束。确定元件位置后，单击操控板右侧的按钮☑，即可获得元件约束的效果。

**2. 重合**

面与面完全接触贴合，分别单击选中两个面后，类型自动设置为匹配，单击“偏移”下拉菜单箭头选取“重合”选项，单击“预览”按钮后，选中的两个面完全接触，如图5-6所示。

**3. 定向**

面与面相向平行，这时可以确定新添加元件的活动方向，但不能设置间隔距离。必须通过添加其他约束准确定位元件，如图5-7所示。

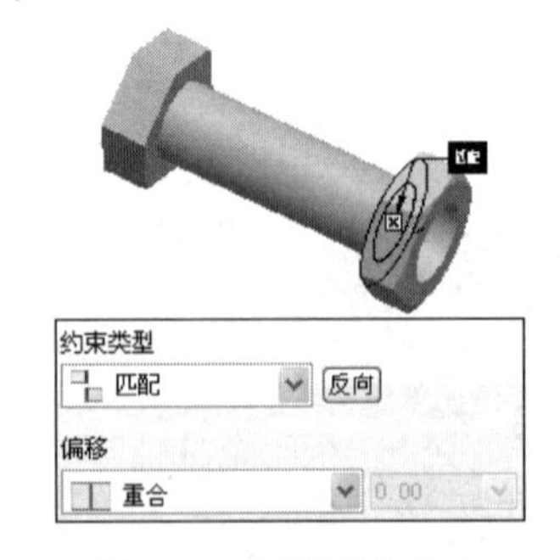


图5-6 匹配重合约束

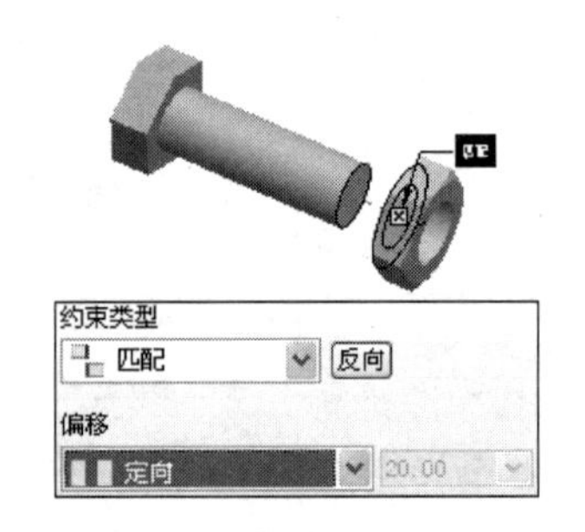


图5-7 匹配定向约束

#### 4. 角度偏移

角度偏移是匹配约束的特殊形式，只有在选取的两个参照面具有一定角度时，才会出现这个列表项。在“角度偏移”列表框的右侧可输入任意角度值，新载入的元件将根据参照面角度值旋转到指定位置，如图 5-7 所示。

**注意：**

（1）在设置约束集的过程中，倘若元件的放置位置或角度不利于观察，可同时按住<Ctrl>和<Alt>键并单击鼠标滚轮来旋转元件；或同时按住<Ctrl>和<Alt>键并单击鼠标右键来移动元件。

（2）可以把“重合”看成是“偏距”为 0 的特例，“定向”看成是“偏距”未知的特例。

### 5.2.2 对齐

使用对齐约束可以对齐两个选定的参照，使其朝向相同，并可以将两个选定的参照设置为重合、定向或者偏移。

匹配约束和对齐约束的设置方式很相似，而且对应的偏移选项也相同。不同之处在于：对齐对象不仅可以使两个平面共面（重合并朝向相同），还可以指定两条轴线同轴或两个点重合，以及对齐旋转曲面或边等。图 5-8 所示的是通过轴线对齐两个元件，以限制移动自由度。

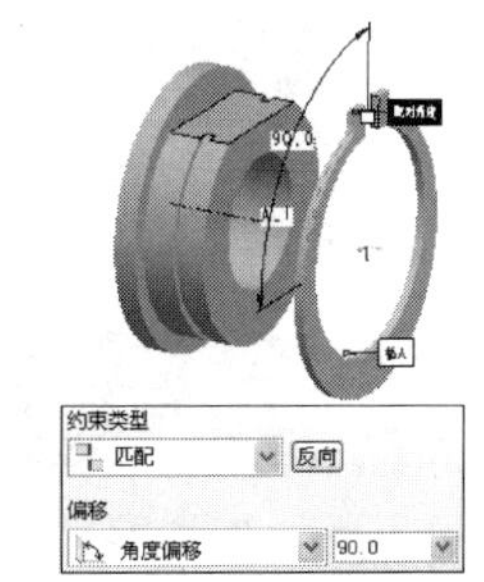

图 5-8　匹配角度偏移约束

无论使用匹配约束还是对齐约束，两个参照必须为同一类型（例如，平面对平面、旋转曲面对旋转曲面、点对点或轴线对轴线）。其中，旋转曲面是指通过旋转截面或者拉伸圆弧→圆而形成的曲面。

### 5.2.3 插入

使用插入约束可将一个旋转曲面插入另一个旋转曲面中，并且可以对齐两个曲面对应的轴线。在选取轴线无效或不方便时，可以使用这种约束方式。插入约束对齐的对象主要是弧形面元件，这种约束方式只能用来定义元件方向，而无法定位元件。

首先选取新载入元件上的曲面，然后选取装配体的对应曲面，便可以获得插入约束效果，如图 5-9 所示。

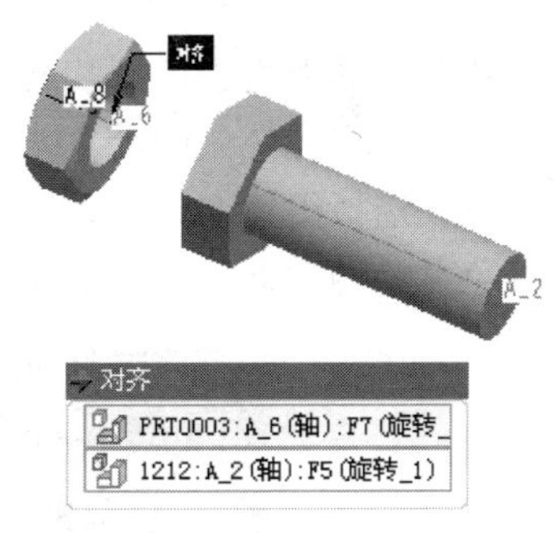

图 5-9　设置对齐约束

### 5.2.4 坐标系

使用坐标系约束，可以通过对齐元件坐标系与组件坐标系的方式（既可以使用组件坐标系又可以使用零件坐标系），将元件放置在组件中。这种约束可以一次完全定位指定元件，完全限制 6 个自由度。

为了便于装配，可以在创建模型时指定坐标系位置。如果没有指定，可以在保存当前装配文件后，打开要装配的元件并指定坐标系位置，然后加以保存并关闭。这样，在重新打开的装配体中载入新文件时，便可以指定两个元件坐标系，执行约束设置，如图 5-10 所示。

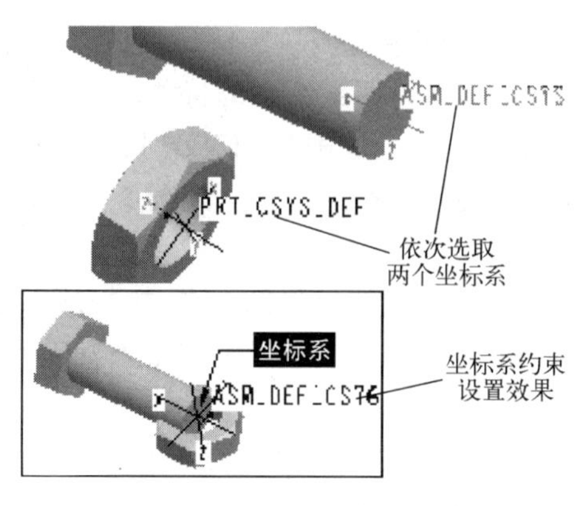


图 5-10　设置坐标系约束

### 5.2.5　相切

使用相切约束控制两个曲面在切点位置的接触，也就是说新载入的元件与指定元件以对应曲面相切的方式进行装配。

相切约束的功能与匹配约束相似，因为这种约束只匹配曲面，而不对齐曲面，图 5-11 中本应互相啮合的两齿轮，因没设置相切约束，因而两齿轮的曲面发生了干涉。设置相切约束后齿轮的曲面相切，消除了干涉，效果如图 5-12 所示。

图 5-11　干涉的两齿轮

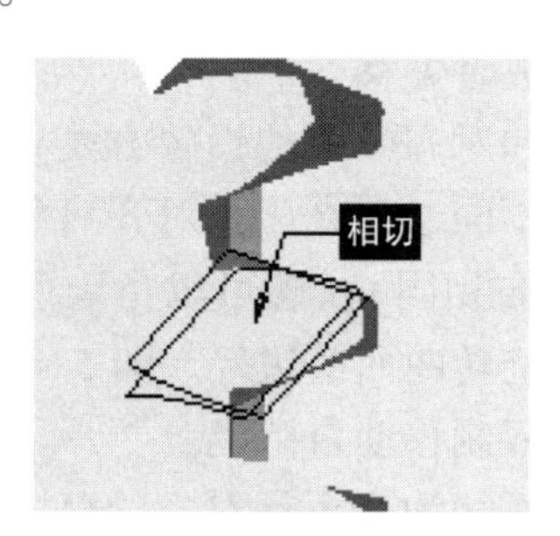


图 5-12　设置相切约束后的两齿轮

### 5.2.6　线上点

线上点约束用于控制装配体上的边、轴或基准曲线与新载入元件上的点之间的接触，从而使新载入的元件只能沿直线移动或旋转，而且仅保留 1 个移动自由度和 3 个旋转自由度。

首先选择组件上的一条边，然后选择新载入元件上的一个点，这个点将自动约束到这条以红色显示的边上，如图 5-13 所示。

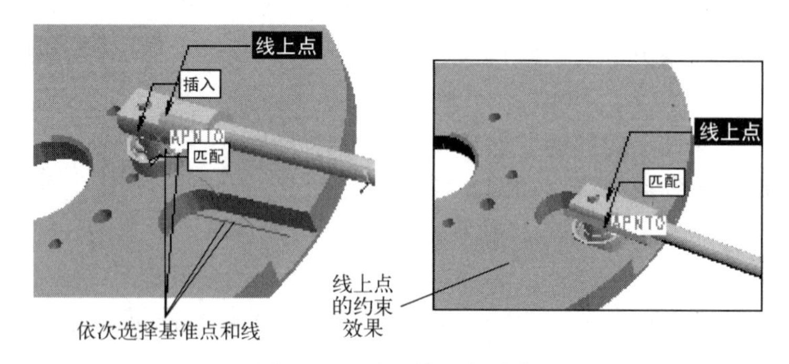


图 5-13　设置线上点约束

使用这种约束时，并非只有选取新载入元件上的点才能设置约束，同样可以指定组件上的点。此外，还可以根据设计需要，灵活调整点和边的选择顺序。

## 5.3 视图的管理

在实际工作中，为了设计方便和提高工作效率，或为了更清晰地了解模型的结构，我们可以建立各种各样的视图，如“简化表示”视图、“样式”视图、“分解”视图、“定向”视图，以及这些视图的组合视图等，这些视图都可以通过“视图管理器”来实现。下面以千斤顶的组件为例来介绍常用视图的创建方法。

### 5.3.1 组件的分解视图

组件的分解视图也叫爆炸图，就是将组件中的各零部件沿着直线或轴线移动或旋转，使各个零部件从组件中分解出来。爆炸图有助于直观地表达组件内部的组成结构和各零件之间的装配关系，常用于装配作业指导、工艺说明、产品说明等环节。

（1）在菜单栏选择“视图”→“视图管理器”，或者在工具栏单击，可打开“视图管理器”对话框，单击“分解”，切换到“分解”选项卡，如图 5-14 所示。

（2）单击“新建”，输入分解视图的名称，也可采用默认的名称，然后按<Enter>键。单击对话框左下方的“属性”，进入分解视图编辑界面，如图 5-15 所示。

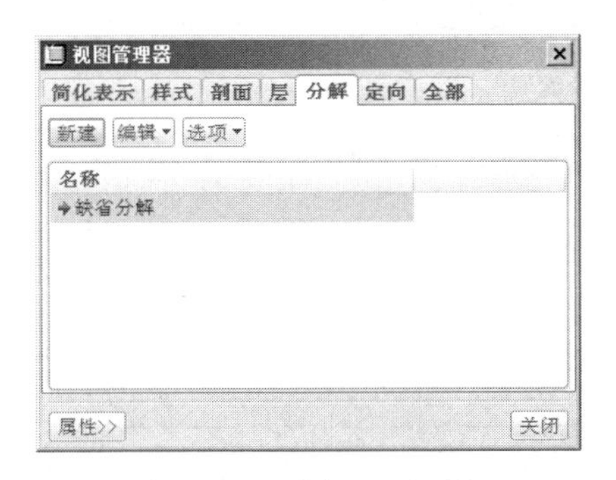


图 5-14 “分解”选项卡

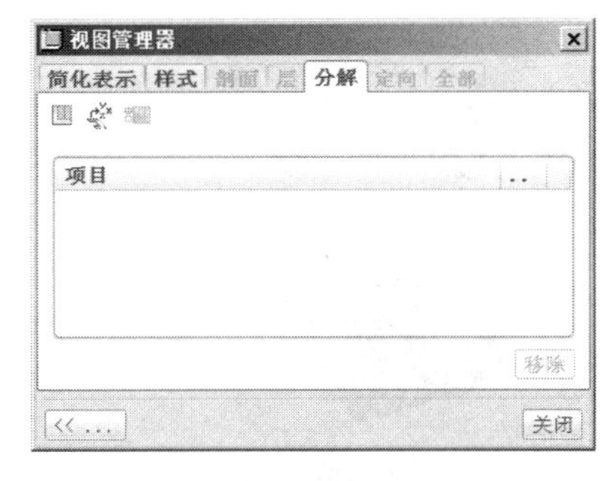


图 5-15 分解视图编辑界面

（3）单击“编辑位置”按钮，打开“编辑位置”操控板，如图 5-16 所示，接受默认的设置。下面介绍操控板上一些选项的功能。

图 5-16 “编辑位置”操控板

按钮：将零部件沿参照进行平移。

按钮：将零部件沿参照进行旋转。

按钮：将零部件绕视图平面移动。

按钮：创建修饰偏移线。

按钮：将视图状态设置为已分解或未分解。

（4）分解千斤顶各元件。在绘图区单击螺杆顶针，系统弹出图 5-17 所示的坐标系，将鼠标指针移到要沿其移动的 X 轴上，该轴会加亮显示，如图 5-18 所示，然后按住左键不放，上下拖动，即可使螺杆顶针沿着 X 轴移动。将螺杆顶针沿 X 轴移动到上方的位置，松开左键，完成螺杆顶针的移动，如图 5-19 所示。必要时可重复上述操作继续移动螺杆顶针，直至移到合适的位置。

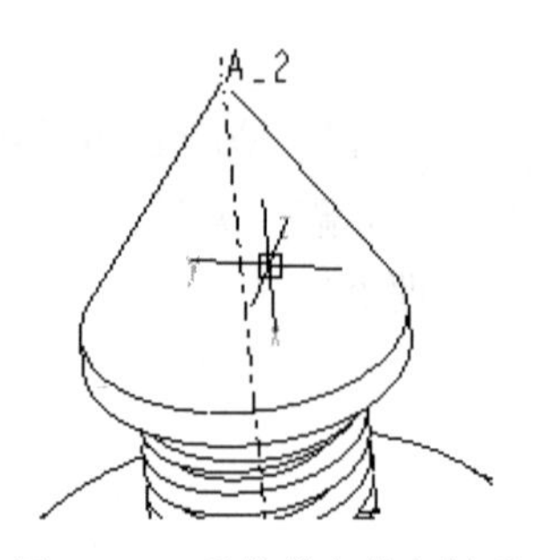


图 5-17　系统弹出的坐标系

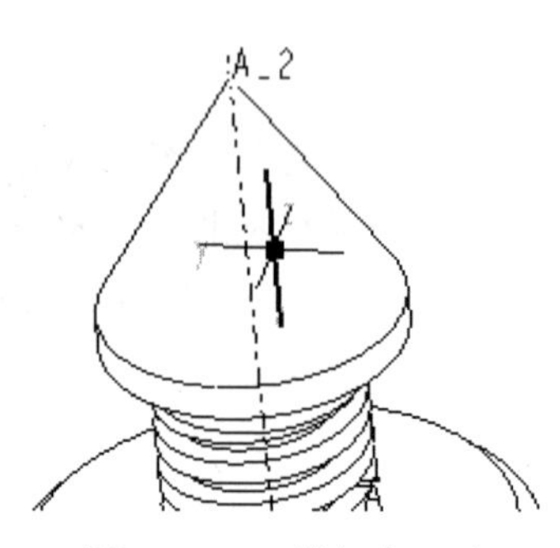


图 5-18　X 轴加亮显示

图 5-19　螺杆顶针沿 X 轴移动

千斤顶中其他元件用类似的方法完成分解。

(5) 在“编辑位置”操控板上单击“完成”按钮，完成千斤顶的分解视图，如图 5-20 所示。

(6) 系统返回分解视图编辑界面，如图 5-21 所示，单击 << ... ，返回“分解”选项卡，如图 5-22 所示。

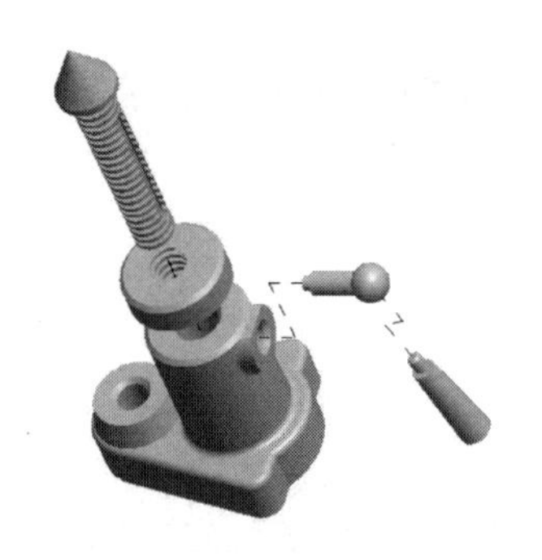

图 5-20　分解视图

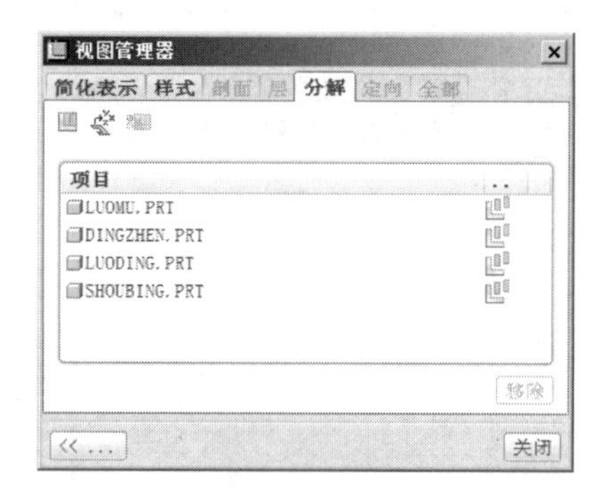


图 5-21　分解视图编辑界面

(7) 选择分解视图名称“Exp0001”，然后单击右键，从弹出的右键菜单中选择“保存”，弹出图 5-23 所示“保存显示元素”对话框，接受默认的设置，单击“确定”，完成分解视图的保存，这样分解视图会和模型文件一起保存。在“分解”选项卡上单击“关闭”，完成分解视图的创建。

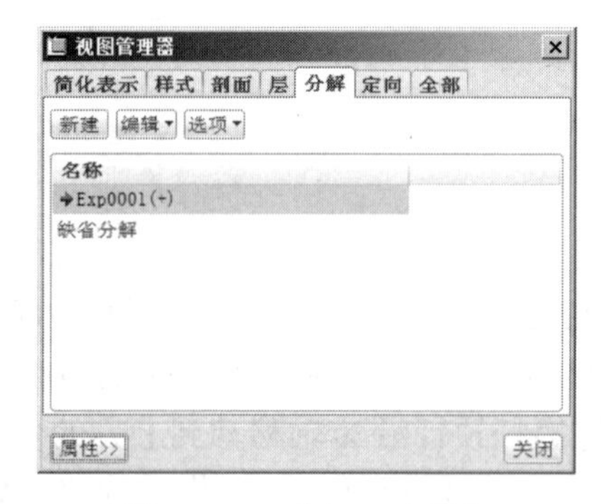


图 5-22　“分解”选项卡

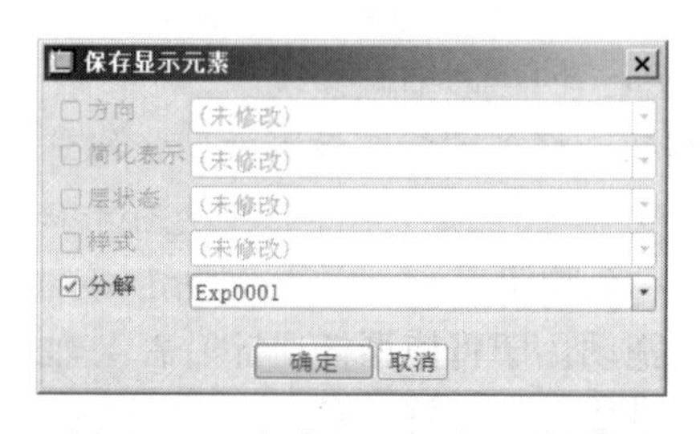


图 5-23　“保存显示元素”对话框

## 5.3.2 样式视图

在组件中可以将不同元件设置成不同的显示样式，以清楚表达组件的结构和元件之间的装配关系。元件的显示样式有线框、隐藏线、无隐藏线和着色 4 种。

（1）打开“视图管理器”对话框，单击“样式”，切换到“样式”选项卡，如图 5-24 所示。

（2）单击“新建”，输入样式视图的名称，也可直接采用缺省的名称，然后按<Enter>键，打开图 5-25 所示的“编辑”对话框和“选取”菜单，其中“遮蔽”选项卡用来指定要遮蔽的元件，元件遮蔽后将不在图形区显示出来。

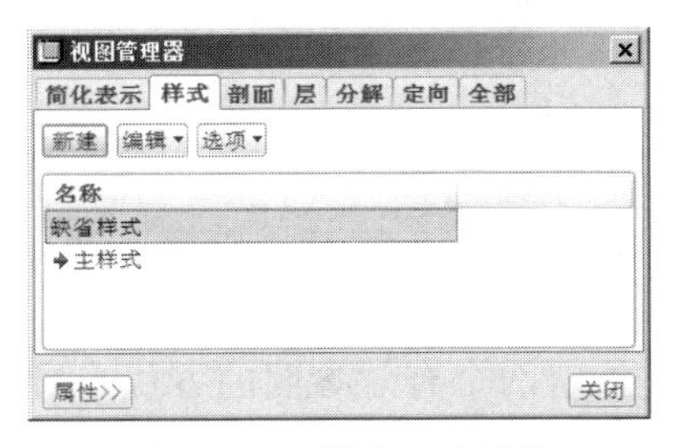


图 5-24 “样式”选项卡

图 5-25 “编辑”对话框

（3）单击“显示”，切换到“显示”选项卡，如图 5-26 所示，在该选项卡上选择“透明”，接着在图形区单击选择底座零件，然后在显示选项卡上选择“消隐”，接着在图形区选择调节螺母，在选项卡上选择“着色”，在图形区选择螺杆顶针。按上述同样方法，将手柄设置为着色，将定位螺钉设置为线框。完成设置后，模型树如图 5-27 所示。

（4）完成上述设置后，在“显示”选项卡上单击✔，完成显示样式的设置，结果如图 5-28 所示。

图 5-26 “显示”选项卡

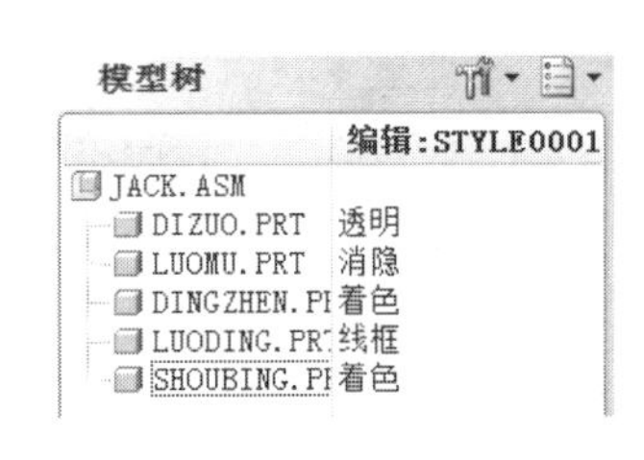


图 5-27 模型树

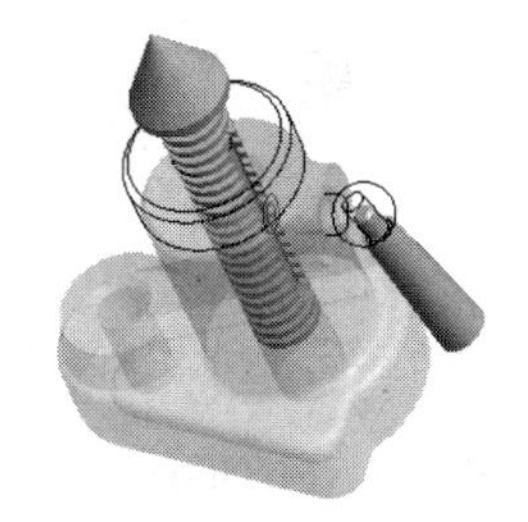

图 5-28 显示样式

（5）系统返回“样式”选项卡。单击“编辑”，打开下拉菜单，选择“保存”，打开“保存显示元素”对话框，接受默认的设置，单击“确定”，完成样式视图的保存。在“视图管理器”对话框单击“关闭”，完成样式视图的创建。

## 5.3.3 定向视图

定向视图用于将模型或组件以指定的方向进行放置，从而可以方便地观察或为将来生成工程图做准备。

打开“视图管理器”对话框，单击“定向”，切换到“定向”选项卡，如图 5-29 所示。在“名称”栏列出了已有的视图名称，前面有红色箭头的视图为当前活动视图，如当前活动视图为“标准方向”。在视图名称上双击，可以将该视图设置为当前活动视图。

单击“新建”，输入视图名称或接受默认的视图名称，并按<Enter>键。单击“编辑”，打开下拉菜单，从中选择“重定义”，系统弹出图 5-30 所示的“方向”对话框。

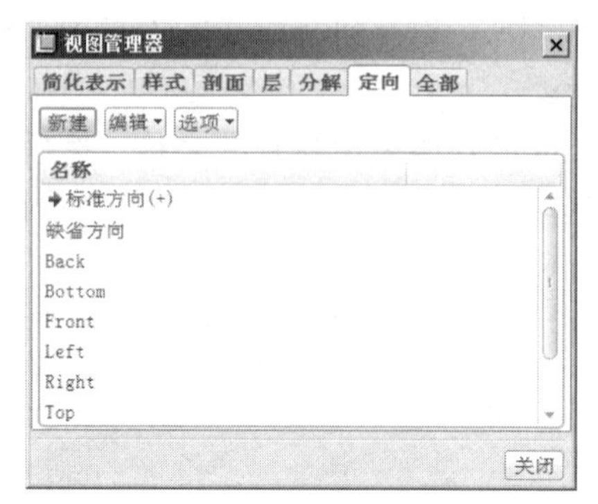


图 5-29 “定向”选项卡

图 5-30 “方向”对话框

默认的定向类型为“按参照定向”，即通过指定两个有效参照的方位来对模型视图定向。例如，将“参照 1”的方向设置为“上”，选择底座左边凸台的上端面作为参照，然后将“参照 2”的方向设置为“右”，选择底座上定位螺钉孔的右端面作为参照，如图 5-31 所示，定向结果如图 5-32 所示，在“方向”对话框中单击“确定”，系统返回视图管理器的“定向”选项卡。在“视图管理器”对话框单击“确定”，完成定向视图的创建。

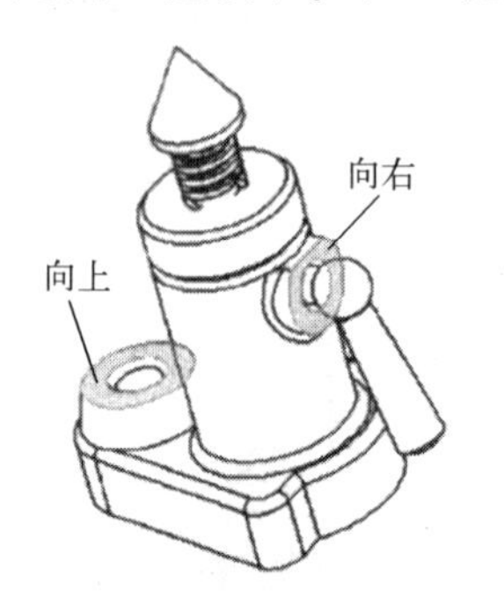


图 5-31 选取定出参照

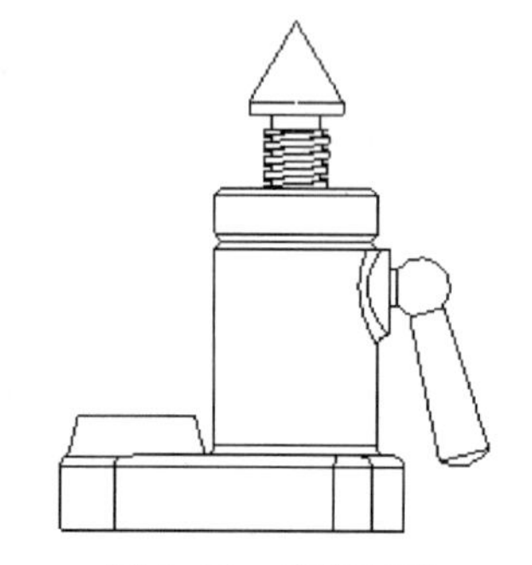

图 5-32 定向结果

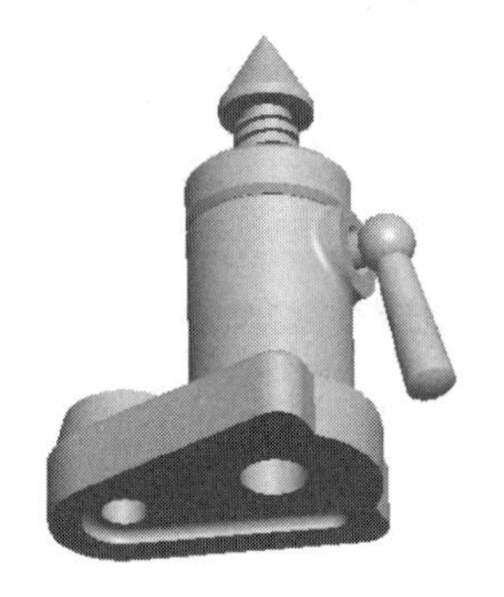

图 5-33 旋转视图

也可以在图形区按住鼠标滚轮拖动，将视图旋转到合适的角度，如旋转到图 5-33 所示的方向，然后在视图管理器的“定向”选项卡上单击“新建”，输入视图名称如 VI，按<Enter>键，就可以将图 5-33 所示的视图命名为 VI。

定向视图也可以通过单击工具栏中的“重定向”按钮，打开图 5-30 所示的“方向”对话框来实现，这里就不再赘述了。

## 5.4 装配设计实例一：减速器的装配

5.4

**【2007 年陕西省赛区三维数字建模大赛试题】** 利用配套资源中 Chapter5\“减速器”文件夹中的子零件，创建名为 reducer.asm 的减速器装配体，结果如图 5-34 所示。

**1. 设置工作目录**

在硬盘上创建一个文件夹，文件夹名可设为“减速器”，然后启动 Pro/E 软件，设置该文件夹为工作目录。直接将配套资源中的装配零件的文档复制到工作目录。

**2. 创建第一个装配体——滚动轴承“bearing6206”**

（1）新建一个组件文件。

在菜单栏选择“文件”→“新建”，弹出“新建”对话框。在“新建”对话框中“类型”栏中选择“组件”，子类型采用默认的“设计”。“名称”后面的文本框中输入文件名“bearing6206”，完成设置后，“新建”对话框如图 5-35 所示，系统默认公制模板“mmns_asm_design”（只要安装软件时选择公制单位），单击“确定”，进入装配模式。

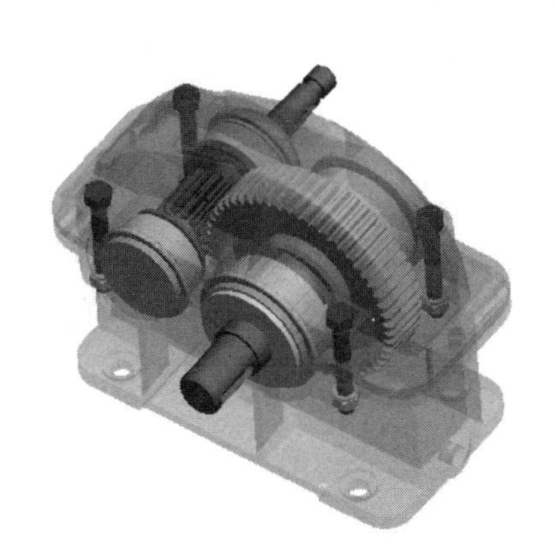

图 5-34　减速器装配体

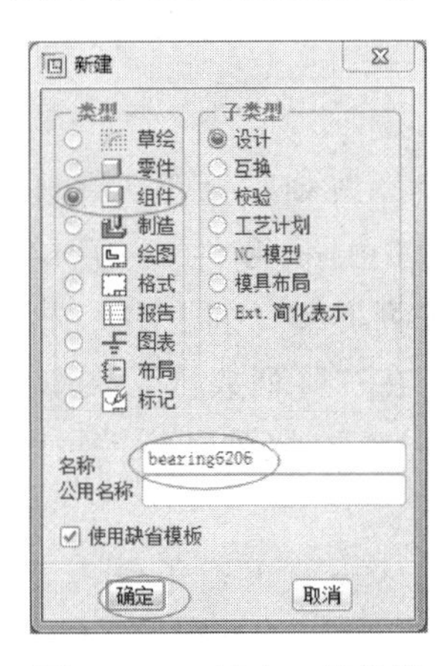


图 5-35　“新建”菜单栏

（2）装配第一个零件：内圈，文件名 101insidering. prt。

在工具栏单击“添加元件”按钮，弹出“打开”对话框，从文件列表中选择“101insidering. prt”，单击“打开”。系统自动返回组件工作窗口，将约束类型设置为“缺省”，约束状态显示为完全约束，如图 5-36 所示，单击“确定”按钮，完成第一个元件的装配。

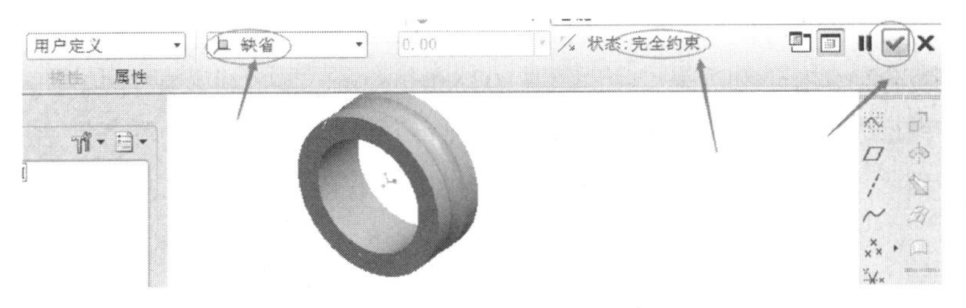


图 5-36　装配第一个零部件

（3）装配第二个零件：钢球，文件名 102ball. prt。

在“特征”工具条中单击“添加元件”按钮，弹出“打开”对话框，选择“102ball. prt”，单击“打开”。系统自动返回组件工作窗口，在操控板中选择“放置”选项卡，在“约束类型”列表选项中选择“相切”命令，在图形区单击选择钢球表面和内圈外侧凹槽球面，系统在两者之前建立“相切”约束关系，再选择“固定”的约束关系，最后单击确定按钮，完成第二个零件的装配。结果如图 5-37 所示。

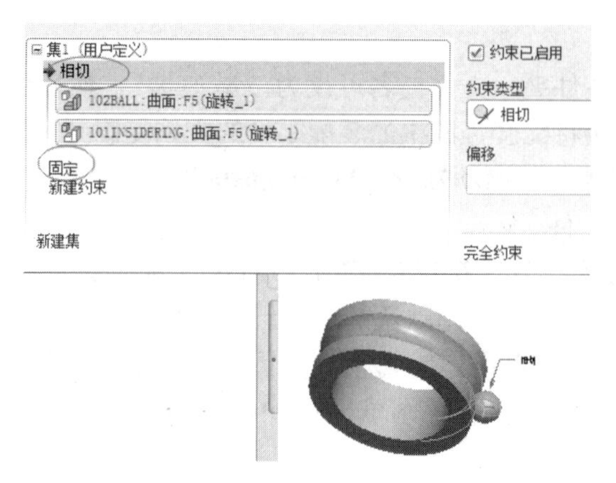


图 5-37　装配第二个零部件

（4）利用“阵列”命令，复制钢球。

单击选中 ball. prt 零件，然后单击右侧工具栏上“阵列”图标，系统弹出“阵列”操控板。在“阵列类型”列表中，选择“轴”，然后在图形区单击选中内圈轴线，以其为中心轴旋转阵列。在“阵列数目”文本框内输入数量值为 6，在“阵列成员间角度”文本框内输入角度值为 90，“阵列”操控板设定结果如图 5-38 所示。单击确定按钮，完成钢球的复制装配。

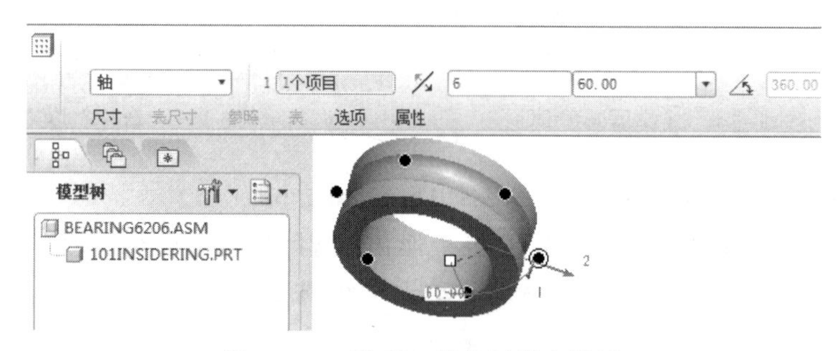


图 5-38　“阵列”操控板设定结果

（5）装配最后一个零件：外圈，文件名称为 103outring. prt。

采用和步骤（3）相同的方法，将零件 103outring. prt 添加到装配环境中。如图 5-39 所示，在图形区单击选择内、外圈中心轴线，系统自动为元件添加“对齐”约束关系。单击

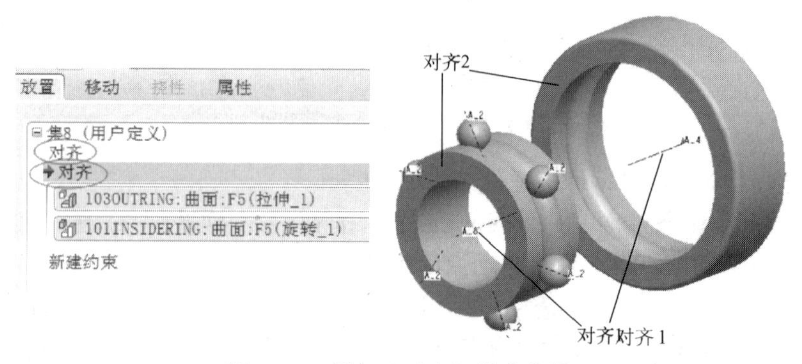


图 5-39　添加“对齐”约束参照

"放置"按钮，弹出"放置"选项卡，在"导航收集区"新建约束处单击，激活添加新的约束关系，然后在图形区单击选择内、外圈前端面，系统自动添加"对齐"约束。单击确定✔按钮，完成外圈的装配。

至此，完成滚动轴承"bearing6206"的装配，装配结果如图 5-40 所示。最后保存并关闭文件。

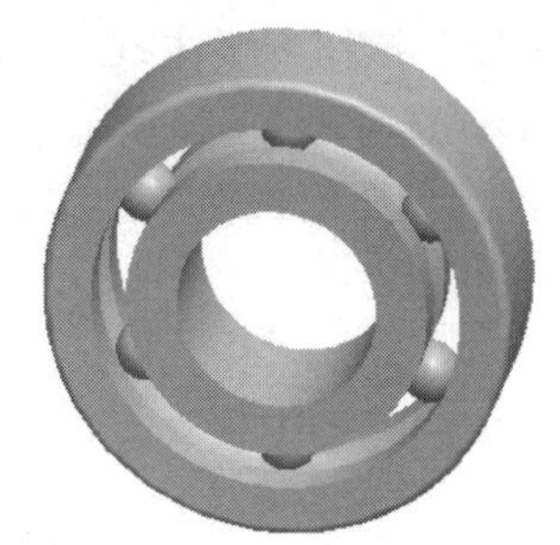

图 5-40 滚动轴承 6206 装配结果

**3. 创建第二个装配体——滚动轴承"bearing6204"**

滚动轴承"bearing6204"的装配过程与上述滚动轴承 6206 的创建步骤完全一样，在此不做过多说明。

**4. 主动轴的装配**

（1）新建一个组件文件。

在菜单栏选择"文件"→"新建"，弹出"新建"对话框，在"类型"栏中选择"组件"，名称栏输入"driveshaft"，单击"确定"，进入装配模式。

（2）装配第一个零件：齿轮轴，文件名为 gearshaft. prt。

单击"添加元件"按钮，弹出"打开"对话框，从文件列表中选择"301gearshaft. prt"，单击"打开"。系统自动返回组件工作窗口，设置约束类型为"缺省"，结果如图 5-41 所示。

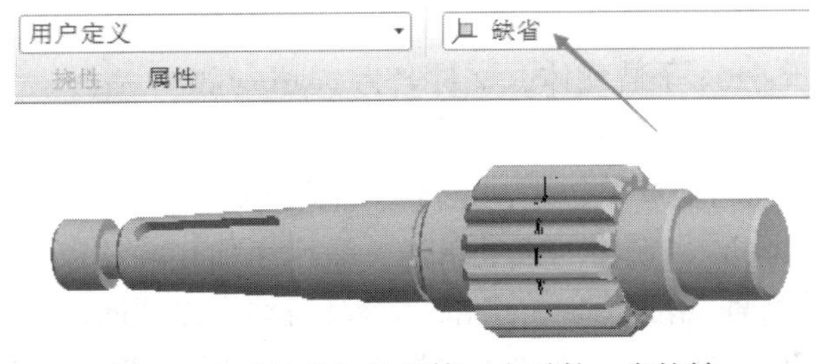


图 5-41 "缺省"放置第一个零件：齿轮轴

（3）装配第二个零件：挡油环，文件名为 302oilring. prt。

单击"添加元件"按钮，将零件 302oilring. prt 添加到装配环境中。在图形区单击选择齿轮轴、挡油环中心轴线，系统自动为元件添加"对齐"约束关系。（注意：如果轴线不容易选中，可以直接选择轴线对应的曲面，约束关系变成"插入"，结果是一样的。）单击"放置"按钮，弹出"放置"选项卡，在"导航收集区"新建约束处单击，激活添加新的约束关系，然后在图形区单击选择齿轮轴右侧面和挡油环前端面，系统自动添加"匹配"约束。添加的约束关系及参照如图 5-42 所示，挡油环的装配结果如图 5-43 所示。

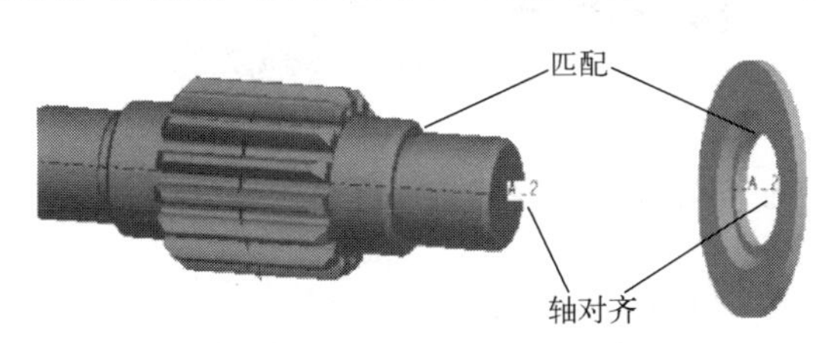


图 5-42 "匹配"和"对齐"参照

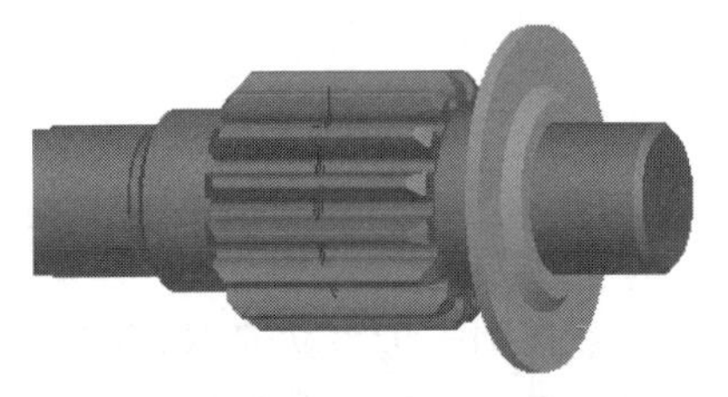

图 5-43 第二个装配零件装配结果

（4）重复放置第二个装配零件：挡油环。

在模型树中选中零件 302oilring. prt，单击鼠标右键，在弹出的菜单中选择“重复”命令，打开“重复元件”对话框，单击选中“可变组件参照”列表中的“配对”，然后单击“添加”按钮，按住<Ctrl+Alt+鼠标滚轮>，旋转零部件，转至适当位置松开中滚轮，然后在图形区选择图 5-44 所示箭头所指的齿轮轴左侧面，系统根据选择的新组件参照自动添加新元件，参照出现在“放置元件”列表中，结果如图 5-45 所示。

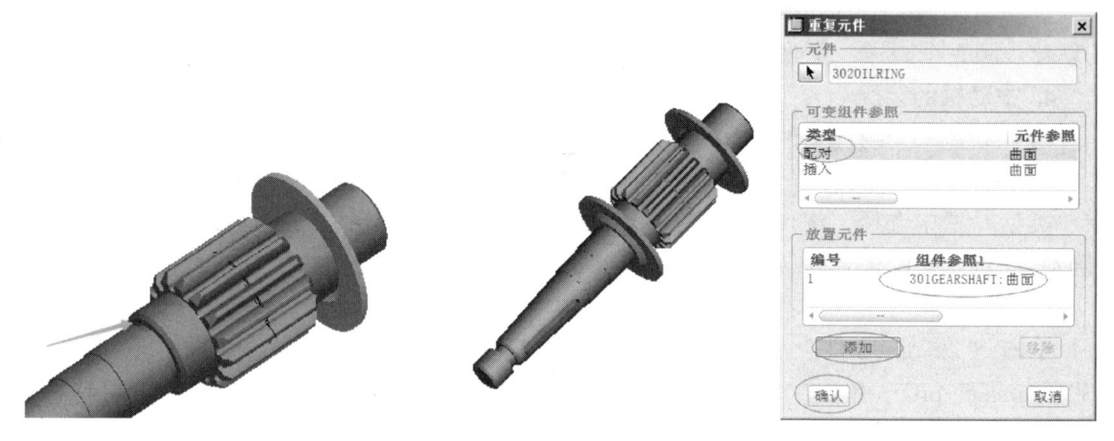


图 5-44　选取新组件参照

图 5-45　重复放置结果

（5）装配滚动轴承 6204 子装配体，文件名为 bearing6204. asm。

单击“添加元件”按钮，将子装配体 bearing6204. asm 添加到装配环境中。在“元件放置”操控板中，单击轴和轴承中心线，系统自动为之添加“对齐”约束关系。单击“放置”按钮，在“导航收集区”新建约束处单击，激活添加新的约束关系，然后在图形区选择之前装配的挡油环外侧面、滚动轴承的端面，系统自动添加“匹配偏距”约束，如图 5-46 所示。在“偏距”下拉列表中，选择“重合”命令。完成的滚动轴承 6204 的装配结果如图 5-47 所示。

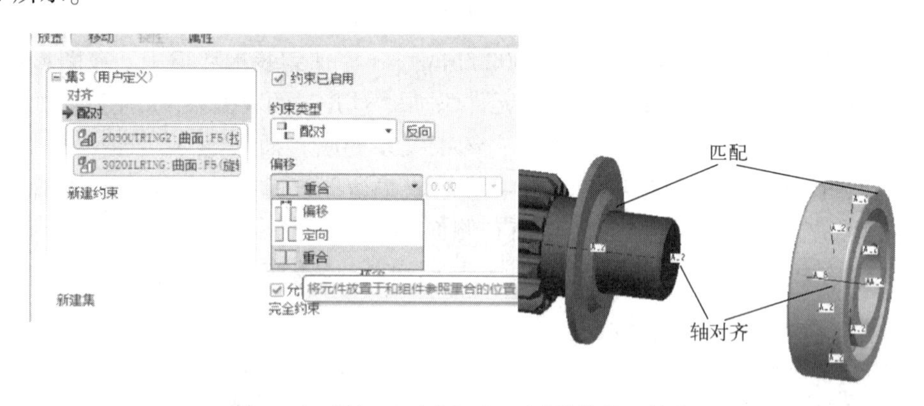


图 5-46　添加“对齐”和“匹配偏移”约束

（6）装配另一个滚动轴承 6204 子装配体，文件名为 bearing6204. asm。

采用和步骤（4）相同的方法，新组件参照选择轴另外一侧挡油环外侧面，利用“重复”命令，重复放置滚动轴承 6204 子装配体，放置结果如图 5-48 所示。

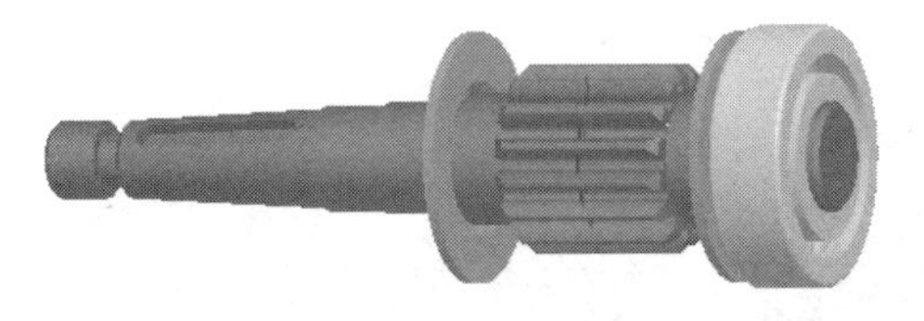

图 5-47　滚动轴承 6204 子装配体的装配结果

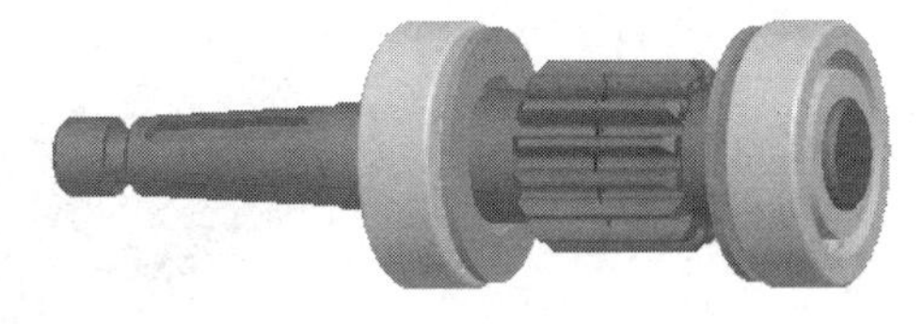

图 5-48　重复放置滚动轴承 204 子装配体结果

(7) 装配端盖，文件名为 305duangai. ai2. prt。

采用和步骤 (3) 完全相同的方法，装配端盖，添加的装配约束关系及参照如图 5-49 所示。

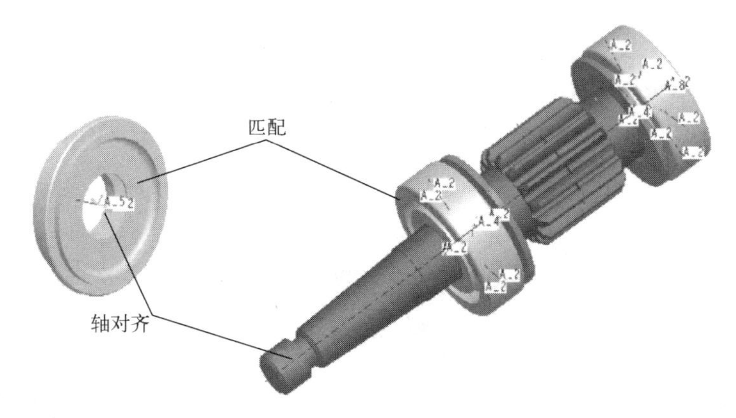


图 5-49　添加“对齐”和“匹配”的约束

至此，完成主动轴装配，装配结果如图 5-50 所示。保存并关闭文件。

**5. 从动轴的装配**

从动轴的装配过程与主动轴基本类似，在此把装配过程简单介绍一下。

(1) 新建一个组件文件。

在菜单栏选择“文件”→“新建”，弹出“新建”对话框，在“类型”栏中选择“组件”，名称栏输入“positiveshaft”，单击“确定”，进入装配模式。

(2) 装配第一个零件：从动轴，文件名为 shaft. prt。

单击“添加元件”按钮，弹出“打开”对话框，从文件列表中选择从动轴“401shaft. prt”，单击“打开”。系统自动返回组件工作窗口，设置约束类型为“缺省”，结果如图 5-51 所示。

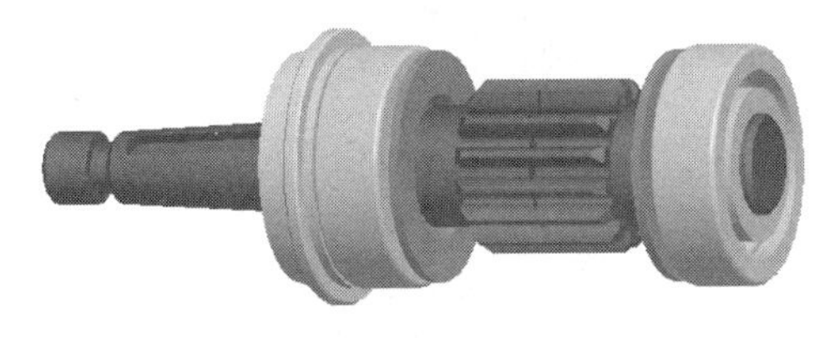

图 5-50　端盖装配结果

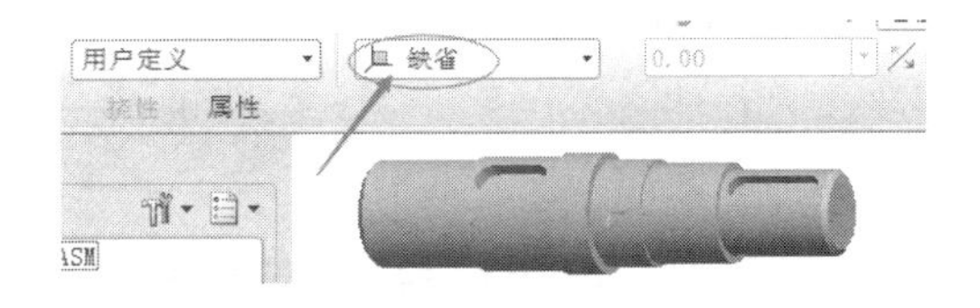


图 5-51　“缺省”放置第一个零件：从动轴

(3) 装配第二个零件：键，文件名为 402jian. part。

添加的装配约束关系及参照如图 5-52 所示。

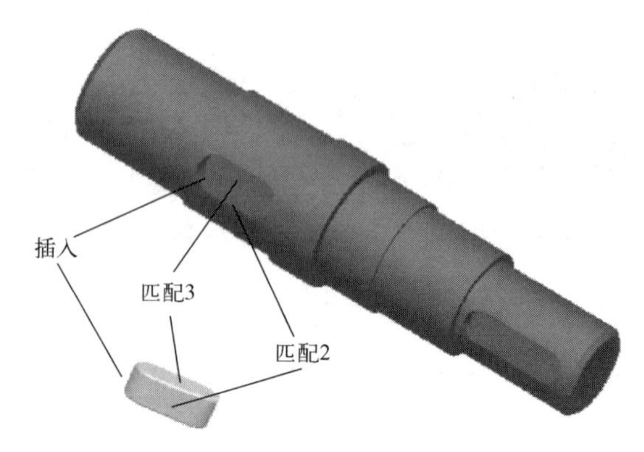


图 5-52 “匹配”和“插入”

（4）装配第三个零件：齿轮，文件名为 403gear. prt。

添加的装配约束关系及参照如图 5-53 所示，装配结果如图 5-54 所示。

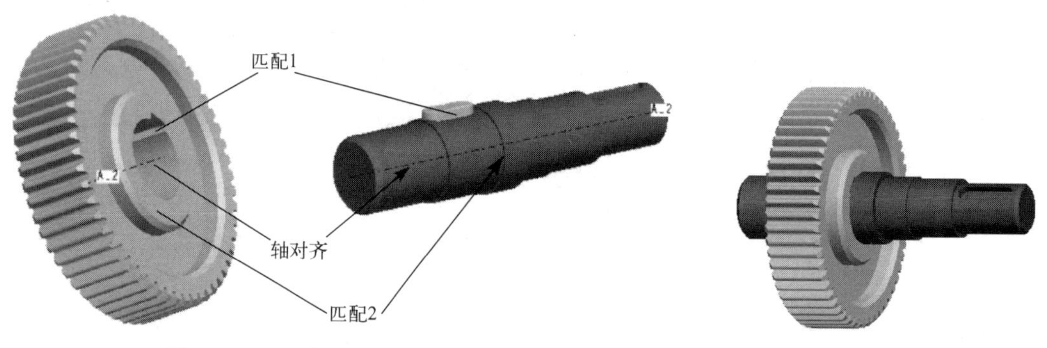


图 5-53 “对齐”和“匹配”参照

图 5-54 齿轮装配结果

（5）装配第四个装配零件：套筒，文件名为 404taotong. prt。

添加的约束关系及参照如图 5-55 所示，装配结果如图 5-56 所示。

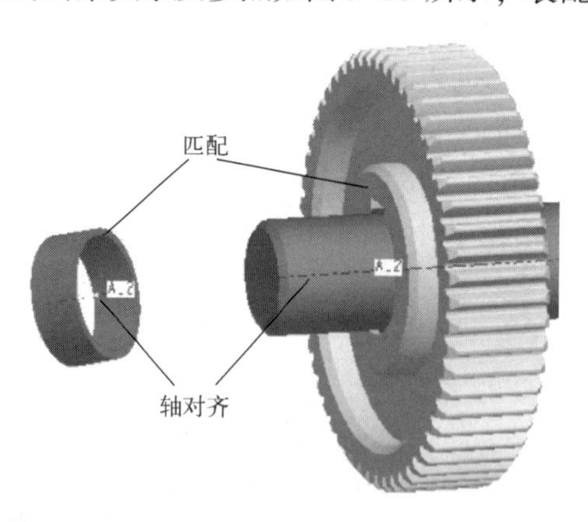


图 5-55 约束关系及参照

图 5-56 套筒装配结果

（6）装配滚动轴承 6206 子装配体，文件名为 bearing6206. asm。

装配方法跟前面所述滚动轴承 6204 的一样，装配的约束关系为“轴对齐”和“匹配”，“轴对齐”参照为轴承和轴的中心轴线，“匹配”参照为上步添加的套筒端面和轴承端面。

装配结果如图 5-57 所示。

（7）装配另一个滚动轴承 6206。

采用和主动轴装配步骤（6）重复装配滚动轴承 6204 的相同方法，新组件参照选择图 5-57 所示的轴肩侧面，利用“重复”命令，重复放置滚动轴承 6206 子装配体，放置结果如图 5-58 所示。

图 5-57 装配滚动轴承 6206 子装配体

图 5-58 重复放置滚动轴承 6206 子装配体结果

（8）装配端盖，名称为 407duangai4. prt。

采用和主动轴装配端盖 305dangai. ai2. prt. 完全相同的方法，装配端盖 407duangai4. prt，添加“轴对齐”和“匹配”，装配结果如图 5-59 所示。至此，完成主动轴的装配。

**6. 减速器整机的装配**

（1）新建一个组件文件，名称为“reducer”，进入装配设计环境。

（2）添加第一个装配零件：下箱体，文件名为 501downbox. prt。以“缺省”方式放置，结果如图 5-60 所示。

图 5-59 端盖装配结果

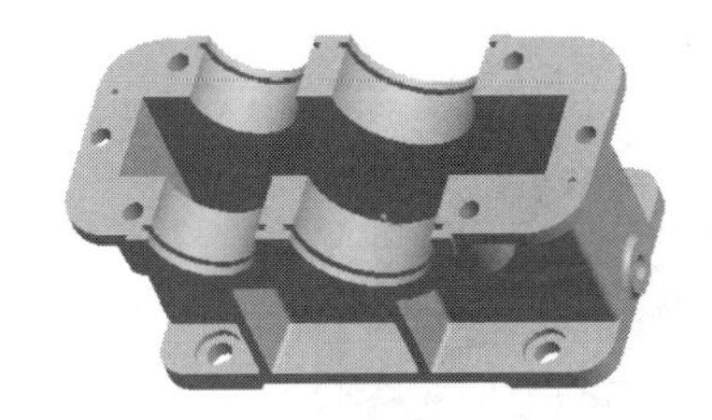

图 5-60 “缺省”放置第一个零件：下箱体

（3）添加装配第二个装配零件：主动轴子装配体，文件名为 driveshaft. asm。

添加“轴对齐”的约束关系，参照选择箱体孔中心线和轴中心线；添加“匹配”约束关系，参照如图 5-61 所示。装配结果如图 5-62 所示。

（4）装配齿轮端部调整环，文件名为 503adjustring. prt。

添加约束“轴对齐”和“匹配”，装配结果如图 5-63 所示。

（5）装配轴承端盖，文件名为 504duangai. prt。

添加约束“轴对齐”和“匹配”，装配结果如图 5-64 所示。

（6）装配从动轴子装配体，文件名为 positivegear. asm。

添加“轴对齐”的约束关系，参照选择箱体孔中心线和从动轴中心线；添加“匹配”约束关系，参照图 5-65 所示的两侧面；添加“相切”约束关系，参照为图 5-65 所示两齿轮的齿面。装配结果如图 5-66 所示。

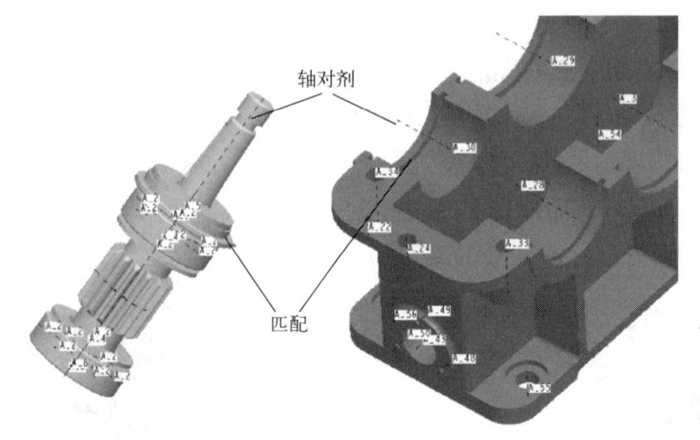


图 5-61　约束关系及参照

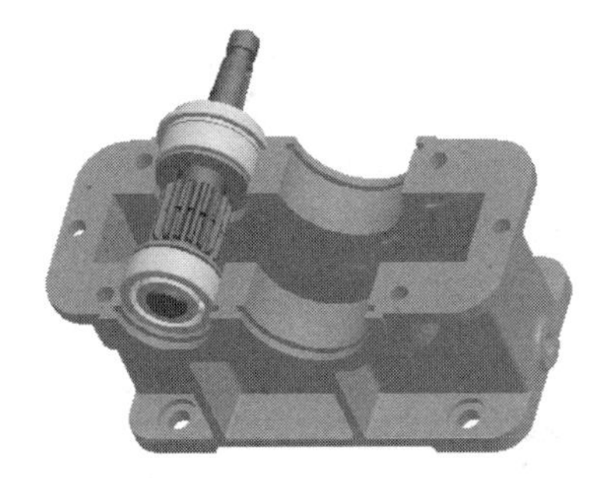

图 5-62　主动轴子装配体的装配结果

图 5-63　调整环装配结果

图 5-64　轴承端盖装配结果

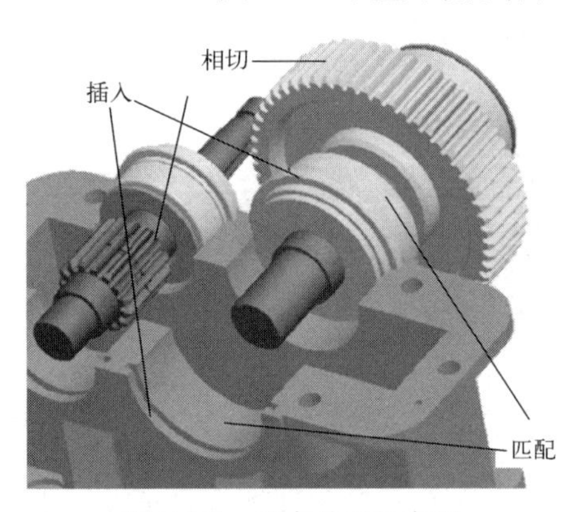


图 5-65　约束关系及参照

（7）重复步骤（4）、（5）装配调整环（文件名 506adjustring. prt）和装配轴承端盖（文件名 507duangai. prt），装配结果如图 5-67 所示。

图 5-66　从动轴子装配体

图 5-67　调整环和轴承端盖装配结果

（8）装配上箱体，文件名为 topbox. prt，装配约束关系如图 5-68 所示，装配结果如图 5-69 所示。

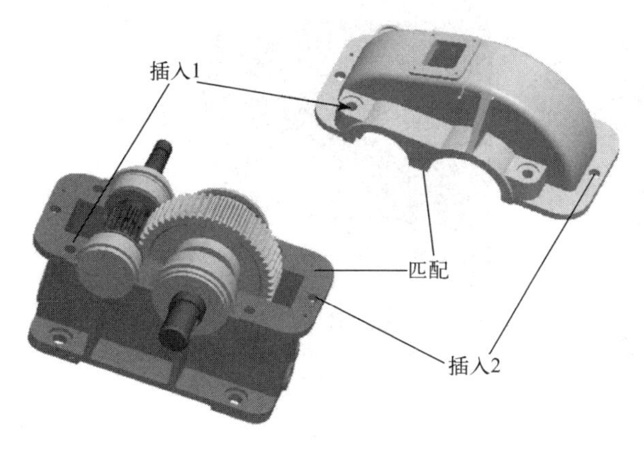


图 5-68　上箱体与下箱体之间的装配约束关系

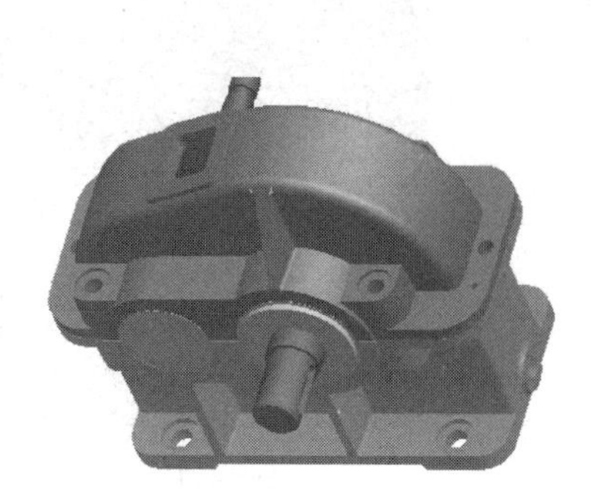

图 5-69　上箱体装配结果

（9）装配销零件，文件名为 509pin. prt。

将零件 509pin. prt 添加到装配环境中。在图形区单击选择上箱体孔的内壁曲面和销的曲面，系统自动为元件添加“插入”约束关系，使得两零件的中心轴线对齐。单击“放置”，弹出“放置”选项卡，在“导航收集区”新建约束处单击，激活添加新的约束关系，然后单击工具栏中的基准点创建工具，在图 5-70 所示的图形区单击选择上箱体孔的上表面边线上的任一点，单击返回按键，返回约束操作板，再选择销的曲面，系统自动添加“曲面上的点”约束。添加的约束关系及参照如图 5-71 所示，销的装配结果如图 5-72 所示。

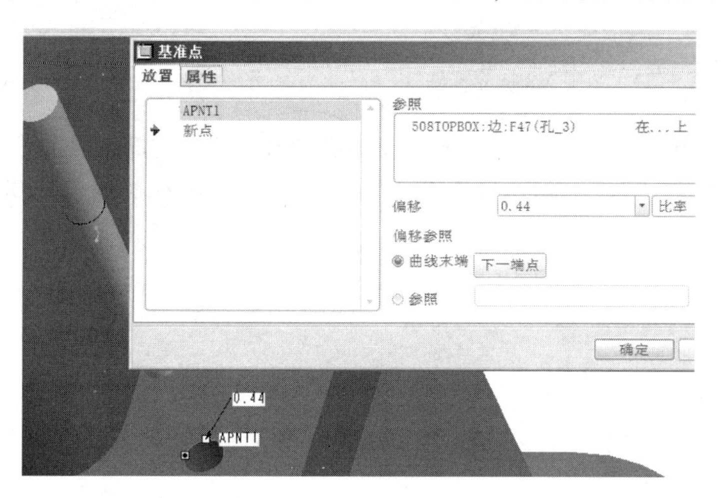


图 5-70　选取基准点

（10）装配 M8 螺栓零件，文件名为 510bolt_M8-70. prt。

装配约束关系为“插入”和“匹配”，“插入”参照为 M8 螺栓和对应的孔表面，“匹配”参照为螺栓和沉头底面。装配结果如图 5-73 所示。

（11）采用与前面步骤相同的方法装配与 M8 螺栓配对的垫圈和螺母零件，名称分别为 511washer. prt 和 512mut_M8. prt。装配结果如图 5-74 所示（为了方便观察内部的零件，可以把外壳进行透明化：先选中上箱体和下箱体，再在菜单栏中点选“视图”→“显示样式”→“透明”）。

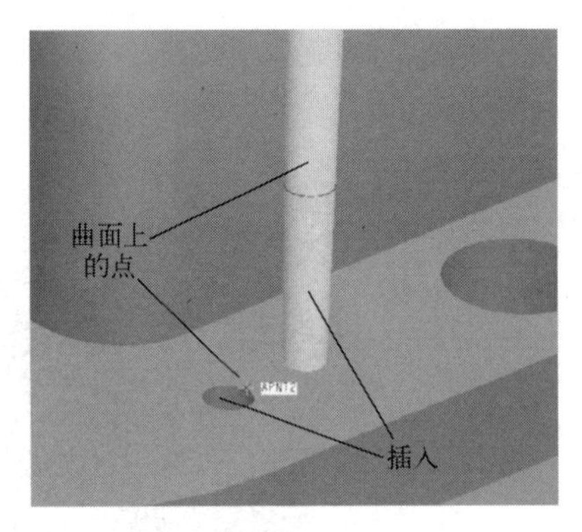


图 5-71　约束关系

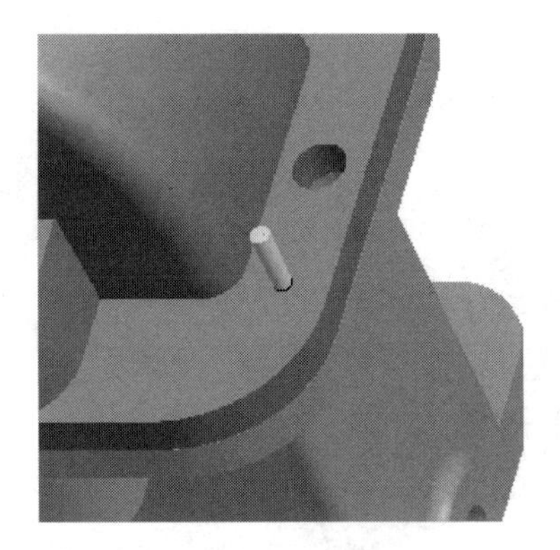

图 5-72　销的装配结果

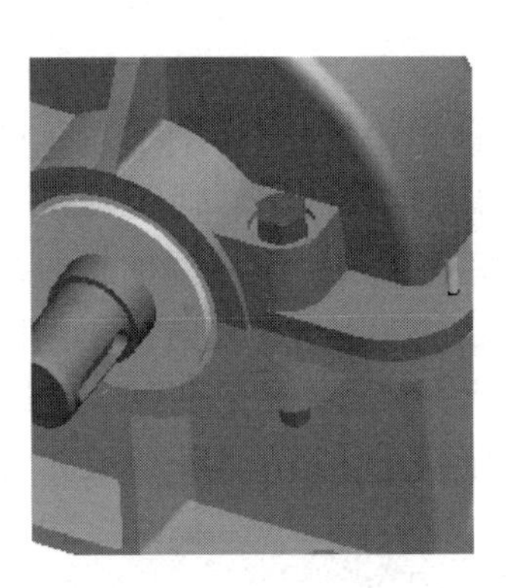

图 5-73　装配 M8 螺栓零件

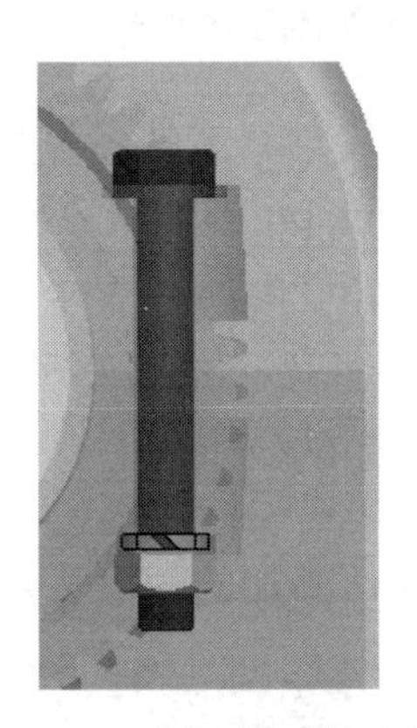

图 5-74　垫圈和螺母装配结果

（12）利用“组”命令，将 M8 螺栓、垫圈和螺母创建成局部组。

如图 5-75 所示，按住<Shift>键在模型树中选中之前装配的零件 510bolt_M8-70. prt、511washer. prt 和 512mut_M8. prt，如图 5-75 所示，从弹出的快捷菜单中选择“组”命令，完成局部组的创建，结果如图 5-76 所示。

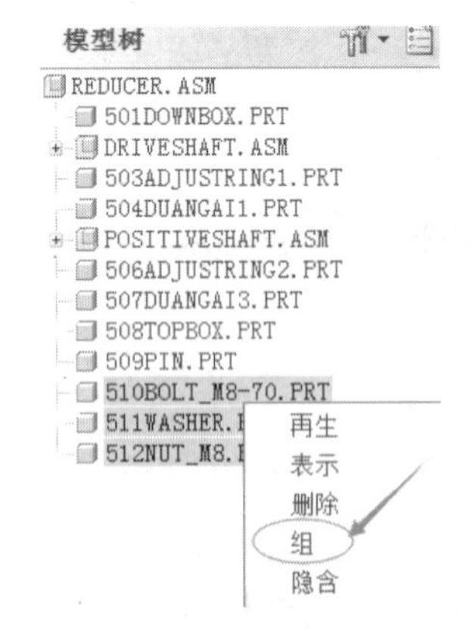


图 5-75　选中零件

图 5-76　创建结果

（13）利用“阵列”命令，复制刚创建的局部组。

从模型树中选择刚创建的局部组，单击右边工具栏中的“阵列”工具，系统根据装配关系，自动设定“参照”模式阵列，如图 5-77 所示。单击按钮，完成局部组的复制，结果如图 5-78 所示。

图 5-77 设定“参照”模式

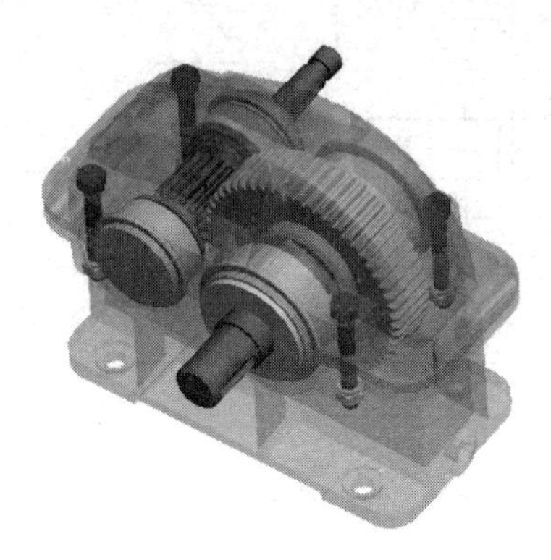

图 5-78 阵列结果

至此，完成减速器主要零部件的装配，至于其他零部装配过程与上述步骤基本类似，在此就不做过多说明。

最后需要说明的是，在装配过程调整装配元件的位置，具体方法是在装配的同时按住<Ctrl>键、<Alt>键及鼠标滚轮，即可旋转零部件。按住<Ctrl>键、<Alt>键及鼠标右键，即可移动零部件。另外，零部件装配完毕，可使用“视图”→“颜色”和“外观”命令为零部件设定不同颜色并编辑，即可改变颜色和透明度，使零件易于区分。

## 5.5 装配设计实例二：齿轮泵的装配

5.5

**【2007 年天津市和山东省三维数字建模大赛试题】**根据图 5-79 所示的装配图，利用配套资源中 Chapter5\“齿轮泵”文件夹中的子零件，创建名为“asm003chilunbeng. asm”的齿轮泵装配体，并制作其爆炸视图。

**1. 制作齿轮泵的装配图**

（1）设置工作目录。

创建名为“齿轮泵”的文件夹，启动 Pro/E 软件，设置该文件夹为工作目录。将配套资源中的“齿轮泵 prt 源文件”装配零件的文档复制到工作目录。

（2）创建第一个装配体——从动齿轮轴。

1）新建一个组件文件，文件名为“asm0001congdongzhou. asm”。

在菜单栏选择“文件”→“新建”，在“新建”对话框“类型”栏中选择“组件”，子类型采用默认的“设计”，“名称”后面的文本框中输入文件名“asm0001”，单击“确定”，进入装配模式。

2）装配第一个零件——从动轴。

在工具栏单击“添加元件”按钮，弹出“打开”对话框，从文件列表中选择“08congdongzhou. prt”，单击“打开”。系统自动返回组件工作窗口，并打开“装配”操控

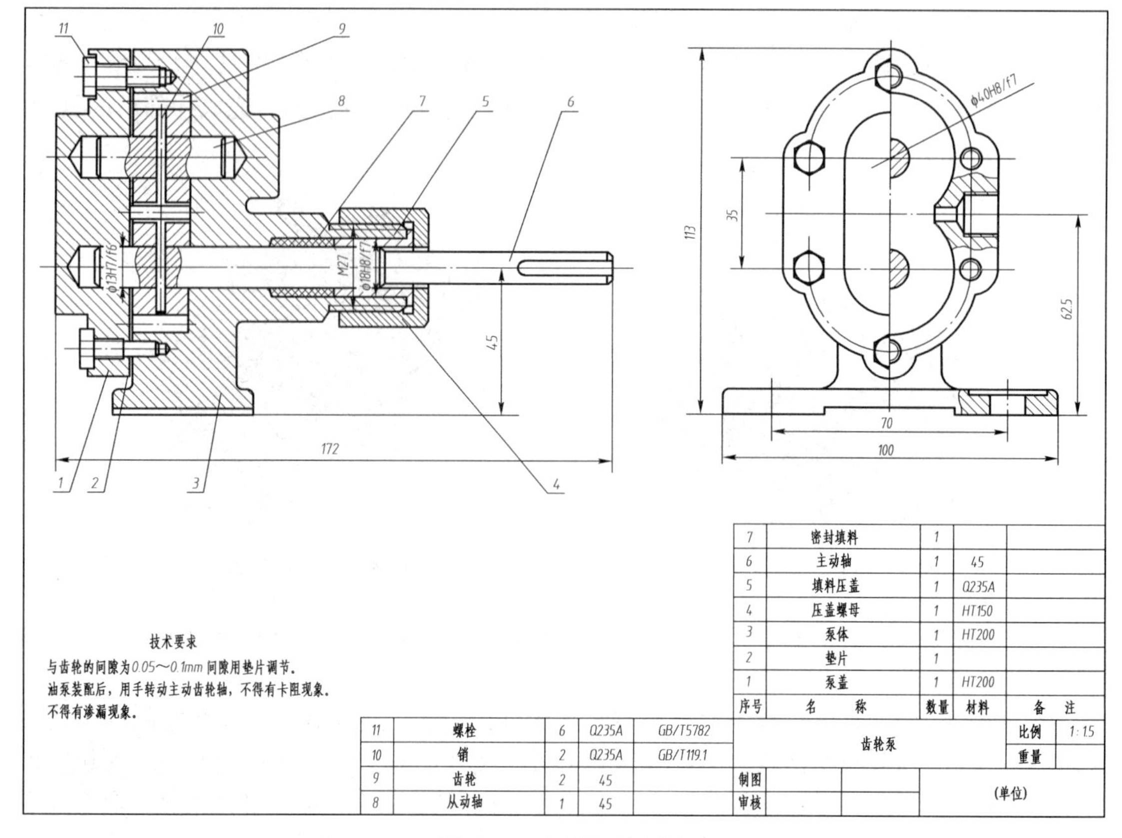


| 7 | 密封填料 | 1 | | |
|---|---|---|---|---|
| 6 | 主动轴 | 1 | 45 | |
| 5 | 填料压盖 | 1 | Q235A | |
| 4 | 压盖螺母 | 1 | HT150 | |
| 3 | 泵体 | 1 | HT200 | |
| 2 | 垫片 | 1 | | |
| 1 | 泵盖 | 1 | HT200 | |
| 序号 | 名　称 | 数量 | 材料 | 备　注 |

| 11 | 螺栓 | 6 | Q235A | GB/T5782 | 齿轮泵 | 比例 | 1:1.5 |
|---|---|---|---|---|---|---|---|
| 10 | 销 | 2 | Q235A | GB/T119.1 | | 重量 | |
| 9 | 齿轮 | 2 | 45 | | 制图 | (单位) | |
| 8 | 从动轴 | 1 | 45 | | 审核 | | |

图 5-79　齿轮泵装配图

板，将约束类型设置为“缺省”，如图 5-80 所示。

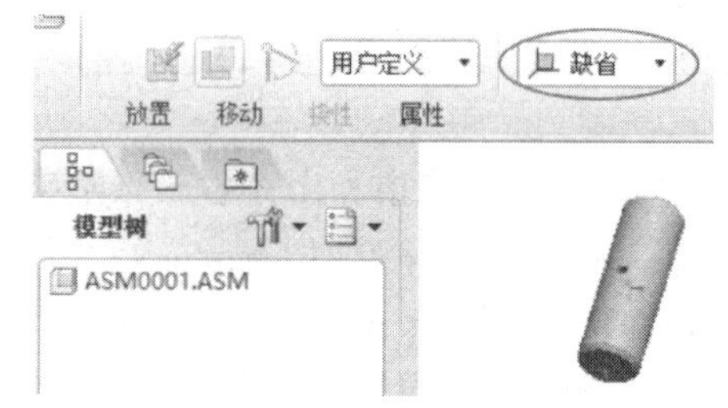


图 5-80　从动轴装配结果

3）装配第二个零件——齿轮。

单击“添加元件”按钮，打开“09chilun.prt”文件。在操控板中点开“放置”选项卡，在“约束类型”列表框中选择“插入”选项，如图 5-81 所示，选择元件的孔的曲面，并在组件中选择对应的孔的曲面，然后选择“新建约束”选项，并在约束选项中选择“插入”选项。接着选择元件的内圆柱面，并在组件选择圆柱面，装配结果如图 5-82 所示。

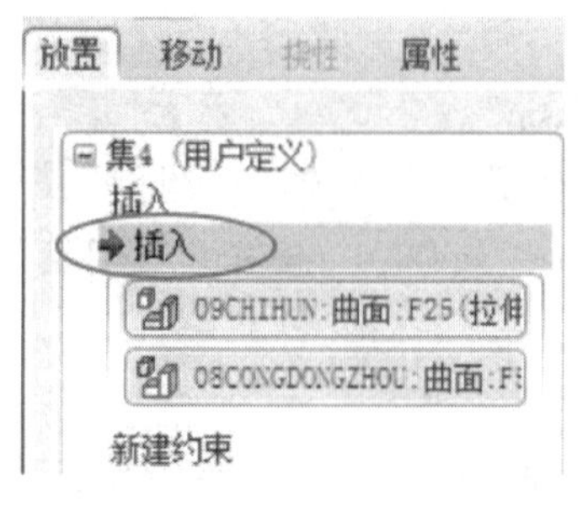


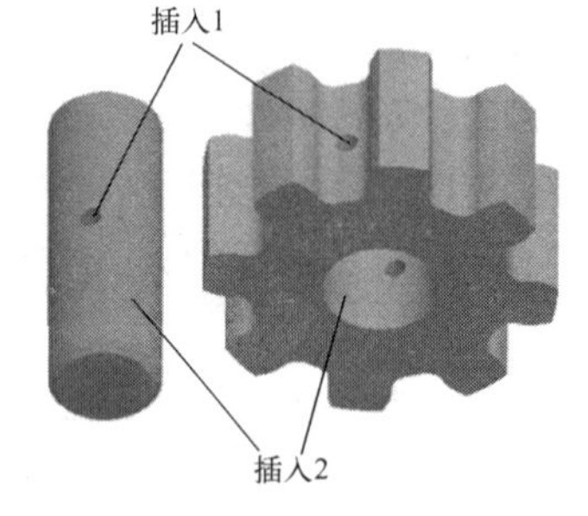


图 5-81　添加“插入”约束参照

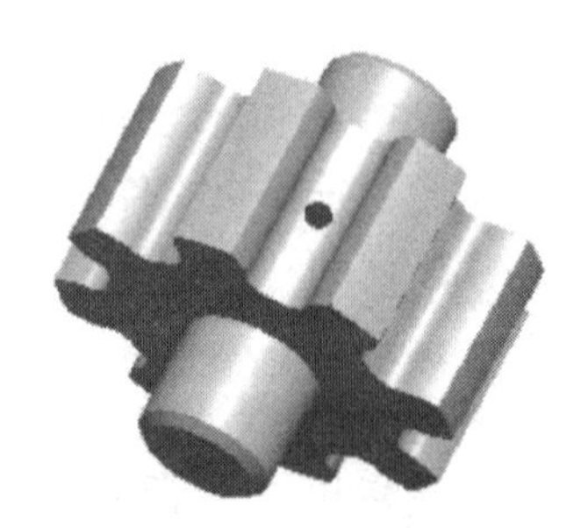

图 5-82　齿轮装配结果

4）装配第三个零件——销。

单击“添加元件”按钮，弹出“打开”对话框。接着选择“10xiao. prt”文件，单击打开按钮打开文件，然后在操控板中选择“放置”选项卡，在“约束类型”列表框中选择“对齐”选项。接着元件的中心轴 A-2，并在组件中选择孔的中心轴 A-9，然后选择“新建约束”选项，并在约束选项中选择“对齐”选项。接着选择元件的 RIGHT 面，并在组件中选择 ASM_TOP 面，最后单击确定按钮添加元件。约束参照和装配结果如图 5-83 所示。

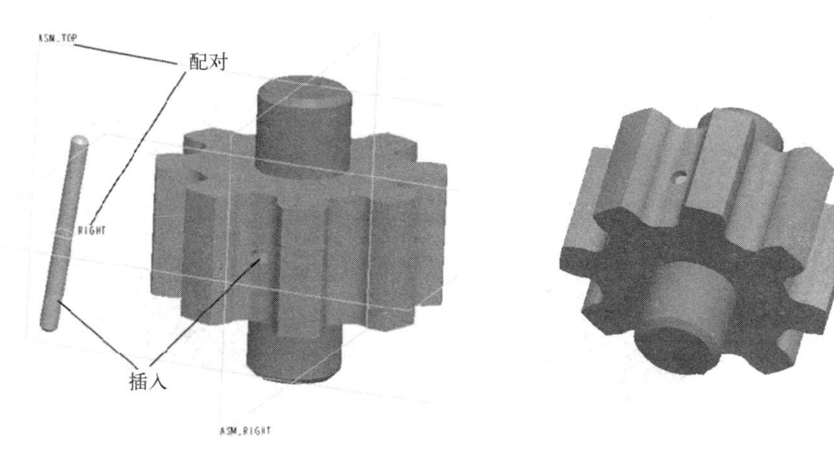


图 5-83 装配销

5）保存当前的组件 asm0001congdongzhou 至工作目录。

（3）创建第二个装配体——主动齿轮轴。

1）新建一个组件文件，文件名“asm0002zhudongzhou. asm”。

2）装配第一个零件——主动轴。

单击“添加元件”按钮，选择打开“06zhudongzhou. prt”文件，将约束类型设置为“缺省”。

3）装配第二个零件——齿轮。

单击“添加元件”按钮，打开“09chilun. prt”文件。在操控板中选择“放置”选项卡，在“约束类型”列表框中选择“插入”选项，选择元件的孔的曲面，并在组件中选择对应的孔的曲面。然后选择“新建约束”选项，并在约束选项中选择“插入”选项，接着选择元件的内圆柱面，并在组件选择圆柱面。约束参照和装配结果如图 5-84 所示。

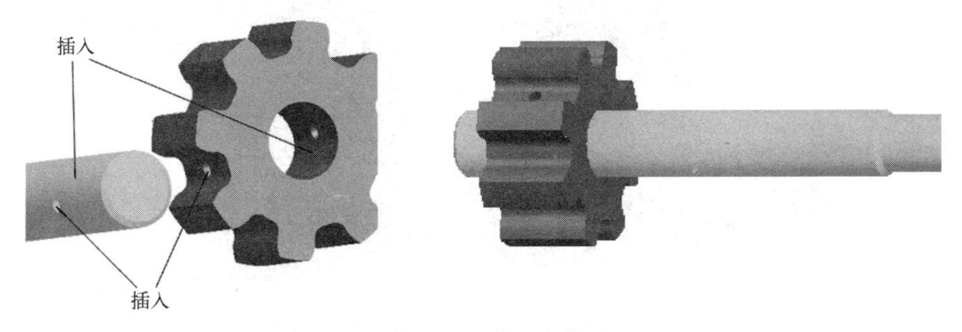


图 5-84 装配齿轮

4）装配第三个零件——销。

在“特征”工具栏中单击“添加元件”按钮，弹出“打开”对话框。接着选择“10xiao. prt”文件，单击打开按钮打开文件，然后在操控板中选择“放置”选项卡，在“约束类型”列表框中选择“对齐”选项。接着元件的中心轴 A-2，并在组件中选择孔的中心轴 A-9，然后选择“新建约束”选项，并在约束选项中选择“对齐”选项。接着选择元件的 RIGHT 面，并在组件中选择 ASM_TOP 面，最后单击确定按钮添加元件。约束参照和装配结果如图 5-85 所示。

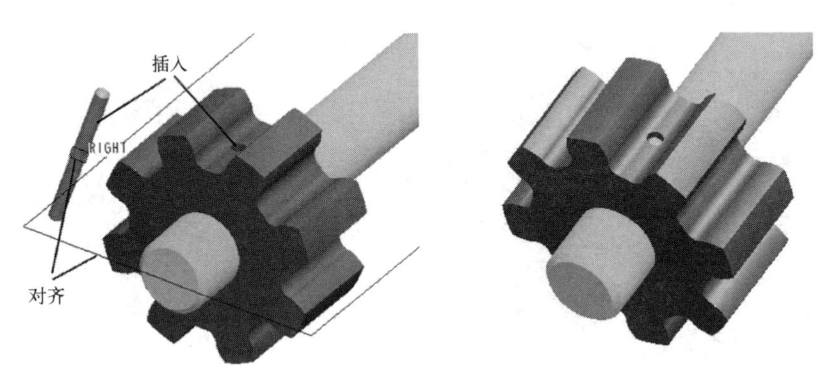


图 5-85　装配销

5）保存当前组件 asm0002zhudongzhou. asm 至工作目录。

（4）齿轮泵整机的装配。

1）新建组件，命名为 asm0003chilunbeng. asm。

2）装配泵体。

单击“添加元件”按钮，打开泵体文件“03bengti. prt”，将约束类型设置为“缺省”。

3）装配第一个组件——主动齿轮轴。

单击“添加元件”按钮，打开“asm0002zhudongzhou. asm”文件，在操控板中点开“放置”选项卡，在“约束类型”列表框中选择“插入”选项。接着元件的曲面，在组件中选择插入的曲面，然后选择“新建约束”选项，并在约束选项中选择“对齐”选项。接着选择元件的曲面，并在组件中选择对齐的曲面。约束参照和装配结果如图 5-86 所示。

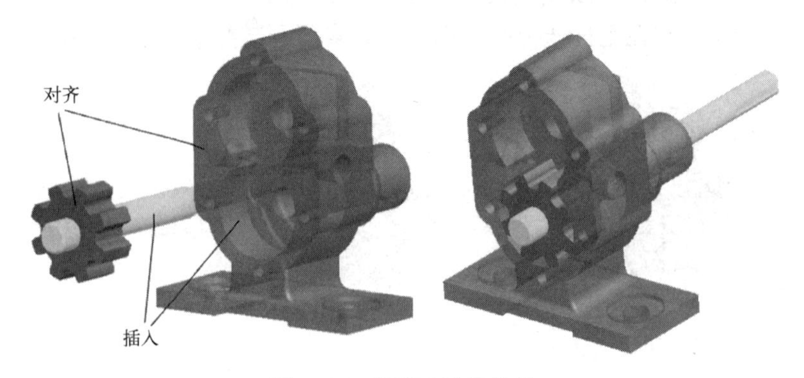


图 5-86　装配主动齿轮轴

4）装配第二个组件——从动轴。

单击“添加元件”按钮，打开从动轴“asm0001congdongzhou. asm”文件，然后在“约束类型”列表框中选择“插入”选项。接着元件的圆柱曲面，并在组件中选择插入相应曲面，然后选择“新建约束”选项，并在约束选项中选择“对齐”选项。接着选择元件的齿轮端面，并在组件中选择相应对齐曲面，然后选择“新建约束”选项，并在约束选项中选择“相切”选项。接着选择元件的齿轮切面，并选择组件的相切面。约束参照和装配结果如图 5-87 所示。

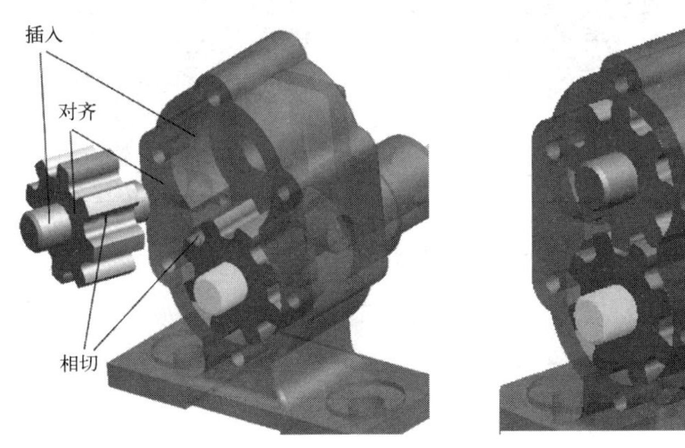

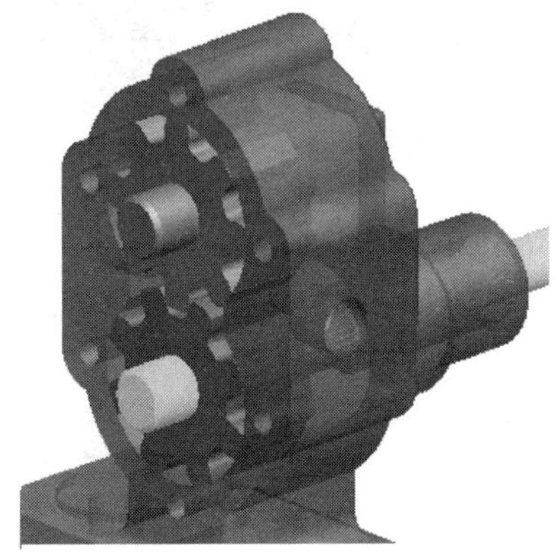

图 5-87　装配从动齿轮轴

5）装配垫片。

单击“添加元件”按钮，打开“02dianpian. prt”文件。在“约束类型”列表框中选择“对齐”选项 。接着选择元件的底面，并在组件中选择对齐面，然后选择“新建约束”选项，在约束选项中选择“插入”选项。接着选择元件的内圆环面，并在组件中选择内壁面，然后选择“新建约束”选项，在约束选项中选择“插入”选项，选择元件的孔的内曲面，接着选择组件的内壁面。约束参照和装配结果如图 5-88 所示。

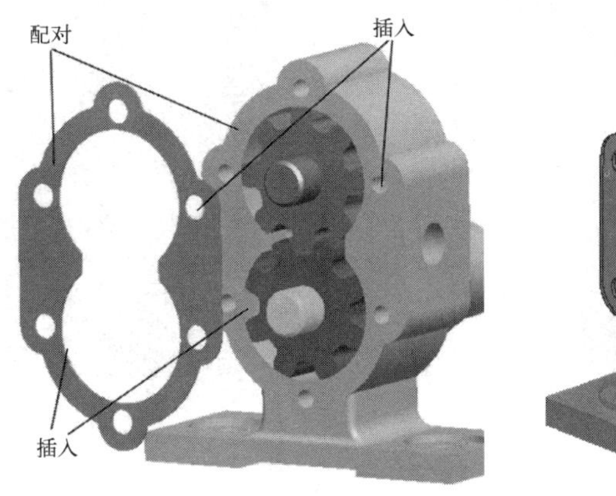

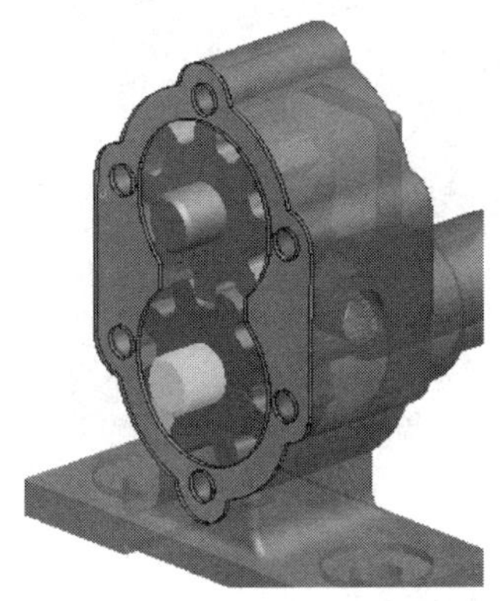

图 5-88　装配垫片

6）装配泵盖。

单击“添加元件”按钮，打开“01benggai. prt”文件，在“约束类型”列表框中选择“配对”选项 。接着选择元件的底面，并在组件中选择匹配面，然后选择“新建约束”

选项，在约束选项中选择“插入”选项。接着选择元件的圆环面，并在组件中选择相应的插入面，然后选择“新建约束”选项，在约束选项中选择“插入”选项，选择元件的孔的内壁面，接着选择组件的孔内壁面。约束参照和装配结果如图 5-89 所示。

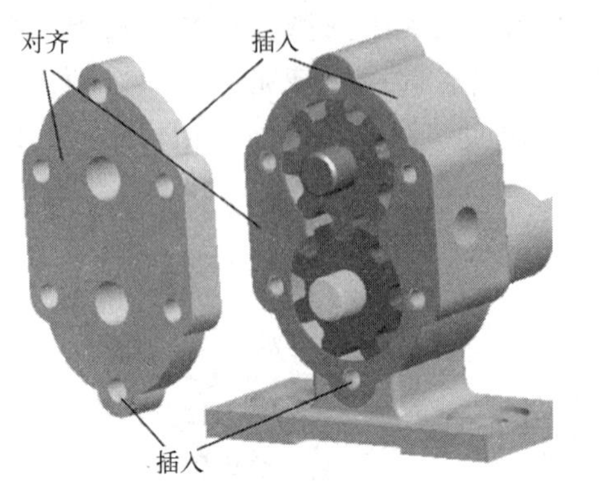

图 5-89　装配泵盖

7）装配螺栓。

单击“添加元件”按钮，打开“11luoshuan. prt”文件，在“约束类型”列表框中选择“插入”选项。接着选择元件的侧面，并在组件中选择插入面，然后选择“新建约束”选项，在约束选项中选择“配对”选项。接着选择元件的六边形底面，并在组件中选择相应的匹配面，在偏距中输入 0，最后单击确定按钮添加元件。约束参照如图 5-90 所示。

8）装配其他 5 个螺栓零件。

选中刚装配的螺栓，单击右键，选择“重复”，把其余五个螺栓装配完，如图 5-91 所示。

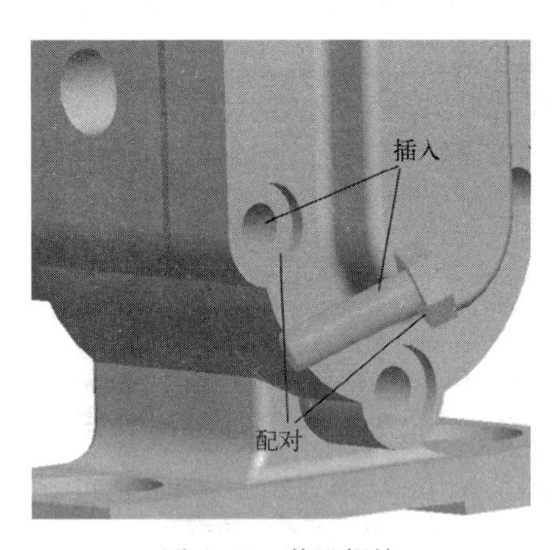


图 5-90　装配螺栓

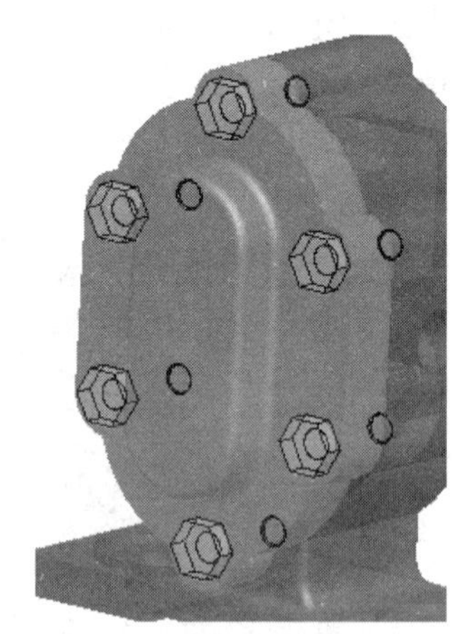

图 5-91　装配其他螺栓

9）装配密封填料。

单击“添加元件”按钮，打开“07mftl. prt”文件，在“约束类型”列表框中选择“相切”选项，选择元件的上端面，并在组件中选择相切面。然后选择“新建约束”选项，在约束选项中选择“插入”选项。接着选择元件的内壁面，并在组件中选择相应的插入面，然后选择“新建约束”选项，在约束选项中选择“固定”。约束参照和装配结果如图 5-92

所示（为了表达清楚内部的装配关系，将模型剖切，图中箭头所指为密封填料）。

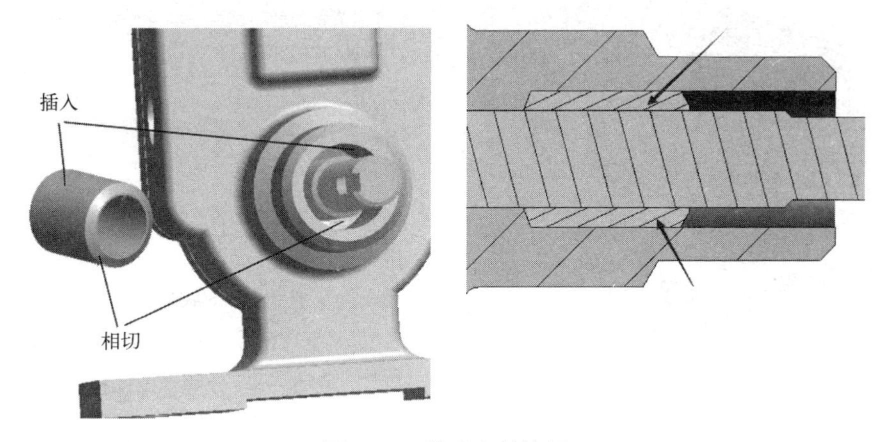


图 5-92　装配密封填料

10）装配填料压盖。

单击“添加元件”按钮，打开“05tianliaoyagai. prt”文件。在“约束类型”列表框中选择“插入”选项 。接着选择元件的侧面，并在组件中选择插入面，然后选择“新建约束”选项，在约束选项中选择“配对”选项。接着选择元件的下端面，并在组件中选择相应的匹配面。约束参照和装配结果如图 5-93 所示（模型剖切面中箭头所指为填料压盖）。

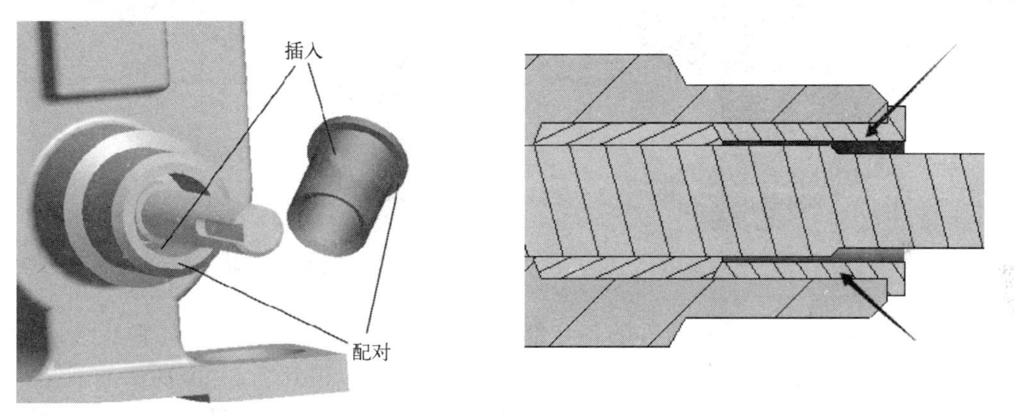


图 5-93　装配填料压盖

11）装配压盖螺母。

单击“添加元件”按钮，打开“04luomu. prt”文件，在“约束类型”列表框中选择“插入”选项。接着选择元件的孔内壁面，并在组件中选择插入面，然后选择“新建约束”选项，在约束选项中选择“配对”选项。接着选择元件的底面，并在组件中选择相应的匹配面，在偏距中输入 0。装配结果如图 5-94 所示。

**2. 制作齿轮泵的爆炸图**

（1）打开齿轮泵装配体“asm0003chilunbeng. asm”，单击上方工具栏中的“视图管理器”按钮，弹出操控板，如图 5-95 所示，切换到“分解”，新建一个分解视图，命名为“baozhatu”，按<Enter>键以“保存”该分解视图，右键单击该名称，在弹出的菜单中选择“编辑位置”。

图 5-94　装配压盖螺母

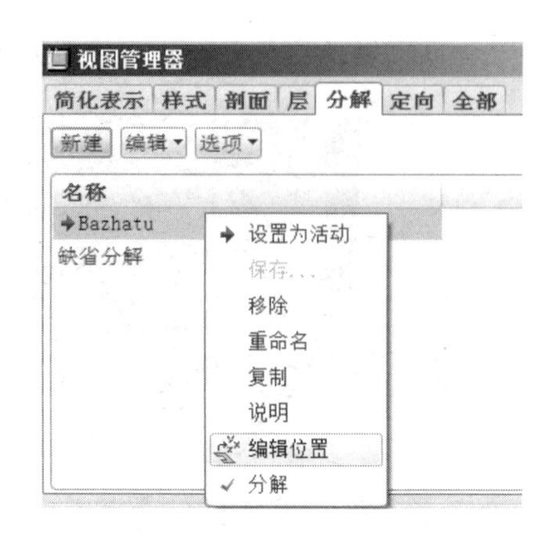


图 5-95　分解视图操控板

（2）在图形区中单击选取需要移动的元件，如图 5-96 所示，选中的元件会显示线框和其坐标系的 X、Y 和 Z 轴，分别代表要移动的方向。将鼠标放在想移动方向的轴上，该轴显示的颜色会变深，此时按住左键并拖动，所选取的元件就可以沿着该坐标轴的方向移动，在合适的位置松开左键，即把该元件固定下来了，如图 5-97 所示。

图 5-96　选取元件

图 5-97　拖动结果

（3）按照上述的方法，将组件的各个部分分解出来，爆炸图必须是按照组装的顺序进行分解，将所有的组件按照组装的顺序进行分解之后就可以得到图 5-98 所示的视图，即为该组件的爆炸视图。再在“视图管理器”中建立“分解”视图并保存，才能在工程图中显示出来。

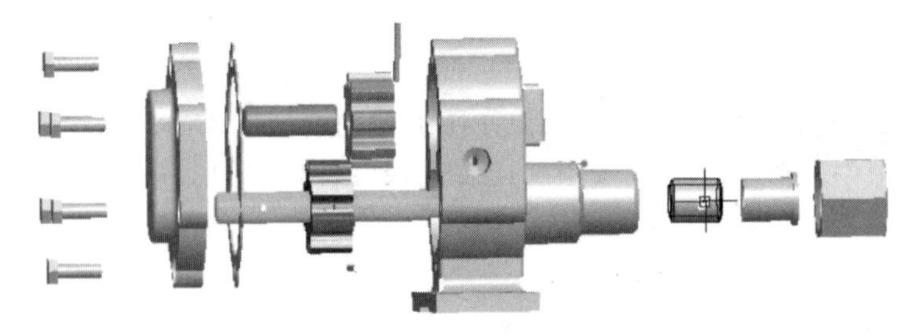

图 5-98　爆炸视图

（4）新建一个绘图文件，如图 5-99 所示，注意不要勾选“使用缺省模板”，指定模板为“空”，如图 5-100 所示。

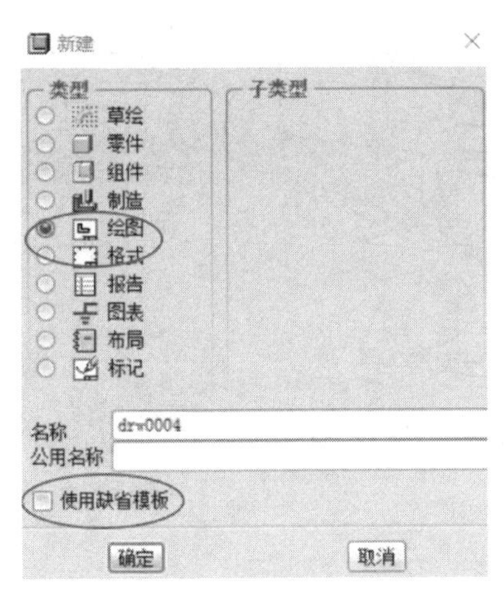


图 5-99 “新建”绘图文件

图 5-100 指定模板

（5）在绘图窗口的布局栏目中，单击“创建普通视图”按钮，弹出“选取组合状态”对话框，如图 5-101 所示，选择“无组合状态”，接着在绘图区空白处单击左键，则出现图 5-102 所示的“绘图视图”操控板，选择“视图类型”中的模型视图名为“缺省方向”，缺省方向设为“等轴测”；选择“比例”，输入定制比例 1。

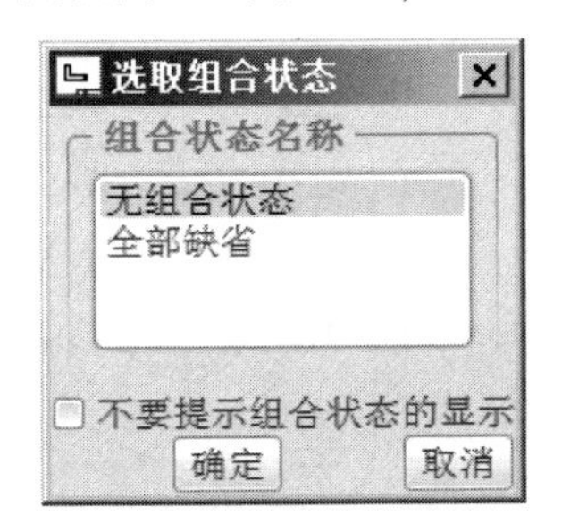


图 5-101 选取组合状态

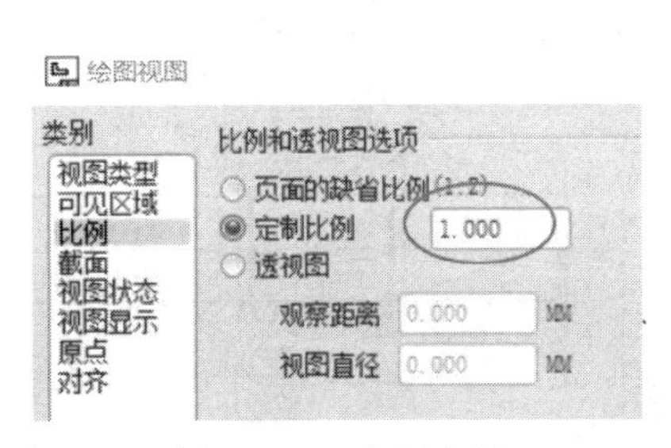


图 5-102 定制比例

（6）选择“视图状态”，如图 5-103 所示，勾选“视图中的分解元件”，在“组件分解状态”栏中选择“缺省”。

（7）选择“视图显示”，如图 5-104 所示，在“显示样式”中选择“消隐”显示，得到如图 5-105 所示的爆炸视图。

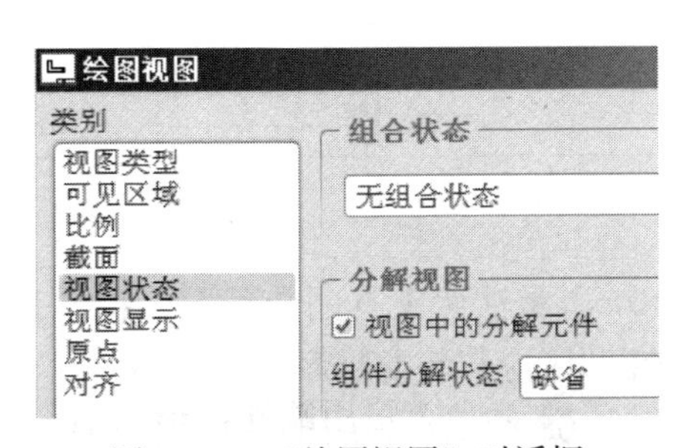


图 5-103 “绘图视图”对话框

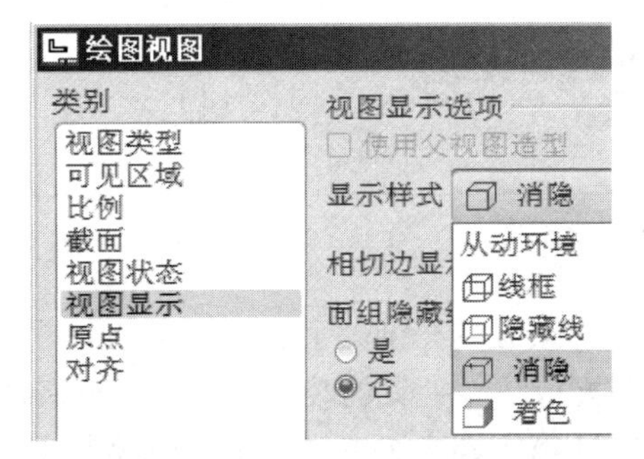


图 5-104 视图显示样式

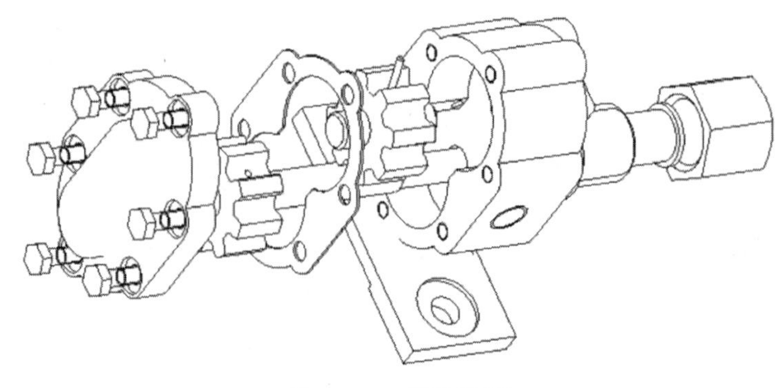

图 5-105　爆炸视图

## 练习题

1. 【第七期三维数字建模师考题】根据图 5-106 所示球阀的装配图，把 12 个零件实体装配成球阀的装配体，并生成爆炸图，拆卸顺序应与装配顺序相匹配。

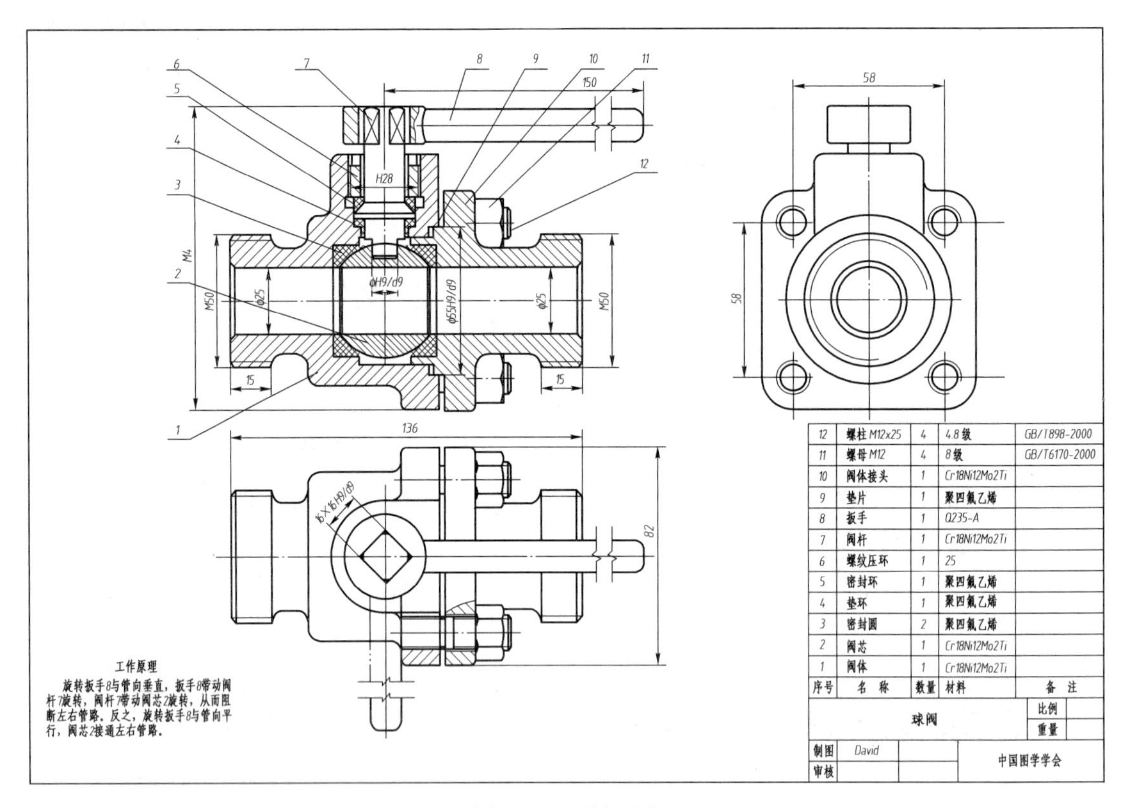


| 序号 | 名　称 | 数量 | 材料 | 备　注 |
| --- | --- | --- | --- | --- |
| 12 | 螺柱 M12x25 | 4 | 4.8 级 | GB/T898-2000 |
| 11 | 螺母 M12 | 4 | 8 级 | GB/T6170-2000 |
| 10 | 阀体接头 | 1 | Cr18Ni12Mo2Ti | |
| 9 | 垫片 | 1 | 聚四氟乙烯 | |
| 8 | 扳手 | 1 | Q235-A | |
| 7 | 阀杆 | 1 | Cr18Ni12Mo2Ti | |
| 6 | 螺纹压环 | 1 | 25 | |
| 5 | 密封环 | 1 | 聚四氟乙烯 | |
| 4 | 垫环 | 1 | 聚四氟乙烯 | |
| 3 | 密封圈 | 2 | 聚四氟乙烯 | |
| 2 | 阀芯 | 1 | Cr18Ni12Mo2Ti | |
| 1 | 阀体 | 1 | Cr18Ni12Mo2Ti | |

图 5-106　题 1 图

2. 【第五期三维数字建模师考题】根据图 5-107 所示法兰夹具的装配图，把 8 个零件实体装配成法兰夹具的装配体，并生成爆炸图，拆卸顺序应与装配顺序相匹配。

3. 【第十期高级三维数字建模师考题】根据图 5-108 所示平口钳的装配图，把 11 个零件实体装配成平口钳的装配体，并生成爆炸图，拆卸顺序应与装配顺序相匹配。

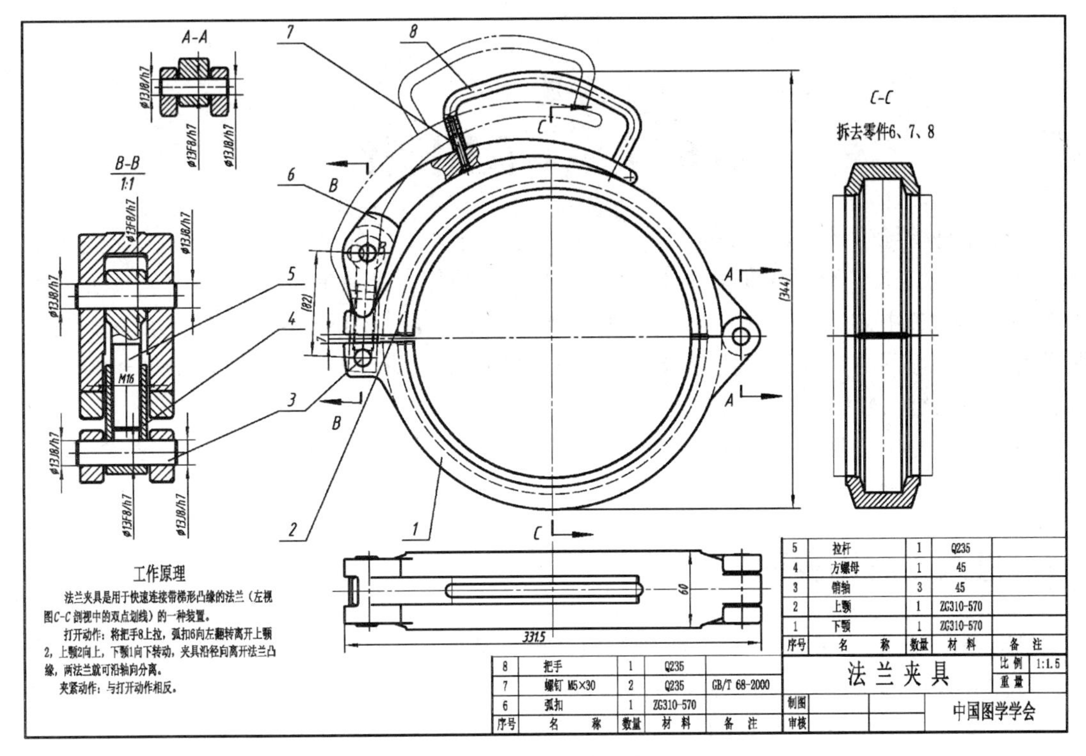


图 5-107　题 2 图

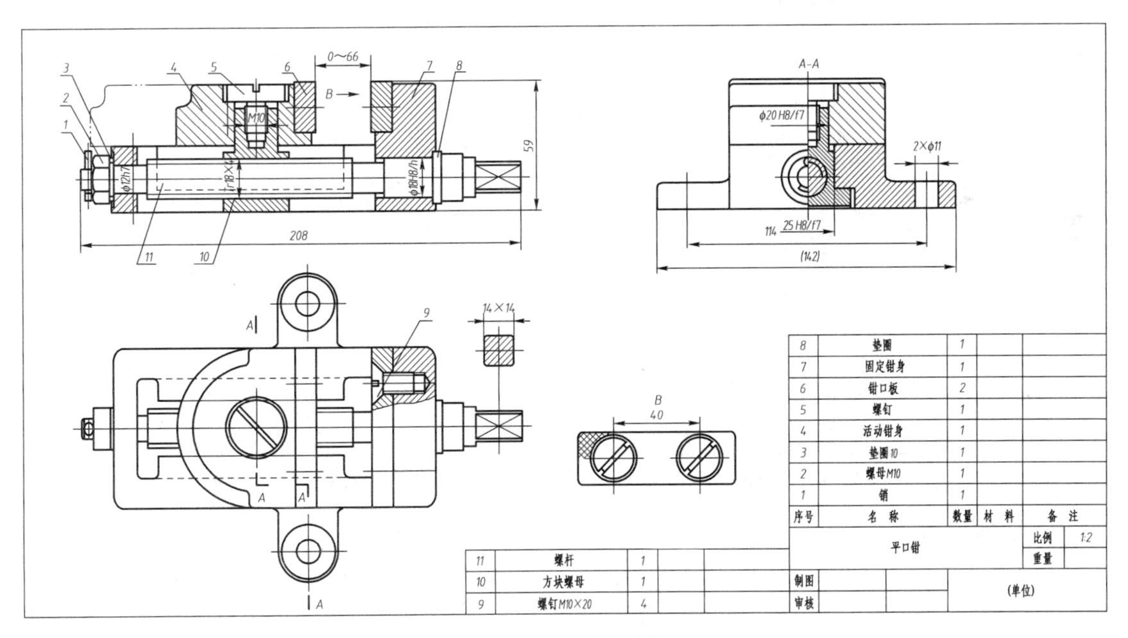


图 5-108　题 3 图

注：以上各题的源文件均放在配套资源的 Chapter5 中。

# 第6章　工程图制作

工程图是指导生产的重要技术文件，也是进行技术交流的重要媒介，是“工程技术界的共同语言”。Pro/E 软件不但具有强大的三维造型功能，还具有非常完善的创建工程图的功能。在 Pro/E 中创建的工程图与其三维模型是全相关的，3D 模型的修改会实时反馈到工程视图上，工程图的尺寸改变也会导致 3D 模型的自动更新。另外，Pro/E 中创建的工程图还能与其他二维 CAD 软件进行数据交换。

一张完整的工程图一般应包括必要的视图、注释（包括尺寸标注、技术要求等）、图框、标题栏等。本章主要介绍常用视图的创建方法和注释的创建方法。

## 6.1　进入工程图界面

单击新建按钮□，系统打开“新建”对话框，选取“绘图”，在“名称”文本框中输入文件名称或者直接采用默认的文件名，取消“使用缺省模板”，结果如图 6-1 所示。单击“确定”，系统打开图 6-2 所示的“新建绘图”对话框，用来设置工程图模板。

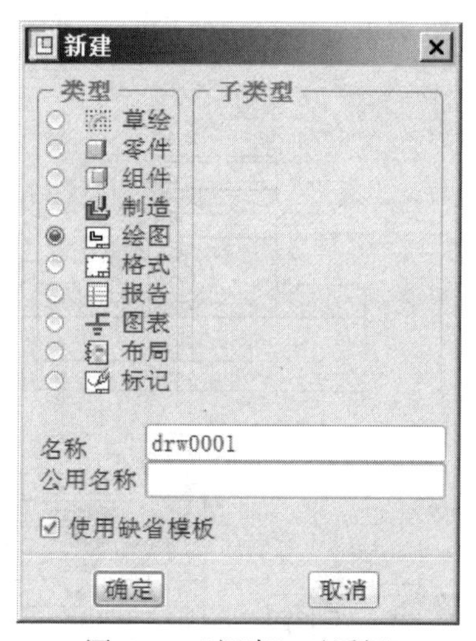


图 6-1　“新建”对话框

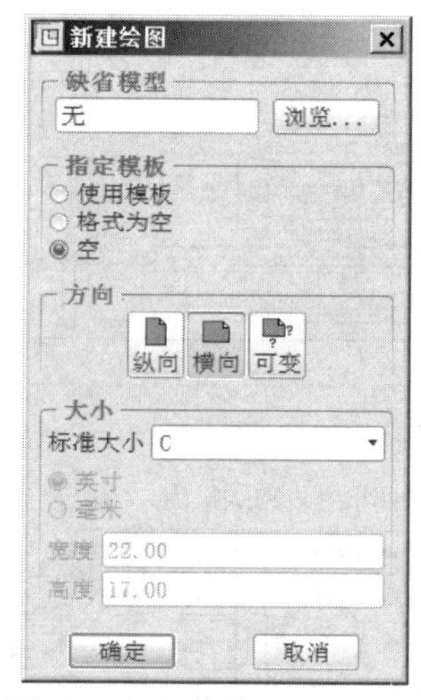


图 6-2　“新建绘图”对话框

### 1. 缺省模型

缺省模型用来指定与工程图相关联的 3D 模型文件。当系统已经打开一个零件或组件时，系统会自动获取这个模型文件作为默认选项；如果同时打开了多个零件和组件，系统则会以最后激活的零件或组件作为模型文件；如果没有任何零件和组件打开，用户可以通过单击“浏览”来选择要创建工程图的模型文件。如果没有选取模型文件，在用户创建第一个视图时，系统会自动打开选取模型文件的对话框，要求用户选择模型文件。

### 2. 指定模板

“指定模板”选项组共有 3 个选项。

（1）使用模板。选择该选项后，会出现图 6-3 所示的对话框，其下方有模板列表供用户选择。单击“确定”后，系统会自动创建工程图，其中包含 3 个视图：主视图、仰视图和侧视图。该选项要求必须选择了模型文件后，才能单击“确定”。

（2）格式为空。选择该选项后，会出现图 6-4 所示的对话框，其下方有“格式”选项，用来在工程图上加入图框，包括工程图的图框、标题栏等项目，但是系统不会自动创建视图，用户可以通过单击“浏览”来选择其他的格式文件。该选项也要求必须选择了模型文件后，才能单击“确定”。

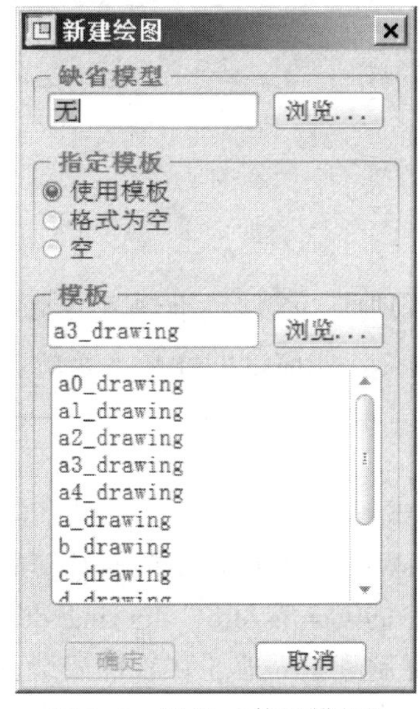


图 6-3　选择“使用模板”

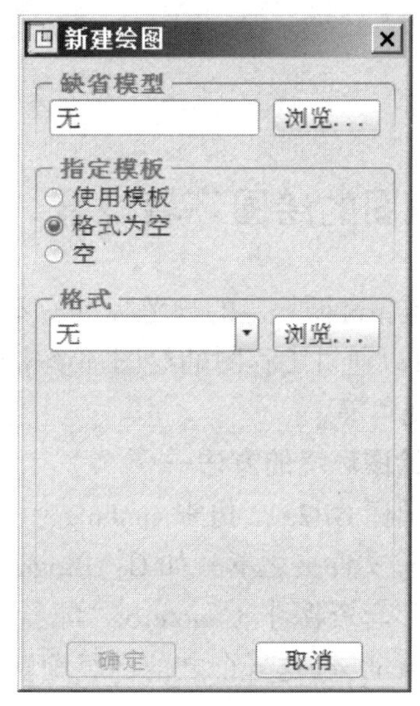


图 6-4　选择“格式为空”

（3）空。该选项为默认选项，如图 6-2 所示，其下方有“方向”和“大小”两个选项，其中“方向”用来设置图纸的摆放方向，“大小”用来设置图纸的大小，包括标准大小和自定义大小。只有当“方向”选项为“可变”时，才可以自定义图纸大小。

完成设置后，在“新建绘图”对话框中单击“确定”，系统进入工程图界面并创建一张没有图框和视图的空白工程图，如图 6-5 所示。

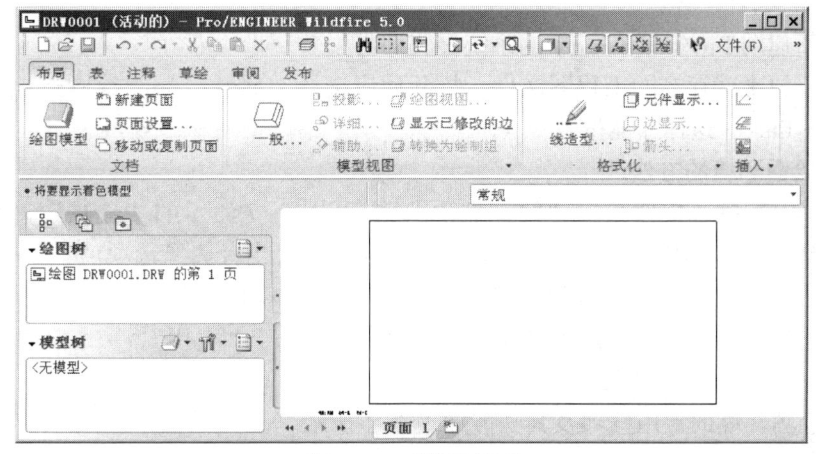


图 6-5　工程图界面

Pro/E 5.0 将工程图的很多功能都集中在六大工具栏中，分别是布局工具栏、表工具栏、注释工具栏、草绘工具栏、审阅工具栏和发布工具栏，默认工具栏为“布局”工具栏，如图 6-6 所示。

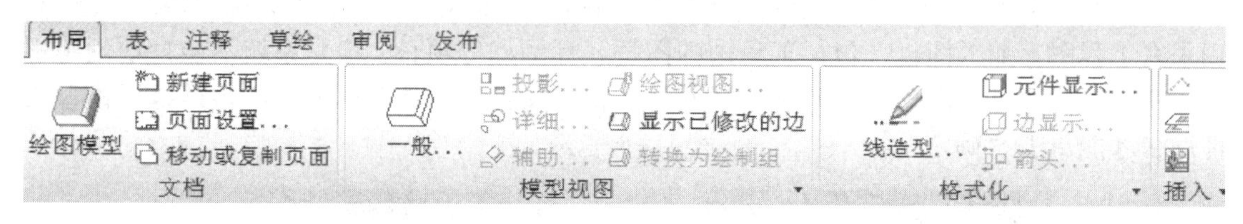


图 6-6 “布局”工具栏

## 6.2 工程图的绘图环境设置

工程图需要遵循一定的规范标准，不同的国家或地区，这些标准规范可能会不一致。在 Pro/E 中，可以通过工程图的绘图环境来设置这些规范，如箭头的样式、文字大小、绘图单位、投影的视角等。

**1. 设置绘图环境的方法一**

（1）将国标 GB2312 仿宋 simfang、长仿宋 ChangFangSong、ISOCP2 三种字体复制到安装路径下的 fonts 文件夹之下，如 C:\Program Files\proeWildfire5. 0\text\fonts 中。

（2）将配套资源中 Chapter6 “配置” 文件夹中的 Config. pro、drawing. dtl、format. dtl、table. pnt、syscol. scl 这五个之前已经配置好的文件复制到 Pro/E 5.0 软件安装路径下的 text 文件夹下，如：C:\Program Files\proeWildfire5. 0\text 中。

Config. pro 是引领作用的文件，里面可含有映射键设置的结果文件，使其设置永久生效；syscol. scl 是设置系统颜色的文件，此文件中的颜色是使用 4.0 版本的工程图颜色，而其他方面则保留 5.0 原有的颜色；可通过“视图”→“显示设置”→“系统颜色”调整各种元素的颜色，再单击“文件”→“保存”，重新得到自己喜欢的颜色；table. pnt 是线条宽度设置的文件，可改变到适合打印的效果；drawing. dtl、format. dtl 是工程图的格式文件。

（3）重新启动 Pro/E 软件，新的系统配置即可生效。

（4）对于原来就存在的工程图文件，打开后应选择“属性”→“绘图选项”→“打开 drawing_setup_file”，这样才能生效。

**2. 设置绘图环境的方法二**

在主菜单中选择“文件”→“绘图选项”，打开图 6-7 所示的“选项”对话框，在列表中选择需要设置的选项，然后在下面的值文本框中输入或者选择选项值，单击“添加/更改”，便确认了该项设置。单击保存按钮，保存当前显示的配置文件的副本。单击“确定”，退出“选项”对话框，完成环境设置。也可以单击“应用”→“关闭”来退出对话框。

工程图绘图环境的常用选项及其功能如表 6-1 所示。

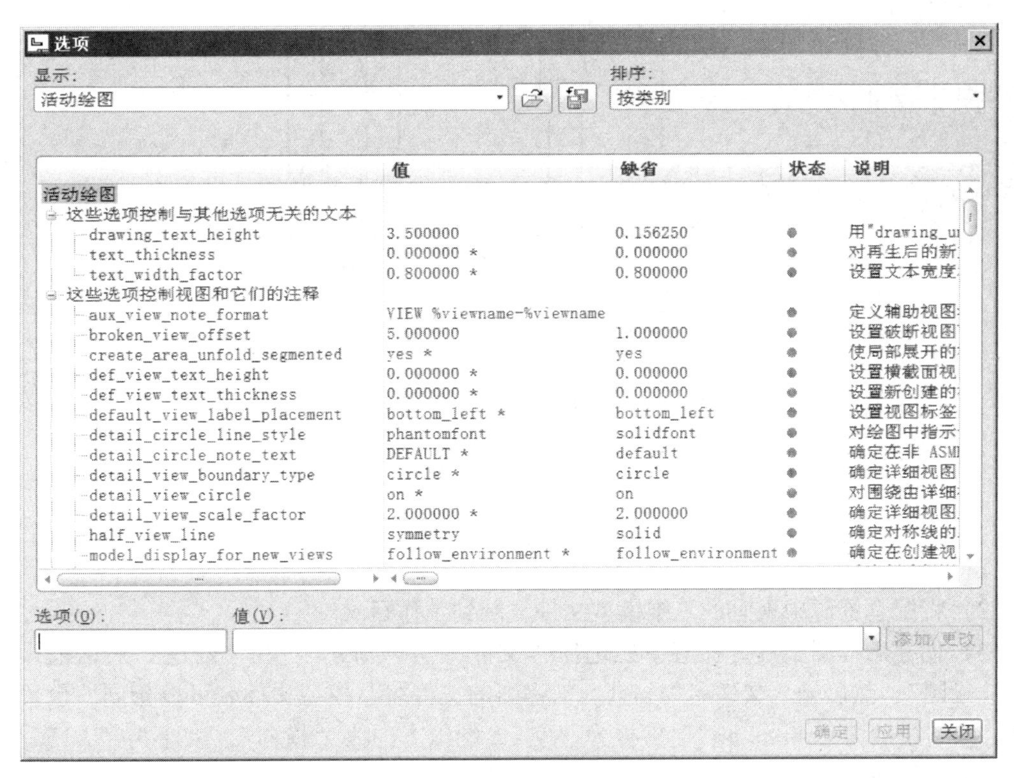

图 6-7 “选项”对话框

表 6-1 工程图绘图环境的常用选项

| 选　　项 | 值 | 作　　用 |
|---|---|---|
| drawing_text_height | 3. 500000 | 工程图文字的字高 |
| text_thickness | 0. 00 | 文字笔画宽度 |
| text_width_factor | 0. 8 | 文字宽高比 |
| projection_type | THIRD_ANGLE/FIRST_ANGLE | 投影视角为第三/第一角视角（中国采用第一视角 FIRST_ANGLE） |
| drawing_units | inch/foot/mm/cm/m | 绘图使用的单位（公制单位为 mm） |

## 6.3 创建工程图视图

在 Pro/E 中，可以创建各种工程图视图，如投影图、辅助视图、局部放大图、剖视图和轴测图等。下面通过具体实例介绍常用视图的创建方法。

### 6.3.1 一般视图与投影视图

当工程图的模板为“空”时，创建的第一个视图只能是一般视图。一般视图是其他视图如投影视图、局部视图等的基础，也可以是单独存在的视图。

现以千斤顶底座零件为例创建图 6-8 所示的视图。

（1）在硬盘上创建一个文件夹，如名为 get 的文件夹，将该文件夹设置为工作目录。

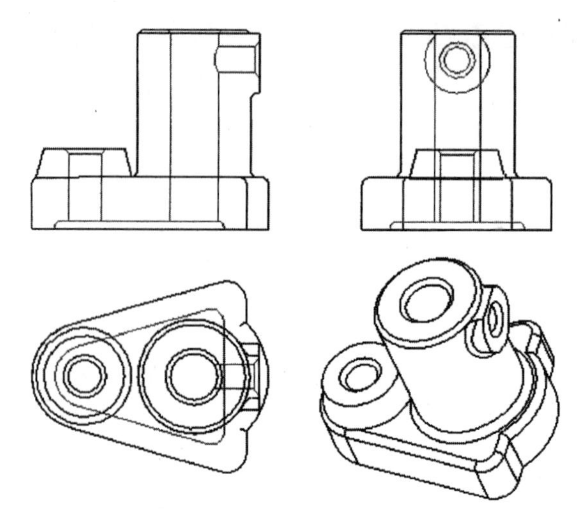

图 6-8　一般视图与投影图

（2）将配套资源中现有的三维模型文件复制到工作目录。

（3）创建工程图文件。在菜单栏选择“文件”→“新建”，在“新建”对话框设置类型为“绘图”，然后输入文件名如 get1。工程图的文件名与模型文件名可以相同，也可以不相同。缺省模型为“dizuo. prt”，模板为“空”，图纸方向为“横向”，大小为“A4”。进入工程图工作界面。

（4）创建一般视图作为主视图。

① 在“布局”工具栏中单击创建一般视图工具，或在绘图区空白处单击右键，从右键菜单中选择“一般视图”。

② 系统提示“选取绘制视图的中心点”，在绘图区适当位置单击鼠标左键以确定视图放置位置，系统在单击位置放置三维模型，如图 6-9 所示，并打开“绘图视图”对话框，如图 6-10 所示。

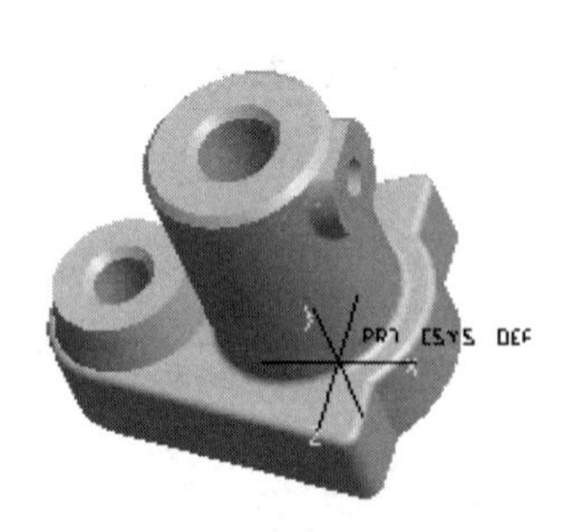

图 6-9　三维模型图

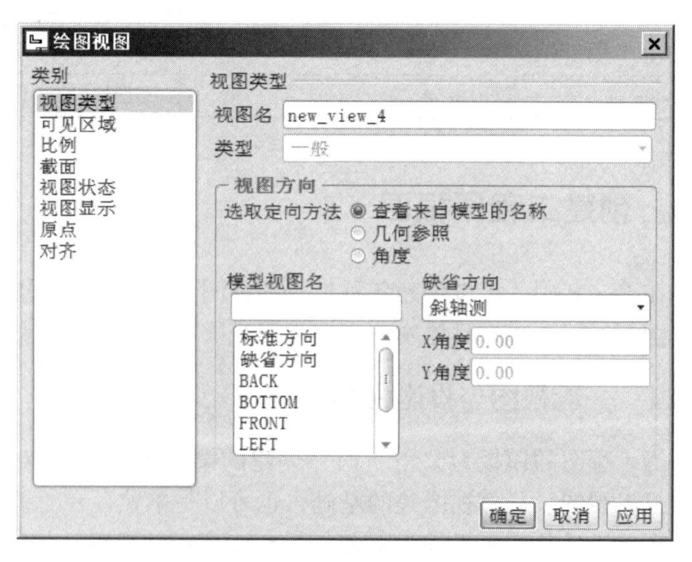


图 6-10　“绘图视图”对话框

③ 将模型视图名选为“FRONT”，或者在“视图方向”栏将定向方法设置为“几何参照”，然后选择 FRONT 面向前，TOP 面向上，如图 6-11 所示。定向结果如图 6-12 所示(关闭了基准特征的显示)。

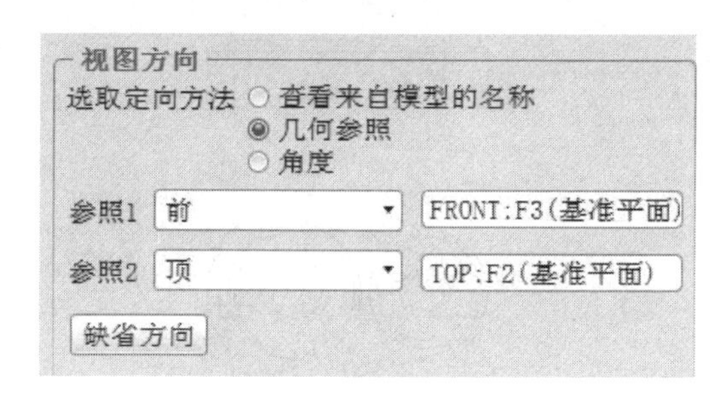


图 6-11 “视图方向”栏

图 6-12 定向结果

④ 在对话框“类别”栏中选择“视图显示”，将“显示样式”设置为“隐藏线”，将“相切边显示样式”设置为“无”，如图 6-13 所示。然后单击“应用”→“关闭”，完成主视图的创建，结果如图 6-14 所示。

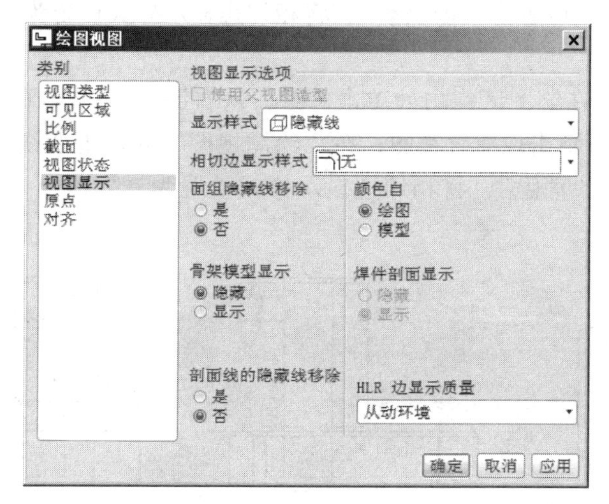


图 6-13 “绘图视图”对话框

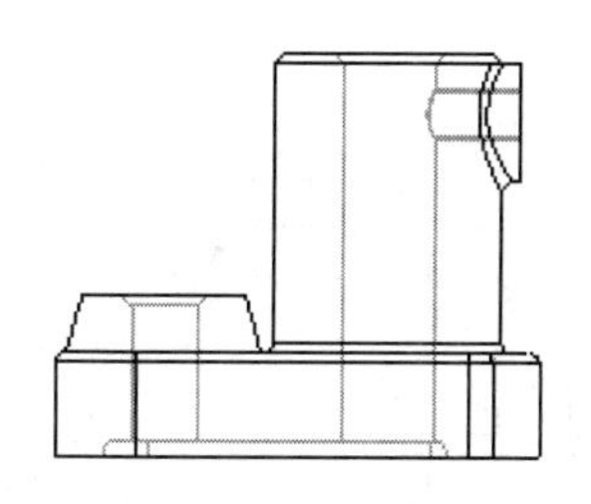

图 6-14 主视图

视图外面的红框表示该视图处于激活状态，在框外空白处单击，可以取消激活，红框消失，再单击视图，视图又被激活，红框出现。视图激活时，单击右键，弹出图 6-15 所示的右键菜单，在右键菜单中取消勾选“锁定视图移动”，然后在视图上按住左键，可以移动当前视图。在右键菜单中选择“属性”，又可以重新打开“绘图视图”对话框。在视图上双击也可以打开“绘图视图”对话框。

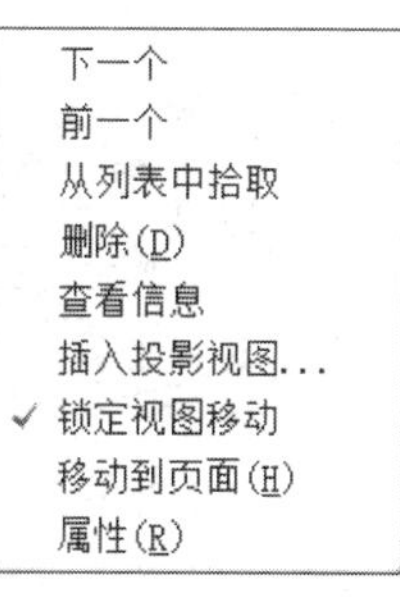


图 6-15 右键菜单

(5) 创建投影视图。

① 在工具栏单击投影视图工具 投影，在主视图下面适当位置单击，结果如图 6-16 所示。然后双击该视图，打开“绘图视图”对话框，将显示样式设置为“隐藏线”，将相切边显示样式设置为“无”，结果如图 6-17 所示。单击“确定”，完成俯视图的创建。

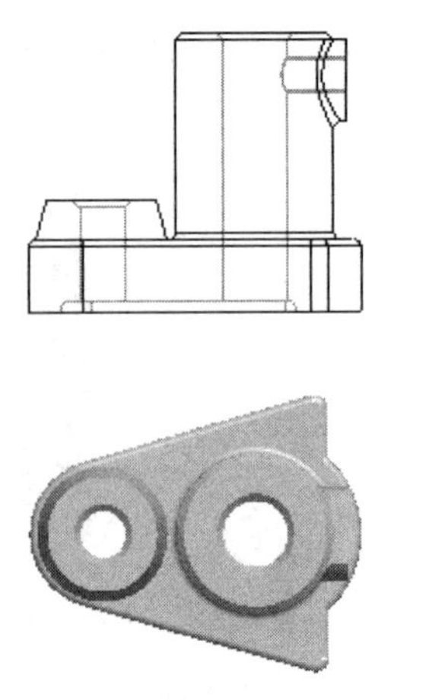

图 6-16　创建投影视图

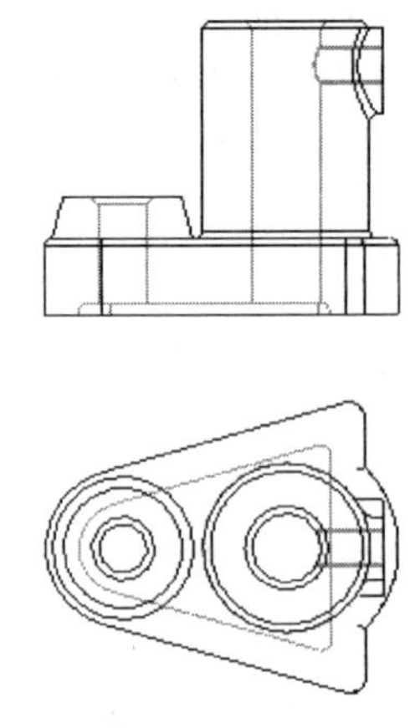

图 6-17　完成的俯视图

② 在工具栏再次单击投影视图工具 投影，系统提示“选取投影父视图”并弹出“选取”菜单，单击主视图，将主视图作为要创建的投影视图的父视图，接着在主视图右边适当位置单击，创建左视图。将显示样式设置为“隐藏线”，将相切边显示样式设置为“无”，结果如图 6-18 所示。

（6）创建一般视图作为轴测图。在绘图区空白处单击右键，从右键菜单中选择“一般视图”，然后在绘图区右下角适当位置单击以放置视图，在“绘图视图”对话框的视图方向栏选择缺省方向，将显示样式设置为“消隐”，将相切边显示样式设置为“实线”，结果如图 6-19 所示。

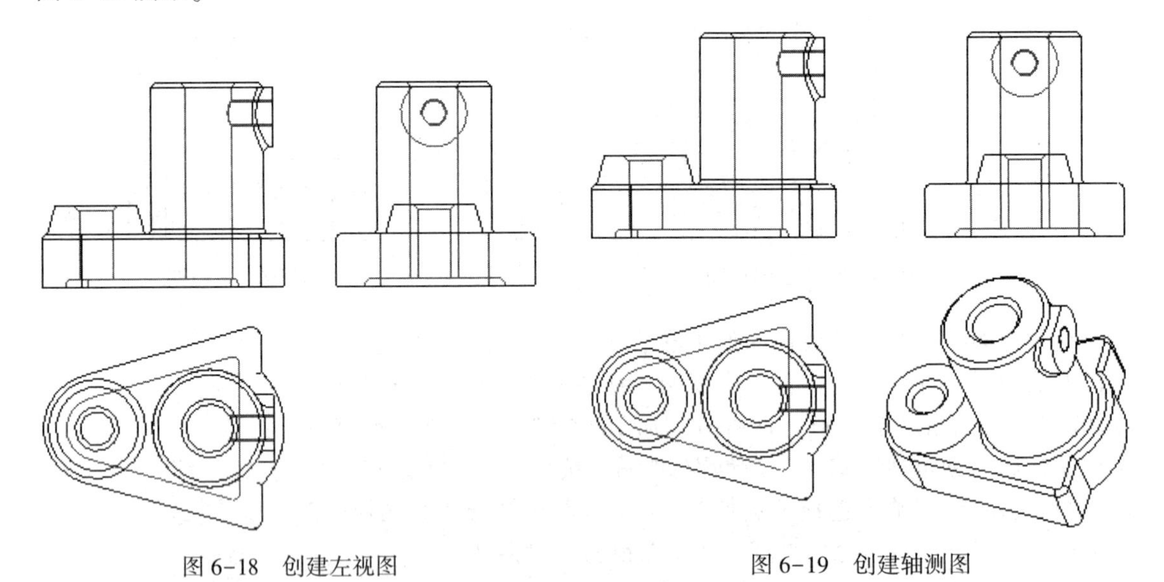

图 6-18　创建左视图　　　　图 6-19　创建轴测图

### 6.3.2　全剖视图、半剖视图、局部剖视图与 3D 剖视图

剖视图可以直观表达零部件的内部结构，是一种常用的视图表达方法，这里还是以千斤顶底座为例来介绍全剖视图、半剖视图、局部剖视图和 3D 剖视图的创建方法。

(1) 将主视图改为全剖视图。

① 双击主视图，打开“绘图视图”对话框，在“类别”栏选择“截面”，然后选择“2D 剖面”。

② 单击添加剖截面按钮 +，弹出图 6-20 所示的“剖截面创建”菜单，采用默认的设置，单击“完成”。系统出现“输入剖面名”文本框，输入名称 A 并按<Enter>键，弹出图 6-21 所示“设置平面”菜单和“选取”选项卡，在其中一个视图上选择 FRONT 面（也可以在模型树上选取），结果如图 6-22 所示，在“绘图视图”对话框上单击“应用”。

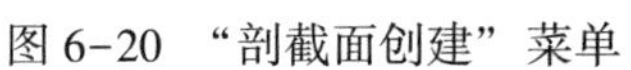
图 6-20 “剖截面创建”菜单

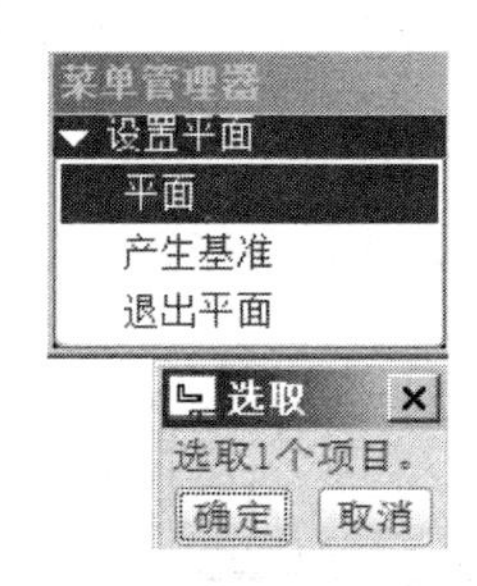


图 6-21 “设置平面”菜单和“选取”对话框

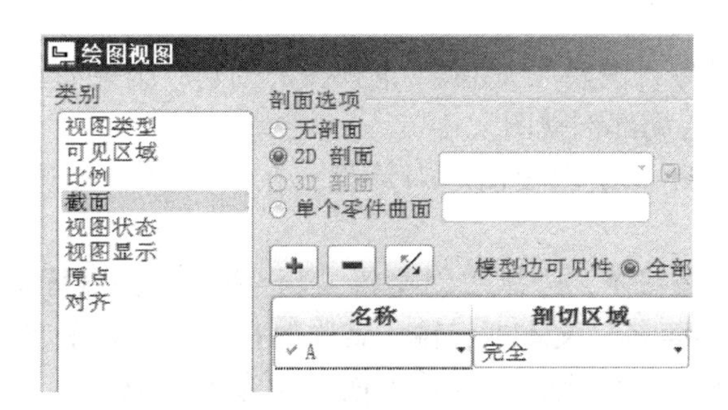


图 6-22 “绘图视图”对话框

③ 如图 6-23 所示，将显示样式设置为“消隐”，相切边显示样式设置为“无”，完成全剖视图的创建，结果如图 6-24 所示。

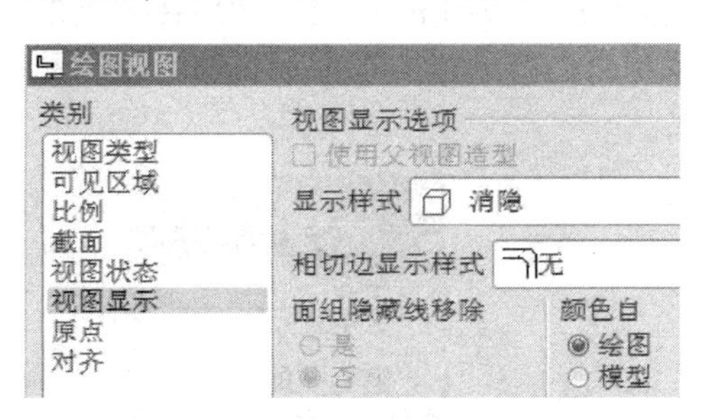


图 6-23 “绘图视图”对话框

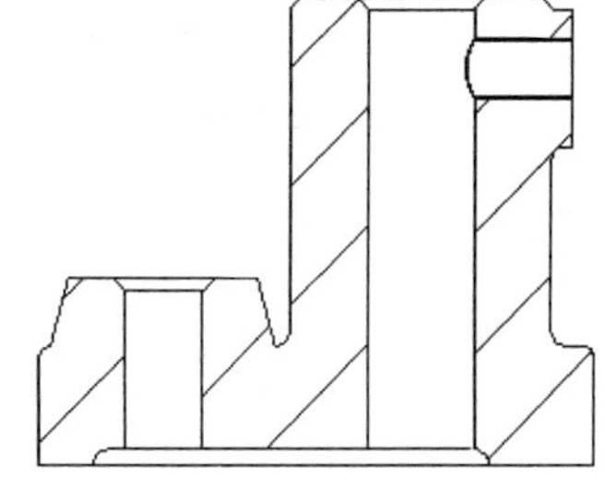

图 6-24 全剖视图

(2) 将左视图修改为半剖视图。

① 双击左视图，打开“绘图视图”对话框，在“类别”栏选择“截面”，然后选择“2D 剖面”。

② 单击添加剖截面按钮➕，对话框的“名称”栏下面会显示已有的剖截面，单击“创建新…”，弹出“剖截面创建”菜单，单击“完成”，系统出现“输入剖面名”文本框，输入名称B并按<Enter>键，弹出“设置平面”和“选取”菜单，选择RIGHT面作为剖截面，在对话框上将“剖切区域”设置为“一半”，系统提示为半截面选取参照平面，选择FRONT面作为参照。接着提示选取剖切的侧，并在左视图上出现箭头表示剖切的侧，如图6-25所示。如果要改变侧，则在参照面的另一侧单击一下即可。“绘图视图”对话框如图6-26所示，单击“应用”。

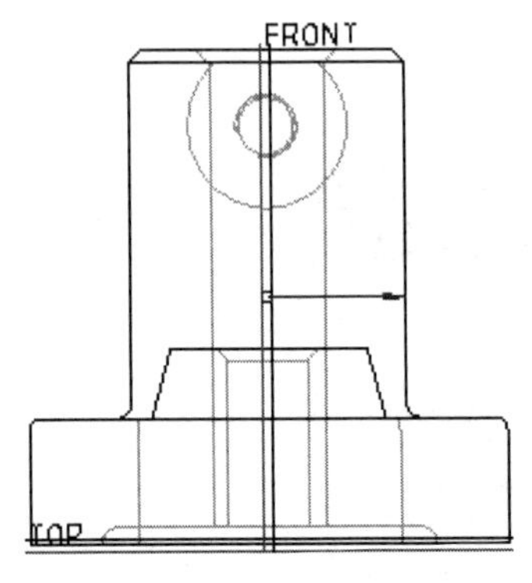

图6-25　用箭头表示剖切侧

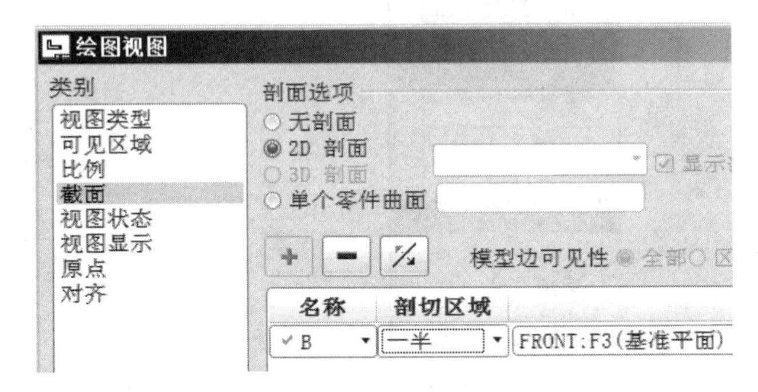


图6-26　“绘图视图”对话框

③ 将显示样式设置为“消隐”，完成半剖视图的创建，结果如图6-27所示。

(3) 将俯视图修改为局部剖视图。

① 双击俯视图，打开“绘图视图”对话框，在“类别”栏选择“截面”，然后选择“2D剖面”。

② 单击添加剖截面按钮➕，选择“创建新…”，弹出“剖截面创建”菜单，单击“完成”，系统出现“输入剖面名”文本框，输入名称如C并按<Enter>键。

③ 系统弹出如图6-28所示的“设置平面”菜单和“选取”对话框，选择“产生基准”，弹出“基准平面”菜单，选择“偏移”，如图6-29所示，选择TOP面作为偏移平面，系统弹出图6-30所示的“偏移”菜单和“选取”对话框，选择“输入值”，系统弹出“输入偏移距离”文本框，并在绘图区出现箭头表示偏移的方向。在“输入距离”文本框中输入距离值66（如果要向相反方向偏移则输入负值）并按<Enter>键。然后在“基准平面”菜单中单击“完成”，完成基准平面的创建，系统自动将创建的基准平面作为剖切平面。

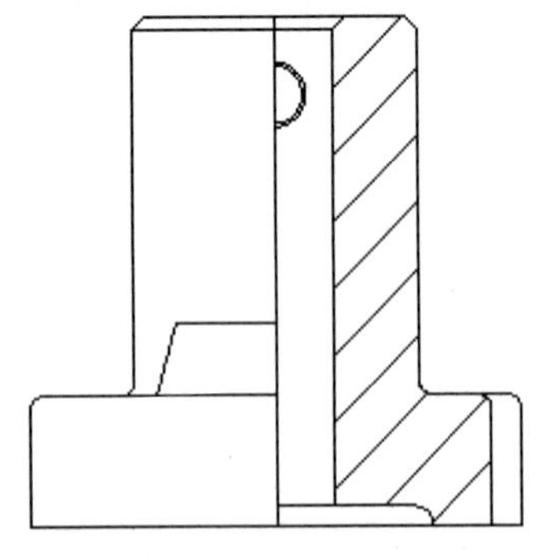

图6-27　半剖视图

图6-28　“设置平面”菜单和“选取”对话框

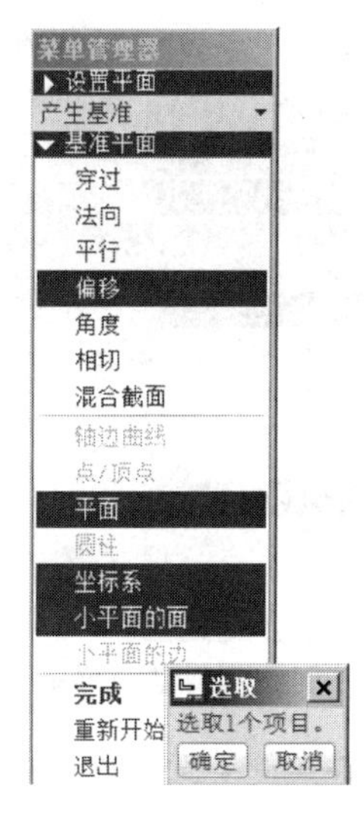


图 6-29 “基准平面”菜单

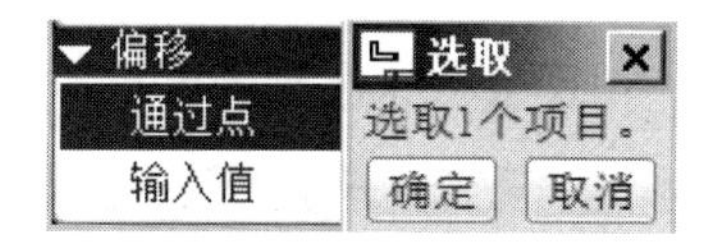


图 6-30 “偏移”菜单和“选取”对话框

④ 在对话框上将“剖切区域”设置为“局部”，系统提示选取局部剖视图的中心点。在要局部剖切的区域的边线上单击一点，系统在该位置会出现一个图 6-31 所示的十字叉作为该点的标记，并提示草绘样条曲线作为局部剖视图的边界。然后在中心点周围单击一些点（最少 3 点），接着单击滚轮，系统自动经过这些点创建一条封闭的样条曲线作为局部剖视图的边界，如图 6-32 所示。在“绘图视图”对话框中单击“应用”。

（4）将显示样式设置为“消隐”，完成局部剖视图的创建，结果如图 6-33 所示。

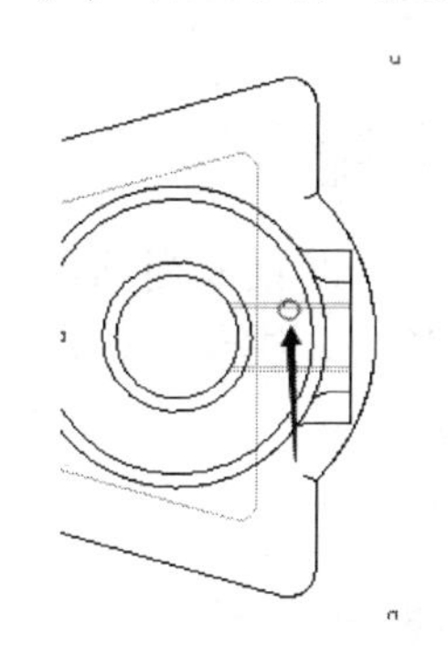

图 6-31 选取中心点

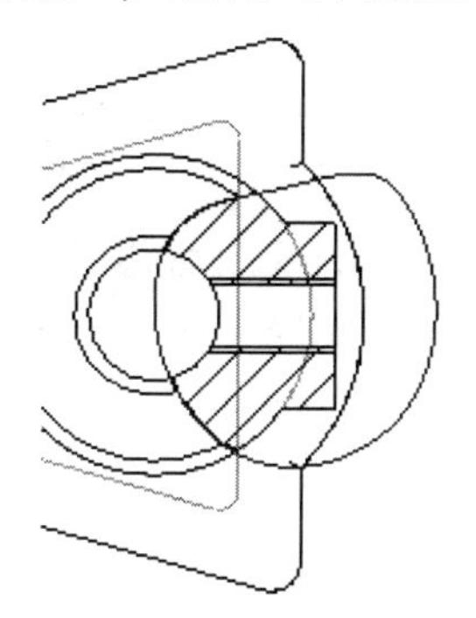

图 6-32 局部剖视图的边界

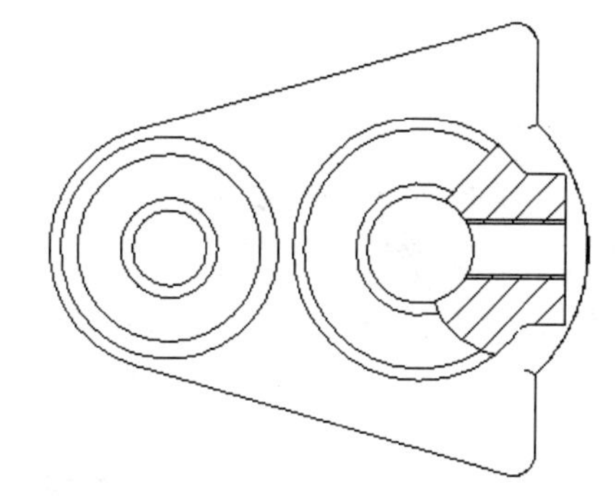

图 6-33 局部剖视图

（5）将轴测图修改为 3D 剖视图。

创建 3D 剖视图须先在零件模式下创建三维剖面。

① 在菜单栏选择“文件”→“打开”，打开 dizuo. prt 文件，进入零件模式。

② 单击视图管理器工具，打开“视图管理器”对话框，切换到“剖面”选项卡，如图 6-34 所示。

③ 单击“新建”，输入名称 D 并按<Enter>键，弹出图 6-35 所示的“剖截面创建”菜单，选择“区域”，弹出图 6-36 所示的“D”对话框和“选取”对话框，提示选取对象。在绘图区选择 FRONT 面作为剖切面。可在“D”对话框中单击，切换剖切后保留的侧，然后单击，增加剖切面，在绘图区选择 RIGHT 面，将两剖切面的逻辑关系设置为“或”，结果如图 6-37 所

示，剖切后保留的侧如图 6-38 所示。在“D”对话框中单击 ✔，完成剖截面的创建。

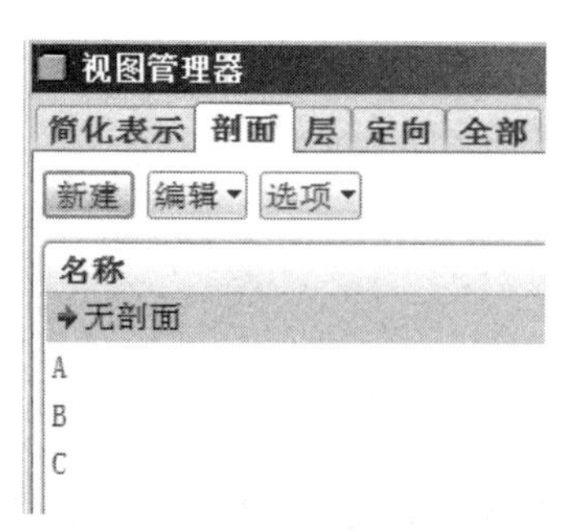


图 6-34 “剖面”选项卡

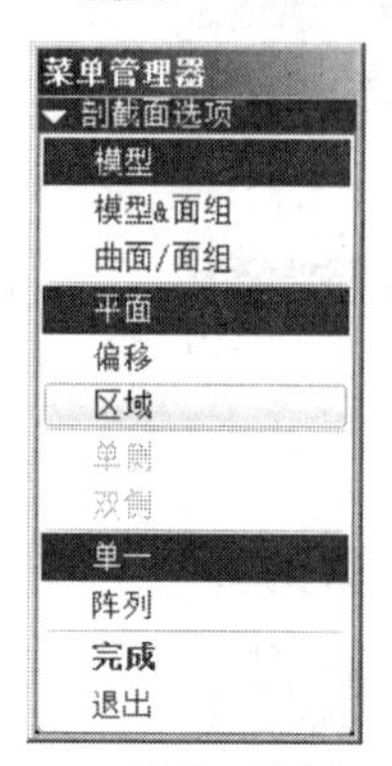


图 6-35 “剖截面创建”菜单

图 6-36 “D”对话框和“选取”对话框

图 6-37 “D”对话框的设置

④ 返回“视图管理器”对话框。双击剖视图名称“D”，将“D”设置成当前活动视图，结果如图 6-39 所示。单击“定向”切换到“定向”选项卡，在该选项卡上单击“新建”，输入视图名称 V1 并按<Enter>键，将当前的视图方向命名为 V1。

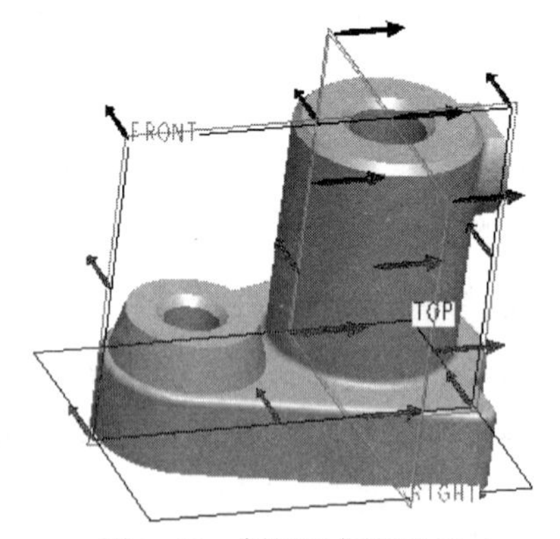


图 6-38 剖切后保留的侧

图 6-39 D 视图

⑤ 在主菜单选择“窗口”，然后选择工程图文件名，切换到工程图模式。

⑥ 双击轴测图视图，打开“绘图视图”对话框。将“模型视图名”设置为 V1，如图 6-40 所示，单击“应用”。

⑦ 在“绘图视图”对话框中“类别”栏选择“截面”，然后选择“3D 剖面”，其后面的文本框中会显示出剖面名称 D。如果有多个 3D 剖截面，可以从中选取一个。在对话框中单击“确定”，完成 3D 剖视图的创建，结果如图 6-41 所示。

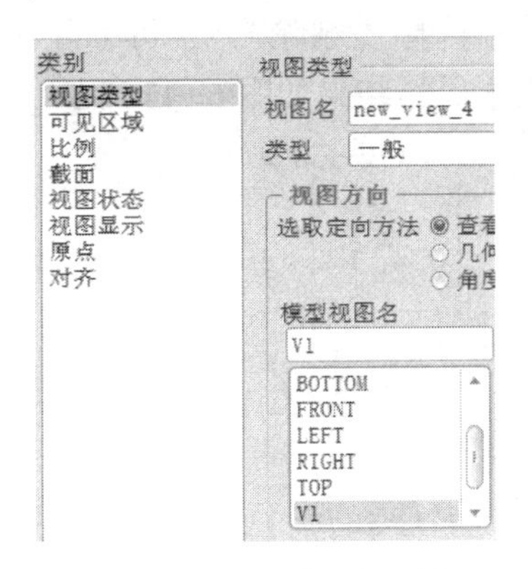


图 6-40　设置模型视图名

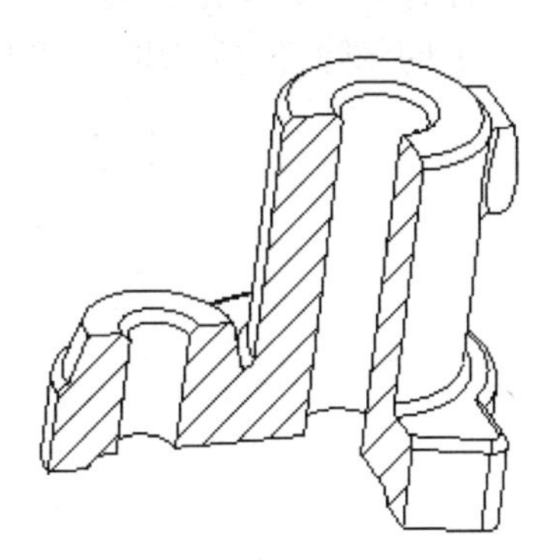

图 6-41　3D 剖视图

（6）修改剖面线。

① 在局部剖视图上单击剖面线，然后右击，从右键菜单中选择“属性”，可以打开图 6-42 所示的“修改剖面线”菜单，也可以直接在剖面线上双击来打开该菜单。其中“间距”用来改变剖面线之间的距离即修改剖面线的疏密程度，“角度”用来修改剖面线的倾斜角度。

② 在菜单上选择“角度”，系统在菜单下方弹出图 6-43 所示的“修改模式”菜单，选择角度“60”，即可完成剖面线角度的修改。

③ 在“修改剖面线”菜单上选择“间距”，打开图 6-44 所示的“修改模式”菜单，在“修改模式”菜单中选择“值”为 6，使剖面线更密，在菜单上单击“完成”，完成剖面线的修改。

图 6-42　“修改剖面线”菜单

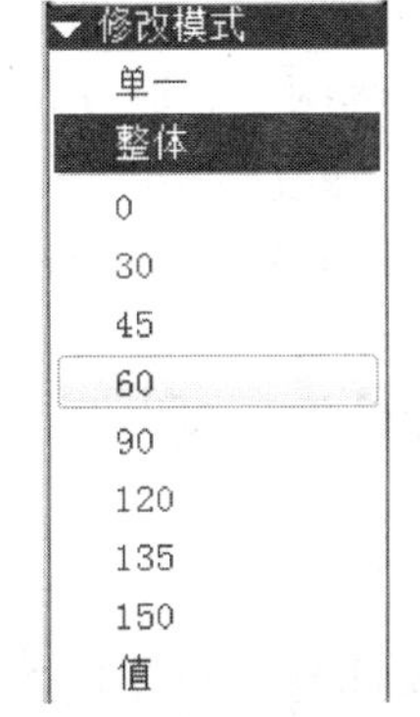


图 6-43　“修改模式”菜单 1

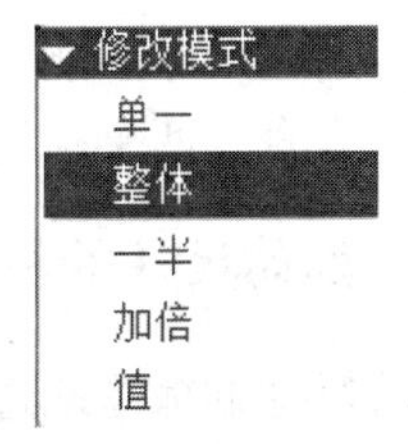


图 6-44　“修改模式”菜单 2

（7）删除截面注释。

① 将工具栏切换到“注释”

② 在绘图区单击选择注释文本，然后在“注释”工具栏上单击删除，即可删除注释文本。或者在选择注释文本后单击右键，从右键菜单中选择“删除”，也可删除注释文本，还可以直接按键盘上的删除键进行删除。删除注释文本后，结果如图 6-45 所示。

图 6-45　修改剖面线和删除注释后的视图

（8）保存文件。

## 6.4　工程图的标注

Pro/E 工程图的标注功能（包括尺寸标注和添加注释等）都集中在“注释”工具栏中。在工程图界面左上方单击“注释”，可切换到“注释”工具栏，如图 6-46 所示。

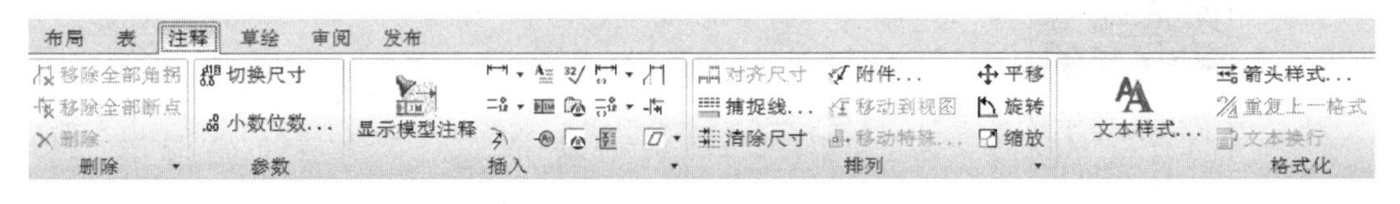


图 6-46　“注释”工具栏

在 Pro/E 工程图中，可以标注两种尺寸，一种是驱动尺寸，一种是从动尺寸。驱动尺寸的标注是将模型的定义尺寸显示在工程图上。驱动尺寸能被修改，并且所做的修改会实时反映到 3D 模型上。同样，在 3D 模型上修改模型的尺寸，工程图上的相应尺寸也会随着变化。驱动尺寸不能被删除，但是能够显示或拭除（不显示）。从动尺寸是用户根据需要人为添加的尺寸，这些尺寸不能驱动模型。从动尺寸不能修改，但可以被覆盖，也可以删除。用户可标注模型本身、两个草绘图元以及草绘图元与模型之间的从动尺寸。

### 6.4.1　驱动尺寸的标注

驱动尺寸的标注通过“显示模型注释”按钮来实现。单击该按钮，可打开图 6-47 所示的对话框，该对话框中共有尺寸、几何公差、注释、表面粗糙度、符号和基准六个选项卡，默认为尺寸选项卡。在“尺寸”选项卡上单击“类型”旁边的下拉按钮，可以打开图6-47所示“尺寸类型”菜单，用于选择标注的尺寸类型。驱动尺寸可以按视图、特征或元件（当模型为组件时）的方式来标注。

驱动尺寸的公差的显示以及其显示形式，由配置文件中的“tol_display”和“tol_mode”两个选项控制，其中“tol_display”用于控制是否显示尺寸公差，“tol_mode”用于控制公差的显示类型，这两个选项只对驱动尺寸起作用。在工程图中标注驱动尺寸之前，先要对这两个选项进行设置，可在菜单栏选择“文件”→“绘图选项”，打开“选项”对话框来进行设置。

现在以千斤顶的定位螺钉零件为例来介绍驱动尺寸的标注方法。定位螺钉的工程图如图6-48所示。

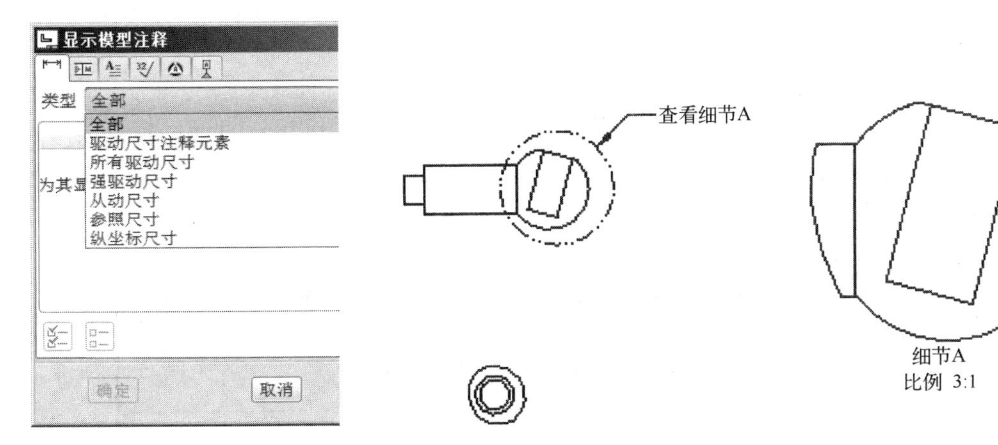


图6-47 “显示模型注释”对话框

图6-48 螺钉工程图

**1. 按视图标注**

打开“显示模型注释”对话框，在“类型”下拉菜单中选择“所有驱动尺寸”，然后在工程图中选择主视图，则主视图的所有驱动尺寸都会显示出来，如图6-49所示。同时，这些尺寸也列表显示在“显示模型注释”对话框中，如图6-50所示。从这些尺寸列表中可以选择要在主视图显示的尺寸。在对话框中单击全选图标表示全选，单击清除图标表示全部清除。在上述列表中勾选d1、d2和d3三个尺寸，单击“确定”，结果如图6-51所示。

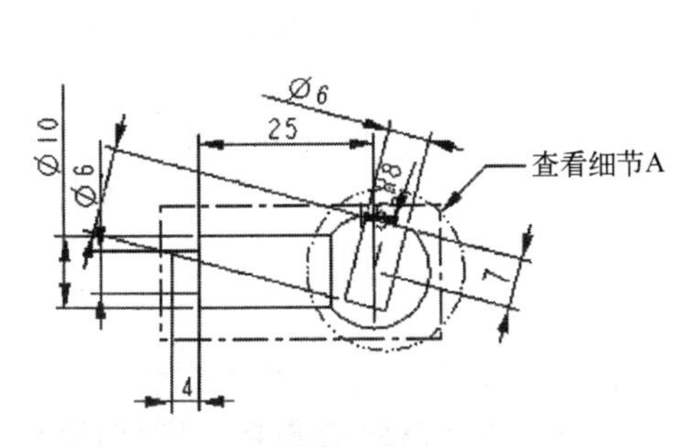


图6-49 主视图的所有驱动尺寸

图6-50 “显示模型注释”对话框

标注的尺寸可以手动调整其放置位置。单击某一尺寸，然后按住鼠标左键拖动，可以移动尺寸的放置位置。如将 R8 移动到其他位置，如图 6-52 所示。

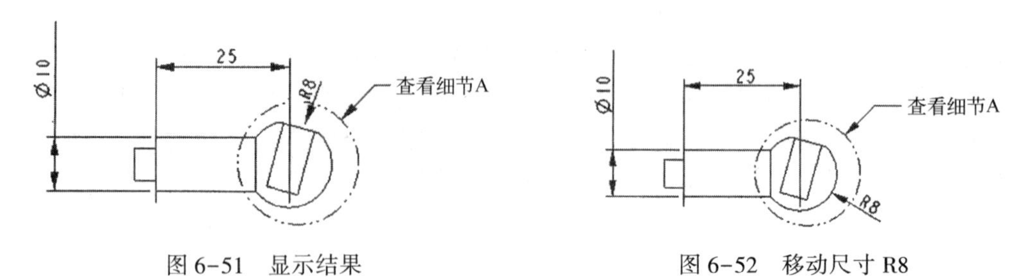


图 6-51　显示结果　　　　图 6-52　移动尺寸 R8

标注的尺寸也可以通过“整理尺寸”工具对工程图上线性尺寸的摆放位置进行整理，让工程图页面变得整洁、清晰。

在工具栏上单击 清除尺寸（这里翻译不准确，恰当的翻译应为整理尺寸），程序弹出“清除尺寸”对话框和“选取”菜单，在选择了尺寸后，“清除尺寸”对话框被激活，它包括“放置”和“修饰”两个选项卡，如图 6-53 和图 6-54 所示。下面简要介绍“清除尺寸”对话框中各选项的功能。

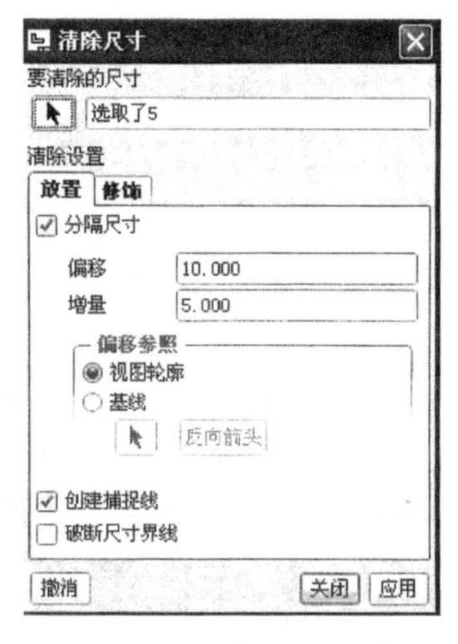


图 6-53　“放置”选项卡

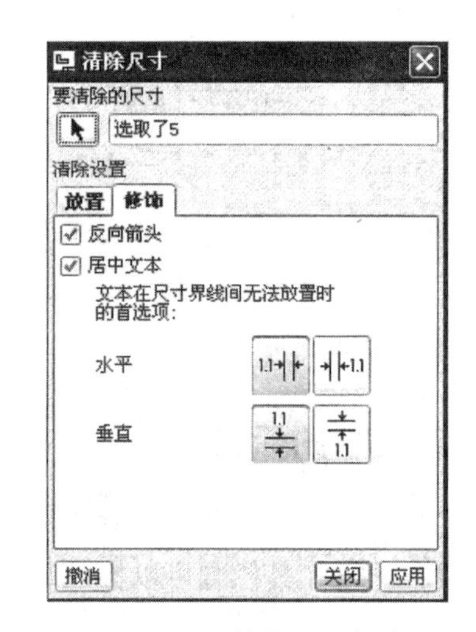


图 6-54　“修饰”选项卡

(1) 分隔尺寸：对所选取的尺寸以一定的方式摆放。

偏距：视图轮廓线（或所选基线）与视图中离它们最近的那个尺寸间的距离。

增量：相邻的两个尺寸的间距。

(2) 偏移参照：尺寸偏移的基准，在整理尺寸时，尺寸从偏移参照处向视图轮廓外或基线的指定侧偏移一个“偏距”值，其他尺寸在该尺寸的基础上以“增量”值的间距向指定方向排列。

视图轮廓：以视图的轮廓为偏移的参照。

基线：以选取的基线为尺寸偏移的参照。单击“基线”下方的箭头按钮，即可在视图中选择平直棱边、基准平面和轴线等作为基线。单击按钮“反向箭头”，可改变尺寸偏移的方向。

(3) 创建捕捉线：选中该选项，在页面中显示表示垂直或水平尺寸位置的虚线。

(4) 破断尺寸界线：尺寸界线在与其他尺寸界线或草绘图元相交的位置断开。

(5) 反向箭头：尺寸界线内放不下箭头时，将其箭头自动反向到尺寸界线外面。

(6) 居中文本：使每个尺寸的尺寸文本位于尺寸界线的中间。如果尺寸界线中间放不下，则根据“水平”和“垂直”优先选项放置到尺寸界线外面。

**2. 按特征标注**

在“显示模型注释”对话框中选择“类型”为“所有驱动尺寸”后，在导航区的模型树上选择特征如“旋转 1”，则该特征的所有驱动尺寸会显示在视图上（图 6-55）和“显示模型注释”对话框的列表中（图 6-56）。在列表中勾选“d1”尺寸，然后在对话框中单击“确定”，显示结果如图 6-57 所示。

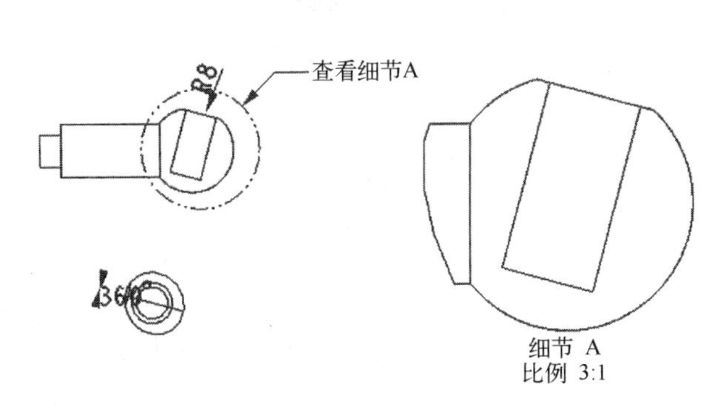


图 6-55　特征的驱动尺寸

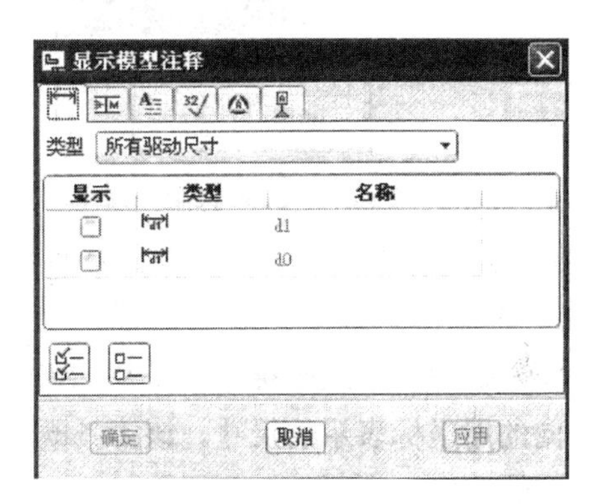


图 6-56　“显示模型注释”对话框

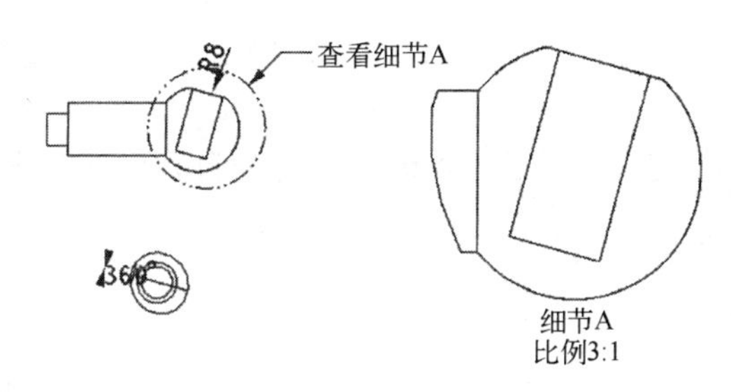


图 6-57　显示结果

## 6.4.2　从动尺寸的标注

从动尺寸的标注可通过图 6-58 所示“标注”工具栏中的工具按钮来进行。该工具栏既可以标注尺寸，也可以标注基准、几何公差、表面粗糙度和注释等。下面对常用标注工具的功能介绍如下。

（新参照）：选择 1 个或 2 个尺寸依附的参照来创建尺寸。根据选取的参照不同，可标注出角度、线性、半径或直径尺寸。在工具栏上单击，系统弹出图 6-59 所示的“依附类型”菜单。其中“图元上”为通过选取一个或两个图元来标注；“在曲面上”为通过选取曲面进行标注，用于曲

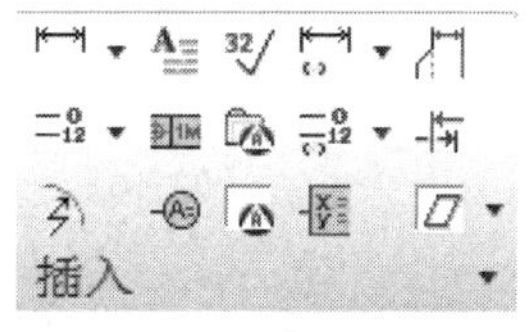


图 6-58　“标注”工具栏

面类零件视图的标注；“中点”为通过捕捉对象的中点来标注尺寸。“中心”为通过捕捉圆或圆弧的中心来标注尺寸；“求交”为通过捕捉两图元的交点来标注尺寸，交点可以是虚的（延长后才能相交）；“做线”为通过选取“两点”“水平方向”或“垂直方向”来标注尺寸。

如果选取的线性尺寸的开始依附点和结束依附点在横向和纵向都不对齐，在单击滚轮放置尺寸时，系统会弹出图 6-60 所示的“尺寸方向”菜单。其中“水平”用于创建一个水平的线性尺寸；“垂直”用于创建一个竖直的线性尺寸；“倾斜”用于在所选的两点间创建倾斜的线性尺寸；“平行”用于创建与参考直线平行的线性尺寸；“法向”用于创建与参考直线垂直的尺寸。

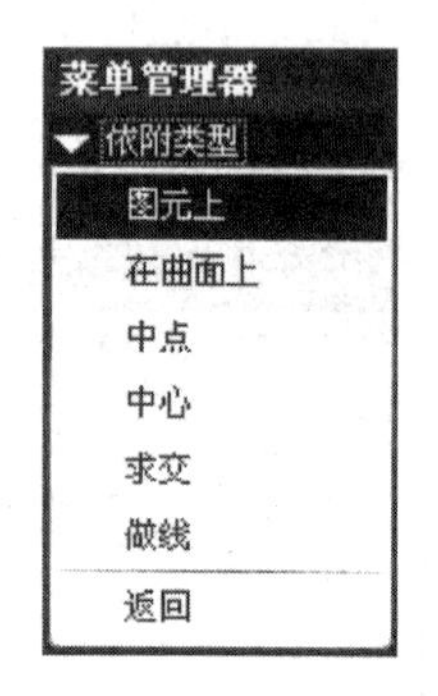


图 6-59 “依附类型”菜单

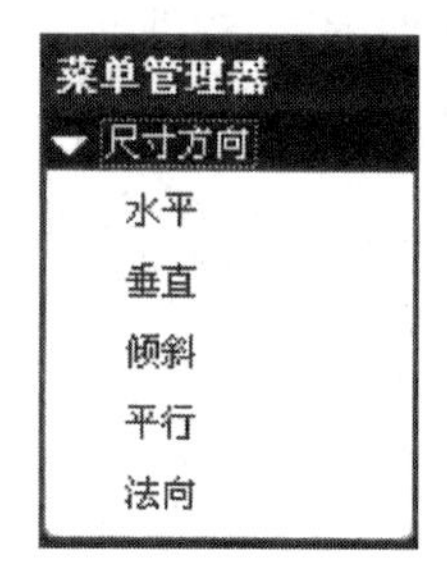


图 6-60 “尺寸方向”菜单

（公共参照）：在一个公共参照和其他一个或多个参照间添加尺寸，标注效果如图 6-61所示。

（纵坐标）：纵坐标尺寸是从标识为基线的对象测量出的线性距离尺寸，可用于标注单一方向的用坐标表示的尺寸。该工具既可以标注纵向的坐标尺寸，也可以标注横向的坐标尺寸，如图 6-62 所示。

（自动标注纵坐标尺寸）：在零件和钣金零件中自动创建纵坐标尺寸。

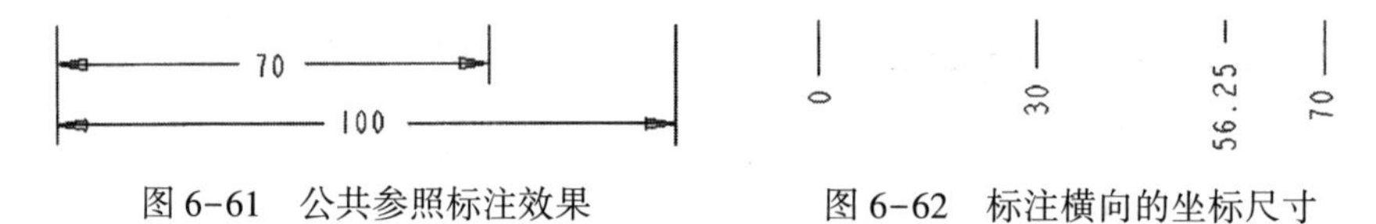


图 6-61 公共参照标注效果　　图 6-62 标注横向的坐标尺寸

（Z 半径）：创建弧的特殊半径尺寸，该标注允许用户定位与实际的弧中心不是同一点的“虚构”中心。系统会自动将一个 Z 型拐角添加到尺寸线上，表明该尺寸线已透视缩短，如图 6-63 所示。

（坐标）：为标签和导引框分配一个现有的 X 坐标方向和 Y 坐标方向的尺寸，其标注效果如图 6-64 所示。

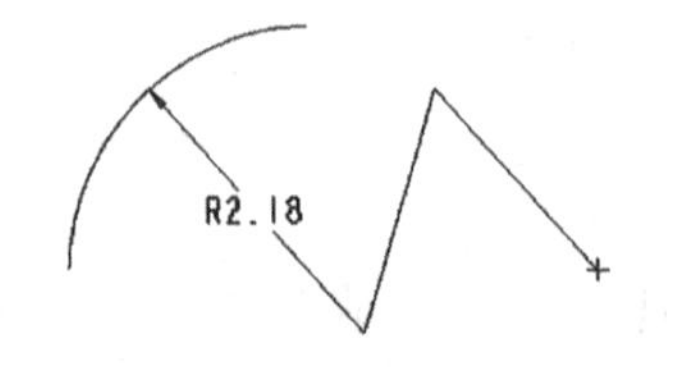


图 6-63 创建弧的特殊半径尺寸

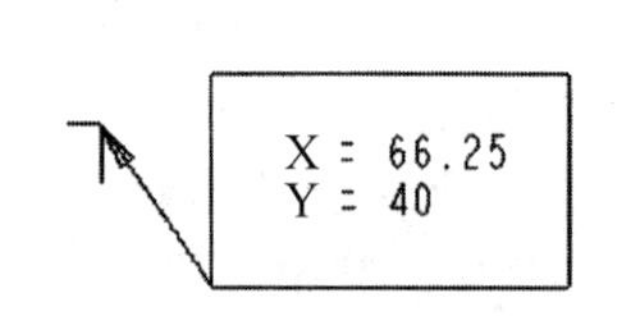


图 6-64 标注效果

和用于标注参考尺寸，其功能分别与上述的、和基本相同，唯一不同的是，参考尺寸创建后，会在尺寸后面加上“参照”几个字样，如图 6-65 所示。

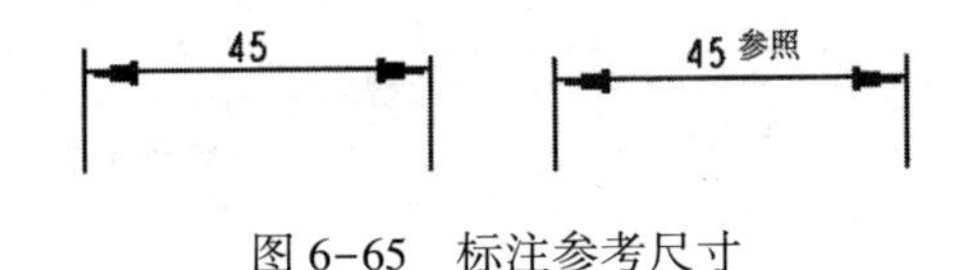


图 6-65　标注参考尺寸

（几何公差）：用于标注几何公差。

（表面粗糙度）：用于标注表面粗糙度。同一表面只能有一个表面粗糙度，不能在两个视图中标注同一表面的粗糙度。

（注解）：用于创建注解（或注释）。在标注工具栏单击，系统弹出图 6-66 所示的“注解类型”菜单，该菜单中各选项的含义介绍如下。

无引线：创建的注释不带有指引线，注释可自由放置。创建此类型的注释时，只需给出注释文本以及指定注释的位置即可。

带引线：创建带有指引线的注释，并用指引线连接到指定的参照图元上，需要指定连接的样式和指引线的定位方式。

ISO 引线：创建 ISO 样式的方向指引。

在项目上：将注释连接在边或曲线等图元上。

偏移：注释和选取的尺寸、公差和符号等间隔一定距离。

输入：直接通过键盘输入文字，按<Enter>键可以换行。

文件：从文件中导入文字，文件格式为 *. txt。

水平、垂直与角度：文字的排列方式。

标准/法向引线/切向引线：指引线的形式。

左/居中/右/缺省：文字的对齐方式。

样式库：创建或编辑文本样式。

当前样式：设置当前文本样式。

菜单管理器
▼ 注解类型
无引线
带引线
ISO 引线
在项目上
偏移
输入
文件
水平
垂直
角度

标准
法向引线
切向引线
左
居中
右
缺省
样式库
当前样式
进行注解
完成/返回

图 6-66　“注解类型”菜单

## 6.4.3　尺寸文本的编辑

无论标注的是驱动尺寸，还是从动尺寸，都可以对其文本进行编辑。选中要编辑的尺寸，然后单击右键，在弹出的快捷菜单中选择“属性”，或直接双击标注的尺寸，系统弹出“尺寸属性”对话框，如图 6-67 所示。该对话框共有“属性”“显示”和“文本样式”三个选项卡。“属性”选项卡用于编辑尺寸的格式、小数位数、尺寸文本的显示方式和编辑尺寸公差值等。“显示”选项卡用于为尺寸文本添加前缀、后缀等。“文本样式”选项卡用于编辑文本的字体、字高、字的粗细、倾斜角度和显示下画线等。

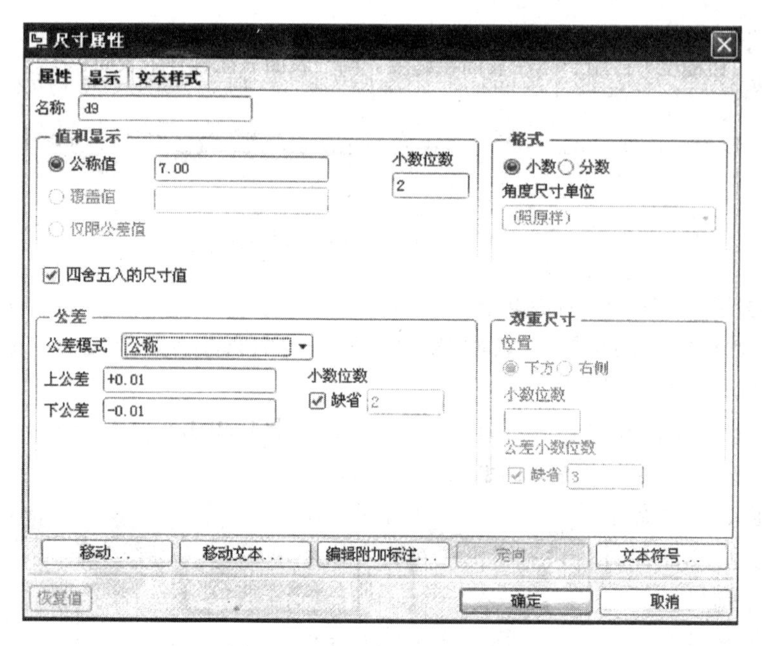


图 6-67 “尺寸属性”对话框

6.5

## 6.5 工程图制作实例：平口钳钳座工程图

**【天津市和福建省赛题、第八期考证题】**制作图 6-68 所示平口钳钳座的工程图。

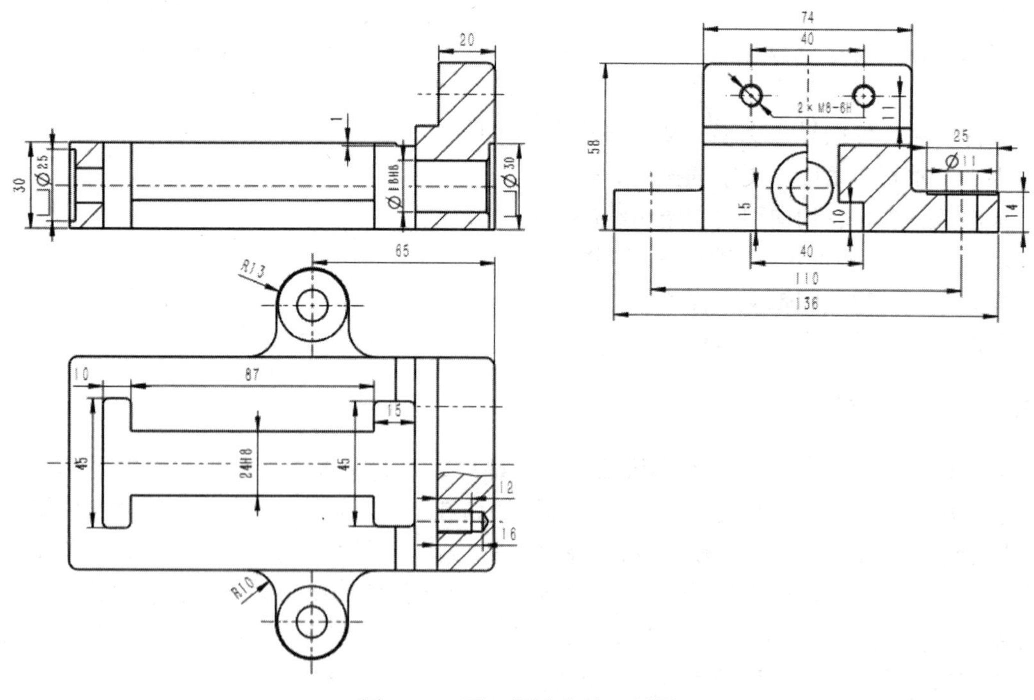


图 6-68 平口钳钳座的工程图

## 6.5.1 标题栏的制作

（1）在主菜单栏中单击“新建”→“格式”，如图 6-69 所示，输入格式文件名称“A4-zizhi”，确定后进入“新格式”对话框，如图 6-70 所示，点选指定模板为“空”，标准大小为 A4，确定后进入格式文件制作界面，如图 6-71 所示。

图 6-69 “新建”对话框

图 6-70 “新格式”对话框

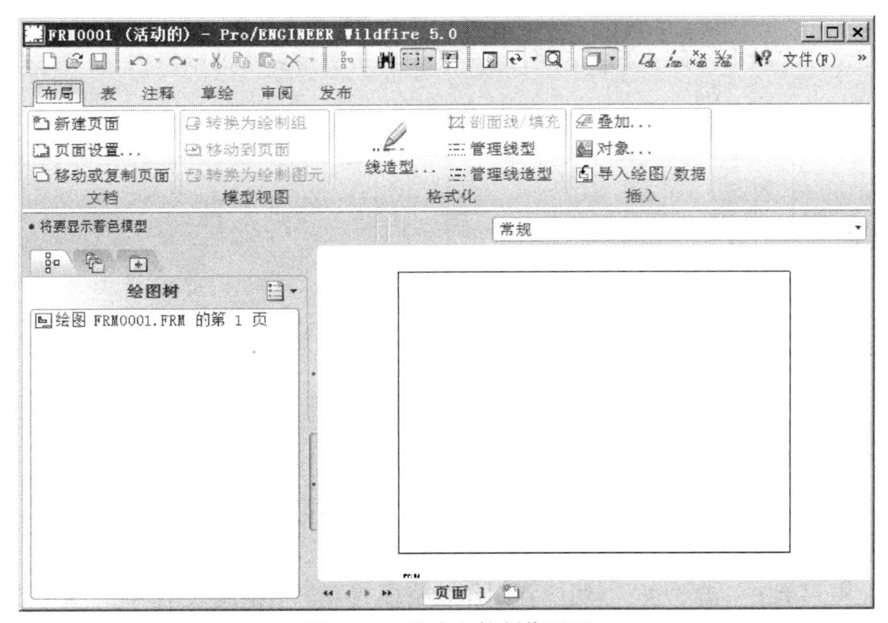


图 6-71 格式文件制作界面

（2）在主菜单栏中单击“草绘”，单击“偏移边”工具，弹出图 6-72 所示的“偏移操作”菜单管理器，点选“链图元”，框选原 A4 图框的四条边，按滚轮确定，出现图 6-73 所示的箭头表示偏移方向，输入四条边往里面偏移的值-5，结果如图 6-74 所示。

（3）再返回到“偏移操作”菜单管理器中点选“单一图元”，选中刚偏移的左边的线，按滚轮确定，出现一样的偏移方向，输入往里面偏移的值-20，确定，结果如图 6-75 所示。

图 6-72 “偏移操作”菜单管理器

图 6-73 偏移方向　　图 6-74 四条边偏移结果

（4）使用键盘上的<Delete>键，把左边多余的一整条边删除，结果如图 6-76 所示。

图 6-75 左边线偏移结果

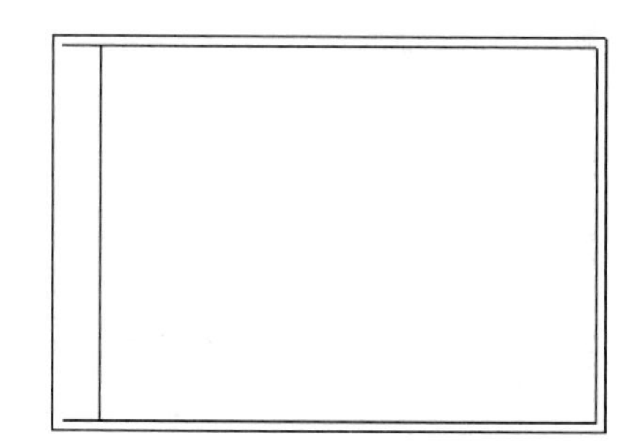

图 6-76 删除结果

（5）单击“草绘”下的工具，将图 6-77 中箭头所指多余的线修剪掉，结果如图 6-78 所示。

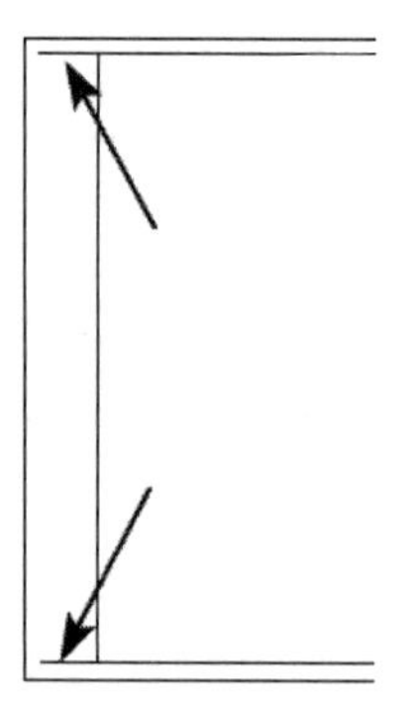

图 6-77 拐角线段

图 6-78 修剪线段结果

（6）在主菜单中单击“表”，切换到制作表格模式下，单击制表工具，弹出图 6-79 所示的“创建表”菜单管理器，选择“升序”“左对齐”“按长度”“顶点”，再点选图 6-80 中右下方的交点作为表格制作的顶点。

（7）弹出输入各列宽度的操作框，从右往左各列的宽度依次为 25、15、25、15、20、25 和 15，每输入一个宽度值按<Enter>键确认一次，接着输入下一个宽度，输入完所有列的宽度后，按<Enter>键两次，即出现输入各行的高度的提示，接着一一输入各行的高度，值均为 7。结果如图 6-81 所示。

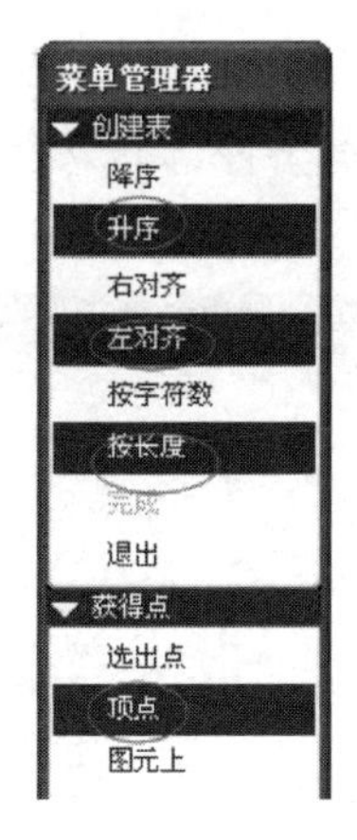


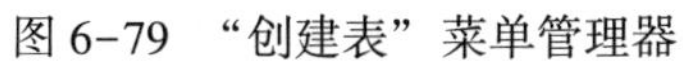
图 6-79 “创建表”菜单管理器

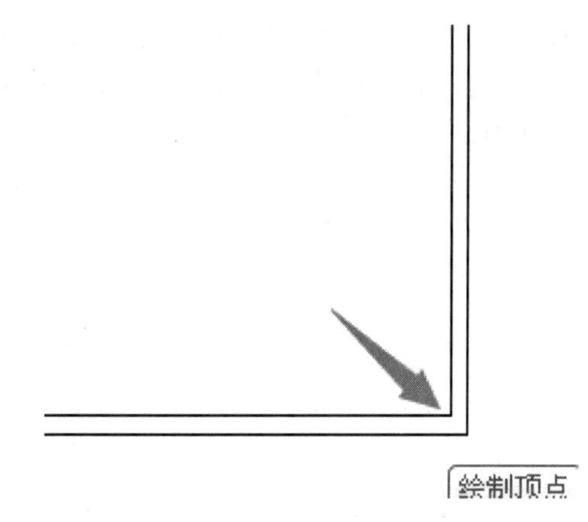


图 6-80 选取顶点

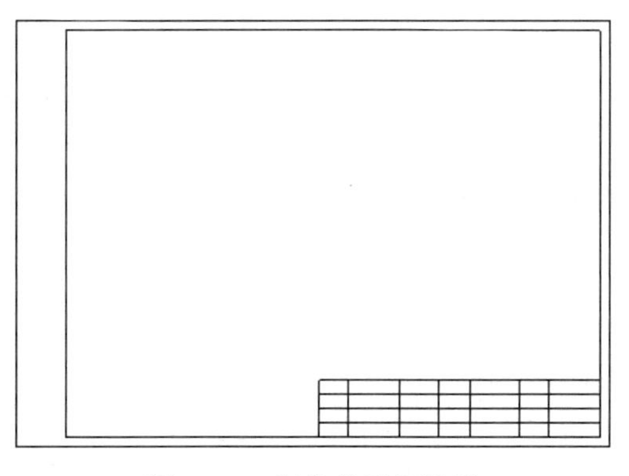

图 6-81 制作单元格结果

(8) 按住<Ctrl>键，选取需要合并的单元格，再单击上方工具栏中的 合并单元格 工具，即完成表格的合并，得到如图 6-82 的标题栏。

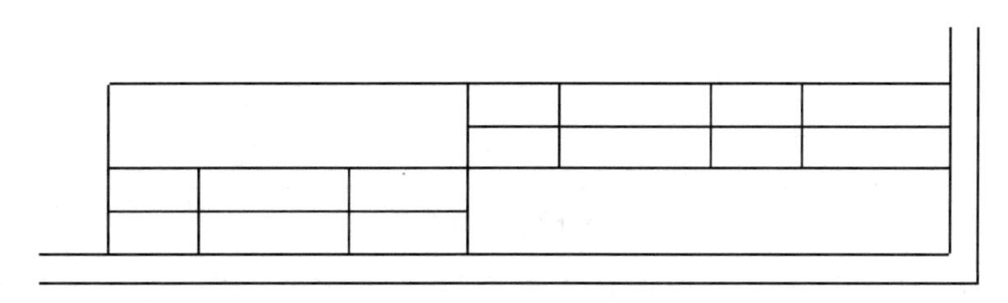

图 6-82 合并单元格结果

(9) 单击“注释”，双击各单元格，输入各单元格的文字或数值，如图 6-83 所示。

| 钳座 | | | 材料 | | 比例 | |
|---|---|---|---|---|---|---|
| | | | 重量 | | 图号 | |
| 制图 | 姓名 | 日期 | 广东水利电力职业技术学院 | | | |
| 审核 | 姓名 | 日期 | | | | |

图 6-83 输入文字

（10）框选所有单元格中的文字，单击右键，出现图 6-84 所示的快捷菜单，选取“文本样式”，弹出“文本样式”对话框，如图 6-85 所示，设置字体为长仿宋，文字高度值为 3.5 mm，居中。

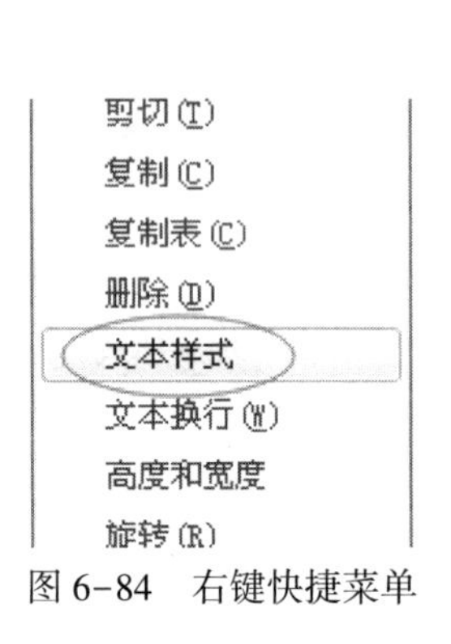

图 6-84　右键快捷菜单

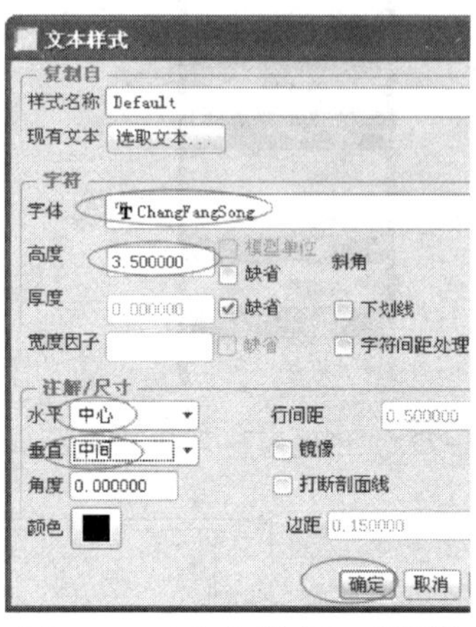

图 6-85　“文本样式”对话框

（11）将主菜单栏切换到“发布”模式下，如图 6-86 所示，单击“预览”，即可看到图 6-87 所示的效果。

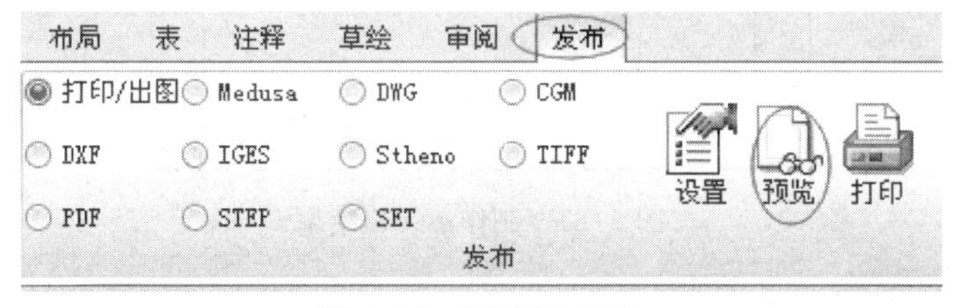

图 6-86　“预览”工具

| 钳座 | | | 材料 | | 比例 | |
|---|---|---|---|---|---|---|
| | | | 重量 | | 图号 | |
| 制图 | （姓名） | （日期） | 广东水利电力职业技术学院 | | | |
| 审核 | （姓名） | （日期） | | | | |

图 6-87　注释结果

（12）再双击“广东水利电力职业技术学院”和“钳座”栏，将其文本样式中的文字高度值单独更改为 5，其余值保持 3.5 不变，结果如图 6-88 所示。

| 钳座 | | | 材料 | | 比例 | |
|---|---|---|---|---|---|---|
| | | | 重量 | | 图号 | |
| 制图 | （姓名） | （日期） | 广东水利电力职业技术学院 | | | |
| 审核 | （姓名） | （日期） | | | | |

图 6-88　修改文字高度结果

（13）由于标题栏的外框应该是粗实线，所以应再作偏移，如图 6-89 所示，将下边线偏移-28；将右边线偏移-140，结果如图 6-90 所示。

图 6-89　线偏移方向

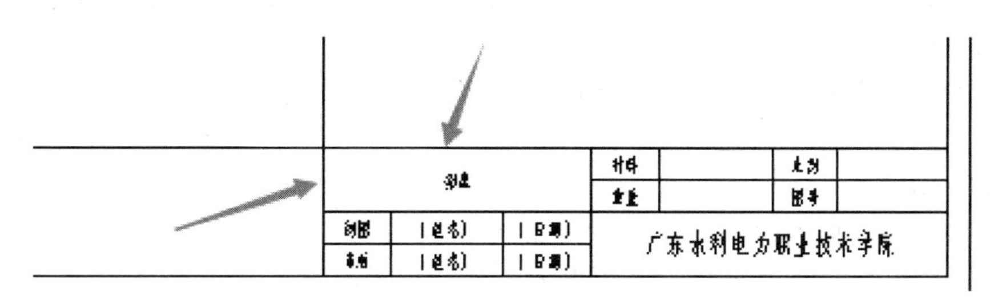


图 6-90　线偏移结果

（14）按住<Ctrl>键，选取图中箭头所示的两条线，单击“草绘”下的工具，将其多余的线修剪。使用“发布”→“预览”，可以看到粗实线的效果，如图 6-91 所示。

| 钳座 | | | 材料 | | 比例 | |
|---|---|---|---|---|---|---|
| | | | 重量 | | 图号 | |
| 制图 | （姓名） | （日期） | 广东水利电力职业技术学院 | | | |
| 审核 | （姓名） | （日期） | | | | |

图 6-91　修剪拐角线段结果

（15）最终格式文件如图 6-92 所示。

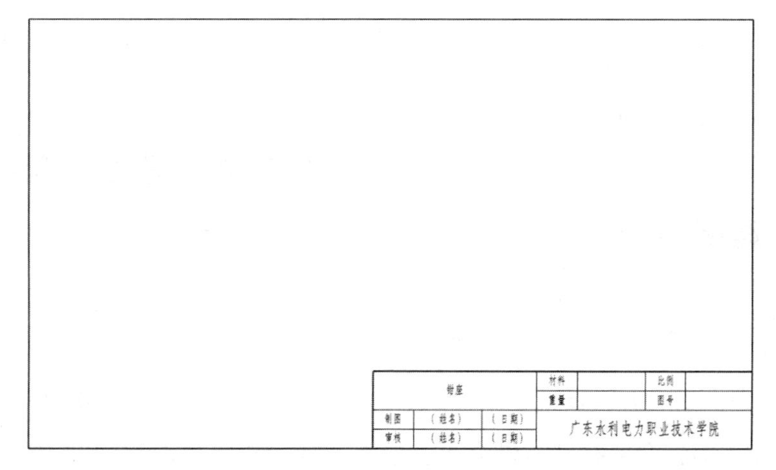


图 6-92　最终的格式文件

### 6.5.2 建立工程图

**1. 新建视图文件**

先打开已建好的“01qianzuo. prt”三维模型。再在主菜单栏中单击“文件”→“新建”，弹出新建对话框，选择“绘图”，输入名称“qianzuo. drw”，单击“确定”，随后弹出“新建绘图”对话框，如图 6-93 所示，由于三维模型已打开，系统自动在“缺省模型”处选定了“01qianzuo. prt”，(如果之前没打开 3D 模型，则可以单击“缺省模型”下的“浏览”，指定已经绘制好的 3D 模型文件)，“指定模板”选择“格式为空”，“浏览”中选择之前创建好的格式文件“A4-zizhi”，单击“确定”，进入 2D 绘图环境。

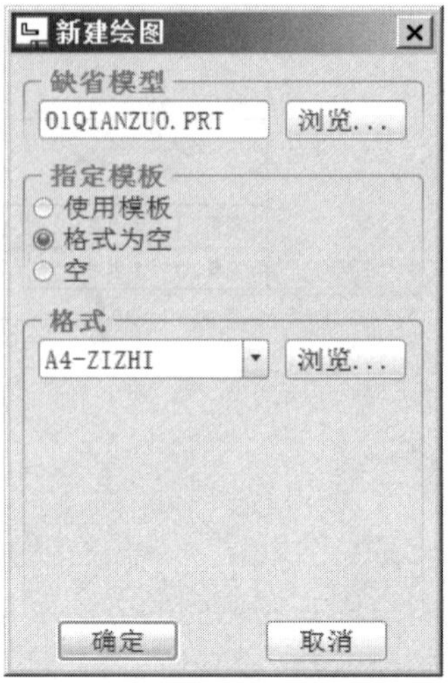

图 6-93 “新建绘图”对话框

**2. 创建一般视图**

(1) 将主菜单切换到“布局”状态，如图 6-94 所示，单击“一般”，在绘图区某空白处单击放置一般视图，这时弹出“绘图视图”对话框，如图 6-95 所示，设置 FRONT 面为模型视图名。

图 6-94 布局模式

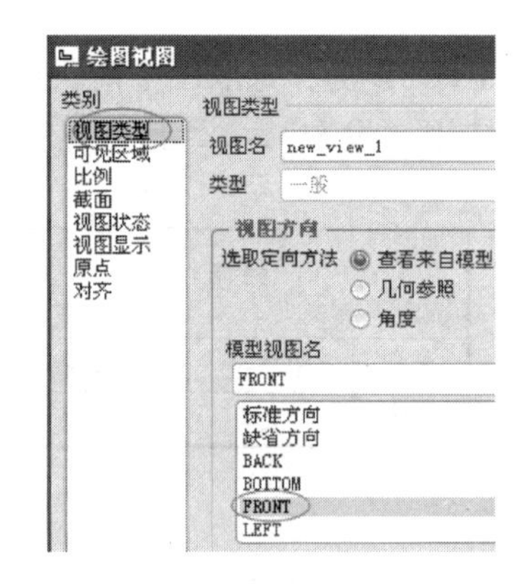


图 6-95 “视图类型”对话框

(2) 设置视图比例值为 0.7，如图 6-96 所示，设计视图显示样式为“消隐”，相切边显示“无”，如图 6-97 所示，每个选项卡设置完后都先单击“应用”，再设置下一个选项卡。结果视图显示如图 6-98 所示。

图 6-96 设置比例

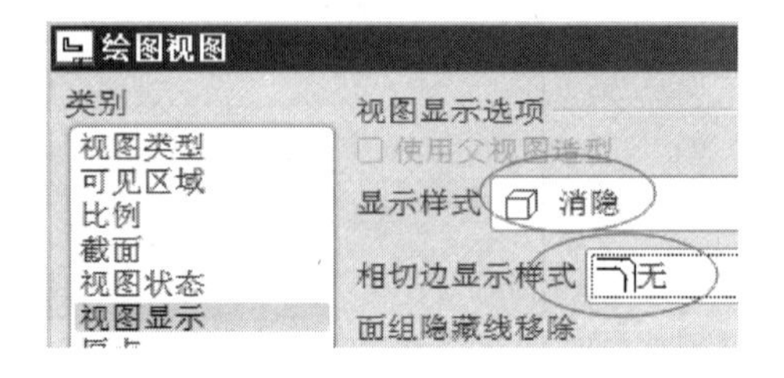


图 6-97 设置显示样式

(3) 点选主视图，右击打开右键菜单，取消勾选“锁定视图移动”，如图 6-99 所示，即可用左键将视图拖动至合适位置。

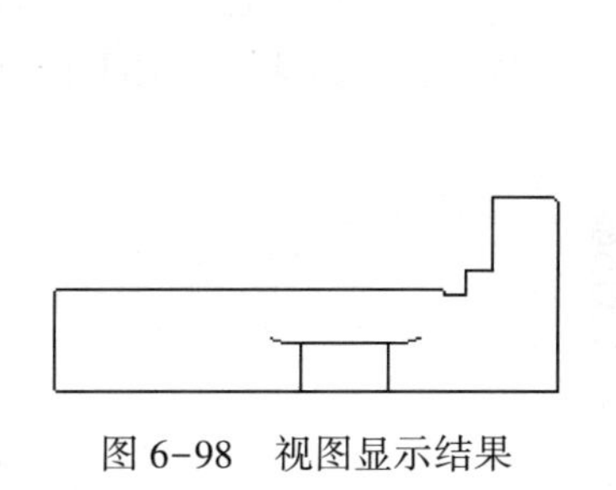

图 6-98　视图显示结果

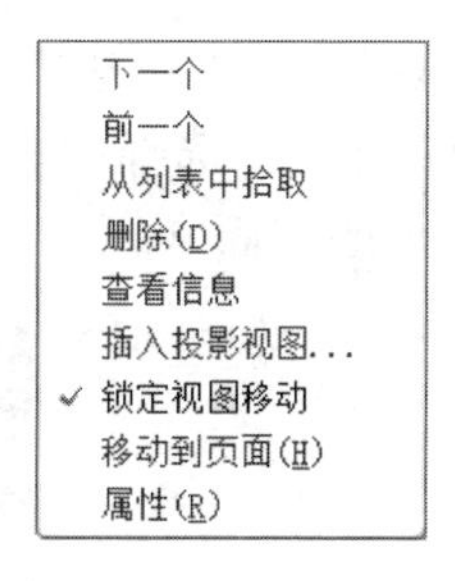


图 6-99　快捷菜单

**3. 创建投影视图**

选中主视图，单击右键，如图 6-100 所示，选择“插入投影视图”，在主视图的右边放置左视图；用相同的方法可在主视图的下方放置俯视图。按住<Ctrl>键，同时选中左视图和俯视图，单击右键，点选“属性”，进入“绘图视图”对话框，将显示样式改为“消隐”，相切边显示改为“无”。完成的三视图如图 6-101 所示。

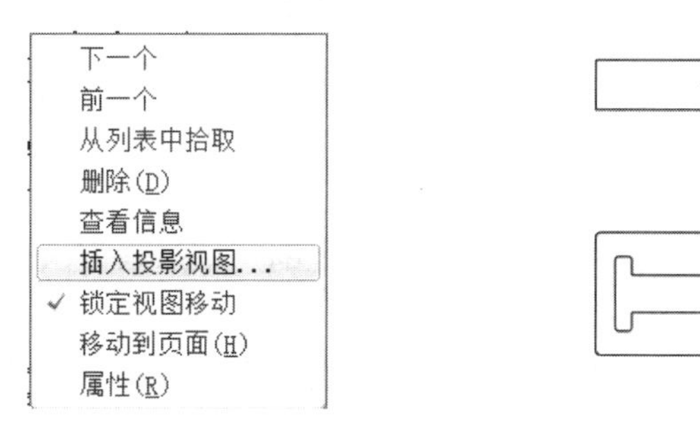


图 6-100　右键快捷菜单

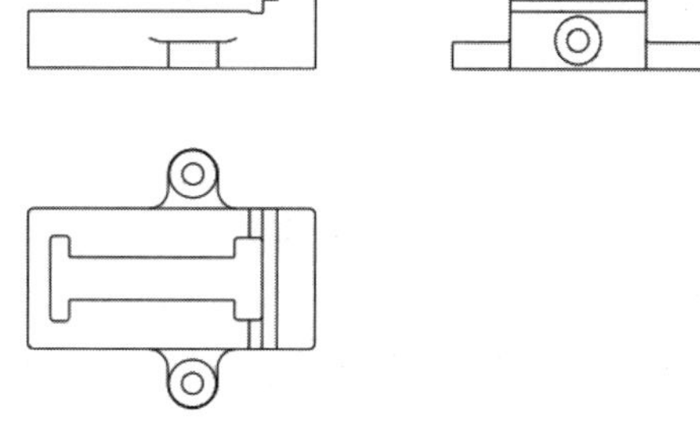

图 6-101　基本三视图

**4. 创建全剖视图**

**方法一：在工程图模式中创建剖视图。**

双击主视图，弹出“绘图视图”，在“截面”选项卡中选择“2D 剖面”，单击 ✚，选择“创建新视图”，弹出图 6-102 所示的“菜单管理器”，选择“平面”“单一”“完成”，在弹出的输入框中输入剖面名“A”，单击☑，然后在俯视图中选择“FRONT”面作剖面，单击“应用”结束，得到如图 6-103 所示的剖面。

图 6-102　菜单管理器

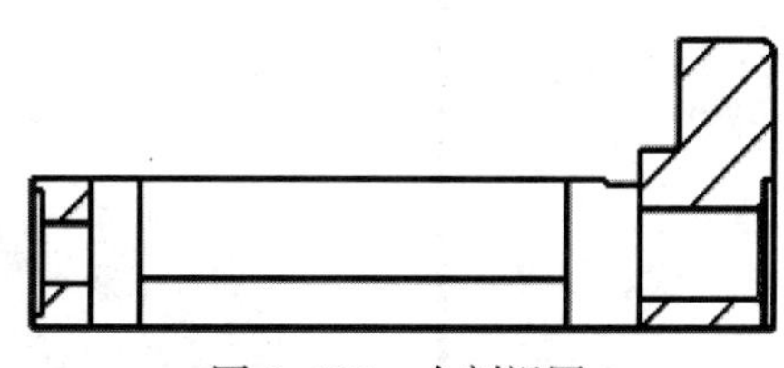

图 6-103　全剖视图

**方法二：在三维“零件”模型中创建剖视图。**

单击零件设计中的“视图管理器”工具，弹出“视图管理器”对话框，如图 6-104

所示，点选“剖面”→“新建”，命名为A剖面，按<Enter>键确定，弹出“菜单管理器”，如图6-105所示，选择“平面”“单一”“完成”，选取FRONT面作为剖切平面，得到图6-106所示的剖面A。

图6-104 “视图管理器”对话框

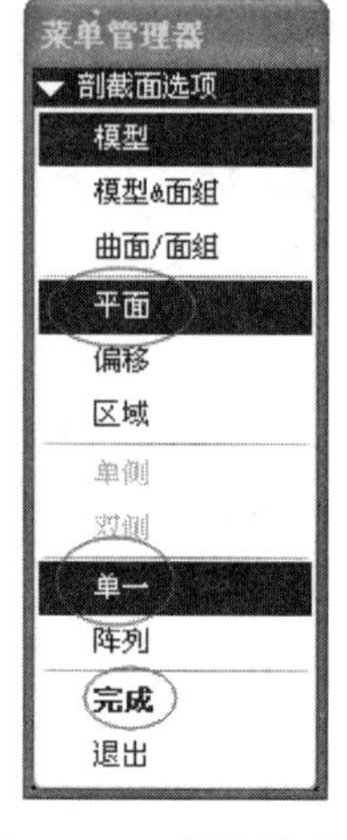


图6-105 菜单管理器

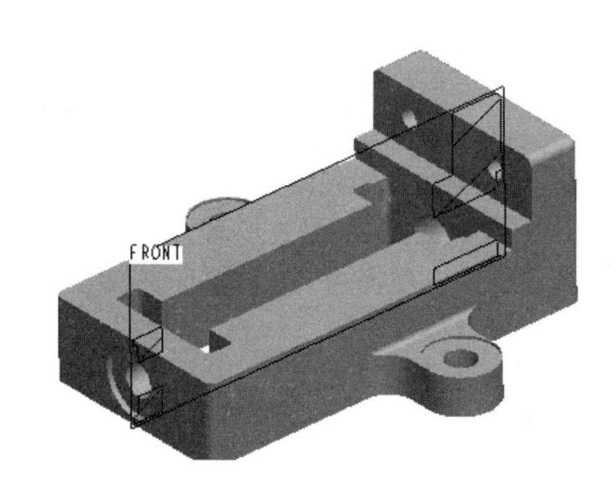


图6-106 剖面A

再返回到工程图模式下，双击该视图，弹出“绘图视图”窗口，点“截面”，点选“2D剖面”，选择 ，添加之前创建的A剖面，系统默认完全剖。结果跟方法一得到的全剖视图是一样的。

由于方法二比较直观，所以一般多采用在零件模型下创建剖面的方法。

**5. 创建半剖视图**

为了得到左视图的半剖视图，需要先创建剖切平面。

在三维模型中，单击“基准平面”的创建工具 ，按住<Ctrl>键，选取图中箭头所示的RIGHT面和底座曲面，在图6-107所示的基准平面创建窗口中，将RIGHT面参照方式改为“平行”，剖切平面DTM1如图6-108所示。

单击零件设计中的“视图管理器”工具 ，弹出“视图管理器”窗口，选择“剖面”→“新建”，命名为B剖面，按<Enter>键确定，弹出“菜单管理器”，选择“平面”“单一”“完成”，选取DTM1面作为剖切平面，得到图6-109所示的剖面B。

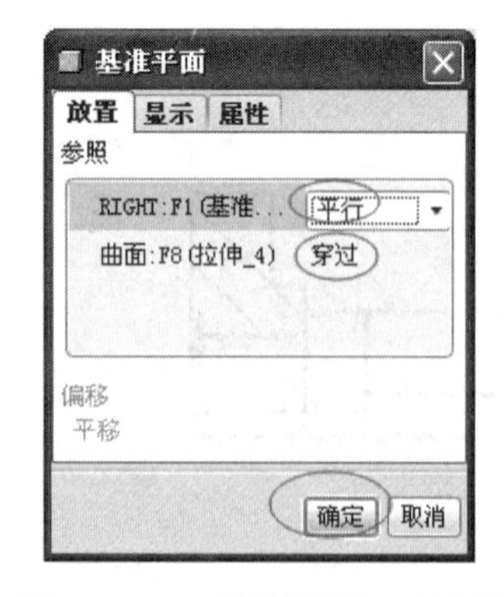


图6-107 “基准平面”对话框

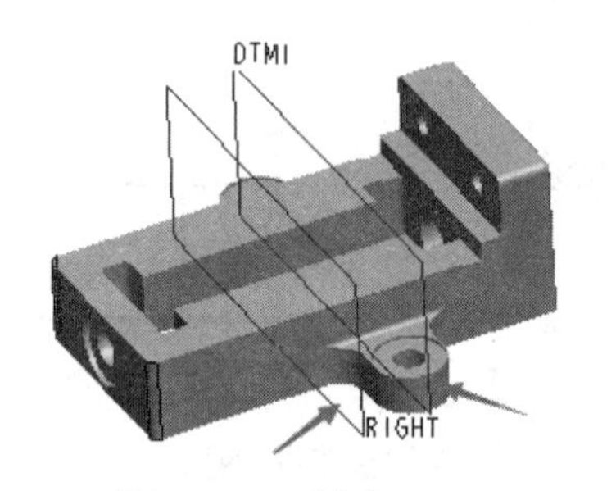


图6-108 创建DTM1

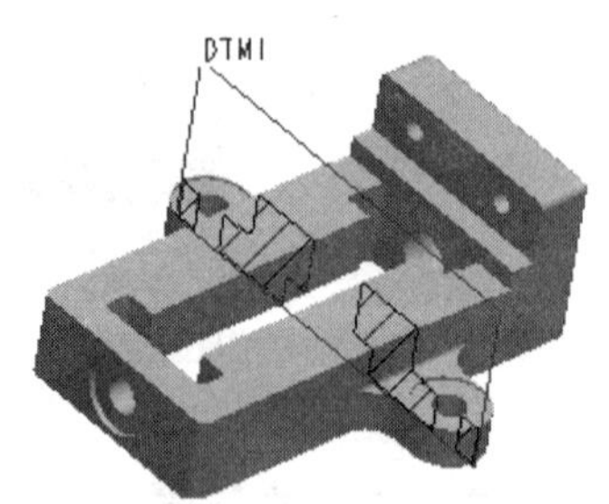


图6-109 剖面B

返回到工程图模式下，双击左视图，在图 6-110 所示的“绘图视图”窗口，在“类别”中选择“截面”，添加之前创建好的 B 剖面，将剖切区域改为“一半”，在图 6-111 中选取 FRONT 面作为半剖的分界面，结果如图 6-112 所示。

图 6-110　创建半剖截面

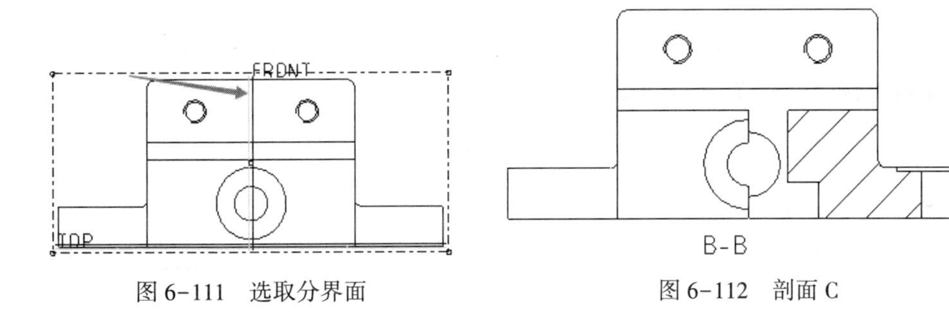


图 6-111　选取分界面

图 6-112　剖面 C

**6. 创建局部剖视图**

为了在俯视图中创建局部剖视图，需要先创建剖切平面。

在三维模型中，单击“基准平面”的创建工具，按住<Ctrl>键，选取 TOP 面和侧向孔内曲面，在基准平面创建窗口中，将 TOP 面参照方式改为“平行”，完成的 DTM2 平面如图 6-113 所示。

单击“视图管理器”工具，运用跟前面 A、B 剖面相同的方法创建 C 剖面，以刚创建的 DTM2 面作为剖切平面，得到如图 6-114 所示的剖面。

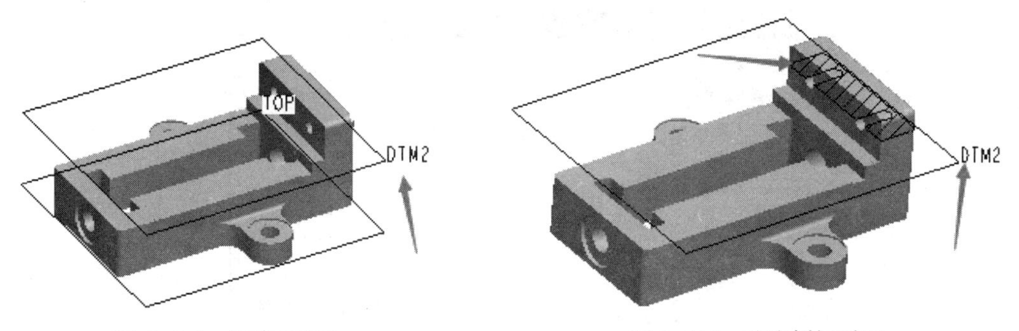


图 6-113　创建 DTM2

图 6-114　选取剖切平面

返回到工程图模式下，为了更清晰准确地做出局部剖视图，先把俯视图的显示样式暂时更改为“线框”，如图 6-115 所示。这样，需要做局部剖视图的孔的结构清楚地显示出来，如图 6-116 所示。

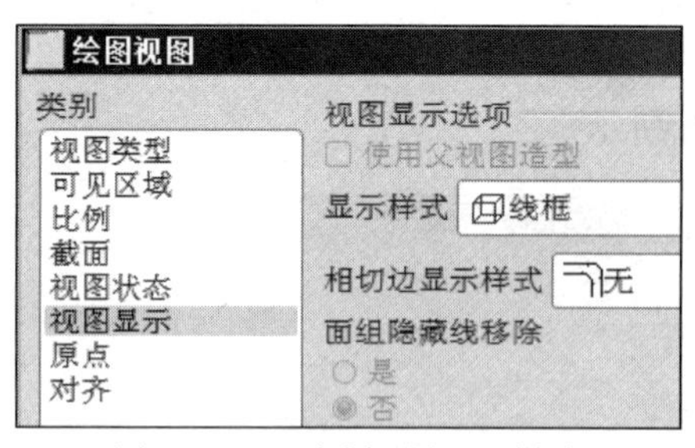


图 6-115　更改视图显示样式

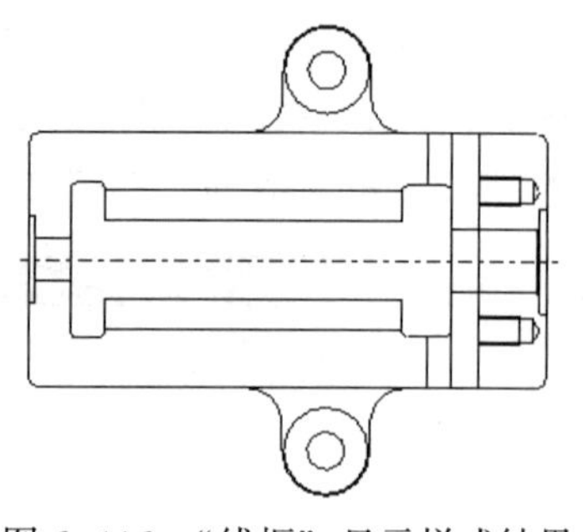

图 6-116　“线框”显示样式结果

双击俯视图，在“绘图视图”对话框中选择“截面”，添加 C 剖面，如图 6-117 所示，将剖切区域改为“局部”。在需要做局部剖的区域内的某个图元上击出一个点，然后用样条曲线圈定一个局部区域，按滚轮确定，结果如图 6-118 所示。

局部剖视图创建好后，把俯视图的显示样式更改回“消隐”，结果如图 6-119 所示。

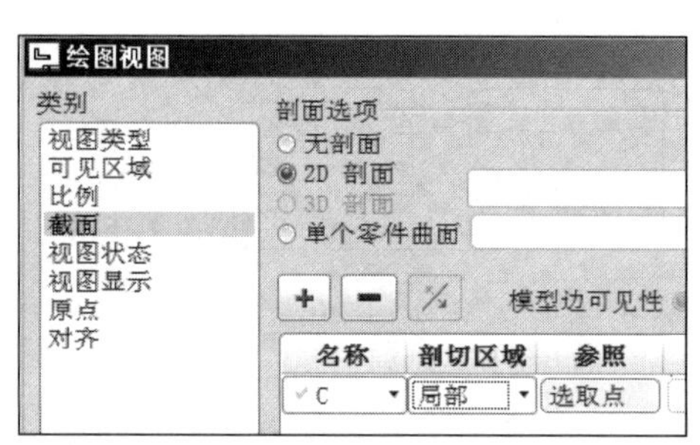


图 6-117　“绘图视图”对话框

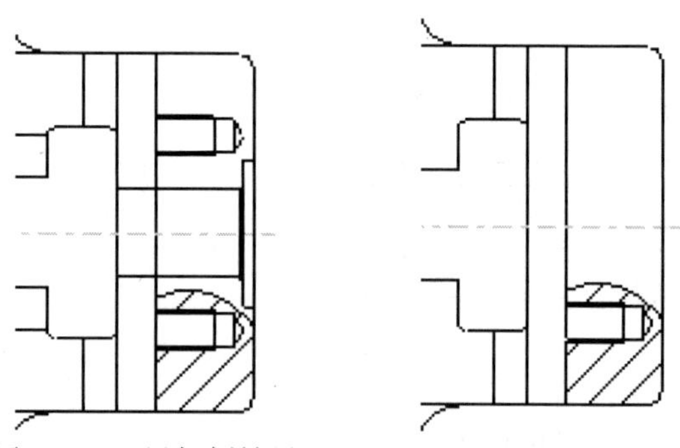

图 6-118　局部剖结果　图 6-119　“消隐”显示样式结果

**7. 显示基准轴**

切换到注释状态下，单击显示模型注释，弹出“显示模型注释”对话框，如图 6-120 所示，点选显示基准轴线的工具，然后选择主视图，在对话框中单击全选，单击应用。用同样的方法，将其他视图显示全部基准轴线。然后修正一些基准轴线，根据需要将某些轴线拉长缩短，或删减。切换到“发布”状态的“预览”，可显示图 6-121 所示的效果图。

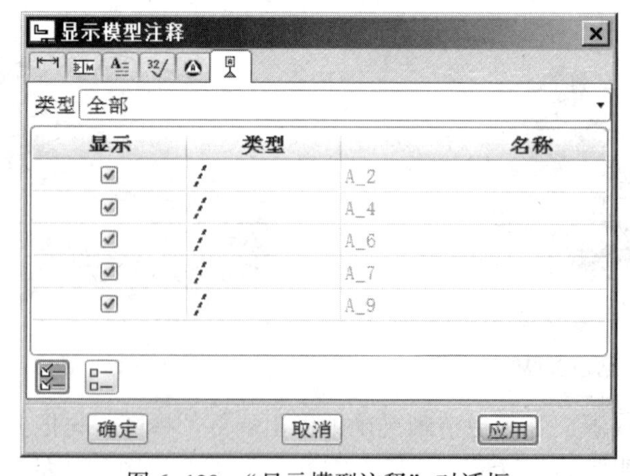


图 6-120　“显示模型注释”对话框

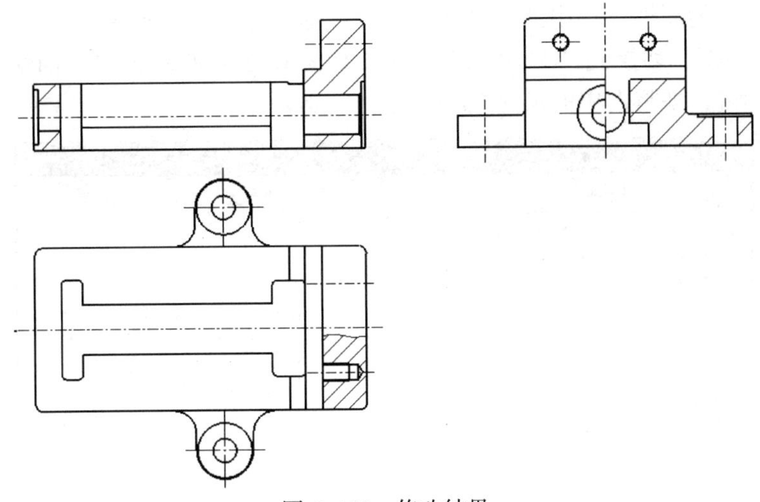

图 6-121　修改结果

**8. 标注尺寸**

为了符合机械图样中关于合理标注尺寸的有关规则，需要手动自定义标注尺寸。

切换到注释状态下，单击标注尺寸工具，弹出“菜单管理器”，选择“图元上”，然后在视图中选择两条参照边（图 6-122 中箭头所指为选择的参照边），在空白处按鼠标滚轮确认尺寸放置，即显示出图中 20 的尺寸。此时系统仍处于标注尺寸的状态，依次选择其他边，释放鼠标滚轮即可完成多个尺寸的标注，并可将尺寸拖动到合适的位置。调整好的主视图尺寸标注结果如图 6-123 所示。

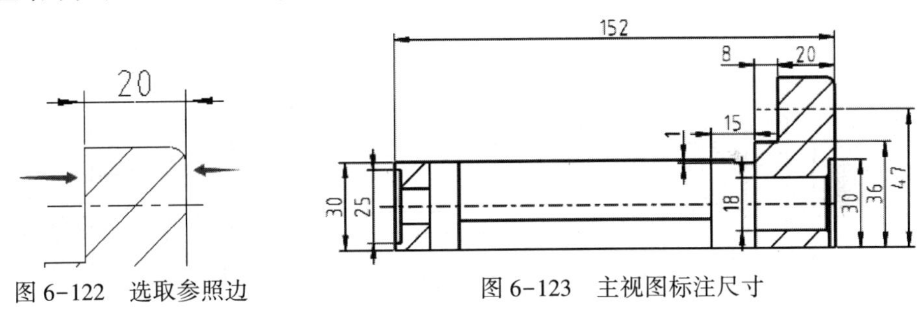


图 6-122　选取参照边　　图 6-123　主视图标注尺寸

（1）反向箭头：选中某一尺寸后，右键打开图 6-124 所示的快捷菜单，选择“反向箭头”，即可将图 6-122 中的尺寸箭头变成图 6-125 所示的箭头。

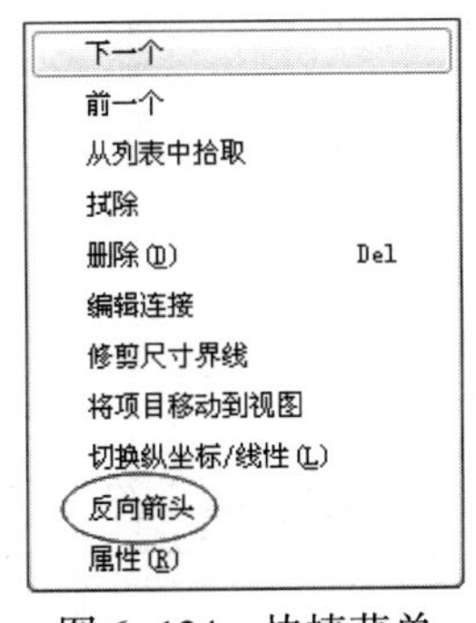


图 6-124　快捷菜单

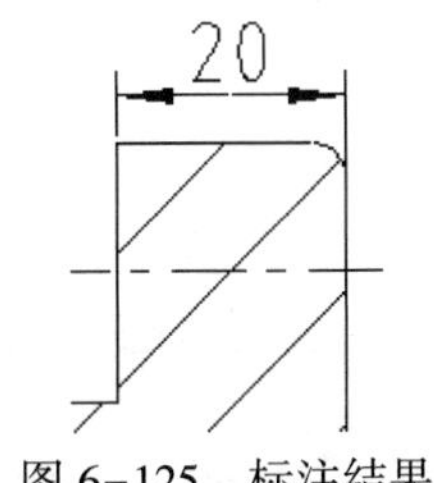


图 6-125　标注结果

（2）修改尺寸的属性：选中某一尺寸，单击右键，弹出快捷菜单，选择“属性”，弹出“尺寸属性”对话框，切换到“显示”选项卡，如图 6-126 所示，在“前缀”输入框中输入合适的符号即可，如将图中的尺寸 25 更改为 ⌴Ø25。

图 6-126 “尺寸属性”对话框

修改完尺寸属性后，主视图如图 6-127 所示。

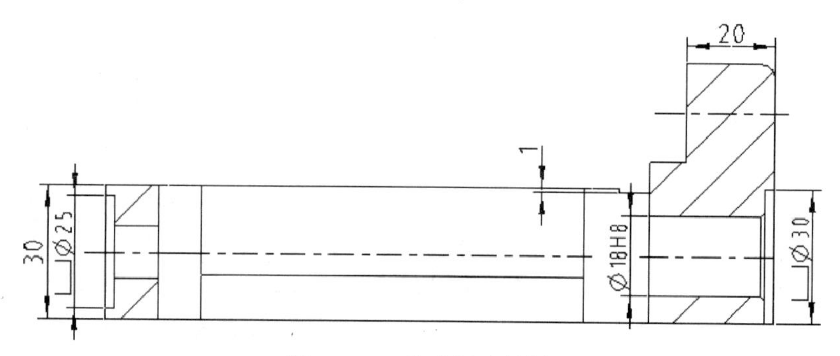


图 6-127 修改尺寸结果

其他视图的尺寸标注方法基本相同，这里就不一一赘述了。

**9. 最后成图**

最后所成的工程图如图 6-68 所示。

注：关于装配体工程图的制作方法将在第 9 章 9.3 节介绍。

## 练习题

1. 创建阀体零件工程图，如图 6-128 所示。

2. 创建平口钳装配体的二维装配图，其图见第 5 章练习题中题 3 图（图 5-108）。要求如下：

（1）视图，在 A3 图纸上采用所给装配图的表达方法，完整、清晰地表达装配体的装配；

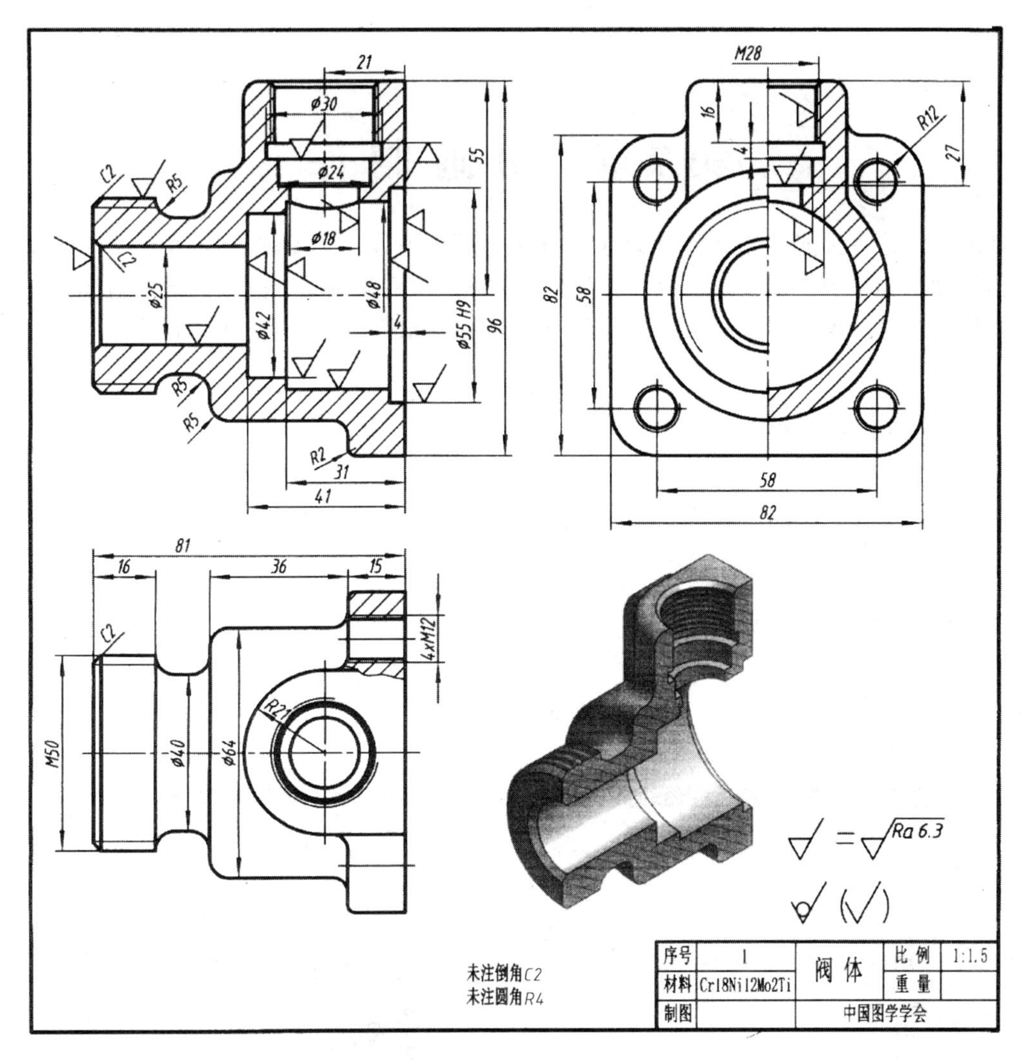


图 6-128 题 1 图

（2）标注尺寸，按装配图的要求标注尺寸。尺寸数字为 3.0 号字；

（3）技术要求，标注装配图中的序号，填写标题栏和明细栏等，汉字采用仿宋体，3.5 号字。

3. 基于球阀装配体，生成球阀的二维装配图，见第 5 章的练习题中题 1 图（图 5-106）。要求同上。

4. 基于法兰夹具装配体，生成法兰夹具的二维装配图，见第 5 章的练习题中题 2 图（图 5-107）。要求同上。

# 第7章　动画制作

动画制作是一种能够让组件动起来的方法。可以不设定运动副，使用鼠标直接拖动组件，仿照动画影片制作过程，一步一步生产关键帧，最后连续播映这些关键制造影像。使用该功能相当自由，无需在运动组件上设定任何连接和伺服电动机（也可以设定）。

## 7.1　动画制作概述

当在产品销售、简报时，在示范说明产品的组装、拆卸与维修的程序时，处理高复杂度组件的运动仿真时，可以使用该功能制作高品质的动画。

### 7.1.1　进入动画制作模块

进入“装配设计”模块，选择“应用程序”→“动画”命令，系统自动进入动画制作模块，如图7-1所示。

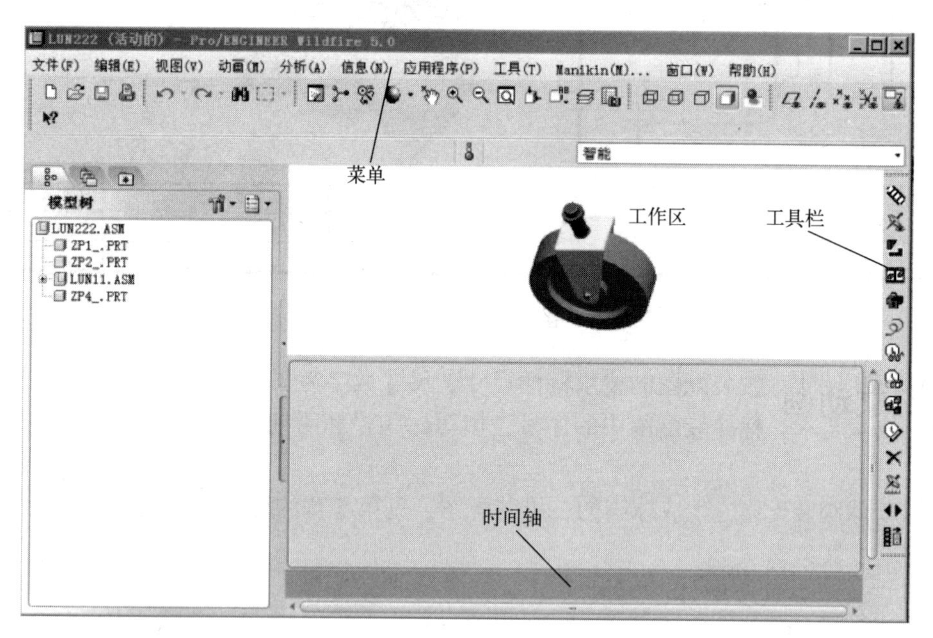


图7-1　动画制作模块

### 7.1.2　动画制作菜单栏介绍

动画制作模块中的菜单栏中的“动画”是动画制作模块中特有的菜单栏，如图7-2所示，主要分为4部分：动画的创建、动画制作、动画的显示设置、动画的播放和输出。

动画的创建主要使用动画、子动画两个命令；动画制作是本章中重要介绍部分，主要使用主体定义、关键帧序列、事件、伺服电动机等动画制作命令；动画的显示设置主要使用定时视图、定时透明、定时显示 3 个命令；动画的播放和输出主要使用启动、回放、调试 3 个命令来完成。

### 7.1.3 动画制作工具栏

“动画制作”工具栏，如图 7-3 所示，使用该工具栏能够完成动画的创建、制作、输出等功能。工具栏中的大部分工具与“动画”菜单栏中的命令相互对应。“动画显示”、“选取的”、“移除”、“导出”等工具是与其他菜单栏中的命令相对应。各工具的使用方法将在后续详细介绍。

图 7-2 “动画”菜单栏

图 7-3 “动画制作”工具栏

## 7.2 定义动画

定义动画是制作动画的起步。当需要对机构制作动画时，首先进入动画制作模块，使用工具定义动画，然后使用动画制作工具创建动画，最后对动画进行播放和输出。当对复杂机构进行创建动画时，使用一个动画过程很难表达清楚，这时就需要定义不同动画过程。

### 7.2.1 创建动画

**1. 创建动画**

“动画”工具，是对机构中动画过程进行创建、编辑和删除的工具。单击该工具按钮，系统弹出“动画”对话框，如图 7-4 所示。

（1）“模型中的动画”列表框中列出当前模型中的动画，包括动画名称和类型。

（2）“新建”按钮用于新建动画。单击该按钮系统弹出“定义动画”对话框，如图 7-5 所示。

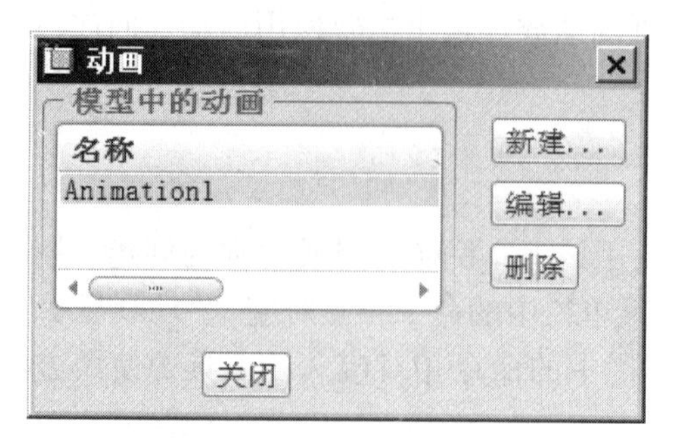


图 7-4 “动画”对话框

图 7-5 “定义动画”对话框

- “名称”文本框用于定义动画的名称，默认值为 Animation，也可以自定义。
- “类型”选项组用于选择新建动画的类型。点选“分解”单选按钮，对话框更新为图 7-6，在“初始快照”文本框中定义初始快照名称，单击其后的“捕捉快照中的当前位置”按钮，系统弹出“拖动”对话框。

（3）“编辑”按钮用于更改名称。在列表框中选中动画，单击该按钮，系统弹出如图 7-7 所示对话框，使用该对话框可以更改动画名称，“类型”选项组变成灰色是不可编辑的状态。

图 7-6 “定义动画”对话框

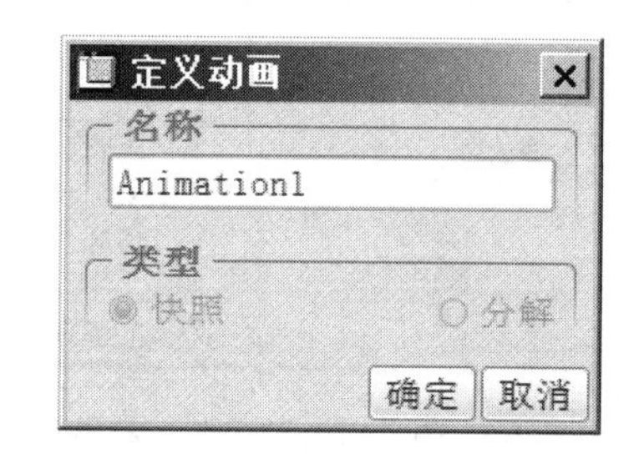


图 7-7 “定义动画”对话框

（4）“删除”按钮用于删除列表框中的动画。在列表框中选中动画，使其高亮显示，单击该按钮，被选中的动画就被删除掉了。

**2. 创建子动画**

“子动画”命令，是将创建的动画设置为某一动画的子动画。

**注意：**使用该命令生产的子动画与父动画类型必须一致。

下面以创建两个快照动画为例，讲解“子动画”命令的使用方法。

（1）选择菜单栏中的“动画”→“动画”命令，或单击“动画模型”工具栏上的“动画”工具按钮，系统弹出“动画”对话框。

（2）在对话框中，单击“新建”按钮，系统弹出定义“动画”对话框，保持默认设置，单击“确定”按钮，新的动画创建完成。

（3）关闭“动画”对话框，选择菜单栏中的“动画”→“子动画”命令，系统弹出“包含在 Animation2 中”对话框，如图 7-8 所示，如果想将动画 Animation2 生产动画 Animationl 的子动画，那么在“动画”对话框中，选中动画 Animationl 使其高亮显示，如图 7-9 所示。

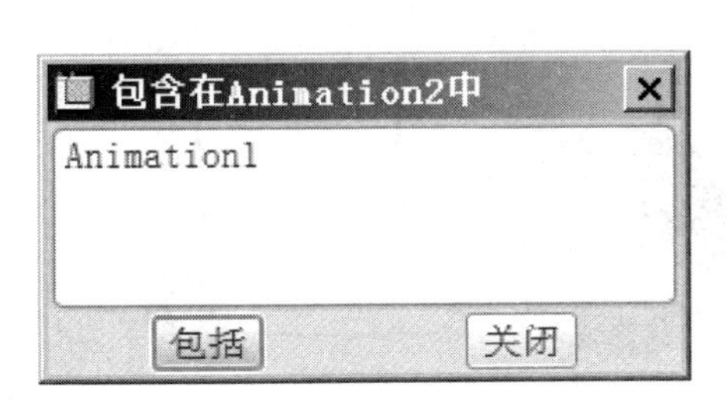


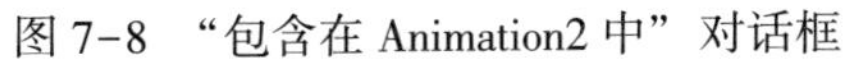

图 7-8 “包含在 Animation2 中”对话框

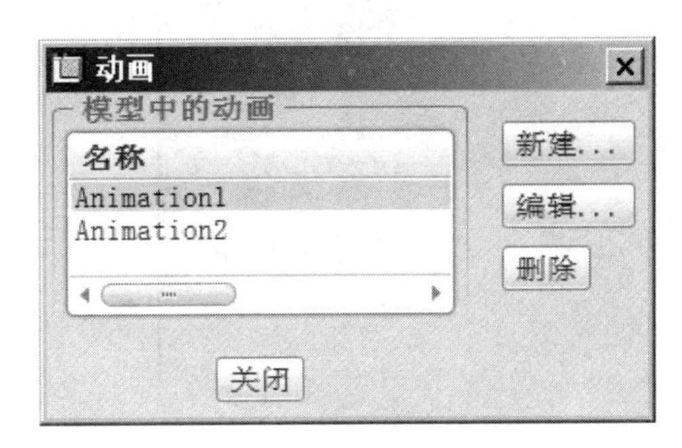


图 7-9 “动画”对话框

**注意：**系统默认生成一个动画，这里只需再建一个动画。

(4) 在“包含在 Animation2 中”对话框中，选中 Animationl 使其高亮显示，单击“包括”按钮，动画时间轴就添加到时间表中，如图 7-10 所示，选中该对象，使其变成红色，右键单击该对象，系统弹出上下文菜单，选择编辑、复制、移除、选取参照图元命令，对齐进行修改。

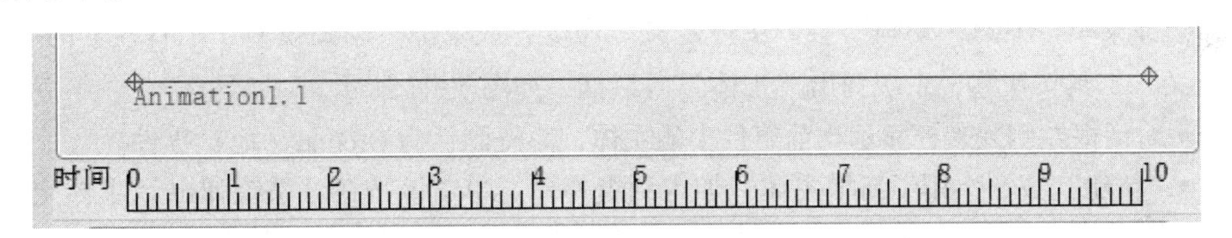


图 7-10 动画时间轴

### 7.2.2 动画显示

“动画显示”工具按钮，是在 3D 模型中显示动画图标的工具。选择菜单栏中的“视图”→“显示设置”→“动画显示”命令，或单击“动画模型”工具栏上的“动画显示”工具按钮，系统弹出“显示图元”对话框，如图 7-11 所示。

- 勾选“伺服电动机”复选框，在 3D 模型中显示伺服电动机图标，如图 7-11 所示。
- 勾选“接头”复选框，在 3D 模型中显示各种接头图标。
- 勾选“槽”复选框，在 3D 模型中显示槽特殊连接图标。
- 勾选“凸轮”复选框，在 3D 模型中显示凸轮特殊连接图标。
- 勾选“3D 接触”复选框，在 3D 模型中显示 3D 接触特殊连接图标。
- 勾选“齿轮”复选框，在 3D 模型中显示齿轮特殊连接图标。
- 勾选“带传动”复选框，在 3D 模型中显示带传动特殊连接图标，如图 7-12 所示。
- 勾选“LCS”复选框，在 3D 模型中显示坐标系图标，如图 7-12 所示。
- 勾选“从属关系”复选框，在 3D 模型中显示从属关系图标。
- 单击“全部显示”按钮，将全部选中以上复选框。相反，单击“取消全部显示”按钮，将取消所选择的复选框。

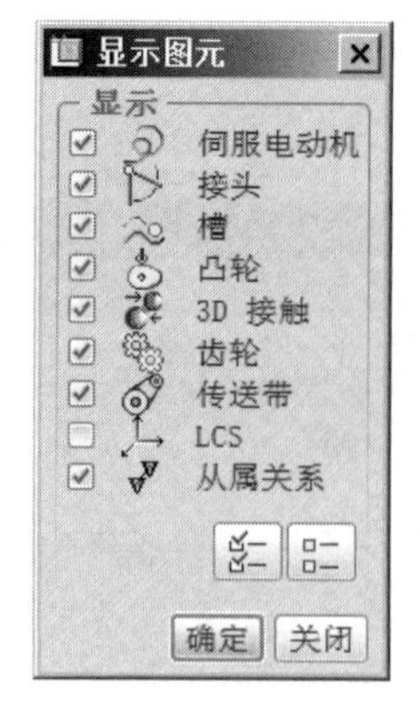


图 7-11 “显示图元”对话框

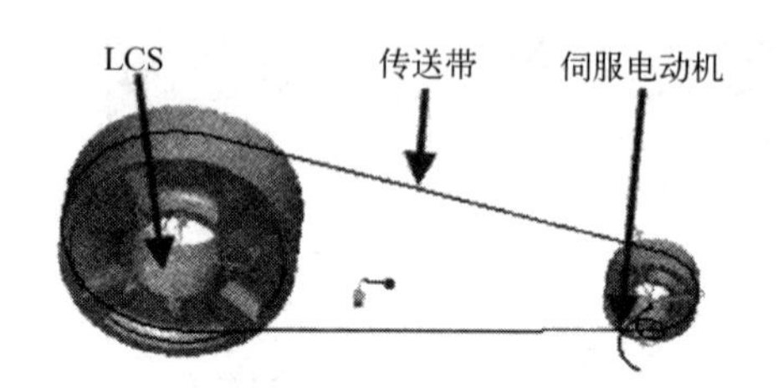


图 7-12 凸轮机构

## 7.2.3 定义主体

动画移动时，是以主体为单位，而不是组件。根据“机械设计”模块下的主体原则，通过约束组装零件。在“动画设计”模块下所设定的主体信息是无法传递到“机构”模块中的。

选择菜单栏中的“动画”→“主体定义”命令，或单击“动画模型”工具栏上的“主体定义”工具按钮，系统弹出“主体”对话框，如图 7-13 所示。

- 对话框左侧列表框显示当前组件中的主体，系统默认为 Ground（地）零件。
- “新建”按钮，用于新增主体并加入到组件中。单击该按钮，系统弹出“主体定义”对话框，如图 7-14 所示，在【名称】文本框中变更主体名称，单击【添加零件】选项组中的“选取”箭头按钮，在 3D 模型中选取零件，【零件编号】文本框显示当前选取的主体数目。
- “编辑”按钮，用来编辑列表框中选中高亮显示的主体。单击该按钮，系统弹出“主体定义”对话框，如图 7-14 所示。

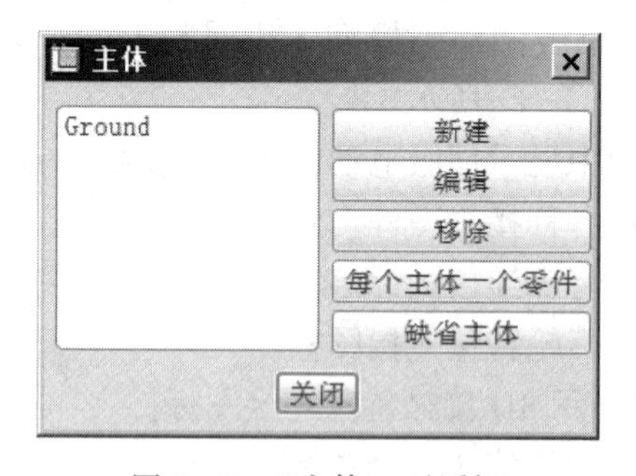


图 7-13 “主体”对话框

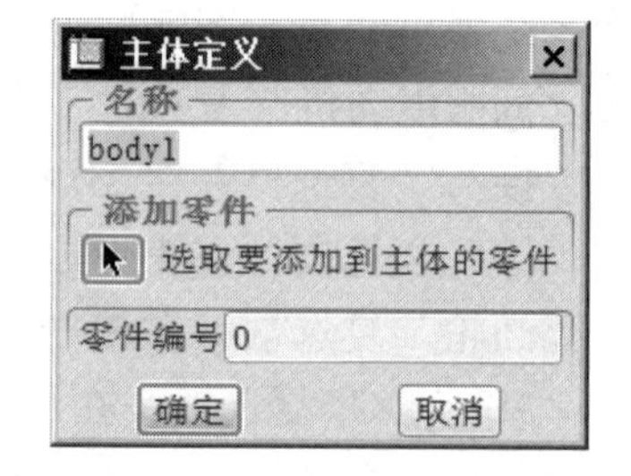


图 7-14 “主体定义”对话框

- “移除”按钮，用于从组件中移除在列表框中选中的主体。
- “每个主体一个零件”按钮，用于一个主体仅能包含一个组件，但是当一般组件包含次组件的情况须特别小心，因为所有组件形成一个独立的主体，可能得重定义基体。
- “缺省主体”按钮，用于恢复至约束所定义状态，可以重新开始定义所有主体。

## 7.3 动画制作

动画制作是本章核心部分，本节主要通过简单的方法创建高质量的动画。Pro/E 中主要通过关键帧、锁定主体、定时图等工具完成动画的制作。

### 7.3.1 关键帧序列

“关键帧序列”工具，是加入并排列已建立的关键帧，也可以改变关键帧出现时间、参考主体、主体状态等。选择菜单栏中的“动画”→“关键帧序列”命令，或单击“动画模型”工具栏上的“关键帧序列”工具按钮，系统弹出“关键帧序列”对话框，如图 7-15 所示。

图 7-15 “关键帧序列”对话框

- “名称”文本框用于自定义关键帧序列，系统默认为 Kfs1。
- “参照主体”选项组用于定义主体动画运动的参照物，系统默认为 Ground（地）。单击“选取”箭头按钮，系统弹出“选取”对话框，在 3D 模型中选择运动主体的参照物，单击“确定”按钮。
- “序列”选项卡是使用拖动建立关键帧，调整每一个关键帧出现的时间、预览关键帧影像等。
- “关键帧”选项组用于添加关键帧、用关键帧进行排序。单击“编辑或创建快照”按钮，系统弹出“拖动”对话框，在该对话框中进行快照的添加、编辑、删除等操作。使用该对话框建立的快照被添加到下拉列表框中。在下拉列表框中选中一种快照，单击其后的“预览快照”按钮，就可以看到该快照在 3D 模型中的位置。在下拉列表框中选中一种快照，在“时间”文本框中键入该快照出现的时间，单击其后的“添加关键帧到关键帧序列”按钮，该快照生产的关键帧被添加到列表框中，以此类推，添加多个关键帧。“反转”按钮用于反转所选关键帧的顺序。“移除”按钮用于移除在列表框中选中的关键帧。
- “插值”选项组用于在两关键帧之间产生插补。在产生关键帧时，拖动主体至关键的位置生成快照影像，而中间区域就是使用该选项组进行插补的。不管是平移还是旋转，提供两种插补方式：线性、平滑。使用线性化方式可以消除拖动留下的小偏差。
- “主体”选项卡用于设置主体状态：必需的、必要的、未指定的。必需的和必要的是主体移动情况完全照关键帧序列、伺服电动机的设定运动。未指定的主体为任意，也可以受关键帧、伺服电动机设定的影像。
- “再生”按钮是指关键帧建立后或有变化时，须再生整个关键帧影像。

- 修改该对象：选中该对象，使其变成红色，右键单击该对象，系统弹出上下文菜单，选择编辑、复制、移除、选取参照图元命令，对齐进行修改。

### 7.3.2　事件

“事件”命令，是用来维持事件中各种对象（关键帧序列、伺服电动机、接头、次动画等）的特定相关性。例如某对象的事件发生变更时，其他相关的对象也同步改变。选择菜单栏中的“动画”→“事件”命令，系统弹出“事件定义”对话框，如图 7-16 所示。

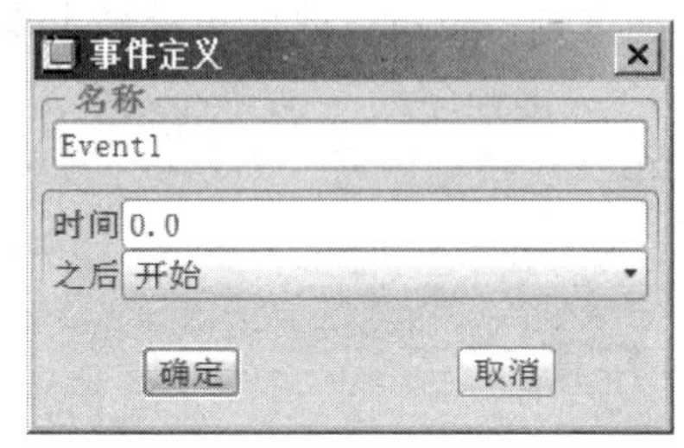


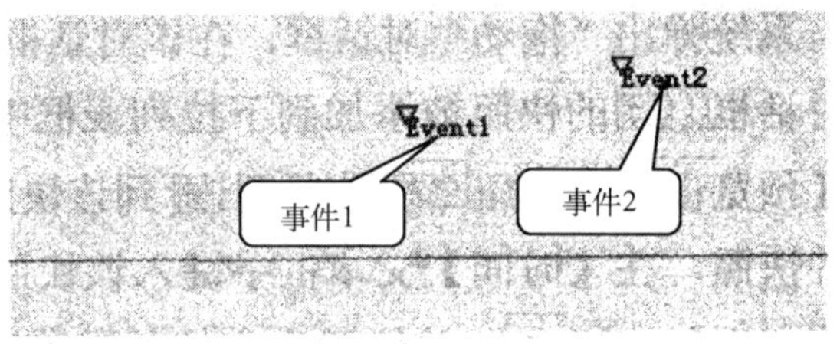


图 7-16　“事件定义”对话框

- “名称”文本框用于定义事件的名称，默认为 Event，也可以自定义。
- “时间”文本框用于定义事件发生时间。
- “之后”下拉列表框用于选择事件发生时间参照，可以选择开始、Bodylock1 开始、Bodylock1 结束、终点 Animation。

修改该对象：选中该对象，使其变成红色，右键单击该对象，系统弹出上下文菜单，选择编辑、复制、移除、选取参照图元命令，对其进行修改。

### 7.3.3　锁定主体

“锁定主体”工具，是创建新主体并添加到动画时间表中。选择菜单栏中的“动画”→“锁定主体（L）”命令，或单击“动画模型”工具栏上的“锁定主体”工具按钮，系统弹出“锁定主体”对话框，如图 7-17 所示。

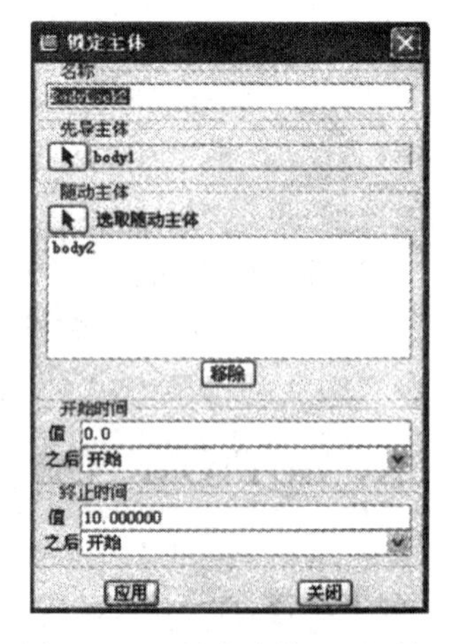


图 7-17　“锁定主体”对话框

- “名称”文本框用于定义事件的名称，默认为 BodyLock，也可以自定义。
- “先导主体”选项组用于定义主动动画元件。单击“选取”箭头按钮，系统弹出“选取”对话框，在 3D 模型中选择主动元件，单击“确定”按钮。
- “随动主体”选项组用于定义动画从动元件。单击“选取”箭头按钮，系统弹出“选取”对话框，在 3D 模型中选择从动元件，单击“确定”按钮。在列表框中选中随动主体，使其高亮显示，单击“移除”按钮，可以将选中的随动主体移除。
- “开始时间”选项组用于定义该主体的开始运行时间。“时间”文本框用于定义锁定主体发生时间；“之后”

下拉列表框用于选择锁定主体发生时间参照，可以选择开始、终点 Animation1 等时间列表中的对象。

- “终止时间”选项组用于定义该主体的终止时间。“时间”文本框用于定义锁定主体发生时间；“之后”下拉列表框用于选择锁定主体发生时间参照，可以选择开始、终点 Animation1 等时间列表中的对象。
- 单击“应用”按钮，该主体就被添加到时间表中，效果如图 7-18 所示。选中该对象，使其变成红色，右键单击该对象，系统弹出上下文菜单，选择编辑、复制、移除、选取参照图元命令，对其进行修改。

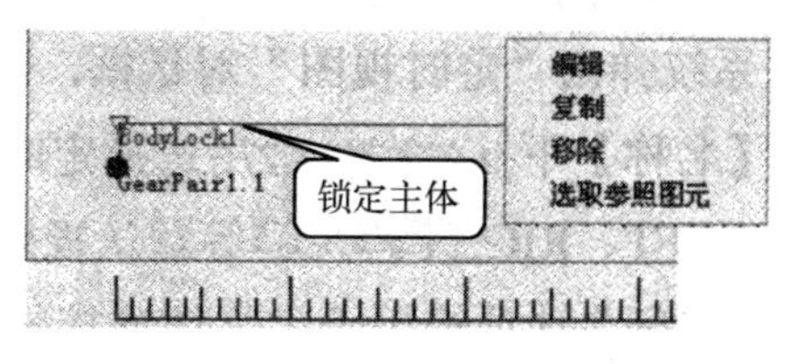


图 7-18　时间表中的主体

### 7.3.4　创建电动机

“伺服电动机”工具用来创建新的伺服电动机。该工具的使用方法参见机构运动仿真章节。

### 7.3.5　连接状态

“连接状态”命令是用于显示连接状态并将其添加到动画中的命令。选择菜单栏中“动画”→“连接状态”命令，弹出“连接状态”对话框，如图 7-19 所示。

- “连接”选项组用于选择机构模型中的连接。单击“选取”箭头按钮，系统弹出“选取”对话框，在 3D 模型中选择连接，单击“确定”按钮。
- “时间”选项组用于定义该连接的开始运行时间。“值”文本框用于定义连接发生时间；“之后”下拉列表用于选择连接发生时间参照，可以选择开始、终点 Animation1 等时间列表中的对象。
- “状态”选项组用于定义当前选中的连接的状态：启用、禁用。
- “锁定/解锁”选项组用于定义当前选中的连接状态：解锁、锁定。
- 单击“应用”按钮，该连接就添加到时间表中，如图 7-20 所示，选中该对象，使其变成红色，右键单击该对象，系统弹出上下文菜单，选择编辑、复制、移除、选取参照图元命令，对其进行修改。

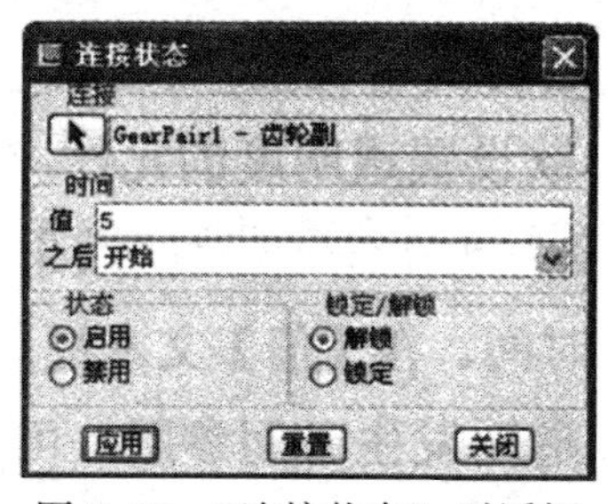


图 7-19　“连接状态”对话框

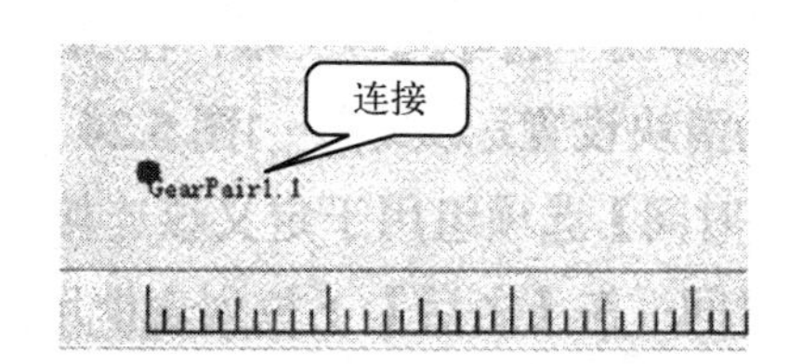


图 7-20　添加到时间表中的连接

### 7.3.6　定时视图

“定时视图”工具，是将机构模型生成一定视图在动画中显示。选择菜单栏中的“动画”→“定时视图”命令，或单击“动画模型”工具栏上的“定时视图”工具按钮，系统弹出“定时视图”对话框，如图 7-21 所示。

- “名称”下拉列表框用于选择定时视图名称，包括 BACK、BOTTOM，DEFAULT、FRONT、LEFT、RIGHT、TOP 等默认视图。
- “时间”选项组用于定义该连接的开始运行时间。“值”文本框用于定义定时视图发生时间；“之后”下拉列表框用于选择定时视图发生时间参照，可以选择开始、终点 Animation1 等时间列表中的对象。
- “全局视图插值设置”选项组显示当前视图使用的全局视图插值。
- 单击“应用”按钮，该定时视图就添加到时间表中，如图 7-22 所示，选中该对象，使其变成红色，右键单击该对象，系统弹出上下文菜单，选择编辑、复制、移除、选取参照图元命令，对其进行修改。

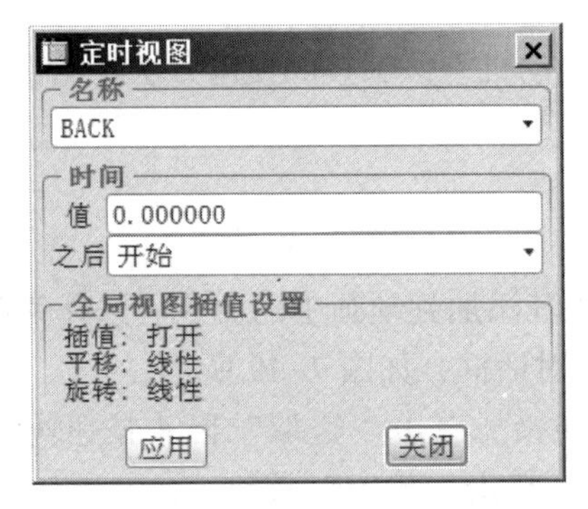

图 7-21　“定时视图”对话框

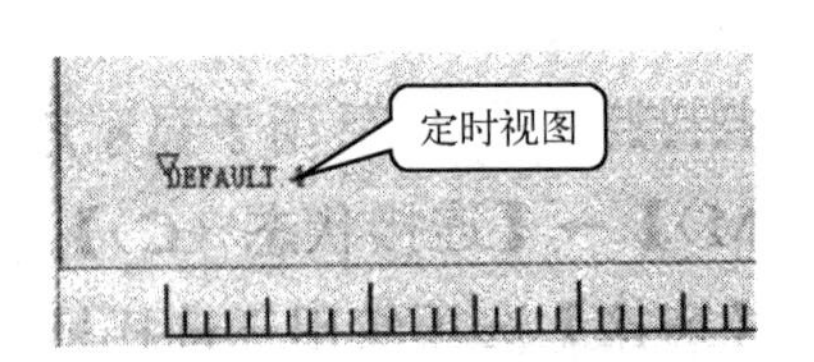

图 7-22　创建的定时视图

## 7.3.7　定时透明视图

“定时透明”工具，是将机构模型中元件生成一定透明视图在动画中显示。选择菜单栏中的“动画”→“定时透明”命令，或单击“动画模型”工具栏上的“定时透明”工具按钮，系统弹出“定时透明”对话框，如图 7-23 所示。

- “名称”文本框用于定义当透明视图的名称，系统默认为 Transparency，也可以自定义。
- “透明”选项组用于定义透明元件以及元件透明度的设置。单击“选取”箭头按钮，系统弹出“选取”对话框，在 3D 模型中选择欲设置透明度的元件，单击“确定”按钮；拖动滑块设置透明度，如图 7-24 所示为透明度为 50% 和 80% 的效果图。
- “时间”选项组用于定义该连接的开始运行时间。“值”文本框用于定义定时透明发生时间；“之后”下拉列表框用于选择定时透明发生时间参照，可以选择开始、终点 Animationl 等时间列表中的对象。
- 单击“应用”按钮，该定时透明视图就添加到时间表中，选中该对象，使其变成红色，右键单击该对象，系统弹出上下文菜单，选择编辑、复制、移除、选取参照图元命令，对其进行修改。

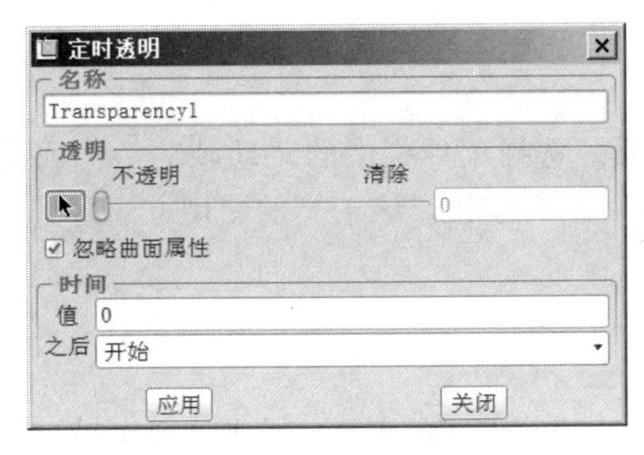


图 7-23 “定时透明”对话框

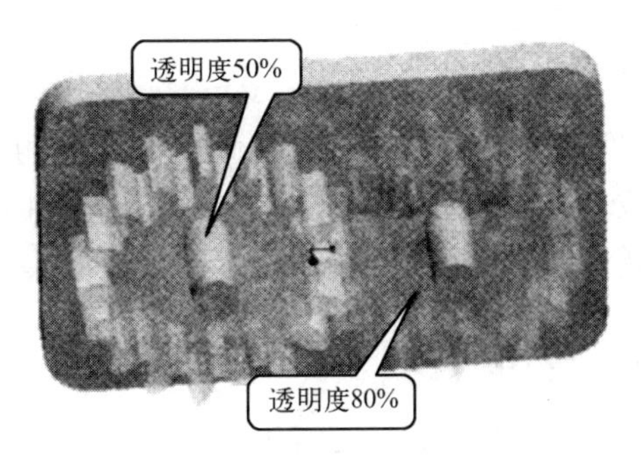


图 7-24 透明元件

### 7.3.8 定时显示

“定时显示”工具是定义当前视图显示的样式。选择菜单栏中的“动画”→“定时显示”命令，或单击“动画模型”工具栏上的“定时显示”工具按钮，系统弹出“定时显示”对话框，如图 7-25 所示。

- “样式名称”下拉列表框用于选择定时显示的样式：缺省样式、主样式。
- “时间”选项组用于定义该连接的开始运行时间。“值”文本框用于定义定时显示发生时间；“之后”下拉列表用于选择定时显示发生时间参照，可以选择开始、终点 Animation1 等时间列表中的对象。

图 7-25 “定时显示”对话框

### 7.3.9 编辑和移除对象

**1. 编辑对象**

“选取的”工具，是对选中的动画对象进行相应的编辑。在时间表中选中对象，单击该工具按钮，系统弹出“对象相对于的”对话框进行编辑。该工具功能相当于右键功能菜单中的编辑，或者双击对象功能。

**2. 移除对象**

“移除”工具，是对时间表中选中的动画对象进行移除。在时间表中选中对象，单击该工具按钮，该对象就被移除掉。该工具功能相当于右键功能菜单中的移除。

## 7.4 生成动画

### 7.4.1 启动动画

“启动”工具，是对创建的动画进行播放的工具。选择菜单栏中的“动画”→“启动”命令，或单击“动画模型”工具栏上的“启动”工具按钮，动画就按照使用工具生成的动画播放，有利于进行观察，是否符合设计目的。

### 7.4.2 回放

“回放”工具◀▶，是对动画进行播放的工具。选择菜单栏中的“动画”→“回放”命令，或者单击“动画模型”工具栏上的“回放”工具按钮，该工具的使用方法参见机构运动仿真章节介绍。

### 7.4.3 输出动画

“导出”工具，是将生成的动画输出到硬盘进行保存的工具。单击“动画模型”工具栏上的“导出”工具按钮，就将当前设计的动画保存在默认的路径文件夹下，系统默认为Animation1. fra。

## 7.5 爆炸动画制作实例：齿轮泵

7.5

**【2007年天津市和山东省三维数字建模大赛试题】** 制作齿轮泵的爆炸动画（源文件参见配套资源中的Chapter7）。

（1）在主菜单栏单击“文件”→“打开”，打开“齿轮泵”的装配体，单击主菜单中的“应用程序”→“动画”，进入动画制作模式，在工具栏中单击“动画”按钮，重命名动画为“chilunyoubeng”如图7-26所示。

（2）单击“主体定义”按钮，选择“每个主体一个零件”，如图7-27所示。

图7-26 “动画”对话框

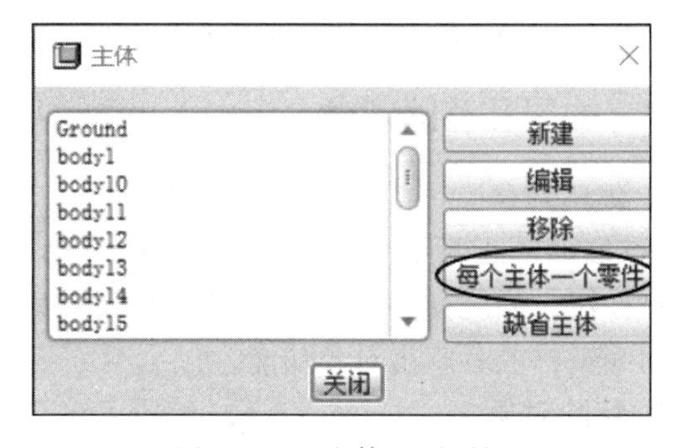


图7-27 “主体”对话框

（3）单击“关键帧序列”按钮，弹出“关键帧序列”对话框，如图7-28所示，名称为Kfs1，选“创建快照”按钮，弹出“拖动”对话框，如图7-29所示，选择“约束”，单击“主体-主体锁定约束”按钮，按住<Ctrl>键依次选择泵盖表面的六个螺栓，即把它们锁定为一体，如图7-30所示，选择“高级拖动选项”中的Z轴，然后选择刚锁定的螺栓，拖到适合的位置按左键确定，结果如图7-31所示。单击“拍下当前配置的快照”按钮，即成功创建了第一个快照。

（4）创建下一个快照。在如图7-29所示的“拖动”对话框中，选择✕，删除之前的“主体-主体锁定”，然后选择“高级拖动选项”中的Z轴，在图形区中选中泵盖零件，拖动到合适的位置，按左键确定，结果如图7-32所示。单击“拍下当前配置的快照”按钮，即成功创建了第二个快照。

图 7-28 “关键帧序列”对话框

图 7-29 “拖动”对话框

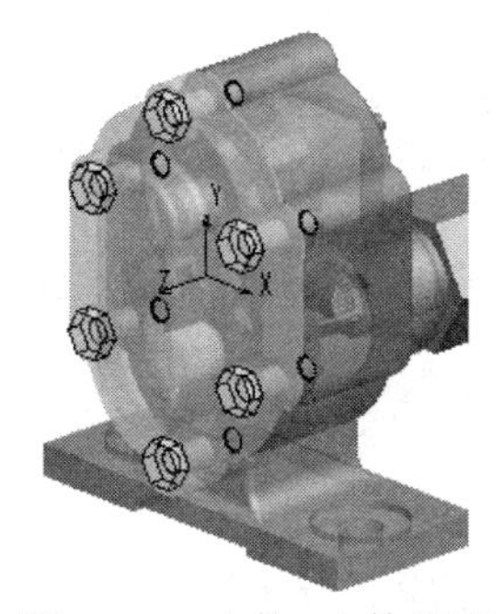

图 7-30 主体-主体锁定

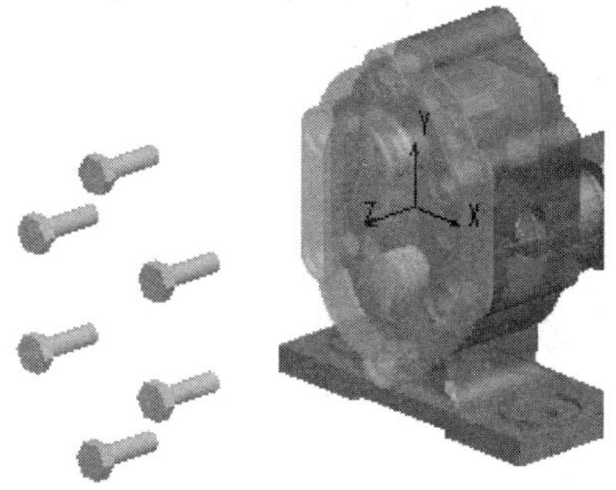

图 7-31 第一个快照

（5）运用相同的方法创建其他的快照，结果如图 7-33～图 7-37 所示。

图 7-32 第二个快照

图 7-33 第三个快照

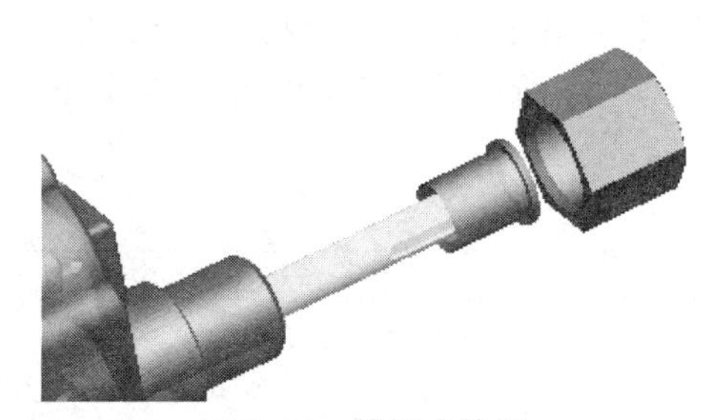

图 7-34 第四个快照

图 7-35 第五个快照

（6）返回“关键帧序列”对话框，显示的快照名称如图 7-38 所示，单击“再生”和“确定”。

图 7-36　第六个快照

图 7-37　第七个快照

（7）然后单击“创建新关键帧序列”按钮，弹出图 7-39 所示新的“关键帧序列”对话框，名称为 Kfs2，单击按顺序添加之前在 Kfs1 中创建好的快照，然后单击“反转”，结果如图 7-39 所示，单击“确定”。

图 7-38　“关键帧序列”对话框

图 7-39　“关键帧序列”对话框

（8）这时，在时间轴上出现两条关键帧序列线谱，如图 7-40 所示。在时间轴上单击右键，出现图 7-41 所示的快捷菜单，选择“编辑时域”，弹出图 7-42 所示的“动画时域”对话框，输入终止时间为 11；单击 kfs2.1 帧序列线谱，单击右键，出现图 7-43 所示的快捷菜单，选择“编辑时间”，弹出图 7-44 所示的“开始时间”对话框，输入 5.5，结果如图 7-45 所示。

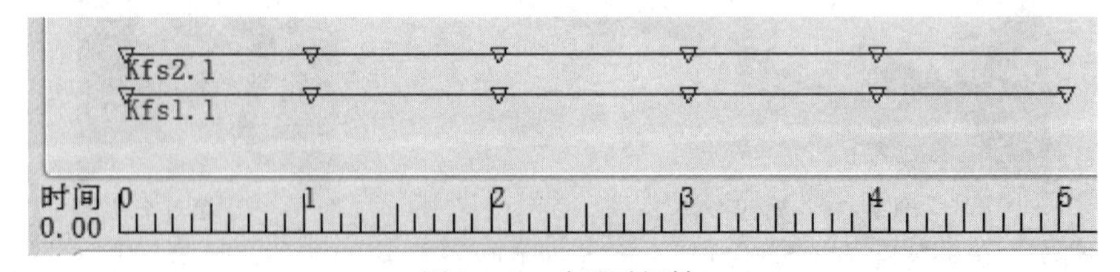


图 7-40　动画时间轴

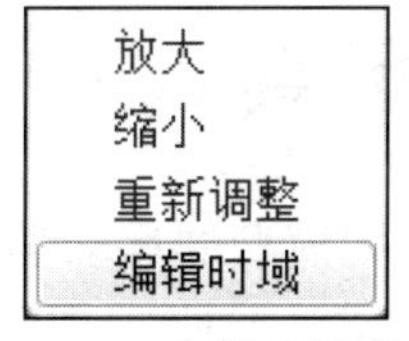


图 7-41　右键快捷菜单

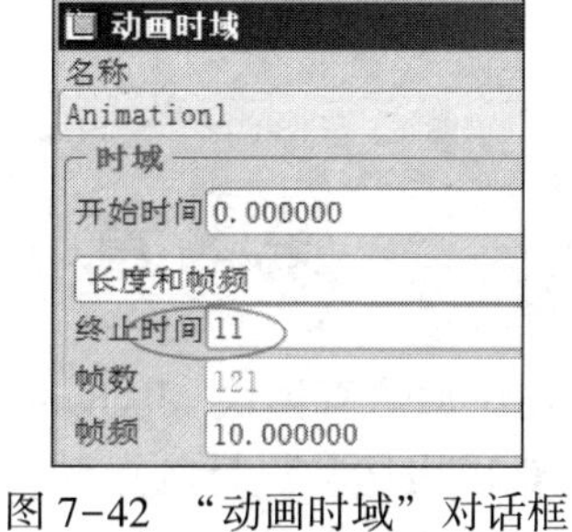


图 7-42　“动画时域”对话框

图 7-43　右键快捷菜单

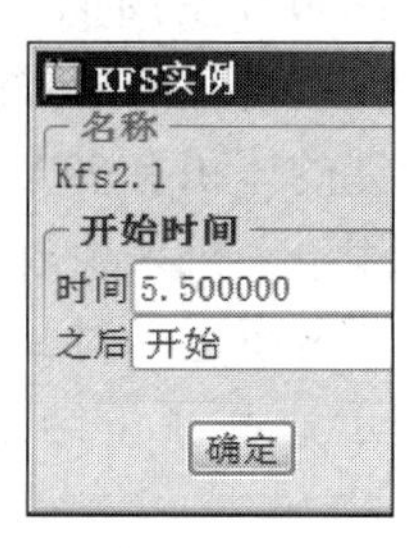


图 7-44　“开始时间”对话框

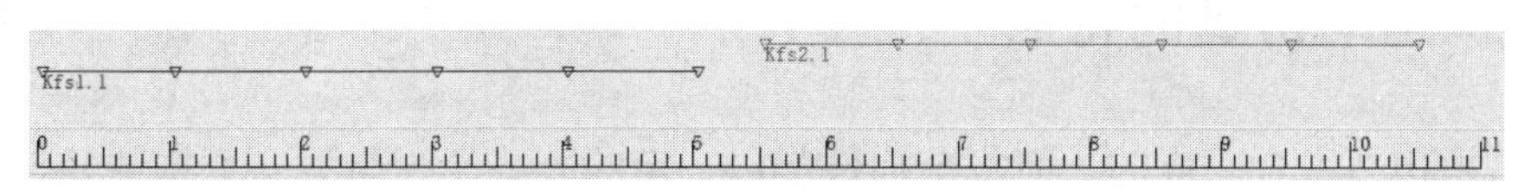


图 7-45　动画时间轴

（9）在工具栏单击“启动”按钮，即可观看爆炸效果。

（10）在工具栏单击“回放”按钮，弹出图 7-46 所示的“动画”对话框，单击“捕获”，出现图 7-47 所示的“捕获”对话框，输入动画名称，并单击“浏览”，选择保存路径，调整图像大小和帧频，单击“确定”，完成爆炸动画制作。

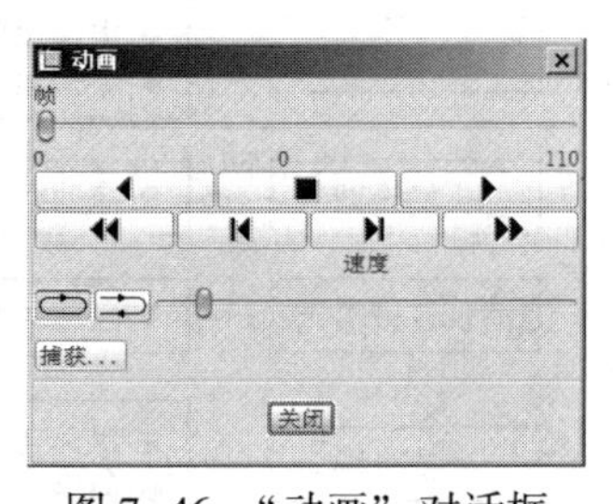


图 7-46　“动画”对话框

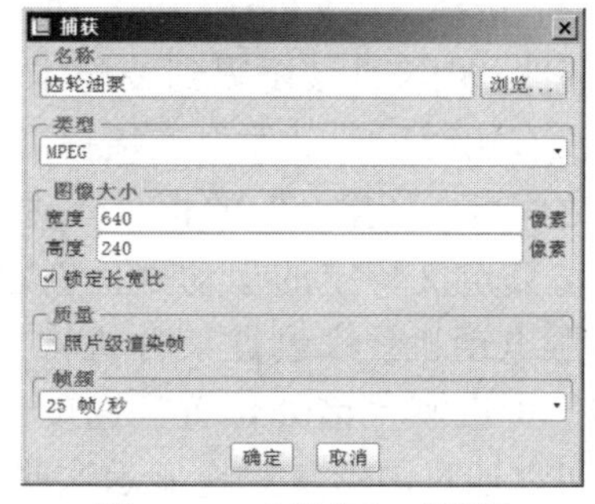


图 7-47　“捕获”对话框

## 练习题

1. 创建减速器装配体的爆炸动画。其装配体图见第 5 章的装配实例一（图 5-34）。
2. 创建球阀装配体的爆炸动画。其装配图见第 5 章的练习题中题 1 图（图 5-106）。
3. 创建法兰夹具装配体的爆炸动画。其装配图见第 5 章的练习题中题 2 图（图 5-107）。
4. 创建平口钳装配体的爆炸动画。其装配图见第 5 章的练习题中题 3 图（图 5-108）。

# 第8章　机构仿真

Pro/E 中的机构运动仿真模块 Mechanism 可以进行装配模型的运动学分析和仿真，使得原来在二维图纸上难以表达和设计的运动变得非常直观和易于修改，并且能够大大简化机构的设计开发过程，缩短开发周期，减少开发费用，同时提高产品质量。在 Pro/E 中，运动仿真的结果不但可以以动画的形式表现出来，还可以以参数的形式输出，从而可以获知零件之间是否干涉，干涉的体积有多大等。根据仿真结果对所设计的零件进行修改，直到不产生干涉为止。可以应用电动机来生成要进行研究的运动类型，并可使用凸轮和齿轮设计功能扩展设计。当准备好要分析运动时，可观察并记录分析，或测量诸如位置、速度、加速度、力等，然后以图形表示这些测量结果。也可以创建轨迹曲线和运动包络，用物理方法描述运动。

## 8.1　机构运动仿真的特点

机构是由构件组合而成的，而每个构件都以一定的方式至少与另一个构件相连接。这种连接，即使两个构件直接接触，又使两个构件能产生一定的相对运动。

进行机构运动仿真的前提是创建机构。创建机构与零件装配都是将单个零部件组装成一个完整的机构模型，因此两者之间有很多相似之处。

Pro/E 机构运动仿真与零件装配，两者都在组件模式下进行。单击“插入”→“元件”→“装配”命令，调入元件后，弹出“元件放置”操控板。创建机构是利用操控板中的“预定义连接集”列表选择预定义的连接集，而零件装配是利用操控板中的“用户定义的连接集”来安装各个零部件。由零件装配得到装配体，其内部的零部件之间没有相对运动，而由连接得到的机构，其内部的构件之间可以产生一定的相对运动。

机构运动仿真定义特定的运动副，创建能使其运动起来的伺服电动机，来创建某种机构，实现机构的运动模拟。可以测量诸如位置、速度、加速度等运动特征，可以通过图形直观地显示这些测量量，属于机构运动学分析。

## 8.2　机构运动仿真分析工作流程

机构运动仿真总体上可以分为六个部分：创建模型、检测模型、添加建模图元、准备分析、分析模型和获取结果。机构运动仿真工作流程如图 8-1 所示。

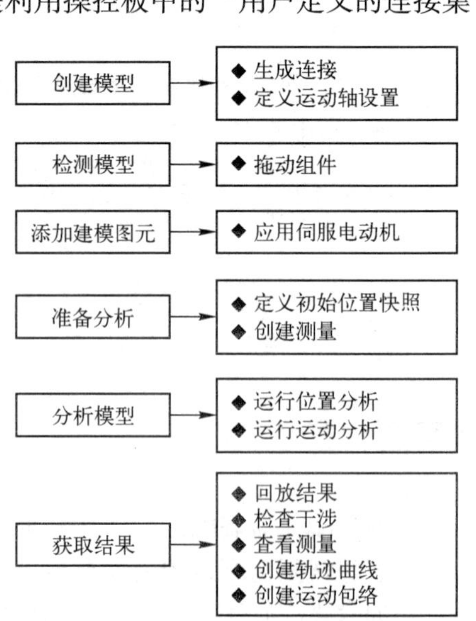

图 8-1　机构运动仿真工作流程

## 8.3 机构的连接方式

Pro/E 提供了十种连接定义。主要有刚性连接、销钉连接、滑动杆连接、圆柱连接、平面连接、球连接、焊接、轴承连接、常规、6DOF（自由度）。

连接与装配中的约束不同，连接都具有一定的自由度，可以进行一定的运动。接头连接有三个目的：

- 定义“机械设计模块”将采用哪些放置约束，以便在模型中放置元件。
- 限制主体之间的相对运动，减少系统可能的总自由度（DOF）。
- 定义一个元件在机构中可能具有的运动类型。

**1. 销钉连接**

此连接需要定义两个轴重合，两个平面对齐，元件相对于主体选转，具有一个旋转自由度，没有平移自由度，如图 8-2 所示。

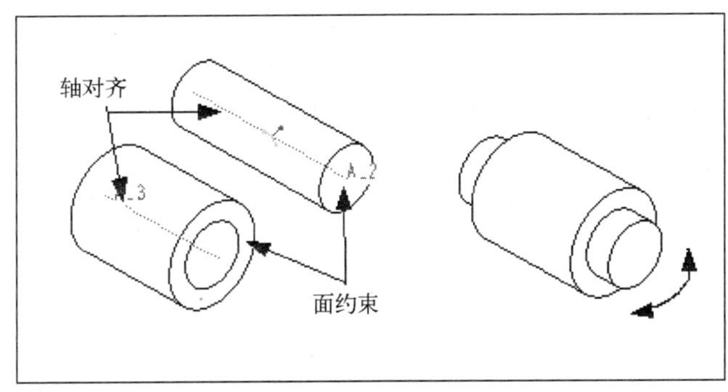


图 8-2　销钉连接示意图

**2. 滑动杆连接**

滑动杆连接仅有一个沿轴向的平移自由度，滑动杆连接需要一个轴对齐约束，一个平面匹配或对齐约束以限制连接元件的旋转运动，与销连接正好相反，滑动杆提供了一个平移自由度，没有旋转自由度，如图 8-3 所示。

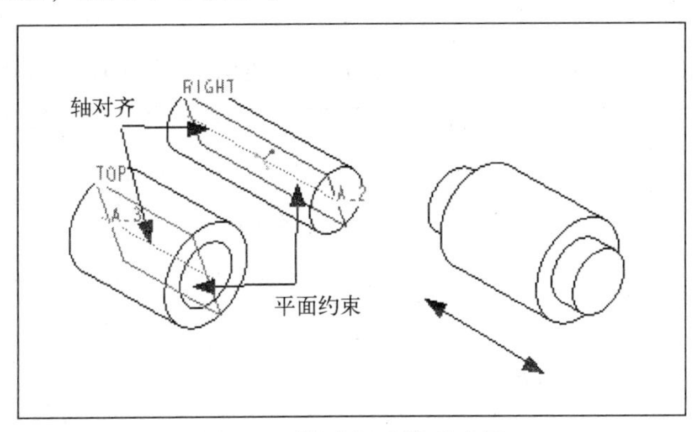


图 8-3　滑动杆连接示意图

**3. 圆柱连接**

连接元件即可以绕轴线相对于附着元件转动，也可以沿着轴线相对于附着元件平移，只需要一个轴对齐约束，圆柱连接提供了一个平移自由度，一个旋转自由度，如图 8-4 所示。

**4. 平面连接**

平面连接的元件既可以在一个平面内相对于附着元件移动，也可以绕着垂直于该平面的轴线相对于附着元件转动，只需要一个平面匹配约束，如图 8-5 所示。

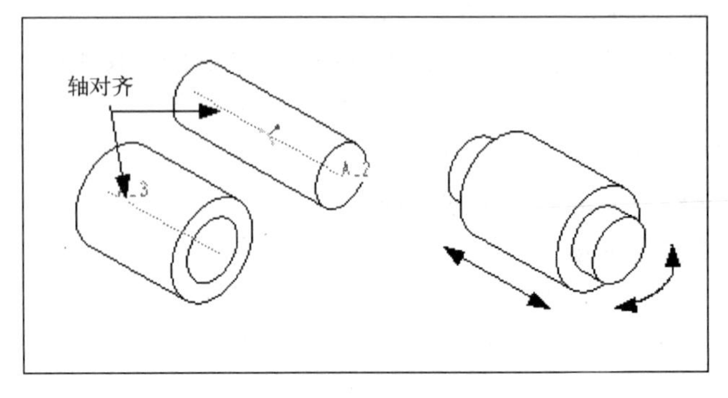


图 8-4　圆柱连接示意图

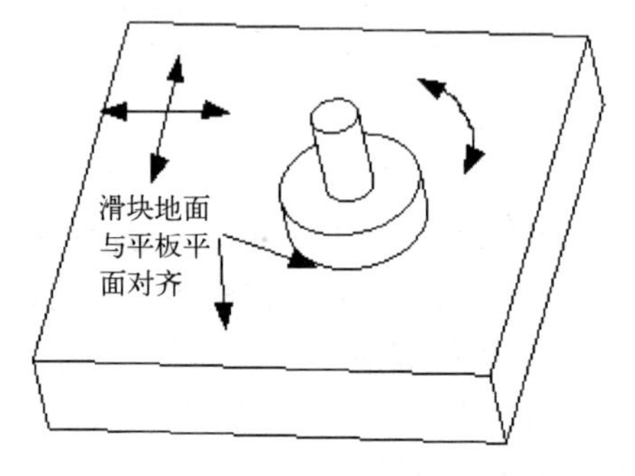


图 8-5　平面连接示意图

**5. 球连接**

连接元件在约束点上可以沿附着组件任何方向转动，只允许两点对齐约束，提供了一个平移自由度，三个旋转自由度，如图 8-6 所示。

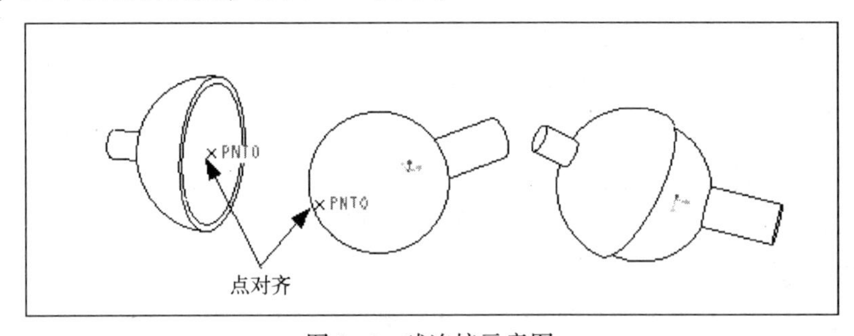


图 8-6　球连接示意图

**6. 轴承连接**

轴承连接是通过点与轴线约束来实现的，可以沿三个方向旋转，并且能沿着轴线移动，需要一个点与一条轴约束，具有一个平移自由度，三个旋转自由度，如图 8-7 所示。

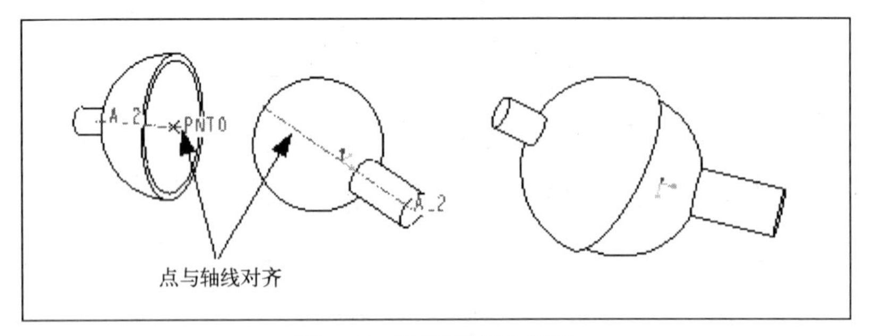


图 8-7　轴承连接示意图

**7. 刚性连接**

连接元件和附着元件之间没有任何相对运动，六个自由度完全被约束了。

**8. 焊接**

焊接是将两个元件连接在一起，没有任何相对运动，只能通过坐标系进行约束。

刚性连接和焊接连接的比较：

(1) 刚性接头允许将任何有效的组件约束组聚合到一个接头类型。这些约束可以是使装配元件得以固定的完全约束集或部分约束子集。

(2) 装配零件、不包含连接的子组件或连接不同主体的元件时，可使用刚性接头。

(3) 焊接接头的作用方式与其他接头类型类似。但零件或子组件的放置是通过对齐坐标系来固定的。

(4) 当装配包含连接的元件且同一主体需要多个连接时，可使用焊接接头。焊接连接允许根据开放的自由度调整元件以与主组件匹配。

(5) 如果使用刚性接头将带有“机械设计”连接的子组件装配到主组件，子组件连接将不能运动。如果使用焊接连接将带有“机械设计”连接的子组件装配到主组件，子组件将参照与主组件相同的坐标系，且其子组件的运动将始终处于活动状态。

## 8.4 机构仿真的用户界面

图 8-8 所示为按下“应用程序”菜单下的“机构”后所出现的画面，组件上会以不同的符号显示出元件之间的各种连接方式，而其后所做的伺服电动机、重力电动机、凸轮、齿轮、重力、弹簧、阻尼、力/力矩等亦会以符号贴附在组件上，让用户直接在画面上看到已经定义的机构元素有哪些。

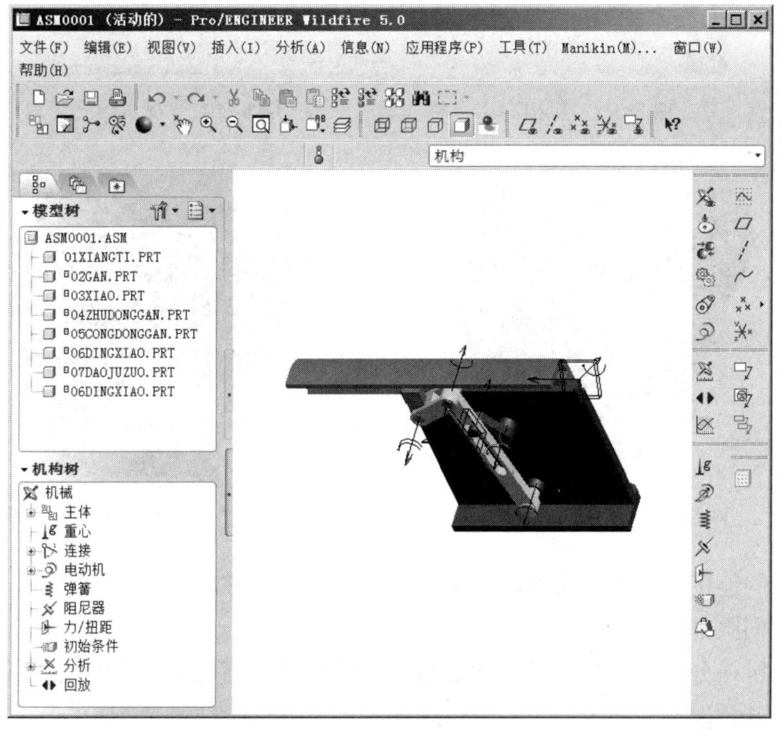


图 8-8　机构仿真的用户界面

在主窗口的右侧有一整排图标，如图 8-9 所示，机构仿真的主要功能即由这些图标表现出来。

（1）机构图标符号的显示与否：元件之间的连接对，以及用户进入机构模块后所设置的凸轮、齿轮、电动机、弹簧、阻尼器等机构元素皆会以符号贴附在组件上，让用户能直接由画面上看到已设置的资料。若这些机构图标符号会造成画面太过凌乱，则可按主窗口右侧的图标，弹出图 8-10 所示“显示图元”对话框，单击机构图标符号全显示按钮，则结果如图 8-11 所示；单击机构图标符号不显示按钮，则结果如图 8-12 所示。

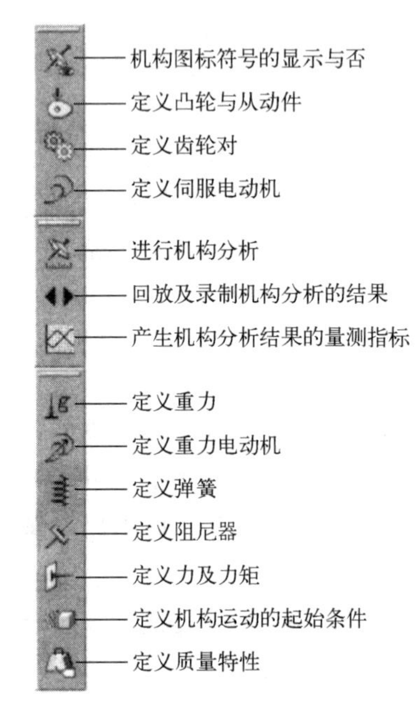


图 8-9 “机构”工具栏

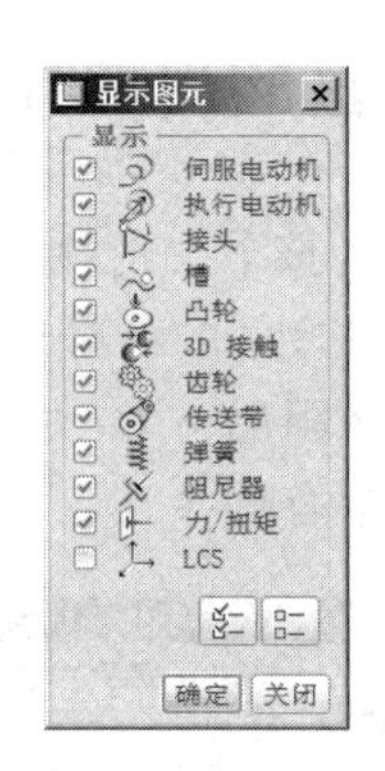


图 8-10 “显示图元”对话框

图 8-11 显示图元结果

图 8-12 不显示图元结果

（2）进阶的连接：包括定义凸轮与从动件和定义齿轮对。

（3）定义伺服电动机。

（4）进行机构分析：包括进行机构分析、回放及录制机构分析的结果、产生机构分析结果的量测指标。

（5）定义动力分析的负载及元件：包括下列 6 项：定义重力、定义重力电动机，定义弹簧、定义阻尼器、定义力/力矩、定义质量特性。

（6）定义机构运动的起始条件。

除了主窗口右侧的图标外，主窗口上方的工具栏亦有下列三个机构仿真专属的图标，见图 8-13 所示。

图 8-13　机构仿真专属图标

- 重新连接元件，以测试机构中各个元件的连接方式是否合理。
- 将整个组件中的各个刚体以不同颜色的线条显示在画面上。
- 拖曳元件。

## 8.5　运动仿真实例一：螺旋千斤顶

8.5

### 1. 螺旋千斤顶的装配

（1）从配套资源的 Chapter 8 中调入螺旋千斤顶的零件模型，并设置工作目录。

（2）按快捷键“<Ctrl+N>”，选择新建一个“组件”→“设计”类型的文件，名称默认为 asm0001。

（3）选择快捷工具栏里面的装配工具，选择“02”文件（底座），按“确定”按钮。

（4）导入“02”文件后，单击“FRONT”面再单击“ASM_FRONT”面，把两个面约束起来，同理把“RIGHT”面与“ASM_TOP”面，“TOP”面与“ASM_RIGHT”面约束起来，如图 8-14 所示，然后按“确定”按钮。

（5）单击，把“01”文件（螺杆）导入，如图 8-15 所示。

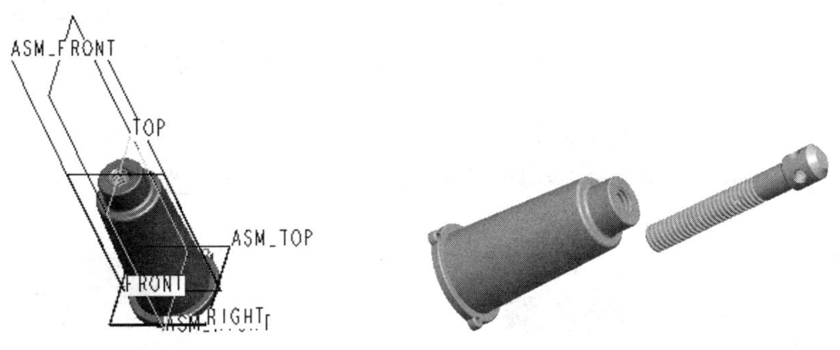


图 8-14　约束基准面　　　　图 8-15　导入零件

（6）单击“用户定义”列表右边的按钮，在弹出的下拉列表中选取“圆柱”选项，即设置“01”零件和“02”零件的连接类型为“圆柱”连接，如图 8-16 所示。

（7）单击图 8-17 所示螺杆的轴线，再单击图 8-18 所示底座的轴线，将其作为相互约束的对象，绘图区中的零件模型会自动更新位置，结果如图 8-19 所示。

（8）点开“放置”选项卡，添加“新建集”，出现第二个连接方式，如图 8-20 所示。

（9）单击“圆柱”右边的按钮，在弹出来的下拉列表中选取“槽”选项，如图 8-21 所示。

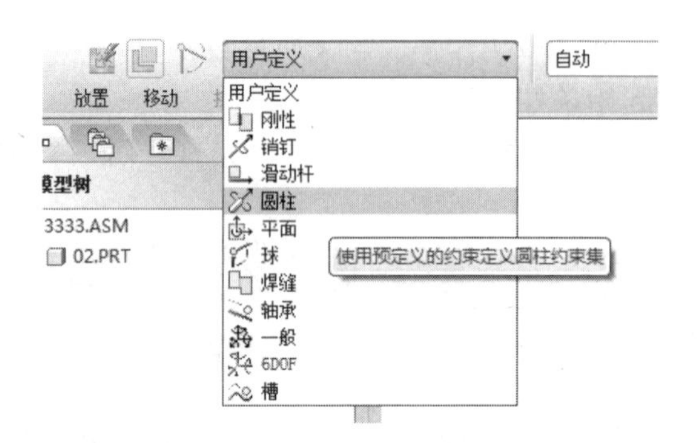


图 8-16 “用户定义”选项卡

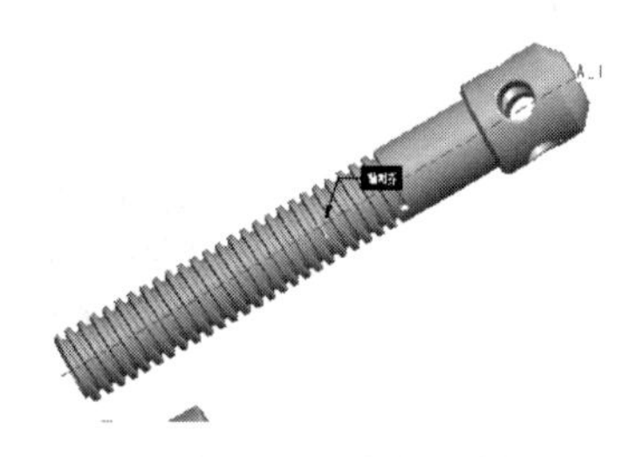

图 8-17 选择螺杆的轴线

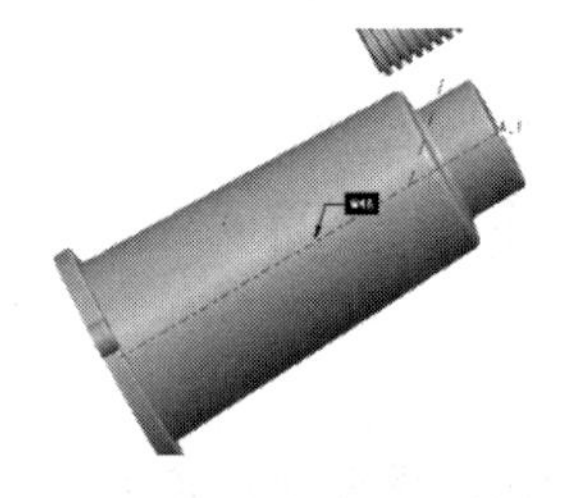

图 8-18 选择底座的轴线

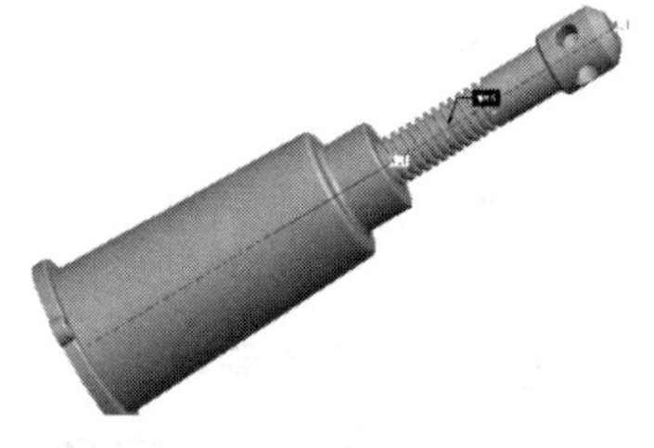

图 8-19 “圆柱”连接结果

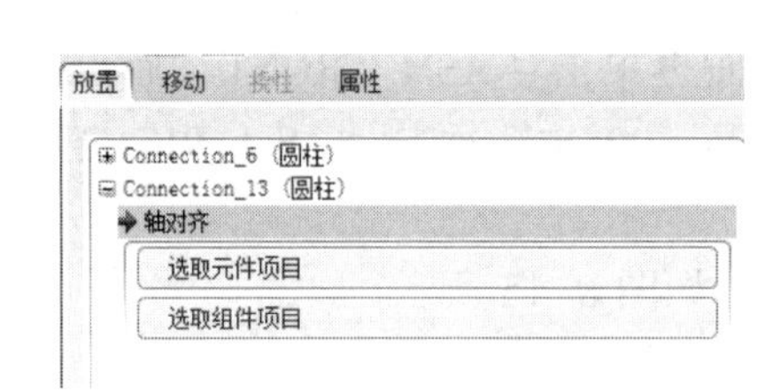


图 8-20 添加“新建集”

图 8-21 选取“槽”连接

（10）选中图 8-22 所示底座螺纹上的“pnt0”点（新创建的基准点），再选图 8-23 所示螺杆的螺纹底下的边，此时绘图区中的零件模型会自动更新位置。

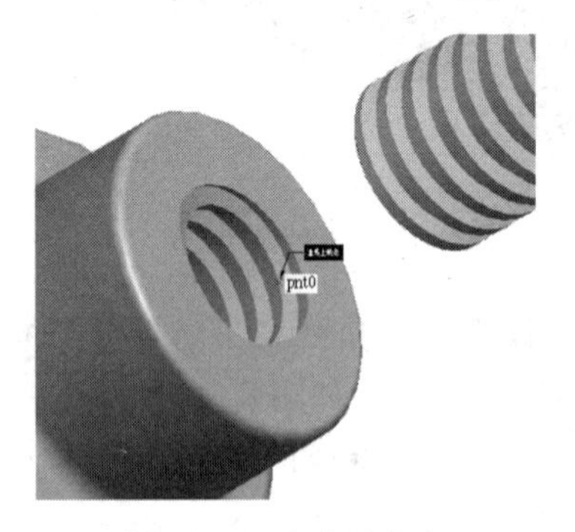


图 8-22 选取基准点

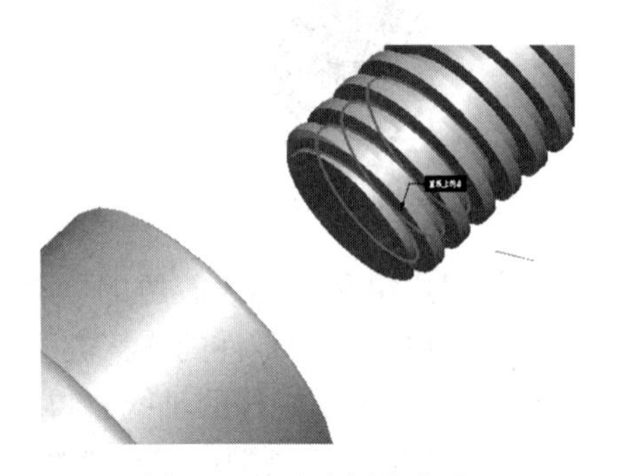

图 8-23 选取螺纹底边

（11）此时只是选中了一小段螺纹线，超过这一部分的不能受约束影响，所以需要继续选中其他的部分，方法是按住<Ctrl>再用鼠标左键依次点选需要的螺纹线，如图 8-24 所示。

（12）按“确定”按钮，完成装配。结果如图 8-25 所示。

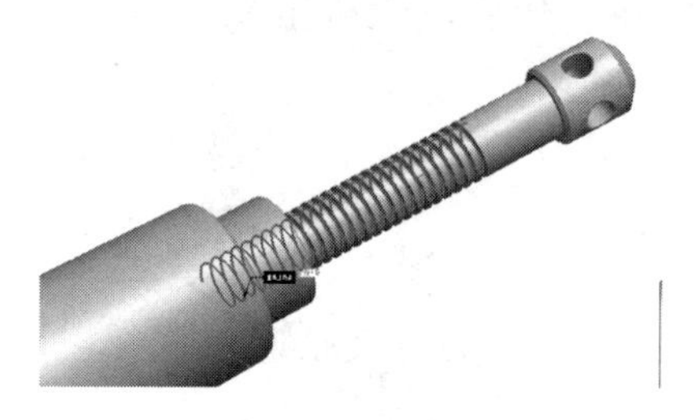

图 8-24　选取螺纹线

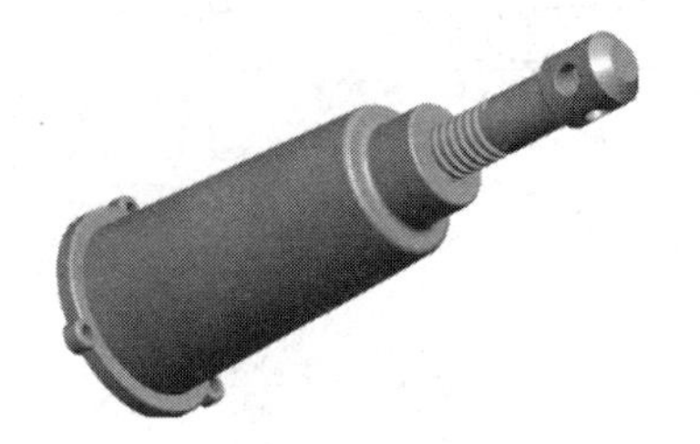

图 8-25　装配结果

**2. 运动仿真**

（1）单击菜单命令“应用程序”→“机构”，系统会自动切换到机构设计的操作界面，如图 8-26 所示。

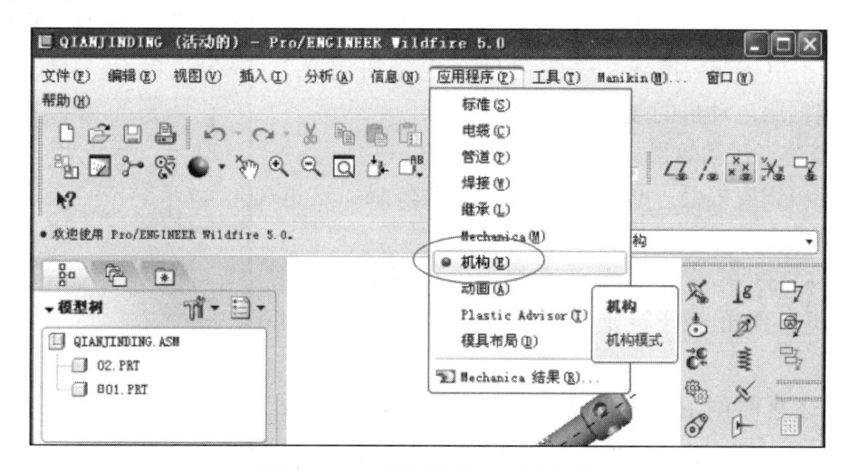


图 8-26　“应用程序”下拉菜单

（2）为了让千斤顶从最低点运动到最高点，可以点选“拖动元件”按钮，按住鼠标左键拖动螺杆到最低点，并用按钮“拍照”，记下照片的名称“Snapshot1”，如图 8-27 所示。

（3）在机构树界面，点开“电动机”，如图 8-28 所示，在“伺服”处，新建一个伺服，弹出图 8-29 所示的“伺服电动机定义”对话框，显示选取“运动轴”。

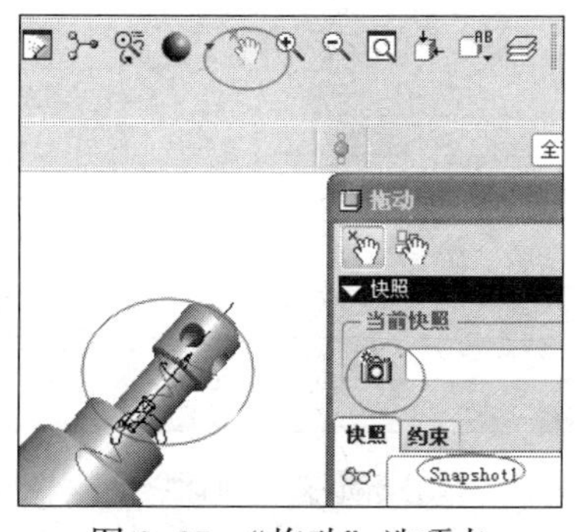


图 8-27　“拖动”选项卡

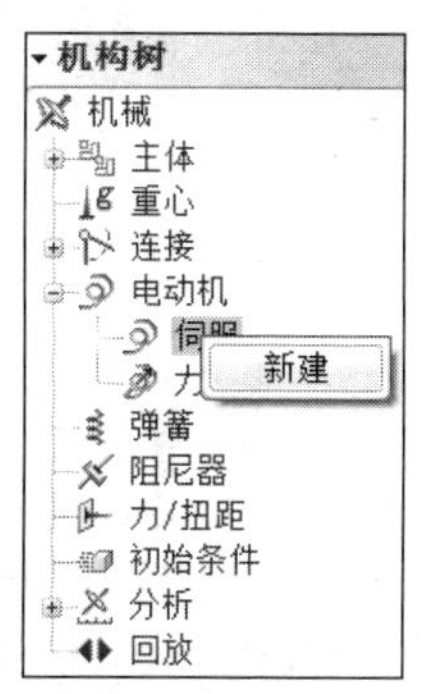


图 8-28　机构树

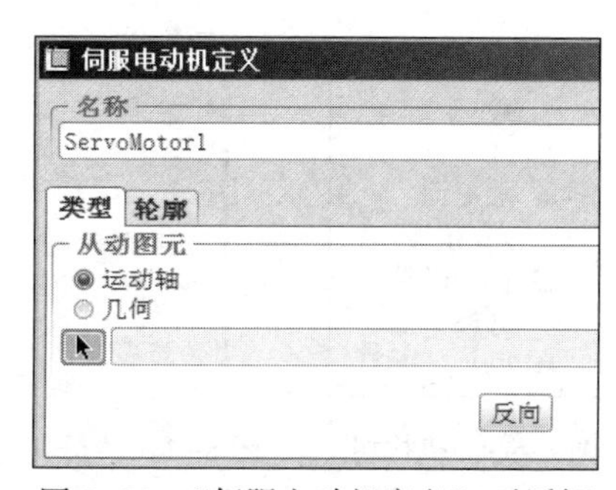


图 8-29　“伺服电动机定义”对话框

（4）选取图 8-30 点亮的轴为运动轴，然后系统会自动更新界面为如图 8-31 所示。此时系统显示的运动方向与实际方向相反，所以要在“伺服电动机定义”对话框中，点选 反向，更改运动方向。

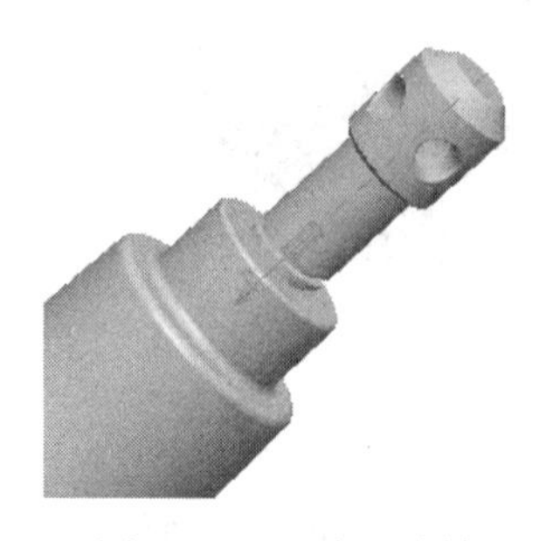

图 8-30　选取运动轴

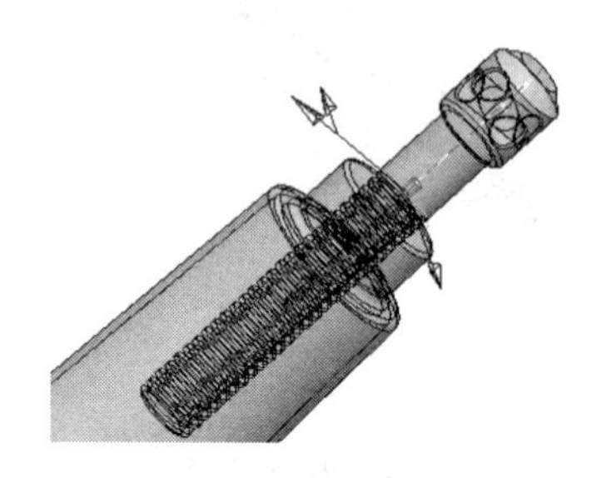

图 8-31　伺服电动机定义结果

（5）切换到“轮廓”选项卡，将其中的参数设置为图 8-32 所示。单击 确定 按钮，关闭“伺服电动机定义”对话框，确定伺服电动机的设置。

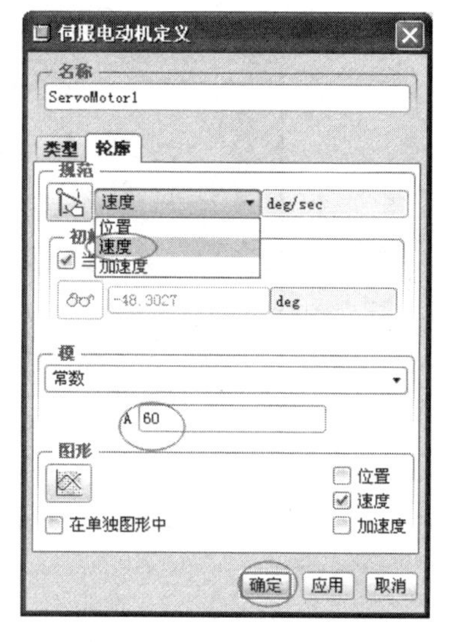


图 8-32　“轮廓”选项卡

（6）模拟仿真运动效果

伺服电动机设置好后，可以进行模拟运动效果，这里还需要对个别的参数进行设置，具体步骤如下。

1）在图 8-33 所示的机构树界面中的“分析”处，新建一个分析，弹出“分析定义”对话框，如图 8-34 所示。

2）设置终止时间值为 60，点选“快照 Snapshot1”，如图 8-34 所示，让千斤顶螺杆从最低处运动到最高处。

3）切换到“电动机”选项卡，如图 8-35 所示，确定电动机已经添加。然后单击底部的 运行 按钮，检测运行状况，检查无误后关闭“分析定义”对话框。

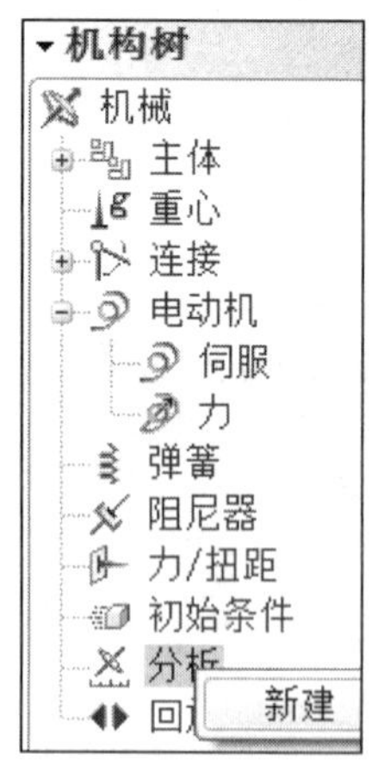


图 8-33　机构树

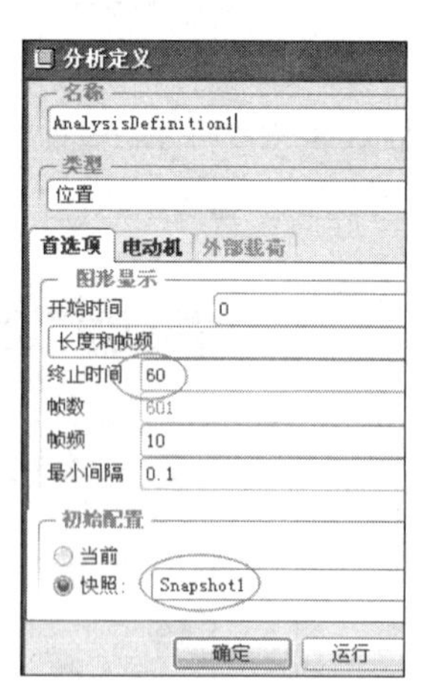


图 8-34　“分析定义”对话框

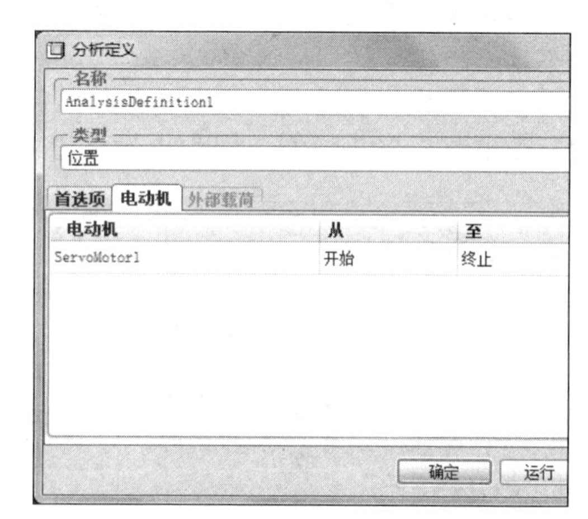


图 8-35　“分析定义”对话框

4）在机械树中，单击“回放”，如图 8-36 所示，单击右键，点选“播放”，系统会自动弹出图 8-37 所示的“回放”对话框。

5）单击对话框中的“播放当前结果集”按钮◀▶，打开图 8-38 所示的“动画”对话框。单击对话框中的“播放” ▶按钮，即可连续观测运动效果。

6）单击工具栏中的“保存活动对象”按钮，打开“保存对象”对话框，单击其中的“确定”按钮，系统就会以“qianjinding. mpg”为文件名保存当前文档。

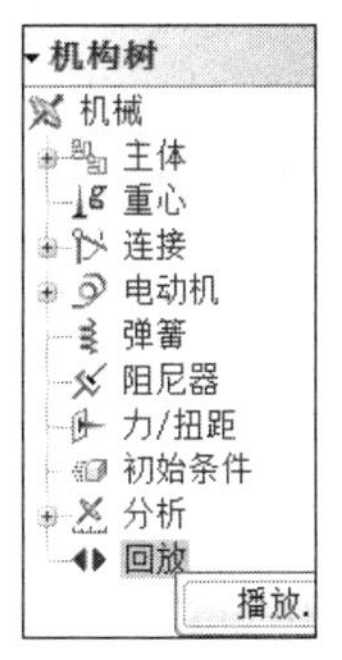


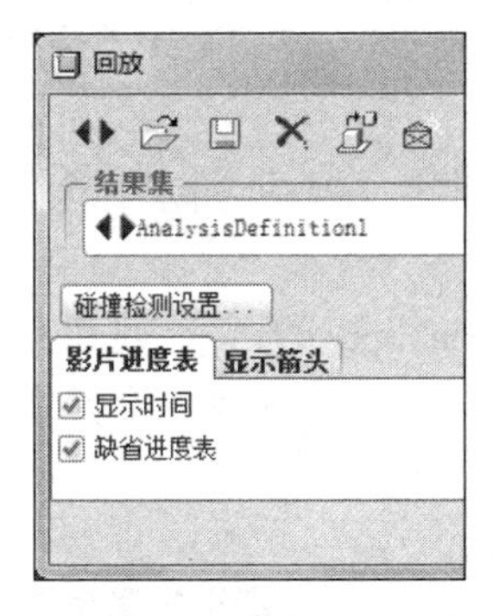


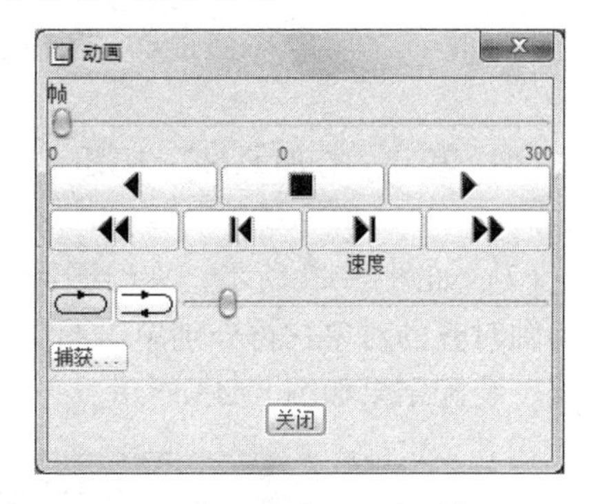


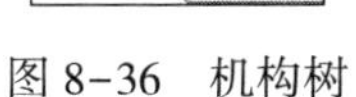
图 8-36 机构树 图 8-37 “回放”选项卡 图 8-38 “动画”选项卡

**提示**：为了让千斤顶接下来能从最高点运动回最低点的位置，需要再多新建一个电动机，方向跟之前的相反，并通过“快照”获取起点位置为最高点，其余方面的设置跟前面的一样。这样，就可以实现千斤顶从另一头运动回原来的位置。

## 8.6 运动仿真实例二：牛头刨床执行机构

8.6

**1. 牛头刨床的装配**

本装配中，大部分的零件采用的都是“销钉”连接方式，“牛头”存在往复的直线运动，其运动特征符合“滑动杆”连接的定义，因此必须添加一个“滑动杆”连接定义。具体的操作步骤如下。

（1）将牛头刨床子零件所在的文件夹（参见配套资源中的 Chapter 8）设置为当前的工作目录。

（2）单击工具栏中的“创建新对象”按钮，打开“新建”对话框，“类型”选项为“组件”，“子类型”选项为“设计”，进入装配环境界面。

（3）单击工具栏中的“添加元件”按钮，选择打开“01xiangti. prt”文件，“01xiangti. prt”零件的三个基准平面分别与 ASM 的三个基准平面一一配对，完成底座零件的装配，如图 8-39 所示。

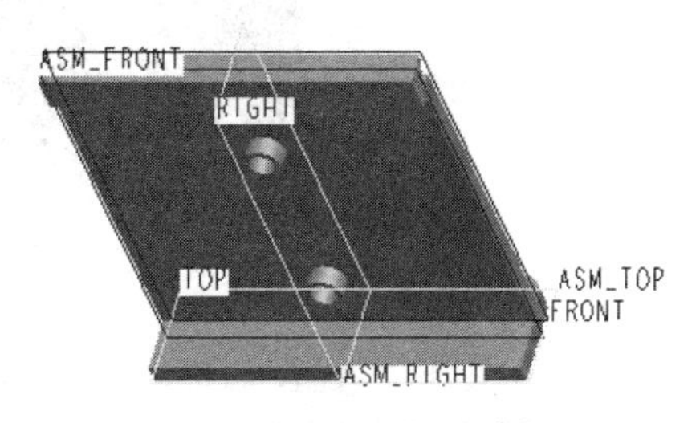

图 8-39 导入底座零件

（4）单击“将元件添加到组件”按钮，选择“02gan. prt”文件，选取“销钉”的连接方式。

（5）如图 8-40 所示，单击 02gan. prt 的 A_7 轴线和 01xiangti. prt 的 A_8 的轴线，将其作为轴对齐的对象；再分别单击图中箭头所指的两个侧面，将其作为平齐的对象。完成销钉连接，装配结果如图 8-41 所示。

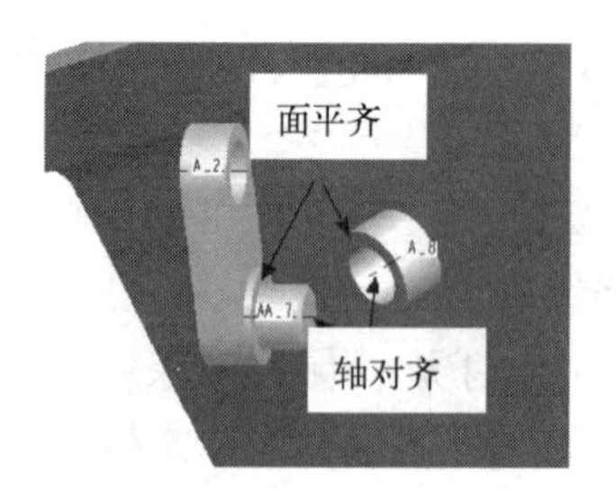


图 8-40　装配关系

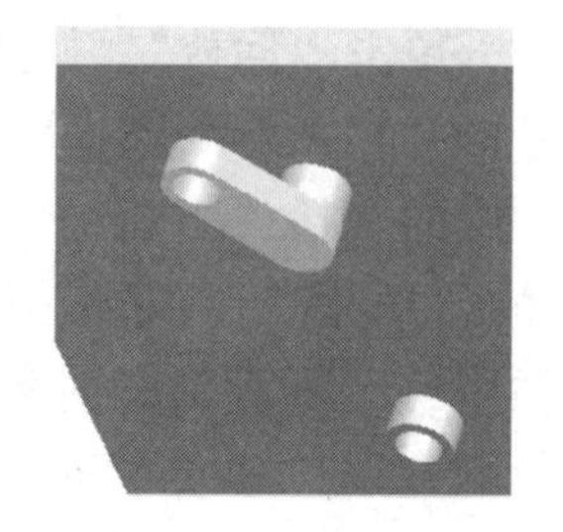

图 8-41　装配结果

（6）单击“添加元件”按钮，选择打开“03xiao. prt”文件，选取“销钉”的连接方式。

（7）如图 8-42 所示，在绘图区单击 03xiao. prt 的 A_2 轴和 02gan. prt 的 A_2 轴，将其作为轴对齐的对象；再分别单击图中箭头所指的两个侧面，将其作为平齐的对象。完成销钉连接，装配结果如图 8-43 所示。

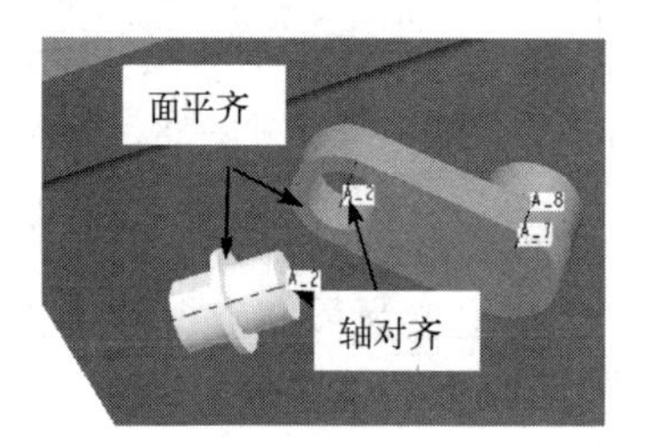


图 8-42　装配关系

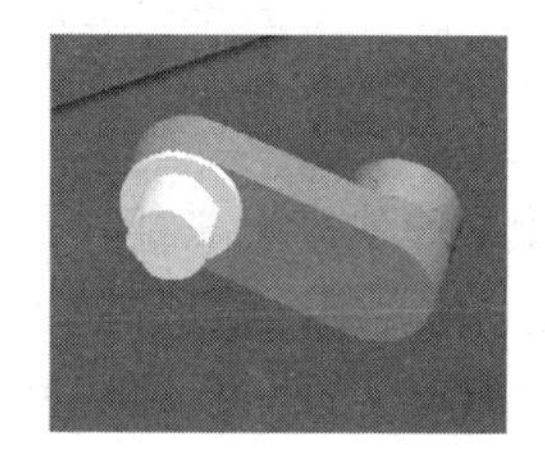

图 8-43　装配结果

（8）单击“添加元件”按钮，选择打开“04zhudonggan. prt”文件，选取“销钉”的连接方式。

（9）如图 8-44 所示，在绘图区单击 01xiangti. prt 的 A_6 轴和 04zhudonggan. prt 的 A_10 轴，将其作为轴对齐的对象；再分别单击图中箭头所指的两个侧面，将其作为平齐的对象。完成销钉连接，装配结果如图 8-45 所示。

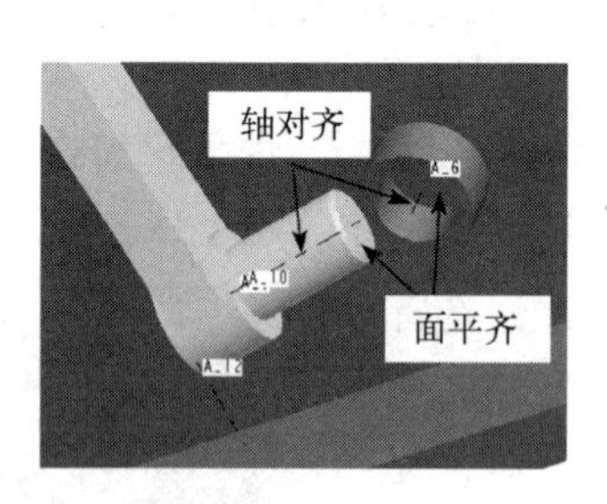


图 8-44　装配关系

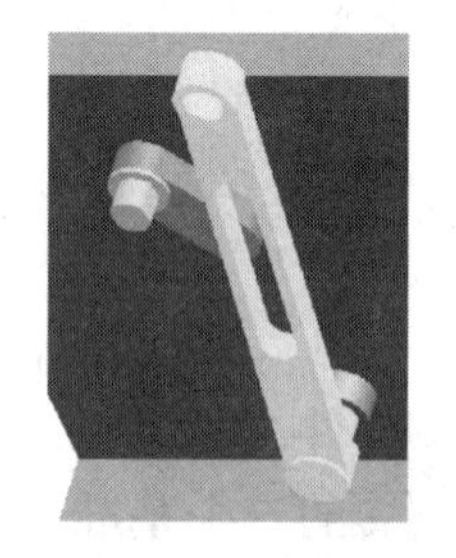

图 8-45　装配结果

（10）点开“放置”选项卡，如图 8-46 所示，单击“新建集”，选择“平面”的连接方式，然后分别选取图 8-47 中箭头所指的两个侧面，使其对齐，装配结果如图 8-48 所示。

（11）单击“添加元件”按钮，选择打开“05congdonggan. prt”文件，选取“销钉”的连接方式。

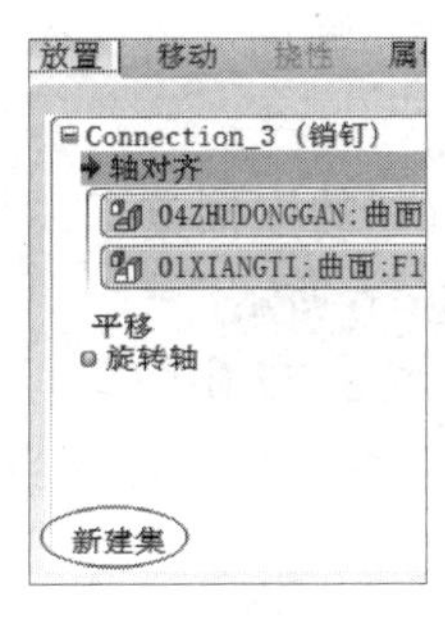


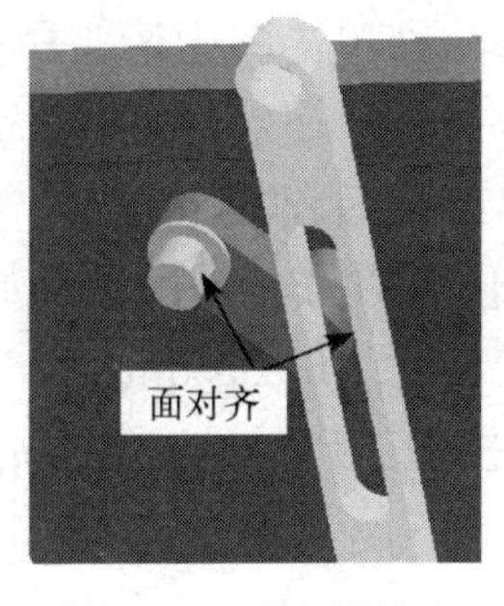


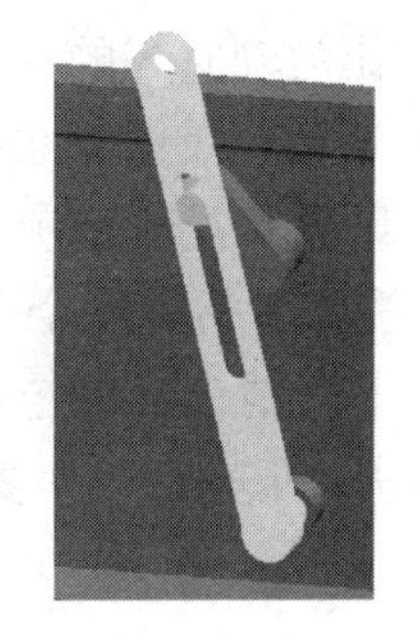

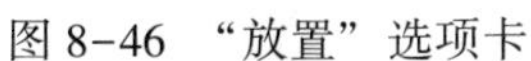
图 8-46 “放置”选项卡　　图 8-47　装配关系　　图 8-48　装配结果

（12）如图 8-49 所示，在绘图区单击 05congdonggan. prt 的 A_3 轴和 04zhudonggan. prt 的 A_2 轴，将其作为轴对齐的对象；再分别单击图中箭头所指的两个侧面，将其作为平齐的对象。完成销钉连接，装配结果如图 8-50 所示。

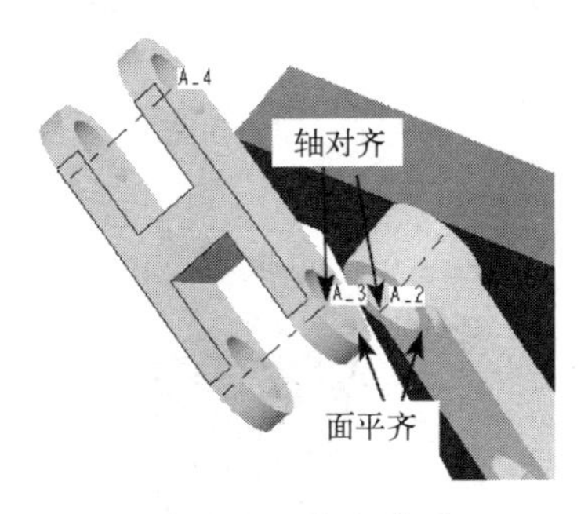


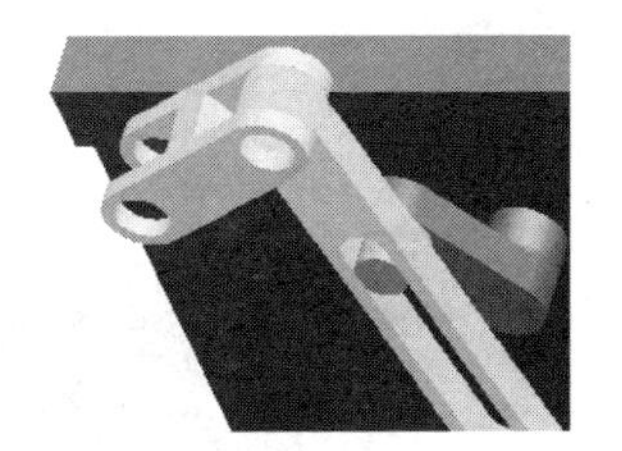

图 8-49　装配关系　　图 8-50　装配结果

（13）单击添加元件按钮，选择打开“06xiaoding. prt”文件，选取“销钉”的连接方式。

（14）如图 8-51 所示，在绘图区单击 06xiaoding. prt 的 A_2 轴和 05congdonggan. prt 的 A_3 轴，将其作为轴对齐的对象；再分别单击图中箭头所指的两个侧面，将其作为平齐的对象。完成销钉连接，装配结果如图 8-52 所示。

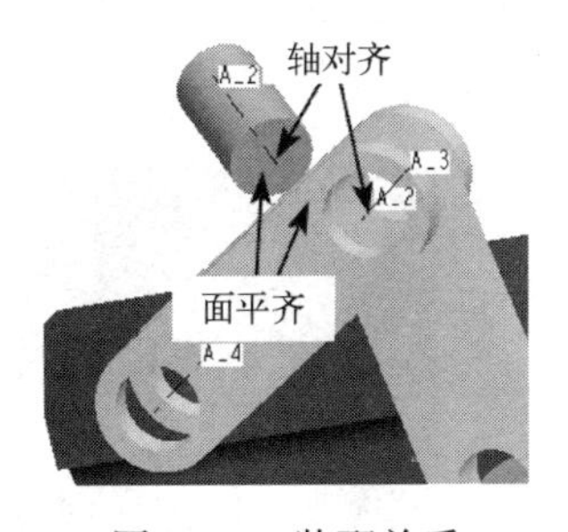

图 8-51　装配关系　　图 8-52　装配结果

（15）单击“添加元件”按钮，选择打开“07daojuzuo. prt”文件，选取“销钉”的连接方式。

（16）如图 8-53 所示，在绘图区单击 07daojuzuo. prt 的 A_2 轴和 05congdonggan. prt 的

A_4 轴，将其作为轴对齐的对象；再分别单击图中箭头所指的两个侧面，将其作为平齐的对象。完成销钉连接，装配结果如图 8-54 所示。

（17）点开“放置”选项卡，单击“新建集”，选择“平面”的连接方式，然后分别选取图 8-55 中箭头所指的两个平面，使其对齐，装配结果如图 8-56 所示。

（18）运用“销钉”的连接方式装配“06xiaoding. prt”，如图 8-57 中箭头所指。

（19）单击“保存活动对象” 按钮，以“zongzhuang. asm”为文件名保存当前文档。

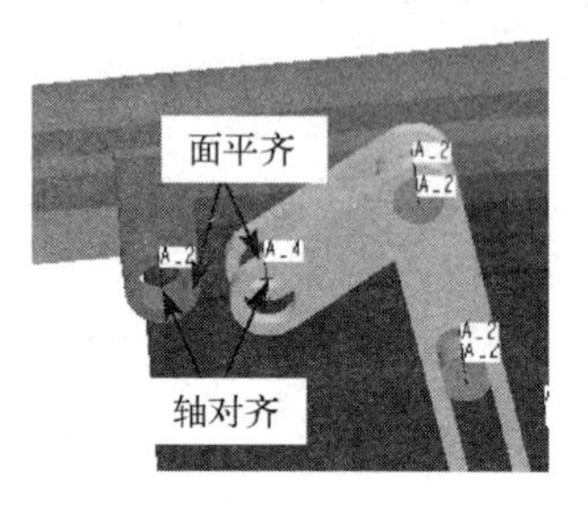


图 8-53　装配关系

图 8-54　装配结果

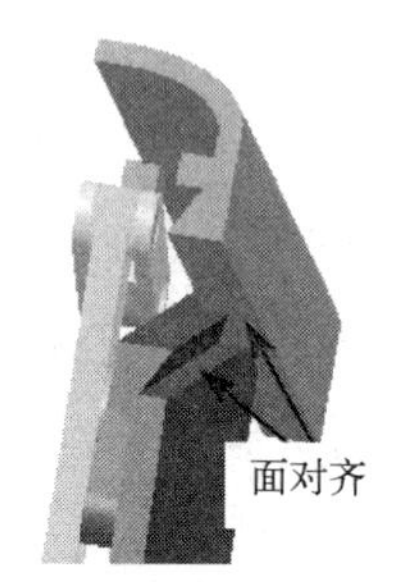


图 8-55　装配关系

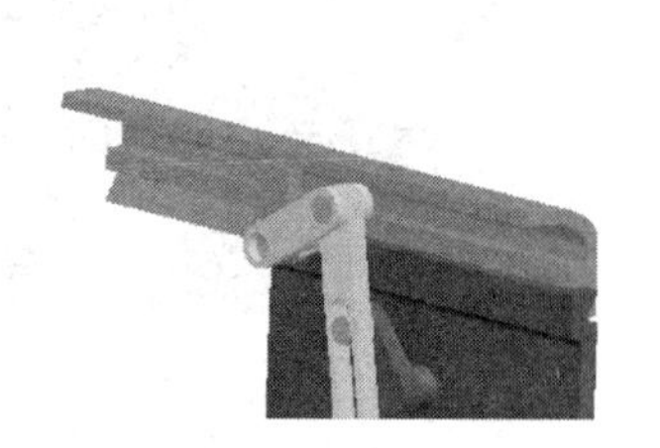

图 8-56　装配结果

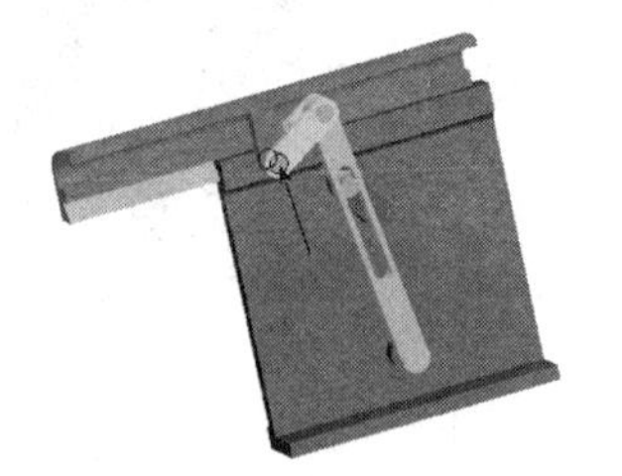

图 8-57　装配结果

**2. 仿真运动的参数设置**

（1）单击菜单命令“应用程序”→“机构”，进入机构设计操作界面。

（2）单击菜单命令“插入”→“伺服电动机”，系统会自动弹出图 8-58 所示的“伺服电动机定义”对话框。

（3）默认对话框里的名称设置，在绘图区单击图 8-59 箭头所指的连接符号，将其作为运动轴，系统会自动在对话框里添加参数设置。

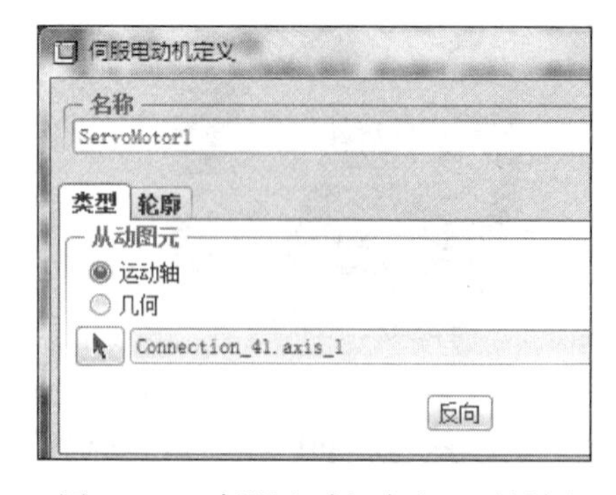


图 8-58　“伺服电动机定义”对话框

图 8-59　选择运动轴

（4）切换到“轮廓”选项卡，将其“速度”值设置为100，如图8-60所示，单击底部的确定按钮，完成伺服电动机的设置，在绘图区会显示电动机的符号，如图8-61所示的曲线。

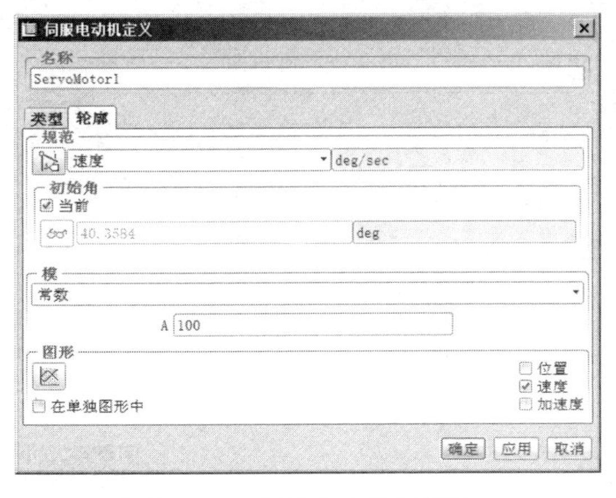


图8-60　伺服电动机的设置

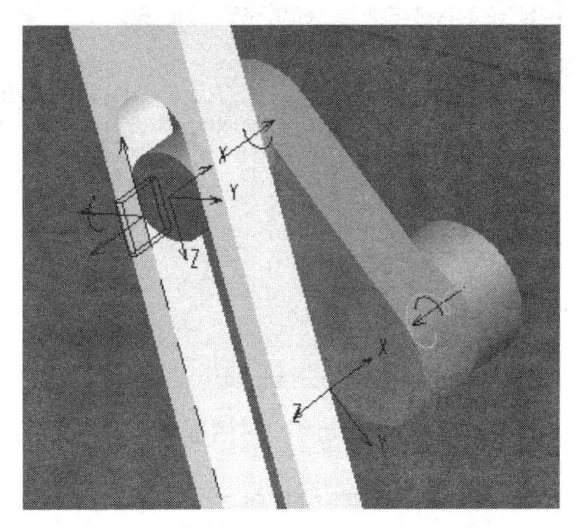


图8-61　电动机的符号

**3. 模拟仿真运动效果**

1）单击菜单命令“分析”→“机构分析”，系统会自动弹出“分析定义”对话框，如图8-62所示，将其终止时间值设置为50。

2）切换到“电动机”选项卡，如图8-63，确定电动机已添加，然后单击底部运行按钮，检查运动状况无误后，关闭“电动机”选项卡和“分析定义”对话框。

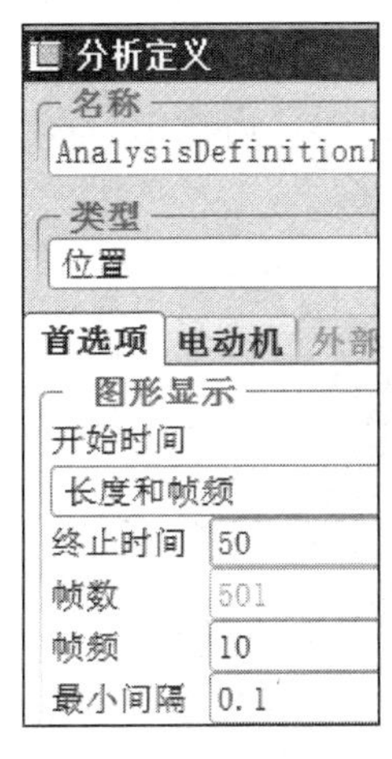


图8-62　“分析定义”对话框

图8-63　“分析定义”对话框

3）单击菜单命令“分析”→“回放”，弹出“回放”对话框，单击对话框的“播放当前结果集”◀▶按钮，弹出图8-64所示的“动画”对话框，单击对话框里的“播放”▶按钮，即可连续观测运动效果；单击“捕获”，出现图8-65所示的“捕获”对话框，输入动画名称，并单击“浏览”，选择保存路径，调整图像大小和帧频，单击“确定”，完成运动动画制作。

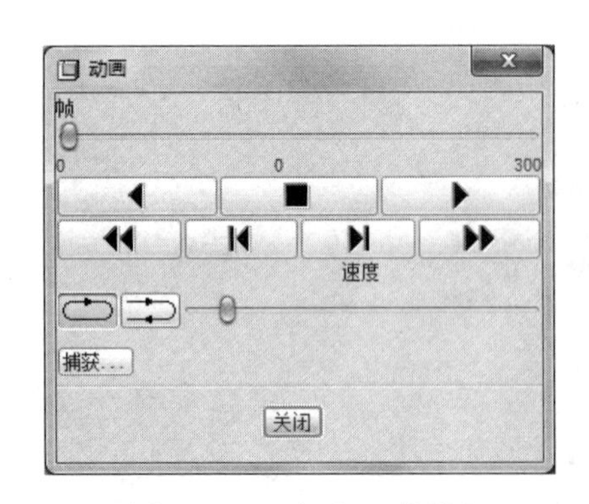


图 8-64 “动画”对话框

图 8-65 “捕获”对话框

## 8.7 运动仿真实例三：单缸内燃机

8.7

通过本范例，可以使读者对“销钉”“圆柱”“滑动杆”“凸轮副”“齿轮副”及其组合连接的应用有进一步的了解。

**1. 单缸内燃机的工作原理**

图 8-66 所示为一单缸内燃机（源文件参见配套资源中的 Chapter 8），其运动机构比较复杂，因此涉及的连接类型也很复杂。总体来说可将其分为两部分：其一，活塞、曲柄连杆、曲轴和一个小齿轮，利用“销钉”“圆柱”“平面”“刚性”等连接类型将其连接在刚体上；其二，将摆杆、顶杆、气门导杆、凸轮轴和一个大齿轮，利用“滑动杆”“平面”“销钉”“刚性”等连接类型将其连接在刚体上。最后再利用“齿轮副”和“凸轮副”将参与运动的零件、组件连接在一起，组成一个完整的运动机构。

图 8-66 单缸内燃机

**2. 单缸内燃机的装配步骤**

（1）装配缸体“01gangti. prt”零件，放置类型设置为“缺省”，“01gangti. prt”零件被定义为基础实体。

（2）装配凸轮轴“02tulunzhou. prt”零件，连接类型设置为“销钉”，结果如图 8-67 所示。

（3）装配曲轴“03quzhou. prt”零件，连接类型设置为“销钉”，结果如图 8-68 所示。

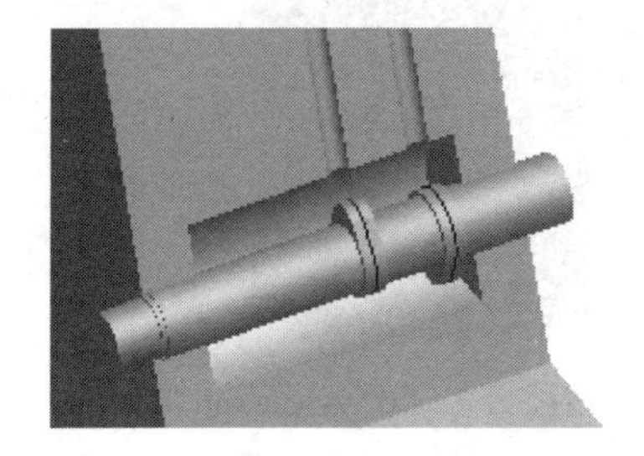

图 8-67　装配“02tulunzhou. prt”零件

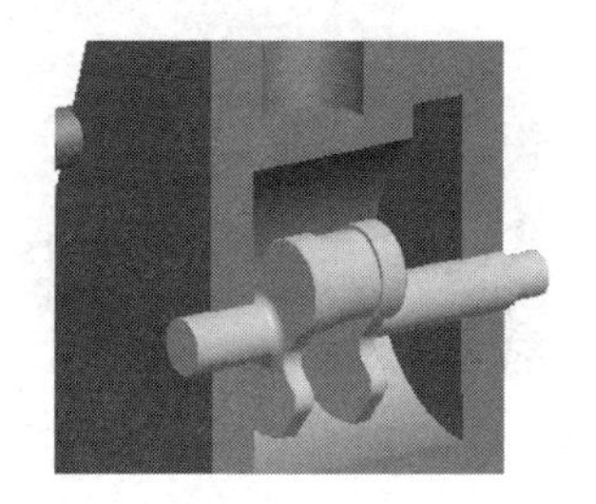

图 8-68　装配“03quzhou. prt”零件

（4）装配曲杆“04qugan. prt”零件，连接类型设置为“销钉”，结果如图 8-69 所示。

（5）装配活塞“05huosai. prt”零件，连接类型设置为“圆柱”+“销钉”，结果如图 8-70 所示。

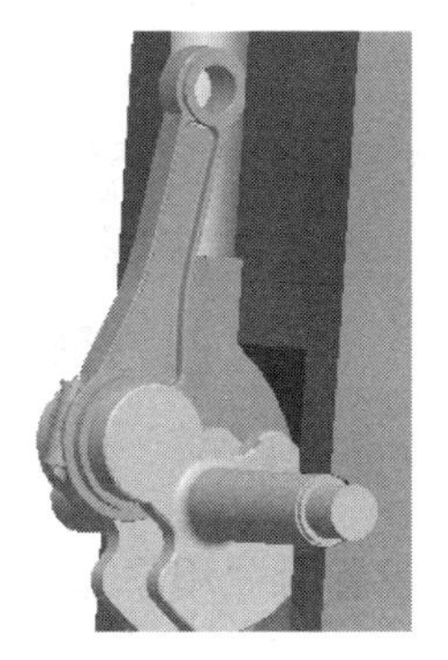

图 8-69　装配“04qugan. prt”零件

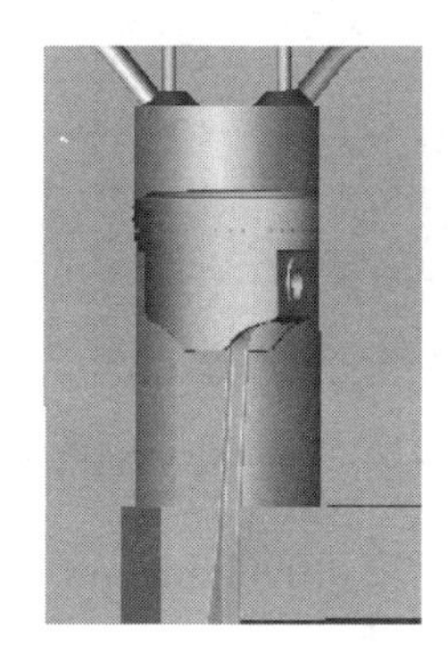

图 8-70　装配“05huosai. prt”零件

（6）装配摆杆“06baigan. prt”零件，连接类型设置为“销钉”，结果如图 8-71 所示。

（7）使用“重复”的方式完成另一摆杆“06baigan. prt”零件的装配，结果如图 8-72 所示。

图 8-71　装配“06baigan. prt”零件

图 8-72　装配另一“06baigan. prt”零件

（8）装配导杆“07daogan. prt”零件，连接类型设置为“圆柱”+“平面”，结果如图 8-73 所示。

（9）使用“重复”的方式完成另一导杆“07daogan. prt”零件的装配，结果图 8-74 所示。

（10）装配顶杆“08dinggan. prt”零件，连接类型设置为“圆柱”+“平面”，结果如图 8-75 所示。

（11）使用“重复”的方式完成另一导杆“08dinggan. prt”零件的装配，结果如图 8-76 所示。

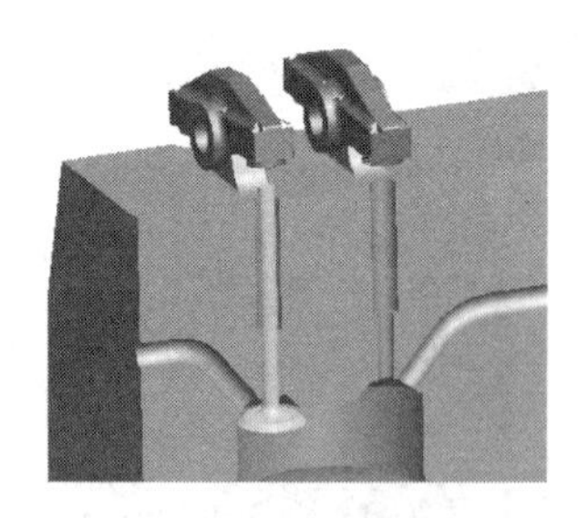

图 8-73　装配“07daogan. prt”零件

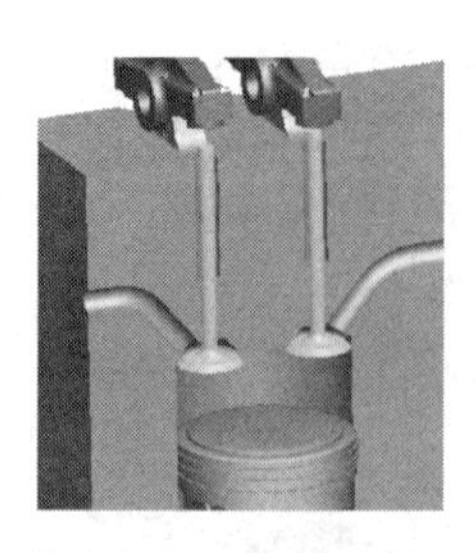

图 8-74　装配另一“07daogan. prt”零件

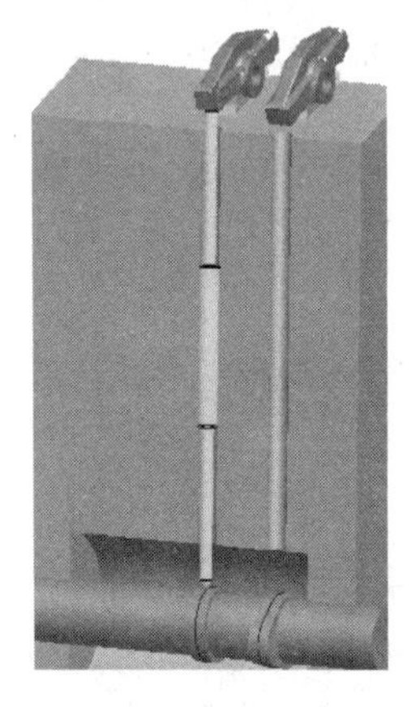

图 8-75　装配“08dinggan. prt”零件

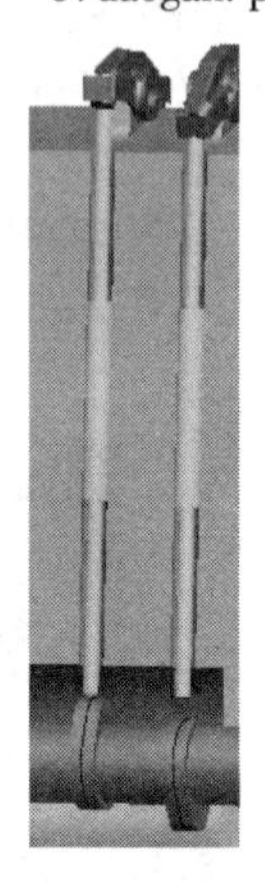

图 8-76　装配另一“08dinggan. prt”零件

（12）装配大齿轮“09chilun. prt”零件，连接类型设置为“用户定义”、“插入”+“配对”，结果如图 8-77 所示。

（13）装配小齿轮“10chilun. prt”零件，连接类型设置为“插入”+“配对”+“相切”（两齿面相切），结果如图 8-78 所示。

图 8-77　装配“09chilun. prt”零件

图 8-78　装配“10chilun. prt”零件

（14）用“快照”把这时的位置拍下照片，为后面运动仿真的初始位置作准备。

（15）为了后面的运动仿真，在进入机构模块之前需要把之前所设置的“相切”约束关系删除，但仍保持两齿轮面相切的位置。

**3. 仿真运动的参数设置**

在进行仿真运动的参数设置之前，需要先设置高级连接“凸轮副”和“齿轮副”，具体步骤如下：

（1）单击主菜单的“应用程序”→“机构”，进入机构模块。

（2）单击窗口右侧工具栏中的定义凸轮从动机构连接按钮，系统自动弹出“凸轮从动机构连接定义”对话框，如图 8-79 所示，勾选“自动选取”选项，然后单击凸轮曲面，将其作为凸轮 1 的参照，结果如图 8-80 所示。

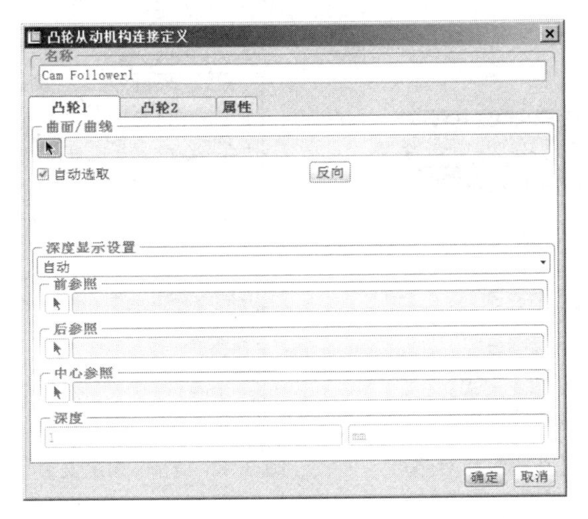


图 8-79 “凸轮从动机构连接定义”对话框

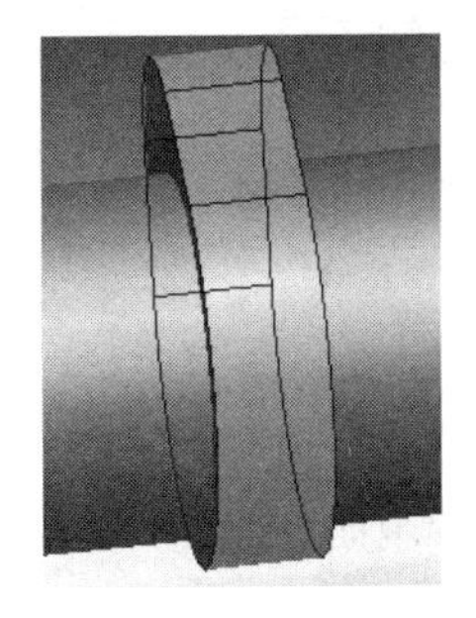

图 8-80 选取凸轮 1 曲面

（3）点选对话框中的“凸轮 2”选项，切换到“凸轮 2”选项卡，按住<Ctrl>键选取图 8-81 所示顶杆球面的曲线，将其作为凸轮 2 的参照。

（4）按“凸轮从动机构连接定义”对话框中的“确定”按钮，确定凸轮副的创建，系统会自动更新零件的相对位置并添加“凸轮副”连接符号，如图 8-82 所示。

（5）采用相同的方法，创建第二对凸轮副，结果如图 8-83 所示。

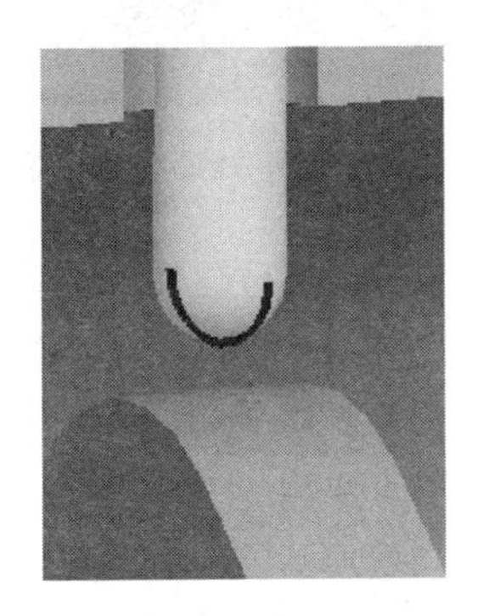

图 8-81 选取凸轮 2 曲线

图 8-82 添加“凸轮副”结果

图 8-83 创建第二对凸轮副

（6）单击工具栏中的定义凸轮从动机构连接按钮，系统弹出“凸轮从动机构连接定义”对话框。按住<Ctrl>键选取摆杆 06baigan. prt 的曲线，将其作为凸轮 1 的参照，如图 8-84 所示。

（7）点选对话框中的“凸轮 2”，切换到“凸轮 2”选项卡，选择顶杆 08dinggan. prt 的上表面，然后在选取对话框中按“确定”按钮，再分别点选 PNT1 和 PNT0 两点作为前参照和后参照，此时，图形区显示如图 8-85 所示，对话框显示如图 8-86 所示。

（8）按“凸轮从动机构连接定义”对话框中的“确定”按钮，确定凸轮副的创建，系统会自动更新零件的相对位置并添加“凸轮副”连接符号，如图 8-87 所示。

(9) 采用相同的方法，创建第二对凸轮副，结果如图 8-88 所示。

(10) 采用类似的方法完成摆杆 06baigan. prt 零件与导杆 07daogan. prt 零件之间的凸轮副连接，结果如图 8-89 所示。

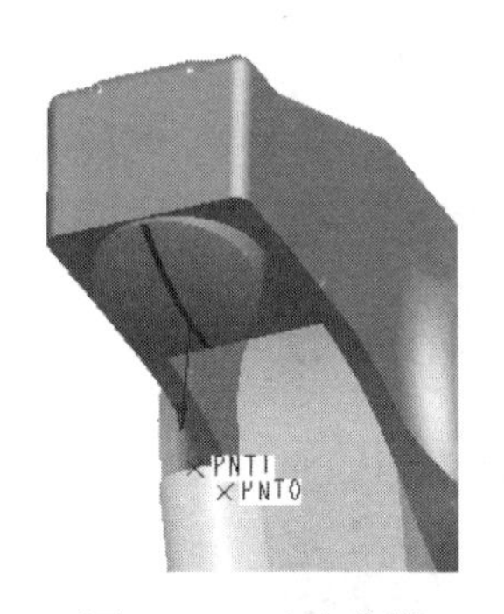


图 8-84　选取曲线

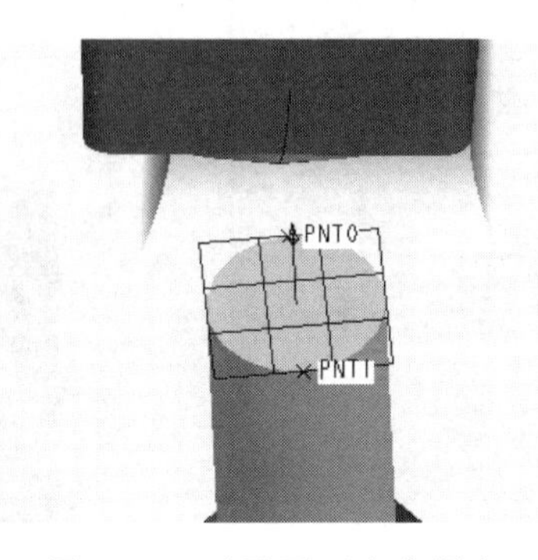


图 8-85　选取平面和参照点

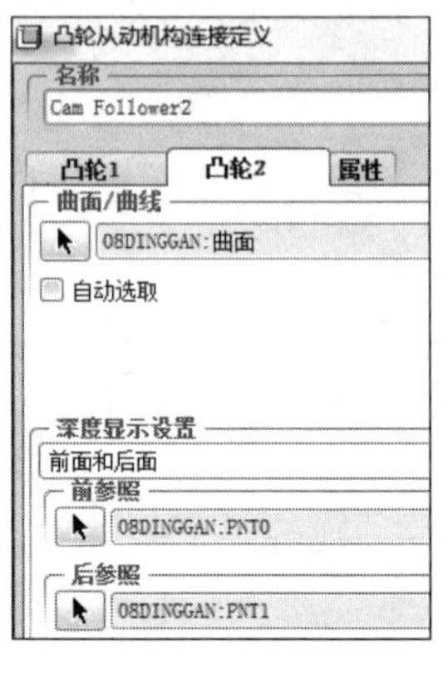


图 8-86　凸轮 2 定义对话框

图 8-87　设置“凸轮副”结果

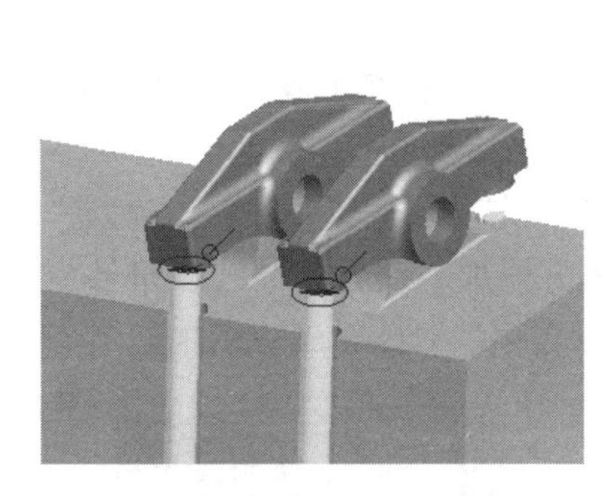

图 8-88　创建另一“凸轮副”

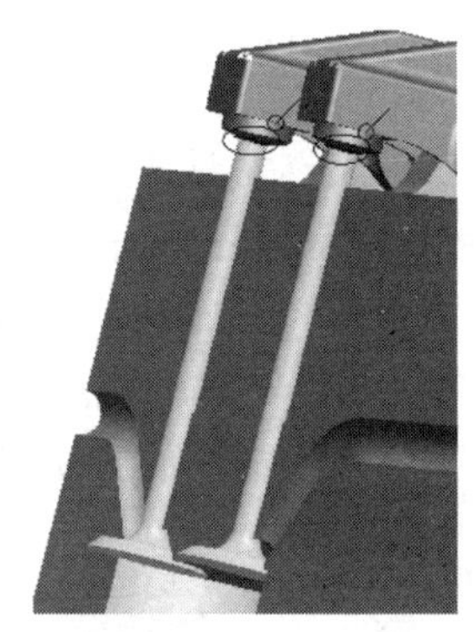

图 8-89　创建另一对凸轮副

**提示：**若出现对话框，主要是凸轮副连接的方向不对，需要进行如下操作：先单击“撤销”按钮，关闭对话框，然后单击“凸轮从动机构连接定义”对话框里的“反向”按钮即可。

(11) 单击工具栏中的“定义齿轮副连接”按钮，系统会自动弹出“齿轮副定义”对话框，如图 8-90 所示。

(12) 在图 8-91 中，选取小齿轮与曲轴中心的销钉接头作为“齿轮 1”的运动轴，在对话框的“节圆直径”处输入值 21。

(13) 切换到“齿轮 2”选项卡，在图 8-91 中，选取大齿轮与凸轮轴中心的销钉接头作为“齿轮 2”的连接轴，在对话框的“节圆直径”处输入值 42。

(14) 单击对话框中的“确定”按钮，确定齿轮副的创建，系统会自动显示齿轮副的连接符号，如图 8-92 所示。

**4. 设置伺服电动机**

(1) 单击工具栏的“定义伺服电动机”按钮，系统弹出“伺服电动机定义”对话框，在绘图区选取小齿轮与曲轴中心的销钉接头作为运动轴，如图 8-93 所示。

齿轮副定义
名称
GearPair1
类型
一般
齿轮1
齿轮2
属性
运动轴
主体
小齿轮
托架
节圆
直径
0
mm
图标位置
确定
应用
取消

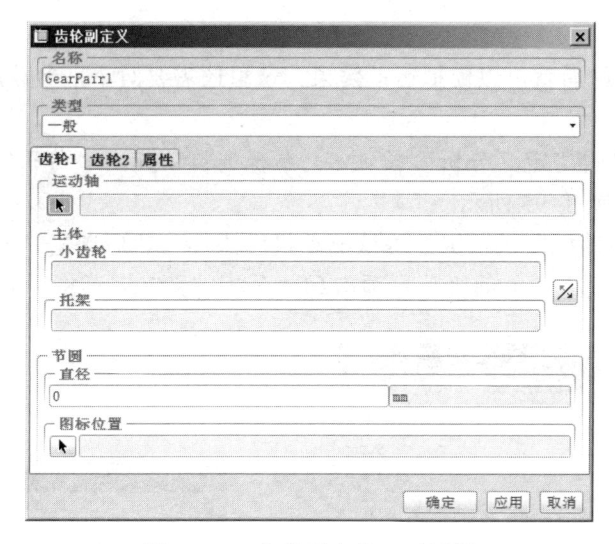

图 8-90 “齿轮副定义”对话框

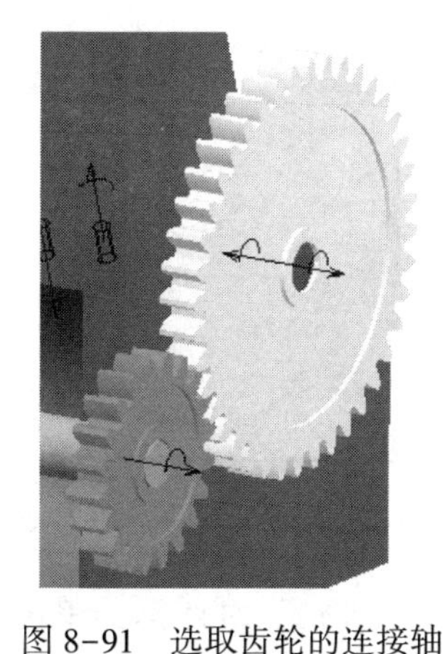

图 8-91 选取齿轮的连接轴

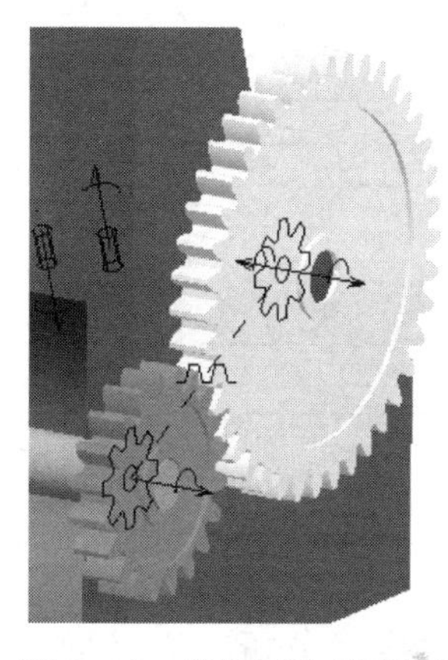

图 8-92 齿轮副的创建结果

（2）默认系统自动在对话框中添加的参数设置，切换到“轮廓”选项卡，将速度值设置为50，确定伺服电动机的设置。完成后将在运动轴的中心显示出电动机的符号，如图 8-94 所示。

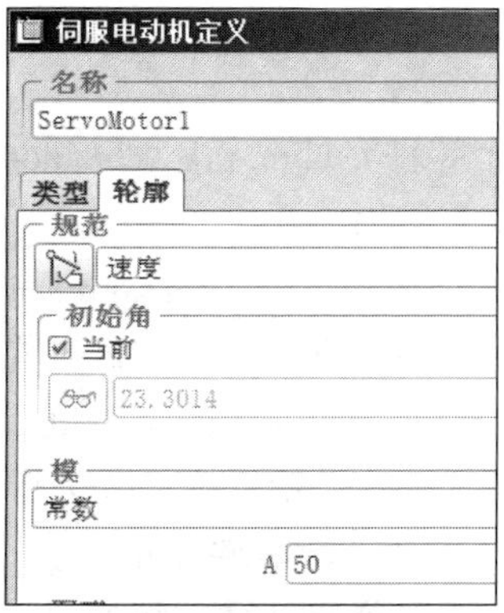

伺服电动机定义
名称
ServoMotor1
类型
轮廓
规范
速度
初始角
当前
23.3014
模
常数
A 50

图 8-93 设置速度

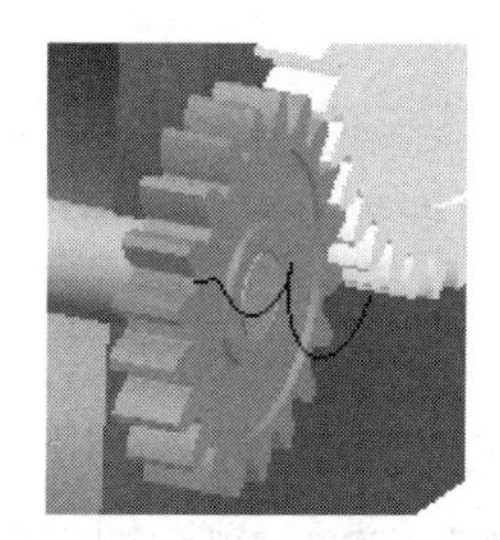

图 8-94 显示出电动机的符号

**5. 模拟仿真**

伺服电动机设置好后就可以模拟运动效果，这里还需要对个别参数进行设置，具体操作步骤如下。

（1）单击工具栏的“定义分析”按钮，系统会自动弹出“分析定义”对话框，在其中进行参数设置，如图 8-95 所示。

（2）切换到“电动机”选项卡，确认电动机已添加，然后单击“运行”按钮，检测运行情况，检查无误后关闭“电动机”选项卡和“分析定义”对话框，如图 8-96 所示。

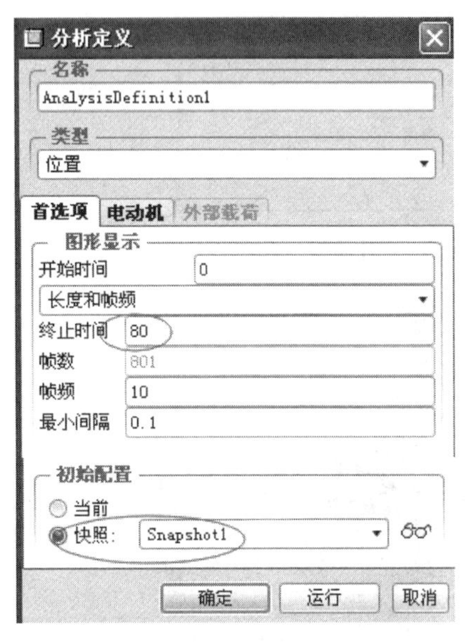


图 8-95 “分析定义”对话框

图 8-96 “电动机”选项卡

（3）单击菜单命令“分析”→“回放”，弹出“回放”对话框，单击对话框的“播放当前结果集”按钮，弹出“动画”选项卡，单击“播放”按钮，即可连续观测运动效果；单击“捕获”按钮，输入动画名称，并单击“浏览”按钮，选择保存路径，调整图像大小和帧频，单击“确定”按钮，完成运动动画制作。

## 练习题

1. 使用文件夹“运动仿真\槽轮机构”下的 3 个零件 caolun. prt、chuandonggan. prt、zhijia. prt，创建如图 8-97 所示的槽轮机构，并进行机构运动仿真。

2. 使用文件夹“运动仿真\冲孔机构”下的 5 个零件 congdonggan. prt、congdonglun. prt、jizuo. prt、tulun. prt、xiaoding. prt，创建图 8-98 所示的冲孔机构，并进行机构运动仿真。

3. 使用文件夹“运动仿真\变速箱”下的 5 个零件 biansuxiang. prt、chilunzhou. prt、chilun2. prt、prt0001. prt、prt0003. prt，创建图 8-99 所示的齿轮机构，并进行机构运动仿真。

4. 使用文件夹“运动仿真\蜗轮减速器”下的 5 个零件 jian. prt、jiansuxiang. prt、wogan. prt、wolun. prt、zhou. prt，创建图 8-100 所示的蜗轮蜗杆减速器组件，并进行机构运动仿真。

图 8-97　槽轮机构

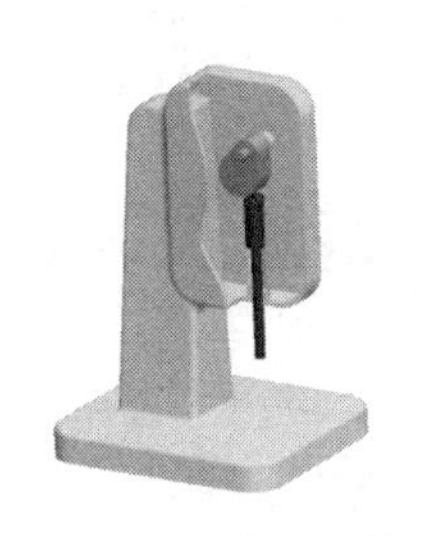

图 8-98　冲孔机构

5. 使用文件夹“运动仿真\电风扇”下的 18 个零件，创建图 8-101 所示的电风扇组件，并进行机构运动仿真。

图 8-99　齿轮机构

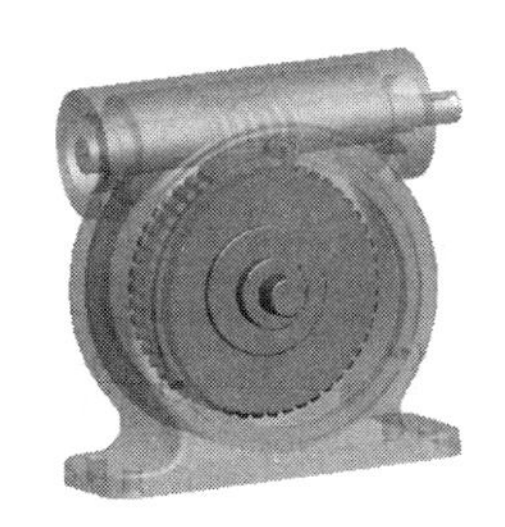

图 8-100　蜗轮蜗杆减速器

图 8-101　电风扇

注：以上各题的源文件均放在配套资源的 Chapter 8 中。

# 第 9 章　CAD 技能二级(三维数字建模师)考试试题分析

## 9.1　第九期考证真题试卷

图 9-1 是第九期 CAD 技能二级（三维数字建模师）考试试题（中国图学学会与国家人力资源与社会保障部共同承办，2012 年 12 月份考题），该题同时也是 2010 年广东省图形技能与创新大赛试题。

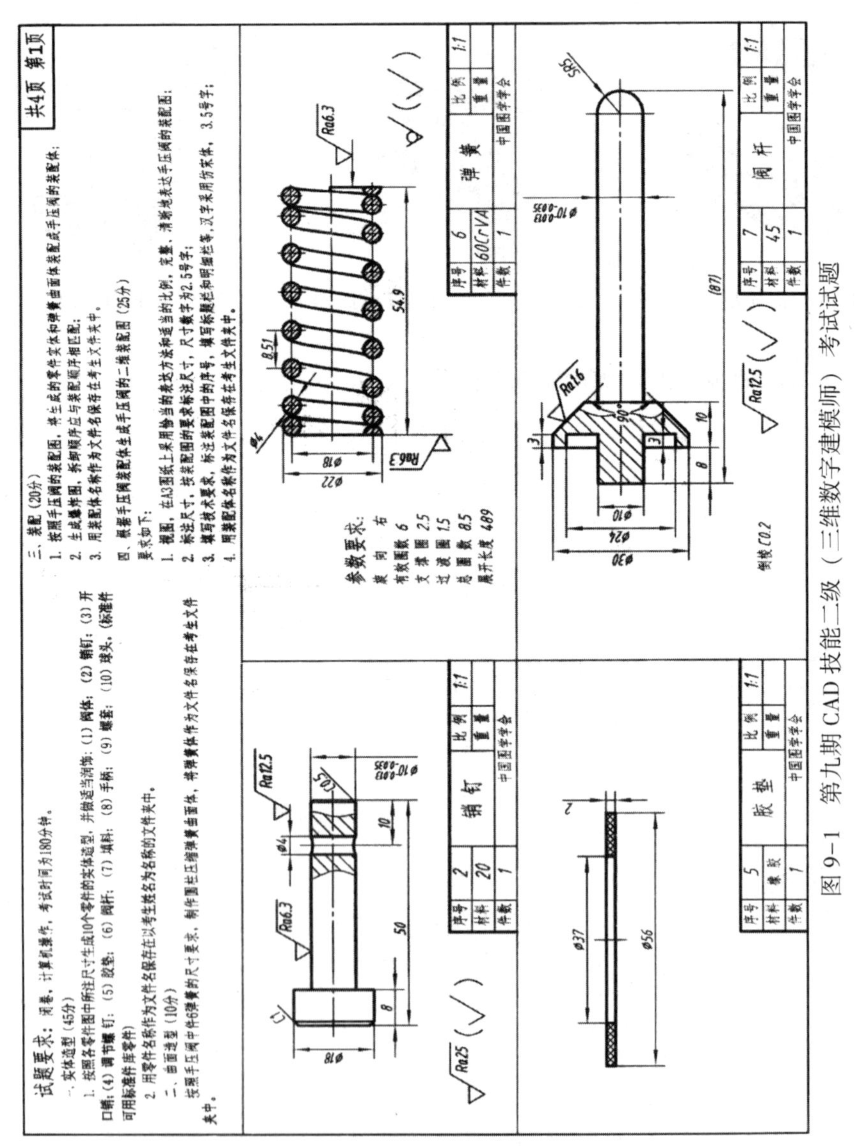

图 9-1　第九期 CAD 技能二级（三维数字建模师）考试试题

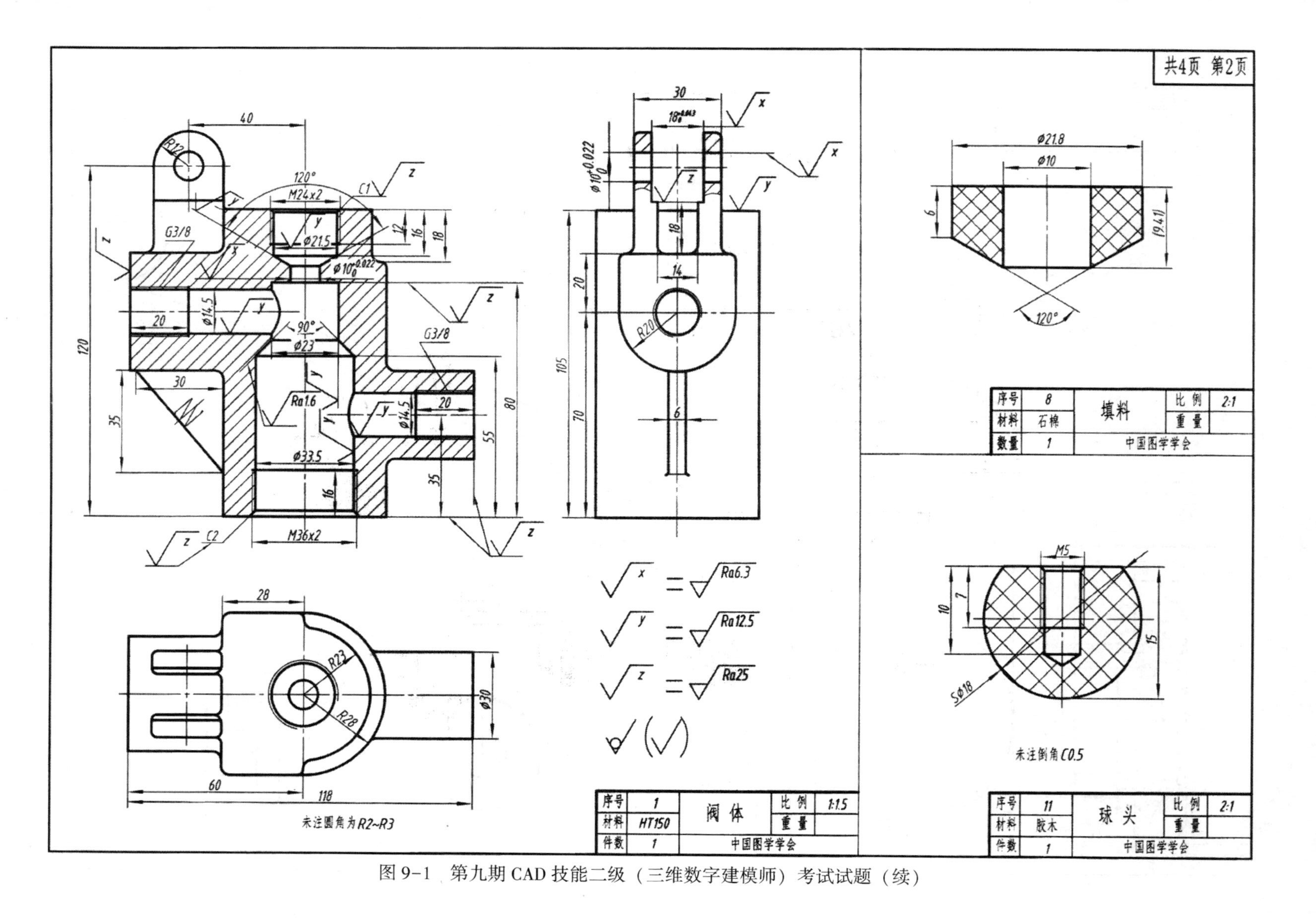


图 9-1 第九期 CAD 技能二级（三维数字建模师）考试试题（续）

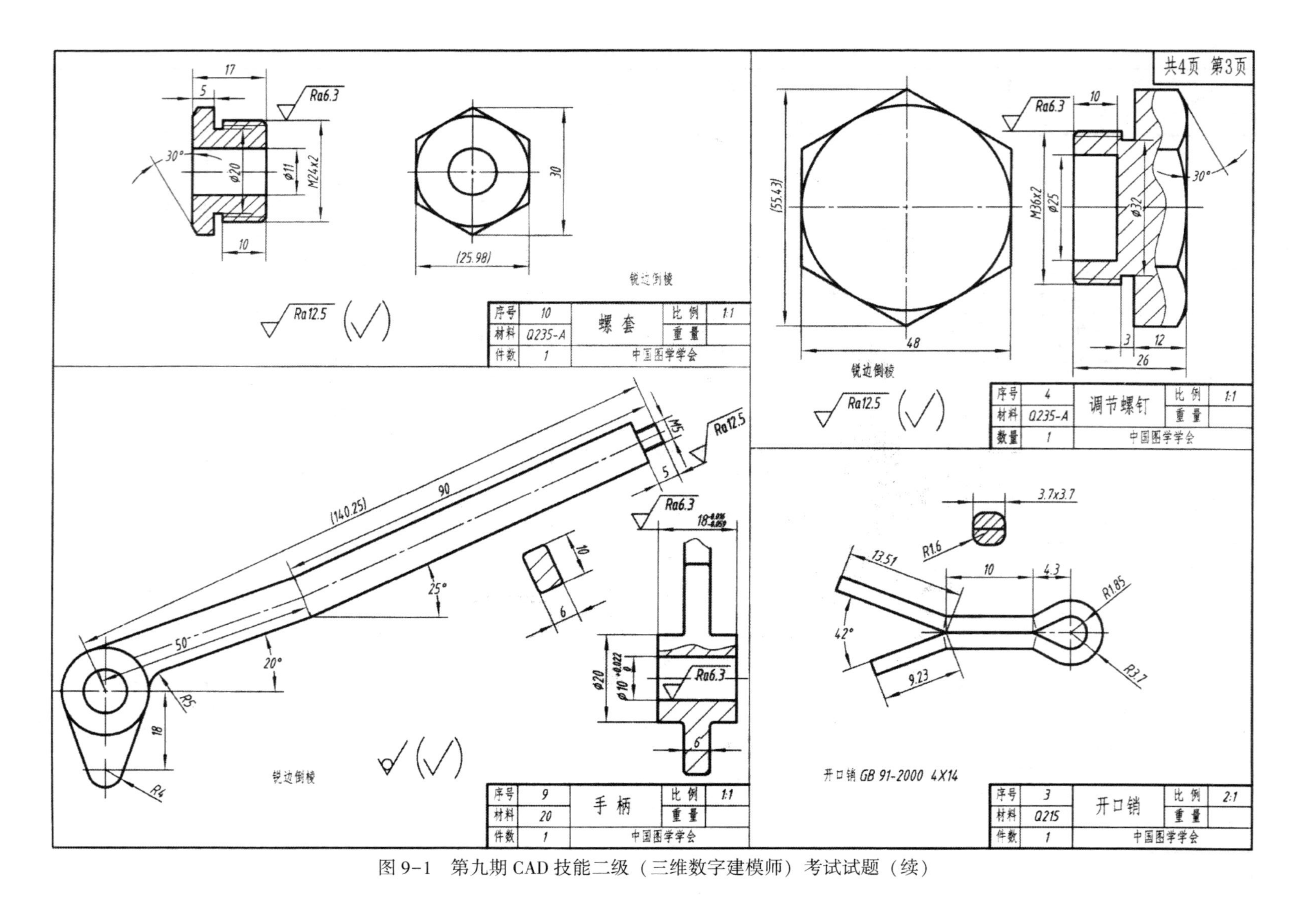


图 9-1 第九期 CAD 技能二级（三维数字建模师）考试试题（续）

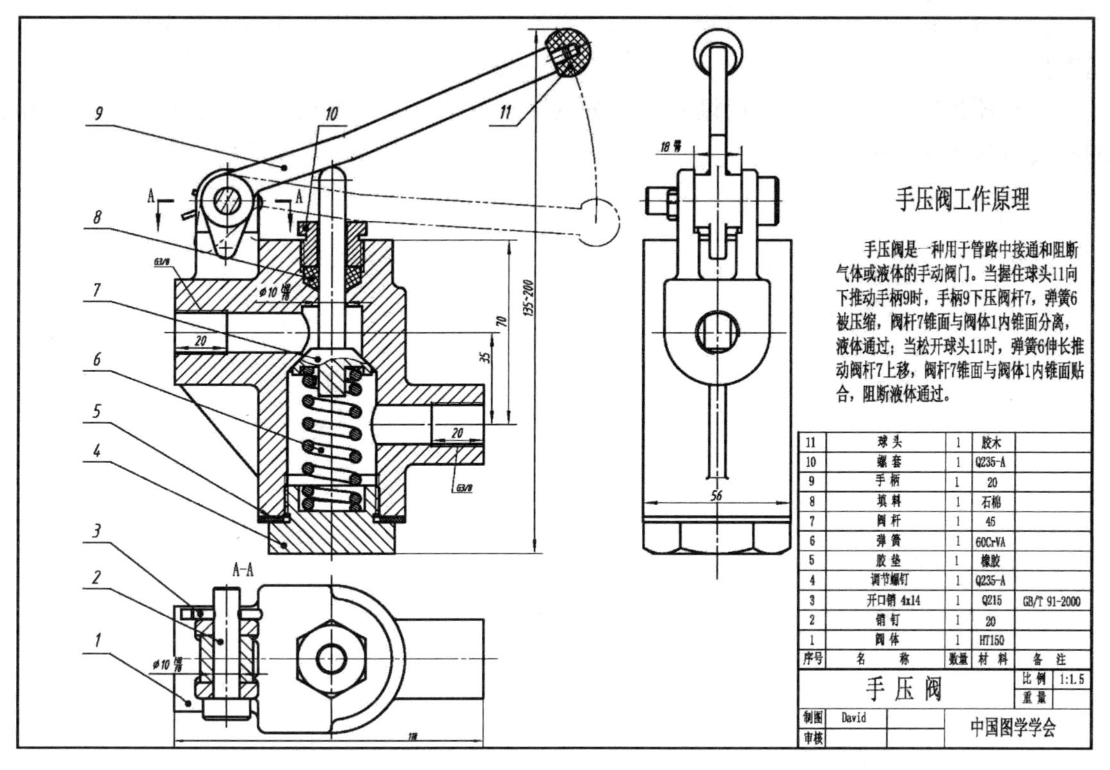


图 9-1　第九期 CAD 技能二级（三维数字建模师）考试试题（续）

9.2

## 9.2　实体造型

下面以弹簧造型为代表介绍其建模过程，其他部分实体造型请读者自行完成（弹簧也可以通过调用标准件修改参数完成）。

**1. 计算控制节距的各点之间的距离**

支承圈数对应的两个控制点之间的距离为：(弹簧截面直径×支承圈数)/2 = 4×2.5/2 = 5 mm；有效圈数内节距恒定的区域高度为：节距×(有效圈数－过渡圈数) = 8.51×4.5 = 38.3 mm；所以，过渡圈数（有效圈数内节距不恒定）对应的两个控制点之间的距离为 (54.9－38.3－5－5)/2 = 3.3 mm。

**2. 建模过程**

（1）选择菜单“插入”→“螺旋扫描”→“伸出项”，弹出“伸出项：螺旋扫描”对话框，点选“属性”→“定义”，弹出菜单管理器，如图 9-2 所示，点选“可变的”“穿过轴”和“右手定则”，单击“完成”。

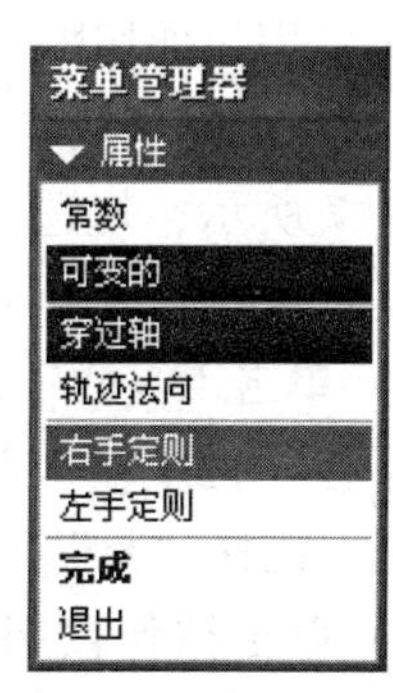


图 9-2　“属性”菜单

（2）选取 FRONT 面作为草绘平面，进入草绘界面，绘制图 9-3 所示的轨迹线，用“分割点”按钮插入四个点，包括原来的两个端点，则有六个点。输入横向距离即平均直径的一半 9 mm，及各纵向距离 L1 = 5 mm，L2 = 3.3 mm。

(3) 输入轨迹起始和末端节距值，由于弹簧两端最后是并紧，所以这两个值均为弹簧丝直径 4。

(4) 添加点，选择草绘时的断点，并分别输入节距 4、4、8.51、8.51，得到控制节距的曲线如图 9-4 所示。

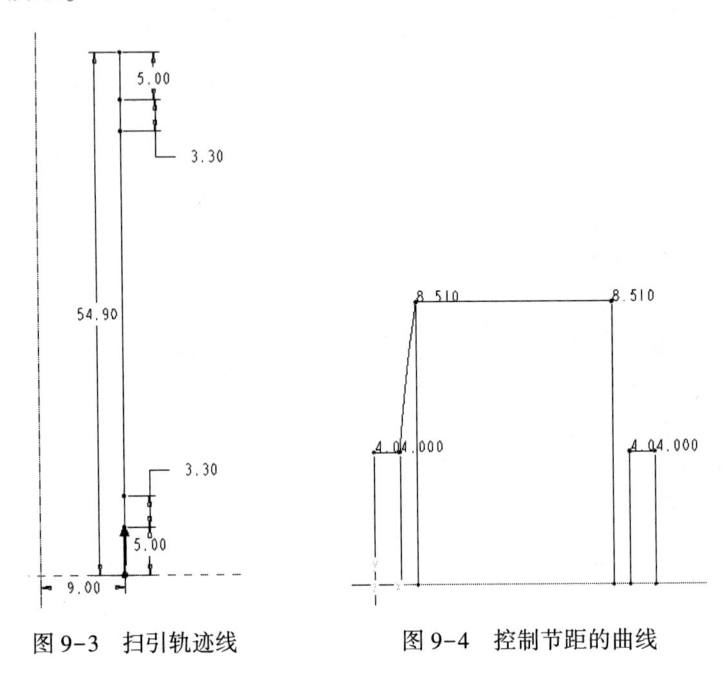


图 9-3　扫引轨迹线　　　　图 9-4　控制节距的曲线

(5) 进入截面草绘平面，绘制图 9-5 所示弹簧丝的截面，扫描特征完成结果如图 9-6 所示。

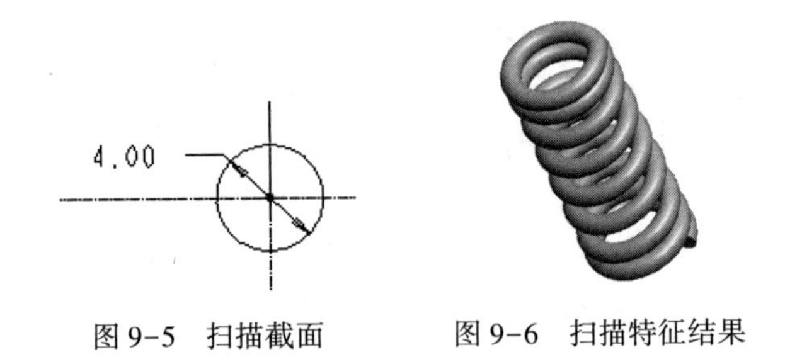


图 9-5　扫描截面　　　　图 9-6　扫描特征结果

(6) 用拉伸切削来制作磨平端。

1）在主菜单栏点“工具”→“关系”，在图形区中单击模型，出现“菜单管理器”，如图 9-7 所示，勾选“轮廓”，单击“完成”，即可在模型轮廓上出现如图 9-8 所示的参数，其总高度显示为 d5。

2）单击工具栏中的基准平面按钮，弹出创建基准平面的对话框，选择 TOP 基准面，在“平移”栏中输入参数“d5”，如图 9-9 所示，出现“是否要添加 d5 作为特征关系?”对话框，选择“是”，即成功创建了一个新的基准面 DTM1。

3）单击拉伸按钮，以 FRONT 面作为草绘平面，在草绘环境下，利用主菜单中的“草绘”→“参照”，单击创建的 DTM1 基准面，作为草绘参照，绘制经过该参照和坐标原点的矩形，如图 9-10 所示。在图 9-11 所示的拉伸操控板上选择“往两侧拉伸”方式，值为 50，选择去除材料。完成的拉伸特征结果如图 9-12 所示。

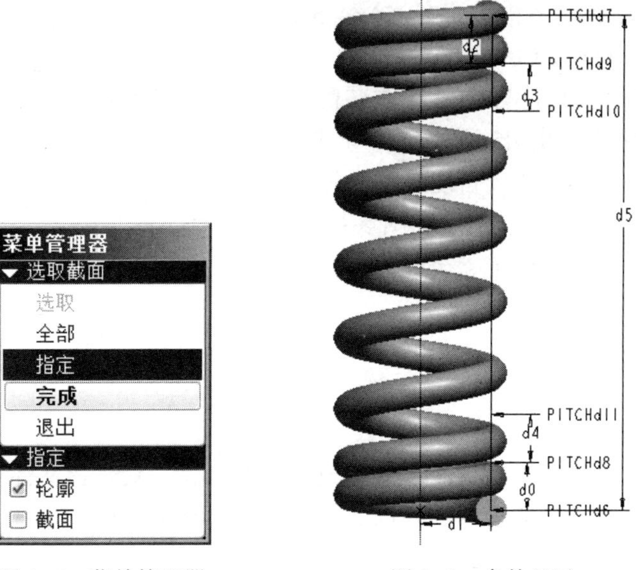


图 9-7　菜单管理器

图 9-8　参数显示

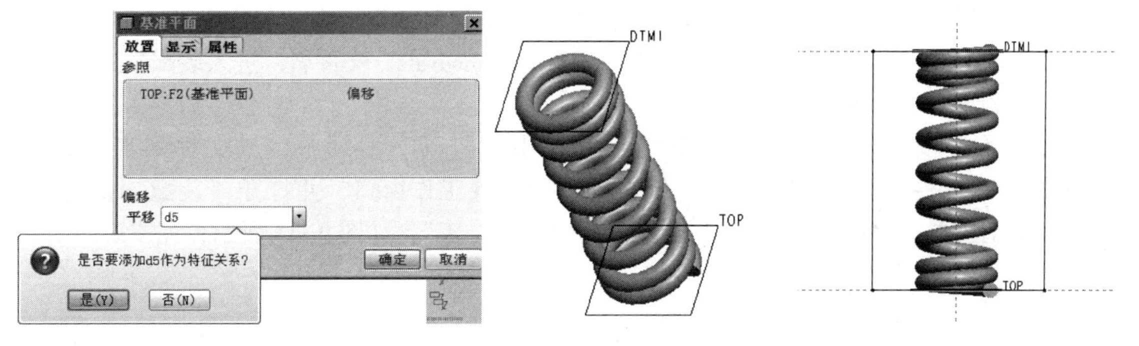


图 9-9　创建基准平面

图 9-10　拉伸截面

图 9-11

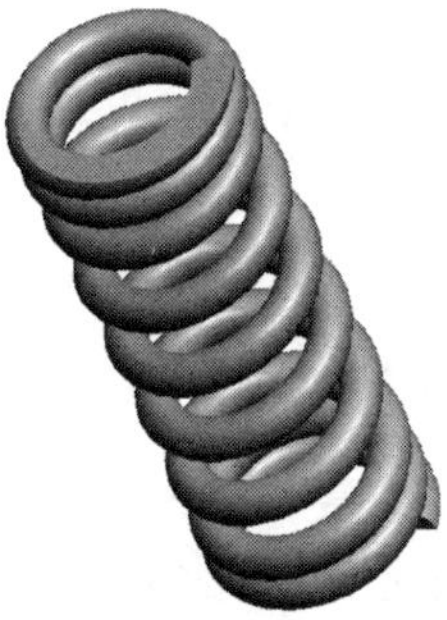

图 9-12　拉伸特征结果

**3. 设置节距与高度之间的关系式（如果不要求装配时有正常压缩效果，此步可省）**

原始总长-新的总长=(原始节距-新的节距)×(有效圈数-过渡圈数)

$$54.9-d5=(8.51-d10)\times(6-1.5)$$

即：

$$d10=8.51-(54.9-d5)/4.5$$

$$d11=8.51-(54.9-d5)/4.5$$

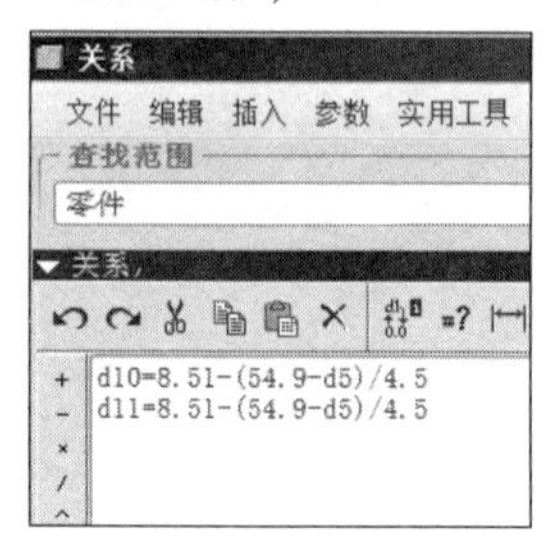


图 9-13　输入关系式

**注意**：新的总高度 d5 是自变量（在装配时指定），节距 d10 与 d11 是因变量，它的值由 d5 所决定。等式左右边不能调换顺序，即因变量要在等式的左边，自变量要在等式的右边。

再次单击“工具→关系”，出现如图 9-13 所示的“关系”操作框，填入上述的关系式，确定。至此，弹簧的模型建立完毕。

## 9.3　手压阀的装配设计

9.3

**1. 设置工作目录**

创建一个名为“手压阀”的文件夹，启动 Pro/E 软件，设置该文件夹为工作目录。

进入零件模式，完成各装配零件的创建。或者直接将配套资源中的“手压阀”prt 源文件装配零件的文档复制到工作目录。

**2. 新建一个组件文件**

在菜单栏选择“文件”→“新建”，弹出“新建”对话框，在“类型”栏中选择“组件”，子类型采用默认的“设计”，“名称”中输入“shouyafa”文件名，进入装配模式。

**3. 装配第一个零件——阀体**

在工具栏单击“添加元件”按钮，弹出“打开”对话框，从文件列表中选择“01fati.prt”零件，单击“打开”。系统自动返回组件工作窗口，并打开“装配”操控板，将约束类型设置为“缺省”，约束状态显示为“完全约束”，如图 9-14 所示，完成第一个元件的装配。

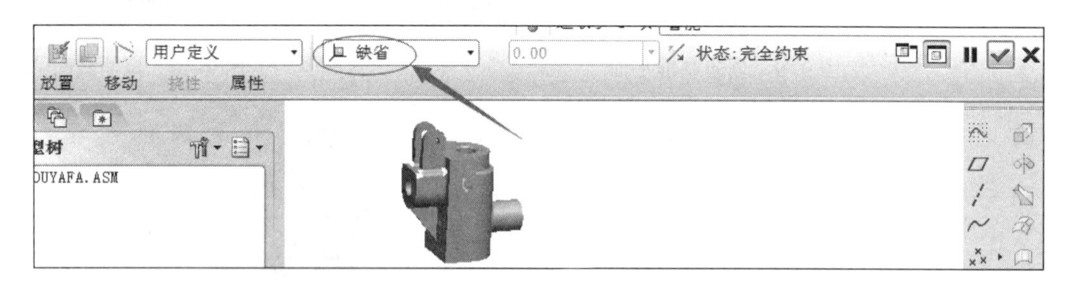


图 9-14　装配阀体零件

**4. 装配第二个零件——阀杆**

单击“添加元件”按钮，打开“07fagan.prt”文件。在操控板中点开“放置”选项卡，在“约束类型”列表框中选择“相切”选项，如图 9-15 所示，选择元件和组件中对应的相切曲面；然后选择“新建约束”，在约束选项中选择“插入”选项，如图 9-15 所示，选择元件的圆柱面，并在组件中选择外壁圆柱面。装配结果如图 9-16 所示。

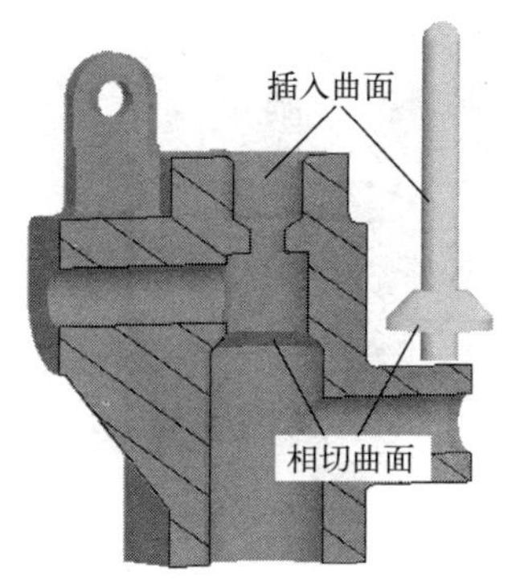


图 9-15　选择约束图元

图 9-16　阀杆装配结果

**5. 装配第三个零件——胶垫**

单击“添加元件”按钮，选择“05jiaodian. prt”文件，“约束类型”分别选择“匹配”和“插入”选项，相应的约束图元如图 9-17 所示，装配结果如图 9-18 所示。

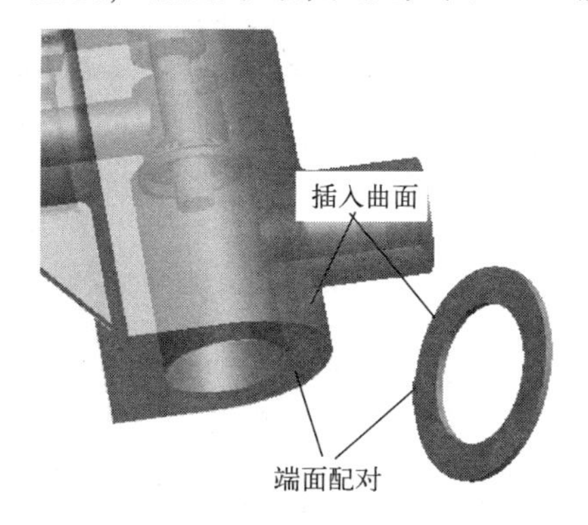


图 9-17　选择约束图元

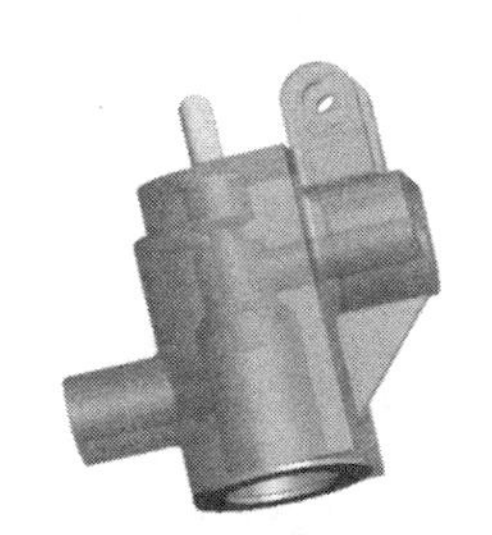

图 9-18　胶垫装配结果

**6. 装配第四个零件——调节螺钉**

单击“添加元件”按钮，选择“04tiaojieluoding. prt”文件，“约束类型”分别设置为“配对”和“插入”选项，相应的约束图元如图 9-19 所示，装配结果如图 9-20 所示。

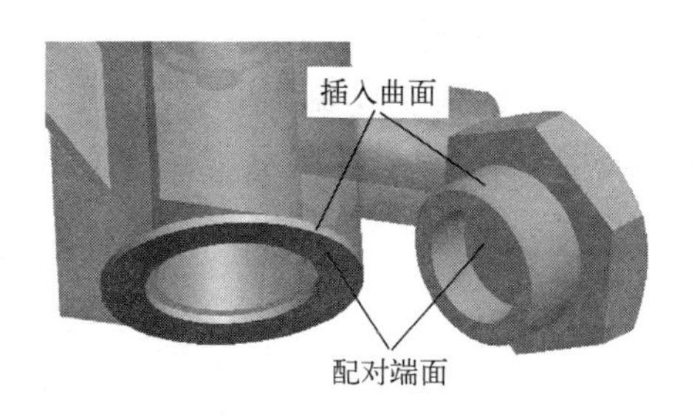


图 9-19　选择约束图元

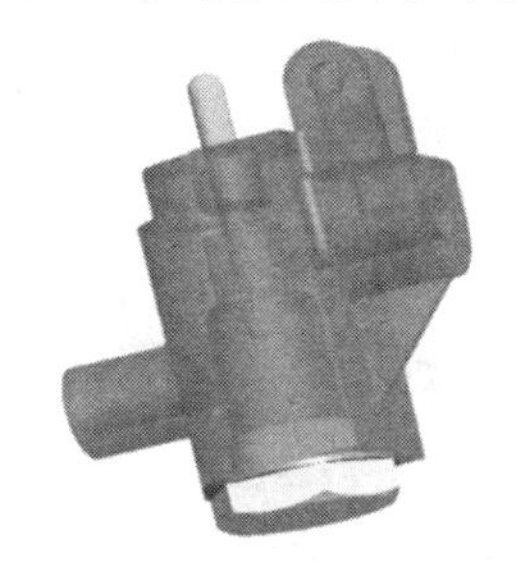

图 9-20　调节螺钉装配结果

**7. 装配第五个零件——弹簧**

在上方工具栏中单击“视图管理器”按钮，弹出图 9-21 所示的对话框，单击“剖面”→“新建”，按<Enter>键，选择“模型”“平面”“单一”选项，单击“完成”。选择 ASM_FRONT 面作为剖切平面，按住鼠标右键把新建的剖面设置为“活动”“可见性”，剖面显示结果如图 9-22 所示。

图 9-21 “视图管理器”对话框

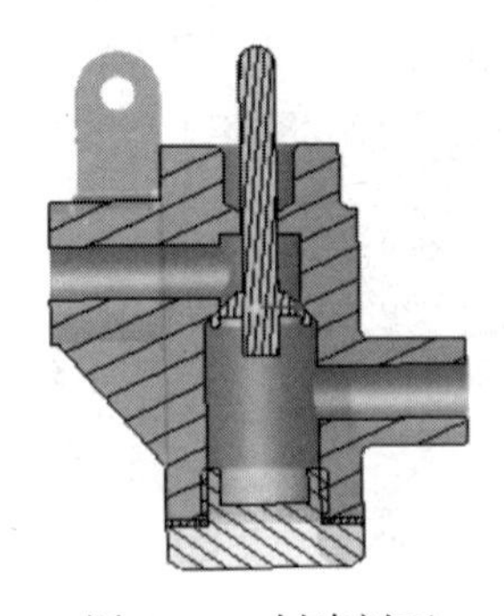

图 9-22 创建剖面

（1）如图 9-23 所示，单击主菜单栏中的“分析”→“测量”→“距离”，弹出图 9-24 所示的对话框，测量出阀杆圆锥底面到调节螺钉底面的距离值为 54 mm，如图 9-25 所示。

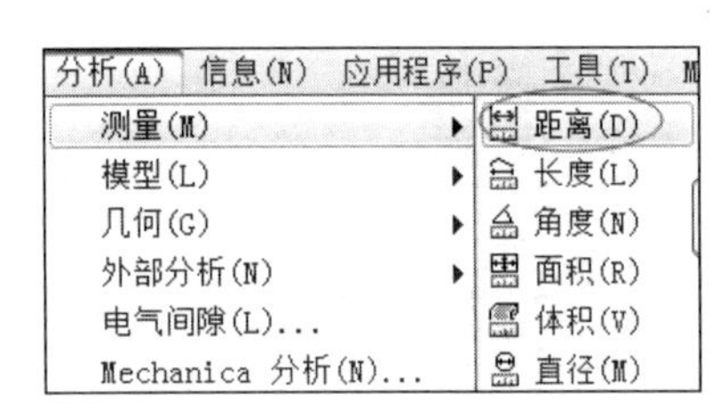

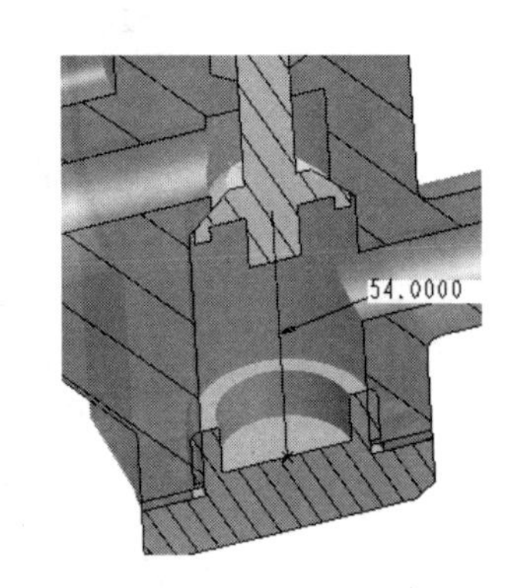


图 9-23 测量距离菜单

图 9-24 “距离”对话框

图 9-25 测量结果

（2）取消显示剖面，返回“无剖面”状态。隐藏阀体“01fati. prt”和调节螺钉“04tiaojieluoding. prt”零件。选择“插入”→“元件”→“挠性”，然后单击“添加元件”按钮，打开“06tanhuang. prt”文件，弹出“是否确定定义为挠性元件”，单击“是”。接着弹出如图 9-26 所示的“可变项目”对话框，单击“新值”修改为 54 mm。

（3）分别选择“配对”和“对齐”约束选项，约束图元见图 9-27 所示，完成后将调节螺钉和阀体“取消隐藏”，结果可用剖视图观察，如图 9-28 所示。

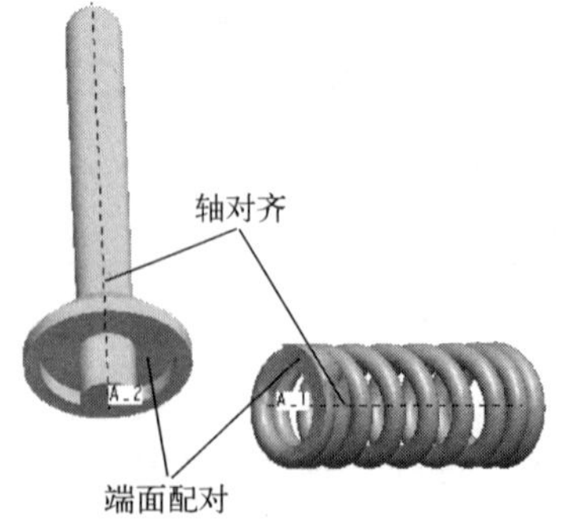


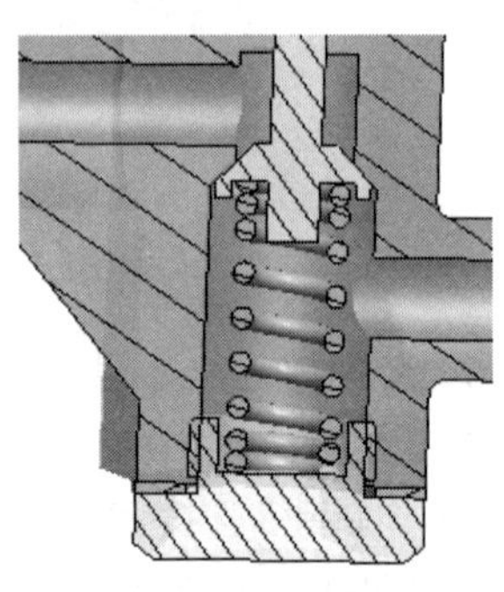

图 9-26 “可变项目”对话框

图 9-27 选择约束图元

图 9-28 弹簧装配结果

**8. 装配第六个零件——螺套**

单击“添加元件”按钮，打开螺套“10luotao. prt”文件。“约束类型”选择“配对”+“插入”具体操作方法跟调节螺钉零件的相同。装配结果如图 9-29 所示。

**9. 装配第七个零件——手柄**

将调节螺钉“取消隐藏”，单击“添加元件”按钮，打开“09shoubing. prt”，分别选择“对齐”和“配对”的约束选项，约束图元见图 9-30 所示，装配结果如图 9-31 所示。

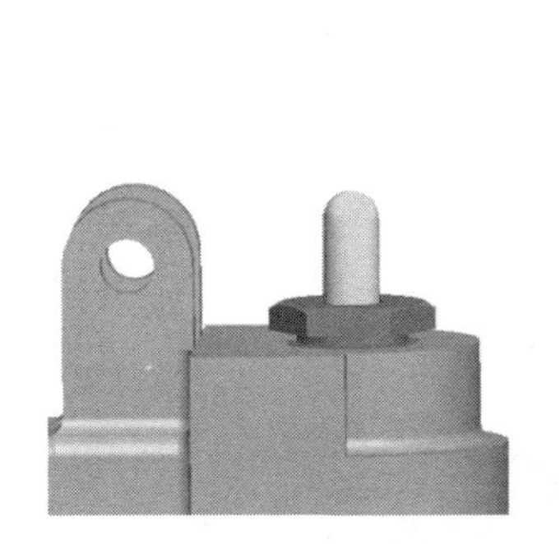

图 9-29　螺套装配结果

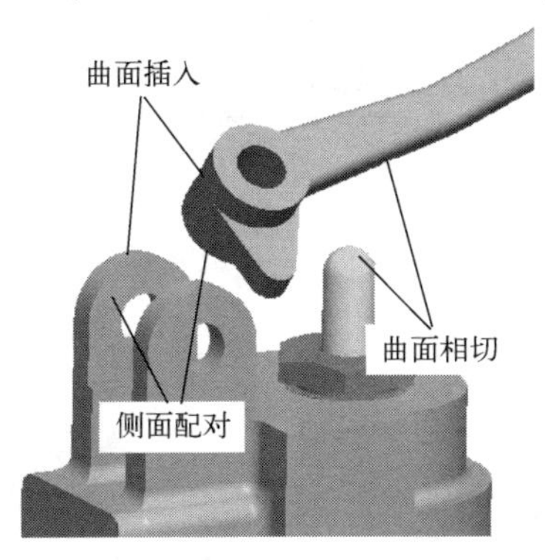


图 9-30　选择约束图元

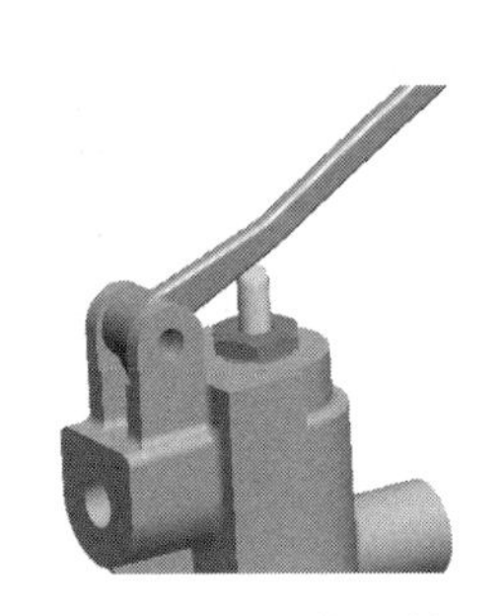

图 9-31　手柄装配结果

**10. 装配第八个零件——销钉**

单击“添加元件”按钮，打开“02xiaoding. prt”，约束类型选择“配对”+“插入”+“配对角度”，“配对”+“插入”约束关系见图 9-32 所示，“配对角度”的设置如图 9-33 所示，令两平面之间的角度值为 90，即令销钉的孔呈水平放置，操作结果如图 9-34 所示。

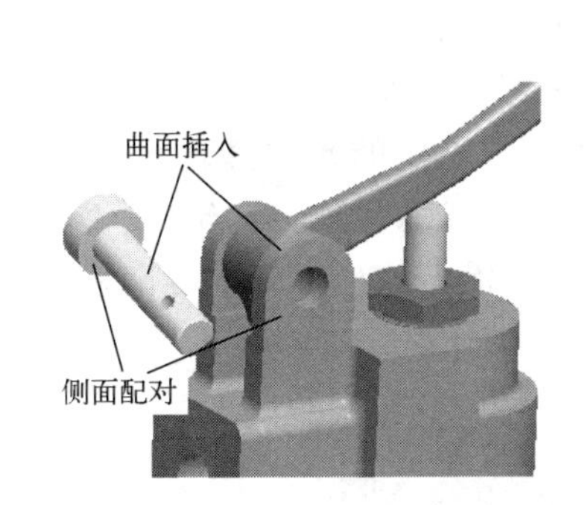


图 9-32　选择约束图元

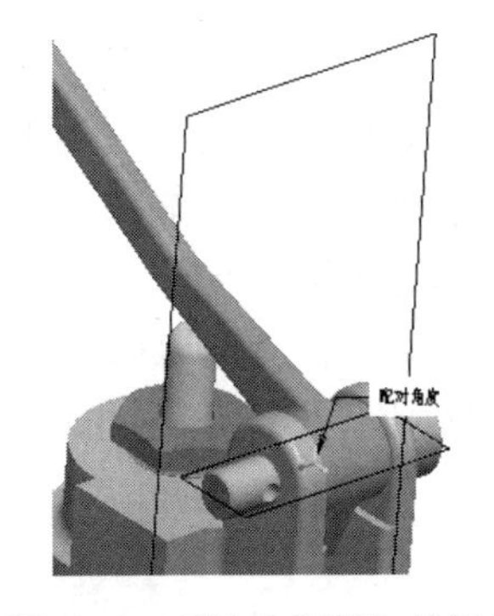


图 9-33　“配对角度”的设置

图 9-34　销钉装配结果

**11. 装配第九个零件——开口销**

单击“添加元件”按钮，打开“03kaikouxiao. prt”。“约束类型”选择“插入”和“对齐”，“插入”曲面选取图 9-35 中相配的孔与轴的表面，“对齐”平面选取图中两基准平面，并在图 9-36 所示的“放置”选项卡中设置偏移量值为 7. 8。

**12. 装配第十个零件——球头**

单击“添加元件”按钮，打开“11qiutou. prt”，“约束类型”选择，分别选择“插入”+“配对”的约束选项，约束图元见图 9-37 所示。装配好后将阀体零件进行透明化，其结果如图 9-38 所示。

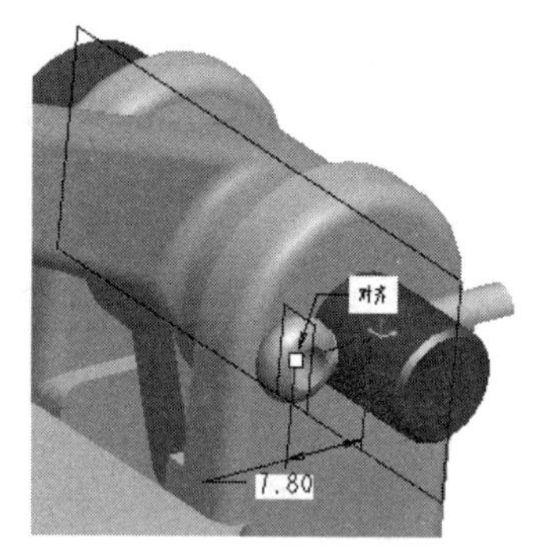


图 9-35　选择约束图元

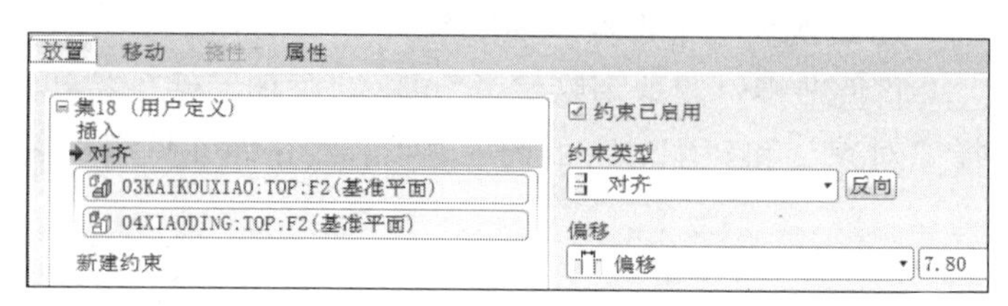


图 9-36　设置偏移距离

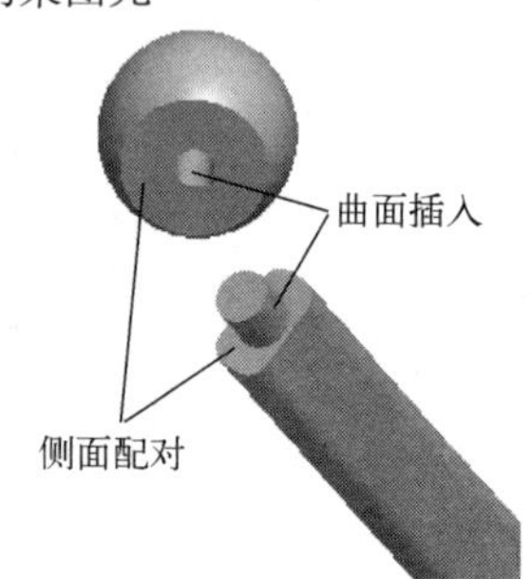


图 9-37　选择约束图元

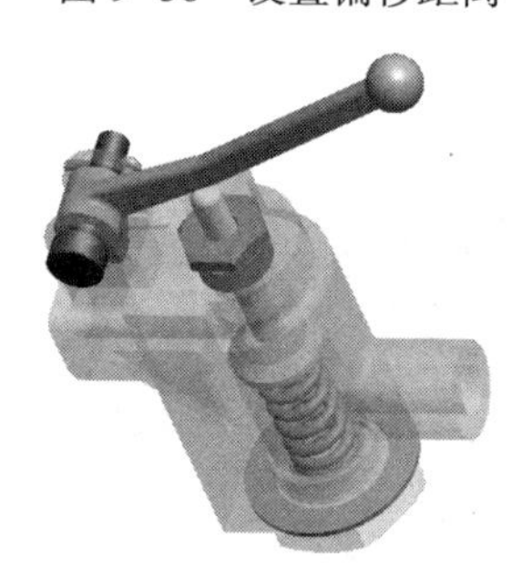

图 9-38　最终装配结果

## 9.4　制作手压阀爆炸图

9.4

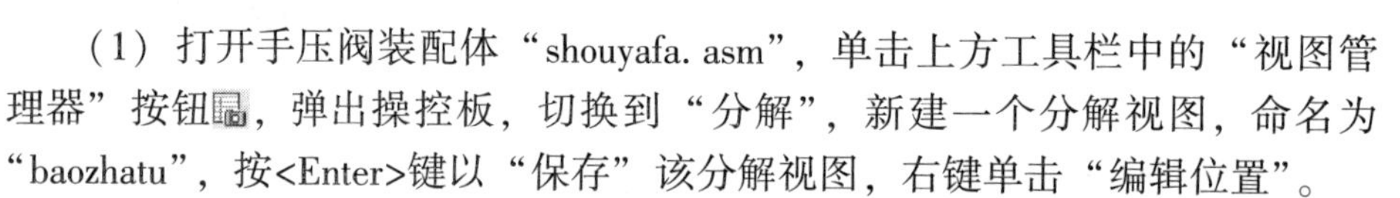

（1）打开手压阀装配体“shouyafa. asm”，单击上方工具栏中的“视图管理器”按钮，弹出操控板，切换到“分解”，新建一个分解视图，命名为“baozhatu”，按<Enter>键以“保存”该分解视图，右键单击“编辑位置”。

（2）在图形区中单击选取需要移动的元件，如图 9-39 所示，选中的元件会显示线框和其坐标系的 X、Y 和 Z 轴，分别代表要移动的方向。将鼠标放在想要移动的方向轴上，该轴显示的颜色会变深，此时按住左键并拖动，所选取的元件就可以沿着该坐标轴的方向移动，在合适的位置松开左键，即把该元件固定下来了，如图 9-40 所示。

图 9-39　选取元件

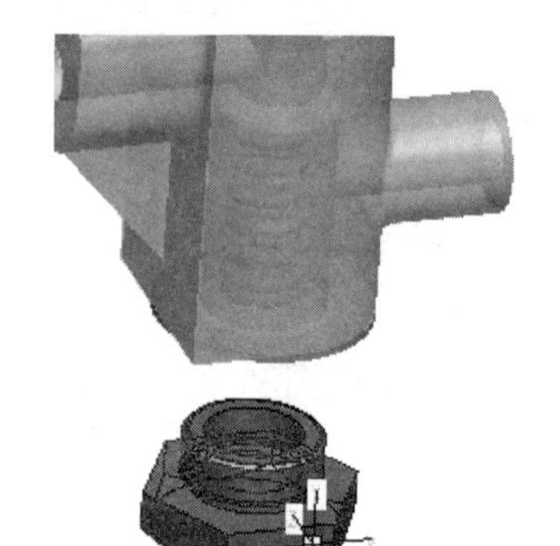

图 9-40　拖动结果

（3）按照上述的方法，将组件的各个部分分解出来，爆炸图必须是按照组装的顺序进行分解，将所有的组件按照组装的顺序进行分解之后就可以得到图 9-41 所示的视图，即为该组件的爆炸视图。

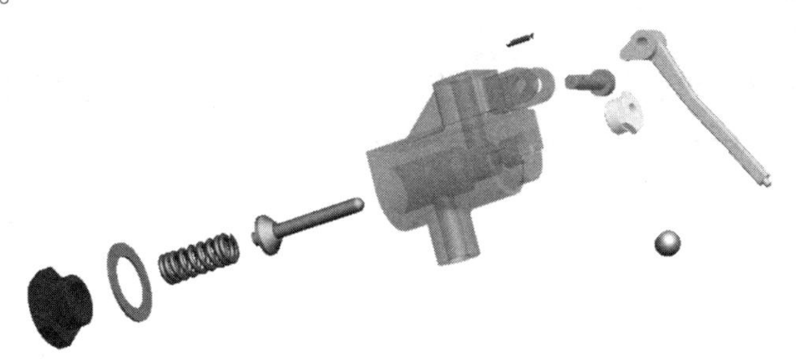

图 9-41　爆炸视图

（4）单击主菜单中的“文件”→“新建”，新建一个名为“drw001. drw”的绘图文件。注意，不要勾选“使用缺省模板”，指定模板为“空”。

（5）在绘图窗口的布局栏目中，单击“创建普通视图”按钮，弹出“选取组合状态”对话框，选择“无组合状态”，接着在绘图区空白处单击左键，则出现图 9-42 所示的“绘图视图”操控板，选择“比例”，输入定制比例值 1。

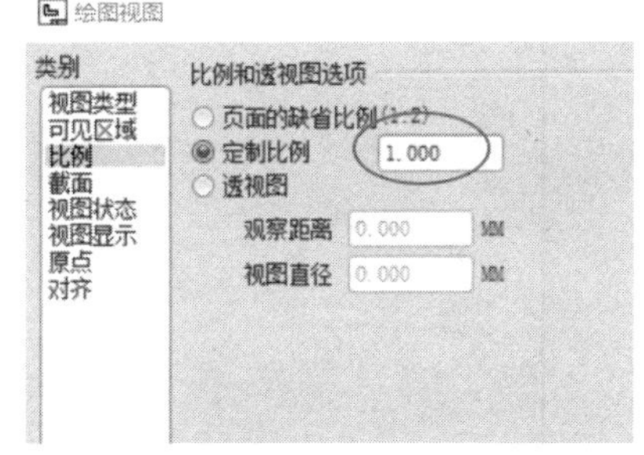


图 9-42　定制比例

（6）选择“视图状态”，如图 9-43 所示，勾选“视图中的分解元件”，在“组件分解状态”栏中选择“缺省”。

（7）选择“视图显示”，如图 9-44 所示，在“显示样式”中选择“消隐”显示，得到图 9-45 所示的爆炸视图。

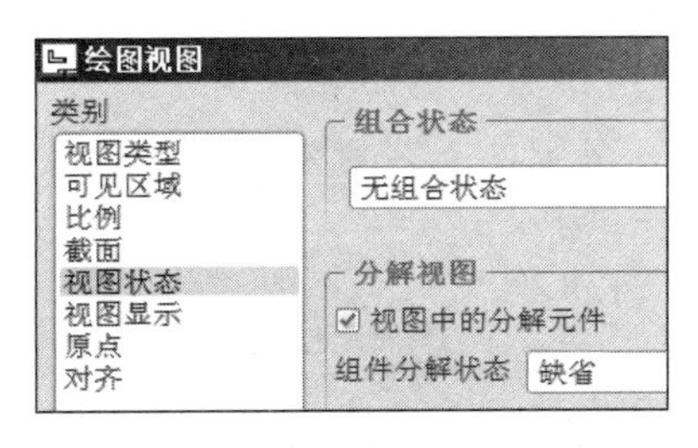


图 9-43　“绘制视图”对话框

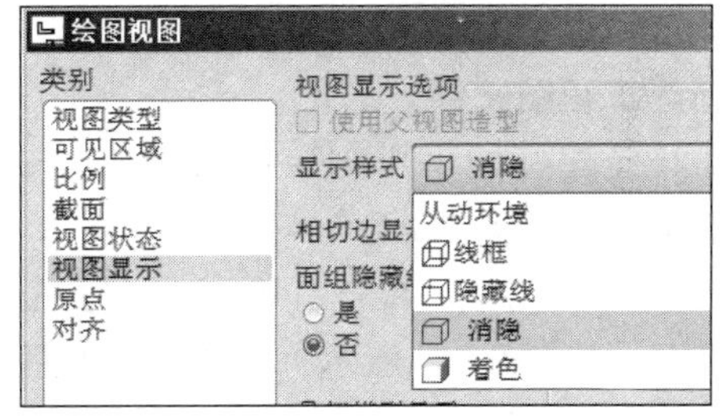


图 9-44　视图显示样式

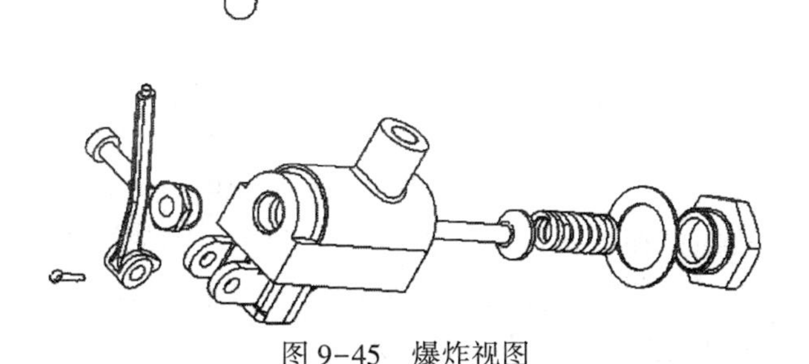

图 9-45　爆炸视图

## 9.5 制作手压阀二维装配图

9.5

### 1. 制作标题栏

制作过程参照 6.5.1 节，最终的标题栏 A3-shouyafa.frm 格式文件如图 9-46 所示。

| 11 | 球头 | 1 | 胶木 | |
|---|---|---|---|---|
| 10 | 螺套 | 1 | Q235-A | |
| 9 | 手柄 | 1 | 20 | |
| 8 | 填料 | 1 | 石棉 | |
| 7 | 阀杆 | 1 | 45 | |
| 6 | 弹簧 | 1 | 60CrVA | |
| 5 | 胶垫 | 1 | 橡胶 | |
| 4 | 调节螺钉 | 1 | Q235-A | |
| 3 | 开口销4X14 | 1 | Q215 | GB/T91-2000 |
| 2 | 销钉 | 1 | 20 | |
| 1 | 阀体 | 1 | HT150 | |
| 序号 | 名称 | 数量 | 材料 | 备注 |
| 手压阀 | | | 比例 | 1:1.5 |
| | | | 重量 | |
| 制图 | David | | 中国图学学会 | |
| 审核 | | | | |

图 9-46 标题栏格式

### 2. 新建工程图文件

先打开已建好的手压阀装配体“shouyafa.asm”模型，单击“新建”，弹出“新建”对话框，选择“绘图”，输入名称“shouyafa.drw”，单击“确定”。随后弹出“新建绘图”对话框，如图 9-47 所示，由于三维模型已打开，系统自动在“缺省模型”处选定了“shouyafa.asm”（如果之前没打开 3D 模型，则可以单击“缺省模型”下的“浏览”，指定已经绘制好的 3D 模型文件），“指定模板”选择“格式为空”，“浏览”中选择“a3-shouyafa.frm”（上一步中已经做好的格式文件），单击“确定”，完成，进入 2D 绘图环境。

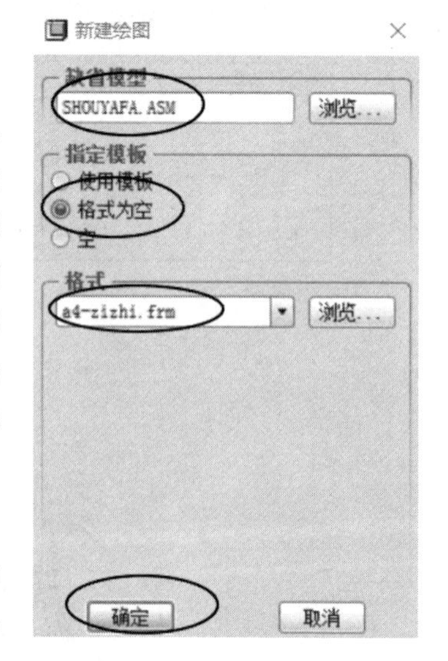

图 9-47 “新建绘图”对话框

### 3. 创建一般视图

将主菜单切换到“布局”状态，出现如图 9-48 所示的布局操控板，单击“一般”，在绘图区某空白处单击放置一般视图，结果如图 9-49 所示。同时弹出“绘图视图”对话框，设置 FRONT 面为模型视图名，如图 9-50 所示。

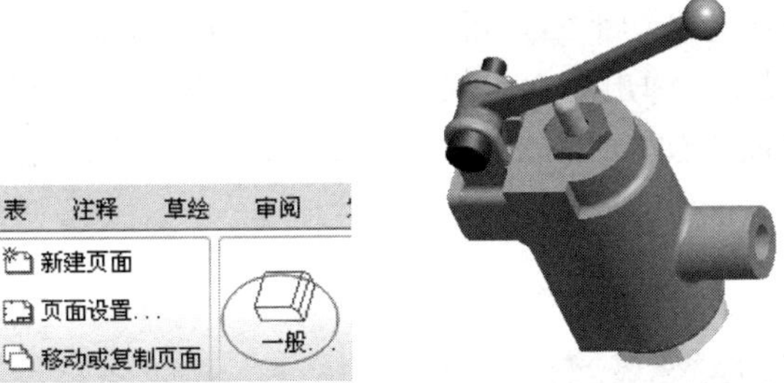

图 9-48　布局模式

图 9-49　一般视图

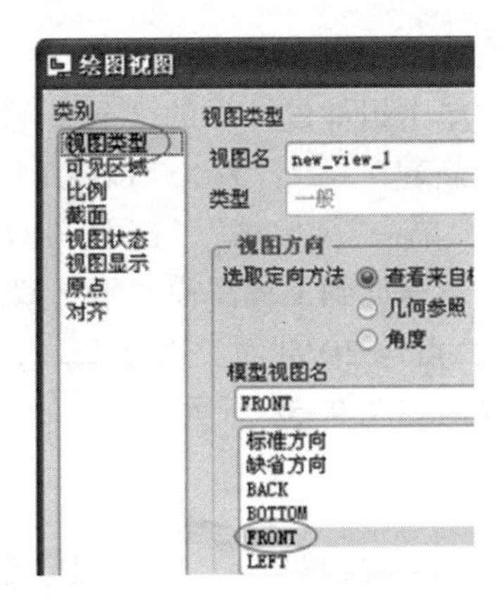


图 9-50　“视图类型”选项卡

设置其他选项卡（每个选项卡设置完后都先单击“应用”，再设置下一个选项卡），部分需要设置的选项卡如图 9-51 和图 9-52 所示，完成设置后的视图显示如图 9-53 所示。点选该视图，打开右键菜单，取消勾选“锁定视图移动”，然后即可将视图拖动至合适位置。

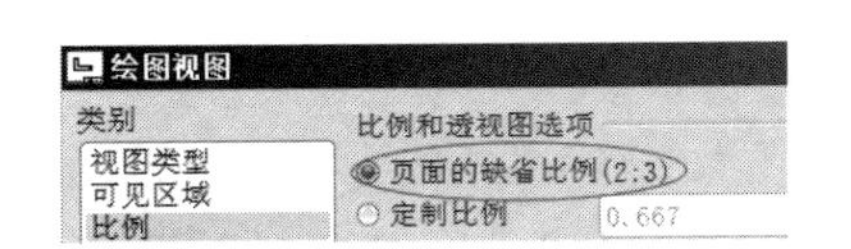


图 9-51　设置比例

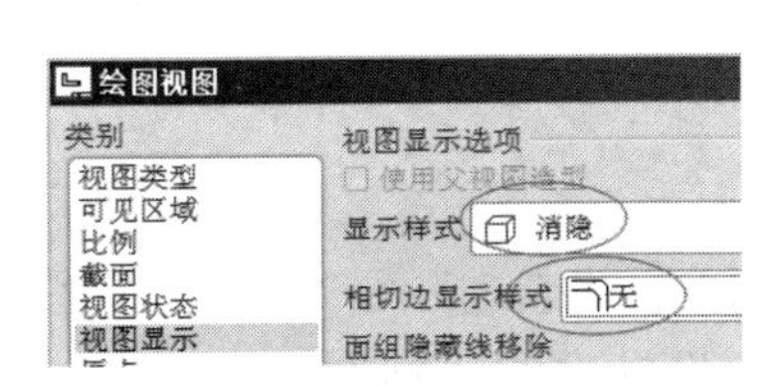


图 9-52　设置显示选项

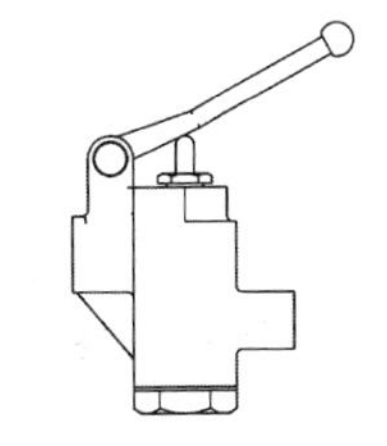

图 9-53　视图显示结果

**4. 创建投影视图**

选中主视图，单击右键，如图 9-54 所示，选择“插入投影视图”，在主视图的右边放置左视图；用相同的方法可在主视图的下方放置俯视图。按住<Ctrl>键，同时选中左视图和俯视图，单击右键，点选“属性”，进入“绘图视图”对话框，将显示样式改为“消隐”，相切边显示改为“无”。完成的三视图如图 9-55 所示。

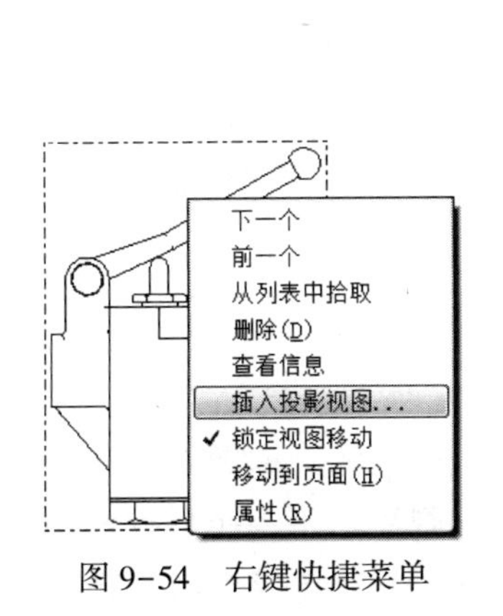


图 9-54　右键快捷菜单

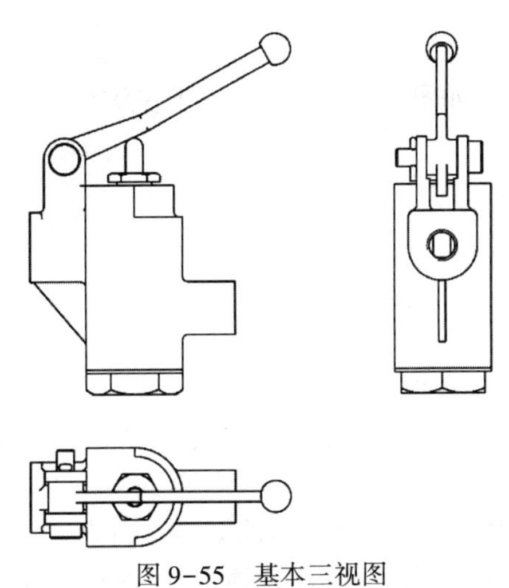

图 9-55　基本三视图

### 5. 创建全剖视图

单击组件设计中的“视图管理器”工具，弹出“视图管理器”窗口，点选“剖面”→“新建”，命名为XSEC0001剖面，按<Enter>键确定，弹出“菜单管理器”，选择“平面”“单一”“完成”，选取FRONT面作为剖切平面，得到图9-56所示的剖面。

再返回到工程图模式下，双击该视图，弹出图9-57所示的“绘图视图”窗口，点“截面”，点选2D剖面，选择+，添加之前创建的XSEC0001剖面，系统默认完全剖。得到的全视图如图9-58所示。

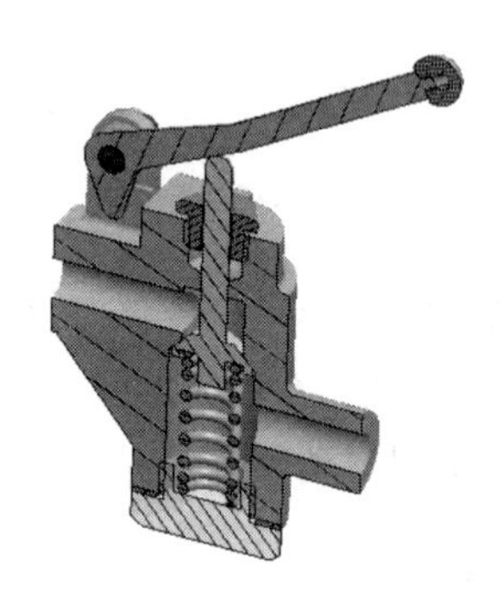

图9-56 创建剖面结果

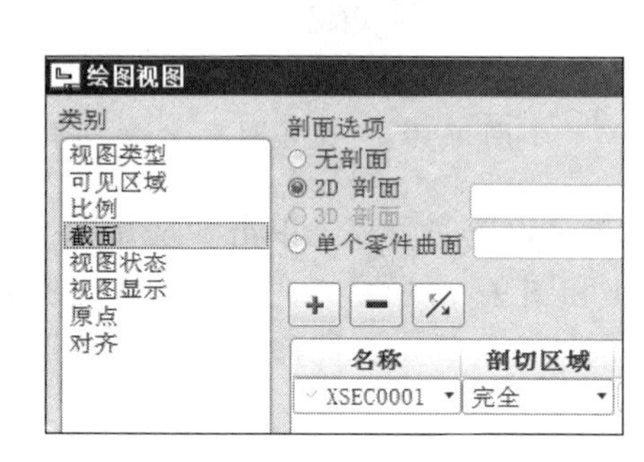


图9-57 添加剖面

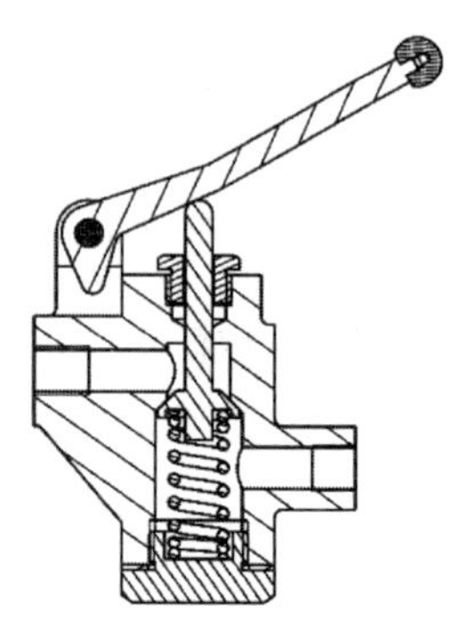

图9-58 完全剖结果

### 6. 创建俯视图中的剖面

为了得到俯视图中的剖面，先新建一个基准平面ADTM5，如图9-59所示，通过销钉的轴心的水平面。再单击组件设计中的“视图管理器”工具，弹出“视图管理器”窗口，点选“剖面”→“新建”，命名为XSEC0002剖面，按<Enter>键确定，弹出“菜单管理器”，选择“平面”“单一”“完成”，选取ADTM5面作为剖切平面，得到图9-60所示的剖面。

再返回到工程图模式下，双击该视图，在绘图视图窗口中点“截面”添加之前创建好的XSEC0002剖面，剖切区域为“完全”，结果如图9-61所示。

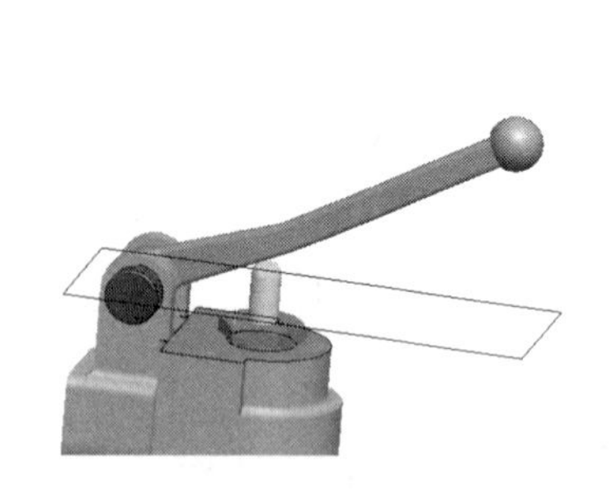

图9-59 创建基准平面

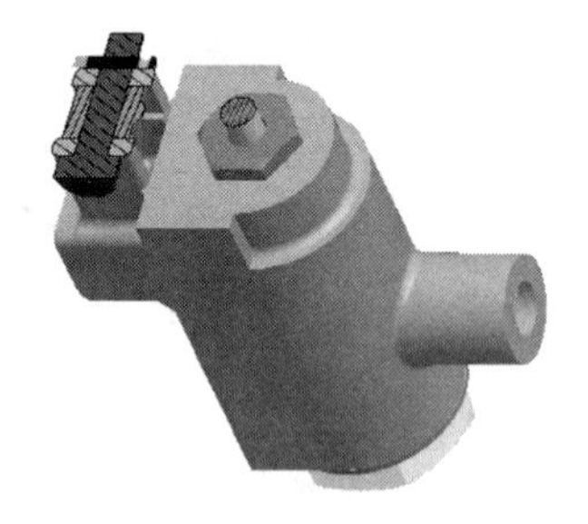

图9-60 创建剖切面

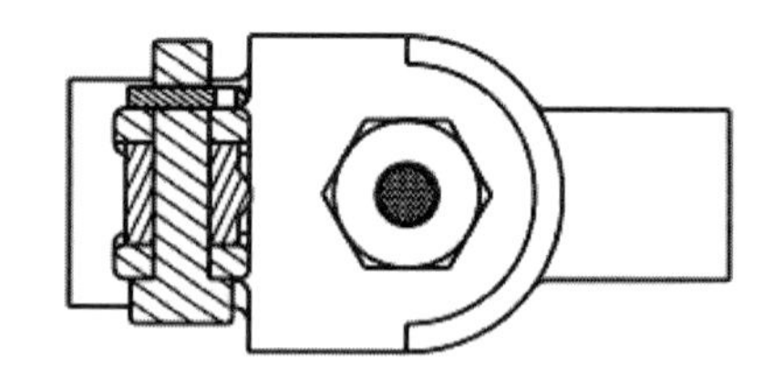

图9-61 添加截面结果

### 7. 修改剖面线

（1）排除主视图中个别元件的剖面线。

切换到布局，双击主视图中的剖面线，弹出图9-62所示的“修改剖面线”菜单，选择“X元件”图形区中将显示当前元件，再点“下一个”，则显示下一个元件为当前元件，当显示元件为所需要修改部面线的零件，则点“间距”→“一半（或加倍或值）”调整剖面线的间距，接着选择“下一个”……找到待修改对象，用相同方法继续修改，修改完间距后，再选择“角度”修改剖面线的角度，接着选择“下一个”→“X 元件”→“角度”继续修改角度。有些元件不需要显示剖面线，则点“下一个”显示其剖面线时，单击“排除”，最后单击“完成”，结果如图 9-63 所示。

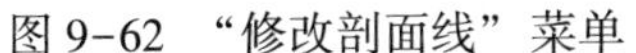
图 9-62 “修改剖面线”菜单

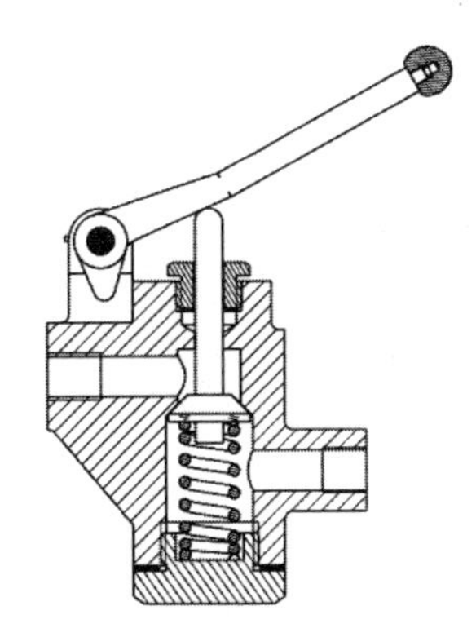
图 9-63 排除个别元件的剖面线结果

（2）排除俯视图中个别元件的剖面线。

双击俯视图中的剖面线，运用相同的方法，排除阀杆、销钉和开口销三处的剖面线，结果视图如图 9-64 所示。

（3）修改主视图中球头处的剖面线符号。

主视图中球头处的剖面线改应为网格填充类型，更改的办法是：双击该剖面线，在菜单管理器中选择“检索”，出现图 9-65 所示的剖面线符号列表，选择“zinc”，则该剖面线显示为网格填充类型，如图 9-66 所示。

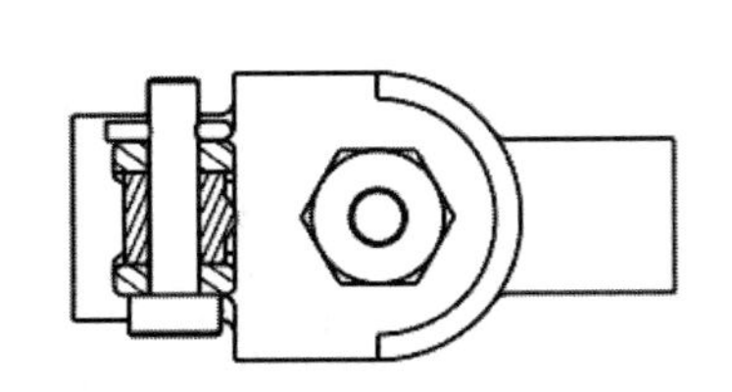
图 9-64 排除个别元件的剖面线结果

图 9-65 剖面线符号列表

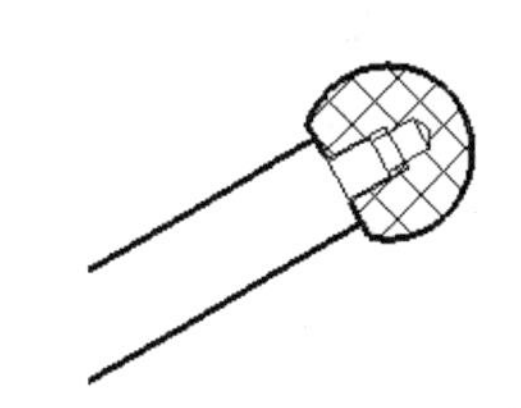
图 9-66 网格填充结果

（4）拭除阀体肋板区域的剖面线。

对于阀体零件，其肋不能被剖切，所以应去除该区域的剖面线。

先切换到“布局”状态，双击主视图的剖面线，弹出“修改剖面线”菜单管理器，选择“X 元件”→“下一个”，找到阀体元件，再点“X 区域”→“下一个”，找到肋板所在的区域，再点“拭除”，即去除了该区域的剖面线，如图 9-67 所示。

将该视图的显示样式临时更改为“隐藏线”，即用灰色的线显示隐藏线，如图 9-68 所示。

将主菜单切换到“草绘”模式下，单击使用边工具，激活肋板旁边需要补充剖面线的边界线，单击滚轮确定，如图 9-69 所示，再运用拐角工具，把右下方多余的线段删除，使边界线封闭。

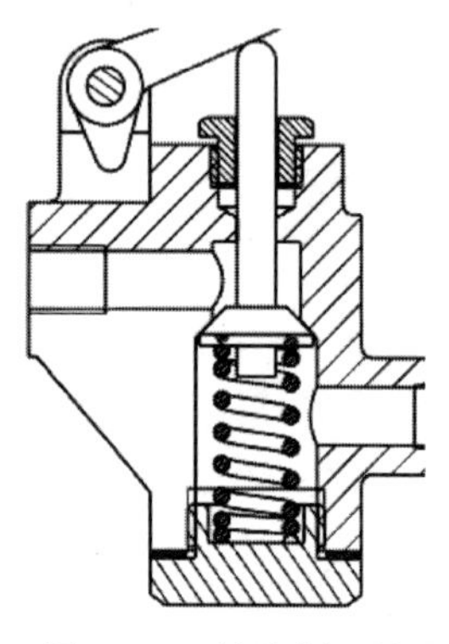
图 9-67　拭除剖面线

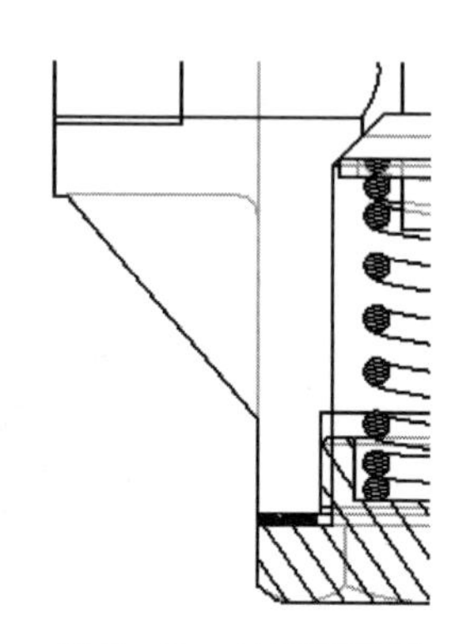
图 9-68　显示隐藏线

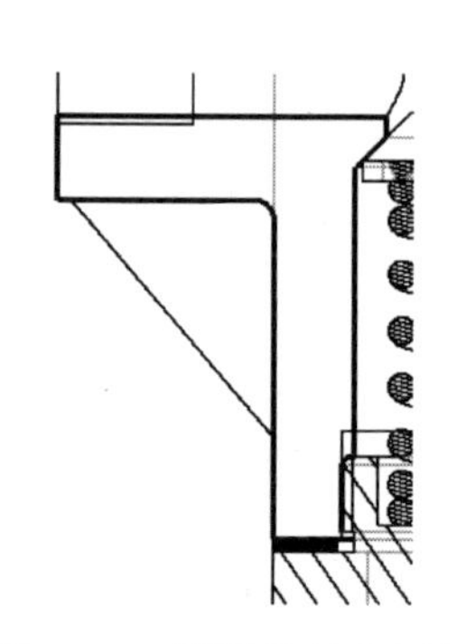
图 9-69　激活待填充区域

单击右键，在图 9-70 所示的快捷菜单中选择“剖面线/填充”，采用默认的剖面线名称，确定完成剖面线的结果如图 9-71 所示，将其间距和角度更改为阀体其余部分剖面线一致的值，结果如图 9-72 所示。

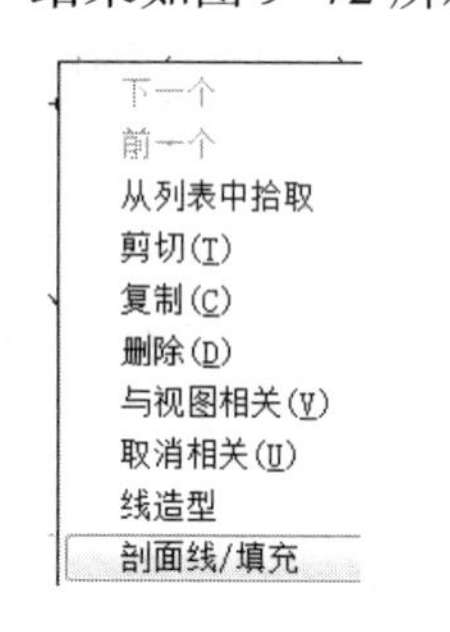

图 9-70　右键快捷菜单

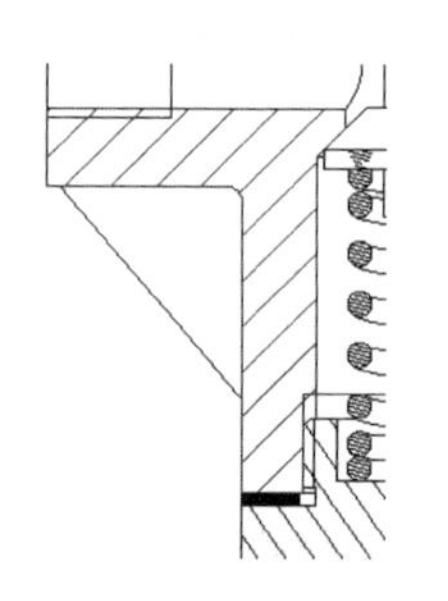
图 9-71　补充剖面线

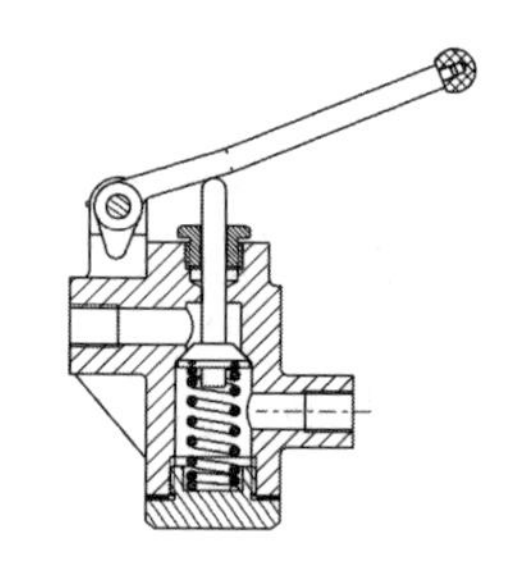
图 9-72　剖面线填充结果

**8. 显示基准轴**

切换到注释，单击显示模型注释，弹出“显示模型注释”对话框，如图 9-73 所示，点选显示基准轴线的工具，然后选择主视图，在对话框中单击全选的工具，单击应用。同理，在其他视图中显示全部基准轴线。然后修正一些基准轴线，根据需要将某些轴线拉长或缩短，或删减。最后得到图 9-74 所示的效果，用“发布”→“预览”出来的效果图会更直观。

**9. 制作手柄旋转到另一极限位置**

(1) 将主菜单切换到“草绘”模式下，单击使用边工具，激活手柄和球头的外形线，如图 9-75 所示，单击滚轮确定。

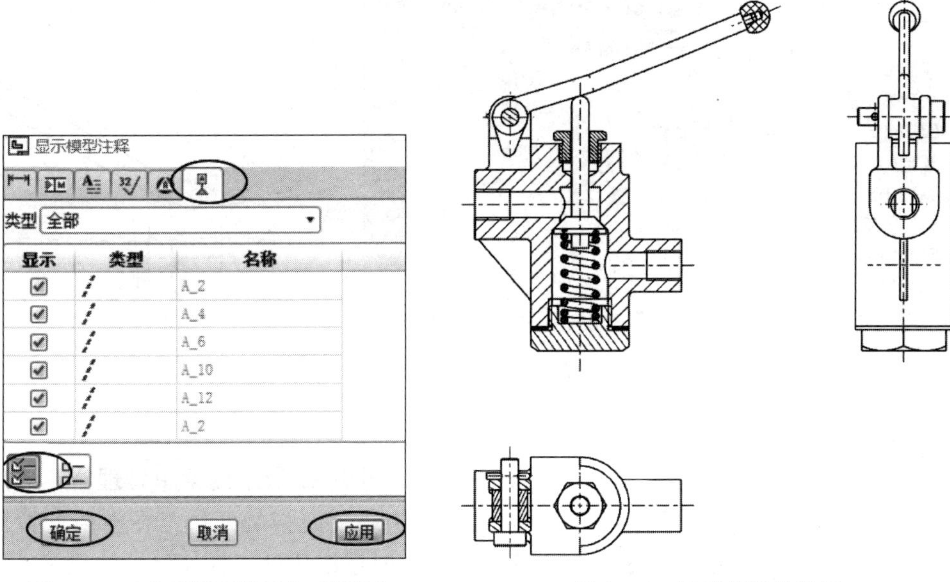


图 9-73　“显示模型注释”对话框　　图 9-74　显示基准轴结果

（2）在草绘模式下，单击“旋转”，框选刚激活的外形线，确定，出现图 9-76 所示的“获得点”菜单管理器，单击“顶点”，选择图 9-77 中箭头所指的中点作为旋转中心，设置旋转角度值为-25. 5，即旋转到图 9-78 所示的状态。

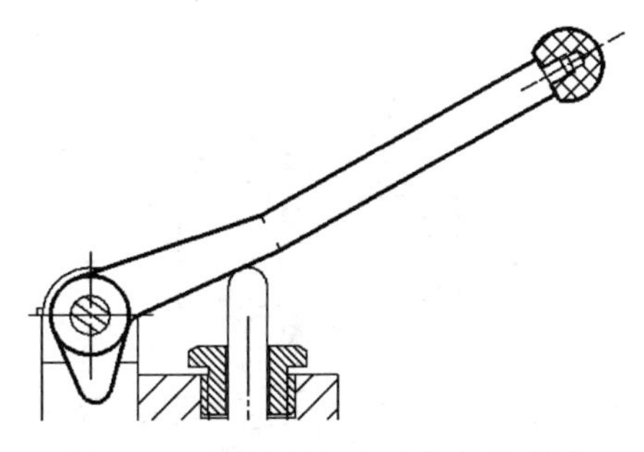

图 9-75　激活手柄和球头的外型线

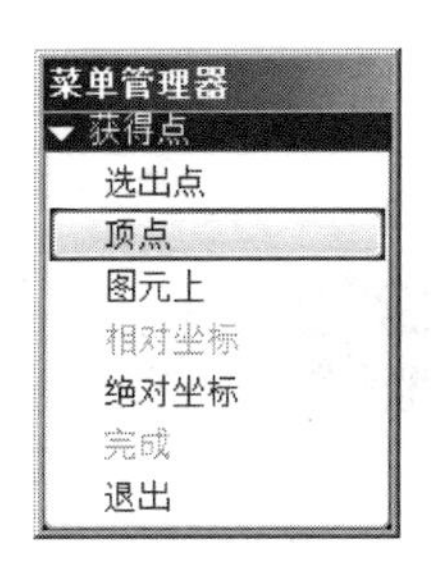


图 9-76　“获得点”菜单管理器

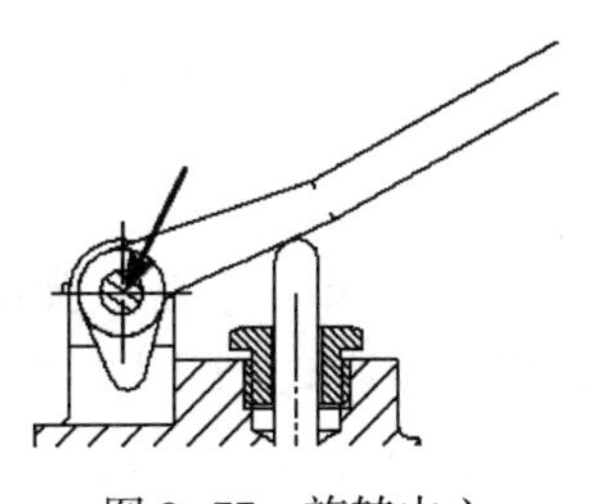

图 9-77　旋转中心

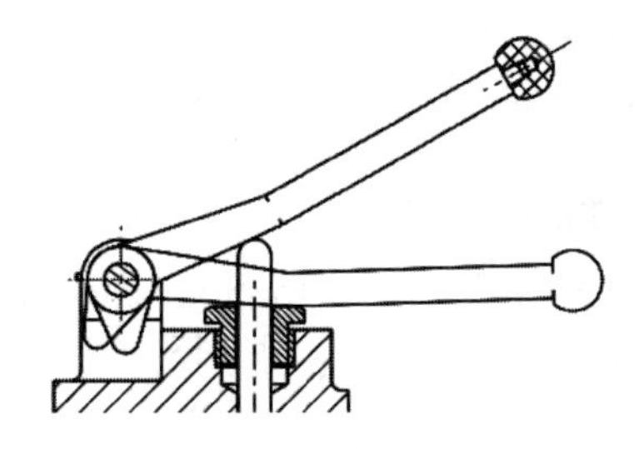

图 9-78　旋转结果

（3）继续框选该区域，单击右键，出现图 9-79 所示的快捷菜单，点选“线造型”，弹出“修改线造型”窗口，如图 9-80 所示，将样式选为“切削平面”，那么线型会自动更换为“双点划线”。图形变成图 9-81 所示。

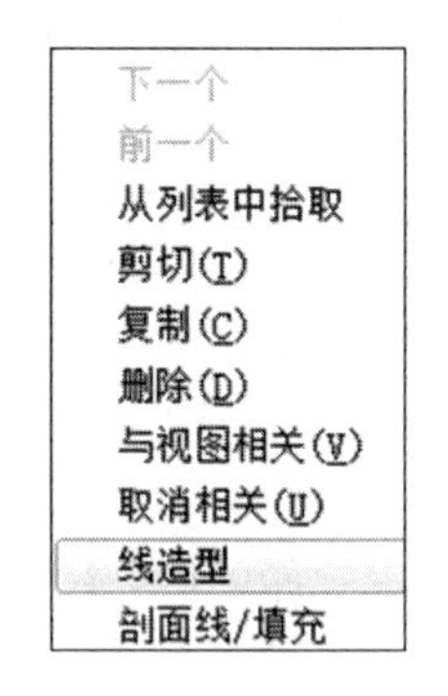

图 9-79　右键快捷菜单

图 9-80　“修改线造型”设置

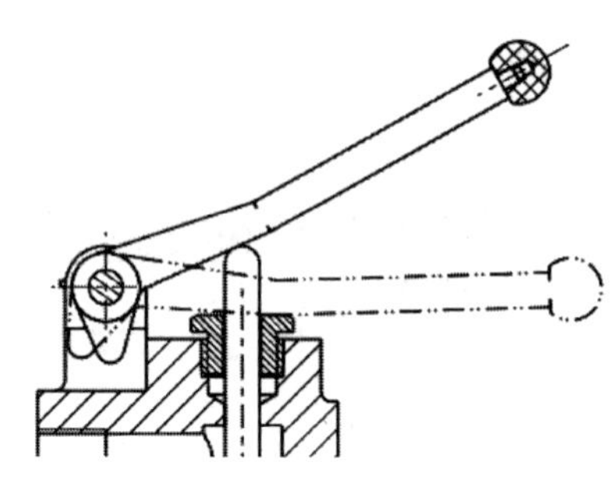
图 9-81　“修改线造型”结果

**10. 标注尺寸**

切换到注释状态下，单击标注尺寸按钮，弹出图 9-82 所示的菜单管理器，选择“图元上”，然后在视图中选择两条参照边，如图 9-83 中箭头所指的两边，在空白处按鼠标滚轮确认尺寸放置，即显示出图 9-83 中 20 的尺寸。此时系统仍处于标注尺寸的状态，可继续完成多个尺寸的标注，单击尺寸还可拖动到合适的位置。调整好的主视图尺寸标注结果如图 9-84 所示。

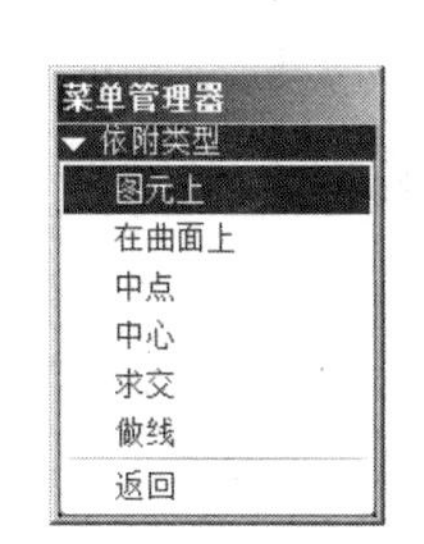

图 9-82　“依附类型”菜单

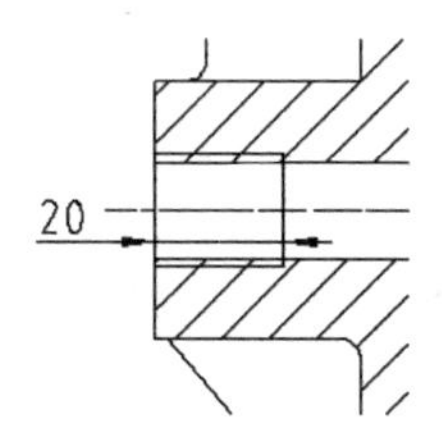

图 9-83　标注尺寸

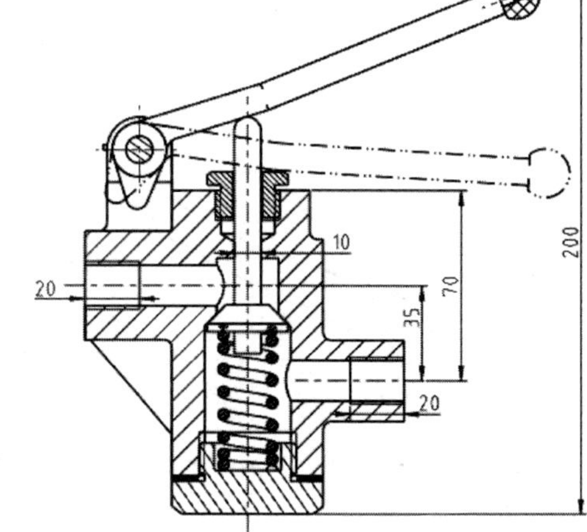

图 9-84　标注尺寸结果

**11. 修改尺寸的属性**

（1）将视图中的尺寸 10 更改为 ϕ10H8/f8：选中该尺寸，单击右键，弹出快捷菜单，选择“属性”，弹出“尺寸属性”对话框，切换到“显示”选项卡，如图 9-85 所示，在“前缀”框中输入 ϕ（单击右下方的“文本符号”，找到 ϕ），在“后缀”框中输入 H8/f8，尺寸修改结果如图 9-86 所示。

（2）将视图中的尺寸 200 更改为 135-200：选中该尺寸，单击右键，弹出快捷菜单，选择“属性”，弹出“尺寸属性”对话框，如图 9-87 所示，切换到“显示”选项卡，原来的尺寸显示格式为“@ D”，将其更改为图 9-88 所示的“@ O135-200”，尺寸修改结果如图 9-89 所示。

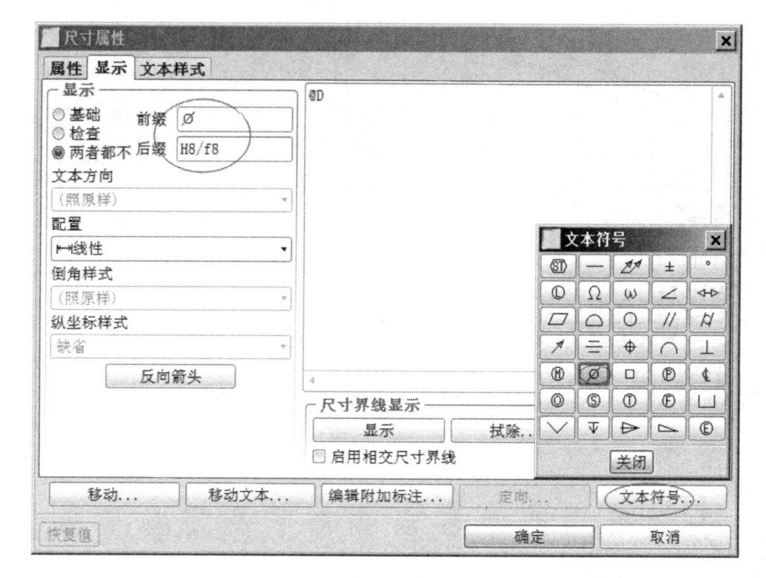


图 9-85　添加前缀与后缀

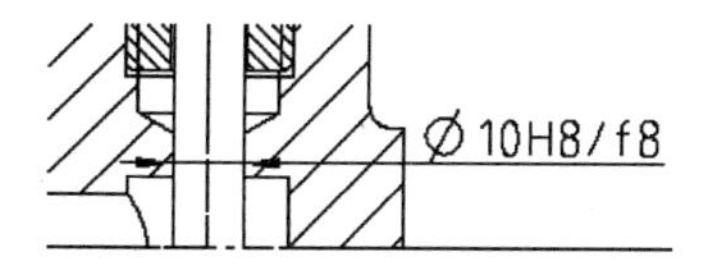


图 9-86　添加前缀与后缀结果

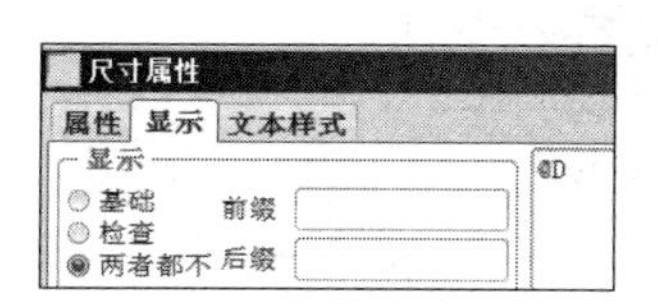


图 9-87　原尺寸显示样式

图 9-88　修改尺寸显示样式

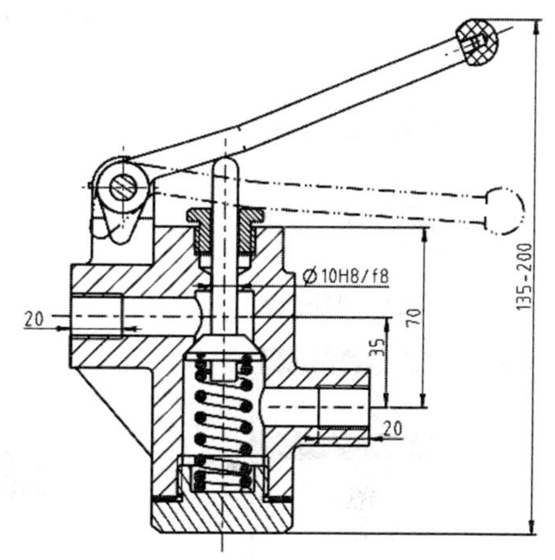


图 9-89　主视图修改尺寸属性结果

**12. 尺寸标注与修改后的三视图**

俯视图和左视图中的尺寸标注方法与修改方法跟主视图的类似，这里就不再一一赘述了。最后的三视图如图 9-90 所示。

**13. 标注序号**

在“注释”模式下，单击创建注释按钮，弹出图 9-91 所示的“注释类型”菜单，点选“ISO 引线”→“输入”→“水平”→“标准”→“缺省”→“进行注解”，然后弹出图 9-92 所示的“依附类型”菜单，点选“自由点”→“实心点”，接着在视图中选择合适的位置单击左键，再到需要放置数字的地方单击滚轮，弹出“输入注解”窗口，输入序号，如“1”，按<Enter>键，即完成序号的标注。此时系统仍处于标注序号的状态，可继续完成其余序号的标注，单击序号还可拖动到合适的位置。序号标注结果如图 9-93 所示。

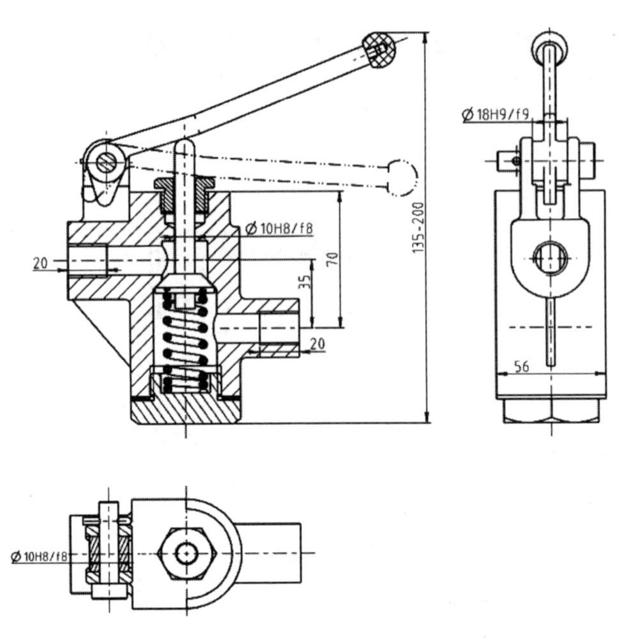


图 9-90　尺寸标注与修改后的三视图

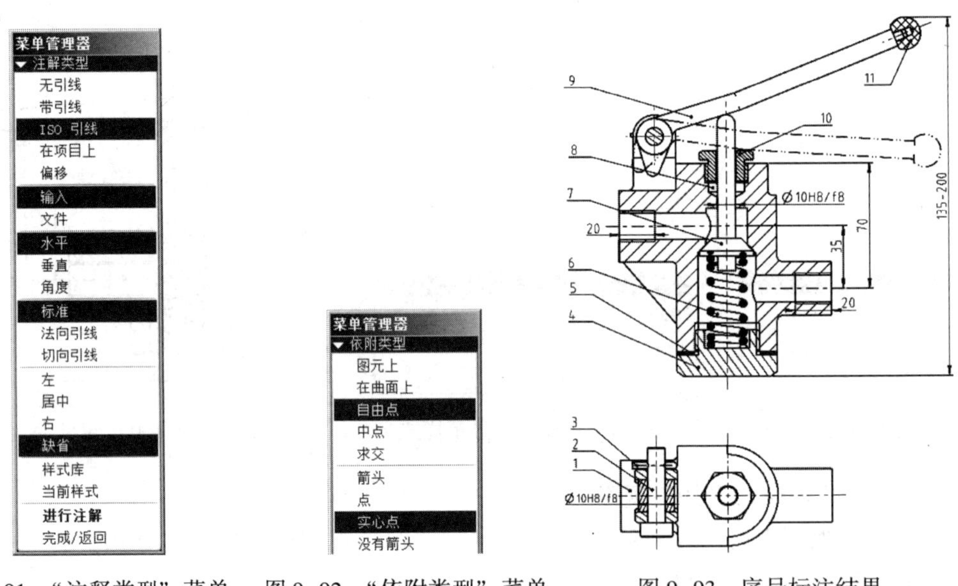


图 9-91　“注释类型”菜单　　图 9-92　“依附类型”菜单　　图 9-93　序号标注结果

**14. 文字说明**

在“注释”模式下，单击创建注释按钮，弹出图 9-91 所示的“注释类型”菜单，点选“无引线”→“输入”→“水平”→“标准”→“左”→“进行注解”，接着图形区某元件合适的位置上单击左键，再到需要放置序号的地方单击滚轮，弹出“输入注解”窗口，输入所需文字，字体大小不一致的文字，应分开制作注解，相同的可以一起制作。注解可拖动到合适的位置。

最后务必将文字字体选择为长仿宋或仿宋，方法是双击文字，出现图 9-94 所示的属性，选择字体即可。注解结果如图 9-95 所示。

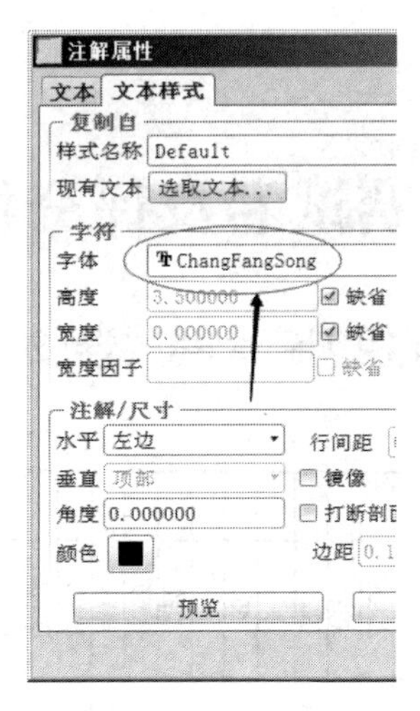


图 9-94 设置字体

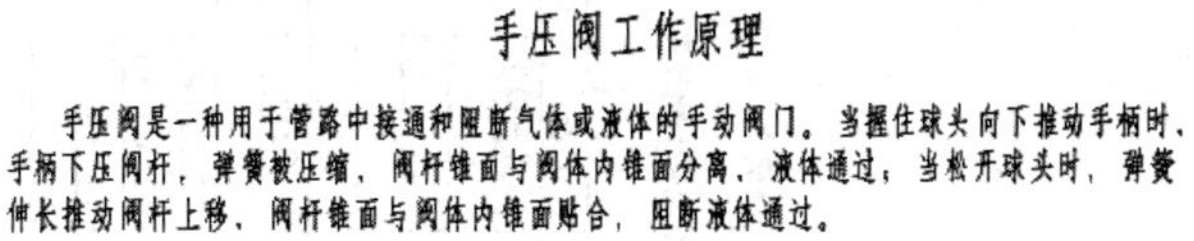

手压阀工作原理

手压阀是一种用于管路中接通和阻断气体或液体的手动阀门。当握住球头向下推动手柄时，手柄下压阀杆，弹簧被压缩、阀杆锥面与阀体内锥面分离、液体通过；当松开球头时，弹簧伸长推动阀杆上移、阀杆锥面与阀体内锥面贴合，阻断液体通过。

图 9-95 注解结果

## 9.6 历届考证试题和评分标准

历届“全国 CAD 技能二级考证（三维数字建模师）”试题和评分标准参见配套资源中的 Chapter 9。

# 第 10 章　2016 年全国“高教杯”大赛试卷及评分标准

## 10.1　第九届“高教杯”全国大学生先进成图技术与建模创新大赛试卷(2016 年)



### 第九届“高教杯”全国大学生先进成图技术与产品信息建模创新大赛
### 机械类计算机绘图试卷

时间：180分钟，共计300分。在D盘根目录中以考号为名创建文件夹，将所有要提交的文件放入该文件夹下。

工作任务：

1、根据提供的图纸，创建所有零件的三维模型。对于图纸上缺失的技术信息，选手自己判断。
（标准件可以从标准件库中调用或使用自带的标准件）

2、完成产品的整体3D装配模型并生成装配图，图纸幅面及比例自定，装配图要表达完整的零件配合关系和产品功能，并按产品要求标注尺寸及技术要求，装配图上要有零件序号和明细栏；

3、生成箱盖的零件图，图纸幅面A3，比例自定。绘制要求：参考给定的箱盖零件图。

4、生成拆装过程动画，要求如下：
（1）视频画面尺寸大于800×600，视频时间长度小于3分钟，保存的视频文件格式为AVI或WMV；
（2）动画要符合零件的装配顺序和工作原理，并根据装配的需要设置镜头切换和特写镜头。

5、生成产品的工作原理动画，要求如下：
（1）视频画面尺寸大于800×600，视频时间长度小于60秒，保存的视频文件格式为AVI或WMV；
（2）相机视觉应能绕产品一周观察到装配体全貌；
（3）外壳逐渐透明，能看到蜗轮蜗杆的运动，蜗轮蜗杆要有齿形并有啮合区的特写镜头。

提交的文件及评分要点：

| | |
|---|---|
| 1、所有非标件的三维模型 | 90分 |
| 2、装配体模型。 | 60分 |
| 3、产品装配图。 | 60分 |
| 4、箱盖零件图 | 50分 |
| 5、拆装动画文件。 | 20分 |
| 6、工作原理文件。 | 20分 |

蜗轮减速器基本参数

1、速　　比：48
2、额定转速：1440 r/min
3、输入功率：4.8 kw
4、中 心 距：232mm

技术要求

1、零件安装之前清洗干净，去毛刺、倒锐角。
2、啮合侧隙值不得小于0.1mm。
3、组装的蜗轮减速器应转动灵活，不能有卡死或爬行现象。

蜗轮减速器示意图

| 序号 | 零件代号 | 零件名称 | 数量 | 材料 | 备注 |
|---|---|---|---|---|---|
| 27 | | 螺塞 | 1 | Q235 | |
| 26 | | 垫圈 | 1 | 橡胶石膏板 | |
| 25 | GB/T 6170-2000 | 螺母　M14 | 4 | | |
| 24 | GB/T 97.1-2002 | 平垫圈　14 | 4 | | |
| 23 | GB/T 5782-2000 | 螺栓　M14 x 120 | 4 | | |
| 22 | | 油箱盖 | 1 | ZL101 | |
| 21 | | 油箱盖销 | 1 | Q215 | |
| 20 | GB/T 1096-2003 | 键28 x 16 x 90 | 1 | | |
| 19 | | 蜗轮 | 1 | ZCuSn10P1 | |
| 18 | | 衬套 | 2 | ZCuAl10Fe3 | |
| 17 | | 蜗轮轴 | 1 | 40Cr | |
| 16 | GB/T 6170-2000 | 螺母　M10 | 10 | | |
| 15 | GB/T 97.1-2002 | 平垫圈　10 | 10 | | |
| 14 | GB/T 5782-2000 | 螺栓　M10 x 35 | 18 | | |
| 13 | GB/T 6171-2000 | 螺母　M30 x 2 | 2 | | |
| 12 | | 后盖 | 1 | ZL101 | |
| 11 | | O形密封圈 | 1 | 橡胶 | |
| 10 | | 轴承锁板 | 1 | Q235 | |
| 9 | GB/T 296-2015 | 滚动轴承　3209 | 1 | | |
| 8 | | 蜗杆 | 1 | 45 | |
| 7 | GB/T 276-2013 | 滚动轴承　6309 | 1 | | |
| 6 | | O形密封圈 | 1 | 橡胶 | |
| 5 | | 螺母 | 1 | Q235 | |
| 4 | | 油封40 | 1 | 毛毡 | |
| 3 | | 前盖 | 1 | ZL101 | |
| 2 | | 箱体 | 1 | ZL101 | |
| 1 | | 箱盖 | 1 | ZL101 | |

1 of 5

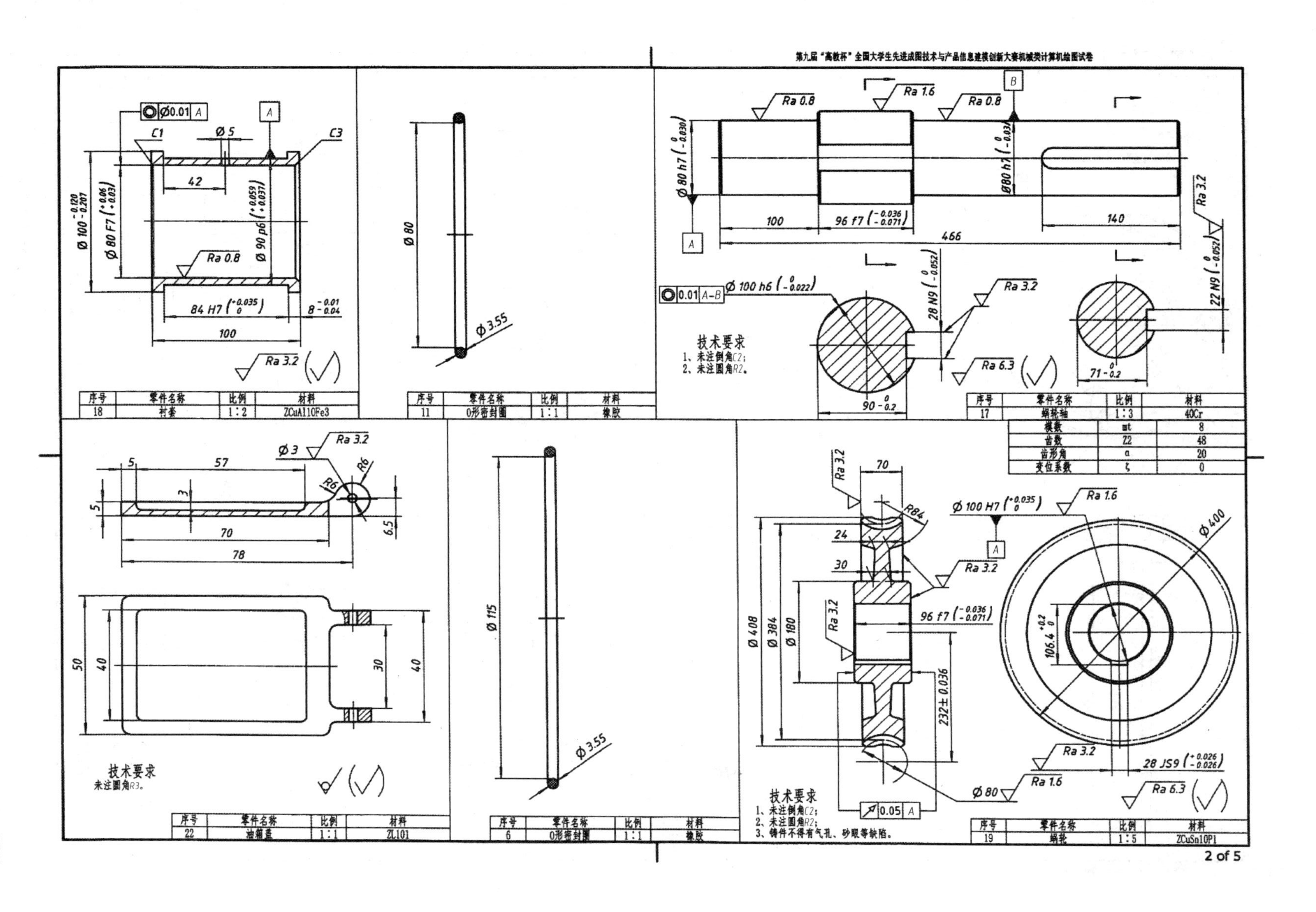

第九届"高教杯"全国大学生先进成图技术与产品信息建模创新大赛机械类计算机绘图试卷
技术要求
1、未注倒角C2;
2、未注圆角R2。
序号 | 零件名称 | 比例 | 材料
18 | 衬套 | 1:2 | ZCuAl10Fe3
11 | O形密封圈 | 1:1 | 橡胶
17 | 蜗轮轴 | 1:3 | 40Cr
模数 | mt | 8
齿数 | Z2 | 48
齿形角 | α | 20
变位系数 | ξ | 0
技术要求
未注圆角R3。
22 | 油箱盖 | 1:1 | ZL101
6 | O形密封圈 | 1:1 | 橡胶
技术要求
1、未注倒角C2;
2、未注圆角R2;
3、铸件不得有气孔、砂眼等缺陷。
19 | 蜗轮 | 1:5 | ZCuSn10P1
2 of 5

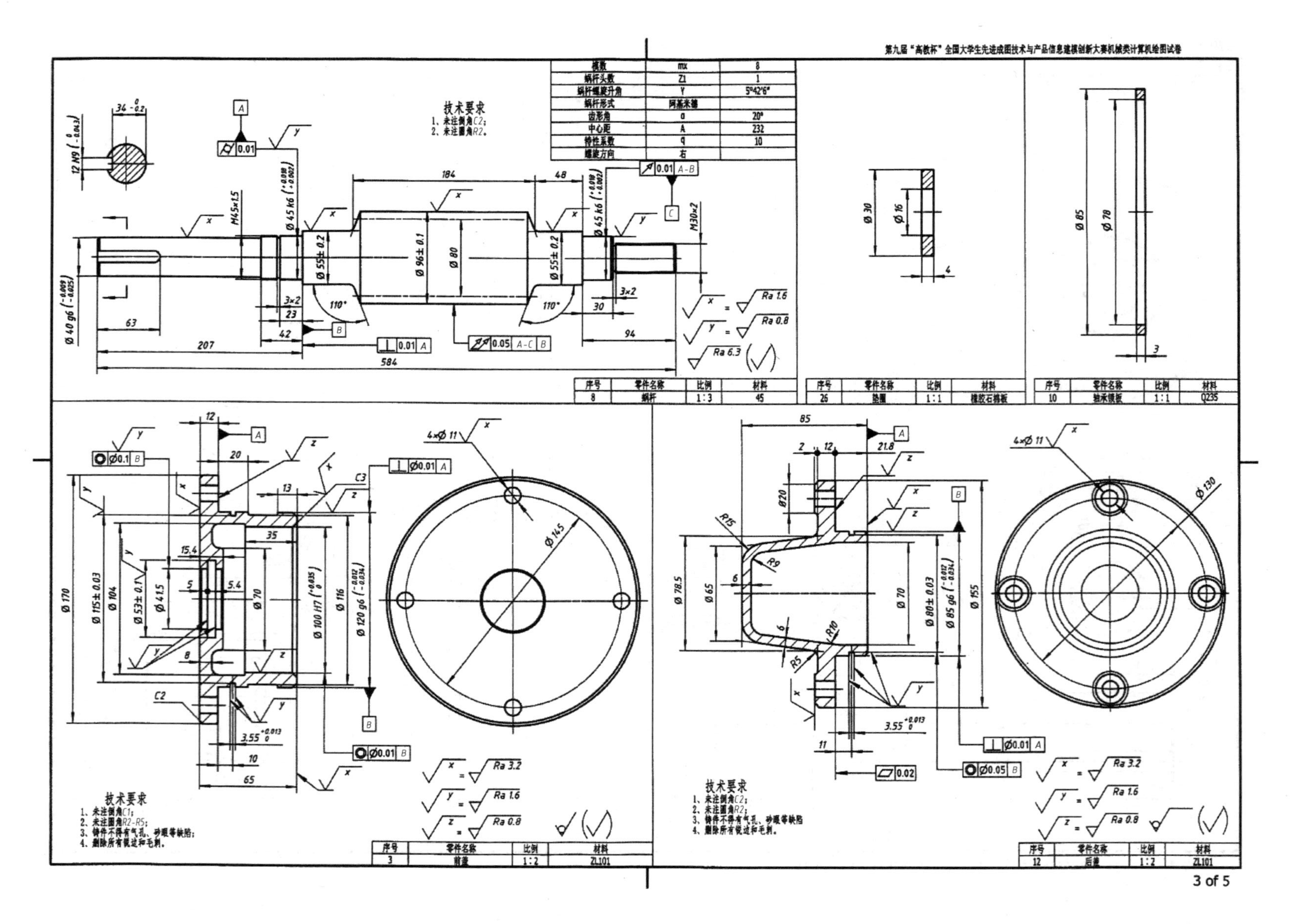
第九届"高教杯"全国大学生先进成图技术与产品信息建模创新大赛机械类计算机绘图试卷
模数 mx 8
蜗杆头数 Z1 1
蜗杆螺旋升角 γ 5°42'6"
蜗杆形式 阿基米德
齿形角 α 20°
中心距 A 232
特性系数 q 10
螺旋方向 右
技术要求
1、未注倒角C2；
2、未注圆角R2。
序号 零件名称 比例 材料
8 蜗杆 1:3 45
序号 零件名称 比例 材料
26 垫圈 1:1 橡胶石棉板
序号 零件名称 比例 材料
10 轴承挡板 1:1 Q235
技术要求
1、未注倒角C1；
2、未注圆角R2-R5；
3、铸件不得有气孔、砂眼等缺陷；
4、剔除所有锐边和毛刺。
序号 零件名称 比例 材料
3 前盖 1:2 ZL101
技术要求
1、未注倒角C2；
2、未注圆角R2；
3、铸件不得有气孔、砂眼等缺陷
4、剔除所有锐边和毛刺。
序号 零件名称 比例 材料
12 后盖 1:2 ZL101
3 of 5

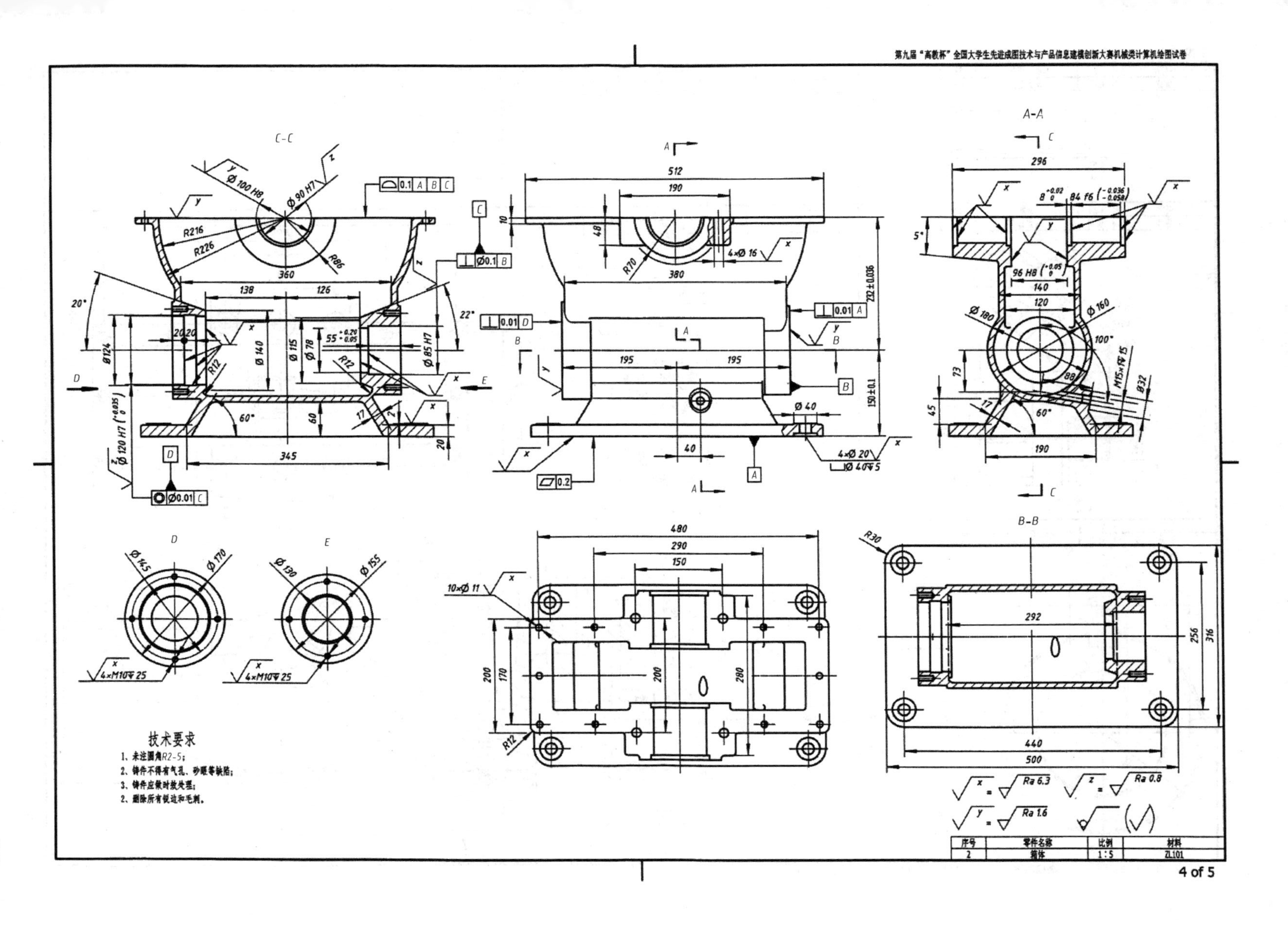
第九届“高教杯”全国大学生先进成图技术与产品信息建模创新大赛机械类计算机绘图试卷
C-C
A-A
B-B
D
E
技术要求
1、未注圆角R2-5；
2、铸件不得有气孔、砂眼等缺陷；
3、铸件应做时效处理；
2、删除所有锐边和毛刺。
序号
零件名称
比例
材料
2
箱体
1:5
ZL101
4 of 5

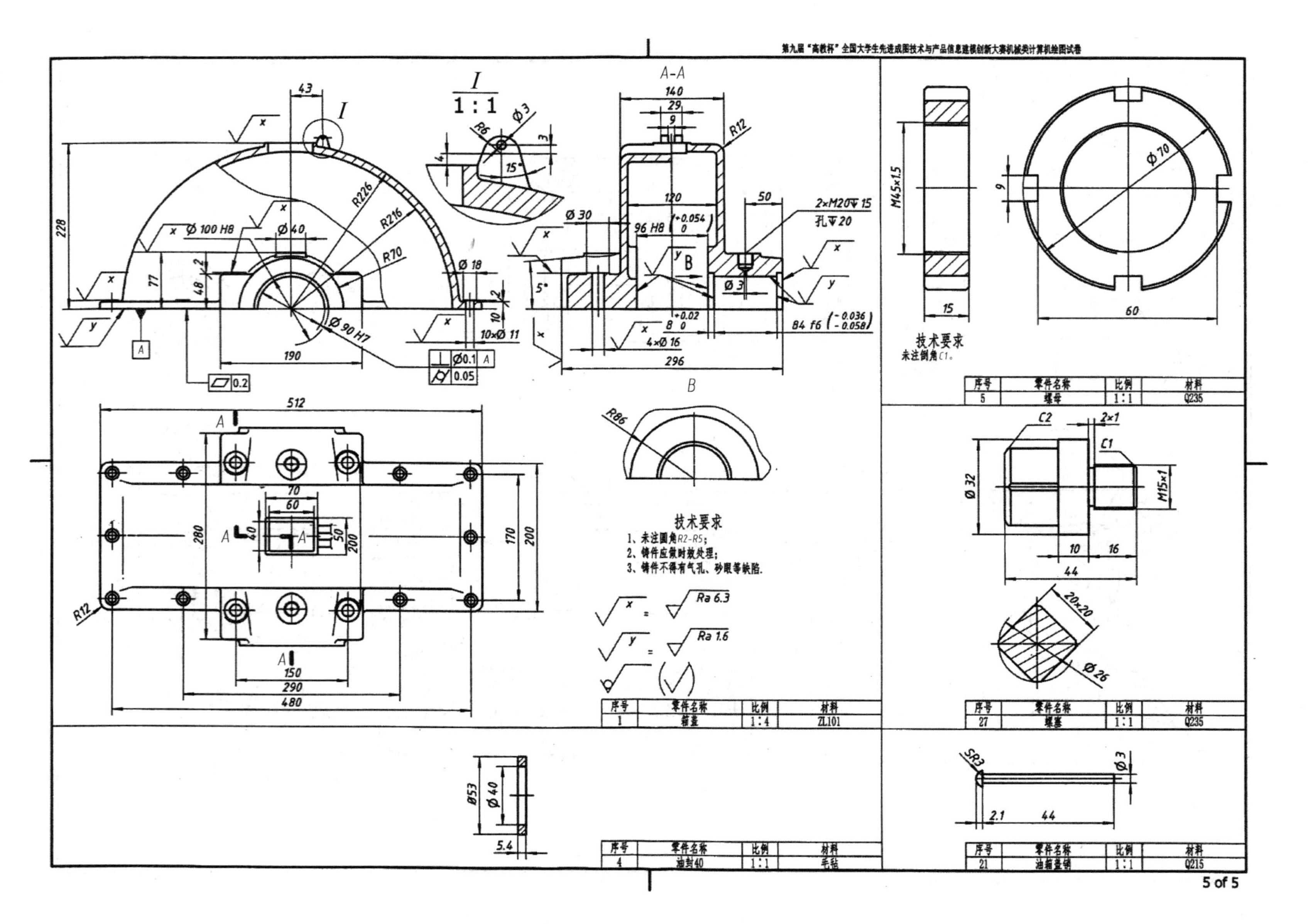
第九届“高教杯”全国大学生先进成图技术与产品信息建模创新大赛机械类计算机绘图试卷
A-A
I
1:1
B
技术要求
未注倒角C1。
技术要求
1、未注圆角R2-R5；
2、铸件应做时效处理；
3、铸件不得有气孔、砂眼等缺陷。
Ra 6.3
Ra 1.6
序号 零件名称 比例 材料
5 螺母 1:1 Q235
27 螺塞 1:1 Q235
1 箱盖 1:4 ZL101
4 油封40 1:1 毛毡
21 油箱盖销 1:1 Q215
5 of 5

## 10.2 第九届“高教杯”大赛评分标准

| 机械类计算机绘图评分标准 | | | | | | | | | |
|---|---|---|---|---|---|---|---|---|---|
| 考号 | | 一 | 二 | 三 | 四 | 五 | 合计 | | |
| | | | | | | | | | |
| 项目一 | 子项目 | 分值 | 得分 | 评阅人 | 项目二 | 子项目 | 分值 | 得分 | 评阅人 |
| 非标件三维模型（共17个，每错一处扣1，直至扣完） | 1 箱盖 | 12 | | | 装配体模型（正确得分） | 蜗轮蜗杆 | 9 | | |
| | 2 箱体 | 24 | | | | 轴承 | 6 | | |
| | 3 前盖 | 8 | | | | 轴承上螺母 | 6 | | |
| | 4 油封 40 | 1 | | | | 轴承锁板 | 3 | | |
| | 5 螺母 | 3 | | | | 前后盖及密封圈 | 6 | | |
| | 6 O 形密封圈 | 1 | | | | 前后盖连接件 | 6 | | |
| | 8 蜗杆 | 8 | | | | 衬套 | 3 | | |
| | 10 轴承锁板 | 1 | | | | 普通平键 | 3 | | |
| | 11 O 形密封圈 | 1 | | | | 油箱盖与销 | 6 | | |
| | 12 后盖 | 7 | | | | 箱体箱盖连接件 | 6 | | |
| | 17 蜗轮轴 | 3 | | | | 螺塞与垫圈 | 6 | | |
| | 18 衬套 | 3 | | | | | | | |
| | 19 蜗轮 | 8 | | | | | | | |
| | 21 油箱盖锁 | 2 | | | | | | | |
| | 22 油箱盖 | 4 | | | | | | | |
| | 26 垫圈 | 1 | | | | | | | |
| | 27 螺塞 | 3 | | | | | | | |
| | 合计 | 90 | | | | 合计 | 60 | | |
| 项目三 | 子项目 | 分值 | 得分 | 评阅人 | 项目四 | 子项目 | 分值 | 得分 | 评阅人 |
| 产品装配图 | 蜗杆轴向装配关系 | 10 | | | 箱盖零件图 | 主视图（有+2，局剖+5） | 7 | | |
| | 蜗轮轴向装配关系 | 10 | | | | 俯视图（有+2） | 2 | | |
| | 螺塞装配关系 | 4 | | | | 左视图（有+2，阶梯+5） | 7 | | |
| | 箱体箱盖装配关系 | 4 | | | | 局部视图 | 2 | | |
| | 产品的安装结构 | 2 | | | | 局部放大图 | 2 | | |
| | 其他结构 | 2 | | | | 尺寸标注（每个+0.2） | 10 | | |
| | 规格尺寸（每个+1） | 6 | | | | 尺寸公差（每个+1） | 5 | | |
| | 装配尺寸（每个+1） | 8 | | | | 粗糙度（每个+0.5） | 7 | | |
| | 安装尺寸（每个+1） | 3 | | | | 形位公差（每个+1） | 4 | | |
| | 外形尺寸（每个+1） | 3 | | | | 技术要求 | 2 | | |
| | 序号与明细栏（各 3 分） | 6 | | | | 标题栏 | 2 | | |
| | 技术要求 | 2 | | | | | | | |
| | 合计 | 60 | | | | 合计 | 50 | | |
| 项目五 | 子项目 | 分值 | 得分 | 评阅人 | 项目六 | 子项目 | 分值 | 得分 | 评阅人 |
| 拆装过程动画 | 视频尺寸及时长（各 2 分） | 4 | | | 工作原理动画 | 视频尺寸及时长（各 2 分） | 4 | | |
| | 有无相机镜头切换（有无） | 4 | | | | 绕产品一周观察（有无） | 4 | | |
| | 有无特写镜头（有无） | 2 | | | | 外壳渐隐显示（有无） | 4 | | |
| | 拆装顺序（错一处扣 1 分） | 8 | | | | 蜗杆蜗轮运动（有无） | 4 | | |
| | 材质与灯光应用（有无） | 2 | | | | 蜗轮蜗杆特写（有无） | 2 | | |
| | | | | | | 材质与灯光应用（有无） | 2 | | |
| | 合计 | 20 | | | | 合计 | 20 | | |

说明：评分成绩保留小数位 1 位

## 10.3 第九届“高教杯”大赛参考答案模型及装配图

### 10.3.1 参考模型

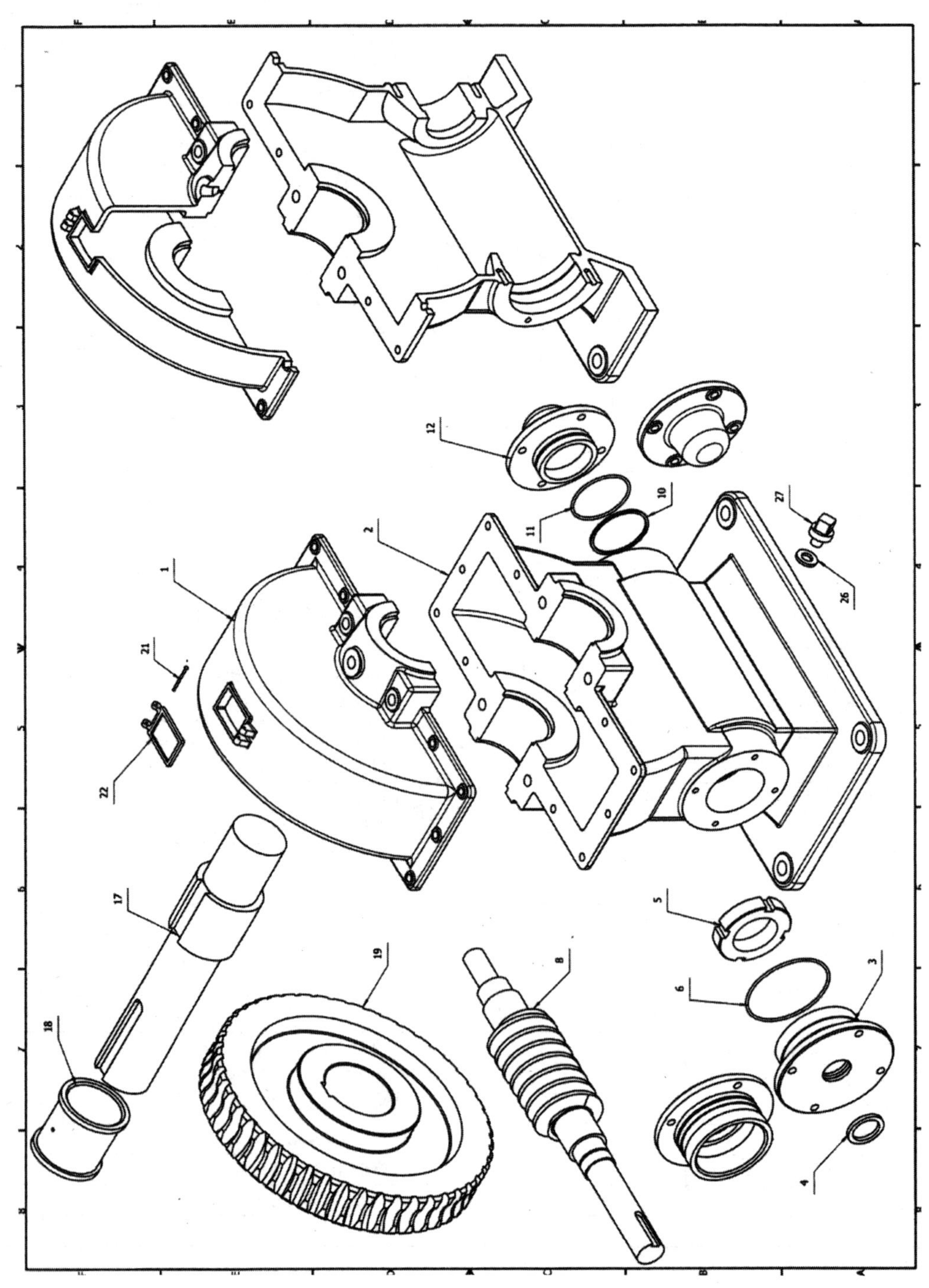

## 10.3.2 参考装配图

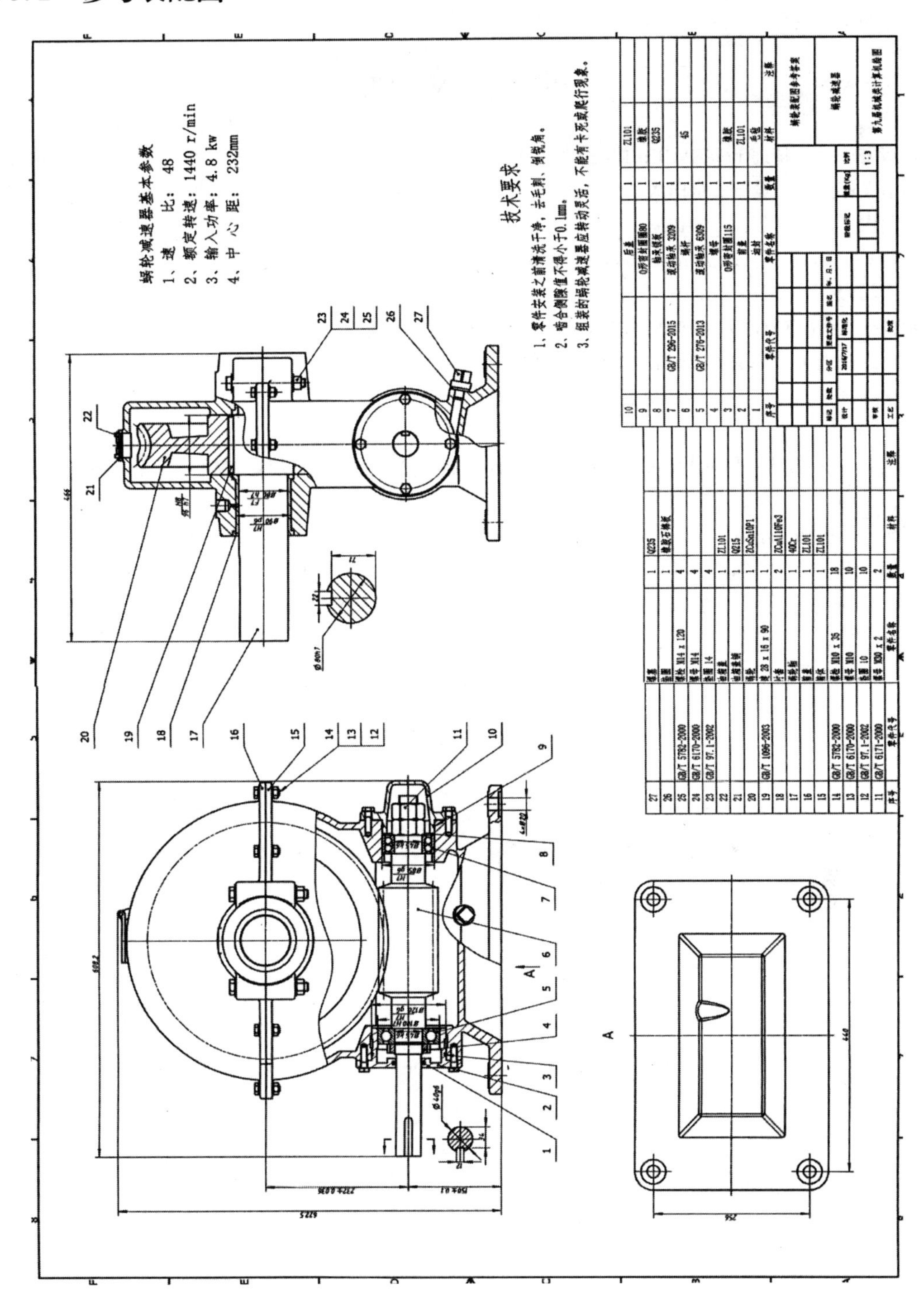


## 10.4 历年竞赛试题

历年竞赛试题参见配套资源中的 Chapter 10。

# 参 考 文 献


[1] 林清安．完全精通 Pro/ENGINEER 野火 4.0 中文版综合教程［M］．北京：电子工业出版社，2010.

[2] 陶冶，邵立康，樊宁．全国大学生先进成图技术与产品信息建模创新大赛命题解答汇编［M］．北京：中国农业大学出版社，2019.

[3] 黄晓瑜，田婧，兰珂．Pro/E Wildfire 5.0 中文版入门、精通与实战［M］．北京：电子工业出版社，2019.

[4] 钟日铭．Pro/ENGINEER Wildfire5.0 从入门到精通［M］．北京：机械工业出版社，2010.

[5] 设计之门老黄．中文版 Pro/E Wildfire5 0 完全实战技术手册［M］．北京：清华大学出版社，2015.

[6] 曹素红，姚念近．Pro/ENGINEER 野火版 5.0 产品造型设计项目式教程［M］．北京：机械工业出版社，2016.

[7] 柯美元，朱慕洁，何秋梅．Pro/ENGINEER 野火版 5.0 产品造型设计［M］．北京：电子工业出版社，2010.

[8] 周龙，周甲伟，李克．Pro/E Wildfire 5.0 三维建模及运动学仿真［M］．北京：中国电力出版社，2020.

[9] 刘伟，李学志，郑国磊．工业产品类 CAD 技能等级考试试题集［M］．北京：清华大学出版社，2015.

[10] 北京兆迪科技有限公司．Pro/ENGINEER 中文野火版 5.0 高级应用教程（增值版）［M］．北京：机械工业出版社，2017.